Jean-Paul Thommen / Ann-Kristin Achleitner

Allgemeine Betriebswirtschaftslehre Arbeitsbuch

FLBB 7 6

Jean-Paul Thommen
Ann-Kristin Achleitner

Allgemeine Betriebswirtschaftslehre Arbeitsbuch

Repetitionsfragen – Aufgaben – Lösungen

6., vollständig überarbeitete Auflage

GABLER

Bibliografische Information der Deutschen Nationalbibliothek
Die Deutsche Nationalbibliothek verzeichnet diese Publikation in der
Deutschen Nationalbibliografie; detaillierte bibliografische Daten sind im Internet über
<http://dnb.d-nb.de> abrufbar.

Prof. Dr. Jean-Paul Thommen ist Inhaber des Lehrstuhls Organizational Behavior an der European Business School (ebs), Titularprofessor an der Universität Zürich sowie Dozent an der Universität St. Gallen.

Prof. Dr. Dr. Ann-Kristin Achleitner ist Inhaberin des KfW-Stiftungslehrstuhls für Entrepreneurial Finance und Wissenschaftliche Co-Direktorin des Center for Entrepreneurial and Financial Studies (CEFS) an der TU München sowie Honorarprofessorin an der European Business School (ebs) und Privatdozentin/Gastprofessorin an der Universität St. Gallen.

1. Auflage 1999
.
.
4. Auflage 2004
5. Auflage 2007
6., vollständig überarbeitete Auflage 2009

Lektorat: Ulrike Lörcher

Gabler ist Teil der Fachverlagsgruppe Springer Science+Business Media.
www.gabler.de

Umschlaggestaltung: KünkelLopka Medienentwicklung, Heidelberg
Druck und buchbinderische Verarbeitung: Ten Brink, Meppel
Gedruckt auf säurefreiem und chlorfrei gebleichtem Papier
Printed in the Netherlands

ISBN 978-3-8349-1358-6

Vorwort

Dieses Übungsbuch ergänzt das Buch „Allgemeine Betriebswirtschaftslehre – Umfassende Einführung aus managementorientierter Sicht" (Gabler Verlag, Wiesbaden 2009) der gleichen Autoren. Die nun vorliegende 6. Auflage wurde wesentlich überarbeitet und aktualisiert.

Das Buch besteht aus drei Teilen:

Teil 1 Die **Repetitionsfragen** (mit **R** bezeichnet) dienen der Überprüfung des Wissens. In den entsprechenden Kapiteln des Lehrbuches sind alle Informationen enthalten, um die Fragen zu beantworten.

Teil 2 Mit den **Aufgaben** (mit **A** bezeichnet) – zum Teil handelt es sich um kleinere Fallstudien – kann der Stoff vertieft und angewendet werden.

Teil 3 In diesem Teil finden sich die **Lösungen** zu sämtlichen Aufgaben in Teil 2 (mit **L** bezeichnet).

Vor allem bei nichtquantitativen Aufgaben sind oft verschiedene Lösungswege möglich und eine abschließende Lösung erweist sich aufgrund der Komplexität betriebswirtschaftlicher Fragestellungen häufig als schwierig. Im Sinne einer steten Verbesserung freuen wir uns jedoch über ein Feedback zu Aufgaben und Lösungen unter feedback-abwl-arbeitsbuch@wi.tum.de.
Ohne den großen Einsatz unserer Lehrstuhlmitarbeiter wäre die Überarbeitung in diesem Ausmaß nicht möglich gewesen. Ein großer Dank

geht an Frau Dipl.-Kffr. Nina Günther und Herrn Dipl.-Ing. Wolfgang Spiess-Knafl. Danken möchten wir auch Frau Ulrike Lörcher vom Gabler Verlag für die hervorragende Betreuung des Projekts sowie dem Schweizer Versus Verlag, der freundlicherweise einzelne Aufgaben und Lösungen zur Verfügung gestellt hat.

Wir hoffen, mit diesem umfassenden Übungsbuch einen nützlichen Begleiter für den Unterricht, für die Prüfungsvorbereitung sowie für das Selbststudium bereitzustellen.

Viel Spaß und Erfolg mit diesem Buch wünschen

München und Zürich,
im Sommer 2009

Ann-Kristin Achleitner
Jean-Paul Thommen

Inhaltsverzeichnis

Teil 1 Repetitionsfragen

Unternehmen und Umwelt 11
Marketing 15
Materialwirtschaft 22
Produktion 25
Rechnungswesen 28
Finanzierung 32
Investition und Unternehmensbewertung 37
Personal 40
Organisation 45
Management 50
Spezielle Gebiete des Managements 55

Teil 2 Aufgaben

Unternehmen und Umwelt 61
Marketing 73
Materialwirtschaft 89
Produktion 101
Rechnungswesen 111
Finanzierung 121
Investition und Unternehmensbewertung 137
Personal 153

Organisation 165
Management 181
Spezielle Gebiete des Managements 197

Teil 3 Lösungen zu Teil 2 „Aufgaben"

Unternehmen und Umwelt 203
Marketing 239
Materialwirtschaft 297
Produktion 329
Rechnungswesen 349
Finanzierung 375
Investition und Unternehmensbewertung 407
Personal 435
Organisation 463
Management 497
Spezielle Gebiete des Managements 561

Anhang: Abzinsungstabellen 577

Teil 1
Repetitionsfragen

Inhalt

Unternehmen und Umwelt 11
Marketing 15
Materialwirtschaft 22
Produktion 25
Rechnungswesen 28
Finanzierung 32
Investition und Unternehmensbewertung 37
Personal 40
Organisation 45
Management 50
Spezielle Gebiete des Managements 55

Unternehmen und Umwelt

Grundlagen

R 1 Grenzen Sie die Begriffe „Bedürfnis", „Bedarf" und „Nachfrage" voneinander ab.

R 2 Welche Arten von Bedürfnissen können unterschieden werden?

R 3 Was versteht man unter Wirtschaft?

R 4 Umschreiben und diskutieren Sie die Begriffe „freie Güter" und „knappe Güter".

R 5 Welche Arten von Wirtschaftsgütern gibt es?

R 6 Was versteht man in der Betriebswirtschaftslehre unter einem Produktionsfaktor?

R 7 Beschreiben Sie die verschiedenen Produktionsfaktoren.

R 8 Wodurch unterscheiden sich Haushalte und Unternehmen?

R 9 Welche Kriterien können zur Abgrenzung der öffentlichen von den privaten Unternehmen verwendet werden?

R 10 Was versteht man unter einem Unternehmen und was ist dessen Zweck?

R 11 Was versteht man unter einem komplexen System und warum stellt ein Unternehmen ein komplexes System dar?

R 12 Grenzen Sie komplexe Systeme von komplizierten Systemen ab.

R 13 Beschreiben Sie die Phasen des allgemeinen betrieblichen Umsatzprozesses.

R 14 Erläutern Sie die einzelnen Schritte des allgemeinen Problemlösungsprozesses.

R 15 Welche Funktionen zur Steuerung des Umsatzprozesses werden unterschieden?

R 16 In welcher Beziehung stehen die Steuerungsfunktionen zum Problemlösungsprozess?

R 17 Was versteht man unter dem Rechnungswesen und welche Aufgaben kann das Rechnungswesen in einem Unternehmen übernehmen?

R 18 Wie lässt sich die Umwelt des Unternehmens charakterisieren?

R 19 Wodurch erklärt sich die hohe Bedeutung der Umwelt für das Unternehmen?

R 20 In welche Bereiche bzw. Sphären kann die Umwelt unterteilt werden?

R 21 Was versteht man unter dem Stakeholderkonzept und welche Gruppen von Stakeholdern können unterschieden werden?

R 22 Welche vier Phasen des Issue Managements können unterschieden werden?

R 23 Grenzen Sie die anwendungsorientierten Wissenschaften von den theoretischen ab.

R 24 Nach welchen Kriterien lässt sich die Betriebswirtschaftslehre als Lehr- und Forschungsgebiet gliedern?

R 25 Welche Unternehmensfunktionen lassen sich aufgrund der funktionellen Gliederung der Betriebswirtschaftslehre unterscheiden?

R 26 Was versteht man unter den Grundfunktionen, was unter den Querfunktionen?

R 27 Was versteht man unter der Speziellen Betriebswirtschaftslehre?

R 28 Welche Phasen beinhaltet der „Lebenslauf" eines Unternehmens?

R 29 Charakterisieren Sie die konstitutiven Entscheidungen eines Unternehmens.

R 30 Beschreiben Sie die wichtigsten unternehmerischen Entscheidungen in der Umsatzphase bei einer genetischen Betrachtung der Betriebswirtschaftslehre.

Typologie des Unternehmens

R 31 Welche Überlegungen führen zur Bildung einer Unternehmenstypologie?

R 32 Nach welchen Merkmalen können Unternehmen gegliedert werden?

R 33 Beschreiben Sie Unterschiede und Gemeinsamkeiten von Profit- und Nonprofit-Organisationen.

R 34 Charakterisieren Sie die unterschiedlichen Arten von Nonprofit-Organisationen und geben Sie jeweils Beispiele.

R 35 Welche Branchen können unterschieden werden?

R 36 Welche Merkmale dienen zur Charakterisierung der Unternehmensgröße?

R 37 Nach welchen Merkmalen lässt sich die technisch-ökonomische Struktur eines Unternehmens unterteilen?

R 38 Welche Gesellschaftsformen werden unterschieden und welche Bedeutung kommt ihnen zu?

R 39 Erklären Sie den Unterschied zwischen einem Einzelunternehmen und einer Gesellschaft.

R 40 Beschreiben Sie die Unterschiede zwischen einer Personen- und einer Kapitalgesellschaft.

R 41 Unterscheiden Sie die Kommandit-, die Aktiengesellschaft und die GmbH nach den wesentlichen Merkmalen.

R 42 Wodurch unterscheidet sich die Stellung der Komplementäre von jener der Kommanditisten in einer Kommanditgesellschaft?

R 43 Was ist eine Societas Europaea (Europa-AG)? Nennen sie die Vorteile dieser Rechtsform.

R 44 Erläutern Sie die verschiedenen Motive, die zu einem Unternehmenszusammenschluss führen können.

R 45 Charakterisieren Sie die verschiedenen Formen von Unternehmensverbindungen.

R 46 Wodurch wird der Umfang der rechtlichen und wirtschaftlichen Selbstständigkeit bei einer Unternehmenskooperation bestimmt?

R 47 Welche Formen von Kartellen werden unterschieden?

R 48 Was versteht man unter einem Joint Venture? Nennen Sie Beispiele.

R 49 Was versteht man unter einer strategischen Allianz?

R 50 Erklären Sie die Gründe für die Bildung von Allianzen.

R 51 Charakterisieren Sie die wesentlichen Eigenschaften eines Konzerns.

R 52 Welche Vorteile können sich durch eine Internationalisierungsstrategie ergeben und welche Internationalisierungsstufen können unterschieden werden?

R 53 Was ist ein optimaler Standort? Was wäre das theoretisch richtige Verfahren und wie wird in der Praxis vorgegangen?

Ziele des Unternehmens

R 54 Welche sozialen Gruppen sind am Zielbildungsprozess des Unternehmens beteiligt und wie beurteilen Sie deren Einflussmöglichkeiten?

R 55 Was versteht man unter Sachzielen, was unter Formalzielen?

R 56 Auf welche Bereiche können sich die Sachziele eines Unternehmens beziehen? Geben Sie eine kurze Charakterisierung.

R 57 Grenzen Sie die Begriffe Effizienz und Effektivität voneinander ab.

R 58 Umschreiben Sie die Begriffe „Produktivität", „Wirtschaftlichkeit" sowie „Rentabilität" und erläutern Sie die Berechnung.

R 59 Welche Zieldimensionen kennen Sie? Erläutern Sie die verschiedenen Dimensionen.

R 60 Geben Sie Beispiele für begrenzt bzw. unbegrenzt formulierte Ziele.

R 61 Wovon hängt es ab, ob ein Ziel

- kurzfristig, mittelfristig oder langfristig,
- statisch oder dynamisch

formuliert wird?

R 62 Nennen Sie Beispiele für Unternehmens-, Bereichs- und Mitarbeiterziele.

R 63 Wodurch unterscheiden sich entscheidungsfeldbedingte und entscheidungsträgerbedingte Zielbeziehungen? Suchen Sie Beispiele.

R 64 Beschreiben Sie mit Beispielen folgende Zielbeziehungen:

- Komplementarität– Konkurrenz– Indifferenz,
- Oberziel– Zwischenziel– Unterziel.

Marketing

Grundlagen

R 1 Welche zwei grundsätzlichen Bedeutungen können dem Marketing zugeordnet werden?

R 2 Beschreiben Sie die verschiedenen Phasen des Marketing aus historischer Sicht.

R 3 Was versteht man unter dem Societal Marketing?

R 4 Beschreiben Sie den Problemlösungsprozess des Marketing.

R 5 Worin besteht der Unterschied zwischen einem Marketing-Konzept und dem Marketing-Management?

R 6 Was versteht man unter Customer Relationship Management?

R 7 Zeigen Sie an Beispielen, was unter einem Absatzmarkt zu verstehen ist.

R 8 Nennen Sie die Typen von Kaufentscheidungen, mit denen das Konsumentenverhalten charakterisiert werden kann.

R 9 Nach welchen Kriterien lassen sich die Einflussfaktoren auf eine Kaufentscheidung klassifizieren? Nennen Sie jeweils Beispiele.

R 10 Beschreiben Sie das Konsumenten-Verhaltensmodell von Howard/Sheth.

R 11 Welche Absichten verfolgt ein Unternehmen mit einer Marktsegmentierung?

R 12 Beschreiben Sie die Voraussetzungen für eine sinnvolle Anwendung einer Marktsegmentierung.

R 13 Welches sind die wichtigsten Marktsegmentierungskriterien?

R 14 Was versteht man unter den Begriffen „Marktpotenzial“, „Marktvolumen“ und „Marktanteil“?

R 15 Welche Elemente berücksichtigen Sie bei der Bestimmung des Marktvolumens eines Unternehmens?

R 16 Welche Voraussetzungen müssen gegeben sein, um ein geschätztes Marktpotenzial zu realisieren?

R 17 Worauf kann eine Erhöhung des Marktpotenzials zurückgeführt werden?

R 18 Was versteht man unter dem Sättigungsgrad eines Marktes?

R 19 Welchen Einfluss kann eine Veränderung des Marktanteils oder des Marktvolumens auf den Umsatz eines Unternehmens haben?

R 20 Wodurch unterscheiden sich Konsumgüter-, Investitionsgüter- und Dienstleistungsmarketing?

Marktforschung

R 21 Beschreiben Sie das Ziel der Marktforschung.

R 22 Nach welchen Kriterien lässt sich die Marktforschung abgrenzen?

R 23 Welche Marktforschungsmethoden gibt es?

R 24 Was versteht man unter der Primär-, was unter der Sekundärmarktforschung?

R 25 Welche Datenquellen stehen der Sekundärmarktforschung zur Verfügung?

R 26 Beschreiben Sie die einzelnen Erhebungstechniken im Rahmen der Primärmarktforschung.

R 27 Was versteht man unter einem Test und welche Formen kennen Sie?

R 28 Was versteht man unter einem Experiment? Geben Sie ein einfaches Beispiel.

R 29 Wie lassen sich die Informationsträger im Rahmen der Marktforschung grundsätzlich auswählen?

R 30 Erklären Sie an Beispielen die drei Kriterien Objektivität, Reliabilität und Validität.

R 31 Welchen Zwecken dienen Absatzprognosen?

R 32 Welche Informationen sind nach Ihrer Meinung wichtig als Entscheidungsgrundlage für Absatzprognosen?

R 33 Beschreiben Sie die Verfahren, die zur Herleitung von Absatzprognosen zur Verfügung stehen.

R 34 Beschreiben Sie den Problemlösungsprozess der Marktforschung.

Produktpolitik

R 35 Was versteht man unter der Produktpolitik?

R 36 Nach welchen Kriterien lässt sich ein Produkt charakterisieren?

R 37 Grenzen Sie die Programmtiefe von der Programmbreite ab.

R 38 Grenzen Sie die Produktgruppe von der Produktlinie ab.

R 39 Charakterisieren Sie den Grundnutzen, den Zusatznutzen und die Zusatzleistungen eines Produktes.

R 40 Wann werden Produkte als Markenartikel, wann als Generika bezeichnet?

R 41 Was versteht man unter Handelsmarken (Eigenmarken), was unter Herstellermarken?

R 42 Welche Absichten verfolgen Handelsunternehmen mit der Einführung von Eigenmarken?

R 43 Erläutern Sie den Unterschied zwischen Produktalteration und Produktablösung.

R 44 Erklären Sie den Unterschied zwischen Produktdifferenzierung und Diversifikation.

R 45 Welche Möglichkeiten der Diversifikation kennen Sie?

R 46 Beschreiben Sie die verschiedenen Phasen des Produktlebenszyklus.

R 47 Wozu ist die Kenntnis von Produktlebenskurven nützlich?

R 48 Wo liegt die grundsätzliche Problematik von Produktlebenskurven?

R 49 Was versteht man unter der Produktentwicklung?

R 50 Worauf ist die stark steigende Zahl an Neuentwicklungen von Produkten zurückzuführen?

R 51 Beschreiben Sie die Phasen des Produktentwicklungsprozesses.

R 52 Was ist der Zweck und der Inhalt der Anregungsphase im Rahmen der Produktentwicklung?

R 53 Welches sind die grundlegenden Prinzipien des Brainstorming?

R 54 Wie kann man bei der Beurteilung von Produktideen vorgehen?

R 55 Beschreiben Sie die Hauptphasen bei der Konkretisierung neuer Produktideen.

R 56 Was ist bei einer Produkteinführung zu beachten?

Distributionspolitik

R 57 Was versteht man unter der Distribution?

R 58 Geben Sie eine Zusammenfassung über die distributionspolitischen Entscheidungen.

R 59 Wie können die Entscheidungen über die Absatzmethode (akquisitorische Distribution) von denjenigen über die physische Distribution (Distributionslogistik) abgegrenzt werden?

R 60 Beschreiben Sie mögliche Einflussfaktoren auf die Absatzmethode.

R 61 Erläutern Sie die Vor- und Nachteile des direkten wie auch des indirekten Absatzweges.

R 62 Was versteht man unter Franchising? Kennen Sie Beispiele für das Franchising-System?

R 63 Welche Leistungen kann der Franchise-Nehmer vom Franchise-Geber erwarten?

R 64 Wo liegen beim Franchising die Vorteile für den Franchise-Geber und den Franchise-Nehmer?

R 65 Nennen Sie Verkaufsorgane oder -organisationen, die ein Unternehmen für den Absatz seiner Produkte wählen kann.

R 66 Beschreiben Sie die Funktionen des Handels.

R 67 Worin bestehen die Unterschiede zwischen dem Einzel- und dem Großhandel?

R 68 Schildern Sie neuere Formen des Großhandels.

R 69 Welche Formen der Kooperation zwischen Hersteller, Groß- und Einzelhandel kennen Sie?

R 70 Beschreiben Sie die physische Distribution als Teil der Logistik.

R 71 Worin liegt die heutige Bedeutung der Distributionslogistik?

R 72 Worin liegt das Ziel der physischen Distribution?

R 73 Welche Aspekte spielen bei der Beurteilung der Lieferzuverlässigkeit eine Rolle?

R 74 Was drückt der Lieferbereitschaftsgrad aus?

R 75 Welches sind die Komponenten der physischen Distribution?

Konditionenpolitik

R 76 Was versteht man unter der Konditionenpolitik?

R 77 In welche Teilpolitiken gliedert sich die Konditionenpolitik?

R 78 Nennen Sie Anlässe, bei denen der Preis bestimmt werden muss.

R 79 Wie ist ein vollkommener Markt definiert?

R 80 Zeichnen und erläutern Sie zwei mögliche Preis-Absatzfunktionen.

R 81 Was versteht man unter der Preiselastizität der Nachfrage?

R 82 Welches sind mögliche Bestimmungsfaktoren der Preiselastizität der Nachfrage?

R 83 Wie lassen sich vollkommene Märkte einteilen?

R 84 Wie lassen sich in der Praxis die Preise für bestimmte Produkte festsetzen?

R 85 Beschreiben Sie die kosten- und gewinnorientierte Preisbestimmung.

R 86 Wie gehen Sie bei der nachfrageorientierten Preisbestimmung vor?

R 87 Welches sind die wesentlichen Merkmale einer konkurrenz- und branchenorientierten Preisbestimmung?

R 88 Charakterisieren Sie die preispolitischen Strategien, die ein Unternehmen wählen kann.

R 89 Welches sind die Voraussetzungen für die Anwendung einer Preisdifferenzierung?

R 90 Welche Arten der Preisdifferenzierung können unterschieden werden?

R 91 Stellen Sie mögliche Gründe für Preisänderungen dar.

R 92 Welche Kundenreaktionen sind auf Preisänderungen denkbar?

R 93 Welche Möglichkeiten stehen einem Unternehmen bei der Preisgestaltung im Produkt-Mix zur Verfügung?

R 94 Was sind die Ziele der Rabattpolitik?

Kommunikationspolitik

R 95 Was ist das Ziel der Kommunikationspolitik?

R 96 Nennen Sie die Teilgebiete der Kommunikationspolitik.

R 97 Was versteht man unter Public Relations?

R 98 Welche Funktionen erfüllen die Public Relations?

R 99 Nennen Sie mögliche Adressaten und Inhalte der Public Relations.

R 100 Welche Aufgaben kommen der Werbung zu?

R 101 Nach welchen Kriterien lässt sich die Werbung charakterisieren?

R 102 Beschreiben Sie die Elemente einer Werbekonzeption.

R 103 Welche Zielgruppen lassen sich nach der Intensität der Werbebotschaft unterscheiden?

R 104 Nennen Sie mögliche Werbeziele.

R 105 Worauf kann sich der Inhalt einer Werbebotschaft beziehen?

R 106 Worin besteht der Unterschied zwischen Werbemittel und Werbeträger?

R 107 Nennen Sie die wichtigsten Werbemittel und Werbeträger.

R 108 Was versteht man unter Tausenderpreisen?

R 109 Von welchen Kriterien hängt die Bestimmung einer Werbeperiode ab?

R 110 Welche Möglichkeiten zur Bestimmung des Werbebudgets kennen Sie und welches sind jeweils die damit verbundenen Probleme?

R 111 Warum ist die Erfassung des Werbeerfolges oft mit großen Schwierigkeiten verbunden?

R 112 Wie lässt sich der Werbeerfolg ermitteln?

R 113 Was versteht man unter Verkaufsförderung?

R 114 Welche Formen der Verkaufsförderung gibt es?

R 115 Erstellen Sie eine sinnvolle Gliederung der Maßnahmen der Verkaufsförderung und führen Sie jeweils Beispiele auf.

R 116 Welches sind mögliche Aufgaben des persönlichen Verkaufs?

R 117 Erläutern Sie den dyadischen Ansatz des Käufer-Verkäufer-Systems.

R 118 Welche Organisationsformen des persönlichen Verkaufs lassen sich unterscheiden?

R 119 Welche Rolle haben Sponsoring und Product Placement als Marketing-Kommunikationsinstrument?

Marketing-Mix

R 120 Was versteht man unter dem Marketing-Mix?

R 121 Welche Probleme treten beim Versuch der optimalen Gestaltung des Marketing-Mix auf?

R 122 Beschreiben Sie mögliche heuristische Prinzipien, die bei der Bestimmung des optimalen Marketing-Mix angewendet werden können.

Materialwirtschaft

Grundlagen

R 1 Welche Lagerstufen ergeben sich aus dem Materialfluss im Industriebetrieb?

R 2 Was versteht man unter der Materialwirtschaft?

R 3 Beschreiben Sie den Problemlösungsprozess der Materialwirtschaft.

R 4 Welche Kennzahlen stehen zur Steuerung des Problemlösungsprozesses in der Materialwirtschaft zur Verfügung?

R 5 Charakterisieren Sie die Ziele der Materialwirtschaft und die sich daraus ergebenden Zielbeziehungen.

R 6 Erläutern Sie die materialwirtschaftlichen Entscheidungstatbestände.

Beschaffungsmarketing

R 7 Geben Sie einen Überblick über die Aufgaben und Instrumente des Beschaffungsmarketing.

R 8 Was sind die Aufgaben der Beschaffungsmarktforschung?

R 9 Was ist der Inhalt der Beschaffungsmarktforschung?

R 10 Welche Methoden der Beschaffungsmarktforschung können unterschieden werden?

R 11 Welche Arten der Beschaffungsproduktpolitik lassen sich unterscheiden?

R 12 Beschreiben Sie mögliche Entscheidungstatbestände der Beschaffungsproduktpolitik.

R 13 Beschreiben Sie die Vorteile eines indirekten Beschaffungsweges.

R 14 Wann ist die Wahl des direkten Beschaffungsweges angezeigt?

R 15 Welche Vorteile sind von Kooperationen mit anderen Unternehmen im Beschaffungsbereich zu erwarten?

R 16 Erstellen Sie eine Checkliste, welche die wichtigsten Überlegungen im Zusammenhang mit einer Lieferantenwahl berücksichtigt.

R 17 Welches sind die Voraussetzungen, damit ein Unternehmen eine aktive Preispolitik betreiben kann?

R 18 Welches sind – neben der Preispolitik – weitere Instrumente im Rahmen der Beschaffungskonditionenpolitik?

R 19 Beschreiben Sie die Instrumente einer Beschaffungskommunikationspolitik.

Beschaffungs- und Lagerplanung

R 20 Versuchen Sie, die Vor- und Nachteile der Beschaffungsarten anhand unterschiedlicher Kriterien festzuhalten.

R 21 Charakterisieren Sie die Lagerhaltungsmotive und zeigen Sie, inwieweit diese innerbetrieblich bzw. außerbetrieblich begründet sind.

R 22 Welches sind die wichtigsten Einflussfaktoren auf die Entscheidung über die Beschaffungsart?

R 23 Beschreiben Sie die ABC-Analyse.

R 24 Welches Vorgehen wird bei der Beschaffungs- und Lagerplanung für die A-, B- und C-Güter im Allgemeinen gewählt?

R 25 Wodurch unterscheidet sich die XYZ-Analyse von der ABC-Analyse?

R 26 Wie kann der Brutto- und Nettobedarf des zu beschaffenden Materials ermittelt werden?

R 27 Welche wesentlichen Entscheidungen beinhaltet die Bestellplanung?

R 28 Erläutern Sie die Kosten, die es bei der Planung des Beschaffungsprogrammes zu berücksichtigen gilt.

R 29 Stellen Sie die Komponenten der Beschaffungszeit zusammen.

R 30 Erläutern Sie, wie sich die optimale Bestellmenge bestimmen lässt.

R 31 Welche Annahmen schränken das Modell der optimalen Bestellmenge ein?

R 32 Charakterisieren Sie das Bestellpunkt- und das Bestellrhythmussystem.

R 33 Beschreiben Sie den Prozess des Beschaffungsablaufs.

R 34 Was versteht man unter Supply Chain Management?

R 35 Was versucht man mit einem Postponement zu erreichen?

Produktion

Grundlagen

R 1 Erläutern Sie den Begriff „Produktion“.

R 2 Beschreiben Sie den Problemlösungsprozess der Produktion.

R 3 Erläutern Sie die Ziele der Produktion.

R 4 Welche Implikationen hat das Vorsorgeprinzip für die Produktion?

R 5 Was versteht man unter dem Produktions- und unter dem Absatzprogramm eines Unternehmens?

R 6 Wovon hängt die Festlegung des Produktionsprogrammes ab?

R 7 Was versteht man unter Forschung und Entwicklung (F&E)?

R 8 Nennen Sie Kriterien, die bei einer Make-or-Buy-Entscheidung als Entscheidungsgrundlage dienen können.

R 9 Was versteht man unter der Dominanz des Minimumsektors?

R 10 Was ist unter dem Ausgleichsgesetz der Planung zu verstehen?

R 11 Wie kann mit Hilfe der linearen Programmierung das optimale Produktionsprogramm gefunden werden?

R 12 Was ist der Deckungsbeitrag?

R 13 Welches sind die wichtigsten Einflussfaktoren der zeitlichen Verteilung der Produktionsmenge?

R 14 Welche Möglichkeiten gibt es, bei saisonalen Schwankungen die Produktion mit dem Absatz zu koordinieren und welche Vor- und Nachteile sind damit verbunden?

Gestaltung der Produktionsprozesse

R 15 Was versteht man unter einem Fertigungstyp?

R 16 Beschreiben Sie mögliche Fertigungstypen.

R 17 Wodurch unterscheiden sich die Massen-, Serien-, Sorten-, Chargenfertigung und Mass Customization?

R 18 Was versteht man unter einem Fertigungslos?

R 19 Wie können Sie die optimale Losgröße berechnen?

R 20 Was versteht man unter einem Fertigungsverfahren?

R 21 Welche Arten von Fertigungsverfahren können unterschieden werden? Geben Sie Beispiele für deren praktische Anwendung.

R 22 Welches sind die Vor- und Nachteile der Werkstattfertigung gegenüber der Fließfertigung?

R 23 Was versteht man unter Fertigungsinseln?

R 24 Beschreiben Sie die Just-in-Time-Produktion.

Planung und Kontrolle des Produktionsablaufes

R 25 Erläutern Sie den Unterschied zwischen der Produktionsplanung und der Produktionssteuerung.

R 26 Geben Sie eine Zusammenfassung der Phasen des Produktionsablaufes.

R 27 Was versteht man unter einer Stückliste, was unter einer Erzeugnisstruktur?

R 28 Was ist das Ziel bei der Terminierung des Fertigungsablaufes?

R 29 Gliedern Sie die Auftragszeit in ihre einzelnen Komponenten.

R 30 Was ist ein Netzplan?

R 31 Welche Phasen können bei der Planung und Durchführung von Projekten mithilfe der Netzplantechnik unterschieden werden?

R 32 Beschreiben Sie den Aufbau von Netzplänen.

R 33 Welche Möglichkeiten bestehen zur Abbildung der Netzpläne?

R 34 Definieren Sie die Begriffe „Vorgang", „Ereignis", „Meilenstein" und „Scheinvorgang".

R 35 Erklären Sie die Zusammenhänge zwischen den Begriffen „Rückwärtsterminierung", „Vorwärtsterminierung" und „Pufferzeiten".

R 36 Was sind die Aufgaben der Kapazitäts- und Kostenplanung?

R 37 Was versteht man unter einem Balkendiagramm?

R 38 Welches Hilfsmittel steht Ihnen zur Verfügung, um den Mitarbeitern im Fertigungsbereich genaue Instruktionen über die auszuführenden Aufgaben zu geben?

R 39 Eine wesentliche Führungsfunktion im Produktionsbereich ist die Kontrolle. Beschreiben Sie, was kontrolliert werden sollte und wozu diese Informationen verwendet werden können.

R 40 Beschreiben Sie das Konzept des Computer Integrated Manufacturing (CIM).

R 41 Welche Funktionen werden in einem CIM-Konzept integriert?

Produktions- und Kostentheorie

R 42 Was versteht man unter den substitutionalen und den limitationalen Produktionsfaktoren?

R 43 Geben Sie Beispiele für eine partielle, totale und partiell-totale Substitution.

R 44 Beschreiben Sie die Produktionsfunktion vom Typ A.

R 45 Welches sind die kritischen Kostenpunkte bei der Produktionsfunktion vom Typ A?

R 46 Was versteht man unter zeitlicher, intensitätsmäßiger, rein quantitativer und quantitativ-selektiver Anpassung und wie verändern sich dabei jeweils die Kosten?

R 44 Wie kann langfristig die Betriebsgröße durch eine Veränderung des Potenzialfaktorbestandes angepasst werden?

Rechnungswesen

Grundlagen des betrieblichen Rechnungswesens

R 1 Welche Teilbereiche des Rechnungswesens werden unterschieden?

R 2 Welches sind die Aufgaben des Rechnungswesens?

R 3 Stellen Sie kurz die Unterschiede zwischen dem externen und dem internen Rechnungswesen dar.

R 4 Was ist ein Kontenrahmen, was ist ein Kontenplan?

R 5 Erläutern Sie die Unterschiede zwischen Auszahlungen, Ausgaben, Aufwand und Kosten. Geben Sie jeweils ein Beispiel an.

R 6 Inwiefern lassen sich Einzahlungen, Einnahmen, Ertrag und Leistungen voneinander abgrenzen? Erläutern Sie die Begriffe. Geben Sie jeweils Beispiele an.

R 7 Was versteht man unter dem Begriff „Neutraler Aufwand“? Erläutern Sie Unterarten des „Neutralen Aufwands“ und geben Sie hierzu jeweils ein Beispiel an.

Rechnungslegung nach HGB

R 8 Aus welchen Teilen besteht der Jahresabschluss?

R 9 Erläutern Sie Aufgaben des Jahresabschlusses gegenüber Stakeholdern des Unternehmens.

R 10 Was versteht man unter kodifizierten und nicht kodifizierten GoB?

R 11 Was versteht man unter dem Vorsichtsprinzip?

R 12 Was zeigt die Bilanz und wie ist sie gegliedert?

R 13 Beschreiben Sie die verschiedenen Abschreibungsverfahren.

R 14 Welche Formen der Rückstellung kennen Sie? Wie unterscheiden sie sich von Verbindlichkeiten?

R 15 Welche Aufgaben übernehmen der Anhang und der Lagebericht?

R 16 Erläutern Sie die für den deutschen Konzernabschluss relevante Einheitstheorie. Gehen Sie dabei auch auf das Control-Konzept ein.

R 17 Welche Faktoren sind für die Wahl der Konsolidierungsmethode maßgeblich?

R 18 Welche Maßnahmen sind im Rahmen der Vollkonsolidierung durchzuführen?

R 19 Wofür wird ein Ausgleichsposten in der Konzernbilanz gebildet?

R 20 Was ist ein Gemeinschaftsunternehmen?

R 21 Unterscheiden Sie die Quotenkonsolidierung von der Vollkonsolidierung. Grenzen Sie auch die Equity-Methode ab.

R 22 Welche Verfahren der Erwerbsmethode kennen Sie? Erläutern Sie diese.

R 23 Was versteht man unter einem maßgeblichen Einfluss?

R 24 Welche Bedeutung hat die Segmentberichterstattung?

Rechnungslegung nach IRFS

R 25 Wie unterscheidet sich die kontinentaleuropäische von der angloamerikanischen Rechnungslegungstradition?

R 26 Welche Bestandteile umfasst der Abschluss nach IRFS?

R 27 Definieren Sie den Begriff „Vermögenswert“ und erläutern Sie, welche Kriterien für die Aktivierung in der Bilanz erfüllt werden müssen.

R 28 Stellen Sie kurz die wesentlichen Wertkategorien nach IRFS dar.

R 29 Was versteht man unter dem Begriff „fair value“?

R 30 Welche Aspekte muss man bei der Erstbewertung von Sachanlagen beachten?

R 31 Unterscheiden Sie die gewogene Durchschnittsmethode von der Fifo-Methode für die Bewertung von Vorräten.

R 32 Welche Kriterien müssen für die Anwendung der Percentage-of-Completion-Methode erfüllt sein?

R 33 Erläutern Sie die Bewertung von Finanzinstrumenten nach den verschiedenen Kategorien.

R 34 Unterscheiden Sie die verschiedenen Leistungen an Arbeitnehmer und gehen insbesondere auf die Bilanzierung von Pensionsverpflichtungen ein.

Internes Rechnungswesen

R 35 Erläutern Sie die Aufgaben der Kosten- und Leistungsrechnung.

R 36 Welcher Zusammenhang besteht zwischen der Kostenarten-, Kostenstellen- und Kostenträgerrechnung?

R 37 Kosten spielen eine wichtige Rolle bei unternehmerischen Entscheidungen. Nennen Sie hierfür Beispiele.

R 38 Wodurch unterscheiden sich Einzelkosten und Gemeinkosten?

R 39 Welche Kriterien müssen bei der Bildung von Kostenstellen beachtet werden?

R 40 Wozu dient die Kalkulation? Welche Arten können unterschieden werden?

R 41 Beschreiben Sie den Aufbau des Betriebsabrechnungsbogens (BAB).

R 42 Wodurch unterscheiden sich die Voll- und die Teilkostenrechnung?

R 43 Gehen Sie auf Nachteile der Vollkostenrechnung ein.

R 44 Wodurch zeichnet sich die einstufige Deckungsbeitragsrechnung (Direct Costing) aus?

R 45 Welche Vorzüge bietet die mehrstufige Deckungsbeitragsrechnung?

R 46 Unterscheiden Sie Ist-Kosten, Normalkosten und Plankosten.

R 47 Welche Controlling-Konzeptionen lassen sich unterscheiden? Gehen Sie dabei auch auf die Aufgaben des Controlling ein.

R 48 Erläutern Sie das Konzept des Shareholder Value. Welche Ziele stehen im Vordergrund?

Finanzierung

Grundlagen

R 1 Was versteht man unter finanziellen Mitteln und auf welchen Märkten können diese beschafft werden?

R 2 Beschreiben Sie die Begriffe „Kapital" und „Vermögen".

R 3 Charakterisieren Sie die Begriffe „Finanzierung" und „Investition".

R 4 Zeigen Sie die Zusammenhänge zwischen Kapital, Vermögen, Finanzierung und Investition.

R 5 Wie lassen sich Finanzierungsvorgänge charakterisieren?

R 6 Erläutern Sie die Hauptformen der Unternehmensfinanzierung.

R 7 Schildern Sie den Problemlösungsprozess der Finanzierung.

R 8 Beschreiben Sie die Ziele der Finanzierung.

R 9 Was versteht man unter dem Begriff „Finanzmanagement"?

Finanzplanung und Finanzkontrolle

R 10 Erstellen Sie eine Liste unternehmens- und umweltbezogener Einflussfaktoren auf den Kapitalbedarf eines Unternehmens.

R 11 Was sind die Aufgaben einer Kapitalbedarfsrechnung?

R 12 Zeigen Sie die Aufgaben von kurzfristigen und langfristigen Finanzplänen und beschreiben Sie deren Unterschiede.

R 13 Welches sind die Aufgaben einer Finanzkontrolle?

R 14 Welche Kennzahlengruppen können im Rahmen der Finanzkontrolle unterschieden werden?

R 15 Wie würden Sie die Liquidität eines Unternehmens analysieren?

R 16 Nennen Sie Kennzahlen, die zur Grobanalyse der Vermögensstruktur verwendet werden können.

R 17 Anhand welcher Kennzahlen kann das Ausmaß der Verschuldung verdeutlicht werden?

R 18 Welche Anlagendeckungsgrade werden unterschieden?

R 19 Erläutern Sie die Bedeutung der Rentabilität im Rahmen der Finanzanalyse.

R 20 Was zeigt eine Kapitalflussrechnung? Wie kann sie gegliedert werden?

R 21 Der Cashflow ist eine der wichtigsten Kennzahlen zur Beurteilung der Ertragskraft eines Unternehmens. Welche Aussagekraft hat der Cashflow? Wie kann er berechnet werden?

R 22 Was ist ein Budget?

R 23 Beurteilen Sie das Budget als Führungsinstrument.

Beteiligungsfinanzierung

R 24 Was versteht man unter dem Eigenkapital eines Unternehmens?

R 25 Welche Funktionen kommen dem Eigenkapital zu?

R 26 Nennen Sie die wichtigsten Vorschriften, die im Zusammenhang mit dem Aktienkapital zu beachten sind.

R 27 Welche Arten von Aktien können unterschieden werden?

R 28 Welches sind die Unterschiede zwischen Inhaber- und Namensaktien?

R 29 Was versteht man unter einem Going Public und was wird damit bezweckt?

R 30 Beschreiben Sie die Voraussetzungen für ein Going Public.

R 31 Wie gehen Sie bei der Planung und Durchführung eines Going Public vor?

R 32 Worin bestehen die Probleme und Gefahren eines Going Public?

R 33 Welches können die Gründe für ein Going Private sein? Wie beurteilen Sie in diesem Zusammenhang einen so genannten Leveraged Buy-out?

R 34 Nennen Sie die wichtigsten Gründe, die zu einer Kapitalerhöhung führen können.

R 35 Welche Rechtsvorschriften und Emissionsbedingungen sind bei einer Kapitalerhöhung zu beachten?

R 36 Was versteht man unter einem Agio und wozu kann es verwendet werden?

R 37 Was stellt das Bezugsrecht dar?

R 38 Nennen Sie Vor- und Nachteile einer Kapitalerhöhung aus Gesellschaftsmitteln.

R 39 Bei der Kapitalbeteiligung der Mitarbeiter am Unternehmen stellen sich aus betriebswirtschaftlicher Sicht verschiedene Fragen:

- Welche Ziele sollen damit verfolgt werden?
- Wer ist bezugsberechtigt?
- In welcher Form sollen die Mitarbeiter beteiligt werden?
- Wovon hängt das Ausmaß einer solchen Beteiligung ab?
- Welche Faktoren bestimmen den Ausgabekurs?
- Nach welchen Kriterien soll der Grad der Verfügbarkeit festgelegt werden?

R 40 Wann kann eine Emission von Genussscheinen vorgenommen werden?

Innenfinanzierung

R 41 Welche Formen der Innenfinanzierung kennen Sie?

R 42 Beschreiben Sie die Finanzierung aus Abschreibungsgegenwerten.

R 43 Was ist der Kapazitätserweiterungseffekt?

R 44 Welche Voraussetzungen und Einflussfaktoren müssen bei der Ausnutzung des Kapazitätserweiterungseffektes beachtet werden?

R 45 Was versteht man unter der Selbstfinanzierung und welches sind die Voraussetzungen für diese Finanzierungsform?

R 46 Welche Motive können ein Unternehmen veranlassen, die Finanzierungsform der Selbstfinanzierung zu wählen?

R 47 Welches sind die Vor- und Nachteile der Selbstfinanzierung?

R 48 Beschreiben Sie die verschiedenen Dividendenformen.

R 49 Charakterisieren Sie die dividendenpolitischen Systeme.

R 50 Beschreiben Sie den Finanzierungseffekt aus Rückstellungswerten.

Fremdfinanzierung

R 51 Nach welchen Merkmalen kann das Fremdkapital eines Unternehmens charakterisiert werden?

R 52 Welche Funktionen erfüllt das Fremdkapital?

R 53 Beschreiben Sie die Problematik des Lieferanten- und des Kundenkredites.

R 54 Erläutern Sie die verschiedenen Formen des Bankkredites.

R 55 Was versteht man unter Factoring?

R 56 Was versteht man unter Forfaitierung?

R 57 Stellen Sie die Forfaitierung dem Factoring gegenüber.

R 58 Grenzen Sie das „gewöhnliche" Darlehen vom partiarischen Darlehen und von der Einlage des stillen Gesellschafters ab.

R 59 Welche Möglichkeiten kennen Sie, sich langfristig über Fremdkapital zu finanzieren?

R 60 Beschreiben Sie die Schuldverschreibung in der Grundform.

R 61 Erklären Sie den Unterschied zwischen einer Wandel- und einer Optionsanleihe.

R 62 Was versteht man unter Leasing?

R 63 Welche Arten von Leasing kennen Sie?

R 64 Wie wird das Financial-Leasing abgewickelt?

R 65 Worin sehen Sie die betriebswirtschaftliche Bedeutung des Leasings?

Optimierung der Unternehmensfinanzierung

R 66 Welche Fragen müssen im Rahmen der Bestimmung der optimalen Vermögens- und Kapitalstruktur des Unternehmens beantwortet werden?

R 67 Nach welchen Kriterien kann eine optimale Vermögens- und Kapitalstruktur gestaltet werden?

R 68 Beschreiben Sie den Leverage-Effekt und die damit verbundenen Probleme.

R 69 Beschreiben Sie das traditionelle Modell zur Gestaltung der kostenoptimalen Kapitalstruktur.

R 70 Beschreiben Sie das Modigliani/Miller-Modell zur Gestaltung der kostenoptimalen Kapitalstruktur.

R 71 Beschreiben Sie die Bedeutung der Liquidität und der Rentabilität in Bezug auf die Existenzsicherung des Unternehmens.

R 72 Beurteilen Sie die Finanzierungsregeln in Bezug auf die Liquiditätssicherung.

R 73 Was heißt flexibilitätsorientierte Finanzierung?

R 74 Wann stellt sich in einem Unternehmen die Frage, ob weiteren Personenkreisen Einfluss auf die Geschäftsführung gewährt werden soll?

Investition und Unternehmensbewertung

Grundlagen

R 1 Was versteht man unter dem Begriff „Investition“?

R 2 Erläutern Sie die verschiedenen Investitionsarten.

R 3 Beschreiben Sie den Problemlösungsprozess der Investition.

R 4 Nennen Sie die vier Hauptphasen des Investitionsentscheidungsprozesses.

R 5 Beschreiben Sie die Teilphasen der Investitionsplanung im Rahmen des Investitionsentscheidungsprozesses.

R 6 Was versteht man unter den Imponderabilien im Zusammenhang mit Investitionsrechnungen? Geben Sie Beispiele.

R 7 Wie können Sie die quantitativ nur schwer oder überhaupt nicht erfassbaren Einflussfaktoren bei Investitionsentscheidungen berücksichtigen?

R 8 Wo liegen die Probleme bei der Realisierung eines Investitionsprojektes, nachdem die Investitionsentscheidung gefallen ist?

R 9 Welche Funktionen erfüllt die Investitionskontrolle?

Investitionsrechenverfahren

R 10 Geben Sie einen Überblick über die Investitionsrechenverfahren.

R 11 Beschreiben und beurteilen Sie die Kostenvergleichsrechnung.

R 12 Charakterisieren Sie die Gewinnvergleichsrechnung.

R 13 Was sind Differenzinvestitionen?

R 14 Was versteht man unter der Rentabilitätsrechnung?

R 15 Charakterisieren Sie die Amortisationsrechnung.

R 16 Beurteilen Sie die statischen Verfahren der Investitionsrechnung.

R 17 Welche Aspekte werden mit den dynamischen Rechenverfahren im Gegensatz zu den statischen Verfahren berücksichtigt?

R 18 Beschreiben Sie die Kapitalwertmethode.

R 19 Stellen Sie das Verfahren des internen Zinsfußes dar.

R 20 Zeigen Sie die Zusammenhänge zwischen der Kapitalwertmethode und dem Verfahren des internen Zinsfußes.

R 21 Was ist der Zweck der Annuitätenmethode?

R 22 Beurteilen Sie die dynamischen Verfahren der Investitionsrechnung.

R 23 Welche Möglichkeiten hat ein Unternehmen, um die mit einer Investition verbundenen Risiken zu berücksichtigen?

Unternehmensbewertung

R 24 Was ist den Investitionsrechenverfahren und den Methoden der Unternehmensbewertung gemeinsam und wo bestehen Unterschiede?

R 25 Beschreiben Sie mögliche Anlässe, die zu einer Unternehmensbewertung führen.

R 26 Welche Funktionen der Unternehmensbewertung lassen sich unterscheiden?

R 27 Was versteht man unter dem Substanzwert?

R 28 Was will man mit dem Goodwill ausdrücken?

R 29 Was versteht man unter dem Ertragswert?

R 30 Welche Probleme sind mit der Berechnung des Ertragswertes verbunden?

R 31 Wie berechnet man den Free Cashflow?

R 32 Welche Einschränkungen und kritischen Aspekte in der Anwendung des DCF-Modells sind anzuführen?

R 33 Was ist der Economic Value Added und der Market Value Added?

R 34 Wodurch zeichnet sich der Cashflow Return On Investment und der Cash Value Added aus?

R 35 Gehen Sie kritisch auf die Verwendung des Cashflow Return On Investment als Konzept zur Unternehmensbewertung ein.

R 36 Erklären Sie die Unternehmensbewertung anhand von Multiplikatormodellen. Welche Multiplikatoren kennen Sie?

R 37 Welche Einschränkungen bei der Wahl von Multiplikatoren sind zu berücksichtigen?

R 38 Stellen Sie die Möglichkeiten dar, wie der Unternehmenswert in der Praxis bestimmt werden kann.

Personal

Grundlagen

R 1 Begründen Sie, warum der Mensch nicht als ein Produktionsfaktor (wie z. B. die Potenzialfaktoren) angesehen werden kann.

R 2 Stellen Sie die Theorie X der Theorie Y gegenüber und beschreiben Sie die Annahmen über die Natur des Menschen, die hinter diesen Theorien stehen.

R 3 Beschreiben und beurteilen Sie das Scientific Management.

R 4 Was versteht man unter dem Hawthorne-Effekt?

R 5 Welche Schlussfolgerungen können aus den Hawthorne-Experimenten gezogen werden?

R 6 Worin besteht die Problematik des Human Relations-Ansatzes?

R 7 Charakterisieren Sie die Anreiz-Beitrags-Theorie in ihren Grundzügen.

R 8 Beschreiben Sie den Problemlösungsprozess im Personalbereich.

R 9 Was versteht man unter dem Personalmanagement?

Personalbedarfsermittlung

R 10 Welches sind die Aufgaben der Personalbedarfsermittlung?

R 11 Worin besteht der Unterschied zwischen dem Brutto- und Nettopersonalbedarf?

R 12 Nennen Sie externe Einflussfaktoren auf den Nettopersonalbedarf.

R 13 Welche Schwierigkeiten stellen sich bei der quantitativen Ermittlung des Nettopersonalbedarfs?

R 14 Worauf können Fehlzeiten zurückgeführt werden?

R 15 Nennen Sie Faktoren, welche die Fehlzeiten beeinflussen können.

R 16 Wie kann die Fluktuation statistisch erfasst werden?

R 17 Wie kann der quantitative Personalbedarf berechnet werden?

R 18 Wie gehen Sie bei der qualitativen Personalbedarfsermittlung vor?

R 19 Was beinhaltet die Arbeitsanalyse?

R 20 Erläutern Sie die drei wesentlichen Elemente einer Stellenbeschreibung.

Personalbeschaffung

R 21 Was versteht man unter der Personalbeschaffung?

R 22 Welche Gründe sprechen für die Besetzung freier Stellen mit betriebseigenen, welche für die Besetzung mit betriebsfremden Arbeitskräften?

R 23 Vergleichen Sie die Aufgaben der mittelbaren mit denjenigen der unmittelbaren Personalwerbung.

R 24 Was versteht man unter Executive Search und in welchen Situationen ist es sinnvoll, dieses Instrument einzusetzen?

R 25 Wie gehen Sie bei der Auswahl von Bewerbern vor?

R 26 Welche Testverfahren können bei der Personalauswahl eingesetzt werden?

R 27 Wo liegen die Probleme beim Einsatz von Testverfahren?

R 28 Was versteht man unter einem Assessment Center?

Personaleinsatz

R 29 Beschreiben Sie die Problembereiche der Aufgabe Personaleinsatz.

R 30 Erläutern Sie die Vor- und Nachteile einer Arbeitsplatzspezialisierung.

R 31 Beurteilen Sie die folgenden Maßnahmen, die mit einer bestimmten Arbeitsstrukturierung die zu starke Stellenspezialisierung zu verhindern beabsichtigen:
- Job enlargement,
- Job enrichment,
- Job rotation,
- teilautonome Arbeitsgruppen.

R 32 Welche Bereiche umfasst die Arbeitsplatzgestaltung?

R 33 Erläutern Sie die Vor- und Nachteile von Telearbeit.

R 34 Welche Regelungen sind bei der Arbeitszeitgestaltung festzulegen?

R 35 Welche Kriterien sind bei der Festlegung von Arbeitspausen zu berücksichtigen, um für die Mitarbeiter einen möglichst hohen Erholungswert zu erreichen?

Personalmotivation und -honorierung

R 36 Welches sind die Aufgaben der Personalmotivation und -honorierung?

R 37 Geben Sie einen Überblick über die materiellen und immateriellen Anreize, die ein Unternehmen anbieten kann.

R 38 Klären Sie die Begriffe „Bedürfnis", „Motiv" und „Motivation".

R 39 Worin bestehen die Unterschiede zwischen Inhalts- und Prozesstheorien im Zusammenhang mit den Motivationstheorien?

R 40 Beschreiben Sie die Motivationstheorie von Maslow.

R 41 Erläutern Sie den Inhalt der Zweifaktoren-Theorie von Herzberg.

R 42 Beschreiben Sie das Zirkulationsmodell von Porter/Lawler.

R 43 Charakterisieren Sie die Gleichgewichtstheorie von Adams.

R 44 Welche Probleme stellen sich bei der Festlegung der absoluten, welche bei der relativen Lohnhöhe?

R 45 Warum ist es schwierig, den gerechten Lohn zu definieren?

R 46 Wie kann eine Objektivierung des Lohnes erreicht werden?

R 47 Welches sind die Aufgaben der Arbeitsbewertung?

R 48 Was versteht man unter der Normalleistung einer Arbeitskraft?

R 49 Beschreiben Sie die quantitative und qualitative Analyse der Arbeitsbewertung.

R 50 Nennen Sie die Methoden der quantitativen und qualitativen Analyse der Arbeitsbewertung.

R 51 Beschreiben und beurteilen Sie die summarischen Verfahren der Arbeitsbewertung.

R 52 Beschreiben und beurteilen Sie die analytischen Methoden der Arbeitsbewertung.

R 53 Welche Möglichkeiten der Lohnsatzdifferenzierung gibt es?

R 54 Welche Schwierigkeiten ergeben sich bei der Leistungsbewertung und wie kann diesen begegnet werden?

R 55 Charakterisieren Sie den Zeitlohn.

R 56 Beschreiben und beurteilen Sie den Akkordlohn.

R 57 Welches sind die Vor- und Nachteile des Prämienlohnes?

R 58 Worin unterscheiden sich verhaltensbezogene- und ergebnisbezogene Leistungskriterien der Vergütung voneinander?

R 59 Welche Vorraussetzungen müssen erfüllt sein, damit sich Teamanreize positiv auf die Motivation der Gruppenmitglieder auswirkt?

R 60 Was versteht man unter den Begriffen „Erfolgsbeteiligung“ und „Kapitalbeteiligung“?

R 61 Welche Ziele verfolgt man mit den betrieblichen Sozialleistungen?

R 62 Was ist bei der Einführung eines betrieblichen Vorschlagswesen zu beachten?

R 63 Welches sind die Merkmale und Aufgaben von Qualitätszirkeln?

R 64 Welches sind die Bedürfnisse, die durch eine Gruppenmitgliedschaft befriedigt werden können?

Personalentwicklung

R 65 Was versteht man unter der Personalentwicklung?

R 66 Weshalb kommt der Personalentwicklung im Rahmen der Personalpolitik eine große Bedeutung zu?

R 67 Nennen Sie Faktoren, welche die so genannte Laufbahnlinie beeinflussen.

R 68 Nach welchen Kriterien lassen sich Ausbildungsmethoden charakterisieren?

R 69 Was versteht man unter „Corporate Universities"?

R 70 Welche Aufgaben erfüllt das Coaching im Rahmen der Personalentwicklung?

R 71 Welche zwei Arbeitsformen können im Coaching eingesetzt werden?

Personalfreistellung

R 72 Erläutern Sie die Aufgaben der Personalfreistellung.

R 73 Welches sind mögliche Ursachen für Personalfreistellungsmaßnahmen?

R 74 Geben Sie einen Überblick über Maßnahmen zur Personalfreistellung.

R 75 Welche Aspekte sind bei Arbeitszeitverkürzungen zu berücksichtigen?

R 76 Welche Probleme sind mit Versetzungen verbunden?

R 77 Welche Folgen können mit einer unfreiwilligen Kündigung für die Arbeitnehmer verbunden sein?

R 78 Erklären Sie den Begriff „Outplacement".

Organisation

Grundlagen

R 1 Was bedeutet organisieren?

R 2 Wo liegen die Grenzen der Arbeitsteilung?

R 3 Beschreiben Sie die drei Bedeutungen des Begriffs „Organisation“.

R 4 Was sind formale und was sind informale Organisationsstrukturen?

R 5 Nennen Sie mögliche Ursachen der Bildung informaler Organisationsstrukturen.

R 6 Beschreiben Sie den Problemlösungsprozess der Organisation.

R 7 Nennen Sie die formalen Elemente der Organisation.

R 8 Was versteht man unter einer Aufgabe und durch welche Merkmale lässt sie sich charakterisieren?

R 9 Wie stehen die Begriffe „Stelle“, „Arbeitsplatz“ und „Abteilung“ zueinander?

R 10 Was sind Instanzen?

R 11 Grenzen Sie die zentralen Dienste von den Stabsstellen ab.

R 12 Wann wird eher personenbezogen und wann wird eher sachbezogen organisiert?

R 13 Was versteht man unter den Begriffen „Kompetenz“ und „Verantwortung“?

R 14 Was besagt die Kongruenz von Aufgabe, Kompetenz und Verantwortung?

R 15 Grenzen Sie Anrufungs-, Mitsprache- und Anordnungswege voneinander ab.

R 16 Welches sind die Aufgaben der Aufbauorganisation?

R 17 Welches Vorgehen kann man bei der Bildung einer Aufbauorganisation wählen?

R 18 Was versteht man unter der Kontrollspanne?

R 19 Welche Faktoren beeinflussen die Größe der Kontrollspanne?

R 20 Welche Aufgaben umfasst die Ablauforganisation?

R 21 Beschreiben Sie das Vorgehen bei der Ablauforganisation.

R 22 Welches sind die Ziele der Ablauforganisation?

R 23 Erläutern Sie das Dilemma der Ablaufplanung.

R 24 Nennen Sie Organisationsinstrumente der Aufbau- und Ablauforganisation.

R 25 Wozu dient das Organigramm und welche Formen kennen Sie?

R 26 Welche Informationen kann ein Organigramm enthalten?

R 27 Welche Aufgaben hat die Stellenbeschreibung aus organisatorischer Sicht?

R 28 Wo liegen die Hauptschwierigkeiten beim Einsatz von Stellenbeschreibungen?

R 29 Was versteht man unter einem Funktionendiagramm?

R 30 Erklären Sie das Substitutionsprinzip der Organisation.

R 31 Beschreiben Sie die Vor- und Nachteile, die sich aus dem Substitutionsprinzip der Organisation für ein Unternehmen ergeben.

Organisationstheoretische Ansätze

R 32 Beschreiben Sie das Scientific Management aus organisatorischer Sicht.

R 33 Charakterisieren Sie den Ansatz von Fayol.

R 34 Welche organisatorischen Erkenntnisse lassen sich aus dem Human Relations-Ansatz ableiten?

R 35 Welches sind die Grundhypothesen des situativen Ansatzes?

R 36 Worin besteht der Unterschied zwischen dem analytischen und dem handlungsorientierten Grundmodell des situativen Ansatzes?

R 37 Beschreiben Sie das handlungsorientierte Grundmodell von Kieser/Kubicek.

R 38 Was verstehen Burns/Stalker unter dem Managementsystem und der Umwelt eines Unternehmens?

R 39 Stellen Sie das mechanistische dem organischen Managementsystem gegenüber.

R 40 Wann ist gemäß Burns/Stalker die Anwendung des mechanistischen Systems angemessen, wann diejenige des organischen Systems?

R 41 Beschreiben Sie die Hypothesen, die Lawrence/Lorsch ihren Untersuchungen zu Grunde gelegt haben.

R 42 Zeigen Sie grafisch das Grundmodell des Kontingenz-Konzeptes von Lawrence/Lorsch.

R 43 Welches sind die empirischen Resultate aus der Untersuchung von Lawrence/Lorsch?

R 44 Was ist der wesentliche Inhalt der Untersuchung von Lawrence/Dyer?

R 45 Beschreiben Sie den Ansatz von Woodward.

R 46 Welches sind die Erkenntnisse der Untersuchung von Perrow?

R 47 Welches sind die zentralen Aussagen der Institutionenökonomischen Ansätze?

Organisationsformen

R 48 Welche Prinzipien zur Strukturierung einer Organisation gibt es?

R 49 Nach welchen Kriterien können Stellen gebildet werden?

R 50 Worin bestehen die Vorteile einer funktionalen Struktur?

R 51 Welches sind die Vorteile einer divisionalen Organisationsstruktur?

R 52 Beurteilen Sie das Einlinien- und das Mehrliniensystem.

R 53 Was versteht man unter Entscheidungszentralisation?

R 54 Charakterisieren Sie die Stablinienorganisation.

R 55 In der Praxis ergeben sich oft Konflikte zwischen Stabs- und Linienstellen. Wo können die Ursachen liegen?

R 56 Was versteht man unter einer Spartenorganisation?

R 57 Nennen Sie Gründe, die für die Einführung einer Spartenorganisation sprechen.

R 58 Grenzen Sie die Cost-Center-, Profit-Center- und Investment-Center-Organisation voneinander ab.

R 59 Welches sind die Vor- und Nachteile einer Spartenorganisation?

R 60 Was versteht man unter einer Matrixorganisation?

R 61 Welches sind Voraussetzungen für die Wahl einer Matrixorganisation?

R 62 Worin liegt die Hauptproblematik der Matrixorganisation und wie kann sie gelöst werden?

R 63 Worin liegen die Vor- und Nachteile der Matrixorganisation?

R 64 Was versteht man im organisatorischen Sinne unter einem Team?

R 65 Nach welchen Kriterien lassen sich Teams charakterisieren?

R 66 Wofür eignet sich der Einsatz von Teams besonders gut?

R 67 Welche Faktoren sind bei der Entscheidung für oder gegen die Teamarbeit zu beachten?

R 68 Welches sind die Vor- und Nachteile der Teamorganisation?

R 69 Beschreiben Sie die Teamkonzeption von Likert.

R 70 Welche Formen der Projektorganisation können unterschieden werden?

R 71 Erläutern Sie den Unterschied zwischen einer Finanz-Holding und einer Management-Holding.

R 72 Charakterisieren Sie die verschiedenen Organisationsformen anhand der drei Prinzipien zur Strukturierung einer Organisation.

Organisation als geplanter organisatorischer Wandel

R 73 Erläutern Sie das Grundmodell der organisatorischen Gestaltung.

R 74 Worin unterscheiden sich Vor-, Haupt- und Teilstudien im Rahmen der Reorganisation voneinander?

R 75 Erläutern Sie das Konzept des Business Reengineering.

R 76 Welche Gestaltungsvariablen zeichnen das Business Reengineering aus?

R 77 Beschreiben Sie die grundlegenden Prinzipien der Organisationsentwicklung.

R 78 Erläutern Sie die Phasen des Prozesses der Organisationsentwicklung nach Lewin.

R 79 Vergleichen Sie die Konzepte des Business Reengineering und der Organisationsentwicklung miteinander.

R 80 Worin liegen die Stärken und Schwächen des Business Reengineering und der Organisationsentwicklung?

Management

Grundlagen

R 1 Grenzen Sie die Führungsgrundsätze von den Unternehmensgrundsätzen ab.

R 2 Was versteht man unter einer Managementtechnik?

R 3 Umschreiben und beurteilen Sie das Management by Objectives.

R 4 Umschreiben und beurteilen Sie das Management by Exception.

R 5 Umschreiben und beurteilen Sie das Management by Delegation.

R 6 Umschreiben und beurteilen Sie das Management by System.

R 7 Was versteht man unter einem Managementmodell?

R 8 Beschreiben Sie die konstitutiven Elemente der Führung.

R 9 Welche Aspekte der Führung können bei einer führungstechnischen Betrachtungsweise unterschieden werden?

R 10 Welche Aspekte müssen bei der Betrachtung der zwischenmenschlichen Beziehung in einer Führungssituation berücksichtigt werden?

R 11 Was ist der eigentliche Inhalt, d.h. was sind die zu lösenden Aufgaben und Probleme der Führung?

Managementfunktionen

R 12 Beschreiben Sie die Beziehungen der Planung zu den anderen konstitutiven Elementen des Führungsprozesses.

R 13 Welche Aufgaben kommen der Planung im Rahmen der Steuerung des Problemlösungsprozesses zu?

R 14 Nennen Sie die Elemente eines Planungskonzepts.

R 15 Welche Grundsätze müssen bei der Gestaltung eines Planungskonzepts berücksichtigt werden?

R 16 Charakterisieren Sie mögliche Ausgestaltungen eines Planungssystems.

R 17 Grenzen Sie die strategische von der operativen Planung ab.

R 18 Wie verhält sich die dispositive Planung zu der strategischen und operativen Planung?

R 19 Beschreiben Sie den Planungsprozess in Bezug auf die organisatorische Eingliederung und die Periodizität.

R 20 Was versteht man unter Planungszentralisation, was unter Planungsdezentralisation?

R 21 Unter welchen Fragestellungen kann die Entscheidung bei Berücksichtigung des führungstechnischen Aspektes betrachtet werden?

R 22 Welche Entscheidungsarten kennen Sie?

R 23 Was versteht man unter „echten“ Führungsentscheidungen?

R 24 Was versteht man unter einer Entscheidung im weiteren Sinne?

R 25 Aus welchen Elementen setzt sich eine Entscheidung im weiteren Sinne zusammen?

R 26 Beschreiben Sie die Entscheidungsregeln, die bei Unsicherheit und in Risikosituationen angewendet werden können.

R 27 Welche Problembereiche der Aufgabenübertragung können unter Berücksichtigung von führungstechnischen Aspekten unterschieden werden?

R 28 Welche Grundsätze sind bei einer Aufgabenübertragung zu beachten?

R 29 Wie können Unklarheiten bei einer Aufgabenübertragung vermieden werden?

R 30 Was versteht man unter dem Begriff „Autorität“?

R 31 Auf welchen Ursachen kann in der betrieblichen Praxis die Autorität beruhen?

R 32 Was versteht man unter einem Soll-Ist-Vergleich und unter einem Ist-Ist-Vergleich?

R 33 Welche Problembereiche der Kontrolle können unter führungstechnischen Aspekten unterschieden werden?

R 34 Welche Kontrollbereiche können unterschieden werden?

R 35 Welche Grundsätze sind bei der Kontrolle zu beachten, um ihre Zweckmäßigkeit und ihren Erfolg zu garantieren?

R 36 Charakterisieren Sie das Controlling.

Unternehmenskultur und Führungsstil

R 37 Was versteht man unter der Unternehmenskultur?

R 38 Welches sind die Kernfaktoren der Unternehmenskultur?

R 39 Wie lässt sich die Ausprägung einer Unternehmenskultur charakterisieren?

R 40 Beschreiben Sie die Unternehmenskultur-Typologie von Deal/Kennedy.

R 41 Welches sind die Vor- und Nachteile von starken Unternehmenskulturen?

R 42 Wie kann die Kultur in einem Unternehmen erfasst werden?

R 43 Beschreiben Sie, wie Unternehmenskulturen verändert werden können.

R 44 Was versteht man unter dem Führungsstil?

R 45 Grenzen Sie den autoritären vom kooperativen Führungsstil ab.

R 46 Was versteht man unter dem situativen Führungsstil und welches sind seine wichtigsten Bestimmungsfaktoren?

R 47 Welches sind die Vor- und Nachteile des situativen Führungsstils?

R 48 Beschreiben Sie das Modell des Verhaltensgitters von Blake/Mouton.

Strategisches Management

R 49 Was versteht man unter der Unternehmenspolitik?

R 50 Welche charakteristischen Merkmale einer Unternehmenspolitik lassen sich unterscheiden?

R 51 Definieren Sie den Begriff „strategische Erfolgsposition".

R 52 Welche allgemeinen Anforderungen sind an unternehmenspolitische Entscheidungen zu stellen?

R 53 Beschreiben Sie die Elemente des strategischen Problemlösungsprozesses.

R 54 Welche drei Bereiche umfasst die Analyse der Ausgangslage im Rahmen des strategischen Problemlösungsprozesses?

R 55 Welche Teilanalysen können im Rahmen einer Umweltanalyse vorgenommen werden?

R 56 Welche Probleme stellen sich bei einer Umweltanalyse?

R 57 Charakterisieren Sie die wichtigsten Aspekte einer Unternehmensanalyse.

R 58 Welche Aspekte müssen bei der Erfassung der Grundorientierung einer Unternehmenskultur im Rahmen einer Unternehmensanalyse beachtet werden?

R 59 Beschreiben Sie Schwierigkeiten, die sich bei einer Unternehmensanalyse ergeben können.

R 60 Wie gehen Sie bei der Analyse von Wertvorstellungen vor?

R 61 Worauf müssen Sie bei der Erfassung von Wertvorstellungen achten?

R 62 Was versteht man unter der Management-Philosophie?

R 63 Auf welche Bereiche bezieht sich die Management-Philosophie?

R 64 Nennen Sie Methoden, mit denen sich die Unternehmens- und Umweltentwicklung analysieren lässt.

R 65 Beschreiben Sie die fünf Triebkräfte des Branchenwettbewerbs nach Porter.

R 66 Welche Schlüsselfaktoren, die den ROI beeinflussen, ergeben sich aus der PIMS-Studie?

R 67 Was besagt das Erfahrungskurven-Konzept der Boston Consulting Group?

R 68 Welche Ursachen können zu Kostensenkungen auf Grund des Konzeptes der Erfahrungskurve führen?

R 69 Welche Konsequenzen ergeben sich aus der Erfahrungskurve für die Wettbewerbsposition eines Unternehmens?

R 70 Was ist das Ziel der Produkt-Portfolio-Analyse?

R 71 Wie stehen die beiden Begriffe „Strategische Geschäftseinheit" und „Strategisches Geschäftsfeld" zueinander?

R 72 Beschreiben Sie das Marktwachstums-/Marktanteils-Portfolio der Boston Consulting Group.

R 73 Charakterisieren Sie die Gap-Analyse.

R 74 Was versteht man unter Benchmarking?

R 75 Was versteht man unter einem Unternehmensleitbild?

R 76 Welche Funktionen hat ein Unternehmensleitbildes?

R 77 Was ist der Inhalt eines Unternehmensleitbildes?

R 78 Schildern Sie das Vorgehen bei der Entwicklung und Umsetzung einer Unternehmensstrategie.

R 79 Beschreiben Sie die Produkt/Markt-Matrix von Ansoff.

R 80 Erläutern Sie die Wettbewerbsstrategien nach Porter.

R 81 Welche idealtypischen Normstrategien ergeben sich aus der Marktwachstums-/Marktanteils-Matrix?

R 82 Was versteht man unter Kernkompetenzen?

R 83 Wie können die Kernkompetenzen eines Unternehmens identifiziert werden?

R 84 Nennen Sie die Voraussetzungen für eine erfolgreiche Implementierung einer Unternehmensstrategie.

R 85 Beschreiben Sie direkte und indirekte Maßnahmen zur Realisierung einer neuen Unternehmensstrategie.

R 86 Welche Bereiche sind bei der Überwachung der Strategieumsetzung regelmäßig zu überprüfen?

R 87 Erläutern Sie das Konzept des Balanced Scorecend.

R 88 Was ist die Aussage des 7-S-Modells?

Spezielle Gebiete des Managements

Projektmanagement

R 1 Was versteht man unter Projektmanagement?

R 2 Mit welchen Projektmerkmalen kann ein Projekt definiert werden?

R 3 Nennen Sie Unterscheidungsmerkmale, nach denen Projekte charakterisiert und klassifiziert werden können.

R 4 Nennen und beschreiben Sie die vier Phasen, die in einem Projekt durchschritten werden.

R 5 Welches sind die wesentlichen Hindernisse bei der Durchführung eines Projekts?

Informationsmanagement

R 6 Welche Aufgabe hat das Informationsmanagement?

R 7 Erläutern Sie die verschiedenen Bestandteile der Informationstechnik.

R 8 Was versteht man unter Standardsoftware?

R 9 Zeigen Sie Unterschiede zwischen einem manuellen und einem computerunterstützten Informationssystem auf.

R 10 Welche Anwendungstypen können in Unternehmen unterschieden werden?

R 11 Welche Zielsetzungen stehen hinter dem Einsatz der Informationstechnik?

R 12 Worin unterscheiden sich die Aufgaben der Informatiker von denen der Anwender in einem Unternehmen?

R 13 Stellen Sie den Problemlösungsprozess des Informationsmanagements dar.

R 14 Was sind die wichtigsten Inhalte eines Leitbildes für das Informationsmanagement?

R 15 Worin unterscheidet sich eine Informationssystem-Architektur von einer Informationstechnik-Architektur?

R 16 Erläutern Sie den Zusammenhang zwischen Projekten und dem Projektportfolio.

R 17 Welche Beziehungen bestehen zwischen dem Entwicklungs-, dem Migrations-, dem Finanz- und dem Personalplan?

R 18 Welche Aufgaben hat das Projektmanagement?

R 19 Welche Arten von Evaluationen sind im Rahmen des Informationsmanagements notwendig?

Risikomanagement

R 20 Was versteht man unter einem unternehmerischen Risiko?

R 21 Nennen sie die fünf zentralen Risikofelder, die im Verlauf der Risikoidentifikation und -analyse betrachtet werden müssen.

R 22 Welche Bereiche und Informationen können in einem Risikoportfolio identifiziert werden?

R 23 Welche Grundsatzaspekte werden in einer Risikostrategie festgelegt?

R 24 Welche Kontextfaktoren beeinflussen die Gestaltung des Risikomanagements in einem Unternehmen?

Wissensmanagement

R 25 Was versteht man unter Wissensmanagement?

R 26 Nach welchen Merkmalen kann Wissen charakterisiert werden?

R 27 Erläutern Sie den Unterschied zwischen implizitem und expliztem Wissen.

R 28 Beschreiben Sie die verschiedenen Formen des Wissenstransfers.

R 29 Was versteht man unter organisationalem Lernen?

R 30 Erläutern Sie den Unterschied zwischen Single-Loop-, Double-Loop- und Deutero-Learning.

R 31 Mit welchen Wissensstrategien können die Wissensziele realisiert werden?

R 32 Erläutern Sie die beiden Ansätze von Nonaka und Probst/Raub/Romhardt zum Wissensmanagement.

R 33 Was versteht man unter Wissenskapital?

R 34 Wie kann das Wissenskapital gemessen werden?

Unternehmensethik

R 35 Welche Funktionen einer Ethik können unterschieden werden?

R 36 Charakterisieren Sie mögliche ethische Verhaltenstypen im Management.

R 37 Erläutern Sie, welche ethischen Problemstellungen auf den unterschiedlichen wirtschaftlichen Handlungsebenen im Vordergrund stehen.

R 38 Nennen Sie ethische Grundsätze, nach denen sich unternehmerisches Verhalten ausrichten kann bzw. mit deren Hilfe unternehmerisches Handeln beurteilt werden kann.

R 39 Beschreiben Sie das Glaubwürdigkeitskonzept in seinen Grundzügen.

R 40 Was versteht man unter rationalem Handeln?

R 41 Beschreiben Sie die verschiedenen Komponenten einer unternehmerischen Rationalität.

Teil 2

Aufgaben

Inhalt

Unternehmen und Umwelt 61
Marketing 73
Materialwirtschaft 89
Produktion 101
Rechnungswesen 111
Finanzierung 121
Investition und Unternehmensbewertung 137
Personal 153
Organisation 165
Management 181
Spezielle Gebiete des Managements 197

Unternehmen und Umwelt

Grundlagen

A 1 Zeigen Sie, mit welchen Arten von Wirtschaftsgütern ein Industrieunternehmen, eine Bank und ein Warenhaus vorwiegend zu tun haben.

A 2 Bei der Steuerung eines Unternehmens ist von Bedeutung, dass es sich bei diesem um ein komplexes System handelt.

a) Was versteht man unter einem komplexen System?

b) In welchen Situationen muss der Komplexität eines Unternehmens besondere Beachtung geschenkt werden?

A 3 Erläutern Sie den Problemlösungsprozess am Beispiel einer Buchveröffentlichung.

A 4 Der Umsatzprozess eines Unternehmens kann in einen güter- und in einen finanzwirtschaftlichen Umsatzprozess unterteilt werden.

a) Versuchen Sie, die beiden Umsatzprozesse grafisch darzustellen.

b) Wie hängen der güter- und der finanzwirtschaftliche Umsatzprozess zusammen?

A 5 Oft hört man die Feststellung, dass in der heutigen Zeit eine umfassende Umweltanalyse immer wichtiger für ein Unternehmen werde.

a) Welche Gründe können zu dieser Aussage führen?

b) Skizzieren Sie eine Umweltanalyse für ein Fast-Food-Unternehmen wie McDonald's. Gehen Sie dabei von den verschiedenen Umweltbereichen aus, denen sich ein Unternehmen gegenübersieht.

c) Welche Maßnahmen schlagen Sie aufgrund der in b) gemachten Umweltanalyse für McDonald's vor?

Typologie des Unternehmens

A 6 Jedes Jahr werden in den Fachzeitschriften (z.B. Forbes, Fortune) Listen mit den größten Unternehmen veröffentlicht.

a) Wozu dient die Charakterisierung von Unternehmen nach dem Kriterium Unternehmensgröße?

b) Welche Schwierigkeiten ergeben sich bei der Messung der Unternehmensgröße?

c) Nennen Sie weitere Kriterien, die neben dem Umsatz, dem Gewinn und der Anzahl der Beschäftigten eine Beurteilung der Unternehmensgröße erlauben.

d) Erläutern Sie branchenspezifische Kriterien zur Messung der Unternehmensgröße, die Ihnen als sinnvoll erscheinen.

A 7 Suchen Sie nach Gründen für die unterschiedlich starke Verbreitung der verschiedenen Rechtsformen.

A 8 Erstellen Sie eine Tabelle, in der Sie die Personen- von den Kapitalgesellschaften nach den folgenden Kriterien abgrenzen:

- Objekt auf dem Mitgliedschaft beruht,
- Stimmrecht,
- Prinzip der Meinungsbildung,
- Übertragbarkeit der Mitgliedschaft,
- Pflichten der Gesellschafter,
- Haftung der Gesellschafter,
- Mindesteigenkapital.

A 9 Die Herren Meyer, Müller und Schulz wollen eine Gesellschaft gründen, die im Bereich der EDV (Handel mit Soft- und Hardware) tätig sein wird. Spätere Eigenentwicklungen von Softwarepaketen sind vorgesehen. Die drei Geschäftspartner haben genügend Mittel, um jede nach deutschem Gesetz erlaubte Gesellschaftsform zu wählen. Welche Gesellschaftsformen stehen Meyer, Müller und Schulz für die Gründung offen?

A 10 Herr High und Herr Tech wollen gemeinsam ein Projekt starten. Bevor sie das Projekt in Angriff nehmen, wollen sie die Rechtsform für die zu gründende Gesellschaft festlegen. Die beiden Geschäftspartner bringen folgende Wünsche zum Ausdruck:

- Herr High:
  - Haftung minimieren,
  - volle Mitarbeit,
  - finanzielle Beteiligung,
  - Gewinnbeteiligung,
  - keine Verlustbeteiligung.
- Herr Tech:
  - keine Mitarbeit,
  - finanzielle Beteiligung,
  - Gewinnbeteiligung,
  - das Unternehmen soll leicht verkäuflich sein,
  - persönliche Haftung wird übernommen,
  - Verlustbeteiligung wird in Kauf genommen.

a) Welche Gesellschaftsformen kommen für Herrn High und Herrn Tech in Frage?

b) Welche Abstriche müssen bei den Wünschen gemacht werden, wenn ein Kompromiss geschlossen werden soll?

A 11 Für kleine Unternehmen ist die Gesellschaft mit beschränkter Haftung als Alternative zur Aktiengesellschaft zu sehen. Stellen Sie die Vor- und Nachteile der Gesellschaft mit beschränkter Haftung im Vergleich zur Aktiengesellschaft dar.

A 12 Seit längerem kann beobachtet werden, dass Unternehmen vermehrt Verbindungen eingehen.

a) Welche Arten von Unternehmensverbindungen können in Bezug auf die Produktionsstufe unterschieden werden? Nennen Sie je ein Beispiel.

b) Worin liegen die Gründe für den eingangs geschilderten Sachverhalt?

A 13 Durch eine Fusion entsteht aus zwei oder mehreren Unternehmen eine neue wirtschaftliche Einheit.

a) Welche Formen einer Fusion können unterschieden werden?

b) Nennen Sie einige Probleme, die sich durch eine Fusion ergeben können.

A 14 Die beiden Regionalbanken Bank Bärental und Sparkasse Bloxberg, die vorwiegend im Hypotheken- und Kreditgeschäft tätig sind, weisen in etwa die gleiche Bilanzsumme auf. Während die Bank Bärental in den letzten Jahren zufrieden stellende Abschlüsse ausweisen konnte, haben gewagte Hypothekengeschäfte die Erträge der Sparkasse Bloxberg stark schrumpfen lassen. Die Direktion prüft deshalb die Möglichkeit, der Bank Bärental ein Angebot zur verstärkten Zusammenarbeit zu unterbreiten.

a) Welche Form von Unternehmenszusammenschluss ist möglich, wenn die rechtliche und wirtschaftliche Selbstständigkeit der beiden Unternehmen gewahrt bleiben und nur eine Zusammenarbeit in den gemeinsamen Geschäftsbereichen stattfinden soll?

b) Welche Art von Unternehmenszusammenschluss wäre als Folgestufe zu sehen, wenn die rechtliche und wirtschaftliche Selbstständigkeit aufgegeben würde?

c) Wo sehen Sie die betriebswirtschaftlichen Vorteile für die Sparkasse Bloxberg bei der Zusammenarbeit mit der Bank Bärental?

A 15 Fünf Unternehmen wollen sich zu einem Preiskartell zusammenschließen.

a) Welches sind die Gründe, die zu einem Preiskartell führen können?

b) Welches sind die Voraussetzungen, damit ein Preiskartell gebildet und aufrechterhalten werden kann?

c) Wie kann der Preis in einem Preiskartell grundsätzlich festgelegt werden?

d) Zeigen Sie, welche Auswirkungen ein Preiskartell auf den Produktions-, Absatz- und Finanzbereich der beteiligten Unternehmen haben kann.

A 16 Häufig erfolgen Kooperationen zwischen Unternehmen in Form eines Joint Ventures.

a) Welches sind die Ziele eines Joint Ventures?

b) Erläutern Sie die Voraussetzungen für ein erfolgreiches Joint Venture.

c) Nennen Sie einige Beispiele für Joint Ventures.

A 17 Im Zusammenhang mit Unternehmensverbindungen wird häufig von strategischen Allianzen gesprochen.

a) Was versteht man unter einer strategischen Allianz?

b) Welche Formen der Zusammenarbeit sind bei strategischen Allianzen möglich?

c) Beschreiben Sie Voraussetzungen für den Erfolg einer strategischen Allianz.

d) Worin bestehen die Vor- und Nachteile strategischer Allianzen?

e) Nennen Sie Beispiele von strategischen Allianzen.

A 18 Bei der Wahl eines Unternehmensstandortes werden meistens die wesentlichen Standortfaktoren zusammengestellt.

a) Was versteht man unter Standortfaktoren?

b) Welche Probleme stellen sich bei der Zusammenstellung dieser Standortfaktoren?

A 19 Ein japanischer Computerhersteller sucht einen zentralen Produktionsstandort in Europa.

a) Welches können die Gründe dieses japanischen Unternehmens sein, eine neue Produktionsstätte in Europa aufzubauen?

b) Erstellen Sie für dieses Unternehmen einen Katalog mit acht Standortfaktoren. Gewichten Sie diese Faktoren nach eigenem Ermessen.

A 20 Die Schneider AG, ein mittelgroßes Unternehmen der Druck- und Verlagsbranche, wechselt seinen Unternehmensstandort. Es zieht aus einer Großstadt an den Rand einer mittelgroßen Stadt, wo es für den gleichen Betrag ein doppelt so großes Grundstück, wie es in der Stadt erhalten hätte, kaufen konnte. Das neue Grundstück liegt in einer von der Industrie relativ wenig berührten Gegend und ist dementsprechend infrastrukturell noch nicht stark erschlossen.

a) Nennen Sie mögliche Gründe für eine Standortänderung der Schneider AG.

b) Analysieren Sie, welche Anspruchsgruppen (Interessengruppen) und Umweltbereiche des Unternehmens von dieser geplanten Maßnahme betroffen sind.

A 21 Die Warenhaus AG will in einer Großstadt oder in deren Umgebung ein neues Warenhaus eröffnen. Zur Diskussion stehen drei Möglichkeiten:

Merkmal \ Standort	A	B	C
Lage	Stadtzentrum	Vorort	Einkaufszentrum am Stadtrand
Bruttoverkaufsfläche	5.000 m^2	2.650 m^2	2.450 m^2
Miete/Jahr	4.800 €/m^2	2.200 €/m^2	2.900 €/m^2
Expansionsmöglichkeiten	gering	möglich	möglich
Öffnungszeiten	Mo– Fr 9^{00} – 18^{30} Sa 9^{00} – 16^{00}	Mo – Fr 9^{00} – 18^{30} Sa 9^{00} – 16^{00}	Mo – Fr 9^{00} – 20^{00} Sa 9^{00} – 17^{00}
Gewerbesteuersatz	19,7 %	19,7 %	16,7 %

Die Warenhaus AG versucht, mit Hilfe einer Nutzwertanalyse zu einem Resultat zu kommen.

a) Erläutern Sie die Technik der Nutzwertanalyse.

b) Welche Standortfaktoren spielen bei der Wahl eines dieser Standorte eine wesentliche Rolle? Nennen Sie mindestens acht Faktoren.

c) Wie könnte eine Nutzwertanalyse für die drei in Frage kommenden Standorte aussehen?

Ziele des Unternehmens

A 22 Im Zuge der zunehmenden Ansprüche der Gesellschaft an die Unternehmen sind die Ziele der Unternehmen vermehrten öffentlichen Diskussionen ausgesetzt.

a) Welche Ziele werden nach Ihrer Meinung von Unternehmen verfolgt?

b) Welche Ziele sollten Unternehmen Ihrer Ansicht nach anstreben?

c) Wie können die gesellschaftlichen Ansprüche in den Unternehmenszielen berücksichtigt werden?

d) Welche Probleme stellen sich bei der Berücksichtigung gesellschaftlicher Ansprüche?

A 23 Ein Unternehmen verfolgt verschiedene Ziele, zwischen denen in der Regel vielfältige Interpendenzen bestehen.

a) Umschreiben Sie Sach- und Formalziele eines Unternehmens.

b) Welche Beziehungen bestehen zwischen den Sachzielen und Formalzielen?

c) Erläutern Sie einige Beziehungen zwischen den verschieden Sachzielen.

d) Welche Beziehungen bestehen zwischen Unternehmenszielen und Bereichszielen?

A 24 Effizienz und Effektivität sind zwei wichtige Größen zur Beurteilung unternehmerischen Handelns.

a) Was versteht man unter Effizienz und Effektivität?

b) Welcher Zusammenhang besteht zwischen der Effizienz und der Effektivität?

A 25 Es gilt heute als unbestritten, dass die negativen Auswirkungen wirtschaftlichen Handelns auf die Natur reduziert werden müssen. In vielen Diskussionen hört man deshalb häufig, dass es zur Verantwortung eines Unternehmens gehöre, sich ökologisch richtig zu verhalten.

a) Wie kann Ihrer Ansicht nach diese ökologische Verantwortung begründet werden?

b) Zeigen Sie mögliche Beispiele für umweltgerechtes Verhalten in den folgenden Bereichen eines Unternehmens:
- Marketing,
- Forschung und Entwicklung,
- Materialwirtschaft,
- Produktion,
- Investition,
- Personal,
- Rechnungswesen.

c) Zeigen Sie die Auswirkungen ökologischer Verantwortung auf die Führung und Organisation eines Unternehmens.

d) Welchen Problemen kann sich ein Unternehmen bei einem ökologisch sinnvollen Verhalten gegenübergestellt sehen?

A 26 In einer Schreinerei werden aus 10 m^3 Kiefernholz 500 Stühle hergestellt. Ein Stuhl kann zu einem Preis von 100,– € verkauft werden, der Einstandspreis des Kiefernholzes beträgt 100,– €/m^3. Lohnkosten und sonstige Kosten werden nicht betrachtet.

a) Wie hoch sind die Produktivität und die Wirtschaftlichkeit bezüglich der Holzverarbeitung in der Schreinerei?

b) Welche Möglichkeiten bestehen, die Produktivität der Stuhlherstellung um 10 % zu steigern?

c) Welche Möglichkeiten bestehen, die Wirtschaftlichkeit der Stuhlherstellung um 10 % zu steigern?

A 27 In einer Schuhfabrik bestehen drei Fertigungsabteilungen (A, B, C), die verschiedene Schuhmodelle herstellen. Aus den Abteilungen sind folgende Informationen bekannt:

Modell (Abteilung)	Stundenlohn eines Mitarbeiters	Anzahl hergest. Schuhe pro Tag (8 Std.) und Mitarbeiter	Verkaufspreis eines Paares
Modell A	25,– €	10 Paar Schuhe	50,– €
Modell B	30,– €	8 Paar Schuhe	75,– €
Modell C	35,– €	6 Paar Schuhe	125,– €

a) Wie hoch ist die durchschnittliche Produktivität und Wirtschaftlichkeit der Mitarbeiter in den verschiedenen Abteilungen?

b) Die Mitarbeiter in der Abteilung C könnten auch zur Herstellung von Modell A eingesetzt werden. Wäre es sinnvoll, wenn die Mitarbeiter der Abteilung C, welche eine um 50 % höhere Produktivität als die Mitarbeiter in der Abteilung A erreichen, in Abteilung A eingesetzt würden und Abteilung C geschlossen würde? Nennen Sie die Gründe, auf denen Ihre Entscheidung beruht.

c) Nennen Sie einige Maßnahmen, mit denen die Produktivität erhöht werden kann. Welche Maßnahmen erhöhen gleichzeitig die Wirtschaftlichkeit?

A 28 Die Sonora Desert AG stellt in drei Produktionsabteilungen verschiedene mundgeblasene Glasartikel her, nämlich farbige Kugeln, Mobiles und-Vasen. Diese Artikel verlangen unterschiedliche Fähigkeiten und Kenntnisse, die auch verschieden hoch entlohnt werden. Am anspruchsvollsten ist die Produktion der Vasen, während die Herstellung der Kugeln nur sehr geringe Anforderungen an die Mitarbeiter stellt. Die durchschnittliche wöchentliche Arbeitszeit beträgt 40 Stunden. Zusätzlich sind Ihnen die folgenden Informationen bekannt:

Artikel	Stundenlohn	Tagesleistung	Verkaufspreis
Kugeln	30,– €	20 Stück	22,– €
Mobiles	36,– €	18 Stück	29,– €
Vasen	40,– €	12 Stück	70,– €

a) Wie hoch ist die durchschnittliche Produktivität und Wirtschaftlichkeit der Mitarbeiter in den drei Abteilungen?

b) Die Produktivitätswerte in der Kugelabteilung sind höher als in der Vasenabteilung. Wo sehen Sie Probleme, wenn die Abteilung für Vasen geschlossen würde und ihre Mitarbeiter in die Abteilung für farbige Glaskugeln versetzt würden?

c) Zeigen Sie einige Maßnahmen, mit denen sich die Produktivität und Wirtschaftlichkeit erhöhen ließen.

A 29 Der Produktionschef einer Automobilfirma beklagt sich, dass trotz zunehmender Produktivität seiner Mitarbeiter und steigender Verkaufszahlen die Gewinne der Firma nicht zunehmen. Was würden Sie als Assistent des Produktionschefs auf diese Bemerkung antworten?

A 30 Ein Dosenhersteller fabriziert aus 50 kg Blech 300 Dosen, wobei der Ausschuss an Blech 10 % beträgt. Der Zeitaufwand einer Maschine für die Herstellung einer Dose beträgt 2 Sekunden.

a) Berechnen Sie die Produktivität des Einsatzes des Blechs und der Maschine.

b) Der Dosenhersteller könnte den Ausschuss an Blech auf 4 % reduzieren, wobei dann allerdings eine Erhöhung des Zeitaufwandes von 0,2 Sekunden pro Dose in Kauf genommen werden müsste. Wie hoch sind jetzt die Produktivitäten?

c) Der Dosenhersteller weiß nicht, welche Variante er wählen soll. Allerdings möchte er eine maximale Produktivität. Was raten Sie ihm?

d) 1 kg Blech kostet 1,20 €, der Verkaufspreis einer Dose beträgt 30 Cent und für eine Maschinenstunde werden 90,– € verrechnet. Für welche Variante wird sich der Dosenhersteller entscheiden, wenn er bei den gegebenen Informationen eine maximale Wirtschaftlichkeit erreichen möchte?

e) Welche anderen Faktoren wären für eine Beantwortung der Frage d) ebenfalls von Interesse?

A 31 Das Unternehmen High Sticking ist spezialisiert auf die Herstellung von Eishockeystöcken der Marke „Slapshot". In der Produktionsabteilung arbeiten 8 Personen, die jährlich 24.000 Stöcke produzieren. An Roh- und Hilfsstoffen werden im Jahr 200 m^3 Holz und 500 kg Leim benötigt. Die Einkaufspreise für 1 m^3 Holz betragen 100,– € und für 100 kg Leim 200,– €. Pro Jahr arbeitet ein Mitarbeiter durchschnittlich 1.800 Stunden und verdient 25,– € in der Stunde. Die Jahresrechnung für Energie beläuft sich auf 15.000,– €, der Jahresverbrauch auf 0,5 Mio. Kilowattstunden. Ein Hockeystock kann für 22,– € an den Fachhandel verkauft werden.

a) Berechnen Sie die Produktivität und Wirtschaftlichkeit der Produktionsfaktoren Holz, Energie und Arbeit.

b) Wie hoch ist die Gesamtkapitalrentabilität, wenn die übrigen jährlichen Betriebskosten 68.000,– € betragen? Gehen Sie davon aus, dass erst am Ende der Periode Umsätze generiert werden.

c) Wie verändern sich bei konstanter Produktionsmenge Produktivität und Wirtschaftlichkeit der einzelnen Produktionsfaktoren, wenn ein Mitarbeiter wegen seiner Pensionierung nur noch halbtags arbeitet, die Löhne um 4 % angehoben werden, die Energiekosten bei gleich bleibendem Verbrauch auf 20.000,– € steigen und der Verkaufspreis des einzelnen Stocks auf 24,– € erhöht wird?

d) Wie verändert sich die Rentabilität unter den in c) genannten Bedingungen?

A 32 Produktivität, Wirtschaftlichkeit und Rentabilität sind drei wichtige Formalziele.

a) Welche Beziehungen bestehen zwischen Produktivität, Wirtschaftlichkeit und Rentabilität?

b) Welche Beziehungen bestehen zwischen Rentabilität und Liquidität?

Marketing

Grundlagen

A 1 Der Inhalt des Marketing hat sich im Laufe der Zeit stark gewandelt.

a) Beschreiben Sie die verschiedenen Phasen des Marketing anhand der drei Kriterien

- Art des Marktes (Käufer-/Verkäufermarkt),
- Aufgaben des Marketing und
- Einsatz der Marketing-Instrumente.

A 2 Im Mittelpunkt des Customer Relationship Management (CRM) stehen Kundenbindung und Kundenloyalität. Mit welchen Maßnahmen können diese gefördert werden?

A 3 Die Kundenorientierung bzw. Marktorientierung wird als wichtiger Erfolgsfaktor betrachtet.

a) Was verstehen Sie unter Kundenorientierung?

b) Wo liegen die Vor- und Nachteile einer starken Ausrichtung auf die Kundenwünsche?

c) Ist die Kundenorientierung für jedes Unternehmen unerlässlich?

A 4 Inwiefern ist die Kenntnis der verschiedenen Typen von Kaufentscheidungen für ein Unternehmen von Interesse?

A 5 Im Rahmen eines Marketing-Konzeptes kommt der Marktsegmentierung eine große Bedeutung zu.

a) Was versteht man unter einer Marktsegmentierung? Welches sind die Voraussetzungen für eine Marktsegmentierung?

b) Welche Marktsegmentierung kann ein Bierproduzent grundsätzlich vornehmen?

c) Welche Schwierigkeiten ergeben sich bei einer Marktsegmentierung und welche Maßnahmen schlagen Sie zur Lösung der sich stellenden Probleme vor?

A 6 Schlagen Sie eine sinnvolle Marktsegmentierung für folgende Produkte vor:

- Waschmittel,
- Tierfutter,
- Kaffee und
- Autoreifen.

A 7 Zwei Unternehmen kämpfen als alleinige Anbieter eines bestimmten Gutes um die Erhöhung ihres Marktanteils. Die Marketingkosten der beiden Unternehmen sehen wie folgt aus:

- Unternehmen A: 100.000,– €
- Unternehmen B: 150.000,– €

a) Wie groß ist der Marktanteil der beiden Unternehmen, wenn allein die Marketingkosten dafür verantwortlich sind?

b) Wie lauten die Zahlen, wenn Unternehmen B seine Marketingkosten doppelt so wirksam wie Unternehmen A einsetzt?

c) Welche Annahmen haben Sie bei der Berechnung der Marktanteile in den Teilaufgaben a) und b) implizit gemacht?

A 8 Sie haben einen Marktbericht zu erstellen. Dazu stehen Ihnen folgende Daten über Produkt Z zur Verfügung:

- Marktpotenzial für Produkt Z pro Jahr: 200 Mio. €
- Jahresumsatz von Produkt Z von X-AG: 15 Mio. €
- Sättigungsgrad von Produkt Z: 92 %

Ermitteln Sie folgende Kennzahlen für den Marktbericht:

a) Marktvolumen von Produkt Z,

b) Marktanteil von X-AG.

Marktforschung

A 9 Die Marktforschung lässt sich in eine Primärmarktforschung und eine Sekundärmarktforschung unterteilen.

a) Stellen Sie die Sekundärmarktforschung der Primärmarktforschung anhand verschiedener Kriterien gegenüber.

b) Geben Sie Beispiele für den Einsatz dieser Methoden.

A 10 Das standardisierte Interview ist eine Methode, die im Rahmen der Erhebungstechniken der persönlichen Befragung zur Anwendung gelangt.

a) Was versteht man unter einem standardisierten Interview?

b) Wann werden standardisierte Interviews eingesetzt?

c) Welches sind die mittelbaren Einflüsse, die ein Interviewer beim standardisierten Interview auf die Antworten der Auskunftsperson ausüben kann?

A 11 Bei der Befragung von 350 Hausfrauen (kein Haushalts-Panel) bestehen beim Marktforschungsinstitut „Informa" Uneinigkeiten über die Wahl der Erhebungstechnik. Sind standardisierte oder geleitete Interviews einzusetzen? Begründen Sie Ihre Entscheidung.

A 12 Die Beobachtung ist eine mögliche Erhebungstechnik im Rahmen der Marktforschung.

a) Was versteht man unter der Beobachtung?

b) Wann ist der Einsatz der Beobachtung zu empfehlen?

c) Welche Probleme sind im Zusammenhang mit der Beobachtung als Erhebungstechnik zu beachten?

A 13 Bei der Entwicklung der Handcreme Aniva bestehen in der Geschäftsleitung Uneinigkeiten über die Verpackungsgestaltung. Ein Markttest soll bessere Informationen zur Entscheidungsfindung liefern.

a) Welche Anforderungen sind an den Testmarkt zu stellen?

b) Welche Fehler können sich bei diesem Markttest ergeben?

c) Welche Probleme ergeben sich nach der Informationsgewinnung?

d) Soll für die Verpackungsgestaltung ein Markttest durchgeführt werden?

A 14 Der Markttest ist eine wichtige Grundlage, um über die Einführung eines neuen Produktes entscheiden zu können.

a) Welchen Zwecken dient ein Markttest?

b) Welche Unterschiede bestehen zwischen Markttests für Investitionsgüter und Konsumgüter?

c) Warum garantiert ein erfolgreicher Markttest nicht immer einen Markterfolg?

A 15 Wodurch wird die Einhaltung der drei Kriterien Objektivität, Reliabilität und Validität in der praktischen Marktforschung erschwert?

A 16 Ein Hersteller von Rasierwasser plant die Einführung eines neuen Rasierwassers. Die Resultate der Marktforschung zeigen, dass hellblau bei weitem die beliebteste Farbe für Rasierwasser ist. Ist daraus zu schließen, dass auch das neue Rasierwasser hellblau sein sollte?

A 17 Die Marktforschung sollte nicht nur das Verhalten der Konsumenten erfassen, sondern auch Prognosen über die zukünftige Entwicklung des mengen- und wertmäßigen Umsatzes abgeben.

a) Welche qualitativen und quantitativen Absatzprognosemethoden gibt es?

b) Erläutern Sie die Vor- und Nachteile der qualitativen gegenüber den quantitativen Absatzprognosen.

Produktpolitik

A 18 Im Zusammenhang mit einem Handelsbetrieb spricht man häufig von der Sortimentspolitik.

a) Was versteht man unter dem Begriff „Sortiment“?

b) Beschreiben Sie Einflussfaktoren auf die Gestaltung des Sortimentes.

c) Welche Bedeutung haben Komplementarität und Substitutionalität von Produkten bei der Gestaltung des Sortimentes?

A 19 Zeigen Sie am Beispiel einer Dienstleistung den Unterschied zwischen Grundnutzen und Zusatznutzen eines Produktes.

A 20 Neben den Markenartikeln haben– speziell in den USA– die so genannten „Weißen Produkte“ eine gewisse Bedeutung erlangt.

a) Was versteht man unter Generika (No-Name-Produkte)?

b) Welches könnten die Gründe für den zunehmenden Erfolg von Generika sein?

A 21 Das Model des Produktlebenszyklus entstand aus der Beobachtung, dass auch Produkte bestimmte Lebensphasen durchlaufen. Gründe für das Eintreten in eine neue Lebensphase sind etwa Änderungen der Nachfrage oder die technologische Entwicklung.

a) Beschreiben Sie allgemein und stichwortartig für jede Phase des Produktlebenszyklus die Entwicklungen für die nachstehend aufgeführten Tehmenbereiche:

- Umsatz,
- Gewinn,
- Marktvolumen,
- Konkurrenzsituation.

b) Welche Marketing-Instrumente kommen in den verschiedenen Phasen des Produktlebenszyklus vorwiegend zum Einsatz?

c) Beurteilen Sie das Modell des Produktlebenszyklus im Hinblick auf seine Anwendbarkeit und seine Grenzen.

d) Zeichnen Sie den Produktlebenszyklus für zwei von Ihnen ausgewählte Produkte.

A 22 Welches sind die spezifischen Probleme, mit denen sich ein Investitionsgüterhersteller bei der Entwicklung eines neuen Produktes konfrontiert sicht?

A 23 Es wird oft behauptet, dass der Forschung und Entwicklung (F&E) eine immer größere Bedeutung zukommt. In vielen Betrieben findet man deshalb eigene F&E-Abteilungen, die zudem in den letzten Jahren stark ausgebaut worden sind.

a) Welche Aufgaben kommen einer solchen Abteilung zu?

b) Worin sehen Sie die zunehmende Bedeutung von Forschung und Entwicklung begründet?

c) Wie würden Sie eine Abteilung „Forschung & Entwicklung“ organisatorisch in ein Unternehmen eingliedern?

Distributionspolitik

A 24 Zeigen Sie, welche Eigenschaften von Pfirsichen und Zement die für diese Produkte infrage kommenden Absatzwege beeinflussen.

A 25 Eine sich durch hohe Produktqualität auszeichnende Kosmetikserie für Herren soll einen breiten Distributionsgrad erreichen. Wie kann dieses distributionspolitische Ziel erreicht werden?

A 26 Das Unternehmen Solaris AG importiert alternative Heizsysteme. Vor kurzem ist es ihm gelungen, die Generalvertretung für ein revolutionäres Heizsystem aus Skandinavien zu bekommen, dessen Energieverbrauch ein Drittel einer konventionellen Anlage beträgt. Der Einbau kann mit etwas Geschick auch von einem Heimwerker übernommen werden. Die Geschäftsleitung überlegt sich nun, wie das neue Produkt abgesetzt werden kann. Welche Absatzwege sind grundsätzlich möglich? Welches sind deren Vor- und Nachteile?

A 27 Es lässt sich feststellen, dass Hersteller von Möbeln eher die Möglichkeit des direkten Absatzes über Auslieferungslager haben als zum Beispiel Hersteller von Waschmitteln oder Schokolade.

a) Was ist unter direktem und indirektem Absatz zu verstehen?

b) Nennen Sie Gründe für den oben erwähnten Sachverhalt.

c) Welche Voraussetzungen müssen erfüllt sein, damit ein Hersteller von Möbeln direkt absetzen kann?

d) Warum wählen Automobilhersteller nicht die Möglichkeit des direkten Absatzes?

A 28 Einige bekannte und sehr erfolgreiche Unternehmen arbeiten mit einem Franchising-System.

a) Nennen Sie Beispiele für Unternehmen, die mit dem Franchising-System arbeiten.

b) Welches sind die Voraussetzungen für ein erfolgreiches Franchising aus der Sicht des Franchise-Gebers?

c) Welches sind die Voraussetzungen für ein erfolgreiches Franchising aus der Sicht des Franchise-Nehmers?

A 29 Vergleichen Sie einen Discountladen mit einem Fachgeschäft bezüglich folgender Kriterien:

- Preis,
- Service,
- Sortiment,
- Warenpräsentation,
- Standort.

A 30 Trendanalysen in Bezug auf Einkaufsgewohnheiten haben ergeben, dass das „Einkaufen zu Hause“ in Zukunft für die Konsumenten einen höheren Stellenwert einnehmen wird als bisher.

a) Charakterisieren Sie die folgenden Formen des Einzelhandels:

- Versandhandel,
- Telefon-Marketing,
- Tele-Shopping als Form des Electronic Shopping.

b) Welches sind die spezifischen Vor- und Nachteile der Absatzmethoden der drei erwähnten Handelsformen?

A 31 Großhändler verfolgen häufig die Strategie, Herstellermarken durch eigene Handelsmarken (Eigenmarken) zu ergänzen oder gar zu ersetzen.

a) Was versteht man unter Herstellermarken, was unter Eigenmarken?

b) Beschreiben Sie mögliche Interessenkonflikte zwischen Hersteller und Handel.

c) Welche Vorteile ergeben sich für den Handel durch die Erweiterung des Sortimentes mit Eigenmarken?

d) Unter welchen Voraussetzungen kann es sich ein Großhändler leisten, Herstellermarken durch eigene Handelsmarken zu substituieren?

A 32 Im Zuge des Konzentrationsprozesses im Einzelhandel verstärkt sich die Zusammenarbeit der einzelnen Marktteilnehmer, indem Kooperationen eingegangen werden oder die Aufgaben bereits bestehender Einkaufsgemeinschaften ausgebaut werden.

a) Nennen Sie die wesentlichen Funktionen, die diese Kooperationen und Einkaufsorganisationen den Einzelhändlern abnehmen können.

b) Erläutern Sie die Vor- und Nachteile für die angeschlossenen Einzelhändler und für die Produzenten, die solche Organisationen beliefern.

A 33 Oft wird behauptet, ein hoher Lieferbereitschaftsgrad habe hohe Distributionskosten und somit erhöhte Gesamtkosten zur Folge. Nehmen Sie zu dieser Aussage Stellung.

Konditionenpolitik

A 34 Ein Unternehmen stellt ein einziges Produkt her und verkauft dieses nur an zwei Kunden. Die Preis-Absatzfunktion für die zwei Abnehmer lautet:

(1) $p_1 = 12 - 3x_1$

(2) $p_2 = 9 - 1{,}5x_2$

a) Stellen Sie den Verlauf dieser Funktion sowie der dazugehörigen Grenzerlösfunktion grafisch dar.

b) Addieren Sie die beiden Preis-Absatzfunktionen horizontal und bestimmen Sie die resultierende Grenzerlöskurve.

c) Stellen Sie die optimale Preis-Mengen-Kombination dar, wenn die (konstanten) Grenzkosten K' folgende Werte annehmen:

(1) $K' = 2 + x$

(2) $K' = 3$

(3) $K' = 8$

Zeichnen Sie eine Grafik, um Ihre rechnerischen Werte zu veranschaulichen.

d) Wie beurteilen Sie den Realitätsgehalt einer solchen Preis-Absatzfunktion?

A 35 Berechnen Sie die Gewinnschwelle (Break-even-Punkt) aufgrund folgender Ausgangsdaten:

- Preis: 25,– €
- variable Stückkosten: 15,– €
- Fixkosten/Periode: 100.000,– €

Um wie viele Einheiten verschiebt sich die Gewinnschwelle, wenn die variablen Stückkosten um 10 % und die Fixkosten um 20 % steigen, während der Preis um 10 % sinkt?

A 36 Versuchen Sie, mithilfe der folgenden Ausgangsdaten die anschließenden Fragen zu lösen:

- maximale Kapazität/Periode: 10.000 Stück
- Fixkosten/Periode: 21.000,– €
- variable Kosten/Mengeneinheit: 9,– €
- Zielpreis/Mengeneinheit: 12,– €

a) Welches ist die Break-even-Menge?

b) Um wie viel darf der Bruttogewinnzuschlag bei maximaler Kapazität reduziert werden, damit– ohne einen Verlust zu erzielen– durch eine Preissenkung ein drohender Absatzrückgang aufgehalten werden kann?

c) Würde sich eine Preiserhöhung um 1,– € positiv auf den Gewinn auswirken, wenn der neue Preis einen Absatzrückgang von 20 % bewirkt?

d) Würde sich bei einer Kapazitätsauslastung von 80 % und einemGewinn von 3.000,– € eine Preissenkung auf 11,50 € lohnen, wenn dadurch eine maximale Auslastung erreicht werden kann?

A 37 Die Germansurf AG produziert günstige Snowboards mit Stückkosten von 160,– €. Bisher wurden die Produkte an den Großhandel zu einem Preis ab Werk von 170,– € pro Stück abgesetzt. Die gesamte Produktion könnte neu zu einem Preis von 180,– € pro Stück an den Einzelhandel verkauft werden. Für diesen Fall ergeben sich jedoch zusätzliche Transportkosten von 4,– € pro Stück und zusätzliche Werbekosten von 1,8 Mio.€ pro Jahr.

a) Die Unternehmensleitung überlegt sich, den Großhandel auszuschalten. Wie groß müsste in diesem Fall die Produktionsmenge sein? Das Unternehmen unterstellt bei seinen Berechnungen eine lineare Gesamtkostenfunktion.

b) Welche Probleme sind mit einer Ausschaltung des Großhandels und einer Belieferung des Einzelhandels verbunden?

c) Worin liegen die Vorteile des Zwischenhandels (Einzel- oder Großhandel) in Bezug auf das Marketing für die Germansurf AG?

A 38 Von einem Produkt mit variablen Kosten von 4,– € konnten bisher 300 Stück pro Monat zu 16,– € verkauft werden. Da die Kapazitäten nicht voll ausgelastet sind, möchte die Unternehmensleitung die Absatzmenge vergrößern. Der Marketingchef schlägt deshalb vor, den Preis um 12,5 % zu senken. Die damit erhoffte Absatzsteigerung lässt sich jedoch nur schlecht abschätzen.

a) Welche neue Menge müsste mindestens verkauft werden, damit sich die Preissenkung lohnt? Ermitteln Sie die Lösung algebraisch und grafisch.

b) Von welchen Faktoren wird es abhängen, ob die neue Absatzmenge verkauft werden kann oder nicht?

A 39 Die Tech AG hat ein neues Produkt (P_2) entwickelt, das als Substitutionsgut zum bestehenden Produkt (P_1) auf dem Markt neu eingeführt werden soll. Aus der Produktions- und Absatzstatistik sind für das Produkt P_1 folgende Zahlen ersichtlich:

- jährlicher Umsatz: 600 Stück
- Verkaufspreis/Stück: 4.500,– €
- variable Kosten/Stück: 3.000,– €

Gemäß der Marktforschungsabteilung kann davon ausgegangen werden, dass 60 % der bisherigen Käufer von Produkt P_1 neu das Produkt P_2 nachfragen werden. Allerdings hofft man, dank intensiver Werbemaßnahmen und neuer Absatzkanäle neue Käufer für beide Produkte (P_1, P_2) zu gewinnen, sodass 60 Stück des alten Produkts und 140 Stück des neuen Produkts zusätzlich abgesetzt werden können.

a) Was versteht man unter einem Substitutionsgut und welche Probleme stellen sich bei einem solchen Gut im Zusammenhang mit der Preispolitik?

b) Berechnen Sie den Verkaufspreis für das Produkt P_2, wenn nach der Produkteinführung mindestens 75 % des gesamten bisherigen Deckungsbeitrages erzielt werden müssen. Dabei ist zu berücksichtigen, dass die variablen Stückkosten für P_2 um 25 % größer sind als diejenigen für P_1.

A 40 Die Blesta AG produziert auf einer Stanzpresse Blechartikel. Das Unternehmen kann diese Produkte auf ihrem schweizerischen Markt bei vollkommener Konkurrenz zu einem Preis von 25,– € pro Artikel verkaufen. Für die Gesamtkosten (K) in Abhängigkeit der Ausbringung (x) gilt folgende Gleichung: $K = 5.000 + 20\,x$. Die Kapazitätsgrenze liegt bei 2.500 Stück.

a) Bestimmen Sie grafisch und rechnerisch den Break-even-Punkt (Nutzschwelle) für die vorliegende Marktsituation.

b) Die Blesta AG sieht sich auf ihrem Markt plötzlich sinkenden Preisen gegenüber und will deshalb wissen, wo die kurzfristige und langfristige Preisuntergrenze liegt. Berechnen Sie die beiden Preisuntergrenzen.

c) Welche Maßnahmen empfehlen Sie der Blesta AG, die sie aufgrund der in b) geschilderten Situation ergreifen sollte?

A 41 Die Strickerei Zimmermann & Co. stellt verschiedene Qualitätsstrickwaren in der mittleren Preisklasse her. Die Geschäftsleitung hat in ihrer letzten Sitzung beschlossen, ihr Angebot um einen Damenpullover zu erweitern. Es stehen drei Modelle zur Auswahl. Sie sollen nun als Berater der Geschäftsleitung versuchen, mit Hilfe der folgenden Angaben die anschließenden Fragen zu beantworten:

Modell	Fixkosten	Var. Stückkosten	Verkaufspreis
Modell 1	13.750,–	38,–	93,–
Modell 2	15.250,–	27,–	88,–
Modell 3	25.200,–	16,–	121,–

- Kapazität: 1.200 Stück/Periode
- Geschätzte Kapazitätsauslastung: 75 %
- Alle Beträge in €

a) Welches Modell soll aufgrund der zur Verfügung stehenden Informationen produziert werden?

b) Um wie viel kann der Preis des gewählten Modells im Falle eines Absatzrückganges reduziert werden, ohne dass Verluste eingesteckt werden müssen?

c) Wie würde sich eine Preissenkung des gewählten Modelles von 20,– € und ein Zuwachs der Absatzmenge um 5 % auf den Gewinn auswirken?

A 42 Jedes Unternehmen steht vor dem Problem, für seine Produkte eine Preispolitik festlegen zu müssen.

a) Welche preispolitischen Strategien können unterschieden werden?

b) Nennen Sie die Gefahren, die mit den verschiedenen preispolitischen Strategien verbunden sein können.

A 43 Ein Händler importiert vor allem Textilien. Es stellt sich ihm die günstige Gelegenheit, eine größere Menge von Jogginganzügen aus Hongkong zu importieren. Diese will er so rasch als möglich an verschiedene Einzelhändler weiterverkaufen. Im Rahmen seiner Preispolitik möchte er eine so genannte Preisdifferenzierung betreiben.

a) Was versteht man unter Preisdifferenzierung?

b) Welche Arten der Preisdifferenzierung kennen Sie?

c) Unter welchen Voraussetzungen ist eine Preisdifferenzierung möglich?

d) Erläutern Sie die Chancen und Gefahren einer Preisdifferenzierung.

e) Welche Arten von Preisdifferenzierung kann der Importeur in diesem Fall betreiben? Begründen Sie Ihre Lösung.

A 44 Die Preispolitik ist gerade bei Massenprodukten in gesättigten Märkten ein wichtiges Marketing-Instrument.

a) Zeigen Sie die Probleme, die sich im Zusammenhang mit kurzfristigen Preissenkungen und -erhöhungen ergeben können.

b) Welche Schwierigkeiten lassen sich in Bezug auf langfristige Preissenkungen und -erhöhungen feststellen?

A 45 Wie beurteilen Sie die Rabattgewährung des Autohandels gegenüber der Forderung nach klaren Nettopreisen?

A 46 Welche Probleme ergeben sich im Einzelhandel durch Bezahlung mit Kreditkarten (z.B. Diners Club, American Express)?

A 47 Was halten Sie von der Aussage, dass günstige Preise oft mit einem schlechten Kundendienst verbunden sind? Versuchen Sie, Ihre Argumente an Beispielen zu veranschaulichen.

A 48 Welches sind die mit einer Kundenkarte verbundenen Vorteile für das Unternehmen?

Kommunikationspolitik

A 49 Public Relations und Werbung sind zwei wichtige Elemente des Kommunikations-Mix.

a) Was versteht man unter Public Relations, was unter Werbung?

b) Wie können Maßnahmen in den Bereichen Public Relations und Werbung voneinander getrennt werden?

c) Inwiefern müssen Werbung und Public Relations aufeinander abgestimmt werden?

A 50 Als Marketingfachperson beraten Sie Industrie- und Dienstleistungsbereiche. Bei der Erfolgskontrolle einer Werbekampagne, bei der mit Werbebriefen ein bestimmter Autotyp beworben wurde, stehen Ihnen folgende Daten zur Verfügung:

- total versandte Werbebriefe: 10.000,
- prozentualer Anteil der Werbeinnerer nach 2 Monaten seit Erhalt des Werbebriefs: 25 %,
- Effektiv erreichte Werbeadressaten: 6.800,
- Zahl der Werbeadressaten, die ein Auto aufgrund des Werbebriefs kauften: 987.

Der Kunde, ein Automobilhändler, möchte aufgrund dieser Daten folgende Kennziffern berechnet haben:

a) die Zahl der Werbeinnerer,

b) den Kauferfolg.

A 51 Als Werbefachmann sollen Sie in Deutschland T-Shirts der Marke Costla lancieren. Die Marke ist in den USA bereits bekannt. Gegenüber anderen Marken ist sie im Preis höher, aber auch qualitativ besser. In Italien und Hongkong werden bereits Nachahmungen angefertigt. Für die Medienwahl haben Sie völlig freie Hand. Über das Budget wird erst zu einem späteren Zeitpunkt diskutiert werden. Erstellen Sie ein Werbekonzept für die Einführung der T-Shirts Costla auf dem Deutschen Markt.

A 52 Der Tausenderpreis ist eine Kennzahl zur Beurteilung des Medieneinsatzes im Rahmen der Werbung.

a) Was versteht man unter dem Tausenderpreis?

b) Warum reichen Tausenderpreise im Inter-Media-Vergleich zur Beurteilung eines Medieneinsatzes nicht aus?

A 53 Die Boxo AG hat eine neuartige Waschmaschine entwickelt. Leider ist ihr die Prima AG zuvorgekommen und hat praktisch das gleiche Produkt ein halbes Jahr früher auf den Markt gebracht. Da die Boxo AG sehr hohe Forschungs- und Entwicklungskosten für das neue Produkt hatte, will sie es sofort mit einer Werbeaktion auf dem Markt einführen, um sich rechtzeitig einen genügend großen Marktanteil zu sichern.

a) Welche werbepolitischen Entscheidungen müssen bei der Fixierung des Werbeprogrammes getroffen werden? Geben Sie jeweils ein konkretes Beispiel.

b) Welche anderen Marketing-Instrumente können in dieser Situation noch eingesetzt werden?

c) Warum richtet sich die Boxo AG am Marktanteil und beispielsweise nicht an einer bestimmten Absatzmenge aus?

A 54 „Ein Vertreter unserer Gesellschaft für pharmazeutische Produkte kostet uns im Jahr 70.000,– €. Warum reduzieren wir nicht die Kosten für Inserate in Fachzeitschriften um diesen Betrag? Sicher bringt ein zusätzlicher Vertreter einen höheren Gewinn pro Jahr.“ Nehmen Sie Stellung zu dieser Aussage.

A 55 Welche Argumente sprechen dagegen, das Werbebudget

- an einem festen Prozentsatz einer Bezugsgröße (z. B. Umsatz der Vorperiode),
- an den verfügbaren finanziellen Mitteln,
- an den Werbeaufwendungen der Konkurrenz auszurichten?

A 56 Welche Probleme ergeben sich bei der Erhebung der Werbewirkung auf den Umsatz eines Unternehmens?

A 57 Welches sind die langfristigen Auswirkungen kurzfristiger Verkaufsförderungsmaßnahmen?

A 58 Welche betriebswirtschaftlichen Funktionen haben Messen?

Marketing-Mix

A 59 Der Marketing-Mix ist die Kombination der verschiedenen Marketing-Instrumente.

a) Erläutern Sie Interdependenzen zwischen den verschiedenen Marketing-Instrumenten im Marketing-Mix.

b) Was ist der Carry-over-Effekt? Skizzieren Sie Ansatzpunkte zur Lösung des Problems.

A 60 Herr Gurtner führt seit wenigen Jahren eine gut gehende Autowerkstatt in einem Außenbezirk der Stadt Frankfurt am Main. Gerne möchte er eine offizielle Vertretung der Automarke „Roller“ übernehmen. Damit diese ihm aber bewilligt wird, muss er pro Jahr eine bestimmte Anzahl Automobile der Marke „Roller“ verkaufen, die er bis jetzt noch nie erreicht hat. Sein Freund rät ihm deshalb, seine Marketing-Instrumente vermehrt einzusetzen. Welche Marketing-Instrumente kann Herr Gurtner einsetzen? Geben Sie jeweils ein Beispiel für den Einsatz der verschiedenen Instrumente.

A 61 Zeigen Sie die Veränderungen innerhalb des Marketing-Mix im Produktlebenszyklus eines teuren Markenartikels.

A 62 Sie erhalten den Auftrag, einen Bildband über die Stadt Berlin auf dem Markt einzuführen. Bestimmen Sie ein Marketing-Konzept für dieses Projekt.

A 63 Herr Hotz und Frau Weber beabsichtigen, zusammen ein Geschäft zu gründen. Sie wollen sich auf das Marktsegment „Gesünder schlafen“ spezialisieren. Ihr Produktsortiment umfasst hauptsächlich Matratzen, Bettdecken, Bettanzüge und Betteinlagen. Es versteht sich von selbst, dass nur Naturprodukte verkauft werden sollen.

a) Erläutern Sie die wesentlichen Entscheidungen, vor denen die beiden Geschäftsleute bei der Gründung ihres Geschäftes stehen.

b) Welche Käuferschichten sprechen Frau Weber und Herr Hotz mit ihren Produkten an?

c) Erstellen Sie einen Marketing-Mix für das angesprochene Produktsortiment und Marktsegment.

Materialwirtschaft

Grundlagen

A 1 Welche Unterschiede bestehen zwischen der Beschaffung einer Rotationspresse (Potenzialfaktor) und dem Einkauf von Papier (Repetierfaktor) in einer Zeitungsdruckerei?

A 2 Aus der Betrachtung des Materialflusses in einem Industrieunternehmen lassen sich die drei Lagerstufen Eingangslager, Zwischenlager und Ausgangslager ableiten. Zeigen Sie die spezifischen Probleme, welche mit diesen verschiedenen Arten von Lagern verbunden sind.

A 3 Wegen der zunehmenden Verschärfung des Wettbewerbs werden die Unternehmen gezwungen, der Materialwirtschaft größere Beachtung zu schenken.

a) Charakterisieren Sie die wichtigsten Ziele der Materialwirtschaft.

b) Inwiefern beeinflussen die allgemeinen Unternehmensziele die Ziele der Materialwirtschaft?

c) Welche Aufgaben kommen der Materialwirtschaft in einem größeren Unternehmen zu?

d) Wo sehen Sie Zielkonflikte zwischen der Materialwirtschaft und anderen Unternehmensbereichen?

e) Welche Konsequenzen hatte die Tatsache, dass der Materialwirtschaft eine größere Bedeutung zugemessen wurde?

f) Erstellen Sie ein einfaches Organigramm eines Industrieunternehmens und einer Versicherungsgesellschaft. Wo würden Sie jeweils die Materialwirtschaft einordnen? Begründen Sie Ihre Lösung.

A 4 Bei der Herstellung von Kartonschachteln für das Jahr 2006 ergaben sich im Zusammenhang mit der Lagerhaltung folgende Daten:

1. Anforderungen (Bestellungen) aus der Produktionsabteilung:
   - Anzahl Anforderungen 1.000
   - sofort ausgeführt 995
   - mengenmäßige Anforderungen 1.000.000
   - Einheiten sofort ausgeführt 900.000
2. Anfangsbestand des Lagers 100.000 Einheiten
   Endbestand des Lagers 100.000 Einheiten
3. Preis/Einheit 2,– €

a) Interpretieren Sie die Daten der Lagerhaltung für das Jahr 2006.

b) Berechnen Sie folgende Kennziffern:
- Anforderungsbereitschaftsgrad,
- Mengenbereitschaftsgrad,
- durchschnittlicher Lagerbestand,
- Lagerumschlagshäufigkeit,
- durchschnittliche Lagerdauer.

c) Interpretieren Sie die berechneten Kennziffern.

A 5 In der Materialwirtschaft werden verschiedene Ziele verfolgt, die unterschiedliche Auswirkungen haben.

a) Welche Maßnahmen ergreifen Sie bei der Verfolgung des Ziels
- Sicherheit,
- Liquidität,
- Flexibilität,
- gute Lieferantenbeziehungen?

b) Warum können nicht alle Ziele gleichzeitig erreicht werden?

A 6 Das Unternehmen Mulm AG ist ein mittelgroßer Industriebetrieb mit 900 Beschäftigten. Hauptprodukte sind Holz- und Eisenbearbeitungswerkzeuge. Sie erzielt einen Umsatz von 70 Mio. € pro Jahr. Das Unternehmen unterhält ein großes Material- und Produktelager an seinem Produktionsstandort. Bis heute war es vor allem im deutschen Markt tätig. Eine kürzlich durchgeführte Marktanalyse hat aber ergeben, dass der deutsche Markt im Gegensatz zum europäischen völlig gesättigt ist.
Aufgrund dieses Resultates beabsichtigt man, ins Ausland zu expandieren. Von einer Mergers & Acquisitions-Firma wird die Hamda AG zum Verkauf angeboten. Die Hamda AG hat ihren Standort in einem Industrievorort von Zürich. Mit ihren 231 Angestellten passt sie struktur- und sortimentsmäßig gut zur Mulm AG.

a) Welche Fragen in Bezug auf die Materialwirtschaft tauchen bei einer Übernahme der Hamda AG durch die Mulm AG auf?

b) Wo sehen Sie die Vorteile einer zentralen bzw. dezentralen Einkaufsorganisation?

c) Wo sehen Sie die Vorteile einer zentralen bzw. dezentralen Lagerhaltung?

Beschaffungsmarketing

A 7 Der Gedanke der Marktforschung im Marketing kann auf die Beschaffungsmarktforschung in der Materialwirtschaft übertragen werden.

a) Welche Methoden der Beschaffungsmarktforschung lassen sich unterscheiden?

b) Zeigen Sie die Unterschiede und Gemeinsamkeiten zwischen der Beschaffungsmarktforschung und der Marktforschung im Marketing.

A 8 Unternehmensinterne und -externe Faktoren bestimmen, ob das Unternehmen eine aktive oder eine passive Beschaffungsproduktpolitik verfolgt.

a) Was versteht man unter einer aktiven und einer passiven Beschaffungsproduktpolitik?

b) Welche Faktoren üben einen Einfluss auf die Wahl der Beschaffungsproduktpolitik aus?

c) Erläutern Sie die Vor- und Nachteile der beiden Beschaffungsproduktpolitiken.

A 9 Das Konzept der Kommunikationspolitik als wichtiges Instrument der Marketing-Politik kann auch im Mix des Beschaffungsmarketing angewendet werden.

a) Was versteht man unter der Beschaffungskommunikationspolitik?

b) Welche Ziele werden mit der Beschaffungskommunikationspolitik verfolgt?

c) Wann ist ein Einsatz der Beschaffungskommunikationspolitik besonders empfehlenswert?

d) Beschreiben Sie die Instrumente im Rahmen der Beschaffungskommunikationspolitik und zeigen Sie konkrete Maßnahmen für jedes Instrument.

Beschaffungs- und Lagerplanung

A 10 Die ABC-Analyse ist ein wichtiges Instrument der Beschaffungs- und Lagerplanung.

a) Welches sind die Ziele einer ABC-Analyse?

b) Führen Sie mit folgenden Informationen eine ABC-Analyse durch:

Materialart Nr.	Verbrauch (Stück)	Preis/Stück (in €)
1	6.000	50,–
2	4.000	112,50
3	4.000	375,–
4	4.000	112,50
5	2.000	75,–
6	4.000	900,–
7	4.000	1.725,–
8	6.000	75,–
9	2.000	75,–
10	4.000	262,50

c) Welches sind die Mängel der ABC-Analyse und wie kann diesen entgegengewirkt werden?

A 11 Als Aushilfskraft des Unternehmens Simple & Einfach werden Sie mit der Ausarbeitung einer ABC-Analyse beauftragt. Es ist beabsichtigt, die Lagerbewirtschaftung den Resultaten der Analyse anzupassen. Nach Durchsicht der Bestellungen und der Verbrauchsmengen erhalten Sie folgende Liste:

Artikelnummer	Verbrauch (Stück)	Preis/Stück (in €)
A 5.831	300	14,–
B 4.223	200	4,–
D 1.798	500	12,–
E 6.185	800	6,–
L 2.741	1.500	2,–
L 3.311	1.000	2,80
M 7.439	5.000	–,20
M 7.820	2.000	–,80
N 2.784	200	23,–
P 1.437	50	80,–
R 6.874	50	200,–
R 8.413	100	34,–
T 2.880	200	40,–
V 2.828	2.000	–,45
X 8.427	2.500	–,60

a) Führen Sie die ABC-Analyse durch.

b) Welche zusätzlichen Informationen über die Artikel brauchen Sie für die Gestaltung des Bestellwesens?

A 12 Ein Unternehmen stellt zwei Produkte (P_1, P_2) her. In diese gehen folgende Teile (a, b, c, d, e, f, g) und Baugruppen (B_1, B_2, B_3, B_4, B_5, B_6) gemäß nachstehender Stücklistenauflösung ein:

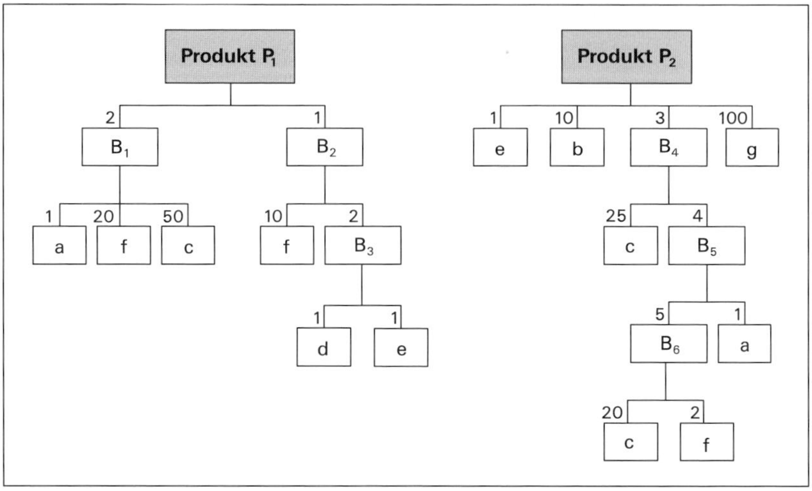

Der folgenden Liste können Sie die Preise der einzelnen Teile (pro Einheit) entnehmen:

- a: 300,– €
- b: 50,– €
- c: 2,– €
- d: 1.500,– €
- e: 800,– €
- f: 20,– €
- g: 130,– €

In der Planperiode werden 500 Einheiten des Produktes P_1 und 300 Einheiten des Produktes P_2 hergestellt.

a) Berechnen Sie den Materialbedarf für die Planperiode.

b) Führen Sie eine ABC-Analyse durch und interpretieren Sie die Ergebnisse.

A 13 In einer Abteilungsleitersitzung fordert der Leiter der Produktion vehement eine Vergrößerung des Rohstofflagers, während jener der Beschaffung und Lagerhaltung für einen Abbau des durchschnittlichen Lagerbestandes plädiert.

a) Begründen Sie die Forderungen der beiden Abteilungsleiter.

b) Wie kann dieses Problem gelöst werden?

c) Welcher Abteilungsleiter wird sich bei dieser Diskussion auch noch zu Wort melden und warum?

A 14 Das Beschaffungsprogramm kann dann als optimal bezeichnet werden, wenn die Kosten minimiert werden.

a) Welche Kosten sind im Zusammenhang mit der Gestaltung des Beschaffungs- und Lagerprogrammes zu beachten?

b) Welche Abhängigkeiten bestehen zwischen den unter a) angesprochenen Kostenvariablen?

A 15 Beschreiben Sie die Zusammenhänge zwischen der Beschaffungs-, der Bedarfs- und der Bestellmenge.

A 16 Zeigen Sie mögliche Auswirkungen der Komponenten der Beschaffungszeit auf die Planung des Beschaffungsprogrammes.

A 17 Die Großbäckerei Bucher hat durchschnittlich einen täglichen Mehlverbrauch von drei Tonnen. Es dauert jeweils drei Tage, bis die Bestellung die Mühle Mehlwurm erreicht. Zwei Tage sind der Mühle jeweils für die Erledigung des Auftrages zuzugestehen.
Weitere zwei Tage sind für den Transport des Mehls von der Mühle-Mehlwurm zur Großbäckerei Bucher notwendig. Aus Gründen der Vorsicht darf der Vorrat der Großbäckerei Bucher nie unter fünfzehn Tonnen sinken.

a) Was versteht man unter den Begriffen
- Sicherheitsbestand?
- Meldemenge (kritischer Lagerbestand)?
- Beschaffungszeit?

b) Berechnen Sie diese Größen für die Großbäckerei Bucher und stellen Sie sie anhand einer Grafik dar.

c) Welche Faktoren beeinflussen die Höhe des eisernen Bestandes für das Mehl?

A 18 Ein Weinhändler benötigt für den Versand des Weines 20.000 Kisten pro Jahr. Eine Kiste kostet 10,– €, die Kosten pro Bestellung betragen 100,– €.

a) Wie groß ist die kostenoptimale Bestellmenge, wenn der Händler mit einem Zins- und Lagerkostensatz von 10 % rechnet?

b) Wie verändert sich die kostenoptimale Bestellmenge, wenn sich die Größen ändern, die ihrer Berechnung zugrunde gelegt wurden?

A 19 Das Unternehmen Thoreau AG sieht sich mit der erfreulichen Tatsache konfrontiert, dass sich sein Absatz von qualitativ hochwertigen Teilen für Autotüren im letzten Jahr massiv erhöht hat. Dadurch stieg auch der Bedarf an Stahlteilen auf 30.000 Stück jährlich an. Die Geschäftsleitung möchte deshalb neue Kalkulationsgrundlagen haben und gibt Ihnen den Auftrag, diese für den Einkaufs- und Lagerbereich zu erstellen.

a) Gemäß Ihrer Information beträgt der Verwaltungsaufwand pro Bestellung 30,– € und der Einkaufspreis pro Stahlteil 48,– €. Wie hoch ist die optimale Bestellmenge bei einem monatlichen Zins- und Lagerkostensatz von 1,25 %?

b) Wie häufig muss pro Jahr bestellt werden und wie viele Tage verstreichen zwischen zwei Bestelleingängen?

c) Wie hoch sind die Stückkosten (k) pro bestellter Einheit?

d) Welche weiteren Maßnahmen– neben der Bestimmung der optimalen Bestellmenge– sehen Sie, um Kosteneinsparungen zu realisieren? Welche Fragen müssen bei der Umsetzung dieser Maßnahmen beachtet werden?

A 20 Mit den folgenden Angaben sind unter Minimierung der Kosten die nach-stehenden Fragen zu beantworten:

- Lieferfrist: 10 Tage
  (Zeit zwischen Bestellung und Lieferung)
- Verbrauch: 3.200 Materialeinheiten/Jahr (= 360 Tage)
- Fixe Kosten: 12,50 €/Bestellung
- Preis: 10,– €/Materialeinheit
- Zins- und Lagerkostensatz: 20 %
- Sicherheitsbestand: für 5 Tage ausreichend

a) Welches ist die optimale Bestellmenge?

b) Wie viele Bestellungen pro Jahr müssen ausgeführt werden?

c) Wie groß sind die Gesamtkosten pro Jahr für die Beschaffung und Lagerhaltung dieses Gutes?

d) Welches ist der Lagerbestand, bei dem jeweils eine Bestellung ausgeführt werden muss?

A 21 Für die drei unten stehenden Artikel soll die Bestellmenge optimiert werden. Die administrativen Kosten pro Bestellung betragen 10,– €. Der Zins- und Lagerhaltungskostensatz wird auf 20 % geschätzt. Wie bisher wird der Sicherheitsbestand auf 10 % des Jahresverbrauches festgelegt. Die Lagerabgangsrate ist bei allen drei Artikeln konstant. Weitere Angaben können Sie aus der unten stehenden Liste entnehmen:

Artikelnummer	Jahresverbrauch (Stück)	Preis/Stück (in €)	Jährliche Bestellungen
C 7284	12.000	30,–	20
F 1345	2.000	80,–	50
K 4597	8.000	5,–	10

a) Wie hoch sind die optimale Bestellmenge und die optimale Bestellhäufigkeit der drei Artikel?

b) Wie groß sind die jährlichen Einsparungen, wenn Sie in Zukunft die optimale Bestellmenge Ihren Bestellungen zugrunde legen?

c) Vom Lieferanten des Artikels C 7284 erhalten Sie ein Angebot. Er gewährt Ihnen 10 % Rabatt bei einer Mindestbestellmenge von 1.000 Stück. Begründen Sie, warum Sie das Angebot annehmen oder nicht.

d) Welche Annahmen liegen dem Modell der optimalen Bestellmenge zugrunde?

e) Wie ist das Modell der optimalen Bestellmenge in Bezug auf den Einsatz in der Praxis zu beurteilen?

A 22 Am Ende des Jahres sind der Materialplanung folgende Daten bekannt:

- Der Verbrauch des Artikels H für das Planjahr beträgt 12.000 Stück. Die Kosten pro Bestellung betragen 200,– €. Das im Lager gebundene Kapital wird mit einem Zinssatz von 10 % verrechnet, und der Lagerkostensatz beträgt 10 %.
- Für den Artikel H haben Sie vom Lieferanten folgende Preisliste erhalten:

Bestellmenge/Jahr	Preis/Stück (in €)
bis 9.999	7,–
ab 10.000	6,–
ab 25.000	5,–
ab 40.000	4,50

- Zusätzlich zur ersten Lieferung bestellt der Einkaufsleiter 3.000 Stück, um den Sicherheitsbestand zu erhöhen.

Bei der Beantwortung der Fragen können Sie von folgenden Annahmen ausgehen:

- Der Lagerabgang ist kontinuierlich.
- Am Tag der Bestellung erfolgt die Lieferung.
- Das Unternehmen legt seinen Berechnungen denjenigen Preis zugrunde, der sich aufgrund des geplanten Gesamtverbrauches pro Kalenderjahr ergibt.

a) Bestimmen Sie die Bestellmenge für die Lieferung am 1. Januar des neuen Jahres.

b) Nach 6 Monaten erhält das Unternehmen einen Auftrag, der eine-Erhöhung des gesamten Jahresverbrauches um 14.000 Stück bewirkt. Wie groß ist die optimale Bestellmenge für die Zeit nach dem sechsten Monat?

c) Umschreiben Sie verbal, ob durch den falsch geschätzten Jahresbedarf zu Beginn des Jahres Mehrkosten entstanden sind oder nicht.

A 23 Die Vabro AG benötigt für ihre Produktion unter anderem Gussteile, die sie vom Unternehmen Lacorroda bezieht. Die Gussteile werden in Mengen von 7 Tonnen durch einen Spediteur angeliefert. Vom Zeitpunkt der Bestellaufgabe bei der Vabro AG bis zum Eintreffen der Lieferung verstreichen in der Regel 10 Arbeitstage.
Die Vabro AG verbraucht bei monatlich durchschnittlich 21 Arbeitstagen je nach Jahreszeit zwischen 15 und 30 Tonnen Gussteile. So benötigt man von Anfang November bis Ende Februar durchschnittlich 28 Tonnen, in den übrigen Monaten durchschnittlich 17,5 Tonnen Gussteile pro Monat. Die Fertigung muss aus produktionstechnischen Gründen über das ganze Jahr hinweg kontinuierlich erfolgen. Am 1. Januar beginnt die Produktion.

a) Wie viele Lieferungen würden Sie pro Monat empfehlen? Begründen Sie Ihre Antwort.

b) Wie hoch (in Tonnen) würden Sie den Lagerbestand am 1. Januar ansetzen und warum?

c) Welches Lagerhaltungssystem ist für die Vabro AG sinnvoll? Begründen Sie Ihre Antwort und beschreiben Sie dieses Lagerhaltungssystem.

A 24 Das Bestellpunkt- und das Bestellrhythmussystem sind zwei Typen von Lagerhaltungssystemen.

a) Welche Vor- und Nachteile sind mit den einzelnen Systemen verbunden?

b) Welches sind die Probleme dieser beiden Lagerhaltungssysteme?

A 25 Welche Gründe führen in der Praxis dazu, dass in vielen Unternehmen die Lagerbestände zu hoch sind?

A 26 Der Beschaffungs- und Lagerbereich gehört zu jenen Unternehmensbereichen, in denen in hohem Maße EDV-Anlagen eingesetzt werden. Nennen Sie einige Ursachen für diese Entwicklung.

A 27 In den letzten Jahren hat sich die Materialwirtschaft zu einem umfassenden Supply Chain Management entwickelt.

a) Was versteht man unter Supply Chain Management?

b) Welches sind die Vorteile eines Supply Chain Management?

Produktion

Grundlagen

A 1 Zeigen Sie, inwiefern die verschiedenen Teilbereiche des Unternehmens den produktionswirtschaftlichen Handlungsspielraum einschränken können.

A 2 Nennen Sie Gründe dafür, dass das Absatzprogramm und das Produktionsprogramm eines Unternehmens häufig nicht miteinander übereinstimmen.

A 3 Ein Unternehmen will vermehrt Halb- und Fertigfabrikate, die es bis jetzt selbst gefertigt hat, von Drittfirmen beziehen. Welche Chancen und Risiken sind mit dieser Entscheidung verbunden?

A 4 Der Einzelhandelspreis eines Produktes beträgt 60,– €/Stück. Der Break-even-Umsatz beläuft sich auf 2,28 Mio. €, die Fixkosten werden mit 570.000,– € angegeben. (Bei Vergleichen ist in allen Aufgaben von der ursprünglichen Situation auszugehen.)

a) Wie hoch sind die variablen Kosten pro Einheit?

b) Um wie viel Prozent ändert sich die Break-even-Menge, wenn sowohl der Preis als auch die variablen Kosten um 10 % steigen?

c) Um wie viel Prozent ändert sich die Break-even-Menge, wenn sowohl der Preis als auch die variablen Kosten um 10 % sinken?

d) Sie haben mit Hilfe einer Break-even-Analyse eine Make-or-Buy-Entscheidung zu treffen. Ein Produzent offeriert, das gleiche Produkt herzustellen und Ihnen zu einem Großhandelspreis von 30,– € pro Einheit zu verkaufen. Ihre Fixkosten reduzieren sich dadurch um 15 %. Allerdings verlangt er einen festen Betrag von 350.000,– € pro Periode und eine Provision von 10 % pro im Einzelhandel verkaufter Einheit. Wollen Sie sein Angebot annehmen?

e) Nennen Sie einige Aspekte, die zusätzlich zu den quantitativen Daten in die Entscheidungsfindung bei d) einbezogen werden müssten.

A 5 Ein Fabrikationsbetrieb stellt zwei Artikel her, nämlich Artikel M und Artikel K. Das Unternehmen sieht sich einer vorzüglichen Marktsituation gegenüber. Leider sind aber die Kapazitäten ihrer drei Kostenstellen beschränkt und kurzfristig nicht ausbaubar. Die Produktionsleitung möchte wissen, welche Mengen X_M und X_K dieser beiden Artikel sie zu produzieren hat, damit sie einen möglichst großen Deckungsbeitrag erzielt. Es stehen folgende Daten zur Verfügung:

	Beanspruchung der Kostenstellen (Min./Stück)			**Erlös (€/Stück)**	**Var. Kosten (€/Stück)**
	I	**II**	**III**		
Artikel M	20	2	10	20,–	15,–
Artikel K	10	6	10	10,–	6,–

Kapazität der Kostenstellen:
- Kostenstelle I: 60.000 Minuten
- Kostenstelle II: 18.000 Minuten
- Kostenstelle III: 35.000 Minuten

a) Wie lautet die Zielfunktion?

b) Wie lauten die Ungleichungen, mit deren Hilfe man die Kapazitätsbeschränkungen ausdrücken kann?

c) Bestimmen Sie grafisch die optimale Produktionsmengenkombination.

A 6 In einem Unternehmen werden zwei Produkte (A, B) hergestellt. Beide Produkte müssen zeitweise gelagert werden und beanspruchen deshalb Lagerraum. Die genaue Beanspruchung des Lagers ist aus unten stehender Tabelle ersichtlich:

Lagerraum	**Raumbeanspruchung (m^2/Einheit)**		**Raumfläche (m^2)**
	A	**B**	
Eingangslager	12	12	240
Zwischenlager	–	5	125
Fertigproduktlager	8	4	120

Vom Produkt A werden jeweils vier Einheiten gleichzeitig hergestellt, welche auch zusammen gestapelt werden können. Das Produkt B kann nicht gestapelt werden. Der Preis des Produktes A beträgt 40,– € pro Einheit, derjenige des Produktes B 110,– € pro Einheit. Die Kosten betragen 10,– € pro Einheit bzw. 20,– € pro Einheit.
Sie haben aufgrund der gegebenen Informationen die optimale Sortimentszusammensetzung zu bestimmen. Wie viele Einheiten der Produkte A und B sollen hergestellt werden, wenn der Gesamtgewinn maximiert wird? Stellen Sie Ihre Lösung grafisch dar und geben Sie den maximalerreichbaren Gesamtgewinn an.

A 7 Die Aristo AG produziert und vertreibt zwei verschiedene Produkte. Aus den Abteilungen Produktion und Marketing sind folgende Zahlen bekannt:

	Produkt P_1	**Produkt P_2**
Verkaufspreis/Einheit (€)	90,–	318,–
Materialbedarf (kg):		
Material A	5	10
Material B	2	3
Material C	–	5
Lohnkosten/Einheit (€)	20,–	130,–
Maschinenkosten/Einheit (€)	10,–	120,–
Fixkosten (€)	unbekannt	4.800,–
Produktionszeit/Einheit (Std.):		
Maschine 1	4	10
Maschine 2	12	
Maschine 3	6	–

Der Einkaufspreis pro Kilogramm für die Materialarten beträgt (in €):
- Material A: 2,–
- Material B: 10,–
- Material C: 2,–

Die Maximalkapazitäten der Maschinen betragen in Std.:
- Maschine 1: 18.000
- Maschine 2: 24.000
- Maschine 3: 12.000

a) Bei wievielen Einheiten liegt die Nutzschwelle (Break-even-Punkt) für Produkt P_2?

b) Wie groß ist der Deckungsbeitrag der einzelnen Produkte?

c) Wie viele Einheiten der Produkte P_1 und P_2 müssen produziert werden, um den Gesamtdeckungsbeitrag zu maximieren, wobei als zusätzliche Restriktion gelten soll, dass das Produkt P_2 sowohl seine variablen als auch seine fixen Kosten decken muss? Zur vollständigen Lösung dieser Teilaufgabe gehören die Zielfunktion, sämtliche Restriktionen sowie die vollständige grafische Darstellung mit Lösung.

A 8 Ein Handwerker stellt für einen Großabnehmer die Artikel Muttern (M) und Schrauben (S) her. Folgende Informationen stehen ihm zur Verfügung, um das optimale Produktionsprogramm zu bestimmen:
- Jede Tonne Muttern erfordert 10 Personenstunden Arbeit und 2 Maschinenstunden auf Maschine 1 für das Drehen.
- Jede Tonne Schrauben erfordert 5 Personenstunden Arbeit, 2 Maschinenstunden auf Maschine 1 für das Drehen und 6 Maschinenstunden auf Maschine 2 für das Schleifen.
- Die gesamte Produktion kann jeweils abgesetzt werden.
- Die Deckungsbeiträge pro Tonne betragen bei den Muttern 50,– € und bei den Schrauben 40,– €.
- Die Kapazitätsgrenzen betragen:
  - 15 Personenstunden
  - 4 Stunden auf Maschine 1
  - 8 Stunden auf Maschine 2

Welche Mengen müssen von jedem Artikel gefertigt werden, um einen maximalen Deckungsbeitrag erzielen zu können? Formulieren Sie die Zielfunktion und sämtliche Restriktionen und stellen Sie Ihre Lösung grafisch dar.

A 9 Die Blank AG produziert auf drei verschiedenen Maschinen (M_1, M_2, M_3) zwei Produkte (A, B). Zur Herstellung dieser beiden Produkte werden die drei Maschinen zeitlich unterschiedlich ausgelastet, wie aus folgender Tabelle ersichtlich wird:

Maschine / Produkt	Maschine 1	Maschine 2	Maschine 3
Produkt A	100 Std.	50 Std.	30 Std.
Produkt B	120 Std.	20 Std.	25 Std.

Die maximalen Einsatzzeiten der drei Maschinen für die Planperiode sind wie folgt festgesetzt:

- M_1: 6.000 Std.
- M_2: 3.000 Std.
- M_3: 4.000 Std.

Der Gewinn beträgt für Produkt A 2.000,– € pro Stück und für Produkt B 1.500,– € pro Stück.

a) Welche Mengen sollen von den beiden Produkten produziert werden, wenn ein maximaler Gewinn angestrebt wird?

b) Die Blank AG erhält eine Anfrage, ob sie als Zulieferer eine Serie eines Produktes C liefern könnte. Dieses Produkt kann nur auf Maschine M_3 produziert werden; die Serie würde die Maschine insgesamt 1.800 Stunden beanspruchen. Kann die Blank AG den Auftrag annehmen, wenn am bisherigen Produktionsprogramm keine Änderungen vorgenommen werden dürfen?

A 10 Wichtige Einflüsse auf die zeitliche Verteilung der Produktionsmenge ergeben sich sowohl aus der auftrags- als auch der vorratsbezogenen Fertigung.

a) Beschreiben Sie die Vor- und Nachteile der auftrags- bzw. vorratsbezogenen Fertigung.

b) Warum trifft man in der Praxis selten auf die reine Form der auftrags- bzw. der vorratsbezogenen Fertigung?

A 11 Der Absatz der Klutzer AG ist starken saisonalen Schwankungen unterworfen.

a) Welche Möglichkeiten bestehen, um die Produktion auf den Absatz abzustimmen?

b) Zeigen Sie Faktoren, welche die Wahl der Klutzer AG für eine bestimmte Variante maßgeblich beeinflussen.

Gestaltung der Produktionsprozesse

A 12 Beschreiben Sie die Vor- und Nachteile der Einzelfertigung gegenüber der Massenfertigung.

A 13 Mass Customization ist die produktionstechnische Antwort auf die Kundenorientierung.

a) Was versteht man unter Mass Customization?

b) Welcher Zusammenhang besteht zum Postponement im Rahmen eines Supply Chain Managemant?

A 14 Ermitteln Sie die optimale Losgröße aufgrund folgender Ausgangslage:

- Geplante Jahresproduktion: 50.000 Stück
- Gesamte fixe Kosten pro Los: 1.000,– €
- Herstellkosten pro Stück: 10,– €
- Zins-, Lager- und Risikokostensatz q: 10 %

a) Bestimmen Sie die optimale Losgröße für die Ausgangslage.

b) Berechnen Sie die optimale Losgröße für den Fall losfixer Kosten von 500,– € und 2.000,– €.

c) Wie verändert sich die optimale Losgröße bei q = 5 % und q = 20 %?

d) Wie entwickelt sich ceteris paribus die optimale Losgröße durch Veränderungen der variablen Stückkosten bzw. der geplanten Jahresproduktion?

A 15 Die Modern AG entwickelt ein neues City-Bike-Modell und schätzt, dass sich jährlich etwa 2.000 Stück absetzen lassen. Die Fixkosten pro Auftrag belaufen sich auf 80.000,– € und es wird mit variablen Herstellkosten von 375,– € gerechnet. Das gebundene Kapital soll mit jährlich 12 % verzinst werden. Wie hoch ist die optimale Losgröße?

A 16 Die Gruppenfertigung ist eine Kombination der Werkstatt- und der Fließfertigung.

a) Welches sind die Vor- und Nachteile der Gruppenfertigung?

b) Wann ist der Einsatz der Gruppenfertigung sinnvoll?

A 17 Welchen Zusammenhang sehen Sie zwischen den Fertigungstypen und den Fertigungsverfahren?

A 18 Einen wichtigen Erfolgsfaktor japanischer Firmen im Wettbewerb mit westlichen Unternehmen bildete die Entwicklung der Just-in-Time-Produktion.

a) Was versteht man unter Just-in-Time-Produktion?

b) Welche Vorteile sind mit dieser Art von Produktion verbunden?

c) Wo sehen Sie Probleme dieser Produktionsform und wie können Sie diesen Problemen vorbeugen?

d) Können Just-in-Time-Konzepte auch außerhalb des Produktionsbereiches oder sogar außerhalb des Industriebetriebes angewendet werden?

A 19 Just-in-Time-Produktion bedeutet „Produzieren auf Abruf". Welche Auswirkungen zeigen sich bei der Realisierung dieses Grundsatzes in der Materialwirtschaft, in der Produktion und im Verkauf?

Planung und Kontrolle des Produktionsablaufes

A 20 Mit Hilfe eines Netzplans soll der Ausbau eines Hauses geplant werden, das bereits im Rohbau fertig gestellt ist. Folgende Tätigkeiten sind zu berücksichtigen:

Nr.	Vorgang	Dauer
A	Keller abdichten	1 Woche
B	Kanalanschluss herstellen	1 Woche
C	Keller wärmeisolieren	1 Woche
D	Fenster einbauen	2 Wochen
E	Dach decken	3 Wochen
F	Fassade behängen	2 Wochen
G	Elektroinstallationen legen	2 Wochen
H	Heizung legen	2 Wochen
I	Sanitärinstallationen legen	3 Wochen
K	Estrich ziehen	1 Woche
L	Fenster verglasen	1 Woche
M	Treppe bauen	2 Wochen
N	Malerarbeiten durchführen	4 Wochen
O	Türen einbauen	1 Woche
P	Teppichboden legen	2 Wochen
Q	Außenanlage durchführen	4 Wochen

Zusätzlich bestehen folgende Abhängigkeiten zwischen den einzelnen Tätigkeiten:

- A muss vor C erledigt sein.
- D muss vor E und F erledigt sein.
- C muss vor H erledigt sein.
- H und G müssen vor I und K erledigt sein.
- K muss vor M erledigt sein.
- I muss vor N erledigt sein.
- L muss vor N und O erledigt sein.
- N muss vor P erledigt sein.
- B muss vor I und Q erledigt sein.
- F muss vor Q erledigt sein.

Zudem liegt zwischen D und L eine Lieferfrist von 6 Wochen, die vom Lieferanten vorgegeben ist.

a) Erstellen Sie einen Netzplan.

b) Welches ist der kritische Weg und wie lange dauert er?

A 21 Welches sind die wesentlichen Unterschiede zwischen einem Balkendiagramm und einem Netzplan?

A 22 Das Dilemma der Ablaufplanung ist ein zentrales Problem in der Produktion.

a) Diskutieren Sie das Dilemma der Ablaufplanung.

b) Mit welchem Fertigungsverfahren kann das Dilemma der Ablaufplanung am besten gelöst werden?

c) Welche anderen Maßnahmen erlauben eine Bewältigung des Dilemmas der Ablaufplanung?

A 23 Welches können die Ursachen dafür sein, dass die Produktionskapazitäten eines Unternehmens nicht ausreichen und welche Maßnahmen können dagegen ergriffen werden?

Produktions- und Kostentheorie

A 24 Die Mineral AG plant, eine vollautomatische Mineralwasserabfüllanlage zu beschaffen. Es stehen zwei Maschinen mit folgenden Daten zur Auswahl:

	Automat 1	Automat 2
Fixkosten	16.000,– €	36.000,– €
Maschinenkostensatz/Stunde	8,– €	4, 50 €
Abfülleistung Kästen/Stunde	20	30

a) Bei welcher Beschäftigung lohnt es sich, die kapitalintensivere Anlage zu beschaffen?

b) Begründen sie ihre Lösung auch grafisch.

c) Welche Annahmen haben Sie bei Ihrer Lösung getroffen?

Rechnungswesen

Grundlagen des betrieblichen Rechnungswesens

A 1 Zeigen Sie die Bedeutung des Rechnungswesens als Führungsinstrument.

A 2 Zeigen Sie den Zusammenhang zwischen Finanzbuchhaltung und Kosten- und Leistungsrechnung (Betriebsbuchhaltung).

A 3 Geben Sie Beispiele, bei denen die Auszahlungen
- den Ausgaben entsprechen,
- den Ausgaben nicht entsprechen.

A 4 Geben Sie Beispiele, bei denen der Aufwand
- den Kosten entspricht,
- den Kosten nicht entspricht.

A 5 Ihre Universität erhält am 1.1.2009 neues Material (Folien, Marker,Büromaterial, usw.) für Vorlesungen und Verwaltungsarbeiten, das für das gesamte Jahr vorgesehen ist. Der Wert beträgt 9000,– €. Als Zahlungsmodalität stehen drei Varianten zur Auswahl:

a) Barzahlung am 1.1.2009,

b) Einräumung eines Zahlungsziels von 3 Monaten,

c) drei Ratenzahlungen am 1.4., 1.8. und 1.12.2009.

Ihr Professor für Kosten- und Leistungsrechnung beauftragt Sie mit der Aufgabe, zum Ende eines jeden Monats zu klären, welche Zahlungs- oder Leistungsgröße vorliegt (Auszahlung, Ausgabe, Aufwand, Kosten).

Datum	Auszahlungen	Ausgaben	Aufwand	Kosten
a)				
01. Jan				
01. Feb				
01. Mrz				
01. Apr				
01. Mai				
01. Jun				
01. Jul				
01. Aug				
01. Sep				
01. Okt				
01. Nov				
01. Dez				
b)				
01. Jan				
01. Feb				
01. Mrz				
01. Apr				
01. Mai				
01. Jun				
01. Jul				
01. Aug				
01. Sep				
01. Okt				
01. Nov				
01. Dez				

Datum	Auszahlungen	Ausgaben	Aufwand	Kosten
c)				
01. Jan				
01. Feb				
01. Mrz				
01. Apr				
01. Mai				
01. Jun				
01. Jul				
01. Aug				
01. Sep				
01. Okt				
01. Nov				
01. Dez				

A 6 Sie sind als Trainee eines Automobilkonzerns in der Abteilung Rechnungswesen beschäftigt. Eine Lackiermaschine in Ihrem Betrieb ist ausgefallen. Als Ersatz wird ein Nachfolgemodell in Höhe von 120.000,– € gekauft, dessen durchschnittliche Nutzungsdauer vier Jahre beträgt. Die Lackiermaschine ist vollständig abzuschreiben. Sie werden damit beauftragt, einen Abschreibungsplan nach verschiedenen Methoden zu erstellen:

a) lineare Abschreibung,

b) geometrisch-degressive Abschreibung,

c) arithmetisch-degressive Abschreibung (digitale Abschreibung).

d) Erläutern Sie, ob und wann ein eventueller Wechsel in der Abschreibungsmethode sinnvoll bzw. gesetzlich erlaubt ist.

e) Für welche Abschreibungsmethode entscheiden Sie sich?

a) Lineare Abschreibung			
Jahre	**Abschreibungssatz**	**Abschreibungsbetrag**	**Zeitwert**
0			
1			
2			
3			
4			

b) Geometrisch-degressive Abschreibung			
Jahre	Abschreibungssatz	Abschreibungsbetrag	Zeitwert
0			
1			
2			
3			
4			
c) Arithmetisch-degressive Abschreibung			
Jahre	Abschreibungssatz	Abschreibungsbetrag	Zeitwert
0			
1			
2			
3			
4			
d) Wechsel der Abschreibungsmethode			
Jahre	Abschreibungssatz	Abschreibungsbetrag	Zeitwert
0			
1			
2			
3			
4			

Rechnungslegung nach HGB

A 7 Welche Aufgaben hat der Jahresabschluss? Gehen Sie diesbezüglich auch kritisch auf die vier Funktionen des Anhangs ein.

A 8 Erklären Sie die beiden Subprinzipien des Vorsichtsprinzips, das Realisations- und das Imparitätsprinzip, jeweils an einem selbstgewählten Beispiel.

A 9 Erläutern Sie den Aufbau der Bilanz und der Gewinn- und Verlustrechnung. Welche Informationen lassen sich ableiten?

A 10 Als Hochschulabsolvent/-in arbeiten Sie in einem Start-up-Unternehmen im Bereich Finanzen/Rechnungswesen. Einer der Gründer hat Ihnen eine Liste mit Bilanzpositionen zusammengestellt und bittet Sie um eine Bilanzaufstellung mit ordnungsgemäßen Positionsbezeichnungen.

Bilanzpositionen		**€**
1	Kredit bei Bank A	20.000,–
2	Fertige Erzeugnisse auf Vorrat	3.500,–
3	Grundstücke, Häuser	300.000,–
4	Schulden aus Lieferungsvertrag	5.000,–
5	Gewinn des laufenden Geschäftsjahres	100,–
6	Unfertige Erzeugnisse auf Vorrat	2.500,–
7	Kassenbestand	25.000,–
8	Darlehen bei Bank B	200.000,–
9	Gezeichnetes Kapital	250.000,–
10	Kapitalrücklage	500.000,–
11	Forderung gegen Kunde A	50.000,–
12	Patent	20.000,–
13	Schrauben, Öl	1.100,–
14	Maschinen	250.000,–
15	Forderungen aus Kaufvertrag	150.000,–
16	Aktien an verbundenem Unternehmen A	100.000,–
17	Beteiligungen	73.000,–

Bilanz in €	
Aktiva	Passiva
A. Anlagevermögen (AV) 1. Immaterielle Vermögensgegenstände 2. Sachanlagen 3. Finanzanlagen B. Umlaufvermögen (UV) 1. Vorräte 2. Forderungen und sonstige Vermögensgegenstände 3. Wertpapiere 4. Schecks, Kassenbestand, Bundesbank und Postgiroguthaben, Guthaben bei Kreditinstituten C. Rechnungsabgrenzungsposten D. Bilanzverlust	A. Eigenkapital (EK) 1. Gezeichnetes Kapital 2. Kapitalrücklage 3. Gewinnrücklage 4. Gewinnvortrag/Verlustvortrag 5. Jahresüberschuss/Jahresfehlbetrag B. Rückstellungen 1. Rückstellungen für Pensionen und ähnliche Verpflichtungen 2. Steuerrückstellungen 3. Sonstige Rückstellungen C. Verbindlichkeiten 1. Anleihen, davon konvertibel 2. Verbindlichkeiten gegenüber Kreditinstituten 3. Verbindlichkeiten aus Lieferungen und Leistungen D. Rechnungsabgrenzungsposten
Bilanzsumme	Bilanzsumme

A 11 Erläutern Sie die Aufgaben und Instrumente des Konzernabschlusses. Gehen Sie auch auf die Segmentberichterstattung und die Kapitalflussrechnung ein.

A 12 Erläutern Sie die wesentlichen Unterschiede zwischen Buchwertmethode und Neubewertungsmethode.

A 13 Erläutern Sie die Equity-Methode. Skizzieren Sie drei Fälle, in denen die Equity-Methode zur Anwendung kommt.

A 14 Kann ein Unternehmen innerhalb einer Rechnungsperiode einen Verlust erzielen und gleichzeitig am Jahresende mehr liquide Mittel (Kasse-, Bank- und Postguthaben) haben? Begründen Sie Ihre Antwort.

Rechnungslegung nach IRFS

A 15 Sie arbeiten in der Finanzabteilung der Firma Novak GmbH und werden gebeten, den Vorrat an Ölpumpen zu bewerten. In den Lageraufzeichnungen finden Sie die folgende quartalsweise Übersicht zu Bestand, Zu- und Abgängen sowie Einkaufspreisen:

Monat	Bestand	Verkauf	Zukauf	Einkaufspreis
Jahresanfangsbestand	31			95,2
1. Quartal	24	24	17	93,8
2. Quartal	32	9	17	94,9
3. Quartal	31	18	17	103,9
4. Quartal	23	25	17	107,4

a) Bewerten Sie den Lagerbestand per Geschäftsjahresende mit Hilfe der Fifo-Methode.

b) Bewerten Sie den Lagerbestand per Geschäftsjahresende mit Hilfe der gewogenen Durchschnittsmethode.

c) Wodurch erklären sich die Unterschiede in den Wertansätzen bei Anwendung der beiden Methoden?

A 16 Als Mitarbeiter der Finanzabteilung der Hykel AG werden Sie gebeten, die Bewertung der folgenden Finanzinstrumente nach IFRS vorzunehmen:

- Börsennotierte Schuldverschreibung einer deutschen Landesbank mit einer Laufzeit bis September 2013, die bis zum Ende gehalten wird,
- Kreditvergabe an Mitarbeiter zu marktüblichen Konditionen,
- Hybrid-Anleihen eines Unternehmens, die jederzeit zur Veräußerung verfügbar sind,
- Put-Option auf eine Aktie, die mit einer Gewinnabsicht gekauft wurde.

a) Welcher Kategorie würden Sie diese Finanzinstrumente zuordnen?

b) Erläutern Sie kurz die Zugangs- und Folgebewertung dieser Finanzinstrumente.

A 17 Im Rahmen der Erstellung des Jahresabschlusses der Firma Scheiber AG wird über die folgenden Positionen der immateriellen Vermögenswerte hinsichtlich deren Ansatzpflicht in der Bilanz und deren Bewertung diskutiert:

- hauseigene Schuhmarke, die durch verstärkte Marketingaktivititäten einem breiten Publikum bekannt gemacht werden konnte,
- Fortbildungsmaßnahmen für die Mitarbeiter der Vertriebsabteilung,
- Entwicklung eines neuen Schuhkonzepts, das zeitnah in einigen internationalen Märkten auf Lizenzbasis vertrieben wird,
- Kauf eines Patents im Vorjahr für die Produktion einer neuartigen Sohle. Die Sohle erwies sich jedoch als nicht wirtschaftlich produzierbar und weshalb die Produktion im Laufe des vergangen Geschäftsjahrs eingestellt wurde.

a) Diskutieren Sie welche Sachverhalte nach IFRS als immateriellen Vermögenswert anzusetzen sind.

b) Wenn der jeweilige Vermögenswert in der Bilanz aktiviert werden muss, erläutern Sie kurz wie diese zu bewerten sind.

Internes Rechnungswesen

A 18 Welche Probleme ergeben sich im Zusammenhang mit den Gemeinkosten?

A 19 In einer Zeitschrift machte ein Manager eines Industriebetriebes folgende Aussage: „Tendenziell gibt es immer weniger variable Kosten und dafür immer mehr fixe Kosten“. Was meint der Manager damit und wie können Sie sich diesen Sachverhalt erklären?

A 20 Stellen Sie grafisch die verschiedenen möglichen Kostenverläufe (Gesamtkosten, Durchschnittskosten, Grenzkosten) bezüglich der Leistungsmenge und folgender Kostenverläufe dar:

- proportionale Kosten,
- fixe Kosten,
- fix proportionale Kosten,
- sprungfixe Kosten,
- degressive Kosten,
- progressive Kosten.

A 21 Die Mineral AG plant, eine vollautomatische Mineralwasserabfüllanlage zu beschaffen. Es stehen zwei Maschinen mit folgenden Daten zur Auswahl:

	Maschine 1	Maschine 2
Fixkosten	16.000,– €	36.000,– €
Maschinenkostensatz/Stunde	8,– €	3,– €
Abfülleistung Kästen/Stunde	20	15

a) Bei welcher Produktionsmenge lohnt es sich, die kapitalintensivere Anlage zu beschaffen?

b) Begründen Sie Ihre Lösung auch grafisch.

c) Welche Annahmen haben Sie bei Ihrer Lösung getroffen?

A 22 In einem Unternehmen werden zwei Produkte A und B (Kostenträger) hergestellt. Im Rahmen der Produktion fallen Gemeinkosten an, die auf die beiden Produkte zu verteilen sind. Der Leiter der Rechnungswesenabteilung bittet Sie, diese Rechnung über einen Betriebsabrechnungsbogen durchzuführen. Hierfür hat er Ihnen ein Aufgabenblatt erstellt und einen Betriebsabrechnungsbogen in tabellarischer Form in € beigefügt.

Folgende weitere Informationen stehen Ihnen zur Verfügung:

- Die Kosten für das Fertigungsmaterial betragen 20.000,– €.
- Die Fertigungslöhne betragen 12.000,– €.
- Der Erlös für Produkt A ist 40.000,– €/für Produkt B: 27.000,– €.
- Auf Produkt A entfallen 60 % der Kosten, auf Produkt B 40 %.

a) Überlegen Sie sich, wie die Verteilung der primären (Hilfs- und Betriebsstoffe, Energie, Hilfslöhne, Gehälter, Abschreibung und Sonstige) und sekundären Gemeinkosten auf die Kostenstellen erfolgt sein könnte?

b) Bilden Sie Zuschlagssätze.

c) Ermitteln Sie sowohl die „Selbstkosten für verkaufte Produkte" als auch den gesamten Betriebserfolg.

Kostenstelle / Kostenarten	Kosten	Allgemeine Kostenstelle		Fertigungsstelle						
		1 (Wasserversorgung)	2 (Sozialeinrichtung)	Hilfskostenstelle		Hauptkostenstelle				
				Arbeitsvorbereitung	Betriebsleitung	Materialstelle	Fertigung I	Fertigung II	Verwaltung	Vertrieb
Hilfs- und Betriebsstoffe	5.000,00	100,00	160,00	600,00	640,00	300,00	1.020,00	1.260,00	480,00	440,00
Energie	1.000,00	60,00	120,00	100,00	80,00	160,00	120,00	160,00	100,00	100,00
Hilfslöhne	10.000,00	200,00	300,00	1.100,00	1.200,00	600,00	1.800,00	3.400,00	600,00	800,00
Gehälter	6.000,00	120,00	140,00	400,00	560,00	340,00	1.300,00	1.420,00	800,00	920,00
Abschreibung	2.400,00	60,00	80,00	280,00	320,00	160,00	560,00	580,00	180,00	180,00
Sonstige	4.000,00	120,00	90,00	400,00	320,00	230,00	780,00	570,00	600,00	890,00
Summe	28.400,00	660,00	890,00	2.880,00	3.120,00	1.790,00	5.580,00	7.390,00	2.760,00	3.330,00
Umlage Allg. Kostenstelle 1				132,00	132,00	66,00	66,00	66,00	132,00	66,00
Umlage Allg. Kostenstelle 2				178,00	178,00	89,00	89,00	89,00	178,00	89,00
Summe				3.190,00	3.430,00	1.945,00	5.735,00	7.545,00	3.070,00	3.485,00
Umlage Hilfskostenstelle 1							1.063,32	2.126,67		
Umlage Hilfskostenstelle 2							1.143,32	2.286,67		
Summe						1.945,00	7.941,64	1.1958,34	3.070,00	3.485,00

A 23 In einem Unternehmen existieren drei Bereiche, in denen fünf Produkte hergestellt werden. Sie haben als Hochschulabsolvent/-in in der Controlling-Abteilung dieses Unternehmens angefangen und sind mit der Aufgabe betraut worden, anhand der unten dargestellten Tabelle (in €) den Betriebserfolg zu ermitteln und für Ihren Chef betriebswirtschaftliche Empfehlungen auszuarbeiten.

Bereiche = Produktgruppen	**I**		**II**		**III**
Produkte	**1**	**2**	**3**	**4**	**5**
Bruttopreis/Produkt	17,00	25,00	30,00	20,00	27,00
Anzahl verkaufte Produkte	1.000,00	800,00	600,00	500,00	700,00
Variable Kosten	9.000,00	9.800,00	7.400,00	6.500,00	10.000,00
Rabatte/Produkt: 10 % des Bruttopreises	1,70	2,50	3,00	2,00	2,70
Fixkosten					
– Forschungs- und Entwicklungskosten (Produktfixkosten)					510,00
– Gehälter der Produktgruppenleiter (Produktgruppenfixkosten)	3.000,00		2.000,00		3.500,00
– Gehälter der technischen Bereichsleitung(Bereichsfixkosten)	1.100,00		1.200,00		1.000,00
– Vorstandsgehälter (Unternehmensfixkosten)	500,00				
Fixkosten gesamt	12.810,00				

a) Berechnen Sie den Betriebserfolg anhand der einstufigen Deckungsbeitragsrechnung (DB).

b) Führen Sie die Rechnung auch anhand der mehrstufigen DB-Rechnung durch.

c) Was fällt Ihnen auf? Welche Empfehlungen geben Sie Ihrem Chef? Welche Schlussfolgerungen ergeben sich für die Verwendung der einstufigen DB-Rechnung?

Finanzierung

Grundlagen

A 1 Basis der finanziellen Führung eines Unternehmens bilden – neben den allgemeinen Unternehmenszielen – die Ziele der Finanzierung.

a) Erläutern Sie die Ziele der Finanzierung.

b) Suchen Sie nach möglichen Zielkonflikten innerhalb der Finanzierung sowie zwischen der Finanzierung und anderen Unternehmensbereichen.

Finanzplanung und Finanzkontrolle

A 2 Ein Unternehmen mit beschaffungssynchroner Fertigung hat einen Umsatz von 1,8 Mio. €/Jahr. Der Anteil der Kosten am Umsatz wird wie folgt geschätzt:

- Materialkosten: 40 %
- Lohnkosten: 25 %
- Herstellgemeinkosten: 10 %
- Verwaltungs- und Vertriebsgemeinkosten: 10 %

Die Lohnkosten fallen durchschnittlich 15 Tage nach Produktionsbeginn, die Herstellgemeinkosten unmittelbar bei Produktionsbeginn und die Verwaltungs- und Vertriebsgemeinkosten 60 Tage nach Produktionsbeginn an. Zusätzlich sind folgende Informationen bekannt:

- Fertigungszeit: 60 Tage
- Lagerdauer der Enderzeugnisse: 15 Tage
- Debitorenfrist: 45 Tage
- Kreditorenfrist: 60 Tage

Wie hoch ist der maximale Kapitalbedarf für das Umlaufvermögen?

A 3 Berechnen Sie auf Grund folgender Angaben den maximalen Kapitalbedarf (runden Sie auf ganze €-Beträge):

- Der geplante Umsatz pro Jahr beträgt 5 Mio. €.
- Die Materialkosten betragen 25 %, die Lohnkosten 30 %, die Herstellgemeinkosten 12 %, die Verwaltungs- und Vertriebskosten 10 % des Umsatzes.
- Das eingekaufte Material liegt durchschnittlich 10 Tage auf Lager, bevor es in die Produktion gelangt. Die Produktionszeit beträgt insgesamt 50 Tage. Die Fertigerzeugnisse liegen vor dem Verkauf nochmals 20 Tage am Lager. Die Debitorenfrist beträgt 45 Tage, die Kreditorenfrist 30 Tage.
- Die Lohnkosten werden 20 Tage nach Produktionsbeginn fällig, die Verwaltungs- und Vertriebskosten (VVGK) bei Verkauf, sowie die Herstellgemeinkosten (HGK) bei Produktionsbeginn.

A 4 Der Finanzplan umfasst die Auswirkungen der übrigen Teilpläne eines Unternehmens auf die Einzahlungen und Auszahlungen des Unternehmens.

a) Nennen Sie die wichtigsten Aufgaben der Finanzplanung.

b) Wann ist der Finanzplan ein Primärplan, d. h. ein Plan, aus dem die anderen Pläne (z. B. Absatz- und Produktionsplan) abgeleitet werden?

c) Welchen Stellenwert haben Bilanzkennziffern im Rahmen der Finanzplanung?

A 5 Ergänzen Sie folgenden kurzfristigen Liquiditätsplan, und errechnen Sie den Bestand an liquiden Mitteln (Kassenbestand, Bankguthaben, Postgiroguthaben) unter Berücksichtigung der kurzfristigen Forderungen und Verbindlichkeiten (nettomonetäres Umlaufvermögen) per Ende des 3. Quartals unter der Annahme, dass der Anfangsbestand 80.000,– € betragen hatte.

Einnahmen in 1.000 €	1. Quartal	2. Quartal	3. Quartal
Barverkäufe	450	300	300
Debitoreneingänge	500	600	200
Gutschriftenerträge	150	120	100
Summe			
Ausgaben in 1.000 €	**1. Quartal**	**2. Quartal**	**3. Quartal**
Lohnaufwand	100	120	100
Barlöhne	50	30	–
Miete	10	10	10
Wareneinkauf	500	500	800
Lieferantenrechnungen	200	500	500
Zinsen	5	5	5
Summe			
Liquidität pro Quartal			
Liquidität kumuliert			

A 6 Finanzwirtschaftlichen Kennzahlen kommen aus verschiedenen Gründen eine große Bedeutung zu. Wozu können die Finanzkennzahlen Rentabilität, Liquidität, Verschuldungsgrad und Anlagendeckungsgrad verwendet werden?

A 7 Sie werden von einem ehemaligen Schulfreund gefragt, ob Sie ihm ein Darlehen für die Erweiterung seines Sanitärgeschäftes geben könnten. Der Darlehensbetrag müsse mindestens 15.000,– € betragen, über den Zinssatz und die Laufzeit könne man noch reden. Beiliegend sendet er Ihnen folgende Bilanz:

Bilanz per 31.12.2006 (in €)

Lagerhalle	40.000,–	Gez. Kapital	30.000,–
Sanitärgeräte	12.000,–	Rücklagen	10.000,–
Materiallager	9.000,–	Gewinnvortrag	3.600,–
Debitoren	200,–	Kurzfr. Bankkredit	1.500,–
Kasse	300,–	Langfr. Bankkredit	20.000,–
Bank	4.000,–	Lieferantenkredit	400,–
	65.500,–		65.500,–

a) Würden Sie ihm ein Darlehen gewähren? Begründen Sie Ihre Antwort mit einer Bilanzanalyse, bei der Sie folgende Kennzahlen berechnen:
- Rentabilität,
- Liquidität,
- Eigenfinanzierungsgrad,
- Anlagendeckungsgrad.

b) Was würden Sie neben der Bilanz noch untersuchen?

A 8 Die Schlux AG hat ihre Kapitalstruktur für das Planjahr 2007 aufgestellt und ist zu folgendem Resultat gekommen:
- Aktienkapital: 1.500.000,– €
- Rücklagen: 600.000,– €
- Fremdkapital: 1.000.000,– €

Der Jahresgewinn wird auf 300.000,– € budgetiert. Der Zinssatz, der für das Fremdkapital im Durchschnitt bezahlt werden muss, wird auf 8 % geschätzt. Wie hoch ist die Eigen- und die Gesamtkapitalrentabilität der Schlux AG für das Planjahr? Gehen Sie bei Ihren Berechnungen von zwei verschiedenen Annahmen aus:

a) Der budgetierte Jahresgewinn sammelt sich linear über das Jahr an.

b) Der budgetierte Jahresgewinn fällt erst am Ende der Planperiode an.

A 9 Der Begriff des „Cashflows“ ist in den letzten Jahren immer mehr in den Vordergrund gerückt.

a) Was sagt die Finanzgröße Cashflow aus?

b) Welches sind die Gründe, dass der Cashflow berechnet und veröffentlicht wird?

Beteiligungsfinanzierung

A 10 Beurteilen Sie die Mindesthöhe des Aktienkapitals der Aktiengesellschaft aus betriebswirtschaftlicher Sicht.

A 11 Aktiengesellschaften können entweder mit einer Bar- oder mit einer Sacheinlage gegründet werden. Wo liegen die betriebswirtschaftlichen Probleme einer Gründung mit Sacheinlage?

A 12 Die Anteile der Aktionäre am Unternehmen können in Form von Inhaber- oder Namensaktien ausgegeben werden.

a) Welches sind die Unterschiede zwischen Inhaber- und Namensaktien?

b) Welche betriebswirtschaftliche Bedeutung kommt dieser Unterteilung der Aktien zu?

A 13 „Die Festlegung des Ausgabekurses ist ein wichtiger Aspekt bei der Kapitalerhöhung einer Aktiengesellschaft". Beurteilen Sie diese Aussage.

A 14 Die Balkonien AG gedenkt, eine Kapitalerhöhung im Verhältnis 5:1 durchzuführen. Der mittlere Kurs für Balkonien-Aktien lag in den letzten Tagen bei 735,– €. Der Ausgabekurs für die neuen Aktien wurde auf 500,– € (nominal 350,– €) festgesetzt.

a) Berechnen Sie den Wert eines Bezugsrechts.

b) Nennen Sie mögliche Faktoren, welche den Preis eines Bezugsrechts in der Praxis beeinflussen.

A 15 Eine Aktiengesellschaft plant eine Kapitalerhöhung, die 6 Mio. € an flüssigen Mitteln bringen soll. Die neuen Aktien sollen gleich ausgestaltet sein wie die bisherigen. Zur Zeit besteht das Aktienkapital aus 120.000 Aktien mit einem Nominalwert von 100,– €/Aktie. Nach Ankündigung der Kapitalerhöhung sinkt der Börsenkurs der bisherigen Aktien auf einen Wert von 300,– €.

a) Welchen Spielraum hat die Aktiengesellschaft bei der Festlegung des Emissionskurses?

b) Wie hoch ist der rechnerische Wert des Bezugsrechts, falls ein Emissionskurs von 125,– € festgesetzt wird?

c) Wie hoch wird der theoretische Börsenkurs der neuen und alten Aktien – bei gleicher Dividendenberechtigung– nach der Kapitalerhöhung sein?

A 16 Die Firma Winkler AG beabsichtigt, eine Kapitalerhöhung durchzuführen. Große Minderheitspakete befinden sich in den Händen der Erben der Gründerfamilie. Das Aktienkapital soll von 50 Mio. € auf 61 Mio. € erhöht werden. Der Nennwert einer alten Namensaktie beträgt 1.000,– €. Die neuen Aktien werden mit dem gleichen Nennwert wie die bisherigen versehen. Das Bezugsverhältnis beträgt 5:1. 1.000 Aktien werden unter Ausschluss des Bezugsrechts der bisherigen Aktionäre ausgegeben. Der Börsenkurs vor Ausgabe der neuen Aktien steht auf 4.000,– €.

a) Nennen Sie mögliche Gründe, die ein Unternehmen zu einer Kapitalerhöhung veranlassen können.

b) Wie hoch muss der Ausgabekurs (Emissionskurs) der neuen Aktien sein, wenn den bisherigen Aktionären ein Bezugsrecht im Wert von 200,– € zugestanden werden soll?

A 17 Das Aktienkapital eines Unternehmens soll um 1,2 Mio. € auf 8,4 Mio. € erhöht werden, wobei der Nominalwert beibehalten wird. Der Kurs der alten Aktien beträgt vor der Kapitalerhöhung 360,– €.

a) Zu welchem Kurs müssen die neuen Aktien ausgegeben werden, wenn ein Kurs nach Kapitalerhöhung von 340,– € angestrebt wird?

b) Wie hoch ist der rechnerische Wert des Bezugsrechts?

A 18 Die Luma AG plant eine Kapitalerhöhung von 6,3 Mio. € auf 7,7 Mio. €. Das bisherige Aktienkapital ist eingeteilt in 54.000 Inhaberaktien miteinem Nennwert von 100,– € und in 4.500 Namensaktien mit einem Nennwert von 200,– €. Das Verhältnis zwischen Inhaber- und Namensaktien soll sich durch die Kapitalerhöhung nicht ändern. Die Inhabertitel haben kurz vor der Kapitalerhöhung einen Kurswert von 180,– €, die Namenstitel einen Kurswert von 340,– €. Der Ausgabekurs der Inhaberaktien wird auf 120,– €, der Ausgabekurs der Namensaktien auf 240,– € festgesetzt.

a) Wie hoch ist das Bezugsverhältnis der Inhaber- und der Namenstitel?

b) Berechnen Sie den Wert beider Bezugsrechte.

c) Berechnen Sie den Durchschnittskurs beider Aktienkategorien nach der Kapitalerhöhung.

A 19 Die Frexon AG will ihr Aktienkapital von 40 Mio. € auf 50 Mio. € erhöhen. Der Nennwert der alten und neuen Aktien beträgt 100,– €, der aktuelle Börsenkurs unmittelbar nach Dividendenabgang und vor der Kapitalerhöhung 400,– €. Die Dividendenrendite bei diesem Kurs beträgt 5 %.

a) Wie hoch muss der Ausgabepreis angesetzt sein, damit sich ein rechnerischer Wert von 30,– € für das Bezugsrecht ergibt?

b) Am ersten Tag des Bezugsrechtshandels beträgt der Börsenkurs für das Bezugsrecht 35,– €. Wie hoch muss dann der theoretische Aktienkurs sein?

c) Welche zukünftige Rendite ergibt sich für die Aktien der Frexon AG, wenn ein Investor am ersten Tag des Bezugsrechtshandels Aktiengekauft hat und er aufgrund der Aussagen der Geschäftsleitung von einer 10 %igen Dividendenerhöhung für das nächste Jahr ausgehen kann?

d) Welche Annahmen haben Sie Ihren Berechnungen in c) zugrunde gelegt?

A 20 Infolge einer Sanierung wurde der Nennwert einer Inhaberaktie von 500,– € auf 100,– € herabgesetzt. Zur Wiederaufstockung des Aktienkapitals führt die Gesellschaft nun eine Kapitalerhöhung zu folgenden Bedingungen durch:

- 288.000 Inhaberaktien à 100,– € Nennwert,
- Bezugspreis: 110,– € je junge Aktie.

Eine alte Inhaberaktie berechtigt zum Bezug von 4 jungen Aktien. Der Börsenkurs am letzten Tag vor Beginn des Bezugsrechtshandels beträgt 186,– €.

a) Erklären Sie die Begriffe Bezugsverhältnis, Emissionsagio und Kapitalverwässerung.

b) Wie hoch ist der rechnerische Wert des Bezugsrechts?

c) Am letzten Tag des Bezugsrechtshandels notiert die Aktie ex Bezugsrecht zu 124,– €. Wie hoch war zu diesem Zeitpunkt der tatsächliche Wert des Bezugsrechts?

A 21 Die Aktionäre der Borken AG bewerten ihre Aktien nach dem Barwert der zukünftigen Dividenden. Auf Grund bisheriger Gegebenheiten wurde mit einer auf unbegrenzte Dauer gleich bleibenden jährlichen Ausschüttung von 15 Mio. €, d.h. 15,– € je Aktie (Nominalwert 100,– €) gerechnet.

a) Wie hoch ist der Wert einer Aktie, wenn die Aktionäre ihren Berechnungen einen Kalkulationszins von 10 % zu Grunde legen?

b) Die Borken AG gibt bekannt, dass eine ordentliche Kapitalerhöhung zu folgenden Bedingungen vorgesehen ist:
- Bezugsverhältnis: 4:1,
- Emissionskurs: 120,– € pro neue Aktie.

Zudem wird mit einer Erhöhung der jährlichen Dividende um 5,– € pro Aktie gerechnet. Um wie viel verändert sich in diesem Beispiel der Wert einer Aktie nach Ankündigung der Dividenden- und Kapitalerhöhung?

c) Bestimmen Sie den rechnerischen Wert des Bezugsrechts.

d) Nennen Sie mögliche Überlegungen, die zu einem Emissionskurs von 120,– € und nicht zu einem höheren (z. B. 140,– €) geführt haben.

A 22 Unter Going Public versteht man die Umwandlung einer privaten Aktiengesellschaft in eine Publikumsgesellschaft. Welche Argumente sprechen bei einem Going Public für ein Festpreisverfahren und welche für ein Bookbuilding-Verfahren?

Innenfinanzierung

A 23 Herr Bopp will ein neues Produkt herstellen, nach dem die Nachfrage sehr groß ist. Er kauft deshalb 4 Maschinen zu je 10.000,– €, die eine Nutzungsdauer von je 5 Jahren haben und linear abgeschrieben werden sollen. Weil die Nachfrage nach den Produkten in den nächsten Jahren noch zunehmen wird, möchte Herr Bopp den Maschinenbestand erhöhen. Da er zur Finanzierung der dazu notwendigen Maschinen weder zusätzliches Fremd- noch Eigenkapital aufnehmen kann, interessiert er sich für den so genannten Kapazitätserweiterungseffekt.

a) Was ist unter dem Kapazitätserweiterungseffekt zu verstehen?

b) Wie groß ist der Maschinenbestand zu Beginn des 8. Jahres, wenn der Kapazitätserweiterungseffekt voll genutzt werden kann?

c) Herr Bopp ist enttäuscht, dass der zu Beginn des 8. Jahres tatsächlich erreichte Maschinenbestand kleiner ist, als man aufgrund obiger Berechnung hätte erwarten können. Wo könnten die Ursachen für diesen Sachverhalt liegen?

A 24 Die Expans AG will in den nächsten Jahren ihren Umsatz erheblich ausdehnen. Deshalb beschafft sie sich 10 neue Maschinen mit folgenden Daten:

- Anschaffungspreis pro Maschine: 5.000,– €,
- Nutzungsdauer einer Maschine: 5 Jahre,
- Kapazität pro Maschine und Jahr: 10.000 Einheiten.

Die Maschinen können vom ersten Jahr an voll ausgelastet und linear abgeschrieben werden. Da die Expans AG mit einer kontinuierlichen Ausweitung ihres Umsatzes rechnet, ist sie interessiert zu wissen, ob sie die dazu notwendigen Maschinen aus den Abschreibungen finanzieren kann. Ist dies möglich, wenn die Expans AG für das 7. Jahr (nach Beschaffung der 10 Maschinen) eine Umsatzerhöhung von insgesamt 65 % erwartet?

A 25 Der Kapazitätserweiterungseffekt bezeichnet einen wichtigen Sachverhalt im Rahmen der Finanzierung aus Abschreibungsgegenwerten. Erläutern Sie den Zusammenhang zwischen Kapazitätserweiterungseffekt und Abschreibungsmethode anhand eines einfachen Beispiels.

A 26 Welche Vor- und Nachteile der Selbstfinanzierung ergeben sich gegenüber der Beteiligungsfinanzierung und der Kreditfinanzierung?

A 27 In der Praxis wird häufig auf die große Bedeutung der Selbstfinanzierung für die Unternehmen hingewiesen.

a) Welche Sachverhalte werden angesprochen, wenn auf „die große Bedeutung der Selbstfinanzierung" verwiesen wird?

b) Sehen Sie auch Probleme, die mit einer starken Selbstfinanzierung verbunden sind?

c) Welches sind die Gefahren einer verdeckten Selbstfinanzierung?

A 28 In der Literatur wird immer wieder betont, dass die Selbstfinanzierung die ideale Finanzierungsart für ein Unternehmen sei.

a) Was versteht man unter Selbstfinanzierung?

b) Beurteilen Sie, ob und wie die folgenden Phänomene die Selbstfinanzierung beeinflussen können:

- Lohmann-Ruchti-Effekt,
- Leverage-Effekt,
- Dividendenpolitik,
- Innenfinanzierung,
- Kapitalverwässerung.

c) Beurteilen Sie, ob und wie die Selbstfinanzierung die folgenden Größen und Sachverhalte beeinflussen kann:
- Ertragswert eines Unternehmens,
- Cashflow,
- Kreditfinanzierung,
- Rentabilität.

A 29 In Deutschland wird vielen Unternehmen immer wieder vorgeworfen, dass sie eine gewinnunabhängige Ausschüttung verfolgen. Nennen Sie Argumente für und gegen diese Haltung.

Fremdfinanzierung

A 30 Die Zahlungsbedingungen der Stadelmann AG lauten wie folgt:
- Rechnungsbetrag zahlbar innerhalb 60 Tagen,
- bei Zahlung innerhalb von 20 Tagen 2 % Skonto.

Wieviel– ausgedrückt als jährlicher Kreditzins– kostet die volle Nutzung des 60-tägigen Zahlungsziels?

A 31 Die Baufirma Kobit AG steht in Vertragsverhandlungen mit der Blanzak AG. Die Blanzak AG möchte eine neue Fabrikhalle bauen lassen. Die Bauzeit (6 Monate), der Festpreis (550.000,– €) und die Zahlungsmodalitäten stehen bereits fest:
- 230.000,– € sofort,
- 140.000,– € nach drei Monaten,
- 180.000,– € nach sechs Monaten.

Kurz vor Vertragsabschluss lässt die Blanzak AG durchblicken, dass sie aufgrund eines finanziellen Engpasses lieber erst nach der Fertigstellung zahlen möchte. Die Kobit AG hat bei ihrer Bank die Kreditlinien noch nicht ausgeschöpft. Die Bank berechnet einen Kreditzins von 2,5 % pro Vierteljahr. Um wie viel muss die Kobit AG den Preis erhöhen, damit es für sie vorteilhafter wird, auf die Vorauszahlungen zu verzichten?

A 32 Welches könnten die Gründe dafür sein, dass viele Abnehmer den ihnen gewährten Skonto nicht ausnutzen, obwohl die effektive Zinsbelastung dadurch in der Regel sehr hoch ist?

A 33 Beurteilen Sie Gesellschafterdarlehen aus betriebswirtschaftlicher Sicht.

A 34 Bei einer Finanzierung stehen dem Unternehmen mehrere Möglichkeiten zur Verfügung.

a) Vergleichen und beurteilen Sie in diesem Zusammenhang die Aktie mit der „gewöhnlichen" Anleihe und der Wandelanleihe.

b) Welche Überlegungen stellen Sie an, wenn Sie sich entweder für eine Wandel- oder für eine Optionsanleihe entscheiden müssen?

A 35 Herr Müller ist soeben glücklicher Lotto-Gewinner geworden und kann 800.000,– € anlegen. Beraten Sie Herrn Müller aufgrund der folgenden Angaben, wie er seinen Lottogewinn am 01.01.2009 für ein Jahr anlegen kann.

	01.01.2009	**31.12.2009**
5 % Optionsanleihe Flama AG 2000– 2008 ■ Kurs mit Optionsschein ■ Kurs ohne Optionsschein	 100 % 97,5 %	 – 97,5 %
Kurs der Aktie Flama AG (Dividende: 40,– €/Aktie)	800,– €	905,– €

Jede Optionsanleihe mit einem Nominalwert von 2.000,– € ist mit einem Optionsschein ausgestattet, der bis zum 31.12.2009 zum Erwerb einer Aktie der Flama AG zum Kurs von 850,– € berechtigt.

a) Nennen Sie aufgrund der gegebenen Informationen die möglichen Anlagevarianten.

b) Welche Variante wird Herr Müller wählen, wenn er den erwarteten Jahresgewinn maximieren will?

c) Welche Faktoren sind bei der Wahl der Anlagestrategie noch zu berücksichtigen?

A 36 Die Bureba AG hat die Möglichkeit, Eigenkapital über eine Kapitalerhöhung oder eine Wandelanleihe aufzunehmen. Beurteilen Sie als Assistent des Finanzchefs der Bureba AG die beiden Varianten anhand von vier verschiedenen Kriterien, wobei Sie von folgenden Informationen ausgehen können:

- Variante A:
  10 % Wandelanleihe 2009– 2017 5.000,– € nominal berechtigen zum Bezug einer Aktie zum Preis von 5.000,– €.
- Variante B:
  Kapitalerhöhung mit Ausgabepreis 4.000,– € und Bezugsverhältnis 2:1. Der Kurswert der Aktie beträgt zur Zeit 4.500,– €, der Nennwert lautet auf 1.000,– € und das Unternehmen strebt eine Dividende von 10 % auf den Nominalwert an.

A 37 Sie bewerben sich für die Stelle eines Assistenten im Bereich Finanzwesen. Ihre Bewerbungsgespräche sind positiv verlaufen, sodass Sie zu einem letzten Gespräch eingeladen werden. Anwesend sind die Personalchefin und Ihr zukünftiger Chef im Bereich Finanzwesen. Um Sie einem letzten Test zu unterziehen, wird Ihnen vom Finanzchef folgende Frage gestellt:

- Obligationsanleihe von 10.000.000,– € auf 10 Jahre fest, Zins 10 %. Emissionskosten von 300.000,– €, Zinskosten von 10.000.000,– € und die Rückzahlung der Schuld von 10.000.000,– € ergeben insgesamt Auszahlungen von 20.300.000,– €.
- Leasing auf einen Betrag von 10.000.000,– €, rückzahlbar innerhalb von 10 Jahren. Die Bereitstellungsgebühr von 50.000,– € und 120 monatliche Leasingraten à 111.500,– € ergeben insgesamt Auszahlungen von 13.430.000,– €.

Seiner Meinung nach überwiegt eindeutig die Leasing-Variante.

a) Wie stellen Sie sich zur Aussage des Finanzchefs bzw. seiner Assistentin? Begründen Sie Ihre Antwort.

b) Wie würde Ihre Lösung aufgrund Ihrer Aussage in a) aussehen? Verwenden Sie einen Kalkulationszinssatz von 10 %.

Optimierung der Unternehmensfinanzierung

A 38 Zur Vorfinanzierung des Exportes elektronischer Erzeugnisse nach Polen benötigt Frau Kattowy 400.000,– €. Sie schätzt, dass vor Abzug der Kapitalzinsen ein Gewinn von 24.000,– € resultiert. Ihr stehen die folgenden drei Finanzierungsvarianten zur Verfügung:

- Variante 1: 100 % Eigenfinanzierung,
- Variante 2: 50 % Eigenfinanzierung, 50 % Fremdfinanzierung,
- Variante 3: 20 % Eigenfinanzierung, 80 % Fremdfinanzierung.

Der durchschnittliche Fremdkapitalzinssatz beträgt 6 %.

a) Bestimmen Sie die Eigenkapitalrentabilitäten der einzelnen Varianten.

b) Schlagen Sie Frau Kattowy eine der drei Varianten vor und begründen Sie Ihre Entscheidung.

A 39 Die Unternehmensleitung der Wamms AG diskutiert im Rahmen der Festlegung der Unternehmenspolitik auch ihre Finanzpolitik. Als Diskussionsgrundlage legt der Finanzchef folgende vereinfachte Bilanz vor:

Bilanz per 30.06.2009 (in Mio. €)

Anlagevermögen	38,–	Eigenkapital	60,–
Umlaufvermögen	62,–	Fremdkapital	40,–
	100,–		100,–

Aus der Gewinn- und Verlustrechnung kann man zudem entnehmen, dass der Bruttogewinn 12 Mio. € beträgt. Für Fremdkapitalzinsen wurden 2 Mio. € bezahlt.

a) Kann der Leverage-Effekt in diesem Beispiel ausgenutzt werden?

b) Wie ändert sich das Resultat, wenn der Nettogewinn mit 40 % besteuert wird?

c) Die Unternehmensleitung überlegt sich, ob sie durch Ausgabe einer Obligationsanleihe von 40 Mio. € mit einer 11 %igen Verzinsung Eigenkapital ersetzen soll. Wie hoch muss der Bruttogewinn sein, damit der Leverage-Effekt zum Tragen kommt?

d) Wie beurteilen Sie die Emission dieser Anleihen aus betriebswirtschaftlicher Sicht?

A 40 Für die Durchführung eines Informatikprojektes, das nach einem Jahr abgeschlossen sein wird, gründen fünf ehemalige Informatikstudenten eine Gesellschaft auf Zeit. Das viel versprechende Projekt benötigt einen Kapitaleinsatz von 1.250.000,– €, wobei sich die Eigenmittel der Gesellschafter auf nur 250.000,– € belaufen. Die Mercy-Bank bietet ein Darlehen über maximal 1 Mio. € zu 7,5 % Zins. Die Gesellschafter stehen deshalb vor der Entscheidung, weitere Eigenkapitalgeber zu suchen oder das Angebot der Mercy-Bank zu akzeptieren. Hinsichtlich des wirtschaftlichen Ergebnisses rechnen die Informatiker mit folgender Verteilung des Einzahlungsüberschusses:

- im besten Fall: 165.000,– €
- im schlechtesten Fall: 105.000,– €
- im wahrscheinlichsten Fall: 135.000,– €

a) Die Gesellschafter entschließen sich, das Angebot der Mercy-Bank in vollem Umfang in Anspruch zu nehmen. Berechnen Sie für alle drei Fälle die erzielbare Eigenkapitalrentabilität.

b) Die Unternehmer haben in der Zwischenzeit doch noch weitere Eigenkapitalgeber gefunden. Berechnen Sie die Eigenkapitalrentabilitäten wie bei a) für den Fall, dass nur ein Bankdarlehen im Betrag von

- Variante 1: 750.000,– €
- Variante 2: 500.000,– €
- Variante 3: 250.000,– €
- Variante 4: 0,– €

in Anspruch genommen würde.

c) Wie ändert sich der jeweilige Verschuldungsgrad bei den in a) und b) betrachteten Fällen?

d) Erklären Sie anhand der Ergebnisse von a) und b) den Zusammenhang zwischen Ertragschance/-risiko und Verschuldungsgrad.

A 41 Die Koslin AG will ein Projekt durchführen, für das 50 Mio. € notwendig sind. Die Koslin AG hat zwei Kapitalbeschaffungsmöglichkeiten:

1. Ausgabe einer Obligationsanleihe zu einem Zinssatz von 10 %, Laufzeit 10 Jahre, Ausgabekurs 100 %.
2. Kapitalerhöhung: Ausgabekurs zum Nominalwert. Nominalwert einer Aktie 100,– €.

a) Als Assistent des Abteilungsleiters Finanzen müssen Sie die beiden Varianten beurteilen, wobei Ihnen noch folgende zusätzliche Daten zur Verfügung stehen:

Bilanz per 31.12.2009 (in Mio. €)

Anlagevermögen	150,–	Grundkapital	100,–
Umlaufvermögen	50,–	Rücklagen	20,–
		Fremdkapital	80,–
	200,–		200,–

- Gesamtkapitalrentabilität: 10 %,
- Durchschnittlicher FK-Zinssatz: 5 %,
- Projektgewinn/Jahr: 10 Mio. €.

b) Wie hoch dürfte der FK-Zinssatz der Obligationsanleihe maximal sein, damit der Leverage-Effekt noch ausgenützt werden kann?

A 42 Eine Familien-AG benötigt zur Erweiterung der Geschäftsbereiche zusätzliches Kapital, das sie sich entweder durch Eigenkapital (Familienmitglieder) oder mittels einer Obligationsanleihe beschaffen kann. Erläutern Sie Kriterien, die zur Beurteilung der beiden Alternativen herangezogen werden können.

A 43 Die Firma Weber & Hamann, die Keramikerzeugnisse herstellt, weist in ihrer Bilanz folgende Zahlen aus:

Bilanz per 31.12.2007 (in 1.000 €)

Waren	700,–	Kapital Weber	300,–
Übrige Aktiva	1.050,–	Kapital Hamann	150,–
Kasse	50,–	Privat Weber	100,–
		Privat Hamann	50,–
		Fremdkapital	1.200,–
	1.800,–		1.800,–

Ergänzende Informationen zur Bilanz:

- Unter dem Posten „Übrige Aktiva" befinden sich Liegenschaften im Wert von 0,5 Mio. €, die zu 60 % mit Hypotheken belastet sind.
- Das Unternehmen besitzt keine Wertpapiere.
- Der Jahresumsatz beträgt zur Zeit rund 3 Mio. € und kann sich in den nächsten Jahren nur um etwa 5 % pro Jahr erhöhen. Die Umsatzgewinnrate wurde mit 5 % berechnet. Das Unternehmen muss innerhalb der nächsten Jahre zwei größere Investitionen tätigen:
  - Anschaffung einer Bechertaktstraße (zum automatischen Drehen von Bechern).
  - Anschaffung einer Trockenanlage (zur Trocknung der Keramikprodukte vor dem Brennen).
  - Der Investitionswert für beide Anlagen beträgt 1,5 Mio. €.

a) Um welche Rechtsform handelt es sich bei diesem Unternehmen?

b) Erläutern Sie konkrete Formen der Finanzierung für die angesprochenen Investitionsprojekte unter Berücksichtigung der momentanen Rechtsform.

c) Weber & Hamann erwägen– wegen des relativ großen Ausmaßes der Investition– eine Änderung der Rechtsform. Stellen Sie anhand von zwei weiteren infrage kommenden Rechtsformen die Möglichkeiten der Finanzierung sowohl mit Eigenkapital als auch mit Fremdkapital dar.

d) Welche Möglichkeiten sehen Sie für das Unternehmen– neben der Änderung der Rechtsform–, die Finanzierung der notwendigen Investitionen zu sichern?

A 44 Finanzierungsregeln sind wichtige Instrumente bei der Gestaltung der optimalen Kapitalstruktur. Wo liegt die Problematik bei der Aufstellung von Finanzierungsregeln?

Investition und Unternehmensbewertung

Grundlagen

A 1 Investitionsentscheidungen wird in der Praxis eine große Bedeutung zugemessen. Wie können Sie sich diese Tatsache erklären?

A 2 Als Investition im engeren Sinne bezeichnet man die Umwandlung finanzieller Mittel in materielle Güter.

a) Welchen Stellenwert geben Sie der Investitionspolitik im Rahmen der Unternehmenspolitik und wer soll über Investitionen entscheiden?

b) Nennen Sie Motive bzw. Ziele, die Investitionen auslösen.

A 3 Inwiefern beeinflusst die Höhe des Investitionsbetrages eines Investitionsvorhabens den Investitionsentscheidungsprozess?

A 4 Informationen spielen eine zentrale Rolle im Investitionsentscheidungsprozess.

a) Welche spezifischen Informationen wären nach Ihrer Meinung notwendig bei der Beschaffung
- eines Computers?
- eines Kopiergerätes?
- einer Maschine zur Herstellung von Blechdosen?

b) Welche Probleme ergeben sich bei der Beschaffung der für Investitionsentscheidungen relevanten Informationen?

A 5 Ein guter Bekannter von Ihnen ist Importeur einer Schweizer Modelleisenbahnmarke. Aus dem Kontakt mit seinen Kunden, den Fach- und Spielwarengeschäften, wird er auf eine Marktlücke aufmerksam gemacht, nämlich einen Eisenbahnwagen mit integriertem Staubsauger, der die Kontaktspur auf den Schienen reinigen könnte. Bevor er den Auftrag für die Produktion des Staubsaugerwagens definitiv vergibt, will er sich noch von einer Betriebswirtschaftlerin beraten lassen. Illustrieren Sie an diesem Beispiel den Investitionsentscheidungsprozess.

A 6 In einem betriebswirtschaftlichen Lehrbuch ist folgende Aussage zu lesen: „Die eigentliche Investitionsentscheidung sollte in der Praxis so weit wie möglich auf rein rechnerischen Faktoren basieren. Daneben erfahren allerdings oft auch solche Faktoren eine Berücksichtigung, die sich einer quantitativen Erfassung entziehen. Es sind dies die so genannten Imponderabilien, d.h. seitens des Investors unwägbare Faktoren."

a) Welche Gruppen von Imponderabilien können grundsätzlich unterschieden werden? Geben Sie zu jeder Gruppe drei Beispiele.

b) Inwieweit sollen solche Imponderabilien bei einer Investitionsentscheidung berücksichtigt werden?

c) Wie können solche Imponderabilien in eine Investitionsentscheidung einbezogen werden?

Investitionsrechenverfahren

A 7 Ein Unternehmer steht vor der Situation, sich für die teilweise Erneuerung seines Fuhrparkes zwischen zwei Automodellen entscheiden zu müssen. Er hat zu diesem Zweck folgende Angebote eingeholt:

- Modell M Anschaffungspreis: 16.000,– €
- Modell O Anschaffungspreis: 17.000,– €

In jedem Fall wird er diese Neuanschaffung mit Fremdkapital finanzieren, wobei er mit Zinsen von mindestens 10 % rechnen muss. Unabhängig von der Kilometerleistung muss das Fahrzeug vier Jahre lang eingesetzt werden können. Entsprechend sind die Abschreibungsbeträge zu berücksichtigen. Zudem müssen für die beiden Modelle noch folgende Kosten budgetiert werden:

Merkmale / Modell	Modell M (in €)	Modell O (in €)
Steuern/Jahr	355,80	415,20
Versicherung/Jahr	824,40	930,50
Fahrkosten/100 km		
■ Benzin	15,–	16,–
■ übrige	11,–	6,–

Der Unternehmer kann noch nicht genau abschätzen, welche Kilometerleistung pro Jahr diese Wagen zu erbringen haben. Er untersucht deshalb die Kosten für 15.000 km und für 40.000 km jährlich. Zu welchem Ergebnis kommt er auf Basis der Kostenvergleichsrechnung?

A 8 Die Rasta AG will zwischen drei vergleichbaren Kombifahrzeugen jenes mit den geringsten Jahreskosten auswählen. Für die Entscheidung liegen folgende Daten vor:

Merkmale / Modell	Modell		
	A	B	C
Anschaffungskosten (€)	24.000,–	36.000,–	35.000,–
Abgaben (€/Jahr)	350,–	400,–	400,–
Benzinverbrauch (l/100 km)	14	12	13
Benzinpreis pro Liter (€)	1,10	1,10	1,10
Service-Intervall (km)	10.000	15.000	30.000
Servicekosten/Intervall (€)	500,–	650,–	900,–
Lebensdauer des Reifensatzes (km)	40.000	50.000	60.000
Kosten pro Reifensatz (€)	650,–	800,–	950,–
Lebensdauer der Fahrzeuge (km)	120.000	130.000	165.000

Das Fahrzeug wird pro Jahr durchschnittlich 30.000 km zurücklegen. Das Unternehmen legt eine lineare Abschreibung zu Grunde und rechnet mit einem kalkulatorischen Zinssatz von 8 %.

a) Welches ist das kostengünstigste Kombifahrzeug?

b) Welche Faktoren haben Sie bei Ihren Berechnungen nicht in Betracht gezogen?

A 9 Die Kalendaro AG ist bereit, 250.000,– € in eine neue Fertigungsanlage zur Herstellung spezieller Kunststoffverpackungen zu investieren. Sie schätzt, dass die jährlichen Einzahlungsüberschüsse aus dem Verkauf der neuen Verpackungen etwa 50.000,– € betragen. Das Unternehmen interessiert sich dafür, nach wie vielen Jahren der Investitionsbetrag wieder in Form der Einzahlungsüberschüsse zurückgeflossen ist.

A 10 Es werden Ihnen heute zwei unterschiedlich große Grundstücke angeboten: Grundstück A, das 120.000,– € kostet, wird nach 7 Jahren ungefähr einen Wert von 230.000,– € haben, während Sie für Grundstück B, das 200.000,– € kostet, zum gleichen Zeitpunkt etwa 360.000,– € erzielen können. Ihr Kalkulationszinssatz beträgt 6 %.

a) Berechnen Sie den Kapitalwert und den internen Zinssatz für beide Investitionsmöglichkeiten.

b) Für welche Investition entscheiden Sie sich? Begründen Sie Ihre Antwort.

A 11 Bei der Wahl des Standortes einer neuen Filiale des Master-Marktes stehen zwei Varianten zur Diskussion. Für den Planungszeitraum der nächsten fünf Jahre ist mit folgenden Zahlungsströmen für die beiden möglichen Standorte A und B zu rechnen (in 1.000,– €):

Jahr	Standort A	Standort B
1	–150	–100
2	0	–100
3	100	100
4	200	100
5	300	300

Das Unternehmen rechnet mit folgenden Eintrittswahrscheinlichkeiten für die Zahlungsströme:

- Standort A: 50 %
- Standort B: 80 %

a) Welcher Standort ist bei einem Kapitalisierungszinssatz von 8 % vorteilhafter?

b) Nennen Sie ein weiteres Verfahren der Standortbewertung und erklären Sie den Unterschied zum Verfahren, das in a) gewählt worden ist.

A 12 Calex AG bringt ein neues Produkt auf den Markt. Während der Einführungsphase von drei Jahren wird neben den notwendigen zusätzlichen Marketing-Maßnahmen die Erstellung einer Anlage ins Auge gefasst, deren Beschaffung und Installation 10.000,– € kostet. Man rechnet damit, nach drei Jahren noch 2.000,– € für die Maschine zu erhalten. Für die Beurteilung der Investition kann von folgenden Annahmen (in €) ausgegangen werden:

	1. Jahr	2. Jahr	3. Jahr
▪ voraussichtliche zusätzliche Einzahlungen:	7.000,–	6.000,–	5.500,–
▪ voraussichtliche Auszahlungen für Unterhalt:	2.000,–	2.200,–	2.800,–

Die Anlage soll beschafft werden, wenn eine Mindestrendite von 10 % gesichert ist.

a) Wie groß ist der Kapitalwert der Investition?

b) Wie groß ist die tatsächliche Verzinsung?

A 13 Ein Unternehmen hat die Wahl zwischen den folgenden beiden Investitionsalternativen:

- Investition A:
  - Investitionsbetrag: 110.000,– €
  - Einzahlungsüberschuss/Jahr: 52.000,– €
  - Nutzungsdauer: 3 Jahre
- Investition B:
  - Investitionsbetrag: 80.000,– €
  - Einzahlungsüberschuss/Jahr: 32.000,– €
  - Nutzungsdauer: 4 Jahre
- Zudem gilt für beide Projekte:
  - Kalkulationszinssatz: 10 %
  - Liquidationswert: 0,– €

a) Berechnen Sie den Kapitalwert der Investitionen A und B.

b) Berechnen Sie die effektive Verzinsung der beiden Alternativen. Welches wären die Voraussetzungen dafür, dass die internen Zinssätze der beiden Investitionsprojekte miteinander verglichen werden könnten?

c) Für welche Variante entscheiden Sie sich aufgrund der Berechnungen in a) und b)?

d) Welche Alternative empfehlen Sie, wenn eine Lösung für 12 Jahre gesucht wird, d. h. die jeweilige Investition mehrmals nacheinander getätigt werden muss?

A 14 Ein Unternehmen prüft Ende 2006 im Rahmen der Diversifikationspolitik folgende Alternativen:

- Projekt A: Kauf einer Spezialeinrichtung und Herstellung eines Produktes auf Lizenzbasis.
- Projekt B: Eigenentwicklung eines neuen Produktes und spätere Herstellung auf noch zu beschaffenden Einrichtungen.

Folgende Unterlagen stehen zur Beurteilung der beiden Projekte zur Verfügung (in Mio. €):

	Projekt A	**Projekt B**
Kauf einer Spezialeinrichtung zu Beginn 2009	6,0	
Zusätzliche Einzahlungen/Jahr	2,7	
Zusätzliche Auszahlungen/Jahr	1,5	
Entwicklungskosten/Jahr (2009 und 2010)		1,2
Kauf einer Spezialeinrichtung zu Beginn 2011		4,0
Zusätzliche Einzahlungen/Jahr (2011–2018)		4,0
Zusätzliche Auszahlungen/Jahr (2011–2018)		2,6

Für beide Projekte wird mit einer wirtschaftlichen Nutzungsdauer bis Ende des Jahres 2018 gerechnet. Der Kalkulationszinssatz beträgt 10 %. Entscheidungsgrundlage für Projektentscheidungen bilden in diesem Unternehmen die Pay-back-Periode und der Kapitalwert. Bestimmen Sie die beiden Größen und geben Sie mit einer kurzen Begründung an, welches Projekt wirtschaftlicher ist.

A 15 Karl Weber ist Besitzer des Unternehmens Tonnera, das verschiedene Eisen- und Stahlwaren herstellt. Angesichts der seit einiger Zeit andauernden guten Auftragslage produzieren die meisten Maschinen mit ausgelasteter Kapazität. Für Herrn Weber stellt sich deshalb die Frage der Beschaffung einer neuen Produktionsmaschine. Nach Abschluss des Evaluationsverfahrens bleiben zwei Alternativen übrig:

	Maschine 1	Maschine 2
Anschaffungspreis (€)	300.000,–	480.000,–
Ausbildungskosten (€)	2.000,–	3.000,–
Unterhaltskosten (€/Jahr)	18.000,–	20.000,–
Energiekosten (€/Jahr)	8.000,–	4.000,–
Lebensdauer	10 Jahre	15 Jahre
Liquidationserlös (€)	0,–	60.000,–
Kapazität (Stück/Jahr)	20.000	25.000
Übrige fixe Betriebskosten (€/Jahr)	20.000,–	25.000,–
Variable Betriebskosten (€)	3,50/Stück	4,–/Stück
Kalkulatorische Zinsen	10 %	10 %
Erlös/Stück (€)	10,–	11,–
Verkaufte Menge (Stk./Jahr)	16.000,–	18.000,–

Alle aufgeführten Kosten sind mit Ausnahme der kalkulatorischen Zinsen liquiditätswirksam.

a) Karl Weber interessiert sich zuerst für die Rentabilität und die Zeitdauer, bis die investierten Gelder zurückgeflossen sind. Berechnen Sie die entsprechenden Werte.

b) Zusätzlich möchte er den Kapitalwert und die interne Verzinsung der beiden Varianten berechnen. Der Einfachheit halber unterstellt er, dass die Ein- und Auszahlungen jeweils am Ende des Jahres anfallen.

c) Begründen Sie, für welche der beiden Varianten Sie sich entscheiden.

A 16 Die Printfax AG beabsichtigt, ihre Kapazität für einen bestimmten Typ von Druckaufträgen zu erhöhen. Dazu ist eine zusätzliche Druckmaschine erforderlich. Die Printfax AG hat sich in einer Vorselektion für den Typ Opt 4 entschieden. Noch nicht entschieden ist hingegen die Form der Finanzierung.

Zwei Varianten stehen zur Diskussion:

- Kauf der Maschine zu 235.000,– € bar.
- Abschluss eines Leasingvertrages mit einer Laufzeit von 5 Jahren. Die jährlich im Voraus zahlbaren Leasinggebühren würden 52.000,– € betragen. Zusätzlich wäre eine einmalige Bearbeitungsgebühr von 3 % des Kaufpreises bei Vertragsabschluss zu entrichten. Nach Ablauf von 5 Jahren würde die Printfax AG von der Möglichkeit Gebrauch machen, die Maschine zum Preis von 11.000,– € zu erwerben.

Welche Finanzierungsvariante würden Sie der Printfax AG empfehlen, wenn diese die Möglichkeit hätte, überschüssige liquide Mittel zu 12 % Jahreszins zu investieren?

A 17 Für die Überholung von Flugzeugtriebwerken werden unter anderem Messvorrichtungen benötigt, um die reparierten Triebwerksteile nachzumessen. Für die Airlitt AG stellt sich in diesem Zusammenhang die Frage, ob sie anstelle der herkömmlichen konventionellen Messvorrichtungen (so genannte Uhren) eine neuartige, numerisch gesteuerte Präzisionsmessmaschine kaufen soll.

- Variante 1: Herkömmliche Messvorrichtungen
  - Kaufpreis für alle Vorrichtungen 200.000,– €
  - jährliche Unterhaltskosten, zahlbar am Jahresende 2.000,– €
  - Nutzungsdauer 6 Jahre
  - Liquidationswert 10.000,– €
- Variante 2: Präzisionsmaschine
  - Kaufpreis 400.000,– €
  - einmalige Ausbildungskosten, die am Ende des 1. Jahres anfallen 45.000,– €
  - jährliche Unterhaltskosten, zahlbar am Jahresende (die Unterhaltskosten im 1. Betriebsjahr fallen unter die Garantieleistungen) 8.000,– €
  - Nutzungsdauer 6 Jahre
  - Liquidationswert 50.000,– €

Durch den Einsatz der Präzisionsmaschine kann zudem ein Messkontrolleur eingespart werden. Deshalb müsste die Stelle eines in einem halben Jahr in Pension gehenden Messkontrolleurs nicht mehr besetzt werden. Die Personalkosten für diese Stelle betragen zurzeit 75.000,– € (Annahme: zahlbar am Jahresende).

a) Lohnt es sich für die Airlitt AG, die Präzisionsmaschine anzuschaffen, wenn sie mit einem Kalkulationszinssatz von 16 % rechnet?

b) Welche zusätzlichen Kriterien würden Sie für die endgültige Investitionsentscheidung noch berücksichtigen?

A 18 Die Bank AG steht vor der Anschaffung einer neuen EDV-Anlage. Aus geschäftspolitischen Gründen kommt nur ein einziger Lieferant in Frage. Die Anlage soll 6 Jahre lang in Betrieb sein. Die Geschäftsleitung gibt Ihnen den Auftrag, mittels eines dynamischen Investitionsrechenverfahrens abzuklären, ob zum Zeitpunkt des Vertragsabschlusses eine Kauf- oder Leasing-Variante günstiger ist. Zur Beurteilung stehen Ihnen folgende Informationen zur Verfügung:

- Man rechnet in den nächsten Jahren mit einer kalkulatorischen Verzinsung von 8 %.
- Die Inbetriebnahme erfolgt ein Jahr nach dem Vertragsabschluss.

- Unabhängig von der Beschaffungsart wird mit Nebenkosten von 210.000,– € gerechnet. Darin sind Kosten für das Personal, das Papier und die Klimaanlage enthalten, nicht aber Wartungskosten. Die Kosten fallen am Ende des Jahres an.
- Im Falle eines Kaufes müssten 500.000,– € sofort nach Vertragsabschluss als Anzahlung geleistet werden. Der Restbetrag von 1.200.000,– € müsste bei der Inbetriebnahme erfolgen.
- Nach 6 Jahren Nutzungsdauer hat die Anlage noch einen Restwert von 50.000,– €.
- Der Wartungsvertrag kostet jährlich 80.000,– € (am Ende des Jahres anfallend).
- Die Umschulungskosten für das Personal sind im Kaufpreis inbegriffen. Im Falle des Leasing müssten sie separat bezahlt werden. Sie belaufen sich auf 25.000,– €, als einmaliger Betrag am Ende des ersten Jahres anfallend.
- Der Leasingvertrag tritt zum Zeitpunkt der Inbetriebnahme in Kraft und wird auf 5 Jahre fest abgeschlossen. Die Leasinggebühren betragen jährlich 516.000,– € (fällig am Jahresende). Der Wartungsvertrag ist dabei inbegriffen. Bei einer Vertragsverlängerung beträgt die Leasinggebühr bei sonst gleichen Konditionen 120.000,– €.

A 19 Herr Eisklotz möchte sich selbstständig machen und sucht nach Möglichkeiten, auf welche Art und Weise er dies zumindest in den nächsten 10 Jahren verwirklichen könnte. Da er den Kontakt mit Leuten liebt und als Konditor selbst sehr gutes Eis herstellen kann, möchte er am liebsten einen kleinen Eis-Stand eröffnen. Nachdem er sich diesbezüglich genau umgesehen hat, sieht er, dass ihm zurzeit nur zwei Möglichkeiten offen stehen:

1. Er könnte sich eine fahrende Eis-Bude anschaffen. Preis: 40.000,– €, Liquidationserlös nach 10 Jahren: 5.000,– €. Während der ersten drei Jahre hätte er die Möglichkeit, diesen Wagen an einer erstklassigen Lage zu platzieren. Er könnte in dieser Zeit mit einem Jahresumsatz von 480.000 Portionen Eis rechnen. Die übrigen 7 Jahre wäre er jedoch gezwungen, sein Gefährt ständig zu verschieben und müsste damit rechnen, dass sich der Umsatz halbieren würde. Die Standplatzmiete für die ersten drei Jahre beträgt 100,– € pro Monat.
2. Er könnte einen Eis-Kiosk an mittelmäßiger Passantenlage mieten. Das würde ihn monatlich 500,– € Miete kosten. Er könnte mit einem Umsatz von 350.000 Portionen Eis rechnen.

Da Herr Eisklotz nur ans Eisverkaufen denkt (er verdient 0,05 € pro Stück netto), will er selbstverständlich den Wagen kaufen, denn damit ist es ihm möglich, mehr Gewinn zu erzielen, da er ja auch mehr Eis verkauft. Sind Sie gleicher Ansicht? Legen Sie Ihren Berechnungen einen Kalkulationszinssatz von 10 % zugrunde.

A 20 Hans Renner möchte einen neuen Sportwagen kaufen. Er müsste für dieses Auto 86.000,– € bezahlen. So sehr er auch rechnet, er hat zurzeit höchstens 26.000,– € auf seinem Bankkonto. Der Autoverkäufer Listig macht ihm deshalb den Vorschlag, er solle den Sportwagen bei ihm leasen. Dies hätten schon viele Kunden getan, weil es eben die moderne Art sei, ein Auto zu kaufen. Herr Renner ist begeistert und verlangt sofort ein Angebot. Dieses sieht wie folgt aus:

- jährliche Leasingraten während 48 Monaten (inkl. 2.000,– € Versicherung/Jahr; zahlbar jeweils am Jahresende, erste Rate bei Vertragsabschluss): 21.000,– €;
- einmalige Abschlussgebühr, zahlbar bei Vertragsabschluss: 5 % des Verkaufspreises.

Als Herr Renner mit einem Kollegen darüber spricht, rät ihm dieser davon ab, weil es zu teuer sei. Er schlägt Hans vor, dass er von ihm ein Darlehen von 60.000,– € haben könne, das zu 5 % jährlich zu verzinsen und jedes Jahr um 15.000,– € zurückzuzahlen wäre. Herr Renner weiß nun nicht mehr, welche Variante er wählen soll. Sicher ist nur, dass er den Sportwagen kaufen will, auch wenn er sein Geld zurzeit leicht mit 10 % Rendite anlegen könnte. Was würden Sie ihm raten?

A 21 Herr Rieter erhält aus einer Erbschaft einen Betrag von 1,25 Mio. €, den er vorerst für 5 Jahre anlegen möchte. Es stehen ihm zwei Möglichkeiten zur Auswahl:

- Variante 1: Kauf eines Einfamilienhauses
  - Mieteinzahlungen/Jahr: 48.000,– €
  - laufende Auszahlungen/Jahr: 6.000,– €
  - Kaufpreis: 1.200.000,– €
  - Wertverminderung des Hauses/Jahr: 10.000,– €
  - Wertvermehrung des Grundstückes/Jahr: 35.000,– €
- Variante 2: Kauf einer 5 % Obligationsanleihe
  - Restlaufzeit: 5 Jahre
  - Kurs: 95 %
  - Stückelung: Anteile à 100.000,– €

Bei beiden Varianten kann davon ausgegangen werden, dass die laufenden Ein- und Auszahlungen jeweils am Jahresende anfallen. Das nicht gebrauchte Geld kann zu 4 % angelegt werden. Welche Variante schlagen Sie Herrn Rieter mithilfe einer dynamischen Investitionsrechnung vor?

A 22 Ein Karosseriewerk hat eine Lackbrennkammer gekauft, die das Lackieren von Karosserien rationalisiert und Personal einspart. Vom Hersteller hat das Unternehmen folgende Informationen erhalten:

- Verkaufspreis 40.000,– €
- jährliche (liquiditätswirksame) Betriebskosten 32.000,– €
- Nutzungsdauer 6 Jahre
- Es kann nicht mit einem Liquidationserlös gerechnet werden.

Unmittelbar nach Installation dieser Einrichtung erhält das Unternehmen ein Angebot für eine noch modernere Lackbrennkammer:

- Verkaufspreis 60.000,– €
- (liquiditätswirksame) Betriebskosten
  in den ersten zwei Jahren je 20.000,– €
  nachher steigen sie alle zwei Jahre um 2.000,– €
- Schrottwert nach 6 Jahren 6.000,– €

Falls sich das Karosseriewerk sofort für dieses neue Angebot entscheidet, würde die Lieferfirma einen Verkaufsrabatt von 10 % gewähren. Die bereits installierten Einrichtungen könnten zu 20.000,– € verkauft werden, wobei allerdings noch 3.000,– € an Demontage- und Transportkosten anfallen würden.

a) Soll das Unternehmen bei einem Kalkulationszinssatz von 14 % auf dieses neue Angebot eingehen?

b) Welche Aspekte würden Sie neben den rein rechnerischen bei dieser Investitionsentscheidung noch berücksichtigen?

A 23 Für ein Investitionsprojekt soll als Entscheidungsgrundlage die Rentabilität berechnet werden. Um die Entscheidungsgrundlage zu verbessern, wird eine statische und eine dynamische Methode verlangt. Gehen Sie von folgenden Informationen aus:

- Anschaffungskosten 80.000,– €
- ø jährlicher Einzahlungsüberschuss ohne Zinsaufwand für die Investition und ohne Abschreibungen 20.000,– €
- Nutzungsdauer 10 Jahre
- Das Projekt hat nach der Nutzungsdauer keinen Restwert.

a) Berechnen Sie die Rentabilität. Der Kalkulationszinssatz beträgt 10 %. Die Abschreibungen sind linear.

b) Bestimmen Sie die Rentabilität mit der internen Zinsfußmethode.

c) „Die in a) und b) angewandten Investitionsrechnungsverfahren dürfen nicht als einzige Entscheidungsgrundlage dienen.“ Begründen Sie diese Aussage.

A 24 Im Rahmen einer Rationalisierung wird in einer Schreinerei eine Holzpresse angeschafft, welche zum einen Lohnkosten einsparen und zum anderen höhere Erlöse durch zusätzliche Aufträge bringen soll. Die Investitionssumme beträgt 50.000,– €, die Lebensdauer der Anlage wird auf 10 Jahre veranschlagt. Der Liquidationserlös wird auf 4.000,– € geschätzt. Man hofft, rund 2.000,– € an Lohnkosten einzusparen und zusätzliche Erlöse für die ersten drei Jahre von 5.000,– € und für die letzten sieben Jahre von 8.000,– € zu erzielen. Berechnen Sie den internen Zinsfuß und begründen Sie, ob diese Anlage beschafft werden soll oder nicht.

A 25 Ein Unternehmen beabsichtigt, sein Angebot durch die Produktion eines neuen Erzeugnisses zu erweitern. Dazu ist die Beschaffung einer neuen Maschine notwendig. Da die kapitalintensivere Variante B ein qualitativ besseres Produkt herstellt, unterscheiden sich die beiden Alternativen nicht nur in der Kostenstruktur, sondern auch im Verkaufspreis.

	Produkt A	**Produkt B**
Anschaffungspreis (€)	1.000.000,–	1.500.000,–
Lebensdauer	5 Jahre	5 Jahre
Kapazität pro Jahr (Stück)	130.000	130.000
Variable Kosten pro Stück (€)	2,–	1,–
Verkaufspreis der Erzeugnisse (€)	6,50	7,50
erwarteter Absatz (Stück):		
a) jährlich gleich bleibend	80.000	80.000
b) jährlich schwankend		
1. Jahr	90.000	30.000
2. Jahr	120.000	50.000
3. Jahr	130.000	110.000
4. Jahr	40.000	110.000
5. Jahr	20.000	100.000

Welche Alternative würden Sie bei einem jährlich gleich bleibenden Absatz mithilfe der nachfolgenden Methoden wählen, wenn Sie Ihren Berechnungen einen Kalkulationszinssatz von 10 % zugrunde legen?

- Kostenvergleich (inkl. Break-even-Punkt)
- Gewinnvergleich (inkl. Break-even-Punkt)
- Rentabilitätsrechnung
- Pay-back-Periode
- Kapitalwert
- interner Zinssatz
- Annuitätenmethode

Unternehmensbewertung

A 26 Nach der für die Bank vorgenommenen Bewertung hat das Unternehmen Roboelec einen Wert von 1.000.000,– €. Weiterhin konnte der Bank mitgeteilt werden, dass seit Gründung der Roboelec die jährlichen Gewinne 176.000,– € betragen und auch für die Zukunft die gleichen Gewinne erwartet werden. Wären die Vermögensteile zu Wiederbeschaffungskosten bewertet worden, wäre der Wert der Roboelec 20 % höher anzusetzen.

a) Eignet sich der in Höhe von 1.000.000,– € festgestellte Wert der Roboelec als ein Richtwert für eine Preisforderung der Unternehmenseigentümer bei einem eventuellen (freiwilligen) Verkauf des gesamten Unternehmens? Begründen Sie Ihre Ansicht. Die Roboelec rechnet jeweils mit einem Kalkulationszinssatz von 11 %.

b) Berechnen Sie den originären Goodwill und erläutern Sie in Stichworten seine Bedeutung.

A 27 Die Vermögensteile der Rocca AG sind in der Bilanz mit 1,5 Mio. € ausgewiesen. Würden diese zu Wiederbeschaffungspreisen bewertet, so ergäben sie einen Gesamtwert von 2 Mio. €. Der in den vergangenen Jahren durchschnittlich erzielte Jahresgewinn beträgt 90.000,– €. Die Planung zeigt, dass auch in Zukunft mit diesem Gewinn gerechnet werden kann.

a) Nennen Sie einige Anlässe, die dazu führen, dass ein Unternehmen als Ganzes bewertet wird.

b) Wie hoch ist der Unternehmenswert, berechnet nach der Substanz-, Ertrags- und Mittelwertmethode? (Kapitalisierungszinssatz 8 %)

c) Worauf lässt sich die Differenz zwischen Ertrags- und Substanzwert zurückführen? Geben Sie Beispiele.

A 28 Bei der Bewertung der Schmalen AG können Sie von folgenden Informationen ausgehen:

- Es wird mit einem konstanten Jahresgewinn von 48.000,– € gerechnet.
- Der Wert der Vermögensbestandteile nach Abzug von Fremdkapital und unter Umständen notwendigen Wertberichtigungen beträgt 350.000,– € (dieser Wert entspricht dem Substanzwert).
- Der Kapitalisierungssatz wird mit 12 % angegeben.
- Die Lebensdauer ist unbegrenzt.

a) Berechnen Sie den Unternehmenswert der Schmalen AG, indem Sie die so genannte Praktiker- oder Mittelwertmethode anwenden.

b) Bestimmen Sie den Goodwill der Schmalen AG.

A 29 Gegeben ist die veröffentlichte Bilanz der Schmid AG. Sie weist in stark vereinfachter Form folgende Werte aus:

Bilanz per 31.12.2008
(nach Gewinnverwendung; Beträge in 1.000,– €)

Anlagevermögen	1.000	Gezeichnetes Kapital	800
Vorräte	300	Rücklagen	200
Debitoren	150	Rückstellungen	100
Liquide Mittel	50	Fremdkapital	400
	1.500		1.500

Der Jahresgewinn beträgt seit einigen Jahren 240.000,– € pro Jahr und darf auch in Zukunft in dieser Höhe erwartet werden.

a) Bestimmen Sie aufgrund dieser Bilanz den Substanzwert des Unternehmens. Eignet sich dieser Wert als Basis für die Ermittlung des Kaufpreises des Unternehmens?

b) Sie erhalten die Information, dass das Sachvermögen einen im Durchschnitt 40 % höheren Wert aufweist, wenn es zu Tageswerten bewertet wird. Berechnen Sie den Wert des Unternehmens nach der Mittelwertmethode, wobei Sie von einem Kalkulationszinssatz von 12 % ausgehen können.

c) Berechnen Sie den originären Goodwill und erläutern Sie in Stichworten seine Bedeutung.

A 30 Im Rahmen einer geplanten Diversifikation prüft Doris Brunner den Kauf eines Restaurants. Als Assistent von Frau Brunner erhalten Sie die Aufgabe festzustellen, welcher Preis für dieses Unternehmen angemessen sei. Es sind die folgenden Daten des Restaurants bekannt:

Bilanz per 31.12.2008
(nach Gewinnverwendung; Beträge in 1.000,– €)

Anlagevermögen	600	Gezeichnetes Kapital	250
Umlaufvermögen	400	Rücklagen	350
		Fremdkapital	400
	1.000		1.000

- Stille Reserven im Anlagevermögen 200
- Stille Reserven im Umlaufvermögen 100
- Stille Reserven im Fremdkapital 50
- Durchschnittlicher Gewinn der letzten 5 Jahre 100
- Zinssatz 8 %

a) Berechnen Sie den
- Substanzwert,
- Ertragswert,
- Unternehmenswert gemäß Mittelwertmethode.

b) Wie erklären Sie sich den Unterschied zwischen Substanz- und Ertragswert?

c) Welche weiteren Aspekte sind nach Ihrer Ansicht beim Kauf dieses Restaurants zu berücksichtigen?

A 31 Eine Kommanditgesellschaft muss bewertet werden, um einen ausscheidenden Gesellschafter abfinden zu können. Der vom ausscheidenden Gesellschafter hinzugezogene Berater erklärt, dass der Goodwill als Bestandteil des Unternehmenswertes unbedingt in die Berechnungen einzubeziehen sei.

a) Was ist unter dem Goodwill zu verstehen?

b) Welche Faktoren beeinflussen den Goodwill?

c) Wie wird der Goodwill in den verschiedenen Methoden der Unternehmensbewertung berücksichtigt?

A 32 Die Frischauf AG weist Ende des Geschäftsjahres folgende Bilanz auf:

Bilanz per 31.12.2008
(nach Gewinnverwendung; Beträge in Mio. €)

Anlagevermögen	80	Eigenkapital	60
Umlaufvermögen	20	Fremdkapital	40
	100		100

Aus der Gewinn- und Verlustrechnung entnehmen wir, dass der Gewinn vor Abzug der Eigenkapitalzinsen 9 Mio. € beträgt. Darin sind 7,5 Mio.€ Immobilienerfolg enthalten. Die Fremdkapitalzinsen wurden als Betriebsaufwand verrechnet. Als Zusatzinformation wurde im Jahresabschluss der Versicherungswert der nicht betriebsnotwendigen Immobilien angegeben. Dieser beträgt 85 Mio. €, in der Bilanz sind 40 Mio. € ausgewiesen. In seinem Vortrag anlässlich der Hauptversammlung betonte der Vorstandsvorsitzende Lavarre, dass „die Ertragslage durch die letztes Jahr eingeleitete Diversifikationsstrategie auf einer gesunden Basis stehe und deren Entwicklung auch in Zukunft viel versprechend sei.“

a) Welche Probleme ergeben sich bei der Berechnung des Unternehmenswertes?

b) Wie groß ist der Substanzwert, der Ertragswert und der Goodwill, wenn Sie einen branchenüblichen Zinssatz von 10 % unterstellen?

c) Wie beurteilen Sie die Aussage des Vorstandsvorsitzenden?

Personal

Grundlagen

A 1 Zeigen Sie aufgrund Ihrer eigenen Erfahrung, welche Sachverhalte in Organisationen auf bestimmte Menschenbilder schließen lassen.

A 2 Worin bestehen die Anreize des Unternehmens bzw. die Beiträge der Mitarbeiter und Mitarbeiterinnen aufgrund der Anreiz-Beitrags-Theorie?

A 3 Veranschaulichen Sie anhand von Beispielen den Problemlösungsprozess im Personalbereich für ein Dienstleistungsunternehmen (Bank, Versicherung).

Personalbedarfsermittlung

A 4 Sie müssen als Assistent des Personalchefs einer Versicherungsgesellschaft den quantitativen Personalbedarf für ein Jahr aufgrund folgender Angaben errechnen:
Für die Erledigung von Diebstahlmeldungen benötigt der Sachbearbeiter je nach Deliktsumme die folgenden Arbeitszeiten:

- Kategorie I (unter 1.000,– €): 15 Minuten
- Kategorie II (1.000,– € bis 10.000,– €): 90 Minuten
- Kategorie III (über 10.000,– €): 4 Stunden

In den betreffenden Agenturen fallen monatlich (= 4 Wochen) im Durchschnitt 1.500 Meldungen der Kategorie I, 300 der Kategorie II und 30 der Kategorie III an. Die Nebentätigkeiten machen rund 30 % der Zeit für die Bearbeitung der Diebstahlmeldungen aus. Für die Erholungszeit werden 5 Minuten pro Stunde und Mitarbeiter eingesetzt, für Ausfallzeiten ein Tag pro Woche und Mitarbeiter.

a) Wie viele Sachbearbeiter müssen angestellt sein, um bei einer 40-Stunden-Woche den Arbeitsanfall bewältigen zu können?

b) Bei Ihren Untersuchungen haben Sie festgestellt, dass das Unternehmen eine relativ hohe Fluktutationsrate hat. Was sind mögliche Ursachen dafür?

A 5 In einem Reisebüro soll der quantitative Personalbedarf ermittelt werden. Dazu teilt man die anfallenden Arbeiten in drei Hauptkategorien ein. Für die Tätigkeiten der einzelnen Kategorien wurden die folgenden durchschnittlichen Zeitaufwände pro Auftrag ermittelt:

- Angebotsausarbeitung: 2 Stunden
- Fakturierung: 20 Minuten
- Beratung: 30 Minuten

Die Mitarbeiter wenden für die übrigen administrativen Tätigkeiten rund 40 % ihrer vertraglichen Arbeitszeit auf; Fehlzeiten wegen Krankheit und Ferien machen im Durchschnitt 6 Stunden pro Woche aus und die Erholungszeit pro Tag beträgt 1,5 Stunden. Es werden 40 Stunden in der Woche gearbeitet. Monatlich (4 Wochen) fallen 400 Angebote, 250 Rechnungsstellungen und 600 Beratungen an.

a) Der momentane Personalbestand beträgt 14 Angestellte. Kann die anfallende Arbeit damit kundenfreundlich erledigt werden?

b) Woran liegt es, dass die unter a) vorgenommenen Berechnungen in der Praxis nur selten in dieser Art und Weise Anwendung finden?

A 6 Nennen Sie Probleme, die bei der qualitativen Personalbedarfsermittlung auftauchen können.

A 7 Die Stellenbeschreibung ist ein in der Praxis häufig anzutreffendes Führungsinstrument.

a) Erläutern Sie, welche Funktionen der Stellenbeschreibung als Führungsinstrument zugewiesen werden können.

b) Zeigen Sie anhand der Aufgaben des Personalbereiches, wozu die Stellenbeschreibung gebraucht werden kann.

c) Welches sind die Gefahren von Stellenbeschreibungen und wie kann diesen begegnet werden?

A 8 Was unternehmen Sie als Vorgesetzter, wenn das Fähigkeitsprofil Ihrer Mitarbeitenden gegenüber dem Anforderungsprofil eine Unterdeckung bzw. Überdeckung aufweist?

Personalbeschaffung

A 9 Sie sind Personalchefin der Chemix AG. Dieses Unternehmen handelt mit chemischen Rohstoffen. In der Abteilung „Lösungsmittel" ist die Stelle des Verkaufsleiters zu vergeben.

a) Was spricht für die Besetzung dieser Stelle mit einer betriebseigenen Arbeitskraft, was dagegen?

b) Wie würden Sie bei der Einstellung eines betriebsfremden Verkaufsleiters oder einer betriebsfremden Verkaufsleiterin vorgehen? Begründen Sie Ihre Überlegungen.

A 10 Der Direktor der Abteilung Finanzen eines mittleren Industrieunternehmens benötigt sobald wie möglich einen neuen Assistenten oder eine neue Assistentin. In Frage kommen in erster Linie Hochschulabsolventen und -absolventinnen betriebswirtschaftlicher Richtung, die ihre erste Stelle nach abgeschlossenem Studium suchen.

a) Wie gestalten Sie die Personalwerbung?

b) Wie gehen Sie bei der Auswahl der Bewerber und Bewerberinnen vor?

A 11 Zeitungen und Fachzeitschriften sind wichtige Kommunikationsinstrumente der mittelbaren Personalwerbung:

a) Suchen Sie in Tageszeitungen Beispiele für die mittelbare Personalwerbung und fassen Sie den Inhalt in Stichworten zusammen.

b) Zeigen Sie anhand konkreter Stelleninserate die Elemente der unmittelbaren Personalwerbung.

c) Welche Zusammenhänge bestehen zwischen mittelbarer und unmittelbarer Personalwerbung?

A 12 Geben Sie einen Überblick über das Auswahlverfahren bei einem Personalchef und einem Chauffeur. Begründen Sie den Einsatz der jeweiligen Auswahlmethoden.

A 13 Zu den Aufgaben einer Personalabteilung gehört auch die Rekrutierung der zukünftigen Mitarbeiterinnen und Mitarbeiter. Um sich auf dem Arbeitsmarkt behaupten zu können, ist ein Personalmarketing notwendig. Ein Aspekt dieses Aufgabenbereichs ist die Profilierung des Unternehmens gegenüber der Konkurrenz.

a) Welche Möglichkeiten sehen Sie, um sich auf dem Arbeitsmarkt Wettbewerbsvorteile gegenüber der Konkurrenz zu verschaffen?

b) Nennen Sie Instrumente, die bei der Personalsuche eingesetzt werden können.

A 14 Für die Selektion von Mitarbeiterinnen und Mitarbeitern müssen die Fähigkeiten der Bewerberinnen und Bewerber mit den Anforderungen der zu besetzenden Stelle verglichen werden.

a) Erstellen Sie ein Anforderungsprofil für Mitarbeiterinnen und Mitarbeiter im Außendienst einer Versicherungsgesellschaft. Gewichten Sie die verschiedenen Merkmale mit einer Skala von 1 (= unwichtig) bis 5 (= sehr wichtig) und geben Sie eine Begründung für Ihren Vorschlag.

b) Welche Hilfsmittel stehen Ihnen zur Verfügung, um die Fähigkeiten der Bewerberinnen und Bewerber zu ermitteln?

Personaleinsatz

A 15 Welche Maßnahmen scheinen Ihnen geeignet, um einen Hochschulabsolventen, der unmittelbar nach dem Studium eine Stelle bei einer Großbank antritt, einzuführen?

A 16 Erläutern Sie mögliche Gründe, in einem Unternehmen Telearbeit zu implementieren.

A 17 Seit einiger Zeit verstärkt sich das Bedürfnis nach neuen Arbeitsformen. Zu erwähnen ist in diesem Zusammenhang zum Beispiel das Job sharing.

a) Was verstehen Sie unter Job sharing? Nennen Sie Beispiele.

b) Beschreiben Sie Vor- und Nachteile dieser Arbeitsform.

c) Welches sind die Voraussetzungen, um das Job sharing anwenden zu können?

d) Nennen Sie Beispiele für das Job sharing.

A 18 Ein Mitarbeiter verrichtet monotone Arbeit am Fließband in einer großen Fertigungshalle. Der Lärm der Maschinen ist so stark, dass er sich mit den Kollegen nicht unterhalten kann. Wie wird sich dieser Mitarbeiter in der Pause wahrscheinlich verhalten? Begründen Sie Ihre Antwort.

Personalmotivation und -honorierung

A 19 Worin unterscheiden sich die Theorien von Maslow und Herzberg? Nehmen Sie Stellung zu diesen beiden Theorien.

A 20 Eine wichtige Aufgabe der Personalpolitik ist die Bestimmung der Lohnhöhe. Dabei stellt sich immer wieder die Frage nach dem gerechten Lohn.

a) Welche Schwierigkeiten stellen sich bei der Bestimmung des gerechten Lohnes?

b) Welche Einflussfaktoren müssen bei der Festlegung des gerechten Lohnes beachtet werden?

c) Beschäftigte reichen oft die Kündigung ein, obwohl sie in einem Austrittsgespräch beteuern, dass sie sowohl mit dem Lohn als auch mit dem Aufgabeninhalt sehr zufrieden waren. Wie können Sie sich dieses Verhalten erklären?

A 21 In der Metag werden in einer Abteilung vier verschiedene Arbeiten unterschieden, nämlich die Schlosser-, Dreher-, Kranführer- sowie die Werksbotenarbeit. Als Kriterien der Arbeitsanalyse gelten das Fachwissen, die körperliche und geistige Belastung sowie die Verantwortung. Eine kürzlich durchgeführte Arbeitsbewertung ergab folgende Ergebnisse:

Arbeitsart / Anforderung	Schlosser	Dreher	Kranführer	Werksbote
Fachwissen	mittel	sehr groß	groß	gering
Körperliche Belastung	groß	mittel	gering	mittel
Geistige Belastung	gering	sehr groß	groß	gering
Verantwortung	gering	groß	sehr groß	gering

Dabei wird von folgenden Arbeitswerten ausgegangen:

- gering 1
- mittel 2
- groß 3
- sehr groß 4

a) Berechnen Sie den anforderungsgerechten Grundlohn für den Schlosser, Dreher, Kranführer und Werksboten, wenn der jeweilige Lohn nach folgender Skalierung festgesetzt wird:

Arbeitswerte	Lohngruppe	Abstufung der Lohngruppe in %
4 – 6	1	85 %
7 – 9	2	95 %
10 – 12	3	100 %
13 – 14	4	110 %
15 und mehr	5	115 %
Ecklohn Lohngruppe 3: 4.000,– €		

b) Nach welchem Arbeitsbewertungsverfahren wurde in a) vorgegangen?

c) Für die Lohnauszahlung wird die Leistung mitberücksichtigt. Berechnen Sie nun den auszuzahlenden Lohn ohne Berücksichtigung der Abzüge für die Sozialleistungen für einen Werksboten mit folgender Qualifikation:

- Zuverlässigkeit gut
- Selbstständigkeit genügend
- Zusammenarbeit sehr gut

Die Leistungsbewertung basiert auf folgendem Schema:

Kriterium	Gewichtung
Zuverlässigkeit	3
Selbstständigkeit	2
Zusammenarbeit	1

Beurteilungsnote	Wert
Ungenügend	1
Genügend	2
gut	3
sehr gut	4

Leistungswert	Faktor Veränderung Grundlohn
bis 6	0,9
7– 10	1,0
11– 14	1,1
15– 18	1,2
19– 22	1,3
23 und mehr	1,4

A 22 Die Leistungsbewertung versucht, die Aufgabenerfüllung der Arbeitnehmer und Arbeitnehmerinnen zu erfassen und zu beurteilen.

a) Welche Schwierigkeiten stellen sich bei der Leistungsmessung?

b) Beschreiben Sie Maßnahmen, mit denen sich die Probleme im Zusammenhang mit der Leistungsmessung verringern lassen.

A 23 Unternehmen stehen vor der Aufgabe, die Leistungen der Führungskräfte zu beurteilen.

a) Entwerfen Sie ein Schema, mit dem sich die Leistungen der Führungskräfte bewerten lassen.

b) Wie stellen Sie sich zu der Forderung, dass die Beurteilung durch die Mitarbeiter und Mitarbeiterinnen ein wesentliches Element im Rahmen der Leistungsbewertung von Vorgesetzten ist?

A 24 Beurteilen Sie die Möglichkeiten und Grenzen des Leistungslohnes als Einflussfaktor der Leistung.

A 25 Ein Mitarbeiter verdient mit Akkordarbeit zur Zeit 20,– €/Std. Er stellt dabei statt der vorgegebenen Menge (Normalmenge) von 6 Stück/Std. eine effektive Menge von 8 Stück/Std. her. Der Akkordrichtsatz beträgt 120 % des garantierten Akkordgrundlohnes.

a) Bestimmen Sie den Geldsatz je Mengeneinheit und den Stundenverdienst des Mitarbeiters bei Normalleistung.

b) Berechnen Sie die Normalzeit je Stück in Minuten.

c) Bestimmen Sie den Leistungsgrad des Mitarbeiters in Prozent.

d) Welchen Stundenverdienst hätte der Mitarbeiter bei einem Leistungsgrad von 66,66 %, 100 %, 125 % sowie 150 % und wie viel Zeit (in Minuten) pro Stück würde er dabei benötigen? Stellen Sie Ihre Ergebnisse in einer Grafik dar (Ordinate: Stundenverdienst in €, Abszisse: effektiv benötigte Zeit pro Stück).

e) Der Akkordrichtsatz soll um 20 % angehoben werden. Wie viel würde der Mitarbeiter pro Stunde verdienen, wenn er weiterhin 8 Stück/Std. herstellen kann?

A 26 Ein Mitarbeiter hat einen garantierten Mindestlohn von 18,– €/Std. und einen Akkordzuschlag von 20 %. Die Normalmenge beträgt 12 Stück/Std., der Mitarbeiter hat zur Zeit einen Leistungsgrad von 125 %.

a) Arbeitet der Mann im Zeitakkord oder im Geldakkord? Begründen Sie Ihre Antwort.

b) Wie viele Stück hat der Mitarbeiter effektiv hergestellt?

c) Wie groß ist sein Stundenverdienst?

d) Wie viel verdient er bei einem Leistungsgrad von 75 % bzw. 100 %?

e) Der Mitarbeiter hat die Wahl zwischen einer Erhöhung des Mindestlohnes um 2,– € oder des Akkordzuschlages auf 33,33 %. Welche Variante wird er wahrscheinlich wählen?

A 27 Einem Schlosser, der im Zeitakkord arbeitet, sind für die Montage von Türschlössern 15 Minuten pro montiertes Türschloss vorgegeben. Der Minutenfaktor beträgt 0,40 €.

a) Berechnen Sie den Stundenverdienst des Mitarbeiters bei Normalleistung.

b) Wie hoch ist der Stundenverdienst bei einer Leistung von 5 Schlössern pro Stunde?

c) Berechnen Sie den Minutenfaktor in €/Stück, wenn der Schlosser im Geldakkord arbeiten würde.

d) Aus welchen Gründen wurde in der Praxis der Geldakkord durch den Zeitakkord verdrängt?

A 28 Ein Mitarbeiter im Geldakkord verdient zur Zeit 26,– €/Std. Er stellt dabei statt der vorgegebenen Menge von 6 Stück pro Stunde eine effektive Menge von 8 Stück pro Stunde her. Der Akkordrichtsatz beträgt 120 % vom garantierten Akkordgrundlohn.

a) Wie viel beträgt der Akkordgrundlohn?

b) Wie hoch wäre sein Stundenverdienst, wenn er 4, 6 oder 9 Stück pro Stunde herstellen würde?

c) Der Akkordrichtsatz soll um 20 % gehoben werden. Wie viel verdient der Mitarbeiter, wenn er weiterhin 8 Stück/Std. herstellen kann?

A 29 In der Gießereiabteilung der Gussag wurde bisher allen Beschäftigten ein Zeitlohn von 20,25 €/Std. bezahlt. Die Geschäftsleitung überlegt sich, ob ein Akkordlohnsystem eingeführt werden soll. Nach Abwägen aller Vor- und Nachteile fällt die Entscheidung der Geschäftsleitung zu Gunsten des Zeitakkordes.

- Die Vorgabezeit pro Werkstück wird auf 6 Min./Stück und der Mindestlohn auf 15,– €/Std. festgelegt.
- Der Minutenfaktor beträgt 0,15 €/Min.

Berechnen Sie diejenige Leistungsmenge, für die der Stundenverdienst bei Zeitakkord dem bisherigen Zeitlohn entspricht.

A 30 Die Stahl AG stellt in der Fertigungsabteilung unter anderem Gewindebolzen her, die zum Zusammenschrauben von Kernblechen verwendet werden. An 10 Arbeitsplätzen werden im Durchschnitt pro Stunde je 18Stück hergestellt, die zum Preis von 4,– € pro Stück weiter verrechnet werden. Bis jetzt wurde ein Lohn von 24,– € pro Stunde bezahlt. Um die Arbeitsproduktivität zu erhöhen, will das Unternehmen den Akkordlohn einführen. Die Normalmenge soll auf 20 Stück pro Arbeitsstunde festgelegt und der entsprechende Stundenlohn auf 30,– € erhöht werden.

a) Berechnen Sie den Geldsatz pro Mengeneinheit beim Akkordlohn.

b) Wie hoch ist der Akkordzuschlag in Prozent gegenüber dem Zeitlohn?

c) Wie viel beträgt der zusätzliche Gewinn pro Arbeitsstunde, wenn die Mitarbeiterinnen die Normalleistung erreichen und für Sozialleistungen 15 % der Lohnsumme aufgewendet werden müssen?

d) Welchen Stundenverdienst erreicht eine Mitarbeiterin, die pro Stunde 24 Stück herstellen kann? Wie hoch ist ihr Leistungsgrad in %?

e) Wo liegen im vorliegenden Beispiel die Probleme bei der Einführung eines Gruppenakkordes?

A 31 Sie haben sich entschieden, Ihre Vergütung leistungsabhängig in Form von Teamanreizen zu gestalten. Erläutern Sie mögliche Schwierigkeiten, die auf Sie zukommen könnten, und beschreiben Sie, wie Sie auf diese reagieren würden.

A 32 Welches sind die Vor- und Nachteile der verschiedenen Belohnungssysteme des betrieblichen Vorschlagswesens?

A 33 Zeigen Sie die positiven und negativen Aspekte verschiedener Gruppenmitgliedschaften von Mitarbeitern auf.

A 34 Frau Holdener ist Inhaberin eines kleinen Geschäftes für Software Entwicklung. Sie beschäftigt 3 Bürokräfte, wobei die Buchhalterin ganztags angestellt ist und die zwei anderen Angestellten sich eine Stelle teilen. Für die Programmierung sind 6 Leute und der Leiter, Herr Schleifer, zuständig. Für die Akquisition neuer Aufträge ist sie zusammen mit Frau Kuhn, einer diplomierten Verkaufsleiterin, verantwortlich. Keiner ihrer Angestellten ist älter als 35 Jahre und die meisten Mitarbeiter und Mitarbeiterinnen kann man als dynamisch und innovativ bezeichnen. Sie sind neuen Ideen gegenüber aufgeschlossen und in der ganzen Firma herrscht eine gute Atmosphäre.

a) Welchen Führungsstil würden Sie Frau Holdener empfehlen?

b) Beschreiben Sie die grundlegenden Aspekte, die der Bestimmung eines gerechten Lohnes zugrunde gelegt werden können.

c) Welches sind mögliche Lohnbestandteile?

d) Erstellen Sie ein Lohnsystem für diese Firma.

e) Sehen Sie neben einem entsprechenden Lohnsystem weitere Möglichkeiten, das Personal längerfristig an die Firma zu binden?

f) Welche Anreize würden Sie einsetzen, um Herrn Schleifer und Frau Kuhn in der Firma zu behalten?

Personalentwicklung

A 35 Wie kann sich eine Laufbahnplanung für untere und mittlere Angestellte auf deren Leistung auswirken? Geben Sie eine Begründung.

A 36 Worauf achten Sie besonders, wenn Sie eine Ihnen unterstellte Mitarbeiterin beurteilen müssen?

A 37 Die Aus- und Weiterbildung hat sich in den letzten Jahren zu einem zentralen Erfolgsfaktor für die Unternehmen entwickelt.

a) Nennen Sie Ziele, welche ein Unternehmen mit ihrer Aus- und Weiterbildung verfolgen kann.

b) Wie kann die Effizienz der Aus- und Weiterbildung gemessen werden?

A 38 Der technische Fortschritt zeigt seine Auswirkungen auch im Personalbereich.

a) Welche Folgen können Sie aufgrund des technischen Fortschritts im Personalsektor feststellen?

b) Beschreiben Sie Maßnahmen, die sich aufgrund der Folgen des technischen Fortschritts aufdrängen können?

A 39 Sie sind Personalchef eines kleinen Unternehmens und müssen das Gesuch eines Mitarbeiters beurteilen, der einen Managementkurs von einer Woche Dauer besuchen will. Welche Abklärungen nehmen Sie vor?

A 40 Sie möchten das Instrument Coaching für Führungskräfte in Ihrem Unternehmen einführen. Wie können Sie diese Entscheidung begründen?

Personalfreistellung

A 41 Viele Unternehmen stehen aus verschiedenen Gründen vor der schwierigen Aufgabe, Personal entlassen zu müssen.

a) Versuchen Sie zu zeigen, welche Maßnahmen bei welchen Ursachen der Personalfreistellung sinnvoll sind.

b) Welches sind die Folgen einer unfreiwilligen Kündigung sowohl für den Arbeitnehmer (Mitarbeiter) als auch für den Arbeitgeber (Unternehmen)?

Organisation

Grundlagen

A 1 Nennen Sie Gründe und Anlässe, die dazu führen, dass in einem Unternehmen organisiert wird.

A 2 In jeder Organisation existieren neben der bewusst gestalteten formalen Organisationsstruktur auch informale Strukturen.

a) Wie erkennen Sie formale und informale Organisationsstrukturen? Geben Sie Beispiele für informale Organisationssituationen.

b) Welche Bedeutung hat die informale Organisation in Bezug auf die Erreichung der Unternehmensziele?

A 3 Durch die Erteilung von Kompetenzen und Verantwortung wird zwischen der auftraggebenden und der auftragnehmenden Stelle ein Regelkreis gebildet. Versuchen Sie, einen solchen Regelkreis zu zeichnen.

A 4 Jedes Unternehmen steht vor dem Problem, Strukturen und Prozesse festzulegen. Dazu dienen die Aufbau- und Ablauforganisation.

a) Zeigen Sie die Zusammenhänge zwischen der Aufbau- und der Ablauforganisation.

b) Welche Probleme können sich bei der Aufgabenanalyse und Aufgabensynthese im Rahmen der Aufbauorganisation ergeben?

c) Worin bestehen die Schwierigkeiten bei der Durchführung einer Arbeitsanalyse und -synthese im Rahmen der Ablauforganisation?

A 5 Bei der Gestaltung der Aufbauorganisation stellt sich die Frage nach der Bestimmung der Kontrollspanne.

a) Was versteht man unter der Kontrollspanne?

b) Warum ist es schwierig, eine optimale Kontrollspanne anzugeben?

A 6 Erläutern Sie das Dilemma der Ablaufplanung. In welchen Unternehmen spielt diese Problematik eine besonders große Rolle?

A 7 Das Organigramm ist ein in der Praxis häufig anzutreffendes organisatorisches Hilfsmittel.

a) Worauf ist diese Tatsache zurückzuführen?

b) Erläutern Sie einige typische Informationen, die in einem Organigramm verarbeitet werden können.

c) Wodurch unterscheiden sich das Organigramm und die Stellenbeschreibung?

A 8 Das Funktionendiagramm zeigt in matrixförmiger Darstellung das funktionelle Zusammenwirken mehrerer Stellen bei der Bewältigung einer Aufgabe.

a) Welches sind die Vor- und Nachteile von Funktionendiagrammen?

b) Wo sehen Sie hauptsächlich den Einsatz dieses Organisationsinstrumentes?

A 9 In den meisten Unternehmen gibt es eine Vielzahl organisatorischer Regelungen, wobei diese in allgemeine und spezielle aufgeteilt werden.

a) Was verstehen Sie unter allgemeinen, was unter speziellen organisatorischen Regelungen?

b) Welchen Zusammenhang gibt es zwischen allgemeinen und speziellen Regelungen?

c) Worin liegen die Vorteile einer hohen Regelungsdichte?

d) Die strukturierende Gestaltung der Unternehmen mit vielen allgemeinen Regelungen bringt auch Nachteile mit sich. Um welche Nachteile handelt es sich? Mit welchen Maßnahmen kann diesen Nachteilen begegnet werden?

A 10 Das Substitutionsprinzip der Organisation steht in engem Zusammenhang mit dem Organisationsgrad eines Unternehmens.

a) Erklären Sie das Substitutionsprinzip der Organisation.

b) Welche Konsequenzen lassen sich aus diesem Prinzip für ein Unternehmen ableiten?

A 11 Häufig sind Unternehmen über- oder unterorganisiert. Welches können die Ursachen einer Unter- oder Überorganisation sein?

Organisationstheoretische Ansätze

A 12 Es können verschiedene organisationstheoretische Ansätze unterschieden werden.

a) Welche Vor- und Nachteile sind mit dem Scientific Management verbunden?

b) Wodurch unterscheidet sich der Ansatz von Fayol von demjenigen von Taylor?

c) Welche organisatorischen Erkenntnisse lassen sich aus dem Human Relations-Ansatz ableiten?

d) Welche Bedürfnisse der Maslow-Pyramide werden durch das Scientific Management und den Human Relations-Ansatz angesprochen?

e) Wodurch unterscheiden sich die Ansätze von Woodward und Perrow?

A 13 Im Rahmen der Theorie von Lawrence/Lorsch spielen die organisatorische Differenzierung und die organisatorische Integration eine zentrale Rolle.

a) Was verstehen Lawrence/Lorsch unter organisatorischer Differenzierung und Integration?

b) Zeigen Sie am Beispiel eines Uhrenherstellers, wie eine organisatorische Differenzierung und Integration vorgenommen werden kann.

A 14 Können Sie sich Situationsvariablen vorstellen, die neben der Umweltveränderung und der Technologie einen Einfluss auf die Organisationsform haben könnten?

Organisationsformen

A 15 Welche Zusammenhänge vermuten Sie zwischen der Ausprägung der Strukturierungsprinzipien und der Branche oder der Größe eines Unternehmens?

A 16 Zeichnen Sie eine Stablinienorganisation mit folgenden Stellen und begründen Sie Ihren Vorschlag: Geschäftsleitung, Marketing, Finanzen, Beschaffung, Stab „Marktforschung", „Arbeitsvorbereitung" (AVOR), Stab „Forschung und Entwicklung", Personalwesen, Einkauf, Lagerwesen und Produktion.

A 17 Die Stablinienorganisation ist eine häufig anzutreffende Organisationsform.

a) Erklären Sie kurz die wesentlichen Elemente der Stablinienorganisation.

b) Zeichnen Sie unter Verwendung folgender Stellen ein Stablinienorganigramm: Planung, Lagerwesen, Produktion, Personal- und Sozialwesen, EDV, Marketing, Kosten- und Leistungsrechnung, Materialprüfung, Qualitätskontrolle (Produktion), Marktforschung, Beschaffung, Forschung und Entwicklung, Werkstatt I, Werkstatt II, Konstruktion, Arbeitsvorbereitung. Falls Stellen fehlen, nennen Sie diese, und berücksichtigen Sie dieselben in Ihrer Lösung.

A 18 Die Gorag hat in einer Analyse festgestellt, dass ihre Aufbauorganisation nicht mehr effizient ist. Neben dem Organigramm sind folgende Informationen bekannt:

- Die EDV wird für die Lagerbuchhaltung, das Rechnungswesen, die Lohnbuchhaltung und die Produktionsplanung eingesetzt. Der Einsatz der EDV für die Erstellung von Verkaufsstatistiken ist für das nächste Jahr geplant.
- In der Arbeitsvorbereitung besteht eine Arbeitsteilung in Bezug auf Produkt 1 und Produkt 2.
- Das Lager enthält Rohmaterial und Halbfabrikate. Die Fertigwaren werden aus Kostengründen bei einer Transportfirma gelagert.
- Die allgemeine Verwaltung befasst sich mit Rechtsfragen (Vertrags-, Miet-, Patent- und Steuerrecht).
- Die Abteilung Planung und Organisation befasst sich mit lang- und mittelfristiger Planung.

Erstellen Sie ein Organigramm für eine Stablinienorganisation, das den von Ihnen festgestellten Schwächen Rechnung trägt, und geben Sie für jede organisatorische Veränderung eine Begründung.

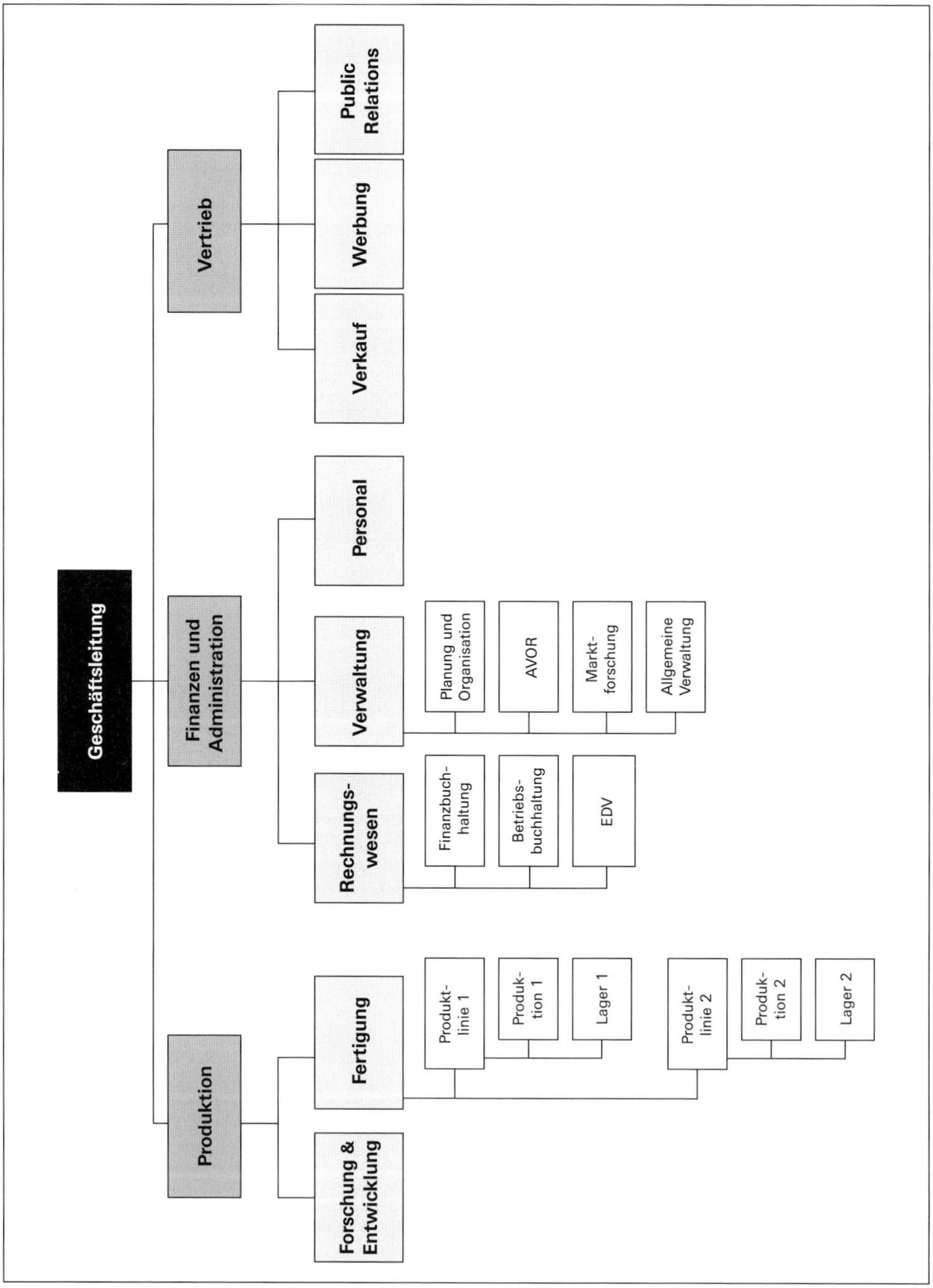

▲ Organigramm Gorag

A 19 Max Studer beendete vor kurzem sein Studium in Betriebswirtschaftslehre. Sein erster Auftrag besteht darin, einen Vorschlag zur Reorganisation der Merci-AG auszuarbeiten. Das nachfolgende Organigramm zeigt seinen Vorschlag.

a) Nach welchen Strukturierungsprinzipien wurde das Organigramm gebildet?

b) In diesem Organigramm sind einige organisatorische Mängel. Korrigieren Sie diese und begründen Sie Ihren Vorschlag.

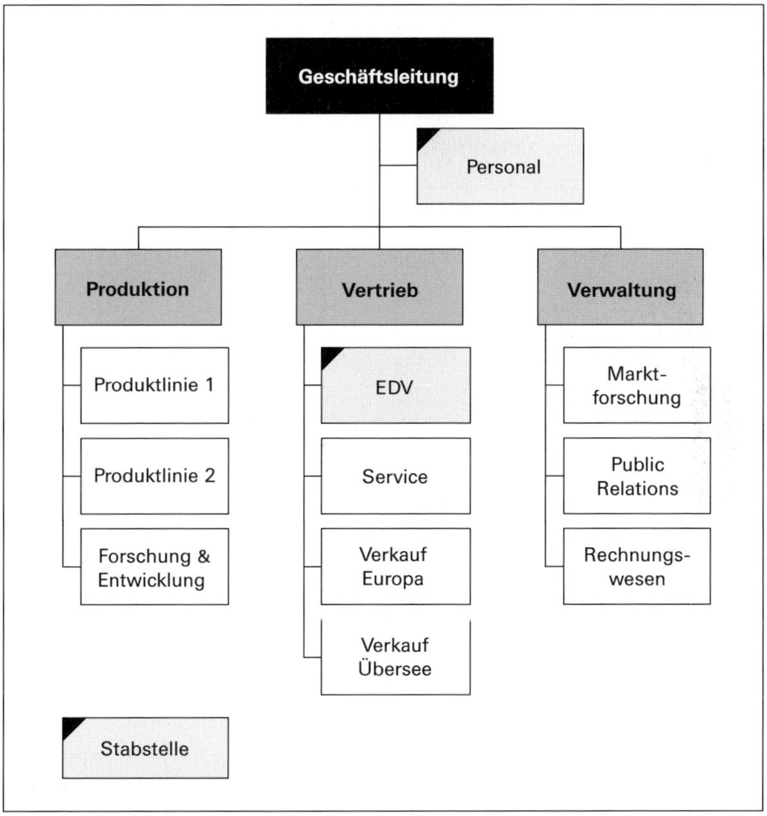

A 20 Ein Industrieunternehmen hat eine Stablinienorganisation und ist funktional gegliedert. Erstellen Sie das Organigramm mit folgenden Stellen: Finanz- und Rechnungswesen, Marktforschung, Arbeitsvorbereitung, Lagerhaltung, Einkauf, Forschung und Entwicklung, Gießerei, Verkauf Produktgruppe A, Finanzplanung und -analysen, Unternehmensplanung, Mechanische Werkstätten, Fertigung, Personalwesen, Verkauf, Fertiglager, Werbung, Materialwirtschaft, Assistent Produktion, Lieferwesen, Montage und Endprüfung, Leitung Produktion, Packerei und Versand, Marketing und Vertrieb, Verkauf Produktgruppe B. Mit welchen Stellen müsste das Organigramm ergänzt werden?

A 21 Als Wirtschaftswissenschaftler werden Sie von einer kleineren Firma zur Reorganisation des Unternehmens zu Rate gezogen. Die Geschäftsleitung hat folgendes Organigramm des Ist- Zustandes erstellt und bittet Sie, dieses zu beurteilen:

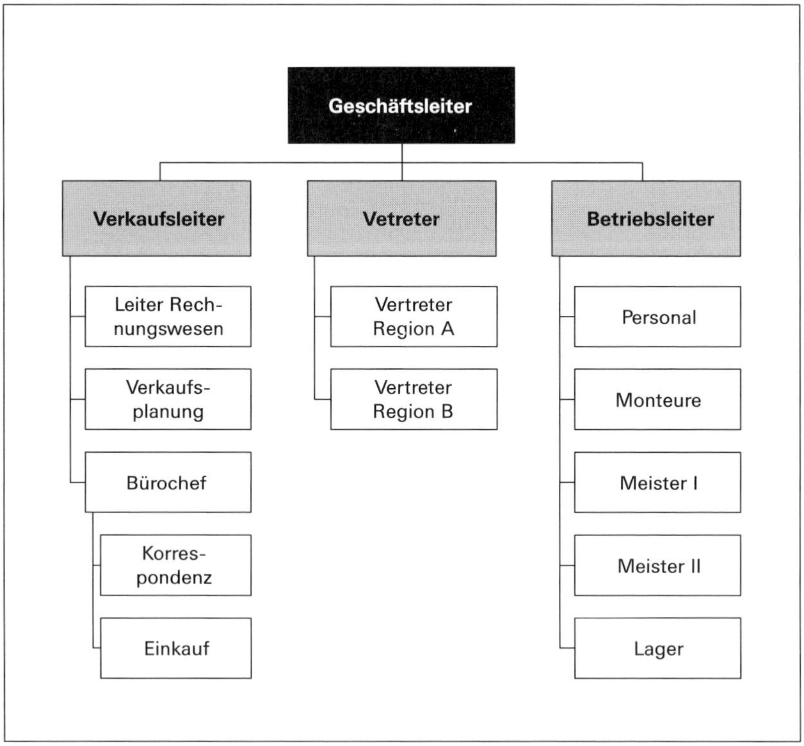

a) Welche Strukturierungsprinzipien wurden im vorliegenden Organigramm angewandt?

b) Nennen Sie die organisatorischen Mängel, die sich aufgrund des Organigrammes ergeben, und begründen Sie Ihre Antworten.

c) Entwerfen Sie aufgrund Ihrer Einwände ein neues Organigramm in Form einer Stablinienorganisation.

d) Bei welchen Unternehmen ist diese Organisationsform anzutreffen?

e) Nennen Sie die Vor- und Nachteile dieser Organisationsform.

A 22 Sie erhalten als Stab „Planung und Organisation" der Taco AG den Auftrag, einen Vorschlag zur Umstrukturierung der Stablinienorganisation der Taco AG in eine divisional gegliederte Profit-Center-Organisation auszuarbeiten. Es steht Ihnen das bisherige Organigramm der Taco AG zur Verfügung.

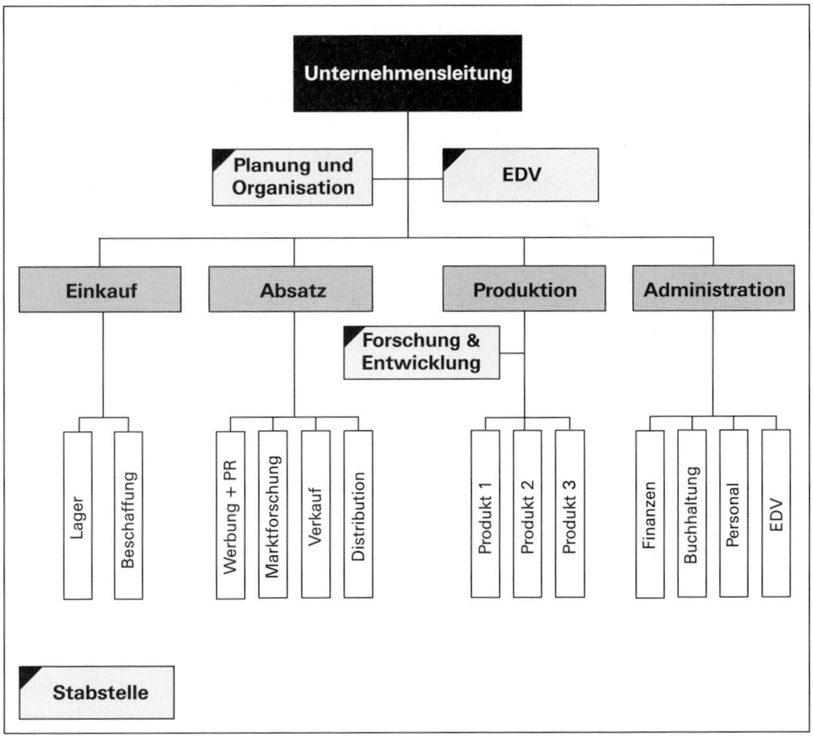

a) Zeichnen Sie das Organigramm für eine Profit-Center-Organisation, wobei Sie gleichzeitig die Mängel des alten Organigrammes berücksichtigen sollen. Begründen Sie diese Mängel.

b) Welches sind die Vorteile einer divisional gegliederten Profit-Center-Organisation?

c) Beschreiben Sie die Verrichtungs- und Objektzentralisation und nennen Sie die jeweiligen Nachteile.

A 23 Als Assistent der Geschäftsleitung erhalten Sie folgendes Organigramm:

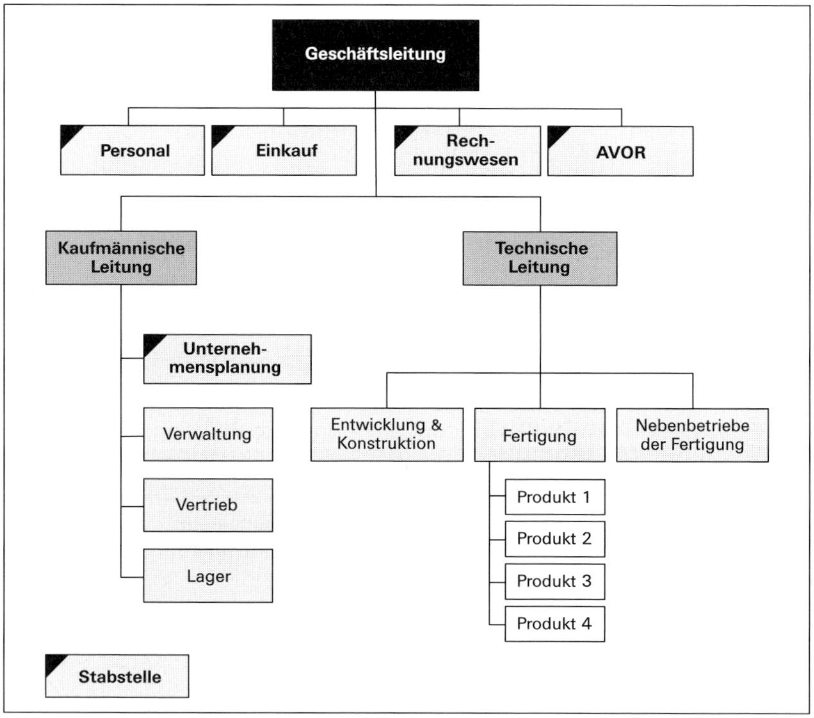

a) Nennen Sie die organisatorischen Mängel dieses Organigrammes und begründen Sie Ihre Antworten.

b) Wandeln Sie die vorliegende Stablinienorganisation unter Berücksichtigung der bei a) genannten Mängel in eine Spartenorganisation um.

A 24 Bei der Neuorganisation der Kard AG treten verschiedene Fragestellungen im Zusammenhang mit der Gestaltung der Aufbauorganisation auf. Für die Beantwortung der Fragen können Sie von folgenden Stellen ausgehen:

- Marktforschung,
- Materialwirtschaft (Beschaffung, Lagerhaltung),
- Produktion,
- Unternehmensplanung,
- Finanz- und Rechnungswesen,
- Marketing (Werbung, Verkauf),
- Geschäftsleitung.

a) Zeichnen Sie eine Stablinienorganisation mit funktionaler Gliederung.

b) Das Unternehmen produziert und vertreibt die drei Produktgruppen „Pharma", „Farben", „Düngemittel". Stellen Sie das Unternehmen als eine Produkt-Matrix-Organisation dar. Wann ist die Anwendung eines solchen Produkt-Matrix-Systems sinnvoll?

c) Wie lassen sich die Aufgabenbereiche des Produkt- und Funktionsmanagers bei der Produkt-Matrix-Organisation voneinander abgrenzen?

d) Stellen Sie das Unternehmen als Profit-Center-Organisation unter Verwendung aller erwähnten Stellen dar. Welches sind die allgemeinen Voraussetzungen zur Anwendung des Profit-Center-Systems?

A 25 Als Unternehmensberater werden Sie für eine Reorganisation der Stokazit AG zu Rate gezogen. Dabei wird Ihnen von der Organisationsstelle das nebenstehende, den Ist- Zustand beschreibende Organigramm übergeben. Von der Geschäftsleitung erhalten Sie zusätzlich die Information, dass der Materialanteil am Umsatz ungefähr 70 % beträgt.

a) Welche Strukturierungsprinzipien sind angewandt worden?

b) Wandeln Sie das Organisationssystem in eine Stablinienorganisation um. Zeichnen Sie das neue Organigramm und berücksichtigen Sie mögliche Mängel. Begründen Sie Ihren Organisationsentwurf.

c) Wandeln Sie das alte Organisationssystem unter Berücksichtigung der in b) genannten Mängel in eine Produkt-Matrix-Organisation um.

d) Beschreiben Sie die Aufgaben, die Kompetenzen und die Verantwortung des Produktmanagers bei der Produkt-Matrix-Organisation.

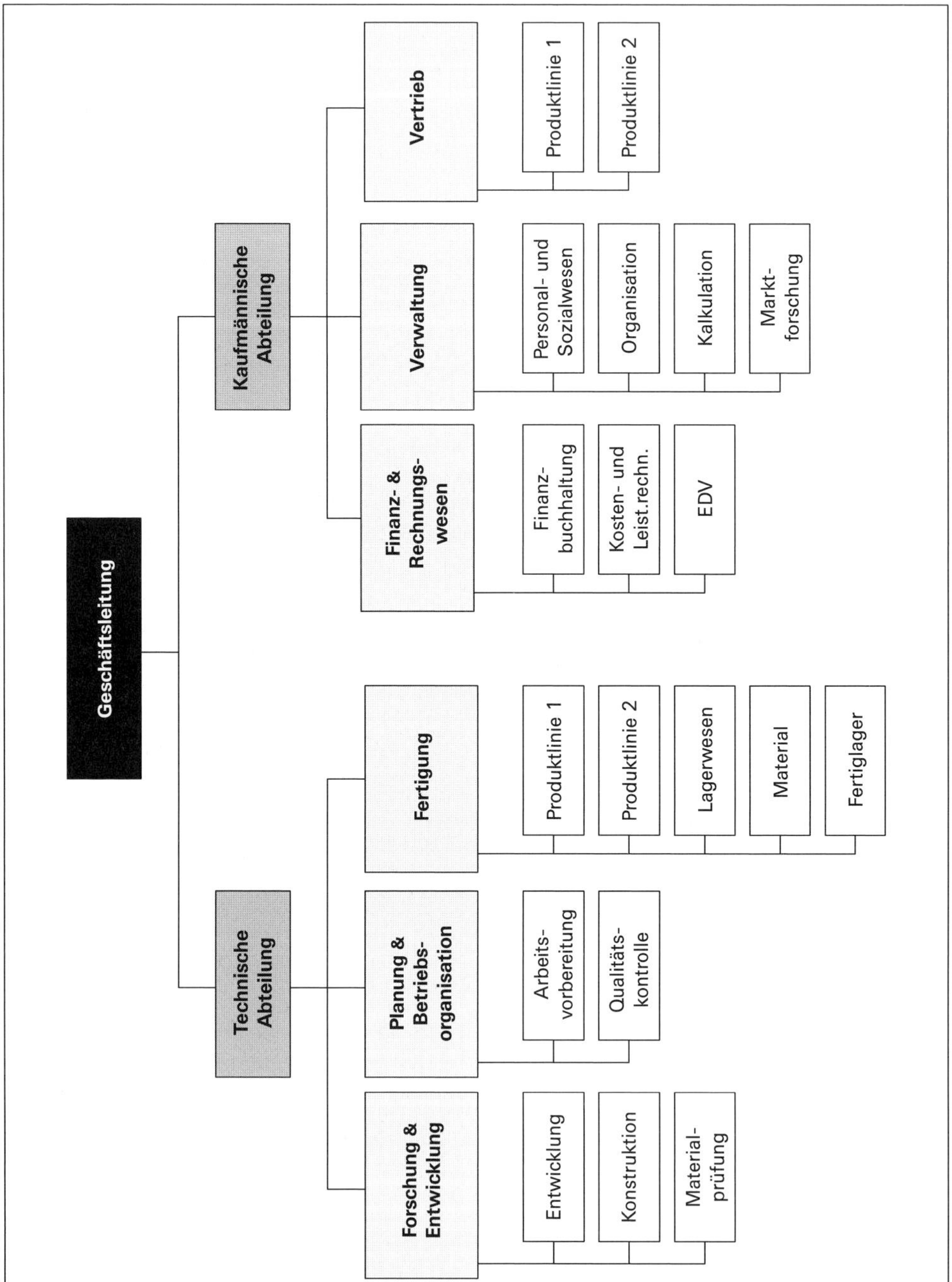

▲ Organigramm Stokazit AG

A 26 Die Saffraia-Unternehmensgruppe ist einer der führenden Anbieter von Haarpflegemitteln. Die Gruppe ist mit ihren Produkten in über 100 Ländern vertreten. In 24 Ländern unterhält sie eigene Produktions- und Vertriebsstätten, in den anderen ist sie durch Lizenznehmer oder Importeure präsent. 2000 betrug der weltweite, konsolidierte Umsatz 1,1 Mrd. €. Dieser Umsatz wurde von fast 9.000 Mitarbeitern erarbeitet. Davon sind rund 3.000 Mitarbeiter in der Muttergesellschaft beschäftigt. Vom Umsatz entfielen 25 % auf den deutschsprachigen Raum, 45 % auf das restliche Europa, 10 % auf Nordamerika und 20 % auf den rasch wachsenden pazifischen Markt. Die Gruppe befindet sich in einer Wachstumsphase. Die bisherige Organisation der Muttergesellschaft ist von diesem Wachstum überholt worden. Wichtige Aufgaben der Muttergesellschaft sind die Koordination der weltweiten Tätigkeiten und die Führung des Geschäftes in den deutschsprachigen Ländern.

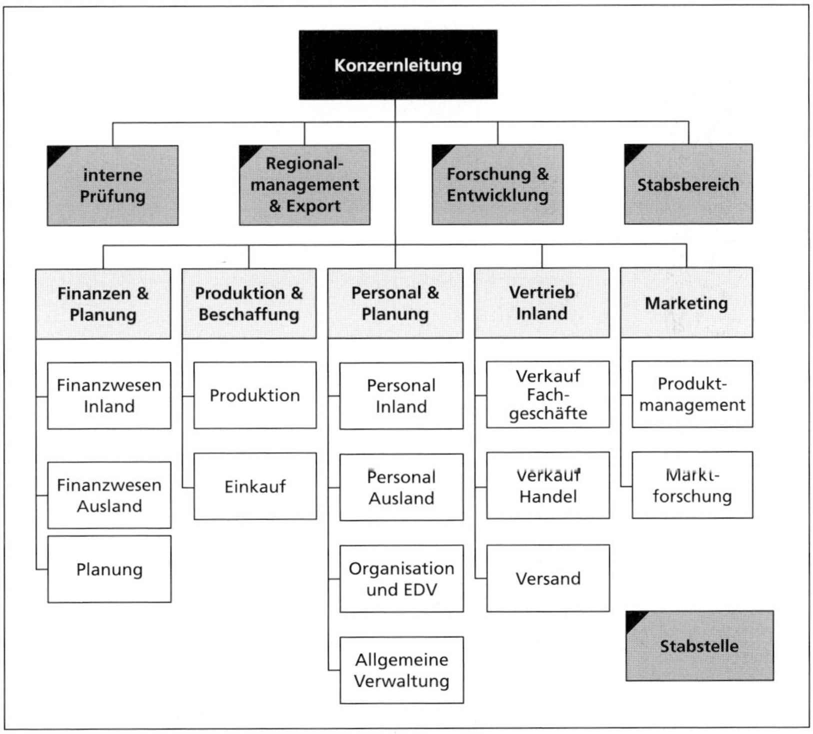

a) Nach welchen Strukturierungsprinzipien ist die Saffraia AG gegliedert?

b) Beschreiben Sie die Schwachpunkte der bisherigen Organisation.

c) Entwerfen Sie aufgrund Ihrer Ausführungen in b) eine neue Organisationsstruktur.

d) Nennen Sie weitere Gründe für eine Neuorganisation. Welche Probleme können bei solchen Neuorganisationen auftreten?

A 27 Damit ein Unternehmen seine ökologische Verantwortung wahrnehmen kann, muss es die organisatorischen Voraussetzungen dafür schaffen, dass die Mitarbeiter und Mitarbeiterinnen ihr Denken und Handeln entsprechend ausrichten.

a) Zeigen Sie organisatorische Möglichkeiten, wie das Umweltbewusstsein in einem Betrieb gefördert werden kann?

b) Mit welchen Schwierigkeiten ist in der Praxis bei der Realisierung dieser Möglichkeiten zu rechnen?

A 28 Für ein Unternehmen bestehen mehrere Möglichkeiten bei der Wahl einer bestimmten Organisationsform.

a) Beschreiben Sie die verschiedenen Organisationsformen in Bezug auf die folgenden Kriterien:
- Flexibilität,
- Ressourcennutzung,
- Marktinterdependenzen,
- Motivationskraft,
- Innovationsfähigkeit.

b) Beschreiben und beurteilen Sie Ansatzpunkte zur Förderung der Innovation in einem Unternehmen.

A 29 Diskutieren Sie die folgende These: „Zwischen den Anforderungen, die sich aus traditionell aufgebauten Organisationsstrukturen ergeben, und den Erwartungen der Mitarbeiter und Mitarbeiterinnen, die aus ihren Bedürfnissen entstehen, gibt es erhebliche Differenzen."

Organisation als geplanter organisatorischer Wandel

A 30 Zu den bekanntesten Gestaltungskonzepten der 90er-Jahre zählt das Business Reengineering.

a) Was versteht man unter Business Reengineering?

b) Wodurch unterscheidet sich das Business Reengineering von der traditionellen Ablauforganisation?

c) Welche Chancen und Gefahren sind mit dem Business Reengineering verbunden?

d) Welche Probleme stellen sich bei der Umsetzung des Business Reengineering?

Management

Grundlagen

A 1 Unternehmens- und Führungsgrundsätze werden im Allgemeinen im Unternehmensleitbild verankert.

a) Was versteht man unter Unternehmens-, was unter Führungsgrundsätzen?

b) Welche Funktionen kommen den Unternehmens- und Führungsgrundsätzen zu?

A 2 Umschreiben Sie (Konzept, Vorraussetzungen) und beurteilen Sie (Vorteile, Kritik) die vier Managementtechniken

- Management by Exception,
- Management by Delegation,
- Management by Objectives und
- Management by System.

A 3 Neuere Managementkonzepte sprechen von einer integrierten oder ganzheitlichen Betrachtungsweise des Führungsphänomens. Zeigen Sie Vor- und Nachteile einer solchen Betrachtungsweise gegenüber einer eindimensionalen, bei der lediglich ein bestimmter Aspekt im Vordergrund steht.

A 4 Die Führungsfunktion kann in verschiedene Führungselemente aufgegliedert werden, die entweder der Willensbildung oder der Willensdurchsetzung dienen.

a) Was ist unter Führung zu verstehen?

b) Umschreiben Sie die konstitutiven Elemente der Führung.

c) Erläutern Sie die Beziehungen zwischen der Planung und den übrigen konstitutiven Elementen der Führung.

A 5 Erläutern Sie am Beispiel der Bestellmenge (Materialwirtschaft) die vier Funktionen Planung, Entscheidung, Anordnung und Kontrolle.

A 6 Führung kann sowohl unter führungstechnischen als auch unter menschenbezogenen Aspekten betrachtet werden.

a) Nennen Sie führungstechnische und menschenbezogene Aspekte des Führungsgeschehens.

b) Warum können die führungstechnische und die menschenbezogene Seite der Führung in der Praxis oft schlecht voneinander getrennt werden?

Managementfunktionen

A 7 Das Planungskonzept kann in der betrieblichen Realität sehr unterschiedlich ausgestaltet werden.

a) Welches sind die Elemente eines Planungskonzepts?

b) Beschreiben Sie allgemein gültige Grundsätze, denen ein Planungskonzept genügen muss.

c) Zeigen Sie mögliche Zielkonflikte zwischen diesen Planungsgrundsätzen.

A 8 Worin liegt der Sinn einer zeitlichen Differenzierung der Planung?

A 9 Jeder Planungsprozess muss in die formale Organisationsstruktur eines Unternehmens eingegliedert werden. Dazu stehen die beiden Möglichkeiten der Top down- und der Bottom up-Planung zur Verfügung.

a) Erläutern Sie, was unter einer Top down- und unter einer Bottom up-Planung zu verstehen ist.

b) Warum werden in der Praxis die Top down- und die Bottom up-Planung miteinander kombiniert?

A 10 Bei der Frage, mit welcher Periodizität die mittel- und langfristigen Pläne angepasst werden sollen, ist zwischen der rollenden Planung und der Blockplanung zu unterscheiden.

a) Charakterisieren Sie die beiden Verfahren.

b) Beschreiben Sie die Vor- und Nachteile der rollenden Planung und der Blockplanung.

c) Warum werden die beiden Verfahren in der Praxis oft vermischt?

A 11 Bei der Planungsorganisation stellt sich die Frage, wer am Planungsprozess beteiligt ist.

a) Was versteht man unter Planungsdezentralisation?

b) Nennen Sie Gründe, die für und die gegen eine Planungsdezentralisation sprechen.

c) Was spricht für eine Übertragung von Planungsaufgaben auf eine Stabsstelle, was dagegen?

A 12 Nehmen Sie zur folgenden Aussage Stellung: „Je unsicherer die Wirtschaftslage ist, umso kurzfristiger muss die Planung sein.“

A 13 Von einem äußerst erfolgreichen Unternehmer erhalten Sie folgende Bemerkung: „Intuition ist viel wichtiger als genaues Planen!“ Wie stellen Sie sich als Betriebswirtschaftler zu dieser Aussage?

A 14 In der Regel wird zwischen echten und unechten Führungsentscheidungen unterschieden.

a) Was verstehen Sie unter unechten Führungsentscheidungen?

b) Welche situativen Faktoren können in konkreten Entscheidungssituationen eine Rolle spielen?

A 15 Die Entscheidung einer europäischen Automobilfirma, in den USA ein Zweigwerk zu errichten, ist noch nicht gefallen.

a) Welches sind die konstitutiven Elemente dieser Entscheidung?

b) Skizzieren Sie kurz den möglichen Inhalt dieser Elemente für den europäischen Automobilhersteller.

A 16 Ein Unternehmen muss sich zwischen den beiden folgenden Handlungsalternativen entscheiden:

- Beibehaltung des bisherigen Sortimentes,
- Ergänzung des bisherigen Sortimentes durch ein neues Produkt.

Alternative A bringt mit absoluter Sicherheit einen Gewinn von 50. Der Erfolg der Alternative B dagegen ist ungewiss. Mit einer Eintrittswahrscheinlichkeit von g = 0,20 wird ein Gewinn in Höhe von 2.000 erwartet. Mit größerer Wahrscheinlichkeit (v = 0,80) muss dagegen mit einem Verlust in Höhe von 400 gerechnet werden

a) Wie groß ist der mathematische Erwartungswert des Erfolges aus Handlungsalternative B?

b) Soll sich der Betrieb für Alternative A oder B entscheiden?

A 17 Die verantwortlichen Stellen eines Unternehmens stehen oft vor dem Problem, dass sie Entscheidungen treffen müssen, ohne über die dazu notwendige Sicherheit in Bezug auf deren Auswirkungen zu verfügen. Für solche Situationen sind Regeln entwickelt worden, die eine Entscheidung erleichtern sollen.

a) Erklären Sie mit nachstehendem Beispiel die folgenden Entscheidungsregeln:

- Maximierung des Gesamterwartungswertes,
- Minimax-Regel,
- Maximax-Regel,
- Pessimismus-Optimismus-Regel,
- Minimax-Risiko-Regel.

		mögliche Umweltsituationen	
		U_1	U_2
mögliche Alternativen	A_1	2	12
	A_2	9	6

(Eintrittswahrscheinlichkeit für $U_1 = 0{,}3$, für $U_2 = 0{,}7$)

b) Welche Einwände können gegen die Entscheidungsregeln vorgebracht werden?

A 18 Herr Unschlüssig will ein neues Produkt herstellen. Zur Wahl stehen drei Produkte, wobei Herr Unschlüssig sowohl den minimalen als auch den maximalen Gewinn kennt, der aus dem Verkauf dieser Produkte resultieren könnte:

Produkt	minimaler Gewinn	maximaler Gewinn
Produkt 1	390	430
Produkt 2	410	410
Produkt 3	400	420

a) Treffen Sie die optimale Wahl mithilfe des Hurwicz-Kriteriums (Pessimismus-Optimismus-Kriterium), wenn der Pessimismus-Optimismus-Faktor 0,2 beträgt.

b) Bestimmen Sie den kritischen Wert des Pessimismus-Optimismus-Faktors, bei dem die Alternativen „Produkt 1" und „Produkt 2" gerade gleichwertig sind.

c) Beurteilen Sie dieses Verfahren.

A 19 Die Möbel AG steht vor der schwierigen Entscheidung, wie sie ihr Sortiment in Zukunft gestalten soll. Drei Strategien sind möglich:

- Produktion und Vertrieb von nachgebauten antiken Möbeln erster Qualität.
- Produktion und Vertrieb von modernen Designermöbeln der obersten Preisklasse.
- Produktion und Vertrieb von „klassischen Möbeln" mit mittlerem Preisniveau.

Die Entwicklung des Absatzes für den Möbelmarkt wird von den Marktforschungsexperten wie folgt beurteilt:

1. Stetiges Wachstum des Bedarfs an Möbeln, gleiche Anbieterstruktur.
2. Absatz wird sich wegen einer wirtschaftlichen Stagnation verringern.
3. Stetiges Wachstum, aber verschärfte Konkurrenz unter den Anbietern.

Die durchschnittlichen Jahresgewinne in Abhängigkeit der verschiedenen zukünftigen Marktsituationen werden wie folgt geschätzt (Gewinne in 1.000,– €):

Markt / Strategie	Marktsituation 1	Marktsituation 2	Marktsituation 3
Antike Möbel	85	35	58
Designermöbel	94	45	86
Klassische Möbel	76	58	68

a) Welche Strategie würde nach dem Minimax-Prinzip gewählt werden?

b) Welche Strategie wählen Sie mithilfe des Maximax-Prinzips?

c) Beurteilen Sie die beiden Verfahren.

A 20 Der Vorgesetzte Huber beklagt sich über seinen Mitarbeiter Müller, dass dieser seine Anordnungen in der Regel schlecht befolge. Welche Ratschläge würden Sie als unabhängiger Berater in dieser Situation Herrn Huber geben?

A 21 Wesentlich für die Übertragung einer Aufgabe ist die Autorität einer Person.

a) Was versteht man unter dem Begriff „Autorität“?

b) Auf welchen Ursachen kann Autorität beruhen?

c) Welche Bedeutung messen Sie den verschiedenen Autoritätstypen in der betrieblichen Praxis zu?

A 22 Bei der Frage, wer die Kontrolltätigkeit für eine korrekte Aufgabenerledigung ausführt, sind zwei Vorgehensweisen denkbar: die Selbstkontrolle und die Fremdkontrolle.

a) Was versteht man unter Selbstkontrolle und unter Fremdkontrolle?

b) Wann ist die Selbstkontrolle, wann die Fremdkontrolle angezeigt?

Unternehmenskultur und Führungsstil

A 23 Das Phänomen der Unternehmenskultur ist seit längerer Zeit Gegenstand der Forschung.

a) Was versteht man unter der Unternehmenskultur?

b) Warum wird der Unternehmenskultur eine große Bedeutung zugemessen?

c) Worin bestehen die Schwierigkeiten, die Unternehmenskultur eines Unternehmens genau zu beschreiben?

d) Worin sehen Sie den Nutzen und die Gefahr der Unterscheidung verschiedener Kulturtypen, wie sie beispielsweise Deal/Kennedy vorgenommen haben?

A 24 Häufig bedingen Veränderungen der Strategie auch eine neue Unternehmenskultur.

a) Welchen Schwierigkeiten sieht sich eine Unternehmensleitung gegenübergestellt, wenn sie ihre Unternehmenskultur verändern will?

b) Welches sind Maßnahmen, um eine Änderung der Unternehmenskultur zu erleichtern?

A 25 Erläutern Sie den Zusammenhang zwischen Unternehmenskultur und Führungsstil.

A 26 Der Führungsstil spielt eine wichtige Rolle bei der Gestaltung der Beziehung zwischen Vorgesetzten und ihren Mitarbeitern und Mitarbeiterinnen.

a) Nennen Sie die Hauptmerkmale des autoritären und des kooperativen (partizipativen) Führungsstils.

b) Nennen Sie Gefahren, die mit diesen beiden Führungsstilen verbunden sein können.

c) Welches sind mögliche Faktoren, welche die Wahl eines Führungsstils beeinflussen können?

A 27 Oft hört man folgende Feststellung: „Führung muss sich auf Autorität stützen“. Beziehen Sie Stellung zu dieser Aussage.

A 28 Sowohl in der Literatur als auch in der Praxis trifft man häufig auf die Aussage: „Der kooperative Führungsstil ist der beste Führungsstil“.

a) Was verstehen Sie unter einem kooperativen Führungsstil?

b) Beurteilen Sie die genannte Feststellung.

A 29 „Partizipation ist ein wichtiges Mittel, um eine bessere Identifikation der Mitarbeiter und Mitarbeiterinnen mit den Unternehmenszielen zu erreichen.“

a) Was verstehen Sie unter dem Begriff „Partizipation“?

b) Diskutieren Sie die erwähnte These.

A 30 In der Diskussion über die Wahl des richtigen Führungsstils wird neben der mehrdimensionalen Betrachtungsweise vermehrt der Einbezug situativer Gegebenheiten gefordert, was zum Begriff des situativen Führungsstils führt.

a) Was versteht man unter einem Führungsstil?

b) Woraus ergibt sich ein bestimmter Führungsstil?

c) Welches sind die Voraussetzungen zur Anwendung des situativen Führungsstils?

d) Welches sind die Vor- und Nachteile des situativen Führungsstils?

e) Zeigen Sie Verhaltensgrundsätze im zwischenmenschlichen Bereich, die unabhängig vom gewählten Führungsstil Geltung haben.

A 31 Blake/Mouton glauben, durch eine hohe Sach- und Menschenorientierung einen optimalen Führungsstil zu erreichen.

a) Beschreiben Sie das Verhaltensgitter von Blake/Mouton.

b) Wie lässt sich die erwähnte Aussage in der betrieblichen Realität umsetzen?

c) Welche Schwierigkeiten sind dabei zu bewältigen?

Strategisches Management

A 32 Um langfristig überleben zu können, muss ein Unternehmen strategische Erfolgspositionen aufbauen.

a) Was versteht man unter einer strategischen Erfolgsposition?

b) Welche Bedingungen müssen erfüllt sein, damit man von einer strategischen Erfolgsposition sprechen kann?

c) Geben Sie Beispiele für strategische Erfolgspositionen Ihnen bekannter Unternehmen.

A 33 Wenn es bei der Lösung von Problemen um die langfristige Gestaltung des unternehmerischen Verhaltens geht, spricht man vom strategischen Problemlösungsprozess oder vom strategischen Management.

a) Was ist der Gegenstand des strategischen Managements?

b) Warum kommt dem strategischen Problemlösungsprozess eine große Bedeutung zu?

A 34 Welche Probleme ergeben sich beim strategischen Problemlösungsprozess im Zusammenhang mit der Ermittlung

- der Umweltdaten,
- der Unternehmensinformationen,
- der Wertvorstellungen?

A 35 In Interviews mit Topmanagern und in Hintergrundberichten der einschlägigen Medien hört bzw. liest man häufig, dass die Umwelt der Unternehmen einem immer stärkeren Wandel unterliege.

a) Beschreiben Sie Umweltentwicklungen, welche für die Unternehmen relevant sind.

b) Wie kann ein Unternehmen solche Umweltveränderungen möglichst frühzeitig erfassen?

c) Welche neuen Anforderungen an die Fähigkeiten eines Managers ergeben sich aufgrund der unter a) genannten Entwicklungen?

A 36 Für ein Unternehmen ist es sehr wichtig zu erkennen, welche Faktoren das Wettbewerbsgeschehen in einem Markt beeinflussen.

a) Welche Wettbewerbskräfte unterscheidet Porter?

b) Beschreiben Sie weitere Einflussfaktoren, die den Wettbewerb und die Rentabilität einer Branche beeinflussen können.

c) Wodurch unterscheiden sich die unter b) genannten Einflussfaktoren von den fünf Wettbewerbskräften nach Porter?

A 37 Das PIMS-Modell entstand in der Absicht, allgemein gültige Einflussfaktoren auf den Unternehmenserfolg zu identifizieren.

a) Beschreiben Sie die Ergebnisse der PIMS-Studien.

b) Beurteilen Sie das PIMS-Modell in Bezug auf eine praktische Anwendung seiner Resultate.

A 38 Sowohl die Lern- als auch die Erfahrungskurve ermöglichen Kostensenkungen im Betrieb.

a) Welches ist der Unterschied zwischen der Lern- und der Erfahrungskuve?

b) Welchen Zusammenhang sehen Sie zwischen der Erfahrungskurve und den Economies of Scale?

A 39 Ein Unternehmen hat während der vergangenen zwei Jahre 64 Einheiten ihres neuesten Produktes hergestellt. Die Stückkosten der letzten Produktionseinheit betrugen 800,– €.

a) Um wie viel kann sie diese Stückkosten senken, wenn sie nochmals 64 Produktionseinheiten herstellen kann und mit einer Erfahrungsrate von 20 % rechnen darf?

b) Wie groß waren die Stückkosten der ersten Produktionseinheit?

c) Wie groß sind die Stückkosten der 100. Produktionseinheit?

A 40 Die McWing Engineering stellt Flugzeugmotoren her. Nach den ersten 27 produzierten Einheiten eines neuen Typs stellt sie folgende Kostenstruktur fest:

Kumulierte Produktionsmenge	Produktionskosten pro Stück in €
1	400.000,–
3	360.000,–
9	324.000,–
27	291.600,–

Das Unternehmen rechnet in den nächsten Jahren mit einem Marktvolumen von 10000 Motoren. Sein Ziel ist ein Marktanteil von 25 %. Um Informationsgrundlagen für den Verkaufspreis zu erhalten, versucht es, die weitere Kostenentwicklung zu berechnen.

a) Mit welchen durchschnittlichen Kosten kann das Unternehmen kalkulieren, wenn es ihm gelingt, ihr Ziel zu erreichen?

b) Wie viele Motoren muss das Unternehmen verkaufen, um einen kostendeckenden Verkaufspreis von 200.000,– € zu erzielen?

c) Wie groß ist der Cashflow in Prozenten des eingesetzten Kapitals, wenn die Firma 2.500 Einheiten zu 210.000,– € verkaufen kann und der Anteil an den Betriebskosten der ganzen Unternehmen von 250 Mio. € 10 % beträgt.

d) Welche Annahmen haben Sie bei Ihren Berechnungen in c) unterstellt?

A 41 Die Portfolio-Analyse ist ein Instrument zur Beurteilung der möglichen zukünftigen Entwicklung der Geschäftsbereiche der Unternehmen.

a) Woraus hat sich die Produkt-Portfolio-Methode entwickelt?

b) Erläutern Sie die Ziele der Produkt-Portfolio-Analyse.

c) Welches sind die Voraussetzungen für die Anwendung dieses Instrumentes?

A 42 Die Begriffe „strategisches Geschäftsfeld" bzw. „strategische Geschäftseinheit" beruhen auf dem Segmentierungsgedanken der Geschäftstätigkeiten.

a) Was versteht man unter einem strategischen Geschäftsfeld bzw. einer strategischen Geschäftseinheit?

b) Welche Voraussetzungen sind mit der Bildung von strategischen Geschäftseinheiten verknüpft?

A 43 Die Boston Consulting Group hat ein Produkt-Portfolio mit den Kriterien relativer Marktanteil und zukünftiges Marktwachstum entworfen.

a) Wozu dient die Marktwachstums-/Marktanteils-Matrix?

b) Welches sind die Vor- und Nachteile dieses Instrumentes?

c) Weiterentwicklungen des Portfolios der Boston Consulting Group bauen auf den beiden Kriterien relative Wettbewerbsvorteile und Marktattraktivität auf. Was sind mögliche Inhalte dieser Kriterien?

A 44 Die Gap-Analyse ist ein klassisches Instrument der strategischen Planung.

a) Was versteht man unter der Gap-Analyse?

b) Welches sind die Vor- und Nachteile der Gap-Analyse?

c) Wann ist dieses Instrument besonders gut, wann besonders schlecht geeignet?

A 45 Die Ergebnisse der Phase „Analyse der Ausgangslage" im strategischen Problemlösungsprozess finden häufig im Unternehmensleitbild ihren Niederschlag.

a) Was versteht man unter dem Unternehmensleitbild?

b) Welches sind die Aufgaben eines Unternehmensleitbildes?

c) Beurteilen Sie ein Leitbild eines Unternehmens Ihrer Wahl.

A 46 Ist es zwingend, dass ein Unternehmen bei einem allgemeinen Marktwachstum eine Wachstumsstrategie verfolgen muss?

A 47 Wodurch unterscheiden sich Produkt/Markt-Strategien von Wettbewerbsstrategien?

A 48 Die Panorama AG ist im Pharmabereich tätig. 40 % des Umsatzes werden mit Erkältungsmitteln, weitere 35 % mit Schlafmitteln und die restlichen 25 % mit Aufbaupräparaten erzielt. Mit 250 Mitarbeitern und Mitarbeiterinnen wird ein Jahresumsatz von 32 Mio. € erzielt, der zu fast 100 % in Deutschland erarbeitet wird. Der Cashflow beträgt 4,2 Mio. €. Das Unternehmen beabsichtigt, ein von ihm selbst entwickeltes Medikament zu lancieren. Das neue Produkt dient der Vorbeugung gegen Erkältungskrankheiten und kann das ganze Jahr hindurch eingenommen werden. Marktuntersuchungen haben ergeben, dass zwei bis drei Jahre nach der Lancierung mit einem Marktanteil von 5 % gerechnet werden kann. Es ist nicht damit zu rechnen, dass der Marktanteil in ferner Zukunft wesentlich vergrößert werden kann.

a) Welchen Wettbewerbskräften sieht sich das Unternehmen bei der Markteinführung seines neuen Produktes gegenüber?

b) Welche Wettbewerbsstrategie für das neue Produkt würden Sie dem Unternehmen empfehlen?

c) Auf welche Erhebungstechnik könnte die Panorama AG ihre Marktforschung gestützt haben?

d) Nach welchen Kriterien wird das Unternehmen wohl den Preis bestimmen? Welche Preisstrategie wird es wählen?

A 49 Die Unternehmensleitung der Lambada AG interessiert sich für die Frage, wie ihre Produkte am Markt positioniert sind. Der ihr direkt unterstehende Stab „Produktplanung" erhält die Aufgabe, eine entsprechende Untersuchung durchzuführen. Der Stab ermittelt die folgenden Daten:

Produkt	relativer Marktanteil	Marktwachstum (% p. a.)
Tafelschokolade	1,5	1
Riegel	0,8	15
Pralinés	1,0	4
Bonbons	0,4	6
Biskuits	0,5	8
Confiserie	1,2	18
Getreideriegel	0,7	17

a) Erstellen Sie eine Produkt-Portfolio-Matrix, wie sie von der Boston Consulting Group entwickelt worden ist. Positionieren Sie die Produkte in dieser Matrix.

b) Ordnen Sie die verschiedenen Phasen des Produktlebenszyklus den Kategorien des Portfolios zu.

c) Veranschaulichen Sie grafisch den Zusammenhang zwischen dem ROI und dem relativen Marktanteil, der sich sowohl aufgrund der Resultate der PIMS-Studie als auch aus dem Konzept der Erfahrungskurve ergibt. Begründen Sie Ihre Überlegungen.

d) Zu welchen Ergebnissen gelangen Sie, wenn Sie Ihren Überlegungen die Wettbewerbsstrategien von Porter zu Grunde legen?

e) Erstellen Sie einen kurzen Bericht zu Händen der Geschäftsleitung. Geben Sie für jedes Produkt die einzuschlagende Strategie und die finanziellen Konsequenzen in den Bereichen Finanzierung und Produktion an.

A 50 Als Abteilungsleiter der Gießerei eines mittelgroßen deutschen Industrieunternehmens sind Sie unter anderem für den Energieeinkauf zuständig. Den größten Teil Ihres Energiebedarfs decken Sie durch Erdgas. Zu diesem Zweck sind Sie an einen Gasverbund angeschlossen. Für die Festlegung der Einkaufsstrategie sind vor allem zwei Tatsachen wichtig:

- Erdgas ist leitungsgebunden.
- Die Lagerung von Erdgas bedingt einen großen Aufwand.

Zur Bestimmung der Einkaufsstrategie lässt sich analog zu der Produkt-Portfolio-Matrix der Boston Consulting Group eine Einkaufsstrategie-Matrix herleiten. Die beiden Dimensionen der Matrix bilden die „relative Beschaffungsmarktposition“ und die „relative Absatzmarktposition“.

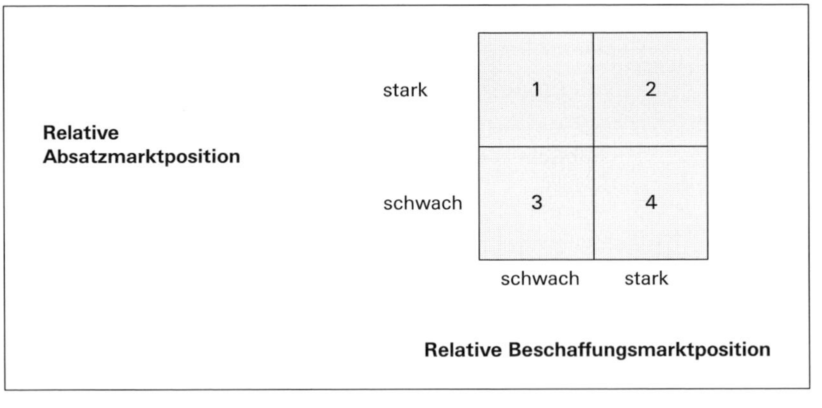

a) Welche Einkaufsstrategien können Sie den einzelnen Feldern der Matrix zuordnen? Welche Zielsetzungen werden mit den verschiedenen Strategien verfolgt?

b) Wo positionieren Sie sich als Abteilungsleiter in obiger Matrix und welches ist die wichtigste strategische Zielsetzung?

c) Welche Maßnahmen treffen Sie zur Verwirklichung der unter b) genannten Einkaufsstrategie?

d) Für welche Güter lohnt sich eine besondere Einkaufsstrategie?

A 51 Wettbewerbsstrategien sollen es dem Unternehmen ermöglichen, sich gegenüber der Konkurrenz im Markt zu behaupten, indem sie einen erfolgreichen Umgang mit den Wettbewerbskräften erlauben.

a) Welche Wettbewerbsstrategien unterscheidet Porter?

b) Zeigen Sie, welche Gefahren und Risiken mit den verschiedenen Wettbewerbsstrategien verbunden sind.

c) Geben Sie Beispiele für die verschiedenen Wettbewerbsstrategien und führen Sie eine Wettbewerbsanalyse für die genannten Beispiele durch.

d) Sind Ihrer Meinung nach noch andere Strategien als diejenigen von Porter denkbar?

A 52 Häufig lässt sich beobachten, dass zwar gute Strategien formuliert werden, diese aber anschließend nicht erfolgreich umgesetzt werden können.

a) Welche Probleme ergeben sich bei der Implementierung einer Unternehmensstrategie?

b) Beschreiben Sie einige personelle Maßnahmen, die Sie bei der Implementierung einer neuen Strategie ergreifen würden.

A 53 Nach der Strategieimplementierung ist eine ständige Überwachung sowohl der Strategieumsetzung als auch der Ergebnisse der neuen Strategie unumgänglich.

a) Welche Schwierigkeiten können sich bei der Strategieevaluation ergeben?

b) Wie können Sie diesen Schwierigkeiten begegnen?

c) Wie lässt sich der Erfolg einer Strategie messen?

A 54 Das 7-S-Modell beschreibt Erfolgsfaktoren, die aus Untersuchungen über amerikanische und japanische Führungskonzepte gewonnen wurden.

a) Was verstehen Sie unter einem Erfolgsfaktor?

b) Welchen Voraussetzungen hat ein Erfolgsfaktor zu genügen?

c) Beurteilen Sie das 7-S-Modell.

d) Kennen Sie weitere Erfolgsfaktoren, die es zusätzlich zu berücksichtigen gilt?

Spezielle Gebiete des Managements

Projektmanagement

A 1 Das Projektmanagement umfasst die Gesamtheit von Führungsaufgaben, -organisationen, -techniken und -mitteln für die Abwicklung eines Projektes.

a) Nennen Sie die Merkmale, die ein Projekt auszeichnen.

b) Diskutieren Sie ein spezifisches Projekt ihrer Wahl, indem Sie auf die verschiedenen Charakterisierungsmerkmale der unterschiedlichen Projektarten eingehen.

c) Welche Erfolgs- und Risikofaktoren können Sie in Bezug auf eine erfolgreiche Implementierung für das in b) genannte Projekt identifizieren?

Informationsmanagement

A 2 Unternehmen beschäftigen sich bereits seit den 60er-Jahren mit dem Einsatz von Computern.

a) Stellen Sie anhand von Beispielen die historische Entwicklung der Computertechnologie seit den 60er-Jahren des 20. Jahrhunderts dar.

b) Welche Aufgabenstellungen waren in den jeweiligen Phasen dominant?

c) Was könnten in Zukunft die wichtigsten Aufgaben sein?

A 3 Die Informationstechnik ist der Oberbegriff für alle Produkte, die zum Einsatz kommen, wenn Informationen elektronisch verarbeitet werden.

a) Erläutern Sie die verschiedenen Bestandteile der Informationstechnik.

b) Ordnen Sie die nachfolgenden Produkte den jeweiligen Bestandteilen zu:

- Windows 98,
- Internet,
- MS Excel,
- Pentium II-Prozessor 400 MHz,
- CD-ROM,
- MS-DOS,
- 6,0 GB-Harddisk,
- MS Word,
- 64 MB RAM,
- Lotus Notes,
- 21"-Monitor.

A 4 Erläutern Sie die unterschiedlichen Anwendungstypen in Unternehmen und geben Sie dazu jeweils zwei Beispiele an.

A 5 Stellen Sie anhand eines konkreten Beispieles dar, wie sich Abläufe innerhalb von Unternehmen auf Grund des Einsatzes der Informationstechnik verändert haben.

A 6 Die Informationssystem-Architektur resultiert aus einer Analyse der Ideen für neue Anwendungen.

a) Welche Aufgabe hat die Informationssystemarchitektur?

b) Geben Sie ein Beispiel für eine Informationssystemarchitektur in den Funktionsbereichen Verwaltung, Finanzierung und Marketing.

c) Erläutern Sie Vor- und Nachteile der Verwendung von Standardsoftware in einem multinationalen Unternehmen.

Risikomanagement

A 7 Eine entscheidende Phase im Risikomanagement-Prozess eines Unternehmens stellt die anfängliche Risikoidentifikation und -analyse dar. Hierbei müssen die diversen identifizierbaren Risiken bezüglich ihres Schadenpotenzials und ihrer Eintrittswahrscheinlichkeit einer entsprechenden Bewertung unterzogen werden.

a) Stellen sie dar, welcher Nutzen durch eine Risikobewertung geschaffen wird.

b) Welche Kriterien bzw. Verfahren können zur (quantifizierenden) Bewertung herangezogen werden?

c) Welche Schwierigkeiten und Fehlerquellen sind bei den in b) beschriebenen Verfahren zu benennen?

Wissensmanagement

A 8 Im Wissensmanagement kann zwischen implizitem und explizitem Wissen unterschieden werden.

a) In welcher Hinsicht unterscheiden sich diese beiden Wissensformen voneinander?

b) Beschreiben Sie, aufbauend auf diesen Unterschieden, die vier Formen des Wissenstransfers nach Nonaka anhand von konkreten Beispielen.

c) Wo liegen die Grenzen der Wissensexplizierung?

A 9 Im Rahmen des organisatorischen Lernens hat jemand behauptet „Verlernen ist oft wichtiger als Lernen!“ Was wollte die Person damit zum Ausdruck bringen?

Unternehmensethik

A 10 Worin besteht der Zusammenhang zwischen Unternehmensethik und Management-Philosophie?

A 11 Anita Roddick, Gründerin der sehr erfolgreichen Kosmetikkette „The Body Shop" hat während eines Vortrages folgende Aussage gemacht: „Ihave learnt that so much of corporate business is hung up on money and I have learnt that it is not money, it is action to grow the idea, togrow the individual, the community, the society to be the responsibility of profit."

a) Beschreiben Sie den Sinn wirtschaftlicher Tätigkeit auf den drei Ebenen Individuum, Unternehmen und Gesellschaft.

b) Kommentieren Sie diese Aussage und stellen Sie diese insbesondere der These gegenüber, dass die Gewinnmaximierung das oberste Ziel der Unternehmen sei.

A 12 Die Glaubwürdigkeit kann als zentrales Leitmotiv unternehmerischen Handelns bezeichnet werden.

a) Wie kann diese Aussage begründet werden?

b) Beurteilen Sie das Glaubwürdigkeitskonzept.

c) Zeigen Sie an Beispielen, wie sich Unternehmen in Bezug auf die drei Handlungskomponenten der Glaubwürdigkeitsstrategie besonders gut oder besonders schlecht verhalten haben.

A 13 Warum sollte unternehmensethisches Denken Bestandteil von unternehmerischen Entscheidungen sein?

A 14 Worin bestehen die Schwierigkeiten, unter Berücksichtigung sozio-ökonomischer Aspekte wirtschaftlich zu handeln?

Teil 3

Lösungen

zu Teil 2 „Aufgaben“

Inhalt

Unternehmen und Umwelt 203
Marketing 239
Materialwirtschaft 297
Produktion 329
Rechnungswesen 349
Finanzierung 375
Investition und Unternehmensbewertung 407
Personal 435
Organisation 463
Management 497
Spezielle Gebiete des Managements 561

Unternehmen und Umwelt

Grundlagen

L 1

Güterart \ Branche			Inputgüter			Outputgüter		
			Industrie-unternehmen	Bank	Warenhaus	Industrie-unternehmen	Bank	Warenhaus
Verwendungszweck	Produktionsgüter	Potenzialfaktoren	•	•	•	•		
		Repetierfaktoren	•	•	•	•		
	Konsumgüter	Gebrauchsgüter			•	•		•
		Verbrauchsgüter			•	•		•
Beschaffenheit	Materielle Güter		•	•	•	•		•
	Immaterielle Güter		•	•		•	•	
Verarbeitungsgrad	Halbfabrikate		•			•		
	Fertigfabrikate		•			•		

Bemerkungen:

- Die Zuordnung eines Gutes beim Industriebetrieb zu einer bestimmten Kategorie muss immer in Bezug auf ein bestimmtes Unternehmen gesehen werden, da zum Beispiel das gleiche Gut in einem Fall ein Outputgut oder Fertigfabrikat sein kann, in einem anderen aber ein Inputgut oder Halbfabrikat.
- Die Zuordnung zeigt, dass die Einteilung der Wirtschaftsgüter sehr stark auf einen Industriebetrieb ausgerichtet ist. So spricht man zum Beispiel bei einer Bank oder einem Warenhaus nicht von Halb- und Fertigfabrikaten.

L 2 **a)** Als **komplex** bezeichnet man ein System, wenn

- zwischen den Elementen eines Systems vielfältige und nicht ohne weiteres überschaubare Beziehungen bestehen und diese Elemente durch **nichtlineare Wechselwirkungen** miteinander verknüpft sind,
- sich diese Beziehungen und Wechselwirkungen aufgrund eines gewissen **Eigenverhaltens** der verschiedenen Elemente und **Rückkopplungen** in ständiger und nur sehr begrenzt vorhersehbarer Entwicklung befinden,
- aus diesem Systemverhalten Ergebnisse resultieren, die man als **emergent** bezeichnet, das heißt die in keiner Art und Weise auf die Eigenschaften oder das Verhalten einzelner Elemente des Systems zurückgeführt werden können. Aus diesem Grund sind komplexe Systeme in der Regel auch dynamische Systeme.

b)

- **Allgemein:** Die Komplexität ist immer dann besonders groß, wenn
  - □ sehr viele Beteiligte involviert sind,
  - □ sehr viele Interaktionen zwischen den Beteiligten stattfinden,
  - □ die Situation neu ist oder sehr selten vorkommt,
  - □ das Verhalten der Beteiligten in dieser Situation nicht vorausgesagt werden kann.
- **Beispiele:**
  - □ Bewältigung von Unternehmenskrisen, Mergers & Acquisitions,
  - □ Umsetzen einer neuen Strategie.

L 3 Der Problemlösungsprozess einer Buchveröffentlichung (z.B. Herausgeberband mit vielen Beiträgen unterschiedlicher Autoren) lässt sich anhand des allgemeinen Problemlösungsschemas ableiten:

1. **Analyse der Ausgangslage:** Problemerkennung bedeutet, eine Diskrepanz zwischen einem gegenwärtigen und einem gewünschten Zustand zu erkennen. Beispiel: Feststellung, dass das Thema „Controlling in Wachstumsunternehmen" bisher nicht ausreichend gewürdigt

wurde. Die detaillierte Problembeschreibung und Problemanalyse umfasst die Art des Problems und die verschiedenen internen und externen Einflussfaktoren (Bspw.: Auswahl und Koordination von 20 Autoren, kritisches Zeitmanagement, damit die verschiedenen Beiträge zeitgerecht und einheitlich formatiert an den Verlag gesendet werden können). In der Problembeurteilung wird letztendlich entschieden, ob das erkannte Problem gelöst werden soll. Dabei ist von der Relevanz der Diskrepanz zwischen dem gegenwärtigen Zustand (kein Buch zum Thema) und dem gewünschten Zustand (druckfertige Version des Buches) auszugehen.

2. **Festlegung der Ziele:** Die Zieldefinition zur Ausrichtung des unternehmerischen Handelns umfasst mehrere Teilziele. Beispiele: Festlegung des Schwerpunktes des Buches, Festlegung der Zielkunden, Definition der kritischen Erfolgsfaktoren „was soll das Buch im Vergleich zu anderen bieten?", Zusammenstellung der Beiträge unter Vermeidung von thematischen Überschneidungen.
3. **Festlegung der Maßnahmen:** Auswahl der Maßnahmen, die den höchsten Zielerreichungsgrad beinhalten. Beispiele: Auswahl des Themas nach Analyse wirtschaftsaktueller Themen, Analyse des Inhaltes vergleichbarer Bücher zum Zielthema, Kontaktaufnahme mit potenziellen Autoren und Abstimmung der Themenbereiche, Anfertigen von formalen Standards zur Beitragserstellung wie z. B. Formatvorlage, Zitierrichtlinien, Abbildungsgestaltung.
4. **Festlegung der Mittel:** Zur Durchführung der Maßnahmen sind Ressourcen (personelle und finanzielle Mittel) zu planen. Beispiele: Festlegung von Autorenhonoraren, Festlegung der internen Personalressourcen für inhaltliche und formale Korrekturlesung und Formatüberarbeitung der Beiträge.
5. **Durchführung (Realisierung):** Umsetzung der geplanten Maßnahmen. Beispiele: Serienbriefe an die Autoren, Abstimmung der Formatvorlagen mit dem Verlag, Versenden der formalen Anforderungen an die Autoren, Setzen von Zeitfenstern zur Beitragserstellung, zeitliche Überwachung eingehender Beiträge, Korrektur formaler Diskrepanzen, Zusammenfassung der Beiträge, Erstellen von Indizes und Verzeichnissen, Übersendung der Beiträge an den Verlag.
6. **Evalution der Resultate:** Die Evaluierung der Resultate stellt die Grundlage für die iterative Verbesserung vorangegangener Prozessschritte dar. Die erreichte Lösung sollte der im Vorfeld analysierten Ausgangslage gegenübergestellt werden. Beispiele: Wurde die zuvor festgestellte Marktlücke mit dem Werk geschlossen?

L 4 **a)**

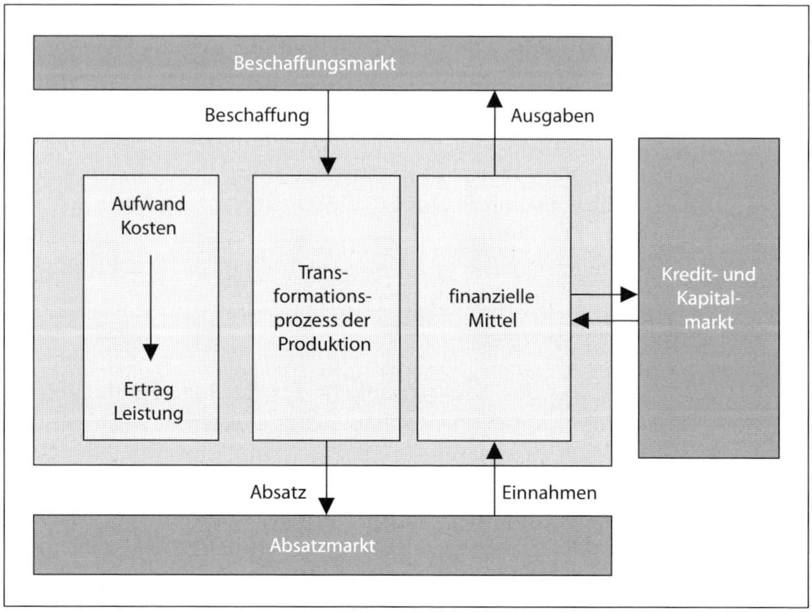

b) Der finanzwirtschaftliche Umsatzprozess bildet die Voraussetzung für den güterwirtschaftlichen Umsatzprozess. So muss sich ein Unternehmen beispielsweise die finanziellen Mittel auf dem Geld- und Kapitalmarkt zunächst beschaffen, bevor die für den Produktionsprozess notwendigen Güter und Dienstleistungen erworben werden können.
Im Rahmen des Rechnungswesens werden der finanzwirtschaftliche und der güterwirtschaftliche Umsatzprozess zusammengeführt. Das betriebliche Rechnungswesen dient dabei der Erfassung, Darstellung und Auswertung des betrieblichen Umsatzprozesses. Es weist auch das Resultat des Umsatzprozesses, den Unternehmenserfolg, aus.

L 5 **a)** Die Umweltanalyse wird für ein Unternehmen aus folgenden Gründen immer wichtiger:

- Die Anspruchsgruppen (Stakeholder, Interessengruppen) haben eine zunehmende Bedeutung, weil sie immer zahlreicher werden und größeren Druck (über Medien, Internet, Kampagne etc.) als früher ausüben können. Damit erhöht sich die **Relevanz** der Umwelt für das Unternehmen.

- Die Umwelt wird, beispielsweise aufgrund der technologischen Entwicklung und der zunehmenden Globalisierung der Wirtschaft, immer **dynamischer** und **komplexer**, d.h. sie verändert sich in stets kürzer werdenden Zeitabständen. Die Probleme, die sich dem Unternehmen stellen, weisen vermehrt Zusammenhänge auf, die nicht mehr völlig überschaubar sind.
- Es gibt immer **weniger freie Güter.**

b)
- **Gesellschaftlicher Bereich:** Es entwickeln sich neue Essgewohnheiten (z.B. Fast Food) infolge eines veränderten Lebensstils (z.B. Arbeitszeiten) oder des Wandels kultureller Werte (z.B. Gesundheitsbewusstsein).
- **Ökologischer Bereich:** Zunehmende Umweltbelastungen (z.B. steigende Abfallmengen) überfordern die Regenerationsfähigkeit der Natur. Daraus folgt eine Verschärfung der Umweltschutzgesetze. Dies führt unter anderem zu einer Reduktion von Verpackungsmaterialien. Das Unternehmen sah sich z.B. wegen materialaufwändiger Verpackung der Nahrungsmittel Angriffen von Umweltschutz- und Konsumentenorganisationen ausgesetzt.
- **Technologischer Bereich:** Entwicklung neuer Verpackungsmaterialien, neue Verarbeitungsmethoden von Nahrungsmitteln.
- **Ökonomischer Bereich:** Allgemeine wirtschaftliche Entwicklung, Globalisierungstendenzen.

c)
- **Ökologischer und technologischer Bereich**
  - Schutzverpackungen ohne FCKW (Fluorchlorkohlenwasserstoffe),
  - Verwendung von Recyclingpapier: Servietten, Tischsets, Kartonverpackungen, Briefpapier, Toilettenpapier,
  - Aufbau einer internen Umweltschutzabteilung,
  - Ersatz von Karton- durch Papierverpackungen,
  - Trennen und Wiederverwenden aller Abfälle: Karton, Plastik, Frittieröl und organische Reste,
  - Erstellen einer Ökoanalyse und Ökobilanz als Grundlage für weitere Umweltschutzaktivitäten,
  - Lastwagen, die modernen Umweltvorschriften genügen,
  - Vermeiden von Leerfahrten.
- **Gesellschaftlicher und ökonomischer Bereich**
  Hier geht es darum, die Veränderungen und Entwicklungen genau zu verfolgen, um bei Bedarf sofort reagieren zu können. Dies bedingt den Aufbau entsprechender Frühwarnsysteme.

Typologie des Unternehmens

L 6 **a)** Die Unternehmensgröße weist in erheblichem Maße auch auf strukturelle Eigenschaften des Unternehmens hin:

- **Struktur der Unternehmensleitung:** Ist das Unternehmen inhaber- oder managementgeführt?
- **Leitungsorganisation:** Kleine Unternehmen besitzen häufig ein organisatorisch zugeschnittenes Einliniensystem mit wenigen Führungskräften.
- **Struktur der Unternehmensfinanzierung:** Wurde das Eigenkapital durch einen persönlich haftenden Gesellschafter bereitgestellt oder auf dem Kapitalmarkt beschafft?
- **Unternehmenskommunikation:** Kleine Unternehmen sind häufig durch intensive Kontakte zwischen der Leitungsebene und den Mitarbeitern gekennzeichnet.
- **Flexibilität des Unternehmens:** Kleine Unternehmen können sich oft schneller an wechselnde Markt- und Kundenanforderungen anpassen und damit individuelle und differenzierte Leistungen anbieten.
- **Formalisierungsgrad:** Der Formalisierungsgrad kleiner Unternehmen ist häufig deutlich geringer als bei großen Unternehmen.
- **Persönliche Beziehungen** des Unternehmers haben bei kleinen Unternehmen eine höhere Bedeutung für den Erfolg.

b) Die Schwierigkeiten bei der Messung der Unternehmensgröße ergeben sich daraus, dass keine einheitliche und brachenübergreifende Maßgröße existiert, die einen sinnvollen Vergleich von Unternehmen unterschiedlicher Branchen erlauben würde. Eine häufige Verwendung finden jedoch folgende Maßgrößen:

- Anzahl Beschäftigte,
- Konsolidierter Umsatz und
- Bilanzsumme.

Mit Hilfe der oben genannten Kennzahlen lassen sich Unternehmen (gemäß § 267 HGB) in kleine, mittlere und große Unternehmen unterteilen:

Merkmal / Betrieb	Beschäftigte (im Jahresmittel)	Bilanzsumme	Umsatz
Kleinbetrieb	bis 50 MA	bis 4,015 Mio. €	bis 8,030 Mio. €
Mittelbetrieb	bis 250 MA	bis 16,060 Mio. €	bis 32,120 Mio.€
Großbetrieb	mindestens zwei der drei Merkmale (Beschäftigte, Bilanzsumme, Umsatz) werden gegenüber dem Mittelbetrieb überschritten		

c) Als weitere Größenkriterien können genannt werden:

- Marktkapitalisierung,
- Marktanteil,
- Anzahl an Kunden,
- Produzierte Menge.

d) Weitere Kennzahlen bzw. Kriterien können auf die Größe und Bedeutung innerhalb einer speziellen Branche hindeuten:

- Zahl der Kundenkontakte bzw. durchschnittliche Verweildauer des Kunden (z.B. Internetbranche),
- Markenbekanntheit und Markenloyalität (Markenartikler),
- Kreditvolumen (Bankwesen),
- Forschungs- und Entwicklungsaufwendungen/Anzahl der Patentanmeldungen (Maßgröße in forschungsintensiven Branchen),
- gebundenes Kapital in Anlagen (anlageintensive Branchen),
- geografische Präsenz (Marktabdeckung und Streuung der Produktionsstätten an verschiedenen Standorten).

L 7 Die Verbreitung verschiedener Rechtsformen stellte sich vereinfacht nach Daten des Statistischen Bundesamtes im Jahr 2006 wie folgt dar:

Rechtsform	Anteil 2006
Einzelunternehmen	70,3 %
OHG einschl. GbR	8,5 %
KG	4,1 %
AG	0,2 %
GmbH	14,7 %
Sonstige	2,2 %

Die Wahl einer bestimmten Rechtsform wird durch die Entscheidungskriterien Haftung, Kapitalbeschaffung, Unternehmensleitung, Publizitäts- und Prüfungspflichten (und der damit verbundenen Aufwendungen) sowie durch steuerliche Überlegungen beeinflusst. Während sich die Gewichtung bzw. Bedeutungszumessung der einzelnen Faktoren unternehmensindividuell unterscheiden kann, lassen sich doch einige wesentliche **entscheidungsrelevante Charakteristika** der einzelnen Rechtsformen benennen:

- Das von einer einzelnen natürlichen Person betriebene **Einzelunternehmen** ist die weitaus häufigste Rechtsform. Die Gründung kann dabei formlos erfolgen (ggf. Eintrag im Handelsregister nach Art und Umfang der Tätigkeit erforderlich); weiterhin sind die rechtlichen Anforderungen an diese Gesellschaftsform als vergleichsweise gering einzustufen.
- Die relativ große Zahl der **Offenen Handelsgesellschaften (OHG)** erwächst aus der Erweiterung des Einzelunternehmens auf mindestens zwei unbeschränkt haftende Gesellschafter. Neben steuerlichen Gründen (Besteuerung auf Gesellschafterebene als Personengesellschaft) sind auch geringe Gründungsaufwendungen zu verzeichnen.
- Wie die Gesellschafter der OHG haften auch die Komplementäre der **Kommanditgesellschaft (KG)** unbeschränkt; die Haftung der Kommanditisten ist dagegen auf ihre Einlagen beschränkt. Die Finanzierungseigenschaft der KG ist jedoch grundsätzlich im Vergleich zur OHG besser, da neben den vollhaftenden Komplementären auch Kommanditisten mit relativ geringen Einlagen beteiligt werden können.
- Die **Aktiengesellschaft (AG)** hat die höchsten Gründungsaufwendungen und strengsten Publizitätspflichten. Der Vorteil einer möglichen Finanzierung über den Kapitalmarkt kompensiert nur in wenigen, meist sehr großen Unternehmen den mit dieser Rechtsform verbundenen erhöhten Aufwand.
- Die **GmbH** ist eine Rechtsform vorwiegend für kleine und mittlere Betriebe, deren Eigentümer ihre Haftung auf ihre Kapitaleinlagen beschränken wollen. Das Haftungskapital ist dementsprechend auch geringer als bei der AG (25.000 € gegenüber 50.000 €). Da sie aber weniger formbelastet ist als die AG, wählen auch größere Unternehmen diese Rechtsform. Prinzipiell ist die Gründung einer GmbH aber bereits mit einer Person möglich.

Ferner ist ein wesentlicher Grund für die unterschiedliche Verbreitung auch in der ungleichen Besteuerung der einzelnen Rechtsformen zu sehen. Unterschiede bestehen u. a. in der Erbschafts- und Schenkungssteuer, Gewerbesteuer, sowie in der Körperschaftssteuer bzw. Einkommenssteuer.

L 8

Form / Kriterien	Personengesellschaft	Kapitalgesellschaft
Objekt, auf dem Mitgliedschaft beruht	Person (Teilhaber)	Kapital (Beteiligung)
Stimmrecht	Stimmrecht nach Köpfen bzw. frei zu vereinbaren	Stimmrecht nach Kapitalanteil
Prinzip der Meinungsbildung	Gemeinschaftliche Geschäftsführung, sofern nicht im Gesellschaftsvertrag andersgehend geregelt	Geschäftsführung und zusätzliche, getrennte Kontrollorgane (Gesellschafterversammlung, Hauptversammlung)
Übertragbarkeit der Mitgliedschaft	Nicht regelmäßige, nur sehr schwerfällige Übertragbarkeit der Unternehmensanteile (Kündigung der Geschäftsführung im Einzelunternehmen bedeutet Liquidation des Unternehmens)	Regelmäßige Übertragbarkeit der Unternehmensanteile per notariellem Vertrag oder Verkauf am Markt
Pflichten der Gesellschafter	persönlicher und finanzieller Natur (Geschäftsführung, Treuepflicht, Einlage)	ausschließlich finanzieller Natur
Haftung der Gesellschafter	Unbeschränkte Haftung mit persönlichem Vermögen (Ausnahme: Kommanditist einer KG haftet nur mit seiner Einlage)	Haftungsbeschränkung auf Kapitalbeteiligung
Mindesteigenkapital	Kein Mindesteigenkapital	Mindesteigenkapitalbestimmt durch GmbHG bzw. AktG (GmbH: 25.000 €; AG: 50.000 €)

L 9

- Offene Handelsgesellschaft
- Kommanditgesellschaft,
- Aktiengesellschaft,
- GmbH,
- Kommanditgesellschaft auf Aktien.

Nach Gesetz nicht erlaubt:
- **Verein:** Er ist nicht für eine wirtschaftliche Zielsetzung geschaffen.
- **Genossenschaft:** Die Genossenschaft bezweckt in der Hauptsache die Förderung wirtschaftlicher Interessen ihrer Mitglieder in gemeinsamer Selbsthilfe und ihre Mitgliederzahl ist nicht geschlossen (Prinzip der offenen Tür).
- **Einzelunternehmen:** Die Führung eines kaufmännischen Unternehmens in Form eines Einzelunternehmens ist hier nicht möglich.

L 10 a) Grundsätzlich kommen alle nach deutschem Recht möglichen Gesellschaftsformen in Frage (mit Ausnahme des Vereins und der Genossenschaft). Wie die detaillierte Analyse in b) zeigen wird, müssen bei allen Gesellschaftsformen – mit Ausnahme der AG – Kompromisse gemacht werden.

b)

Person / Form	Herr High				Herr Tech		
	Minimale Haftung	**Volle Mitarbeit**	**Gewinn**	**Kein Verlust**	**Keine Mitarbeit**	**Gewinn**	**Leichter Verkauf**
StilleGesellschaft	Nein	Ja	Ja	Ja[1]	Ja[1]	Ja	Nein
Kommanditgesellschaft	Ja[3]	Ja	Ja	Ja[1]	Ja[3]	Ja	Nein
GmbH	Ja	Ja	Ja	Ja[2]	Nein	Ja	Ja[1]
Aktiengesellschaft	Ja	Ja	Ja	Ja[2]	Ja	Ja	Ja[1]
Kommanditgesellschaft auf Aktien	Ja	Nein	Ja	Ja[1]	Nein	Ja	Ja[1]
Genossenschaft	Ja	Nein		Ja	Ja	Nein	Nein

1 = vertragliche Regelung 2 = Nominalwert nicht garantiert
3 = Kommanditist

Weil sich sowohl Herr High als auch Herr Tech finanziell am Projekt beteiligen wollen, was sich bei allen Gesellschaftsformen verwirklichen lässt, ist dieses Kriterium in jedem Falle erfüllt. Es wird deshalb in der

Aufstellung nicht berücksichtigt. Ebenfalls nicht aufgeführt wird die Absicht von Tech, eine persönliche Haftung und eine Verlustbeteiligung zu übernehmen. Falls das Gesetz bei einer der Gesellschaftsformen solches vorschreibt, ist er dazu bereit. Andernfalls ist eine freiwillige Haftung und Verlustbeteiligung, unabhängig von der Gesellschaftsform, wahrscheinlich immer erwünscht. Somit sind es keine Voraussetzungen, die erfüllt sein müssen. Obwohl die Genossenschaft für High und Tech nicht in Frage kommt, weil bei der Gründung mindestens sieben Genossenschaftler anwesend zu sein haben, wird sie aus Gründen der Vollständigkeit und zur Illustration trotzdem aufgeführt.

L 11 **Vorteile** der GmbH im Vergleich zur AG:
- Geringeres Mindesteigenkapital (25.000 € statt 50.000 €),
- geringerer Gründungsaufwand.

Nachteile der GmbH im Vergleich zur AG:
- Eher beschränkte Möglichkeiten der Kapitalbeschaffung im Vergleich zur Publikums-AG,
- erschwerte Fungibilität (Übertragung nur per notariellem Vertrag möglich; bei der AG gestaltet sich der Eintritt dagegen problemlos).

L 12 **a)**
- **Horizontal:** Verbindung auf der gleichen Produktions- oder Handelsstufe. Beispiel: Zusammenschluss mehrerer Möbelhäuser oder Möbelfabriken.
- **Vertikal:** Verbindung von aufeinanderfolgenden Produktions- oder Handelsstufen:
  - Vorgelagerte Stufe: Backward Integration (es wird z. B. eine Holzverarbeitungsfabrik an eine Möbelfabrik angegliedert),
  - nachgelagerte Stufe: Forward Integration (es wird z. B. ein Möbelhaus an eine Möbelfabrik angegliedert).
- **Lateral** (auch diagonal oder anorganisch genannt): Verbindung von Unternehmen verschiedener Branchen (z. B. Verbindung zwischen einem Möbelhaus und einem Schuhgeschäft).

b)
- Risikoteilung/-verteilung,
- hohe Forschungs- und Entwicklungskosten,
- Ausnützen von Synergieeffekten,
- Know-how-Transfer,
- Verstärkung der Marktposition gegenüber der Konkurrenz, Kunden und Lieferanten,
- Erhöhung der Kreditfähigkeit.

L 13 a) Formen:

- Bei einer Verschmelzung durch **Neubildung** (Kombination) werden zwei oder mehrere Unternehmen zusammengeschlossen, die ein völlig neues Unternehmen bilden. Das Vermögen wird als Ganzes auf die neue Gesellschaft übertragen; die übertragenden Unternehmen erlöschen dabei.
- Bei der Verschmelzung durch **Aufnahme** (Annexion) dagegen wird das übertragende Unternehmen vollständig in das übernehmende integriert. Das Vermögen der übertragenen Unternehmen wird gegen Aktiengewährung auf das neue Unternehmen übertragen.

b) Folgende Probleme können sich durch eine Fusion ergeben:

- **Personeller Art:**
  - Führungsebene ist doppelt vorhanden.
  - Personal wird durch Rationalisierungseffekte freigestellt.
  - Aufsichtsräte müssen zusammengelegt werden.
  - Ausbildungs- und Schulungsprogramme sind zu koordinieren.
  - Die verschiedenen Lohnstrukturen müssen angepasst werden.
  - Fürsorgeeinrichtungen und Sozialleistungen sind auszubauen und zu koordinieren.
- **Finanzieller Art:**
  - Wie hoch sind die an der Verschmelzung beteiligten Unternehmen zu bewerten?
  - Was für ein Umtausch- und Übernahmeverhältnis wird den Aktionären vorgeschlagen?
  - Wie sieht die Finanzstruktur des neuen Untenehmens aus?
  - Wie soll die zukünftige Finanzierungsstrategie aussehen?
  - Welche steuerlichen Probleme bestehen?
- **Allgemeiner Art:**
  - In den beteiligten Unternehmen kann sich eine große Unruhe entwickeln, da die Zukunft unsicher ist (Kündigungen, Versetzungen, usw.).
  - Möglicherweise werden durch den Zusammenschluss Kartellgesetze verletzt.
  - Es sind neue Organisations- und Führungsstrukturen notwendig.
  - Die unterschiedlichen Unternehmenskulturen könnten zu Konflikten führen.

L 14 a) Bei der rechtlichen und wirtschaftlichen Selbstständigkeit kommen das Konsortium, das Kartell und die strategische Allianz in Frage.

- **Konsortium:** Dieses ist ungeeignet, da die Zusammenarbeit nicht nur auf einem Teilgebiet stattfinden soll und weil eine dauernde Kooperation angestrebt wird.

- **Kartell:** Dieses ist ebenfalls ungeeignet, weil die Zusammenarbeit in allen gemeinsamen Unternehmensbereichen vorgenommen werden soll.
- **Strategische Allianz:** Diese ist geeignet, da eine mögliche Zusammenarbeit enger als beim Kartell ist und alle gemeinsamen Bereiche umfassen kann.

b) **Fusion** (Neubildung oder Aufnahme)

c) Grundsätzlich kann in allen Unternehmensbereichen ein Synergieeffekt erzielt werden, wie z. B.:

- **EDV:** Gemeinsame Nutzung von Anlagen,
- **Marketing:** Geringere Kosten durch gemeinsame Marketingaktivitäten (Werbung),
- **Verwaltung:** Senkung der Verwaltungskosten durch Zusammenlegung gewisser Aufgaben oder durch Aufgabenspezialisierung,
- **Niederlassungen:** Schließung von Niederlassungen,
- **Personal:** Senkung der Personalkosten durch Personalabbau.

L 15 a)

- Auf dem Absatzmarkt findet ein Preisverfall statt, der keine kostendeckenden Preise mehr erlaubt.
- Man will überhöhte Preise (Monopolrente) sichern.
- Wettbewerbsparameter sollen ausgeschaltet und die Wettbewerbsintensität gemindert werden.
- Die Produktions- und Absatzplanung wird erleichtert, weil die Absatzmenge besser vorausgesagt werden kann.
- Kosten (Werbung etc.) können reduziert werden.

b)

- Die Kartellpreise müssen die Kosten decken. Ist dies nicht bei allen Unternehmen der Fall, so muss ein interner Ausgleich zwischen den mit Verlust und den mit Gewinn produzierenden Unternehmen stattfinden.
- Alle Kartellmitglieder müssen sich an die vereinbarten Preise halten.
- In der Regel werden Preisabsprachen durch Mengenabsprachen ergänzt, damit die Kartellmitglieder den vereinbarten Preis durch die Produktion von zu großen Gütermengen nicht gefährden.

c)

- **Mindestpreiskartell:** Festsetzen eines Mindestpreises, der nicht unterschritten werden darf.
- **Festpreiskartell:** Festlegen eines Preises, an den sich alle Kartellmitglieder zu halten haben.

d) Bei den möglichen Auswirkungen eines Preiskartells auf das einzelne Unternehmen ist zu unterscheiden, ob der neue Kartellpreis höher oder tiefer als der bisherige Preis ist, wobei der letztere Fall in der Praxis eher selten anzutreffen ist.

- Kartellpreis **höher** als der bisherige Preis:
  - **Absatz:** Das Unternehmen wird versuchen, infolge des Wegfalls der Preispolitik durch andere Marketing-Instrumente, insbesondere die Produktpolitik, den zu erwartenden Umsatzrückgang zu vermeiden.
  - **Produktion:** Es entstehen wahrscheinlich Überkapazitäten (Leerkosten).
  - **Finanzen:** Der Gesamtgewinn sollte mindestens gleich bleiben, ansonsten würde ein wichtiger Grund für das Unternehmen zum Abschluss eines Kartellvertrages wegfallen.
- Kartellpreis **tiefer** als der bisherige Preis:
  - **Absatz:** Aufgrund des tieferen Preises ist eine Umsatzsteigerung möglich. Damit diese realisiert werden kann, müssen auch in diesem Fall die Marketing-Instrumente unterstützend eingesetzt werden, da die Voraussetzungen eines vollkommenen Marktes in der Praxis nicht gegeben sind und zudem auch die Konkurrenz versuchen wird, keine Marktanteile zu verlieren.
  - **Produktion:** Eine Ausnutzung bisheriger Überkapazitäten wird möglich oder es müssen neue Kapazitäten bereitgestellt werden. Der Druck zur Produktivitätssteigerung wird erhöht.
  - **Finanzen:** Auch in diesem Fall sollte der Gesamtgewinn mindestens gleich groß bleiben. Weil der Verkaufspreis sinkt, muss der Absatz dementsprechend gesteigert werden, um den gleichen Gesamtgewinn zu erreichen. Deshalb sind unter Umständen zusätzliche liquide Mittel nötig, um in neue Kapazitäten zu investieren.

L 16 a) **Joint Ventures** sind von zwei oder mehreren Unternehmen gemeinsam getragene körperschaftliche Gebilde, die in irgendeiner Form mit der Führung des Stammunternehmens verbunden sind. Sie werden häufig von Unternehmen aus verschiedenen Ländern angewandt, um spezifische Vorteile und Kenntnisse der jeweiligen Unternehmen zu verbinden und auszunutzen. Konkrete **Ziele** eines Joint Venture können sein:

- Übertragung von Kapital und Know-how,
- Zusammenlegen konkurrierender Aktivitäten (Absatz, F&E, Produktion),
- Erschließung neuer Märkte (z. B. China),
- Unterstützung von Wirtschaftsreformen. Beispiel: Fertigungs- und Entwicklungs-Joint-Venture: gemeinsame Entwicklung eines Geländewagens durch VW (Touareg) und Porsche (Cayenne) und späterer markengeprägter Vertrieb.

b) Die Struktur der vertraglichen Zusammenarbeit und die Beteiligungsverhältnisse sollten so ausgestaltet sein, dass eine Patt-Situation im Entscheidungsprozess vermieden wird. Jeder Partner sollte in seinem spezialisierten Bereich endgültige Entscheidungsbefugnis haben.

c) **Beispiele:**

- SABMiller & Molson Coors (Zusammenlegung des US-Geschäfts als Wettbewerbsmaßnahme gegen Anheuser-Busch),
- Daimler & Ford (Gemeinsame Entwicklung von Brennstoffzellen),
- Nissan & Ashok Leyland (Markteintritt im indischen Lkw-Markt),
- Bank of America & China Construction Bank (Markteintritt mit Fokus auf Kreditvergabe für die Infrastrukturbranche).

L 17 a) Die **strategische Allianz** bezeichnet eine Partnerschaft, bei der die Handlungsfreiheit der beteiligten Unternehmen im Kooperationsbereich maßgeblich eingeschränkt ist. Mögliche Ziele der strategischen Allianz können in der Verteidigung bzw. dem Ausbau der Wettbewerbsposition, der Erhaltung und Stärkung von Know-how bzw. Kernkompetenzen sowie dem Aufbau neuer Märkte liegen. Die strategische Allianz ist für die langfristige Existenz und den Erfolg des Unternehmens von großer Bedeutung.

b) Es kann zwischen drei Grundtypen bzw. Formen der strategischen Allianz unterschieden werden:

- **Joint Ventures:** Von zwei oder mehreren Unternehmen gemeinsam getragene körperschaftliche Gebilde, die in irgendeiner Form mit der Führung des Stammunternehmens verbunden sind.
- **Minderheitsbeteiligungen:** Finanzielles Engagement mit u.a. dem Zweck der strategischen Einflussnahme im Aufsichtsrat, der Verkörperung unternehmerischer Mitverantwortung und der Erfüllung der Finanzierungsfunktion.
- **Strategisches Netzwerk:** Synergetische Nutzung komplementärer Potenziale verschiedener Beteiligter in strategisch wichtigen Bereichen. Es liegen keine gemeinsamen Institutionen oder Kapitalbeteiligungen vor.

c)

- Der Vertrieb ist durch **kooperative Distribution** zu verbessern. Hierdurch können in gleicher Zeit mehr Produkte abgesetzt werden. Der Vorteil besteht in der Kompensation immer kürzer werdender Amortisationszeiträume und Produktlebenszyklen.
- Die regionale Abdeckung von verteilten Märkten kann durch sich **ergänzende Standorte** verbessert werden.

- Die Unternehmen müssen sich in ihren **Fähigkeiten und Kernkompetenzen möglichst komplementär** ergänzen, um gemeinsam einen Vorteil ziehen zu können. Partnerschaftliche Lösungen sind anzustreben, die allen Beteiligten der Allianz einen strategischen Vorteil verschaffen.
- Um gemeinsame Mengenvorteile (economies of scale) zu nutzen, ist eine möglichst umfangreiche **Standardisierung** der Produktionsinputfaktoren in den Unternehmen zu verwirklichen.

d) **Vorteile:**

- Nutzung globaler Chancen,
- Konzentration auf Kernkompetenzen und Ergänzung fehlenden Know-hows,
- Möglichkeit der Nutzung von Skaleneffekten begünstigt die Strategie der Kostenführerschaft,
- Durchsetzungsvermögen von technischen Standards (VHS, MS-DOS, USB).

Nachteile:

- Kooperationsbereich wird maßgeblich eingeschränkt,
- Einschränkung der individuellen unternehmerischen Handlungsfreiheit,
- Zusammenführen unterschiedlicher Unternehmenskulturen,
- Gefahr eines gesamtwirtschaftlichen Wohlfahrtsverlustes durch Aufbau von Marktmacht.

e) Strategische Allianzen können nach ihrer Wirkungsrichtung in horizontale, vertikale und konglomerate Strategien unterteilt werden. Beispiele:

- Luftfahrtbereich: Star Alliance, Oneworld, SkyTeam (horizontale Allianz),
- Software-Standardetablierung: HP-Compaq und Microsoft Corp. (vertikale Allianz),
- Zahlungsabwicklungssystem-Standardetablierung: Kreditkartengesellschaft (VISA) und B2B-Softwarelösungsentwickler (vertikale Allianz),
- Forschungs- und Entwicklungsallianz im Automobilbereich: VW – Porsche (horizontale Allianz),
- Umsatzerweiterung: Luftfahrtgesellschaften und Hotelketten: Lufthansa – Hyatt, Marriot, Hilton (vertikale Allianz),
- Allianz Luftfahrtgesellschaft – Avis (Lufthansa-Meilengutschrift bei Anmietung eines Automobils) (konglomerate Allianz).

L 18 a) Faktoren, die die Wahl eines Standortes maßgeblich beeinflussen, werden als Standortfaktoren bezeichnet. Von Bedeutung können vor allem folgende **Standortfaktoren** sein:

- **Arbeitsbezogene** Standortfaktoren: Kosten und Qualifikation der Arbeitskräfte,
- **Materialbezogene** Standortfaktoren: Transportkosten, Zuliefersicherheit, Art der zu beschaffenden Inputfaktoren (z.B. Rohstoffe),
- **Absatzbezogene** Standortfaktoren: Kundennähe, potenzielle Nachfrage und Konkurrenzsituation,
- **Verkehrsbezogene** Standortfaktoren: Verkehrsinfrastruktur, die geringe Transportkosten und -zeit verursacht,
- **Immobilienbezogene** Standortfaktoren (Mietpreisniveau, Immobilienpreise),
- **Umweltbezogene** Standortfaktoren (besondere Auflagen, Schutzgebiete),
- **Abgabenbezogene** Standortfaktoren (Besteuerung),
- **Clusterbildung** von Know-how-Trägern in einer Region.

Zusätzlich können genannt werden:

- **Image** und Attraktivität des Standorts bei Kunden, Zulieferern oder Arbeitnehmern,
- **Politische Stabilität**.

b) **Probleme:**

- Skala der **Bewertung**: Wie kann nach den verschiedenen Faktoren und Kriterien differenziert werden?
- **Gewichtung**: Wie werden die relevanten Faktoren untereinander gewichtet? Gibt es Mindestanforderungen an einzelne Standortfaktoren, die in jedem Fall erfüllt sein müssen?
- **Quantifizierbarkeit** der Standortfaktoren: Viele Faktoren lassen sich überhaupt nicht oder nur sehr schwer quantifizieren.
- **Vergleich**: Wie lässt sich der gleiche Standortfaktor bei einem Vergleich unter verschiedenen Standorten bewerten und gewichten? Beispielsweise haben Parkplätze am Bahnhof in München ein kleineres Gewicht als in einem Einkaufszentrum auf dem Lande.
- **Prognose**: Können die relevanten Standortfaktoren überhaupt in der gewünschten Genauigkeit erfasst werden?
- **Objektivität**: Die Bewertung und Gewichtung hängt von den persönlichen Wertvorstellungen der Anwender ab.
- **Fristigkeit**: Die Standortfaktoren sind im Zeitablauf – vor allem in mittel- und langfristiger Sicht – Veränderungen unterworfen, sodass sich auch ihre Gewichtung und Bewertung verschiebt.

L 19 **a)**
- Export-/Importbeschränkungen,
- Transportkosten,
- qualifizierte Arbeitskräfte,
- Marktausweitung,
- Ausbau der relativen Machtposition,
- Zugang zum Markt der Europäischen Union,
- zukünftige Zusammenarbeit mit europäischen Produzenten.

b) Eine Lösung könnte beispielsweise folgendermaßen aussehen:

Standortanforderung	**Gewichtung**	**Standort A_1**		**…**	**Standort A_n**	
		Bewertung	**Nutzen**	**…**	**Bewertung**	**Nutzen**
1. Infrastruktur	20					
2. QualifizierteArbeitskräfte	15					
3. Steuerbelastung	15					
4. Expansionsmöglichkeiten	20					
5. Geldwertstabilität	10					
6. Lieferantennähe	5					
7. Politische Stabilität	10					
8. Zentrale Lage in Europa	5					
Punktzahl insgesamt	100					
Rangfolge						

L 20 **a)** Mögliche Gründe sind:
- Raumnot am alten Standort,
- hohe Lohnkosten,
- hoher Steuersatz,
- Arbeitskräftemangel,
- Miete,
- Konkurrenz,
- Expansionsmöglichkeiten (wegen neuer Technologie),
- Steuerbegünstigungen am neuen Standort.

b)
- **Anspruchsgruppen**
  - **Anwohner:** Die Emissionen der Schneider AG fallen für die Anwohner des alten Standorts weg. Ihre Situation kann sich aber je

nach der Geschäftstätigkeit des neuen Mieters verschlimmern. Die Anwohner am neuen Standort haben mit zusätzlichem Verkehrsaufkommen zu rechnen.

- **Personal:** Die Beschäftigten am alten Standort sind gezwungen, ebenfalls umzuziehen oder zu kündigen. Im letzteren Fall entstehen am neuen Standort Arbeitsplätze.
- **Staat:** Den staatlichen Stellen des alten Standortes gehen die Steuerzahlungen der Firma und derjenigen Mitarbeiter verloren, die wegen des Umzuges auch ihren Wohnort wechseln. Dazu kommen die Arbeitsplatzverluste für diejenigen Mitarbeiter, die ihre Stelle gekündigt haben und eventuell zusätzliche Sozialkosten verursachen. Die Steuerkraft der Gemeinden des neuen Standortes hingegen erhöht sich durch die Neuansiedlung. Dies wird durch das Unternehmen selbst, die umgezogenen Mitarbeiter, die zusätzlich eingestellten Arbeitskräfte und die neuen Aufträge für das Gewerbe und die Lieferanten des Unternehmens bedingt. Falls Arbeitsplätze mit bisher Arbeitslosen besetzt werden, werden auch die Sozialkosten vermindert. Allerdings können zusätzliche Kosten entstehen, wenn die bisherige infrastrukturelle Erschließung des Standorts nicht ausreichend ist (Kanalisation, Straßen, öffentlicher Verkehr).
- **Gewerbe und Lieferanten:** Dem nur lokal tätigen Gewerbe und den Lieferanten am alten Standort gehen Aufträge verloren, während sie am neuen Standort gewonnen werden. Für regional oder sogar national tätige Lieferanten und Gewerbebetriebe spielt der Umzug der Schneider AG keine große Rolle, da er höchstens administrative Umstellungen verlangt.
- **Kunden:** Großkunden werden vom Umzug weniger betroffen, da die Geschäftstätigkeit der Schneider AG nicht sehr stark von der räumlichen Kundennähe abhängt. Kleinkunden dürften es eher vorziehen, ihre Aufträge von lokal ansässigen Druckereien ausführen zu lassen.
- **Konkurrenten:** Ausschlaggebend für die Konkurrenten ist die Änderung der Kundenstruktur der Schneider AG. Bei Großaufträgen dürfte sich die Konkurrenzsituation wenig ändern, hingegen entschärft sie sich bei den kleineren und mittleren Aufträgen. Am neuen Standort verschärft sie sich in diesem Segment.

- **Umweltbereiche**
  - **Ökologische Sphäre:** Für diese Sphäre gilt das, was vorstehend bereits zum Problem der Anwohner gesagt wurde. Die industriellen Belastungen für ein bisher wenig besiedeltes Gebiet erhöhen sich.

- **Gesellschaftliche Sphäre:** Wie bereits erwähnt wurde, sind in diesem Bereich vor allem Arbeitsplatz- und Steuerverlagerungen zu erwarten.

L 21 **a)** Die möglichen und zulässigen Standorte werden durch ein Punktbewertungsverfahren auf den Erfolg versprechendsten Standort eingeschränkt. Die Nutzwertanalyse berücksichtigt dabei qualitative und quantitative Kriterien, wobei sich diese Beurteilungskriterien auf die Standortanforderungen beziehen. Das Vorgehen besteht darin, dass die relevanten Standortfaktoren aufgelistet und ihrer Bedeutung nach gewichtet werden. Anschließend wird eine Bewertung durchgeführt, wobei man jedem Faktor eine Punktezahl gemäß einer Skala zuordnet. Im vorliegenden Beispiel besteht eine Skala von eins bis sechs. Aus der Multiplikation der beiden Zahlen erhält man den Nutzen jedes Standortfaktors. Durch die anschließende Addition aller Nutzenwerte ergibt sich die Summe jedes Standortes, wobei in der Regel derjenige vorgezogen wird, der am meisten Punkte auf sich vereinigt, d.h. den größten Nutzen verspricht. Insbesondere bei geringen Unterschieden in der Gesamtpunktzahl sind ergänzende Analysen (z.B. Sensitivitätsanalysen) wichtig.

b) Siehe unter c)

c) Nutzwertanalyse

Standortfaktor	**Gewichtung**	**Standort A**		**Standort B**		**Standort C**	
		B	**N**	**B**	**N**	**B**	**N**
Verkehrslage	8	4	32	3	24	4	32
Kundenfrequenz	16	6	96	4	64	6	96
Parkplätze	8	2	16	4	32	6	48
Kaufkraft der Kunden	8	6	48	4	32	5	40
Verkaufsfläche	10	6	60	3	30	3	30
Expansionsmöglichkeiten	8	2	16	3	24	3	24
Räumlichkeit (Miete, Unterhalt etc.)	10	2	20	5	50	4	40
Standortimage	12	6	72	2	24	4	48
Personal (Qualität, Quantität)	8	4	32	4	32	4	32
Öffnungszeiten	4	3	12	3	12	6	24
Steuern	4	2	8	2	8	4	16
Konkurrenz	4	2	8	4	16	4	16
Summe	100		420		348		446
Rangfolge		**2. Rang**		**3. Rang**		**1. Rang**	

B = Bewertung; N = Nutzen

Ziele des Unternehmens

L 22 **a)**

- **Monetäre Ziele:**
  - □ Gewinnstreben,
  - □ Rentabilität,
  - □ Umsatz,
  - □ Liquidität,
  - □ Marktanteil.
- **Nichtmonetäre Ziele:**
  - □ Prestige,
  - □ Macht,
  - □ Unabhängigkeit,
  - □ Betriebsklima,
  - □ Kundenpflege,
  - □ Wachstum,
  - □ soziale Verantwortung,
  - □ politische Ziele,
  - □ Sicherheit,
  - □ Umweltschutz.

b) Ein Unternehmen sollte immer mehrere Ziele verfolgen, die in vielfältigen Beziehungen zueinander stehen. Die nachfolgende Übersicht zeigt ein solches Zielsystem.

Formalziele (Erfolgsziele)		
Produktivität	Wirtschaftlichkeit	Gewinn/Rentabilität

↓ ↓ ↓

Sachziele			
Leistungsziele	Finanzziele	Führungs- und Organisationsziele	Soziale und ökologische Ziele
■ Marktziele ■ Produktziele	Ziele in Bezug auf ■ Liquidität ■ Kapitalversorgung ■ Kapital- und Vermögensstruktur	Ziele in Bezug auf ■ Problemlösungsprozess ■ Führungsfunktionen ■ Führungsstil ■ Arbeitsteilung	■ mitarbeiterbezogene Ziele ■ gesellschaftsbezogene Ziele

c) Unternehmen können soziale und politische Verantwortung gegenüber der Gesellschaft wahrnehmen. Gesellschaftsbezogene Ziele spiegeln sich unter anderem in den Ansprüchen nach ökologischer Verantwortung des Unternehmens sowie in mitarbeiterbezogenen Zielen wieder:

- Die **Umweltschutzziele** eines Unternehmens bestehen in der:
  - Bewahrung knapper Ressourcen (Erhaltung und Schonung von Ressourcen),
  - Emissionsbegrenzung (belastende Emissionen verhindern, vermindern, entsorgen),
  - Risikobegrenzung (Störfälle verhindern und begrenzen).
- **Mitarbeiterbezogene Ziele** versuchen die Bedürfnisse der Mitarbeiter zu erfassen und zu berücksichtigen:
  - Langfristig orientierte Mitarbeiterpolitik (Schaffung und Sicherung von Arbeitsplätzen),
  - Ausbildung und Investitionen in Personalentwicklung,
  - Schutz der Gesundheit der Mitarbeiter,
  - Ablehnung und Bekämpfung von Diskriminierungen jeglicher Art.
- Sonstige **Übernahme sozialer Verantwortung**:
  - Übernahme von Aufgaben für das Gemeinwohl (im Rahmen ihrer Möglichkeiten),
  - Einbezug von Randgruppen und Benachteiligten der Gesellschaft in das Unternehmen,
  - Mitarbeit in Verbänden und Standesorganisationen.

d) Die Erfüllung gesellschaftlicher Ansprüche steht in einem ständigen Abgleich mit den ökonomischen Zielen eines Unternehmens wie beispielsweise dem

- Gewinn (Erfolgsziel),
- Wachstum (umsatzbezogenes Wachstumsziel) oder der
- Marktstellung (häufig gemessen mit dem Marktanteil).

Die Zielausrichtung eines Unternehmens ist primär an dessen ökonomischen Zielen orientiert. Der ökonomische Erfolg eines Unternehmens stellt die Ausgangsbasis für die Übernahme gesellschaftlicher Ziele dar, so dass sich auch durchaus Zielkonflikte zwischen gesellschaftlichen und ökonomischen Zielen ergeben können (z. B. zwischen dem Ziel der Übernahme sozialer Verantwortung und dem Gewinnziel). Als Abgrenzung zum gewinnorientierten Unternehmen existieren so genannte „Non-profit"-Organisationen, welche einen Schwerpunkt auf gesellschaftlichen, humanitären oder ökologischen Zielen legen (z. B. Greenpeace, Rotes Kreuz).

L 23 **a)**

- **Sachziele:** Beziehen sich auf das konkrete Handeln bei der Ausübung der verschiedenen betrieblichen Funktionen, zum Beispiel Leistungsziele.
- **Formalziele:** Stellen übergeordnete Ziele dar, an denen sich die Sachziele auszurichten haben und in denen der eigentliche Sinn des unternehmerischen Handelns zum Ausdruck kommt, zum Beispiel Erfolgsziele.

b) Das gleiche Ziel kann sowohl Sach- als auch Formalziel sein. Für den Leiter der Produktion ist beispielsweise die „Erhöhung der Qualität der Produkte" ein Sachziel, für einen Mitarbeitenden an der Maschine ein Formalziel. Für den Mitarbeitenden wäre zum Beispiel „0,01 mm genauer Fräsen" das daraus abgeleitete Sachziel.

c) Zwischen den verschiedenen **Sachzielen** eines Unternehmens können komplementäre, konkurrierende und indifferente Zielbeziehungen bestehen.

- Beispiele für **komplementäre** Sachzielbeziehungen:
  - Vollständige Befriedigung der Kundenbedürfnisse (Leistungsziel) führt mittel- bis langfristig zu einem höheren Cashflow (Finanzziel).
  - Führen nach dem Grundsatz der Zielvereinbarung bzw. -vorgabe (MbO) (Führungsziel) bringt den Mitarbeitenden mehr Freiraum in der Arbeitszeitgestaltung und erlaubt somit eine bessere Vereinbarkeit von Familie und Beruf (mitarbeiterbezogenes, soziales Ziel).
  - Ein partizipativer Führungsstil, verbunden mit einer Delegation von Aufgaben und einer klaren Definition von Kompetenzen und Verantwortlichkeiten (Führungsziel), erlaubt eine größere Kontrollspanne (Organisationsziel), zieht vermehrt leistungswillige Mitarbeitende an, was sich positiv auf die Marktstellung (Leistungsziel) und den Cashflow (Finanzziel) auswirkt.
  - Umweltschutz in der Produktion (ökologisches Ziel) kann die Zahlungsbereitschaft der Kunden erhöhen, was mittel- bis langfristig den Gewinn positiv beeinflussen kann (Leistungsziel).
- Beispiele für **konkurrierende** Sachzielbeziehungen:
  - Kurzfristiges Umsatzwachstum (Leistungsziel) benötigt zusätzliches Fremdkapital, was die Bilanzstruktur bezüglich Fristenkongruenz zwischen Vermögen und Kapital negativ beeinträchtigt (Finanzziel).
  - Eine gleichzeitige Marktführerschaft in verschiedenen Regionen (Leistungsziel) ist mit einer übersichtlichen und einheitlichen Or-

ganisationsstruktur (Organisationsziel) meist schlecht realisierbar.
  - Eine einheitliche Budgetierung (Finanzziel) wird durch einen partizipativen Führungsstil (Führungsziel) erschwert.
  - Gewinnmaximierung (Leistungsziel) erlaubt keine großzügigen Sozialpläne bei Entlassungen (soziales Ziel).
  - Umweltschutz (ökologisches Ziel) verursacht kurzfristig vorwiegend Kosten, was in der kurzen Frist den Gewinn schmälert (Leistungsziel).

- Beispiele für **indifferente** Sachzielbeziehungen:
  - Umweltschutzanstrengungen (ökologisches Ziel) haben keinen Einfluss auf das Finanzierungsverhältnis (Finanzziel).
  - Politisches Engagement (gesellschaftsbezogenes, soziales Ziel) hat keinen Einfluss auf das erbrachte Qualitätsniveau (Leistungsziel).
  - Abwasserreinigung (ökologisches Ziel) ist unabhängig von der Gestaltung der Aufbauorganisation (Organisationsziel).

d)
- **Unternehmensziel:** Oberziel, Formalziel für alle Bereiche,
- **Bereichsziel:** Unterziel, Sachziel für einen Unternehmensbereich bzw. dessen Mitarbeitende.

Nach Möglichkeit sollte eine komplementäre Zielbeziehung bestehen.

L 24 a)
- Unter **Effizienz** versteht man die Beurteilung der Beziehung zwischen der erbrachten Leistung und dem Ressourceneinsatz.
- Unter **Effektivität** versteht man die Beurteilung der Zielerreichung, das heißt, in welchem Ausmass die geplanten Ziele auch tatsächlich erreicht worden sind.

b) Die Effizienz ist eine wichtige Einflussgröße der Effektivität. Allerdings bedeutet eine hohe Effizienz nicht automatisch eine hohe Effektivität, da diese von einer Vielzahl von Faktoren abhängt (z. B. Konjunktur, Konkurrenz, Technologie), welche das Unternehmen nur zum Teil oder überhaupt nicht beeinflussen kann.

L 25 a) Das Unternehmen ist nicht losgelöst von den es umgebenden Ökosystemen, sondern auf vielfältige Art und Weise mit ihnen verknüpft: Auf der Inputseite sind es die eingesetzten Ressourcen (insbesondere Material, Energie, Wasser, Boden, Luft), auf der Outputseite wird die ökologische Umwelt vor allem durch Abfälle, Emissionen (Wasserbelastung, Bodenbelastung, Luftbelastung), Lärm, Wärme und Strahlung belastet. Durch die Belastung entstehen Risiken für die Ökosysteme. Damit verbunden sind auch Risiken für die Mitarbeiter und Mitarbeiterinnen sowie für die ganze Gesellschaft. Viele Folgen der Umweltbelastung müssen von der Gesellschaft getragen werden. Daraus resultiert auch eine Verantwortung des Unternehmens gegenüber der Gesellschaft – der heutigen wie auch den zukünftigen Generationen. Nimmt ein Unternehmen seine Verantwortung nicht wahr, kann dies zu Imageeinbußen und zu einem Rückgang des Absatzes führen. Auf politischer Ebene provoziert verantwortungsloses Handeln, dass rechtliche Regelungen diskutiert und in Kraft gesetzt werden, welche die unternehmerische Entscheidungsfreiheit einschränken können. Auf lange Frist gesehen muss die Wirtschaft deshalb aus eigenem Interesse dafür sorgen, dass die Ökosysteme im Gleichgewicht gehalten werden, weil sonst die eigene Existenzgrundlage zerstört wird.

b)

- **Marketing**
  - Ökologisch sinnvollere Produkte anbieten (biologisch abbaubare Waschmittel),
  - ökologisch sinnvolle Wahl/Gestaltung der Vertriebswege,
  - wenig umweltbelastende Verpackung.
- **Forschung und Entwicklung**
  - Umweltorientierter Anforderungskatalog an neue Produkte und neue Produktionsverfahren,
  - Verbesserung bisheriger Produktionsverfahren, um ökologische Aspekte besser zu berücksichtigen.
- **Materialwirtschaft**
  - Vermehrte Berücksichtigung von ökologisch sinnvoll produzierten Materialien,
  - Druck auf Lieferanten, ökologische Aspekte stärker zu berücksichtigen.
- **Produktion**
  - Einsatz umweltfreundlicher Produktionsverfahren,
  - Recycling,
  - Reduktion der Umweltemissionen durch Umwelttechnologien (z.B. Einbau von Luftfiltern, Einsatz von Abwasserreinigungsanlagen).
- **Investition**
  - Einsatz von Produktionsanlagen, die weniger umweltbelastend sind,
  - Bevorzugung emissionsarmer Fahrzeuge,
  - Sonnenenergieanlagen (z.B. Sonnenzellen auf Hausdächern oder entlang von Autobahnen) statt herkömmlicher Energieanlagen.
- **Personal**
  - Behandlung ökologischer Themen in der Betriebszeitung,
  - Sensibilisierung des Personals für ökologische Aspekte (z.B. betriebliches Vorschlagswesen, getrenntes Sammeln der Abfälle),

  - Betonung ökologischer Aspekte und Zusammenhänge in der internen Weiterbildung,
  - stärkere Gewichtung ökologischer Kriterien bei der Formulierung von Anforderungsprofilen in Stellenbeschreibungen,
  - Förderung der Nutzung öffentlicher Verkehrsmittel.
- **Rechnungswesen**
  - Ökologische Buchhaltung (Stoff-, Energie- und Schadstoffbilanzen, Ökobilanzen),
  - Öko-Controlling.

c) Folgende **Auswirkungen** sind denkbar:

- **Führung**
  - Regelmäßige und systematische Analyse der relevanten Umweltbereiche im Hinblick auf Chancen und Gefahren im ökologischen Bereich,
  - Verankerung der ökologischen Verantwortung in der Unternehmenspolitik (Leitbild, Geschäftsregelungen, etc.),
  - ökologieorientierte Zielvorgaben für die Mitarbeiter und Mitarbeiterinnen,
  - Unterstützung ökologischer Projekte und Initiativen,
  - stärkere Gewichtung ökologischer Kriterien bei Entscheidungsprozessen,
  - offene Informationspolitik gegenüber den Anspruchsgruppen des Unternehmens.
- **Organisation**
  - Schaffung einer Stelle für Fragen des Umweltschutzes,
  - klare ökologiebezogene Verteilung der Verantwortung im Unternehmen (z. B. eigener Geschäftsleitungsbereich).

d) Verschiedene **Probleme** tauchen auf, wie beispielsweise

- höhere Herstellkosten für weniger umweltbelastende Produkte,
- fehlende Technologie zur Herstellung dieser Produkte,
- Akzeptanz beim Personal bei der Einführung von ökologischen Verhaltensgrundsätzen, z. B. Geschäftsreisen mit der Bahn statt mit dem Auto.

L 26 a)

$$P = \frac{\text{Anzahl produzierter Stühle}}{\text{Volumen des Inputfaktors Kiefernholz}} = \frac{500 \text{ Stühle}}{10 m^3} = \mathbf{50\ Stühle/m^3}$$

$$W = \frac{\text{Ertrag}}{\text{Aufwand}} = \frac{100\ €/\text{Stuhl} \cdot 500 \text{ Stühle}}{10 m^3 \cdot 100\ €/m^3} = \mathbf{50}$$

b)
- Bessere Ausnutzung des Kiefernholzes,
- geringerer Materialeinsatz pro Stuhl („dünnere“ Stühle).

c)
- Bessere Ausnutzung des Kiefernholzes,
- geringerer Materialeinsatz pro Stuhl („dünnere“ Stühle),
- Erhöhung des Verkaufspreises,
- Senkung des Einkaufspreises.

L 27 a)
- **Produktivitäten:**
  - □ Artikel A: $\frac{\text{10 Paar Schuhe}}{\text{Tag und Mitarbeiter}}$ = **1,25 Paar Schuhe/Std. und Mitarbeiter**
  - □ Artikel B: $\frac{\text{8 Paar Schuhe}}{\text{Tag und Mitarbeiter}}$ = **1 Paar Schuhe/Std. und Mitarbeiter**
  - □ Artikel C: $\frac{\text{6 Paar Schuhe}}{\text{Tag und Mitarbeiter}}$ = **0,75 Paar Schuhe/Std. und Mitarbeiter**
- **Wirtschaftlichkeiten:**
  - □ Artikel A: $\frac{10 \text{ Schuhe} \cdot 50 \text{ € /Schuh}}{8 \text{ Std.} \cdot 25 \text{ € /Std.}} = \frac{500}{200} = \mathbf{2{,}5}$
  - □ Artikel B: $\frac{8 \text{ Schuhe} \cdot 75 \text{ € /Schuh}}{8 \text{ Std.} \cdot 30 \text{ € /Std.}} = \frac{600}{240} = \mathbf{2{,}5}$
  - □ Artikel C: $\frac{6 \text{ Schuhe} \cdot 125 \text{ € /Schuh}}{8 \text{ Std.} \cdot 35 \text{ € /Std.}} = \frac{750}{280} = \mathbf{2{,}7}$

b) Nein, und zwar aus folgenden Gründen:
- Die **Wirtschaftlichkeit** ist gleich groß:
  $\frac{15 \text{ Schuhe} \cdot 50 \text{ €/Schuh}}{8 \text{ Std.} \cdot 35 \text{ €/Std.}} = \frac{750}{280} = 2{,}7.$
- Das **Sortiment** wäre nicht mehr vollständig.
- Die **Motivation** und die Zufriedenheit der Arbeiter würde sinken, weil die Arbeit weniger anspruchsvoll wäre.
- In der Abteilung A müsste möglicherweise **Personal entlassen** werden. In einer solchen Situation ist – neben finanziellen und sozialen Schwierigkeiten für die Betroffenen – mit einem stark verschlechterten **Betriebsklima** zu rechnen, da die Mitarbeiter aus Abteilung C als Konkurrenten der bisherigen Arbeiter in Abteilung A auftreten und

ein starkes Lohngefälle (falls die Mitarbeiter aus Abteilung C den gleichen Lohn wie bisher erhalten) in der gleichen Abteilung herrschen würde. Andererseits hätten Lohnkürzungen für die Beschäftigten aus Abteilung C eine stark demotivierende Wirkung.

- Es ist nicht sicher, ob eine **Mehrproduktion** von Modell A auch abgesetzt werden könnte.
- Die **Abteilung** C müsste unter Umständen liquidiert werden (Liquidationskosten). Damit wäre auch ein **Verlust von Know-how** verbunden (Herstellung höherwertiger Schuhe).
- In der Abteilung A wären möglicherweise **zusätzliche Produktionskapazitäten** (Maschinen, Räume usw.) notwendig. Dies würde die Fixkosten stark erhöhen, da die Maschinen aus Abteilung C kaum vollständig für die Produktion in Abteilung A genutzt werden könnten.

c)
- Erhöhung der **Produktivität**:
  - Ausbildung der Mitarbeiter,
  - Lohnerhöhung,
  - Einsatz effizienterer Maschinen,
  - Verbesserung des Arbeitsklimas.
- Erhöhung der **Wirtschaftlichkeit**: Im Prinzip können die gleichen Massnahmen wie bei der Produktivität ergriffen werden. Eine Lohnerhöhung wird allerdings nur dann in Betracht gezogen, wenn die dadurch beabsichtigte Produktivitätssteigerung auch zu einer entsprechenden Ertragssteigerung führt. Zusätzlich kommt eine Erhöhung der Verkaufspreise in Frage, die eine Ertragssteigerung bewirkt. Voraussetzung dazu ist allerdings, dass diese Schuhe auch abgesetzt werden können.

Beurteilung: Problematisch ist bei dieser Betrachtung von Produktivität und Wirtschaftlichkeit, dass nur der Produktionsfaktor menschliche Arbeitskraft in die Rechnung einbezogen wird. Bei einer Gesamtrechnung könnten keine eindeutigen Aussagen gemacht werden (z.B. würden durch eine effizientere Maschine einerseits die Mitarbeiter entlastet und somit weniger Lohnkosten anfallen, aber andererseits würden die Kapitalkosten für die neue Maschine steigen). Demzufolge muss die gesamte Kosten- und Ertragsstruktur betrachtet werden.

L 28 a)

- **Produktivitäten:**
  - □ Kugeln: $\frac{\text{20 Stück}}{\text{Tag und Mitarb.}}$ = **2,5 Stück/Mitarbeiterstunde**
  - □ Mobiles: $\frac{\text{18 Stück}}{\text{Tag und Mitarb.}}$ = **2,25 Stück/Mitarbeiterstunde**
  - □ Vasen: $\frac{\text{12 Stück}}{\text{Tag und Mitarb.}}$ = **1,5 Stück/Mitarbeiterstunde**
- **Wirtschaftlichkeiten:**
  - □ Kugeln: $\frac{\text{20 Stück} \cdot \text{22 €/Stück}}{\text{8 Std.} \cdot \text{30 €/Stück}}$ = **1,83**
  - □ Mobiles: $\frac{\text{18 Stück} \cdot \text{29 €/Stück}}{\text{8 Std.} \cdot \text{36 €/Stück}}$ = **1,81**
  - □ Vasen: $\frac{\text{12 Stück} \cdot \text{70 €/Stück}}{\text{8 Std.} \cdot \text{40 €/Stück}}$ = **2,63**

b)

- Da es sich um **unterschiedliche Produkte** handelt, sind die Produktivitätswerte aus der Vasen- und Kugelabteilung nicht direkt vergleichbar.
- Die **Nachfrage nach Vasen** kann nicht mehr befriedigt werden.
- Durch die Verkleinerung des Sortimentes kann die **Attraktivität der Sonora Desert AG** als Lieferantin beeinträchtigt werden.
- Es ist unklar, ob eine **Mehrproduktion** der farbigen Glaskugeln auch abgesetzt werden könnte.
- In der Abteilung für farbige Kugeln können **Überkapazitäten** entstehen. Möglicherweise müsste Personal entlassen werden.
- Als Folge der geringeren Anforderungen in der Kugelproduktion könnten die **Motivation** und die Zufriedenheit der Mitarbeiter aus der Abteilung für Vasen sinken.
- Das **Betriebsklima** kann sich verschlechtern, da die versetzten Mitarbeiter als Konkurrenten der bisherigen Arbeiter in der „Kugelabteilung" auftreten. Dies wäre unter anderem dann der Fall, wenn die versetzten Mitarbeiter aus der Vasenabteilung zum bisherigen Stundensatz entlohnt würden und damit ein starkes Lohngefälle entstehen würde. Zusätzlich hätten Lohnkürzungen für die Beschäftigten aus der Abteilung der Vasen eine stark demotivierende Wirkung.

- Bei einer Schließung der Abteilung entstehen **Liquidationskosten**. Damit wäre auch ein **Verlust von Know-how** verbunden (Herstellung höherwertiger Produkte).
- In der „Kugelabteilung" wären möglicherweise zusätzliche Produktionskapazitäten (Ausrüstung, Räume, usw.) notwendig, was die **Fixkosten erhöhen** würde.

c)
- **Erhöhung der Produktivität:**
  - Verbesserung der Produktionsanlagen (Investitionen),
  - Ausbildung der Mitarbeiter,
  - Lohnerhöhung,
  - Verbesserung des Arbeitsklimas.
- **Erhöhung der Wirtschaftlichkeit:**
  Im Prinzip können die gleichen Maßnahmen wie bei der Produktivität ergriffen werden. Bei Lohnerhöhungen ist allerdings zu beachten, ob die daraus entstehenden zusätzlichen Kosten durch entsprechende Ertragssteigerungen zumindest gedeckt werden können. Zudem kommt eine Erhöhung der Verkaufspreise in Frage, die eine Ertragssteigerung zur Folge hat. Voraussetzung dazu ist allerdings, dass die zusätzlich hergestellten Produkte auch abgesetzt werden können.

Beurteilung: Bei einer Gesamtrechnung können keine eindeutigen Aussagen gemacht werden, weil es unklar ist, wie sich die einzelnen Maßnahmen in Bezug auf die Kosten auswirken. Beispielsweise können Kosteneinsparungen durch eine höhere Produktivität der Mitarbeiter aus der Vasenabteilung durch die Kosten für neue Produktionsanlagen neutralisiert werden. Demzufolge muss die gesamte Kostenstruktur betrachtet werden.

L 29 Die Wirtschaftlichkeit hängt von verschiedenen Faktoren ab (z. B. Konjunktur, Werbung, Qualität), die Produktivität und die Verkaufspreise sind nur zwei davon. Offenbar sind die Aufwendungen für andere Produktionsfaktoren überproportional zur Produktivität der Mitarbeiter und zu den Verkaufspreisen gestiegen (z. B. durch teure Maschinen), sodass die positiven Effekte der Mitarbeiterproduktivität und der gestiegenen Verkaufspreise überkompensiert wurden.

L 30 a)
- Produktivität des Materialeinsatzes (Blech):

$$\frac{300 \text{ Dosen}}{50 \text{ kg Blech}} = \mathbf{6 \text{ Dosen/kg Blech}}$$

- Produktivität der Maschine:

$$\frac{1 \text{ Dose}}{2 \text{ Sekunden}} = \mathbf{1.800 \text{ Dosen/Stunde}}$$

b) Ausschuss bisher: 10 % von 50 kg = 5 kg
Ausschuss neu: 4 % von 50 kg = 2 kg

Gewicht einer Dose: $\frac{45 \text{ kg}}{300} = 0{,}150 \text{ kg}$

Anzahl Dosen neu: $\frac{48 \text{ kg}}{0{,}150 \text{ kg}} = 320 \text{ Dosen}$

- **Produktivität des Materialeinsatzes** (Blech):

$$\frac{320 \text{ Dosen}}{50 \text{ kg Blech}} = \mathbf{6{,}4 \text{ Dosen/kg Blech}}$$

- **Produktivität der Maschine:**

$$\frac{1 \text{ Dose}}{2{,}2 \text{ Sekunden}} = \mathbf{1.636 \text{ Dosen/Stunde}}$$

c) Die Einzelproduktivitäten entwickeln sich entgegengesetzt und eine Gesamtproduktivität lässt sich wegen der unterschiedlichen Mengeneinheiten nicht berechnen. Deshalb muss die Wirksamkeit der Produktivitätsveränderungen über die Veränderung der Wirtschaftlichkeit gemessen werden, um zu einer eindeutigen Aussage zu kommen. Teilaufgabe d) enthält das Resultat.

d) **Variante A:**

$$W = \frac{\text{Ertrag in €}}{\text{Aufwand in €}}$$

$$= \frac{300 \text{ Dosen} \cdot 0{,}3 \text{ €/Dose}}{50 \text{ kg} \cdot 1{,}2 \text{ €/kg} + 300 \text{ Dosen} \cdot 0{,}025 \text{ €/Sek.} \cdot 2 \text{ Sek./Dose}}$$

$$= \frac{90 \text{ €}}{75 \text{ €}} = \mathbf{1{,}2}$$

Variante B:

$$W = \frac{\text{Ertrag in €}}{\text{Aufwand in €}}$$

$$= \frac{320 \text{ Dosen} \cdot 0{,}3 \text{ €/Dose}}{50 \text{ kg} \cdot 1{,}2 \text{ €/kg} + 320 \text{ Dosen} \cdot 0{,}025 \text{ €/Sek.} \cdot 2{,}2 \text{ Sek./Dose}}$$

$$= \frac{96 \text{ €}}{77{,}6 \text{ €}} = \mathbf{1{,}24}$$

Variante B ist somit vorzuziehen.

e)
- Wie verändern sich weitere relevante Kosten (z. B. Lohnkosten)?
- Hat die Maschine durch die geringere Intensität eine größere Nutzungsdauer?
- Nimmt die Belastung der Arbeitskräfte zu? Entstehen dadurch möglicherweise höhere Fehlzeiten und Fluktuationsraten?
- Wie verändert sich die Qualität der Dosen?
- Wie wird das Ausschuss-Blech verwendet?

L 31 Die verwendeten Symbole sind:

P_H = Produktivität des Holzes
P_E = Produktivität der Energie
P_A = Produktivität der Arbeit
W_H = Wirtschaftlichkeit des Holzes
W_E = Wirtschaftlichkeit der Energie
W_A = Wirtschaftlichkeit der Arbeit
r = Rentabilität

a)

$$P_H = \frac{24.000 \text{ Stöcke}}{200 \text{ m}^3} = \mathbf{120 \text{ Stöcke/m}^3}$$

$$P_E = \frac{24.000 \text{ Stöcke}}{500.000 \text{ kWh}} = \mathbf{0{,}05 \text{ Stöcke/kWh}}$$

$$P_A = \frac{24.000 \text{ Stöcke}}{14.400 \text{ Std.}} = \mathbf{1{,}67 \text{ Stöcke/Std.}}$$

$$W_H = \frac{2 \text{ €/Stock} \cdot 24.000 \text{ Stöcke}}{200 \cdot 100 \text{ €}} = \mathbf{26{,}4}$$

$$W_E = \frac{22\ €/\text{Stock} \cdot 24.000\ \text{Stöcke}}{15.000\ €} = \mathbf{35{,}2}$$

$$W_A = \frac{22\ €/\text{Stock} \cdot 24.000\ \text{Stöcke}}{25\ €/\text{Std.} \cdot 8 \cdot 1.800\ \text{Std.}} = \mathbf{1{,}47}$$

b)

Umsatz		528.000 €
Holz	20.000 €	
Leim	1.000 €	
Energie	15.000 €	
Löhne	360.000 €	
Übrige Betriebskosten	68.000 €	
Gesamtkosten		464.000 €
Betriebsgewinn		64.000 €

Die Rentabilität beträgt: $\mathbf{r} = \frac{64.000\ €}{464.000\ €} = \mathbf{13{,}8\ \%}$

c)

- **Produktivitäten**

  P_H = konstant
  P_E = konstant

  $$P_A = \frac{24.000\ \text{Stöcke}}{13.500\ \text{Std.}} = \mathbf{1{,}78\ Stöcke/Std.}$$

  Die Produktivitäten des Holzes und der Energie bleiben konstant, diejenige der Arbeit erhöht sich von 1,67 auf **1,78 Stöcke/Std.**, was einer Zunahme von 6,6 % entspricht.

- **Wirtschaftlichkeiten**

  □ $$W_H = \frac{24\ €/\text{Stock} \cdot 24.000\ \text{Stöcke}}{200 \cdot 100\ €} = \mathbf{28{,}8}$$

  Die Wirtschaftlichkeit des Holzes erhöht sich von 26,4 auf **28,8** was einer Zunahme von 9,1 % entspricht.

  □ $$W_E = \frac{24\ €/\text{Stock} \cdot 24.000\ \text{Stöcke}}{20.000\ €} = \mathbf{28{,}8}$$

  Die Wirtschaftlichkeit der Energie sinkt von 35,2 auf **28,8**, was einer Verminderung von 18,2 % entspricht.

  □ $$W_A = \frac{24\ €/\text{Stock} \cdot 24.000\ \text{Stöcke}}{26\ €/\text{Std.} \cdot 13.500\ \text{Std.}} = \mathbf{1{,}64}$$

  Die Wirtschaftlichkeit der Arbeit erhöht sich von 1,47 auf **1,64**, was einer Zunahme von 11,6 % entspricht.

d)

Umsatz		576.000 €
Holz	20.000 €	
Leim	1.000 €	
Energie	20.000 €	
Löhne	351.000 €	
Übrige Betriebskosten	68.000 €	
Gesamtkosten		460.000 €
Betriebsgewinn		116.000 €

Die Rentabilität beträgt:

$$r = \frac{116.000\ €}{464.000\ €} = \mathbf{25{,}0\ \%}$$

Die Rentabilität steigt von 13,8 % auf 25,0 %, was einer **Zunahme** von **81,2 %** entspricht.

L 32 a)

- **Produktivität – Wirtschaftlichkeit:** Eine hohe Produktivität garantiert noch keine Wirtschaftlichkeit, weil die Produktivität nur die Leistungsfähigkeit (Effizienz), nicht aber die Leistungswirksamkeit (Effektivität) zum Ausdruck bringt. Beispiel: effiziente Produktion von Konsumgütern, die nicht abgesetzt werden können.
- **Produktivität – Rentabilität:** Es gilt die gleiche Begründung wie im Verhältnis Produktivität – Wirtschaftlichkeit.
- **Wirtschaftlichkeit – Rentabilität:** Eine hohe Wirtschaftlichkeit garantiert noch keine hohe Rentabilität. Letztere hängt immer auch von der Höhe des Kapitaleinsatzes ab. Die Rentabilität kann somit auch bei gleich bleibender Wirtschaftlichkeit unterschiedlich hoch sein, wie das folgende Beispiel zeigt:

Unternehmen / Größen	A	B	C	D	E	F
Ertrag	1,2	2,4	1,2	2,4	1,3	2,6
Aufwand	1	2	1	2	1	2
Wirtschaftlichkeit	1,2	1,2	1,2	1,2	1,3	1,3
Gewinn	0,2	0,4	0,2	0,4	0,3	0,6
Kapital	4	4	2	2	10	10
Rentabilität	5 %	10 %	10 %	20 %	3 %	6 %

b) Zwischen Liquidität und Rentabilität besteht i. d. R. eine **konkurrierende Zielbeziehung**. Die Sicherung der Liquidität (Fähigkeit, fällige Zahlungsverpflichtungen jederzeit uneingeschränkt erfüllen zu können) kann bspw. eine erhöhte Kassenhaltung notwendig machen. Diese erhöhte Kassenhaltung bedeutet gleichzeitig einen Verzicht auf rentablere Anlagemöglichkeiten (z. B. Festgeld) und bewirkt somit eine Minderung des Rentabilitätsziels.

Marketing

Grundlagen

L 1

Merkmale / Phasen	Art des Markts (Käufer-/Verkäufermarkt)	Aufgaben des Marketings	Einsatz der Marketinginstrumente
Produktionsorientierung	Die Nachfrage nach Gütern überstieg deren Angebot. Alles, was produziert wurde, konnte mühelos verkauft werden. Es handelt sich um einen **Verkäufermarkt:** Die Anbieter bestimmten, was und in welcher Weise produziert wurde.	Konzentration auf: ■ Beschaffung der teilweise schwer erhältlichen Rohstoffe, ■ kostengünstige Produktion **(Primat der Produktion).**	Im Zentrum standen die Instrumente der Beschaffung und der Produktion. Instrumente der Marktforschung waren nicht existent.

Verkaufs-orientierung	Zunehmende Spezialisierung und technischer Fortschritt führten zu einer Marktsättigung und somit zu sinkenden Preisen, Überkapazitäten, Konkursen, Arbeitslosigkeit und einem veränderten Konsumverhalten. Es konnte nicht mehr die ganze Produktion abgesetzt werden, ohne auf die Bedürfnisse der Konsumente zu achten **(Käufermarkt).**	Die Orientierung verschob sich von der Produktion zum Absatz **(Primat des Absatzes).** Die Absatzabteilung hatte primär die Aufgabe, mit den verfügbaren Mitteln die produzierten Güter abzusetzen.	Die Marketinginstrumente richteten sich auf das „Vermarkten" von Gütern und Dienstleistungen. Mögliche Maßnahmen zur Umsatzsteigerung: ▪ Preissenkungen ▪ Werbung ▪ Einsatz von Markennamen ▪ Ausbau und Verbesserung des Aussendiensts
Markt-orientierung	Man gelangte zur Erkenntnis, dass es nicht mehr genügte, qualitativ hochwertige Produkte kostengünstig herzustellen. Es sollte vielmehr nur noch produziert werden, was sich auch absetzen lassen würde bzw. tatsächlich nachgefragt wurde.	Ausgangspunkt sind die Bedürfnisse des Markts, auf die sich sowohl die Produktion als auch der Absatz auszurichten haben **(Primat des Markts).** Die Bedürfnisse der potenziellen Kunden treten ins Zentrum aller Überlegungen.	Entwicklung von Instrumenten zur Erhebung von Kundenbedürfnissen (Geburtsstunde der Marktforschung). Durch die Notwendigkeit zur Ausrichtung von Produktion und Absatz auf den Markt ist Marketing nicht mehr nur eine einzelne unternehmerische Funktion, sondern eine Denkhaltung, welche alle Unternehmensfunktionen einbeziehen muss.
Umwelt-orientierung	Steigende Ansprüche unterschiedlicher Anspruchsgruppen an die Unternehmen. Durch einen steigenden Organisationsgrad können die Stakeholder bei Nichteintreten auf ihre Forderungen zunehmend Druck ausüben.	Zusätzliche Berücksichtigung der Bedürfnisse von Arbeitnehmern, Kapitalgebern, Lieferanten und des Staates sowie von gesellschaftlichen und ökologischen Aspekten im unternehmerischen Handeln.	Erweiterung der Marketinginstrumente um solche zur Implementierung und Pflege eines möglichst umfassenden Dialogs mit den Stakeholdern bzw. zur nachhaltigen Berücksichtigung von deren Anliegen.
Customer Relationship Management	Veränderte gesellschaftliche und ökonomische Rahmenbedingungen wie Globalisierung der Märkte, sich verkürzende Produktlebenszyklen, zunehmende Bedeutung von Serviceleistungen, differenzierte Wünsche der Konsumenten und neue Informations- und Kommunikationstechnologien führten zur Notwendigkeit des systematischen Aufbaus und der Pflege von Kundenbeziehungen.	Im Mittelpunkt des Customer Relationship Management stehen die Kundenbindung und -loyalität. Zu deren Förderung und Erhaltung ist es notwendig, sämtliche Geschäftsprozesse auf den Kunden auszurichten.	Die Marketinginstrumente müssen eine optimale Gestaltung der Beziehungsphasen (Ansprechen, Gewinnen, Informieren, Bedienen, Pflegen und Rückgewinnen von Kunden) gewährleisten.

L 2 Güter und Dienstleistungen werden tendenziell austauschbarer. Um die Kunden an das eigene Unternehmen zu binden, muss ihnen ein besonderer **Zusatznutzen** geboten werden. Dieser wird am besten über einen hervorragenden Service realisiert. Kundenbindung und Kundenloyalität können beispielsweise mit folgenden **Maßnahmen** erhöht werden:

- **Informationsveranstaltungen:** Info-Abende, Kurse, Kundenseminare, Kongresse,
- **Beratung und Bedienung:** individuelle, umfassende und möglichst objektive Verkaufsberatung, bedürfnisorientierte Leistungserstellung, Anwendungsberatung,
- **Leistungsübernahme:** Informationssuchdienst, Dokumentationsdienst, Verpackungsdienst, Versicherungsdienst (z. B. Brillenversicherung beim Optiker),
- **Wartung und Garantieleistungen:** Nachkaufbetreuung, Kundendienst, Instandhaltung, Pflege, Reinigung, Reparatur, Ersatz,
- **Umweltservice:** Rücknahme und Entsorgung von Altgeräten,
- **Treueangebote:** Spezialangebote für Stammkunden, Treuebonus, -prämien,
- **Clubs:** Bonus-Club (z. B. Flugmeilen), Hobby-Club (z. B. Harley-Davidson Community),
- **Kundenveranstaltungen:** Tag der offenen Tür, Jubiläum, Konzert, Sportveranstaltung, Hausmesse, Strassenfest, Grillfest mit Kunden, Familientag,
- **Direktmailing:** Werbebriefe zu besonderen Aktionen, Einladungen, Preisausschreiben,
- **Telefonmarketing:** Zufriedenheitsumfrage, Beratungs-Hotline, Bestellannahme,
- **Neue Medien:** Online-Dienste, eigene Homepage, CD-ROM, Kunden-Mailbox,
- **Verkaufsförderung im Handel:** Displays, Dekorationsservice, Messeunterstützung, Werbeunterstützung, Prämien für Empfehlungen,
- **Beschwerdemanagement:** Organisatorische Einrichtungen zur Beschwerdeannahme und -weiterleitung, Stellungnahme gegenüber dem Kunden, Wiedergutmachung bei mangelhafter Leistungserstellung (Reparatur, Austausch, Rückerstattung), Berücksichtigung von Beschwerden und Verbesserungsvorschlägen der Kunden in der zukünftigen Leistungserstellung.

L 3 **a)** Bei der **Kundenorientierung** sind die Kunden und deren Bedürfnisse Ausgangspunkt der unternehmens- und marketingpolitischen Entscheidungen. Es gilt die Kundenbedürfnisse zu ermitteln und die Zielgruppen zu bestimmen. Daraufhin erfolgt der differenzierte Einsatz der Marketing-Instrumente in Bezug auf Produkt, Distribution, Kommunikation und Konditionen. Abschließend erfolgt die Kontrolle der dabei erzielten Resultate durch die Konsumentenforschung.

b)

- **Vorteile** einer starken Ausrichtung auf Kundenwünsche:
  - Der Kunde bleibt länger treu.
  - Der Kunde bevorzugt neue Produkte des Unternehmens oder der Marke, der er sich verbunden fühlt.
  - Der Kunde denkt und spricht gut über das Unternehmen und seine Produkte.
  - Der Kunde beachtet Marken, Werbe- und Preisangebote der Konkurrenz weniger stark.
  - Der Kunde bietet dem Unternehmen gern neue Ideen zu Produkt und Service an.
  - Der Kunde ist kostengünstiger zu betreuen, da Transaktionen mit ihm zur Routine werden.
- **Nachteil** einer starken Kundenorientierung ist eine Ausrichtung auf möglicherweise instabile Kundenbedürfnisse, da das Konsumentenverhalten vielen Einflussfaktoren unterliegt, die nicht alle vom Unternehmen kontrolliert werden können. Werden die Transaktionen zur Routine, so kann der Kunde überdies das Gefühl mangelnder Wertschätzung bekommen.

c) Durch eine ausgeprägte **Kundenorientierung** wird bezweckt, alle unternehmerischen Entscheidungen und Handlungen wie auch deren Auswirkungen auf den Kunden auszurichten. Der Grad der Kundenorientierung entscheidet in hohem Maß über den Erfolg des Unternehmens, da durch hohe Kundenorientierung und effizientes Customer-Relationship-Management langfristige und profitable Kundenbeziehungen aufgebaut werden können, die dem Unternehmen ein hohes Maß an Planungssicherheit ermöglichen. Die Konkurrenzbeobachtung durch Benchmarking liefert wertvolle Informationen über den Grad der Kundenorientierung, der notwendig ist, um wettbewerbsfähig zu bleiben. Demzufolge ist die Kundenorientierung für jedes Unternehmen wichtig, da ansonsten wertvolle Informationen über relevante Marktentwicklungen verloren gehen und die Produkte irgendwann nicht mehr den Bedürfnissen der Kunden entsprechen.

L 4 Die vier **Grundverhaltenstypen** bezüglich Kaufentscheidungen sind:

- **Rationalverhalten:** Der Käufer handelt als homo oeconomicus. Er stellt mehrere Alternativen auf und wählt diejenige, die seinen Nutzen maximiert.
- **Gewohnheitsverhalten:** Das Verhalten des Käufers richtet sich nach seinen bisherigen Erfahrungen. Er handelt nach routinemäßigen Entscheidungen.
- **Impulsverhalten:** Der Käufer fällt spontane Entscheidungen nach den augenblicklichen Gefühlen und Eingebungen.
- **Sozial abhängiges Verhalten:** Die Entscheidungen werden aufgrund der Wertvorstellungen seiner Umwelt (Freunde, Mitarbeiter, berühmte Personen) getroffen.

Die **Bedeutung** der verschiedenen Typen von Kaufentscheidungen für das Unternehmen liegt darin, dass die Art der Kaufentscheidungen die Auswahl und Ausprägung der einzelnen Marketing-Instrumente determiniert. Beispielsweise kann in der Kommunikationspolitik die Werbebotschaft für die verschiedenen Verhaltenstypen folgendermaßen gestaltet werden:

- Beim **Rationalverhalten** stehen Sachinformationen im Vordergrund:
  - Eigenschaften des Produkts,
  - Nutzen des Produkts,
  - Vorteile des Produkts,
  - Bedingungen des Verkaufs, vor allem der Preis,
  - besondere Leistungen, die mit dem Produkt verbunden sind.
- Beim **Gewohnheitsverhalten** wird der potenzielle Kunde durch Erinnerungswerbung angesprochen:
  - Namen des Produkts,
  - Erhältlichkeit des Produkts,
  - Bedürfnisse, die mit dem Produkt verbunden sind.
- Beim **Impulsverhalten** sind emotionale Informationen wichtig, die zu Affektkäufen führen.
- Das **sozial abhängige Verhalten** kann sich ein Unternehmen zu eigen machen, indem der Status des Produkts hervorgehoben wird. Dazu können bekannte Benutzer und Benutzerinnen mit dem Produkt in Verbindung gebracht werden.

L 5 **a)** Unter **Marktsegmentierung** versteht man die Aufteilung des Gesamtmarktes in homogene Käufergruppen nach verschiedenen Kriterien. Dabei sollen die Marktsegmente in sich weitestgehend homogen, aber im Verhältnis zu anderen Käufergruppen möglichst heterogen sein, um eine Abgrenzung zwischen den einzelnen Segmenten zu ermöglichen und zu erleichtern.

Voraussetzungen sind:

- **Messbarkeit:** Die Segmente müssen messbar sein, um die nötigen Daten für einen erfolgreichen Einsatz der Marketing-Instrumente zu liefern.
- **Kausalzusammenhang:** Es muss ein eindeutiger Zusammenhang zwischen den Segmentierungskriterien und den Eigenschaften des Produktes, das die Bedürfnisse des Zielmarktes abdecken soll, bestehen.
- **Entscheidungsträgerorientierung:** Der Käufer ist in der Regel nicht der Einzige, der an der Verkaufsentscheidung beteiligt ist. Deshalb sind die Merkmale aller Kaufbeeinflusser zu berücksichtigen.
- **Segmentgröße:** Das zu bearbeitende Segment sollte so groß sein, das sich ein eigenes Marketingprogramm lohnt.
- **Konstanz:** Die Eigenschaften des Segmentes sollten über eine längere Zeit hinweg Bestand haben.

b) Beispiele möglicher **Abgrenzungskriterien** sind:

- Geografische Segmentierung: Region, Nation.
- Demografische Segmentierung: Alter, Geschlecht, Beruf.
- Sozialpsychologische Segmentierung: Lebensstil, Kontaktfähigkeit, Werthaltung, soziale Schicht.
- Verhaltensbezogene Segmentierung: Art der Freizeitgestaltung, Trinkgewohnheiten.

c) **Schwierigkeiten:** Es ist sehr schwierig, die einzelnen Märkte klar voneinander abzugrenzen, da sich die verschiedenen Marktsegmentierungskriterien überschneiden. Mit zunehmendem Detaillierungsgrad der Segmentierungskriterien geht die Messbarkeit der Daten schnell verloren. Wegen der dabei abnehmenden Segmentgröße wird es problematisch, spezifische Marketingprogramme für die einzelnen Segmente zu realisieren.

Maßnahmen: Sämtliche Marketing-Instrumente müssen auf klar definierte Zielgruppen, bzw. Marktsegmente ausgerichtet werden (z. B. Bier als geschmackvolles Getränk für Genießer).

L 6 Mögliche **Marktsegmentierung:**

Segmentierung / Produkt	geografisch	demografisch	psychografisch	verhaltensbezogen
Waschmittel	**Absatzgebiete:** ■ mit hohen Wasserhärtegraden, ■ mit niedrigen Wasserhärtegraden	**Einkommen:** ■ Markenwaschmittel, ■ No-Name-Produkt **Geschlecht:** ■ männlich, ■ weiblich	**Werthaltung:** ■ ökologiebewusst, ■ nicht ökologiebewusst **Lebensstil:** ■ Vielverbraucher, ■ Wenigverbraucher, ■ Gelegenheitsverbraucher	**Gewohnheiten:** ■ Bevorzugung flüssiger Waschmittel, ■ Bevorzugung pulverförmiger Waschmittel **Kaufmotive:** ■ qualitätsbewusst, ■ preisbewusst, ■ gleichgültig **Verwenderstatus:** ■ Erstverwender, ■ regelmäßige Verwender
Tierfutter	**Absatzgebiete:** ■ warme Regionen, ■ kalte Regionen (hat Auswirkungen auf die Verpackung)	**Einkommen:** ■ kaufkräftig, ■ kaufschwach	**Temperament:** ■ prestigeorientiert, ■ gleichgültig	**Kaufmotive:** ■ qualitätsbewusst, ■ preisbewusst, ■ gleichgültig
Haushaltskaffee	**Absatzgebiete:** ■ regionale Bevorzugung von Tee, ■ regionale Bevorzugung von Kaffee	**Einkommen:** ■ Markenkaffee, ■ No-Name-Produkt **Geschlecht:** ■ männlich, ■ weiblich	**Genussverhalten:** ■ prestigeorientiert, ■ gleichgültig, ■ modern	**Kaufmotive:** ■ qualitätsbewusst, ■ preisbewusst, ■ gleichgültig
Autoreifen	**Absatzgebiete:** ■ Winterregion, ■ Sommerregion	**Einkommen:** ■ kaufkräftig, ■ kaufschwach **Geschlecht:** ■ männlich, ■ weiblich	**Temperament:** ■ prestigeorientiert, ■ gleichgültig **Werthaltung:** ■ innovativ, ■ traditionsbewusst	**Kaufmotive:** ■ qualitätsbewusst, ■ preisbewusst, ■ gleichgültig **Verwenderstatus:** ■ Erstverwender, ■ regelmäßiger Verwender

L 7

- Das **Marktvolumen** ist der effektiv erzielte oder prognostizierte Umsatz eines bestimmten Produkts. Berücksichtigt werden die Kundengruppe, das geografische Gebiet, die Zeitperiode, die Umweltbedingungen und der Einsatz der jeweiligen Marketing-Instrumente.
- Der **Marktanteil** ist das von einem Unternehmen realisierte Absatzvolumen in Prozenten des Marktvolumens.

a)

- Marktanteil Unternehmen A $= \frac{100.000}{250.000} \cdot 100 = \mathbf{40\ \%}$
- Marktanteil Unternehmen B $= \frac{150.000}{250.000} \cdot 100 = \mathbf{60\ \%}$

b)

- Marktanteil Unternehmen A $= \frac{100.000}{100.000 + 2 \cdot 150.000} \cdot 100 = \mathbf{25\ \%}$
- Marktanteil Unternehmen B $= \frac{2 \cdot 150.000}{100.000 + 2 \cdot 150.000} \cdot 100 = \mathbf{75\ \%}$

c) Sowohl bei Teilaufgabe a) als auch bei b) wurde ein direkter Zusammenhang zwischen den Marketing-Ausgaben und dem Umsatz unterstellt, also ein proportionales Verhältnis zwischen den beiden Größen. Bei b) wurde jedoch die unterschiedliche Wirksamkeit der Marketing-Ausgaben berücksichtigt. Ansonsten wurden die restlichen Einflussfaktoren auf die Erhöhung der Marktanteile konstant gehalten.

L 8

a) Das **Marktvolumen** ist der effektiv erzielte oder prognostizierte Umsatz eines bestimmten Produkts. Berücksichtigt werden die Kundengruppe, das geografische Gebiet, die Zeitperiode, die Umweltbedingungen und der Einsatz der jeweiligen Marketinginstrumente.

- Marktvolumen: 92 % von 200 Mio. € = **184 Mio. €**

b) Der **Marktanteil** ist das von einem Unternehmen realisierte Absatzvolumen in Prozenten des Marktvolumens.

- Marktanteil: $\frac{15 \text{ Mio. €}}{184 \text{ Mio. €}} = \mathbf{8{,}15\ \%}$

Marktforschung

L 9 a)

Art der Infogewinnung / Merkmal	Primärmarktforschung	Sekundärmarkforschung
Anlass	für spezielle Fragestellungen	oft Ausgangspunkt für Primärmarktforschung
Informationsmaterial	wird eigens erhoben	steht bereits zur Verfügung (bestehende Marktforschungsdaten, allgemeine Veröffentlichungen)
Orientierung	gegenwarts- und zukunftsgerichtet, z. B. Einführung neuer Produkte	vergangenheitsgerichtet, z. B. Zuwachsrate von Kleinkrediten
Zeitaufwand	hoch wegen Spezialisierung	niedrig
Kosten	relativ hoch	relativ niedrig
Durchführung	durch externe Forschungsinstitute	durch Unternehmen selbst, aufgrund betriebsinterner und externer Quellen

b) **Beispiele:**

- Primärmarktforschung: Labortest zur Bestimmung der Duftnote eines Parfüms,
- Sekundärmarktforschung: Bestimmung der Auflagenhöhe eines Lehrbuchs aufgrund der Anzahl der Studienanfänger an den deutschen Hochschulen.

L 10 a) Das **standardisierte Interview** kann folgendermaßen charakterisiert werden:

- Persönliche Befragung,
- Wortlaut der Fragen vorgegeben,
- Reihenfolge der Fragen genau festgelegt,
- Aufgabe des Interviewers beschränkt sich auf das Vorlesen der Fragen und das genaue Festhalten der Antworten.

b) Das standardisierte Interview wird am besten eingesetzt bei
- mittlerer Qualifikation des Interviewers,
- allen Fragestellungen, wobei geschlossene Fragen dominieren,
- bei längerer Interviewdauer evtl. beim Interviewten zuhause.

c) Mittelbare Einflussmöglichkeiten des Interviewers sind:
- Interpretationsmöglichkeiten bei Verständnisfragen,
- Hervorhebung und Betonung einzelner Textstellen.

Insgesamt gibt es nur geringe Einflussmöglichkeiten. Die Objektivität der Informationen ist somit gegeben.

L 11

- **Begriffe**
  - □ **Strukturiertes, geleitetes Interview:**
    - Der Fragenkatalog dient als Leitfaden.
    - Der Interviewer kann die Reihenfolge der Fragen ändern, Fragen weglassen oder zusätzliche Fragen stellen.
  - □ **Standardisiertes Interview:**
    - Wortlaut der Fragen ist genau festgelegt.
    - Reihenfolge der Fragen ist genau vorgegeben.

  Beides sind persönliche Befragungsarten.
- **Kriterien für die Wahl der Befragungstechnik**
  - □ Ziele der Befragung.
  - □ Qualität und Qualifikation der Interviewer: z.B. Zuverlässigkeit der Befrager, Einfluss der Befrager.
  - □ Qualität und Qualifikation der Befragten: z.B. geleitetes Interview für Expertenbefragungen.
  - □ Kosten der Befragung: Geleitete Interviews sind teurer.
  - □ Thema: Ist das Thema einfach oder kompliziert? Bestehen sprachliche Schwierigkeiten?
  - □ Zeit: Geleitetes Interview braucht viel Zeit.
- **Wahl**

  Bei einer Befragung von 350 Hausfrauen sind aus folgenden Gründen eher **standardisierte Interviews** vorzuziehen:
  - □ große Anzahl von Befragten,
  - □ Zeitaufwand für geleitete Interviews sehr groß,
  - □ Kosten für geleitete Interviews sehr hoch,
  - □ Thema wahrscheinlich eher einfach, keine Expertenbefragung.

L 12 a) Von **Beobachtung** spricht man, wenn das Verhalten von Personen ohne Beeinflussung der Situation untersucht wird. Es wird versucht, bei einer beschränkten Anzahl von Versuchspersonen durch die Beobachtung psychischer und physischer Veränderungen sowie Verhaltensreaktionen objektive Sachverhalte festzustellen.

b) Die Beobachtung **empfiehlt sich** in folgenden Fällen:

- Zur Feststellung äußerlich wahrnehmbarer Sachverhalte, z.B. das Verhalten der Versuchsperson bei Blindtests von Lebensmitteln.
- Zur Vermeidung störender Einflüsse durch Dritte (es empfiehlt sich der Einsatz von durchsichtigen Spiegeln oder Filmkameras).

Grundsätzlich können die Beobachtungen als Feldbeobachtungen (natürliche Bedingungen) oder Laborbeobachtungen (künstlich geschaffene Bedingungen) durchgeführt werden.

c) Folgende **Probleme** sind im Zusammenhang mit der Beobachtung als Erhebungstechnik zu berücksichtigen:

- Ein **übergreifendes Problem** besteht darin, dass nur eine beschränkte Anzahl von Personen beobachtet werden kann. Damit stellt sich die Frage nach der **Repräsentativität** der Untersuchung.
- **Spezifische Probleme** sind:
  - **Feldbeobachtung** (z.B. Verhalten am Kiosk): Bestehen Umwelteinflüsse? Ist der oder die Beobachtete ein Einzelfall?
  - **Laborbeobachtung:** Können natürliche Bedingungen simuliert werden?
  - **Teilnehmende Beobachtung** (z.B. Kunde als Beobachter): Entspricht der Beobachter einem „durchschnittlichen" Kunden? Inwieweit beeinflusst das Auftreten des Beobachters den oder die Beobachtete?
  - **Offene Befragung:** Kann sich die untersuchte Person bei Kenntnis des Zweckes noch „neutral" verhalten?

L 13 a) Der Testmarkt sollte in Bezug auf die Struktur (z.B. Bevölkerungsschichten, Zielgruppe, Segmentierungsmerkmale) möglichst mit dem Markt identisch sein, in dem man in Zukunft tätig sein will.

b)

- Die Testdauer ist zu kurz. Es werden nur Neugier- und Spontankäufe berücksichtigt.
- Der Zeitpunkt kann falsch gewählt worden sein.
- Ungenügender oder falscher Einsatz der Marketing-Instrumente kann falsche Resultate liefern.
- Die Anforderungen an den Testmarkt werden nicht erfüllt, weil er nicht repräsentativ für den gesamten Markt ist.

c) Die Zuordnung der Resultate auf die einzelnen Variablen, im vorliegenden Fall auf die Verpackung, ist schwierig. Welche Variablen hatten welchen Einfluss auf die Ergebnisse? Lassen sich die Ergebnisse überhaupt auf den Gesamtmarkt übertragen?

d) Die Beantwortung dieser Frage ist abhängig von der Bedeutung, die der Verpackung im gesamten Marketing-Mix zukommt. Im vorliegenden Fall kann auf die Durchführung eines Markttests **verzichtet** werden. Es bieten sich andere Möglichkeiten, die kostengünstiger sind und mit denen bessere und aussagekräftigere Informationen gewonnen werden können, z. B. Befragungen mit verschiedenen Verpackungsarten.

L 14 a) Bei einem **Markttest** werden auf einem geografisch begrenzten und gut abgrenzbaren Teilmarkt, dem sogenannten Testmarkt, entweder ein neues Produkt (= Produkt-Markttest) oder ein einzelnes Element des Marketing-Mix (= Marketing-Instrument-Markttest) vor dem endgültigen Einsatz erprobt. Der Testmarkt sollte dabei möglichst die gleiche Struktur aufweisen wie der Gesamtmarkt, um richtige Schlüsse aus den Teilresultaten ziehen zu können.

b)

- Ein Markttest für **Investitionsgüter** zeichnet sich wie folgt aus:
  - Ein Prototyp wird extern von Spezialisten, Händlern und Kunden beurteilt.
  - Das Produkt wird zur Verfügung gestellt oder an Messen vorgeführt.
  - Im Vordergrund des Marketing-Mix stehen eher technische Eigenschaften wie z. B. Qualität, Funktionsfähigkeit, Leistung und Technik.
- Ein Markttest für **Konsumgüter** zeichnet sich wie folgt aus:
  - Es wird ein Teilmarkt abgegrenzt, der möglichst die gleiche Struktur wie der Gesamtmarkt aufweisen sollte.
  - Es werden der vollständige oder die wichtigsten Teile des Marketing-Mix erprobt.
  - Im Vordergrund des Marketing-Mix stehen eher konsumorientierte Eigenschaften wie z. B. Verpackung, Design und Werbebotschaft.

c) Ein erfolgreicher Markttest garantiert nicht immer einen Markterfolg:

- Die Struktur der beiden Märkte (Testmarkt und realer Markt) ist ungleich, z. B. Altersstruktur, Bedürfnisse, kulturelle Werte.
- Die Testphase war eventuell zu kurz. Es wurden beispielsweise nur Spontan- und Erstkäufe berücksichtigt.
- Bei großen Zeitspannen zwischen dem Markttest und der Markteinführung können sich die Bedürfnisse und die Bedingungen geändert haben.
- Die Anstrengungen der Konkurrenz schwächen die Marktstellung des Produkts.

L 15

- **Objektivität:** Unter Objektivität wird die Unabhängigkeit des Untersuchungsgegenstandes (Objekt) von (bewussten oder unbewussten) Einflüssen der Untersuchungsperson (Subjekt) verstanden. Probleme ergeben sich durch den unterschiedlichen Grad der Einflussnahme, der durch die Wahl der Marktforschungsmethode determiniert wird.
- **Reliabilität:** Reliabilität bedeutet die Zuverlässigkeit einer Messung (z. B. Genauigkeit im Sinne einer Reproduzierbarkeit der Werte bei wiederholter Messung). Die Stabilität und Konsistenz von Messresultaten ist besonders gefährdet, wenn Vorgehensweisen und Interpretation unvollständig dokumentiert sind. Der Verzicht auf eine Kontrollerhebung schränkt die Reliabilität ebenfalls ein.
- **Validität:** Der Begriff Validität beschreibt, ob ein Verfahren auch wirklich misst, was es zu messen vorgibt. Ist kein kausaler Zusammenhang zwischen dem Messergebnis und den konkreten Merkmalen, die untersucht wurden, vorhanden, so sind die Ergebnisse nicht valide.

L 16

- **Bedeutung der Farbe:** Die Wahl der Farbe ist primär abhängig von der Idee, die hinter dem Produkt steht. Jede Farbe hat eine symbolhafte Bedeutung. Zum Beispiel entspricht das Image „elegant/exklusiv“ den Farben gelb oder braun.
- **Produkt als Teil des Marketing-Mix:** Die Farbe muss mit dem übrigen Marketing-Mix in Einklang stehen.
- **Abgrenzung von der Konkurrenz:** Das Produkt muss sich gegenüber der Konkurrenz abgrenzen.
- **Wahl des Segments:** Es wäre vielleicht interessant, ein bestimmtes Segment auszuwählen, das noch nicht bearbeitet wird, und die Farbe diesem Segment anzupassen.

L 17 a)
- **Qualitative Methoden:** Der zukünftige Umsatz wird geschätzt durch:
  - Geschäftsleitung,
  - Vertreter im Außendienst,
  - Befragung von Händlern,
  - Befragung von Endverbrauchern.
- **Quantitative Methoden** beruhen auf statistischen und mathematischen Verfahren, z.B. die Methode der exponentiellen Glättung. Die Grundidee ist die Verknüpfung von festgestellten Ergebnissen mit der Zeit, wie etwa die Umsatzentwicklung in Abhängigkeit von der Zeit.

b)
- **Vorteile** der qualitativen Methode:
  - einfacher, weniger Probleme mit der Datengewinnung,
  - kostengünstiger,
  - täuscht nicht eine Genauigkeit vor, die häufig nicht vorhanden ist.
- **Nachteile** der qualitativen Methode:
  - ungenau,
  - Einfluss subjektiver Wertvorstellungen der schätzenden Person.

Die Vor- und Nachteile der quantitativen Absatzprognosen verhalten sich spiegelbildlich zu denjenigen der qualitativen Methoden.

Produktpolitik

L 18 a) Unter dem Begriff **Sortiment** versteht man das Leistungsangebot eines Handelsunternehmens. Analog zur Programmtiefe und -breite werden die beiden Begriffe Sortimentstiefe und -breite verwendet. Ein Artikel ist die kleinste Einheit des Sortiments, wobei sich jeder Artikel durch mindestens ein Merkmal (z.B. Farbe, Größe) von jedem anderen Artikel unterscheidet. Ähnliche Artikel werden in Sorten und ähnliche Sorten werden in Warengruppen zusammengefasst, wodurch sich im Sortiment eine klare Struktur ergibt.
Für ein Handelsunternehmen ist die Zahl der Artikel im Sortiment eine maßgebliche Größe, die über Umfang der Verkaufsfläche, Kapitalbedarf und Aufwand für die Sortimentspflege entscheidet.

b) **Einflussfaktoren** auf die Sortimentsgestaltung sind z. B.:

- Heterogenität des Käufermarktes,
- Kapitalbedarf (z. B. aufgrund von Lagerkosten),
- Pflegeaufwand,
- zur Verfügung stehender Umfang der Verkaufsfläche.

c)
- **Komplementarität:** Die Produkte befriedigen zusammen ein Bedürfnis. Beispiele sind:
  - Ski und Skibindungen,
  - Tennisschläger und Tennisbälle,
  - Tintenstrahldrucker und Farbkartuschen derselben Marke.
- **Substitutionalität:** Die Produkte befriedigen zusammen ein Bedürfnis. Beispiele sind:
  - Zwei verschiedene Zigarettenmarken,
  - zwei verschiedene Zahnpasten,
  - Butter und Margarine.

Ziele des Anbieters: Bei den komplementären Gütern wird eine Umsatzsteigerung durch den Kauf eines der beiden Güter angestrebt, während bei substitutionalen Gütern möglichst viele Bedürfniskategorien abgedeckt werden sollen. In Bezug auf die **Sortimentspolitik** können zwei Fälle unterschieden werden:

- **Produzenten** tendieren eher zur Produktion komplementärer Güter, um den Umsatz zu steigern.
- **Händler** bevorzugen substitutionale Güter, um ein breites Sortiment anbieten zu können und damit eine weit gehende Bedürfnisbefriedigung zu erreichen.

L 19 Grund- und Zusatznutzen zeigen sich in den Elementen bzw. Dimensionen eines Produktes, die gestaltbar sind:

- Der **Produktkern** stellt das eigentliche Produkt dar, dessen physikalische Substanz, und zeichnet sich durch seine funktionale Eigenschaften aus. Er bietet dem Käufer den Grundnutzen, den dieser aus dem Gebrauch des Objektes ziehen kann und beinhaltet die technisch-ökonomische Dimension.
- Der **Marketing-Überbau** beinhaltet die sozialpsychologische Dimension und vermittelt den Zusatznutzen. Er besteht aus den Elementen Form, Verpackung, Markierung und Umweltbeeinflussung.

Beispiele:

Art des Nutzens / Dienstleistung	Grundnutzen	Zusatznutzen
Bankschalter	▪ Einzahlungen, ▪ Überweisungen erledigen	▪ Beratung, ▪ persönliche Beziehung und Kontakt
Chemische Reinigung	▪ Kleider reinigen	▪ Reinigungsberatung, ▪ Gratis-Kleiderbügel, ▪ Plastikverpackung zum Schutz der Kleidung

L 20 a) **Generika** zeichnen sich durch folgende Merkmale aus:

- Keine oder nur angedeutete Nennung des Herstellers,
- einfache, sachliche Beschriftung,
- einheitlicher Schrifttyp,
- tiefer Preis (bis zu 50 % unter dem Preis für den entsprechenden Markenartikel),
- Schaffung eines bestimmten Images durch die einheitliche Gestaltung aller No-Name-Produkte desselben Unternehmens.

b) Mögliche **Gründe** für den Erfolg von Generika sind:

- Zunehmende Akzeptanz,
- billiger Preis,
- gute Platzierung in Verkaufsgestellen,
- fehlende Abwehrhaltung von Produzentenseite,
- Produzenten von Markenartikeln beteiligen sich an Generika-Unternehmen, so dass sie am Erfolg von Generika-Produkten partizipieren können.

L 21 a) Phasen des Produktlebenszyklus:

Kriterium / Phase	Umsatz	Gewinn	Marktvolumen	Konkurrenz-situation
Einführungs-phase	kleine Umsätze	Verlustzone	bei monopolähnlicher Stellung des neuen Produkts: kleines (realisiertes) Markt-volumen	
Wachstums-phase	starke Umsatz-zunahme	hohe Preise bringen hohe Gewinne	sinkender Markt-widerstand bei steigendem Markt-volumen	Preiskampf mit neuen Konkurrenten
Reifephase	sinkende Wachs-tums-rate	sinkende Gewinne	Marktvolumen nähert sich der Marktkapazität	Kampf um Markt-anteile, Preis-kampf, Produkt-differenzierungen
Sättigungs-phase	Umsatz-zuwachs verlangsamt sich stetig	stetiges Sinken der Gewinn-margen	Marktvolumen erreicht die Kapazitätsgrenze des Marktes	verschärfter Wett-bewerb
Degenerations-phase	Rückgang der Umsätze	Gewinne rückläufig	Marktvolumen konstant	verbleibende Pro-duzenten führen harten Kampf um die Marktanteile

b) Folgende Marketing-Instrumente kommen in den einzelnen Phasen des Produktlebenszyklus vorwiegend zum Einsatz:

- **Einführungsphase:**
  - Produktpolitik: Standardisierung mit wenigen Produktvarianten, ständige Verbesserungen,
  - Preispolitik: Wahl zwischen Skimming- und Penetration-Pricing,
  - Kommunikation: Information und Überzeugungsarbeit, persönlicher Verkauf (z.B. Degustations- und Teststände),
  - Distribution: Aufbau von Distributionssystemen, Kooperationsstrategien im Handel.

- **Wachstumsphase:**
  - Produktpolitik: Markenprofilierung, Steigerung des psychologischen Produktnutzens,
  - Preispolitik: wettbewerbsorientierte Preisfestsetzung, Orientierung am Massenmarkt,
  - Kommunikation: Markenwerbung, Nutzenvorteile kommunizieren,
  - Distribution: Erweiterung des Distributionsnetzes (z.B. Internationalisierung).
- **Reifephase/Sättigungsphase:**
  - Produktpolitik: Nutzung von Synergien, Angebot von Systemkonzepten,
  - Preispolitik: defensive Preispolitik, keine Kopplung an Marktanteilsentwicklungen,
  - Kommunikation: starke Corporate Identity des Unternehmens, flankierende Emotionalisierung, persönlicher Verkauf,
  - Distribution: Kooperation mit Handel (vertragliche Vertriebssysteme) Umgehung des Handels (Direktvertrieb), flexible Lieferpolitik.
- **Degenerationsphase:**
  - Drosseln der Werbeausgaben, da das Produkt technisch und qualitativ bessere Nachfolger gefunden hat,
  - Abschöpfungsstrategie: Preisnachlässe.

c) Das Modell des Produktlebenszyklus beruht auf einer idealtypischen Betrachtungsweise, welche allgemeine Aussagen über den Gewinn- oder Umsatzverlauf zulässt. Für konkrete Aussagen über bestimmte Produkte müssen folgende Punkte berücksichtigt werden:

- **Bezugsgröße:** Wird die Produktgruppe, das einzelne Produkt oder die Produktmarke betrachtet? Tendenziell nimmt mit der Verallgemeinerung des Bezugspunktes die Aussagekraft des Modells zu.
- **Art des Gutes:** Handelt es sich z.B. um ein Produktionsgut oder ein Konsumgut, um ein Modegut oder ein traditionelles Gut?
- **Marketing-Maßnahmen:** Das Modell kann keine Angaben über die Art und den Umfang der eingesetzten Marketing-Maßnahmen machen, aber es spiegelt deren Ergebnisse wider. Der Produktlebenszyklus ist dementsprechend nicht nur Grundlage für Marketing-Entscheidungen, sondern auch deren Resultat.
- **Zeitrahmen:** Es gibt große Unterschiede in der Zeitdauer eines Produktlebenszyklus sowie auch in der Dauer der einzelnen Phasen.

Anhand des Produktlebenszyklus lassen sich keine normativen Voraussagen treffen. Aber es können wertvolle Anregungen aus dem bisherigen Umsatz-/Gewinnverlauf gewonnen werden.

d) Beispielhafte Produktlebenszyklen:

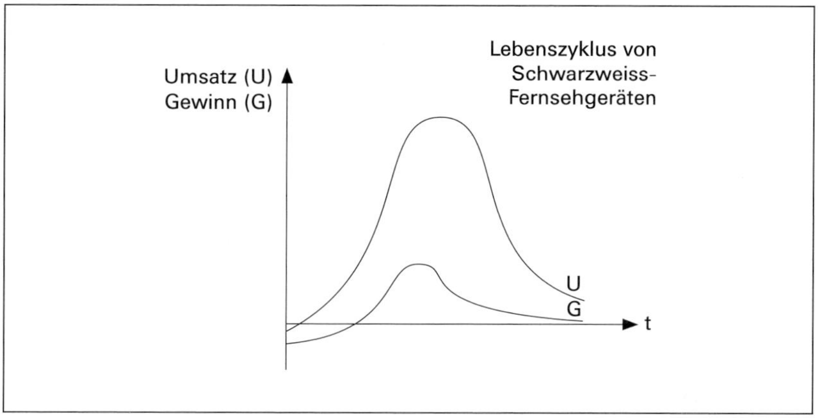

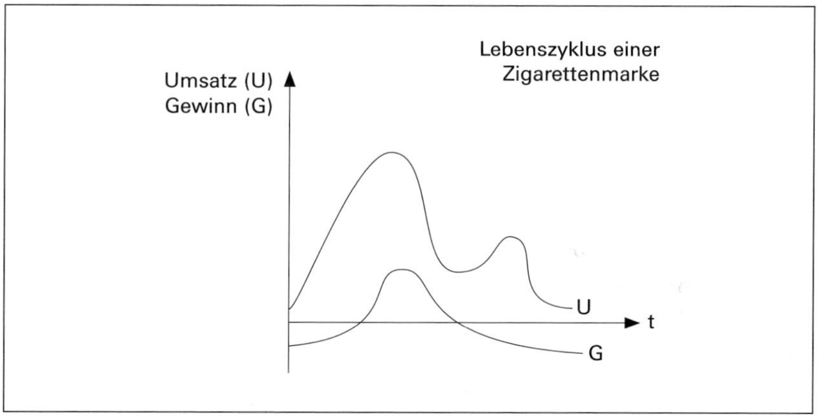

L 22 Der Produktentwicklungsprozess eines Investitionsguts verläuft im Idealfall in drei Phasen, die durch Teilprobleme verschiedener Art geprägt sind:

1. **Anregungsphase/Produktidee:**
   - **Ideenquellen:** Unternehmensinterne Quellen (Anregungen aus den Abteilungen Forschung & Entwicklung, Marketing, Produktion, Materialwirtschaft) werden unternehmensexternen Quellen (z.B. Anregungen durch Kunden, Lieferanten) gegenübergestellt.

- **Methoden der Ideensammlung:**
  - Systematisches Vorgehen: Ideen werden an zentraler Stelle gesammelt und katalogisiert. Diese passive Form der Ideensammlung birgt die Gefahr, dass die Sammlung nicht aktiv zur Weiter- und Neuentwicklung von Produkten verwendet wird.
  - Analytisch/diskursives Vorgehen: Hierbei handelt es sich um eine intuitive Methode mit aktivem Einfluss auf den Ideenfindungsprozess.
  - Intuitive Methoden, z. B. Brainstorming: Ein Problem wird in einer ungezwungenen Atmosphäre der Kreativität exploriert. Eventuell ist diese Atmosphäre aber im Unternehmensalltag schwierig zu generieren.
- **Ideenauswahl:** Sinnvolle Entwicklungsvorschläge werden nach verschiedenen Aspekten gefiltert. Da noch keine Detailinformationen verfügbar sind, erfolgt häufig eine summarische Beurteilung.
  - Wirtschaftlichkeits- und Risikoerwägungen,
  - technische Realisierbarkeit,
  - Sortiment-Fit,
  - Leistungsvermögen des Unternehmens,
  - Entwicklungszeit, -kosten, Umsatzwachstum.

2. **Konkretisierungsphase/Produktentwicklung**
   - **Produkt- und Projektspezifikation:**
     - Eine genau definierte Merkmals- und Eigenschaftenliste (funktionale, wirtschaftliche und formale Faktoren) wird generiert.
     - In der Projektspezifikation werden die Rahmenbedingungen für die Produktentwicklung festgelegt (z. B. Budget, Zeitplan).
   - **Konstruktionstechnische Entwicklung:** In dieser Phase erfolgt die Umsetzung der entwickelten Eigenschaften und Spezifikationen in ein konkretes, technisch funktionierendes Produkt. Aus betriebswirtschaftlicher Sicht gilt es, Kosten und Zeitplan zu überwachen sowie sich aus Umweltbeobachtungen ergebende Änderungen in die Produktentwicklung einfließen zu lassen. Aus fertigungstechnischer Sicht sind die Herstellungskosten niedrig zu halten, um einen wirtschaftlichen Erfolg zu erzielen.
   - **Herstellung eines Prototyps:** Die erste konkrete Ausführung des neuen Produktes wird Konstruktionstests und Markttests unterzogen, um eventuelle Mängel zu beseitigen und Reaktionen vom Markt zu erhalten.

- Produktionsvorbereitung: Der Übergang vom Prototyp zur serienmässigen Herstellung erfordert eine so genannte Vorserie (Null-/Pilotserie), um mögliche Mängel auszuschließen und breitere Markttests durchzuführen.

3. **Produkteinführung:**
   - Die übrigen Marketing-Instrumente werden korrigiert und aufeinander abgestimmt.
   - Instruktionsmanuals: Für die Abnehmer und künftigen Verwender werden Bedienungsanleitungen bereitgestellt.
   - Die Verkäufer müssen entsprechend rechtzeitig und kompetent geschult werden, damit sie selbst mit dem neuen Produkt vertraut sind und fähig werden, dieses dem Kunden zu erklären.
   - Vorführungsveranstaltungen und Werbung werden koordiniert.

L 23

- **Gegenwärtige Produktpolitik**
  - Grundbedürfnis: Transport von Personen und Gütern.
  - Leistungsgestaltung:
    - Leistungsprogramm: Kinderwagen, 1./2. Klasse, Speisewagen, Telefon im Zug,
    - Wagen: technische Eigenschaften, Innenausstattung,
    - Fahrplan in Buchform und auf Diskette.
  - Zusätzliche Leistungen:
    - Reisen (mit Hotel),
    - Kreditkarte (Bahncard),
    - Einkaufsmöglichkeiten in Bahnhöfen,
    - Gastronomie.
- **Zukünftige Produktpolitik**
  - Produktmodifikation:
    - Komfortable Innenausstattung der Wagen,
      Ausbau der Dienstleistungen,
    - Ausdehnung des Kartenverkaufes auf private Geschäfte,
    - vereinfachte Fahrradbeförderung,
    - behindertengerechte Einstiege,
    - Erweiterung geeigneter Bahnhöfe zu Dienstleistungszentren (Shoppingcenter, Vermietung von Büroflächen usw.),
    - Attraktivitätssteigerung für den Güterverkehr: Huckepack-Korridor,
    - Verkürzung der Reisezeiten: neue Wagen, neue Schienenführung.

- Produktinnovation:
  - Gesamteuropäischer Verkehrsverbund,
  - Streckenübernahmen im Ausland: „Freier Zugang zur Schiene",
  - Einführen einer Luxusklasse,
  - Bürozüge,
  - Hotelzüge,
  - mehrtägige Zugreisen, z. B. „Orient-Express".
- Produktelimination:
  - Teilprivatisierung von geeigneten Strecken, Gastronomie- und Speditionsbetrieben,
  - Schalterautomaten auf Kleinbahnhöfen.

L 24 **a)** Das Aufgabengebiet einer F&E-Abteilung lässt sich grundsätzlich in die Hauptbereiche **Grundlagenforschung, angewandte Forschung und Entwicklung** aufteilen. Zu den wichtigsten Aufgaben dieser Bereiche gehören:

- Weiterentwicklung alter Produkte und Entwicklung neuer Produkte,
- Konstruktion neuer Produktionsverfahren, Werkzeuge und Anlagen,
- Erprobung der Neuentwicklungen,
- Ausarbeitung von Betriebsnormen unter Berücksichtigung überbetrieblicher Normen,
- Angebote bearbeiten: Kundenberatung, Projekte ausarbeiten,
- Verwaltung von Stücklisten, Zeichnungen und der technischen Bibliothek,
- Auswertung von Patentschriften.

b) Es sind verschiedene Faktoren, welche die immer größer werdenden Kosten für die Forschung und Entwicklung erklären:

- **Technologie:** Die Anwendung der heutigen Technologie ist sehr kapitalintensiv (z.B. CIM, Robotertechnik). Zudem werden die finanziellen Aufwendungen für die Erforschung neuer Technologien immer größer.
- **Ökologie:** Im Bereich des Umweltschutzes und des Recycling steht die umweltschonende Technologie erst am Anfang der Entwicklung und es sind noch gewaltige Anstrengungen zu unternehmen, um diese Probleme in den Griff zu bekommen.
- **Wettbewerbsfähigkeit:** Im Zeichen der zunehmenden Globalisierung der Märkte und einer sich immer schneller verändernden Umwelt des Unternehmens sind erhöhte F&E-Kosten ein Mittel, um im stärker werdenden Wettbewerb bestehen zu können.

- **Gesättigte Märkte:** Vor allem in den Ländern der westlichen Zivilisation sind die existenziellen Grundbedürfnisse der Mehrheit der Bevölkerung gedeckt. Es geht nur noch darum, die Konsumbedürfnisse zu decken. Diese Bedürfnisse unterliegen aber einem ständig schneller werdenden Wandel. Die Konsumenten verlangen immer neue Produkte. Um marktfähig zu bleiben, müssen die Unternehmen diese Bedürfnisse befriedigen, was sich unter anderem in steigenden F&E-Kosten bemerkbar macht.

c) Es gibt grundsätzlich zwei Möglichkeiten, die F&E-Abteilung organisatorisch zu behandeln. Sie kann entweder als **selbstständige Abteilung** oder **Unterabteilung** der Produktion geführt werden (Variante 1: angewandte Forschung) oder man bildet eine **Stabsabteilung** (Variante 2: Grundlagenforschung):

- Variante 1 wird meistens dann in Betracht gezogen, wenn eine enge Zusammenarbeit zwischen Produktion und F&E nötig ist. Kurze Entscheidungs- und Kommunikationswege helfen, die F&E effizienter zu gestalten.

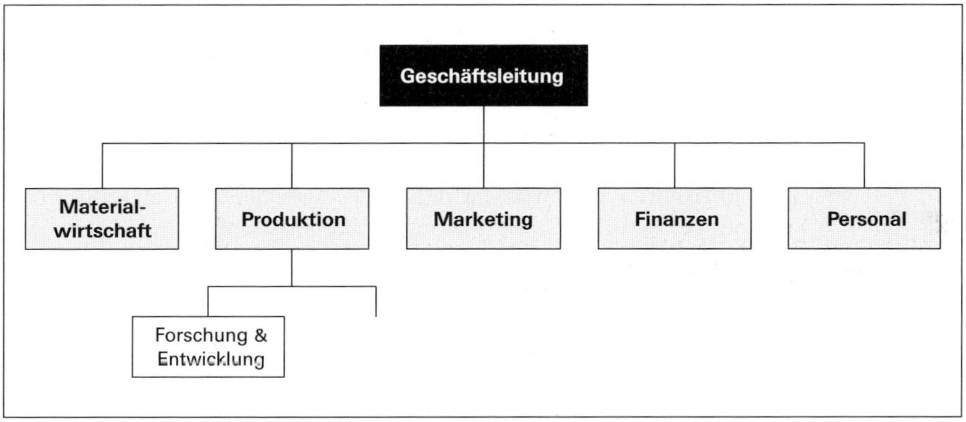

▲ Variante 1

- Variante 2 kommt vor allem dann in Frage, wenn den Forschern möglichst freie Hand gewährt werden soll.

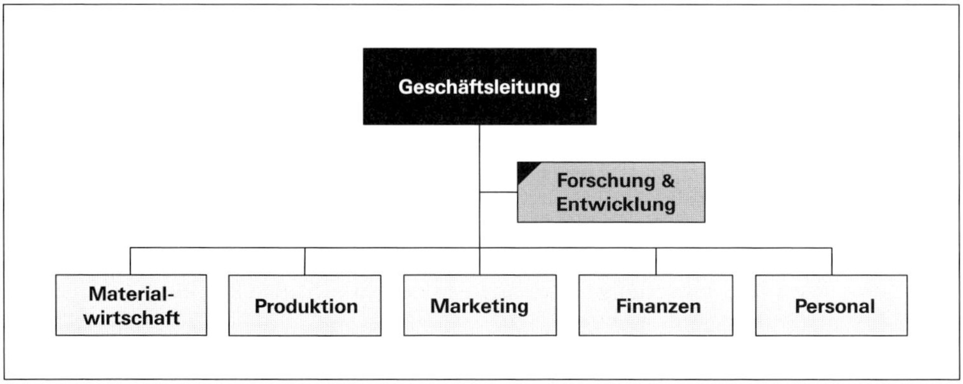

▲ Variante 2

Distributionspolitik

L 25 Ein Unternehmen kann entweder **direkt** an seine Kunden gelangen oder einen **indirekten** Weg wählen, indem es sogenannte Absatzmittler einschaltet, welche die Distributionsfunktion übernehmen.

Eigenschaften / Produkt	Produkteigenschaften	Marktmerkmale
Pfirsiche	▪ Verderblichkeit, beschränkte Lagerfähigkeit, ▪ Transportempfindlichkeit.	▪ große Anzahl von Kunden mit kleinem Bedarf, ▪ regelmäßig und häufig anfallender Bedarf, ▪ geografische Streuung der Kunden.
Zement	▪ Lagerfähigkeit, ▪ Transportunempfindlichkeit.	▪ beschränkte Anzahl von, Kunden, vor allem Baufirmen ▪ bei Käufen meist größere Mengen auf Bestellung, ▪ Häufigkeit des Bedarfs eingeschränkt.

Der in der Praxis vorherrschende Absatzweg für Pfirsiche ist der indirekte Absatz. Bei Zement ist der direkte Absatz am häufigsten, jedoch ergänzt durch den indirekten Absatz für Abnehmer von kleinen Mengen (Baubedarf-Center).

L 26 Unter dem **Distributionsgrad** versteht man die Erhältlichkeit des Produkts zu einem bestimmten Zeitpunkt oder während einer bestimmten Zeitperiode an bestimmten Orten.

Um für die Kosmetik-Serie von hoher Qualität einen hohen Distributionsgrad zu erreichen, bieten sich folgende **Verkaufsstellen** an:

- Parfümerien,
- Warenhäuser,
- Drogerien,
- Boutiquen,
- Flughafenshops.

L 27 Generell sind der direkte und der indirekte Absatzweg denkbar. Beim direkten Absatz liefert die Solaris AG direkt an den Konsumenten. Beim indirekten Absatz übernimmt der Einzelhandel den Verkauf an die Konsumenten. Denkbar ist auch die Einschaltung des Großhandels, dessen Aufgabe es ist, die Verteilung an den Einzelhandel vorzunehmen.

Beurteilung / Absatzweg	Vorteile	Nachteile
Direkter Absatz	■ kundennah, frühzeitiges Erkennen von Kundenproblemen und -wünschen ■ persönlicher Verkauf ■ hohe Marge ■ gute Kontrollmöglichkeiten ■ gute Beratung möglich	■ kleine Abnahmemengen, deshalb viele Kleinkunden mit geringem Absatz ■ ständige Marktbeobachtung notwendig ■ Distributionsorgane nötig (z.B. Außendienst, Spedition) ■ unter Umständen Erweiterung des Sortiments mit fremden Komplementärgütern notwendig ■ Werbung muss selbst übernommen werden Diese Nachteile führen insgesamt zu einer hohen Beanspruchung der finanziellen und zeitlichen Ressourcen des Unternehmens, weil die Marketingabteilung stark ausgebaut werden muss.

Beurteilung / Absatzweg	Vorteile	Nachteile
Indirekter Absatz über Einzelhandel	▪ größere Abnahmemengen ▪ Einzelhändler übernimmt einen Teil der Werbung ▪ wenige Kunden mit größerem Umsatz ▪ Außendienst kleiner Diese Vorteile führen zu einer geringeren finanziellen und zeitlichen Belastung. Es genügt eine kleine Marketingabteilung.	▪ kleinere Marge ▪ Verlust der Marktnähe ▪ evtl. Exklusiv-Lieferverträge: Einer oder mehrere Einzelhändler verlangen das alleinige Verkaufsrecht für die Anlage
Indirekter Absatz über Großhandel	▪ große Abnahmemengen, wenige Kunden mit großem Umsatz ▪ Großhändler übernimmt die Werbung ▪ Großhändler übernimmt den Hauptteil der Distribution Die Vorteile verstärken sich im Vergleich zum indirekten Absatz über den Einzelhandel.	▪ kleine Marge ▪ leichte „Erpressbarkeit" (z.B. Rabatte) ▪ fehlende Konsumentennähe ▪ evtl. Exklusiv-Lieferverträge: Ein Großhändler verlangt das alleinige Recht zum Weiterverkauf der Anlage

L 28 **a)**

- **Direkter Absatz:** Der Produzent tritt als unmittelbarer Verkäufer gegenüber dem Endverbraucher auf.
- **Indirekter Absatz:** Der Produzent vertreibt seine Produkte über Zwischenstufen, vor allem über den Groß- und Einzelhandel, wobei sich für ihn zwei Möglichkeiten bieten. Er kann den Einzelhändler direkt beliefern oder er liefert an den Großhändler, der die weitere Verteilung der Waren an die Einzelhändler übernimmt, die sie an die Endverbraucher verkaufen.

b) Der direkte Absatz täglicher Bedarfsartikel lohnt sich im Gegensatz zu Möbeln nicht, weil

- ein gesonderter Einkauf der verschiedenen Artikel zu aufwändig ist (Einkaufszeit, Einkaufsweg),
- der Kunde es vorzieht, die verschiedenen benötigten Artikel am gleichen Ort einzukaufen.

c)
- Er muss ein breites Produktionsprogramm haben.
- Die Produkte sind tendenziell günstiger wegen des Direktverkaufs.

d) Der Autokäufer erwartet bei einem Kaufabschluss nicht nur einen Neuwagen. Er ist auch auf einen guten Kundendienst in Form von Wartungs- und Reparaturmöglichkeiten angewiesen. Ein Aufbau eines eigenen Kundendienstnetzes bringt aber große finanzielle und organisatorische Belastungen mit sich, die die Automobilhersteller nicht tragen wollen.

L 29 a) Bekannte Beispiele sind:
- Coca-Cola,
- Benetton,
- The Body Shop,
- McDonald's,
- Burger King,
- Holiday Inn,
- Hertz,
- Avis,
- Manpower,
- Portas (Tür- und Küchenrenovierungen),
- Yves Rocher.

b) Der **Franchise-Geber** muss über folgende Voraussetzungen verfügen:
- guter Produkt- oder Unternehmensname,
- ein spezielles Produktionsverfahren oder eine besondere Rezeptur,
- Möglichkeit der Belieferung mit Rohstoffen oder Waren,
- gutes Marketing-Konzept,
- effiziente Geschäftsführungsmethoden,
- Konzept für schnelle und einheitliche Personalschulung.

c) Der **Franchise-Nehmer** sollte folgende Voraussetzungen erfüllen:
- Zugang zum entsprechenden Markt,
- Kenntnis des Marktes und der kulturellen Gegebenheiten,
- eine gute Standortmöglichkeit,
- die nötigen finanziellen Mittel,
- unternehmerische Fähigkeiten.

L 30

Form / Merkmal	Discountladen	Fachgeschäft
Preis	▪ Preis ist tief (weit unter dem empfohlenen Einzelhandelspreis).	▪ Preis ist hoch (entspricht dem empfohlenen Richtpreis).
Service	▪ Geringer Service (Kosteneinsparmöglichkeiten), ▪ Selbstbedienung, ▪ weniger qualifiziertes Personal (Kosteneinsparmöglichkeiten).	▪ Umfassender Service (Beratung), ▪ persönlicher Verkauf, ▪ Fachpersonal.
Sortiment	▪ Ziemlich schmal, wenig tief, ▪ schnelldrehende, bekannte Markenartikel, ▪ günstig beschaffbare Artikel, ▪ einfache Artikel mit geringen Anforderungen an Service, ▪ im Großhandel Großgebinde, ▪ meist keine risikobehafteten Frischprodukte im Foodbereich.	▪ Breit und tief, ▪ zusätzlich weniger bekannte Spezialartikel, ▪ zusätzlich erklärungsbedürftige Artikel, ▪ zusätzlich kompliziertere Artikel, ▪ zusätzlich risikobehaftete Frischprodukte.
Warenpräsentation	▪ Verkaufsraum entspricht dem Lagerraum, ▪ Preisangaben auf separaten Schildern.	▪ Lager von Verkaufsraum getrennt, ▪ Ware direkt angeschrieben.
Standort	▪ Mietgünstige Nebenlage.	▪ Zentrale Lage, Passantenlage

L 31 a)

- Der **Versandhandel** zeichnet sich durch folgende Merkmale aus:
  - Form des Einzelhandels (direkter Verkauf an den Endverbraucher),
  - Sortiment: breit und tief (Food, Non-Food, Touristik),
  - Darstellung des Sortiments in Katalogen,
  - Recht zum Rücktritt von der Bestellung,
  - Bestellaufnahme schriftlich oder telefonisch,
  - Auslieferung – wenn möglich – durch die Post,
  - günstige Preise,
  - Sortiment besteht eher aus Handelsmarken,
  - keine Verkaufsräume,
  - Lager an einem Verkehrsknotenpunkt,
  - Kreditgeschäft (oft werden Zahlungsfristen nicht eingehalten).

  Beispiele: Vedia S.A., Quelle-Versand.
- Das **Telefon-Marketing** zeichnet sich durch folgende Merkmale aus:
  - Form des Einzelhandels (direkter Verkauf an den Endverbraucher),
  - wird zunehmend durch Internet-Bestellwesen verdrängt,
  - Sortiment begrenzt,
  - mediales Angebot durch Call-Center,
  - häufige Verwendung bei Dienstleistungsprodukten (z. B. Banken oder Versicherungen bieten per Telefon weitere Produkte an).
- Das **Tele-Shopping** zeichnet sich durch folgende Merkmale aus:
  - Form des Einzelhandels,
  - Sortiment breit und tief (z. B. Werkzeugkästen, Schmuck, Kosmetik),
  - mediale Darstellung des Angebots in Fernsehshows und somit keine Verkaufsräume im herkömmlichen Sinn,
  - Bestellaufnahme schriftlich oder telefonisch,
  - Auslieferung – wenn möglich – per Post,
  - günstige Preise.

b)

Beurteilung / Form	Vorteile	Nachteile
Versandhandel	■ Günstige Preise, ■ keine Bindung an Einkaufszeiten, ■ sorgfältige Auswahl, ■ Werbewirkung durch Katalog, ■ keine Verkaufsflächenkosten, ■ weniger oder kein Verkaufspersonal, ■ billige Lagerkosten (Standort).	■ Starke Bindung an Katalogpreise (starre Preisstruktur), ■ starker Einfluss der Posttaxen auf Kostenstruktur, ■ kein direkter Kundenkontakt, ■ keine Beratung, ■ wenig Service, ■ Zahlungsverzögerungen, ■ Imageverlust, falls jederzeitige Lieferfähigkeit verletzt wird.
Telefonmarketing	■ Direkter Kundenkontakt und dementsprechend Möglichkeit der Kundenbetreuung.	■ Image-Malus, ■ Call-Center-Mitarbeiter sind oft ungenügend mit den Produkten vertraut, ■ zunehmende Verdrängung durch Internet-Bestellwesen.
Tele-Shopping als Form des Electronic Shopping	■ Präsentation der Einsetzbarkeit des Produkts möglich, ■ je nach Sendezeit der Werbesendung zielgruppenspezifische Ansprache potenzieller Kunden möglich.	■ Kein direkter Kundenkontakt; nur allgemeine Beratung möglich, ■ Image-Malus, ■ zunehmende Verdrängung durch Internet-Bestellwesen.

L 32 a) ■ **Herstellermarken** sind von Produzenten geführte Marken. Sie können über ein eigenes Distributionsnetz direkt abgesetzt oder indirekt über ein Händlernetz an den Endverbraucher gelangen. Luxusmarken im obersten Preissegment werden meistens über die eigenen, selber gestaltbaren Absatzkanäle vertrieben. Der Aufbau von eigenen Distributionskanälen ist aufwändig und teuer, dafür ist die Ausgestaltung flexibler, und durch den unmittelbaren Kontakt zum Kunden kann eine bessere Kundenorientierung gewährleistet werden.

- **Eigenmarken** (auch **Handelsmarken** genannt) werden von großen Handelsunternehmen oder -gruppen angeboten, um
  - ein billigeres Produkt als den entsprechenden Markenartikel anzubieten,
  - die Kunden an das Handelsunternehmen zu binden (ein Markenartikel kann auch bei der Konkurrenz gekauft werden),
  - wenig bekannte Herstellermarken zu ersetzen,
  - Lücken im eigenen Sortiment zu schliessen, die nicht durch Markenartikel ausgefüllt werden können (z.B. bei Boykott des Markenartikelherstellers).

b) Zwischen Hersteller und Handel können sich folgende **Interessenkonflikte** ergeben:

- Der Hersteller sieht seinen Markenartikel durch den meist billigeren Handelsmarkenartikel konkurriert. Für ihn problematisch ist vor allem der mögliche direkte Vergleich durch den Kunden, da die beiden Artikel im gleichen Geschäft und oft noch im gleichen Regal nebeneinander angepriesen werden.

c) **Vorteile** für den Handel:

- Produkt ist billiger als entsprechende Markenartikel,
- Bindung an die Unternehmen (Markenartikel können auch bei der Konkurrenz gekauft werden),
- Lücken im Sortiment werden geschlossen,
- wenig bekannte Herstellermarken können ersetzt werden.

d) **Voraussetzungen** für die Substitution einer Herstellermarke durch eine eigene Handelsmarke sind:

- Gewisser Marktanteil (um bisherige Produkte zu substituieren),
- Bekanntheitsgrad und positives Firmenimage,
- gute Qualität des neuen Produkts,
- Auswirkungen möglicher Boykotte müssen ausgestanden werden können.

L 33 **a)**

- Information,
- Zentralisierung von Einkauf, Lagerung und Verteilung,
- Finanzierungen aller Art,
- einheitliche Werbung und Verkaufsaktionen,
- Unterstützung in der Unternehmensführung,
- Schulung.

b)
- **Vorteile des Einzelhändlers**
  - günstigerer Einkauf,
  - günstigere Finanzierungsmöglichkeiten,
  - geringere Kosten bei gemeinsamen Werbemaßnahmen,
  - Konzentration auf seine Stärken: Schwächen können durch die Zentrale mittels Beratung und laufender Hilfe verbessert werden,
  - Stärkung des Marktauftrittes und der relativen Machtposition (z. B. gemeinsame Verkaufsaktionen, einheitliches Erscheinungsbild).
- **Nachteile des Einzelhändlers**
  - teilweiser Verlust der Selbstständigkeit in der Produkt- und Kommunikationspolitik,
  - Gefahr des Verlustes von Know-how.
- **Vorteile des Produzenten**
  - bessere Produktions- und Absatzplanung durch die Großbezüge,
  - Senkung der Vertriebs- und Werbekosten,
  - Verminderung des administrativen Aufwandes,
  - Absatzförderung durch den verstärkten Marktauftritt der Einzelhändler.
- **Nachteile des Produzenten**
  - Probleme bei Lieferungen an Nichtmitglieder der Einkaufsorganisation,
  - größere Abhängigkeit.

L 34 Diese Aussage ist zu einseitig, da die Ertragsseite nicht berücksichtigt wird. Ein hoher Lieferbereitschaftsgrad kann auch höhere Erträge implizieren. Ein geringer Lieferbereitschaftsgrad hingegen kann zu einem Imageverlust führen.

Kondiditionenpolitik

L 35 a) Preis-Absatzfunktion und Grenzerlösfunktion lassen sich grafisch wie folgt darstellen:

- **Kunde 1:** $p_1 = 12 - 3x_1$

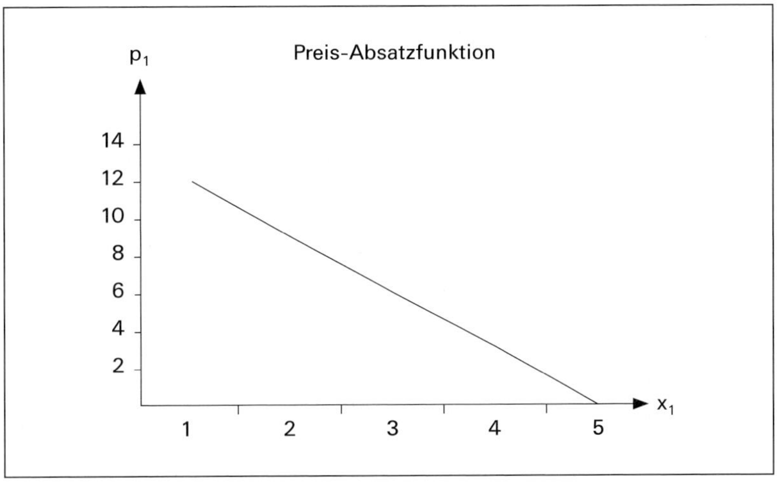

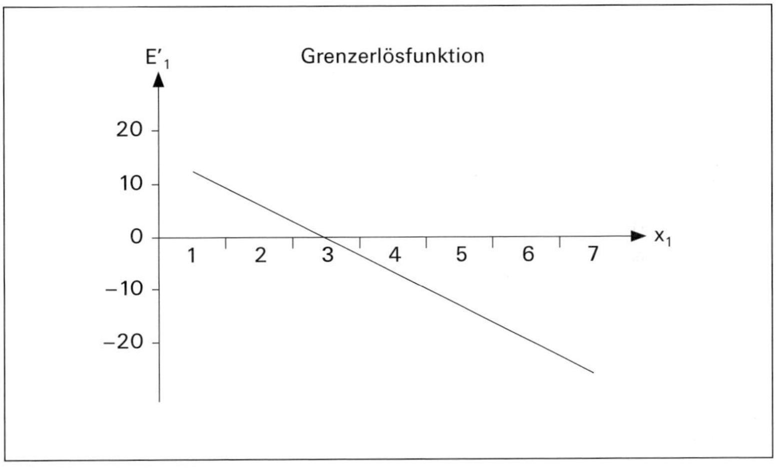

- **Kunde 2:** $p_2 = 9 - 1{,}5x_2$

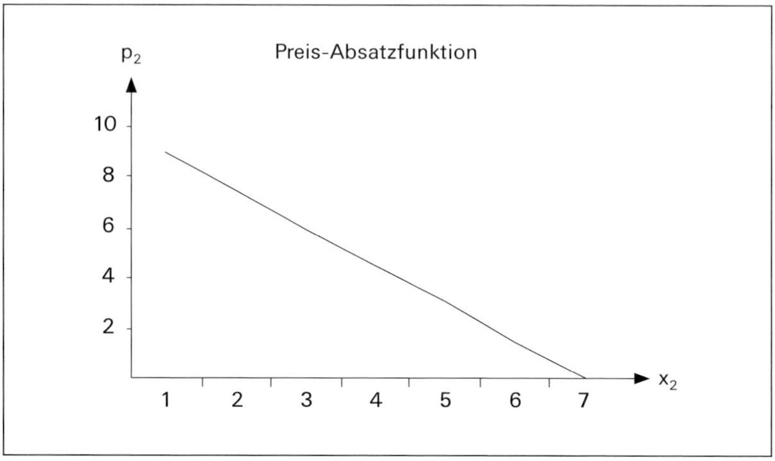

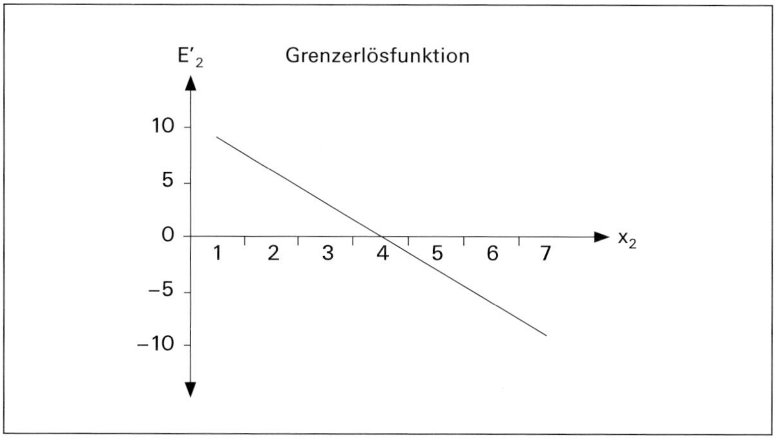

b) Nach Addition der beiden Preis-Absatzfunktionen ergibt sich folgende Grenzerlösfunktion:

$p = 21 - 4{,}5x$
$E = (21 - 4{,}5x)x$
$E' = 21 - 9x$

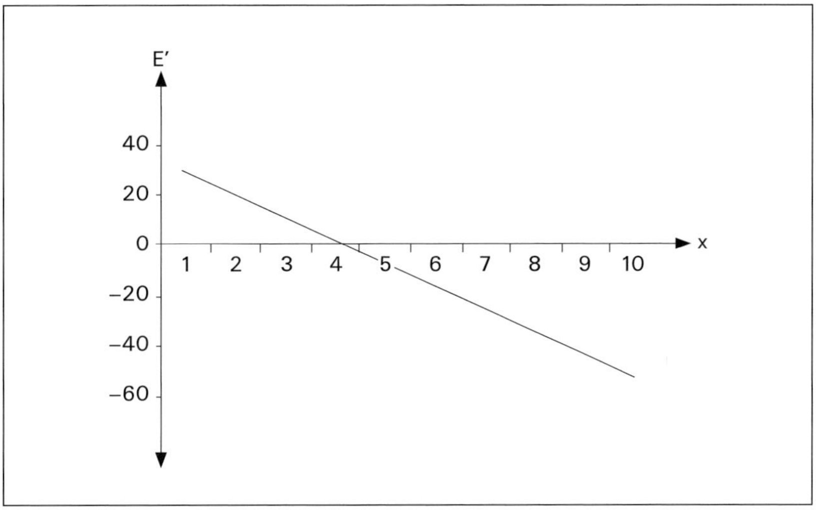

c) Die optimale Preis-Mengen-Kombination lässt sich wie folgt darstellen, wenn E' = K'

1. $K' = 2 + x$
   $21 - 9x = 2 + x \rightarrow 19 = 10x \rightarrow x = 1{,}9$
   $p = 21 - 4{,}5 \cdot 1{,}9 \rightarrow p = 12{,}45$
   $12{,}45 - 21 = -4{,}5x \rightarrow 8{,}55 = 4{,}5x$
   $x = 1{,}9$

2. $K' = 3$
   $21 - 9x = 3 \rightarrow 18 = 9x \rightarrow x = 2$
   $p = 21 - 4{,}5x \rightarrow p = 21 - 4{,}5 \cdot 2 \rightarrow p = 12$

3. $K' = 8$
   $21 - 9x = 8 \rightarrow 13 = 9x \rightarrow x = 1{,}\overline{4}$
   $p = 21 - 4{,}5x \rightarrow p = 21 - 4{,}5 \cdot 1{,}\overline{4} \rightarrow p = 14{,}5$

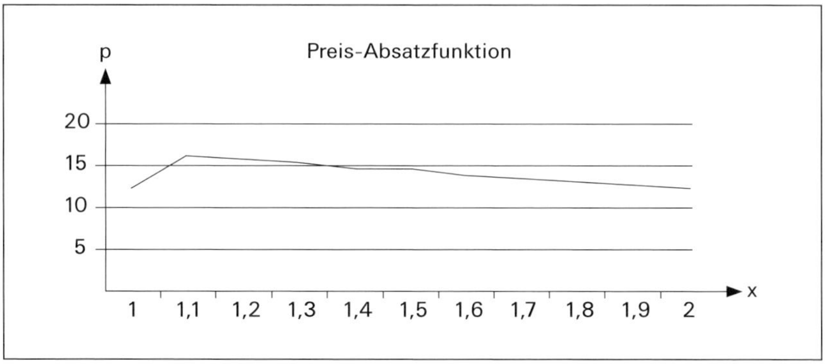

d) Der Realitätsgehalt einer solchen Preis-Absatzfunktion lässt sich wie folgt beurteilen:

- Kurzfristige Betrachtung, da konstante Nachfrage und Kosten unterstellt werden. In der Praxis ändern sich diese Größen jedoch laufend.
- Monistisches Ziel kurzfristiger Gewinnmaximierung. In der Praxis spielen jedoch auch Ziele wie Marktanteilsgewinne, stärkere Marktdurchdringung, Umsatzsteigerung usw. eine große Rolle.
- Determinismus der Modelle, da auf Einzelprodukt bzw. Einproduktunternehmen Bezug genommen wird.
- Einstufige Marktbetrachtung. Der Handel wird nicht betrachtet.
- Sehr hohe Informations- und Reaktionsgeschwindigkeiten werden angenommen. Es erfolgt keine Berücksichtigung von Time Lags.
- Reines Rationalverhalten wird angenommen. Psychologische und soziale Determinaten bleiben ausgeklammert.
- Keine anderen Marketing-Instrumente fließen in die Betrachtung ein. Damit wird vom Problem des Wirkungsverbundes mit anderen Instrumenten abstrahiert.
- Die Modelle sind statisch.
- Voraussetzung freier Preisbildung; staatliche Preisvorschriften als Determinaten einer realistischen Preispolitik bleiben unberücksichtigt.
- Individualentscheidungen unter rationalem Verhalten werden angenommen. In der Praxis sind jedoch mehrere Entscheidungsträger (Familie, Abteilung) beteiligt.

Aufgrund dieser Mängel ist es den Modellen der Preistheorie nur sehr beschränkt möglich, Entscheidungsgrundlagen für die Mengen- oder Preisbestimmung zu liefern. Lediglich Tendenzen werden erkennbar. In Praxis hängt die Preisbestimmung sehr stark von der Risikobereitschaft der Entscheidungsträger, dem Verhalten der Konkurrenz sowie der Preisstrategie und der Ausgestaltung der übrigen Marketing-Instrumente ab. Im Einzelfall können folgende Ausrichtungen bei der Preisbestimmung beobachtet werden: Kosten-, Gewinn-, Nachfrage-, Konkurrenz- oder Branchenorientierung.

L 36 Der Break-even-Punkt entspricht derjenigen Menge, bei welcher der Erlös gerade die Kosten deckt (Gewinn = 0). Ab diesem Punkt tritt das Unternehmen mit seinem Produkt in die Gewinnzone ein.
Die Gewinnschwelle kann unter Bezugnahme der Ausgangsdaten wie folgt berechnet werden:

$$\begin{aligned} \text{Erlös} &= \text{Kosten} \\ p \cdot x &= K_{fix} + k_{var}x \\ 25x &= 100.000 + 15x \\ 10x &= 100.000 \\ x &= 10.000 \text{ Stück} \end{aligned}$$

Bei einer Steigerung der variablen Kosten um 10% und der Fixkosten um 20% bei gleichzeitiger Preissenkung von 10% kann die Verschiebung der Gewinnschwelle wie folgt berechnet werden:

$$\begin{aligned} 0{,}9 \cdot p \cdot x &= 1{,}2K_{fix} + 1{,}1k_{var}x \\ 0{,}9 \cdot 25x &= 1{,}2 \cdot 100.000 + 1{,}1 \cdot 15x \\ 22{,}5x &= 120.000 + 16{,}5x \\ 6x &= 120.000 \\ x &= 20.000 \text{ Stück} \end{aligned}$$

Die Gewinnschwelle verschiebt sich um **10.000 Einheiten** (Verdoppelung).

L 37 a) Die kritische Menge kann unter Bezugnahme der Ausgangsdaten wie folgt berechnet werden:

$$\begin{aligned} \text{Gewinn} &= \text{Erlös} - \text{Kosten} = 0 \\ \text{Erlös} &= \text{Kosten} \\ p \cdot x &= K_{fix} + k_{var}x \\ 12x &= 21.000 + 9x \\ x &= 7.000 \text{ Stück (Gewinnschwelle = Break-even-Menge)} \end{aligned}$$

b) Die Reduzierung des Gewinnzuschlags kann wie folgt berechnet werden:

$$\begin{aligned} \text{Gewinn} &= \text{Erlös} - \text{Kosten} = 0 \\ \text{Erlös} &= \text{Kosten} \\ p_{neu} \cdot x &= K_{fix} + k_{var}x \\ 10.000p &= 21.000 + 90.000 \\ p_{neu} &= 11{,}10 \text{ € (tiefstmöglicher Verkaufspreis)} \end{aligned}$$

Der Bruttogewinnzuschlag kann um **0,90 €** oder **30 %** reduziert werden. Der Bruttogewinnzuschlag pro Stück entspricht dem Deckungsbeitrag pro Stück.

- $Bruttogewinnzuschlag_{alt} = p - k_{var} = 12 - 9 = 3$ €
  $Bruttogewinnzuschlag_{neu} = p_{neu} - k_{var} = 11{,}10 - 9 = 2{,}10$ €

Maximale Veränderung des Bruttogewinnzuschlags:

- absolut: $3 - 2{,}10 = 0{,}90$ €
- prozentual: $\frac{0{,}90}{3} \cdot 100\,\% = 30\,\%$

Der Bruttogewinn kann um maximal **0,90 €** oder **30 %** reduziert werden.

c) $Gewinn_{alt} = p \cdot x - K_{fix} + k_{var}x$
$Gewinn_{alt} = 12 \cdot 10.000 - 21.000 - 9 \cdot 10.000 = 9.000$ €
$Gewinn_{neu} = (p + 1) \cdot 0{,}8x - K_{fix} - k_{var}x \cdot 0{,}8x$ (x = 10.000 Stück)
$Gewinn_{neu} = 13 \cdot 18.000 - 21.000 - 9 \cdot 8.000 = 11.000$ €

Eine Preiserhöhung um 1 € wirkt sich auch bei einem gleichzeitigen Absatzrückgang von 20% positiv auf den Gewinn aus. Der Gewinn erhöht sich (um **2.000 €**).

d) $Gewinn_{neu} = 11{,}5 \cdot 10.000 - 21.000 - 9 \cdot 10.000 = 4.000$ €

Ja, der Gewinn erhöht sich (um **1.000 €**).

L 38 **a)** Berechnen der gesuchten Menge x durch die Gleichsetzung des jeweiligen Gewinnes der beiden Absatzarten:

$x\,(170 - 160) = x\,(180 - 160) - 4x - 1.800.000$

x = **300.000 Stück**

b)
- Ausbau der Distributionsorganisation,
- Ausbau des Kundendienstes,
- fehlende detaillierte Marktkenntnisse und -beziehungen,
- zusätzliche Werbekosten,
- mögliche Schwankungen der Absatzmenge,
- Gegenmaßnahmen des Großhandels.

c) Der Zwischenhandel kann dem Hersteller insbesondere Funktionen abnehmen, die
- für den Hersteller ressourcenintensiv (personell, finanziell) sind und
- die der Handel effizienter als der Hersteller erfüllen kann.

Dazu gehören im einzelnen
- Sortimentsfunktion: Zusammenstellung einzelner Produkte zu einem breiten Sortiment,
- Bereitstellen von Lager- und Verkaufsflächen in Kundennähe, um beispielsweise die saisonalen Nachfrageschwankungen ausgleichen zu können (Festtage, Ferienzeit),
- Werbung am „Point of sale" und Präsentation der Produkte in Verkaufsvitrinen und Schaufenstern,
- Verkaufsförderungsmaßnahmen: Aktionen, Rabatte, Gutscheine, etc.,
- Distribution: Service, Verteilung,
- Übernahme großer Teile des Werbeaufwandes.

L 39 a) Die beiden Deckungsbeiträge müssen gleich hoch sein:

$$300\,(16-4) = x\,(14-4)$$
$$x = \mathbf{360\ Stück}$$

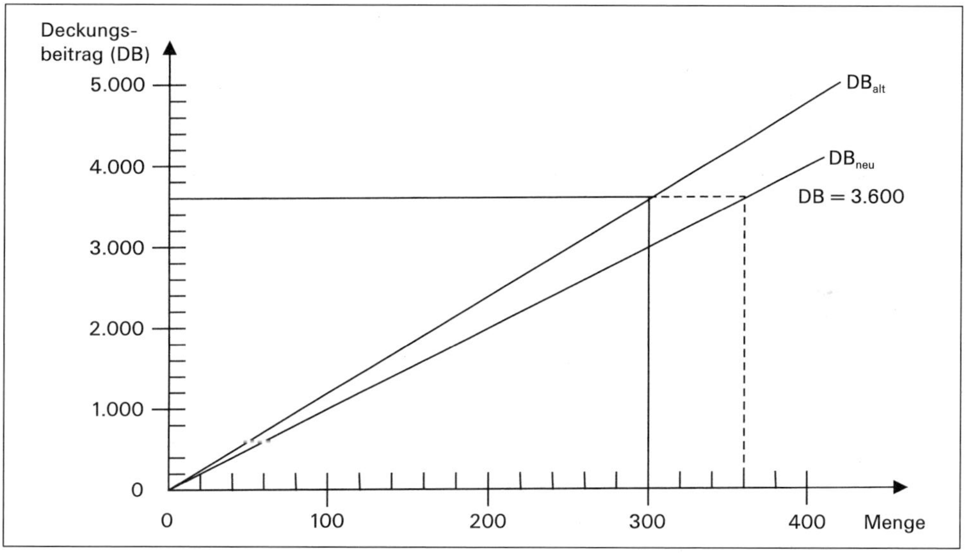

b)
- Effektive Nachfrage,
- Einsatz der übrigen Marketing-Instrumente,
- Verhalten der Konkurrenz.

L 40 **a)** Ein **Substitutionsgut** ist ein Gut, das relativ leicht durch ein anderes ersetzt werden kann, weil es gleiche oder ähnliche Bedürfnisse befriedigt. Dabei wählt der Käufer nur das eine oder das andere Produkt. Substitutionsgüter sind sehr preiselastisch, deshalb kommt insbesondere der Preispolitik im Rahmen des Marketing-Mix ein hoher Stellenwert zu.

b) Neuer Deckungsbeitrag (DB_{neu}) = 675.000,– € (75 % von 900.000 €)
Geschätzter Umsatz für P_1 (U_1) = 300 Stück (240 + 60)
Geschätzter Umsatz für P_2 (U_2) = 500 Stück (360 + 140)
Deckungsbeitrag/Stück für P_1 (DB_1) = 1.500,– €
Deckungsbeitrag/Stück für P_2 (DB_2) = ?

$DB_{neu} = U_1 \cdot DB_1 + U_2 \cdot DB_2$

$675.000 = 300 \cdot 1.500 + 500 \cdot DB_2$

$DB_2 = 450,– €$

Daraus ergibt sich für das Produkt P_2 ein **Verkaufspreis** von **4.200,– €**, der sich aus den variablen Stückkosten von 3.750,– € und dem Deckungsbeitrag von 450,– € zusammensetzt.

L 41 **a)** Gewinn = Erlös – Kosten = 0
Erlös = Kosten

$p \cdot x = K_{fix}d + k_{var}x$

$25\,x = 5.000 + 20x$

$x = 1.000$ Stück

Der mengenmäßige Break-even-Punkt liegt bei **1.000 Stück**, der wertmäßige bei **25.000,– €**.

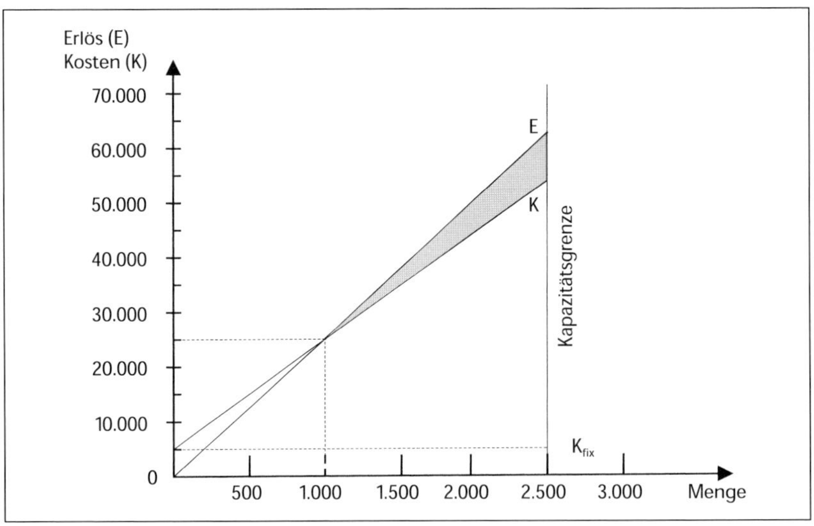

b) Die kurzfristige Preisuntergrenze besteht dort, wo der Preis den variablen Stückkosten entspricht:
$K = K_{fix} + k_{var}x$
$= 5.000 + 20x$
Daraus folgt ein Preis von **20,– €**/Stück.

Die langfristige Preisuntergrenze bedeutet, dass der Preis sämtliche Kosten deckt, also den Durchschnittskosten pro Stück entspricht. Die Stückzahlen (x_{max}), die sich maximal herstellen lassen, werden durch die Kapazitätsgrenze bestimmt:

$$P = \frac{K_{x_{max}}}{x_{max}} = \frac{5.000 + 20 \cdot 2.500}{2.500} = \mathbf{22{,}–\ €}/\text{Stück}$$

c)
- Erhöhung des Einsatzes der verschiedenen Marketing-Instrumente,
- Verbesserung der Kostenstruktur,
- Kooperation mit einem anderen Unternehmen, um Kosteneinsparpotenziale auszuschöpfen.

L 42 a) Auswahlkriterien sind die kritische Menge x (Break-even-Menge) und der Deckungsbeitrag jedes Modelles. Die kritische Menge ist diejenige Menge, bei der der Gewinn null ist. Demgegenüber entspricht der Deckungsbeitrag der Differenz aus dem Verkaufspreis und den variablen Stückkosten. Für die kritische Menge ergibt sich folgende Formel:
Gewinn = Erlös – Kosten = 0
$0 = p \cdot x - K_{fix} - k_{var}x$

$$x = \frac{K_{fix}}{(p - k_{var})}$$

Modell	Kritische Menge	Deckungsbeitrag
Modell 1	$\frac{13.750}{93-38} = 250$	93 – 38 = 55,–
Modell 2	$\frac{15.250}{88-27} = 250$	88 – 27 = 61,–
Modell 3	$\frac{25.200}{121-16} = 240$	121 – 16 = 105,–

Gewählt wird **Modell 3** auf Grund der kleinsten kritischen Menge und des größten Deckungsbeitrages.

b) x = produzierte Menge (75 % von 1200) = 900 Stück
y = Preisreduktion
Gewinn = Erlös – Kosten = 0
Erlös = Kosten
$(p - y)\, x = K_{fix} + k_{var} x$
$(121 - y)\, 900 = 25.200 + 16 \cdot 900$
$y = 77,\text{–}\ €$
Die Reduktion kann maximal **77,– €** betragen, was einem kritischen Preis von 44,– € entspricht.

c) $\text{Gewinn}_{alt} = p \cdot x - K_{fix} - k_{var} x$
$= 121 \cdot 900 - 25.200 - 16 \cdot 900 = 69.300,\text{–}\ €$
$\text{Gewinn}_{neu} = (p - 20) \cdot 1{,}05x - K_{fix} - k_{var} \cdot 1{,}05x$
$= 101 \cdot 945 - 25.200 - 16 \cdot 945 = 55.125,\text{–}\ €$
Der Gewinn **nimmt ab**.

L 43 a/b Die **preispolitische Strategie** dient der langfristigen Preisbestimmung. Sie sollte in Übereinstimmung mit den übergeordneten Unternehmenszielen, den übrigen Marketing-Instrumenten sowie mit dem Produktlebenszyklus stehen. Folgende preispolitische Strategien können unterschieden werden:

Strategie	Beschreibung	Gefahren
Prämien- und Promotionspreisstrategie	▪ **Prämienpreise** sind relativ hohe Preise, die mit hoher Qualität verbunden sind. Damit werden die anderen Marketing-Instrumente auf Exklusivität hin ausgerichtet.	**Prämienpreise:** ▪ Der Service entspricht nicht dem hohem Preis. ▪ Substitute sind billiger.
	▪ **Promotionspreise** sind relativ niedrige Preise.	**Promotionspreise:** ▪ Sie sind nicht kostendeckend. ▪ Eine Preiserhöhung ist sehr schwierig.

Strategie	Beschreibung	Gefahren
Penetrations- und Abschöpfungs-strategie	Diese Strategie wird bei der Einführung von Neuprodukten angewendet. Durch das neu gewonnene Know-how und die Patente werden die Markteintrittsbarrieren für mögliche Konkurrenten stark erhöht.	
	▪ Durch die **Penetrationsstrategie** sollen mit relativ niedrigen Preisen schnell Massenmärkte erschlossen werden. Zusätzlich geht es darum, mögliche Konkurrenten abzuschrecken. Zu einem späteren Zeitpunkt werden die Preise dann sukzessive erhöht.	**Penetrationsstrategie:** ▪ Längere Amortisationsdauer der Investition und damit eine längere Bindung der finanziellen Mittel sowie ein höheres Risiko, ▪ Konsumenten assoziieren niedrigen Preis mit schlechter Qualität, ▪ geringer preispolitischer Spielraum nach unten und ▪ schlechte Durchsetzbarkeit von Preiserhöhungen.
	▪ Bei der **Abschöpfungsstrategie** hingegen wird in der Einführungsphase eines neuen Produkts einrelativ hoher Preis gefordert, der dann mit zunehmender Markterschliessung oder aufkommendem Konkurrenzdruck sukzessive gesenkt wird.	**Abschöpfungsstrategie:** ▪ Eventuell nur kurze Marktdominanz und ▪ geringer preispolitischer Spielraum nach oben.
Preis-differen-zierung	▪ Bei der **horizontalen** Preisdifferenzierung wird der Gesamtmarkt in mehrere Käuferschichten unterteilt. ▪ Im Gegensatz dazu gliedert die **vertikale** Preisdifferenzierung den Gesamtmarkt in Teilmärkte auf, wobei sich auf jedem Teilmarkt Käufer aller oder zumindest mehrerer Preisschichten befinden. Für jeden Teilmarkt und für jede Käuferschicht lassen sich verschiedene Preise festsetzen.	▪ Die Teilmärkte und Käuferschichten können nicht genau abgegrenzt werden. ▪ Die Käufer der tieferen Preisschichten verkaufen die Produkte eventuell an die Käufer der höheren Preisklassen weiter. ▪ Die Konsumenten weigern sich eventuell, den höheren Preis zu bezahlen. ▪ Eine Aufhebung der Differenzierung ist schwierig.

L 44 **a)** Preisdifferenzierung liegt dann vor, wenn das gleiche Produkt an verschiedene Käufergruppen zu unterschiedlichen Preisen verkauft wird.

b) Mögliche Arten einer Preisdifferenzierung sind:

- räumliche Preisdifferenzierung,
- zeitliche Preisdifferenzierung,
- Preisdifferenzierung nach Abnahmemengen,
- Preisdifferenzierung nach Auftragsgröße,
- Preisdifferenzierung nach Absatzweg und Absatzform,
- Preisdifferenzierung nach Kundengruppen.

c) Die Voraussetzungen einer Preisdifferenzierung sind:

- Die einzelnen Marktsegmente müssen sich nach bestimmten Merkmalen unterscheiden. Zudem müssen die Zielgruppen (Käufergruppen) isoliert werden können und eine unterschiedliche Preiselastizität aufweisen.
- Die Märkte müssen unvollkommen sein, sonst würden alle Zielgruppen wegen der Markttransparenz zum tiefsten Preis kaufen.

d)

- **Chancen**
  - neue Käuferschichten,
  - höherer Marktanteil,
  - höherer Umsatz,
  - höherer Gewinn,
  - bessere Ausnutzung der (Produktions-) Kapazitäten.
- **Gefahren**
  - Die bisherigen Kunden werden verärgert und können sich sogar der Konkurrenz zuwenden.
  - Es wird nur ein Kostenbeitrag statt eine Kostendeckung angestrebt (Umsatz- statt Gewinndenken).
  - Die bisherigen Kunden versuchen, die Preisdifferenzierung auszunutzen. Sie wechseln in die tiefere Preisklasse, sofern dies möglich ist.
  - Kunden der tieferen Preisklasse können die Ware an Käufer des höheren Preissegments günstiger weiterverkaufen.

e) Wenig sinnvoll bzw. geeignet scheinen die Preisdifferenzierung nach Abnahmemengen (über einen bestimmten Zeitraum) und nach dem Bestellzeitpunkt zu sein, da der Händler die Ware **sofort** weiterverkaufen will. Alle anderen Arten der Preisdifferenzierung kann der Importeur jedoch anwenden.

L 45 a)

- Bei einer **kurzfristigen Preissenkung** können folgende Probleme auftreten:
  - □ Weil die Konkurrenz in der Regel mitmachen muss, kann es zu einem ruinösen Preiskampf kommen.
  - □ Falls dadurch langfristig der Marktanteil nicht vergrößert werden kann, bzw. sich die Produktion nicht rationalisieren lässt, wird die Substanz des Unternehmens angegriffen.
  - □ Bei einer völligen Marktsättigung bleibt ein Erfolg unter Umständen aus.
- Bei einer **kurzfristigen Preiserhöhung** können sich folgende Probleme ergeben:
  - □ Der Kunde substituiert oder verzichtet auf den Kauf.
  - □ Das Preisbewusstsein des Kunden wird erhöht. Er verschafft sich eine bessere Markttransparenz und wandert gegebenenfalls zur Konkurrenz ab.
  - □ Besonders bei Investitionsgütern ist mit stärkeren Reaktionen (Widerstand, Absatzrückgang) zu rechnen.
  - □ Bei Produkten der Grundbedürfnisse sind Protestreaktionen zu erwarten.
  - □ Die Vorratskäufe nehmen zu, da die Kundschaft annimmt, dass das Produkt noch teurer wird.

b)

- Bei einer **langfristigen Preissenkung** können sich folgende Schwierigkeiten ergeben:
  - □ Es wird angenommen, dass das Produkt in Kürze ersetzt wird.
  - □ Die Kundschaft vermutet eine schlechtere Qualität und damit eine negative Beeinflussung der funktionalen Eigenschaften.
  - □ Mit Käufen wird gewartet, weil die Kundschaft davon ausgeht, dass das Produkt noch billiger wird.
  - □ Es wird nur in der Phase der Preissenkung gekauft, sofern eine elastische Preis-Absatzfunktion vorliegt.
- Bei einer **langfristigen Preiserhöhung** können sich folgende Schwierigkeiten ergeben:
  - □ Der Kunde unterstellt dem Unternehmen Gewinnmaximierung zu Lasten der Konsumenten. Daher muss das Unternehmen mit Hilfe der Marketing-Instrumente über die Gründe der Preiserhöhung informieren.
  - □ Erfolgt die Preiserhöhung aufgrund tief greifender Verbesserung der Produktqualität, muss das entsprechend kommuniziert werden.

- Der Kunde befürchtet, dass das Produkt in Zukunft noch teurer wird.
- Die Auswirkungen hängen von der Kauffrequenz ab, da bei selten gekauften Produkten die Wahrnehmung von Preisschwankungen weniger gegeben ist.

L 46 **Rabatte** können in Form von **Preisnachlässen** und **Zusatzleistungen** (Garantieleistungen, Gratiszubehör) gewährt werden.
Die Rabattgewährung im Autohandel ist folgendermaßen zu beurteilen:

- **Einzelrabatte** sind theoretisch nur schwer vertretbar, klare Nettopreise wären vorzuziehen. Aus Konkurrenzgründen sind Einzelrabatte in der Praxis aber fast überall anzutreffen. Für den Nachfrager entsteht das Problem der Preistransparenz.
- **Mengenrabatte** sind sinnvoll, weil die Anbieter beim Verkauf großer Mengen Kosten einsparen können und die Aufträge gewisse Mindestmengen erreichen. Flottenrabatte für Autovermietungen und Fahrschulen erzielen darüber hinaus einen idealen Werbeeffekt.

L 47 Durch Bezahlung mit Kreditkarte ergeben sich für den **Einzelhandel** folgende **Probleme:**

- Verkauf und Barzahlung erfolgen nicht gleichzeitig. Der Einzelhandel leistet eine Vorfinanzierung, was bei hoher Inflation besonders problematisch ist.
- Interne Organisation: Die Trennung von Bar- und Kreditverkäufen muss administrativ bewältigt werden.
- Es muss eine Provision an die Kartenorganisation entrichtet werden.

- Für den **Konsumenten** können sich folgende **Probleme** ergeben:
  - Der Kunde wird zu Käufen gelockt, die er bei Barzahlung nicht getätigt hätte.
  - Es besteht die Gefahr, dass die Übersicht über die Einkäufe verloren geht.

L 48 Der Aussage, dass günstige Preise oft mit schlechtem Kundendienst einhergehen, ist zuzustimmen. Argumentiert werden kann mit Hilfe des Konzepts der Wettbewerbsstrategien von Porter.
Konzentriert sich ein Unternehmen auf Cost Leadership, so wird es auf die Bereitstellung eines teuren, qualitativ hochwertigen Kundendienstes verzichten müssen. Folgt das Unternehmen jedoch einer Differenzierungs- oder Nischenstrategie, kann es durch einen guten Kundendienst seine Position im Wettbewerb verbessern. Ein besserer Kundendienst be-

deutet aber höhere Kosten, die teilweise durch höhere Preise gedeckt werden müssen.
Ein gutes Beispiel findet sich in der Computerindustrie: Entscheidet man sich für ein Produkt, beispielsweise von Siemens, ist gewährleistet, dass der Siemens-Kundendienst Reparaturen, Zusatz- und Ersatzteillieferungen auch über einen langen Nutzungszeitraum hinweg ermöglicht. Kauft man jedoch ein billiges No-Name-Produkt, beispielsweise von Aldi, fehlt ein spezialisierter Kundendienst, sodass Reparaturen oder Ersatzteilbestellungen nicht möglich sind. Damit bleibt die Nutzungsdauer des Produkts beschränkt.
Aus kostenwirtschaftlichen Gründen ist demzufolge für ein Unternehmen die Entscheidung zwischen einer „Low-Service"- oder „Full-Service"-Strategie unerlässlich. Allerdings sollte nicht zwischen einem schlechten oder guten Kundendienst unterschieden werden, sondern zwischen einem beschränkten und einem umfassenden Kundendienst: Auch bei einem sehr eingeschränkten Kundendienst muss das, was angeboten wird, gut gemacht werden.

L 49 Mit Kundenkarten sind für den Anbieter folgende **Vorteile** verbunden:

- Erhöhung der Kundenloyalität durch Gewährung von Treuerabatten,
- Möglichkeit zur Analyse der Einkaufsgewohnheiten der eigenen Kundschaft anhand umfassender, aktueller und relativ günstiger Daten,
- vereinfachte Planung und Auswertung von kurzfristigen Marketingmaßnahmen (z. B. Aktionen, Produkttests),
- fundiertere Entscheidungen für mittel- bis langfristig ausgerichtete Marketingmaßnahmen (z. B. Produkteinführung, Sortimentsgestaltung, Gestaltung von Verkaufsflächen und Regalen),
- Kundenorientierung statt einseitige Produktorientierung: Durch die Einführung des Strichcodes wurden Produktrechnungen ermöglicht, welche – im Sinn der kurzfristigen Gewinnmaximierung – zur Streichung von unrentablen Produkten aus dem Sortiment führten. Die daraus resultierende Verkleinerung des Angebots erschwerte das „One Stop Shopping", verärgerte die Kunden und brachte diese notgedrungen dazu, die Konkurrenz aufzusuchen, um die fehlenden Artikel hinzuzukaufen. Kundenkarten richten den Blickwinkel weg von den Produkten hin zu den Kunden. Der Kunde und seine Bedürfnisse werden in den Mittelpunkt gestellt. Dies ist gemäss Customer Relationship Management (CRM) das richtige Vorgehen.

Kommunikationspolitik

L 50 a)

- Die **Public Relations** vermitteln allgemeine Informationen über die unternehmerischen Tätigkeiten und deren Resultate. Sie wollen damit ein Vertrauensverhältnis schaffen, das die zukünftigen Beziehungen zwischen dem Unternehmen und möglichen Partnern oder sonstigen Interessensgruppen erleichtert.
- Der **Werbung** kommt die Aufgabe zu, Informationen über die Existenz, Eigenschaften, Erhältlichkeit und Bezugsbedingungen (Preise) von Produkten und Dienstleistungen zu vermitteln.

b)

Kommunikationsform / **Merkmal**	**Public Relations**	**Werbung**
Ziel	Schaffung eines positiven Corporate Image des Unternehmens in der Gesellschaft.	Informationen für den potenziellen Kunden über Existenz, Eigenschaften und Vorteile des angebotenen Produkts (Ware oder Dienstleistung).
Inhalt	Informationen über das Unternehmen als Ganzes, z.B. Leistungen im kulturellen und sozialen Bereich.	Informationen über das Produkt, z.B. über Qualität, Preis und Anwendbarkeit.
Mittel	▪ Informationen im redaktionellen Teil von Zeitungen und Zeitschriften über besondere Leistungen des Unternehmens auf verschiedensten Gebieten, ▪ Pressekonferenzen und -communiqués, ▪ Tage der offenen Tür, ▪ Stiftungen, ▪ Geschäftsberichte.	▪ Inserate, ▪ Radio- und TV-Spots, ▪ Plakate, ▪ Werbefilme, ▪ Geschäftsberichte.
Zielgruppe	Anspruchsgruppen des Unternehmens.	Potenzielle Käufer.

c) Um einen optimalen Marketing-Mix zu erreichen, müssen grundsätzlich alle Marketinginstrumente (4-P-Modell) sowie alle Maßnahmen innerhalb eines jeden Instruments aufeinander abgestimmt werden.
Im Sinn einer glaubwürdigen und wirkungsvollen Kommunikationspolitik müssen Public Relations und Werbung eines Unternehmens **inhaltlich** aufeinander abgestimmt sein. Die Werbung sollte direkt an den Public Relations bzw. deren Aussagen über Ziele und Werte des Unternehmens anknüpfen. Die zentralen Handlungsmaximen des unternehmerischen Handelns (meistens als normative Gestaltungsempfehlungen im unternehmerischen Leitbild formuliert) sollten im Leistungsprogramm und damit auch in der Werbung erkennbar sein. Die Werbung hat insofern die Umsetzung der unternehmerischen Leitsätze in der Leistungserstellung zum Inhalt. **Beispiele:**

- Ein Unternehmen, welches in den Public Relations sein umweltbewusstes Handeln hervorhebt, muss auch ökologisch einwandfreie Produkte herstellen und für diese entsprechend werben.
- Ethische Wertvorstellungen von global agierenden Konzernen können auch in der Werbung als thematische Ansatzpunkte dienen.
- Unglaubwürdig wäre beispielsweise ein Unternehmen, welches sich in den Public Relations als qualitätsbewusst und serviceorientiert präsentiert, jedoch für Produkte im untersten Preissegment wirbt.

L 51 **a)** Zahl der Werbeerinnerer: 25 % von 6800 = **1700**

b) Kauferfolg: $\frac{987}{10.000} \cdot 100 = \mathbf{9{,}87\,\%}$

L 52

1. **Werbeobjekt:** T-Shirt Costla
2. **Werbesubjekt:** Eigenschaften der Zielgruppe: qualitätsbewusst, imagebewusst, sportlich, findet Gefallen an Exklusivem.
3. **Werbeziele:**
   - Produkt bekannt machen,
   - Aufbau eines Qualitätsimages,
   - Aufbau eines exklusiven Markenimages,
   - Positionierung als lockere Freizeitbekleidung,
   - Positionierung im höheren Preissegment.
4. **Werbebotschaft:** Die Ansprache des Konsumenten findet primär über das Image und sekundär über die Qualität statt; eventuell einen Slogan einbauen, der das Emotionale anspricht.
5. **Werbemedien:**
   - Inserate in Zeitschriften und Zeitungen, die von einem kaufkräftigen Publikum gelesen werden,

- Werbung an Sportveranstaltungen und in Sportstätten,
- Sponsoring von Sportveranstaltungen,
- Plakate,
- Tragetaschen,
- Kleber,
- Gestaltung von Costla-Verkaufsregalen.

6. **Werbeperiode:** Die Werbung ist vorwiegend auf den Frühling und Sommer auszurichten. Zu Beginn der Markteinführungsphase sind mehr Mittel zu investieren, um das Produkt bekannt zu machen und die Werbeziele, mindestens bereits teilweise, zu erreichen. Die Werbung wird jährlich wiederholt, wobei in der Vorsaison von einem relativ tiefen Niveau aus eine kontinuierliche Intensivierung bis zum saisonalen „Werbehöhepunkt" stattfindet. Daraufhin flachen die Werbeanstrengungen wieder ab und werden ab Frühherbst höchstens punktuell weitergeführt.
7. **Werbeort:** Er ergibt sich in der Regel aus den Werbemedien.
8. **Werbebudget:** Es wurde noch kein Budget festgelegt.
9. **Werbeerfolgskontrolle:** Erste Hinweise über den Erfolg der Werbeanstrengungen gibt die Entwicklung des Umsatzes. Falls es nötig ist, wird die Wirksamkeit der einzelnen Maßnahmen durch Marktuntersuchungen weiter analysiert. Dazu gehören etwa Imagemessungen (Produkt- und Qualitätsimage) und die Ermittlung des Bekanntheitsgrades mittels der Kennziffern Berührungs-, Beeindruckungs- und Erinnerungserfolg.

L 53 **a)** Der **Tausenderpreis** gibt den Preis an, der für ein ganzseitiges Inserat pro 1.000 verkaufte Exemplare bezahlt werden muss.

b) Der Tausenderpreis reicht in der Regel zur Beurteilung eines Medieneinsatzes nicht aus, weil

- die durchschnittliche Leserzahl (Zweit- und Drittleser) sehr schwierig zu messen ist,
- die Zahl der Werbeadressaten nicht einbezogen wird,
- keine Aussage über das Image des jeweiligen Mediums gemacht wird,
- die Kreativität und das Einfühlungsvermögen der Gestalter des Inserats nicht berücksichtigt werden.

L 54 **a)**

1. Werbeobjekt: Waschmaschine
2. Werbesubjekt: allgemein Hausfrauen und -männer, speziell Singles
3. Werbeziel: hoher Bekanntheitsgrad der neuen Maschine
4. Werbebotschaft: ökologische Vorteile der neuen Waschmaschine
5. Werbemedien: Zeitschriften, TV-Spot

6. Werbeperiode: nächstes Halbjahr
7. Werbeort: Deutschland
8. Werbebudget: entsprechend den Werbezielen
9. Werbeerfolgskontrolle: Verkaufserfolg

b)
- **Produktpolitik:**
  - Garantieleistungen,
  - Kundendienst.
- **Distributionspolitik:**
  - Absatzweg,
  - Absatzform,
  - Distributionslogistik.
- **Konditionenpolitik:**
  - Preispolitik,
  - Rabattpolitik.
- **Kommunikationspolitik:**
  - Verkaufsförderungsmaßnahmen,
  - Public Relations.

c) Der Marktanteil sagt etwas über die **Wettbewerbsstärke** aus. Bei größerem Marktanteil kann tendenziell auch davon ausgegangen werden, dass das Unternehmen über eine bessere Kostenstruktur als die Konkurrenz verfügt (Stichwort: Erfahrungskurve) und somit in der Preispolitik flexibler ist. Richtet sich die Boxo AG auf Ziele bezüglich der Absatzmenge aus, so ist es möglich, dass sie trotz steigender Absatzmenge an Marktanteil und somit an Wettbewerbsstärke verliert.

L 55

- Folgende Fragen muss sich das Unternehmen stellen:
  - Welche Produkte werden vertrieben? Welche Eigenschaften weisen diese Produkte auf?
  - Welches ist die Zielgruppe?
  - Wie wird diese Zielgruppe am besten erreicht?
- Diese Fragen können wie folgt beantwortet werden:
  - **Produkt:** Pharmazeutika
  - **Zielgruppe:** Apotheken und Ärzte
  - Die Vorteile des **Inserats** liegen in dessen großer Streubreite und in der Tatsache, dass in kurzer Zeit ein großer Teil des Zielpublikums erreicht wird. Dabei besteht aber die Gefahr, dass die Kommunikation mit den Kunden nur einseitig verläuft.
  - Die Vorteile des **Vertreters** können folgendermaßen benannt werden:

- Direkter Kundenkontakt und persönliche Beratung,
- zweiseitige Kommunikation,
- keine Streuverluste,
- Anbieten aller Produkte möglich.

Entscheidung: Da beide Varianten Vorteile aufweisen, auf die nicht verzichtet werden kann, müssen sie ergänzend angewendet werden. Ob ein zusätzlicher Vertreter angestellt werden soll, hängt davon ab, ob die Inserateausgaben um den entsprechenden Betrag gekürzt werden können, ohne dass diese Maßnahme Auswirkungen auf den Absatz hat.

L 56

Orientierung	Nachteile
Umsatz der Vorperiode	▪ Man verwechselt Ursache und Wirkung. Der Umsatz sollte keinen Einfluss auf das Werbebudget haben, sondern umgekehrt. ▪ Die Werbeausgaben basieren auf Vergangenheitszahlen. Das zukünftige Umsatzziel unterscheidet sich aber unter Umständen beträchtlich vom vergangenen Umsatz. ▪ Diesem Vorgehen verfällt man leicht, weil die Ermittlung einfach ist.
Finanzielle Mittel	Diese Betrachtungsweise ist zu kurzfristig. Auf Dauer ruiniert sich das Unternehmen, wenn es das Werbebudget auf diese Art festlegt (Negativspirale: wenig Mittel – wenig Werbung – wenig Umsatz – wenig Mittel usw.).
Konkurrenz	▪ Es sind lediglich Vergangenheitszahlen der Konkurrenz bekannt. ▪ Man geht instinktiv von der Annahme aus, dass sich die eigene Werbewirksamkeit entsprechend derjenigen der Konkurrenz verhält. Dies ist aber selten der Fall. ▪ Man vernachlässigt die spezifische Situation des eigenen Unternehmens, insbesondere die Ausgestaltung der übrigen Marketinginstrumente. ▪ Es ist in der Praxis oft schwer, zukünftige Werbeausgaben der Konkurrenz zu bestimmen.

Fazit: Das Werbebudget sollte sich an keiner dieser Größen orientieren. Bezugsgröße sollten die Werbeziele und somit eine Werbepolitik sein. Lediglich mit dieser Vorgehensweise ergibt sich ein sachlogischer Zusammenhang zwischen Zielen, Maßnahmen und Mitteln, während die oben besprochenen Verfahren im Wesentlichen von den maximal verfügbaren Mitteln ausgehen und erst danach die Ziele festlegen.

L 57 Bei der Erhebung der Werbewirkung auf den Umsatz sind folgende **Schwierigkeiten** zu erwähnen:

- Die Werbung ist lediglich ein einzelnes Instrument im Rahmen der Kommunikationspolitik bzw. des gesamten Marketing-Mix. Der Umsatz ist aber das Resultat des Einsatzes aller Marketinginstrumente. Es ist somit nicht möglich, ein Instrument wie die Werbung zu isolieren und nur dessen Wirkung auf den Umsatz zu ermitteln, da innerhalb des Marketing-Mix zwischen den einzelnen Instrumenten vielfältige Abhängigkeiten bestehen.
- Da ein Werbekonzept aus verschiedenen Elementen besteht, können kaum Schlussfolgerungen über einzelne Erfolgsbeiträge gezogen werden. Da oft mehrere Werbemittel und Werbeträger gleichzeitig eingesetzt werden, ist es nicht möglich, den Erfolg eines bestimmten Werbemittels oder -trägers zu bestimmen. Zudem kann es vorkommen, dass die Werbeziele, die Werbeperiode oder das Werbebudget falsch gewählt wurden und für den Misserfolg verantwortlich sind.
- Der Werbeerfolg kann häufig nicht den ihn verursachenden Werbeausgaben zugeordnet werden, da Werbewirkungen und somit der Werbeerfolg erst zu einem späteren Zeitpunkt eintreten (Time Lag).
- Schließlich kann die Werbewirkung durch Umweltfaktoren beeinträchtigt werden. Durch eine günstige Marktentwicklung kann beispielsweise die Wirkung von Werbemassnahmen verstärkt werden. In Extremfällen wie in einem großen Boom wächst der Umsatz ohnehin derart stark, dass weitere Werbeanstrengungen zur Umsatzsteigerung nicht notwendig sind. Auf der anderen Seite können negative Entwicklungen in den Umweltsphären Wirtschaft, Technologie, Gesellschaft und Ökologie die Wirkung von Werbemaßnahmen abschwächen oder ganz zunichte machen. Beispielsweise bringen bei einer veralteten Technologie auch hohe Werbeinvestitionen keinen großen Umsatzanstieg mehr.

L 58 **Verkaufsförderung** bezeichnet alle Maßnahmen, welche die Absatzbemühungen der Verkaufsorgane des Herstellers und/oder des Handels unterstützen, indem sie zusätzliche Kaufanreize auslösen. Im Gegensatz zu Werbung und Public Relations ist die Verkaufsförderung eher kurzfristiger Natur (z.B. zeitliche Begrenzung der Aktionen auf ein paar Monate). Eine sorgfältige Planung und Durchführung ist unerlässlich, da aufgrund der Interdependenzen zwischen Herstellern, Händlern und Konsumenten langfristige Wirkungen entstehen. Beispielsweise kann es durch schlecht durchdachte Kombi-Angebote (siehe Beispiel TWA und Polaroid) zu einer Verschiebung der Nachfrage mit entsprechend negativen Auswirkungen auf den Gewinn des Unternehmens kommen.

L 59 **Messen** sind Veranstaltungen mit Marktcharakter, die ein umfassendes Angebot eines oder mehrerer Wirtschaftszweige anbieten (z. B. Frankfurter Buchmesse). Sie dienen dem Verkauf an den Zwischenhandel und an gewerbliche sowie industrielle Verwender und sind somit nicht mit Ausstellungen zu verwechseln, bei denen auch Privatpersonen Käufe tätigen. Messen können folgende **Funktionen** übernehmen:

- **Informationen:**
  - Der Aussteller über die eigenen Produkte,
  - über den neuesten technischen Stand,
  - über die Konkurrenz,
  - über die Kundenbedürfnisse,
  - Angebots- und Leistungsvergleich,
  - Messe als Konjunkturbarometer.
- **Kontakte:**
  - Aufbau und Pflege des Beziehungsnetzes zwischen Ausstellern und Besuchern,
  - Kontaktpflege zur Konkurrenz.
- **Image und Werbung:**
  - Aufbau und Pflege eines eigenen Image,
  - gute Werbemöglichkeit.
- **Absatz:**
  - Förderung des Umsatzes,
  - Neukundengewinnung.

Marketing-Mix

L 60 a) Die einzelnen Instrumente stehen nicht isoliert nebeneinander, sondern wirken als Kombination (Marketing-Mix) auf die anzustrebenden Ziele. Die Wirkung der Summe aller Teile ist größer als die Summe der Wirkungen aller einzelner Teile (Synergieeffekt). Ist das Zusammenspiel nicht gegeben, führt das zu konkurrierenden Beziehungen zwischen den einzelnen Instrumenten.

Die Interdependenzen im Marketing-Mix können in zeitliche und in sachliche Interdependenzen unterteilt werden:

- **Zeitliche Interdependenzen** bestehen dann, wenn die Wirkung von Marketing-Maßnahmen der Planperiode sich auf spätere Perioden verschiebt. Ist ein solcher Time Lag zu beobachten, spricht man vom Carry-Over-Effekt.
- **Sachliche Interdependenzen** entstehen dann, wenn der Einsatz der Marketing-Instrumente für ein bestimmtes Produkt Auswirkungen auf andere Produkte hat. Beispielsweise wirkt das Image, das mit der Werbebotschaft für ein Produkt verbunden ist, auch auf das Image anderer Produkte zurück, oder es können bereits bestehende Distributionskanäle für neue Produkte genutzt werden.

b) Der **Carry-Over-Effekt** entsteht dadurch, dass die Wirkung von Marketing-Maßnahmen sich nicht nur auf die Planperiode, sondern auch auf spätere Perioden erstreckt. Die **Problemlösung** kann wie folgt skizziert werden: Es kann versucht werden, die Wirkungen zeitlich abzugrenzen und zu quantifizieren. Möglichkeiten dazu sind etwa die Eliminierung nicht relevanter Marketing-Maßnahmen und das Setzen von Prioritäten. Hierbei sind auch die Resultate früherer Marketing-Strategien zu Rate zu ziehen. Im Allgemeinen lässt sich das Problem aber nur sehr schwer oder überhaupt nicht lösen.

L 61

- **Produktpolitik:**
  - guter Kundendienst (z.B. Service, Reparaturdienst, großzügige Behandlung von Reklamationen),
  - Garantieleistungen,
  - breites Sortiment,
  - Zusatzsortiment (Autoradio, Reifen etc.).
- **Distributionspolitik:**
  - kurze Liefertermine,
  - bei Wunsch persönliche Übergabe am vom Kunden gewünschten Ort.
- **Konditionenpolitik:**
  - Rabattpolitik (allgemein und bei Folgekäufen),
  - zusätzliche Gratisleistungen (z.B. Autoradio).
- **Kommunikationspolitik:**
  - Werbung,
  - Sponsoring lokaler Veranstaltungen,
  - Unterstützung lokaler Vereine,
  - Teilnahme an Gewerbeausstellungen.

L 62 Der **Marketing-Mix** kann sich im Produktlebenszyklus eines teuren Markenartikels (Beispiel: Designer-Parfüm „Blue Moon“) wie folgt verändern:

- **Einführungsphase:**
  - Produktpolitik: anfängliche Einführung des einzelnen Produkts „Blue Moon“ – Eau de Parfum.
  - Preispolitik: Auswahl einer Hochpreisstrategie zur Platzierung im Premium-Segment.
  - Kommunikation: Information und Überzeugung des Kunden bezüglich des neuen Dufts, z. B. durch Proben.
  - Distribution: Aufbau von Kooperationen mit Parfümerien.
- **Wachstumsphase:**
  - Produktpolitik: Markenprofilierung durch Product Placements in Filmen oder Ausstattung und Sponsoring von Events, Proben; Line Extension: Badesalz, Body Lotion usw.
  - Preispolitik: Preis an der direkten Konkurrenz ausrichten.
  - Kommunikation: Werbung für den Namen „Blue Moon“ mit dem Ziel, einen Parfum-Klassiker zu generieren.
- **Reife- und Sättigungsphase:**
  - Produktpolitik: Nutzung von Synergien durch Anbieten von „Blue Moon“-Packages mit Zusatzgeschenken und Preisvorteil.
  - Kommunikation: Emotionalisierung durch persönliche Werbung.
  - Distribution: verstärkte Kooperation mit Handel, Ausweitung der Distributionskanäle auf Kaufhäuser.

L 63 Als **Marketing-Konzept** bezeichnet man die angestrebten Marketing-Ziele und die Ausgestaltung der Marketing-Instrumente.

- **Marketing-Ziele:**
  - **Allgemein:** Einführung eines Bildbands über die Stadt Berlin.
  - **Umsatzziele:**
    - Startauflage von 10.000 Exemplaren für 2 Jahre,
    - nach 2 Jahren jährlicher Verkauf von 3000 Exemplaren.
- Bei der **Produktpolitik** geht es um die Ausgestaltung des Bildbands (z. B. hochwertige Einbandgestaltung, bekannter Verlagsname zur Wiedererkennung) und darum, welche Zusatzleistungen angeboten werden (z. B. Online-Zugang zu Updates oder beiliegender Stadtplan). Die Entscheidung über diese Marketing-Maßnahmen sind in Abhängigkeit von der Zielgruppe zu treffen. Durch Konkurrenz- und Umweltanalyse gilt es herauszufinden, welche Kundenbedürfnisse noch nicht erfüllt sind und welche Konkurrenzprodukte existieren.

- Bezüglich der **Distributionspolitik** wird der indirekte Absatzweg über unternehmensfremde Organe gewählt. Zur Positionierung des Bildbandes als Premiumprodukt gilt es, renommierte Absatzmittler zu finden (z.B. für Qualität bekannte Buchhandlungen, Museumsbuchhandlungen). Entscheidungskriterien sind Sortiment, Preis und Ort des Verkaufs.
- Die **Konditionenpolitik** beinflusst die Preisgestaltung des Bildbands. Durch die Wahl eines hohen Preises wird ein positives Qualitätssignal gesendet (Prämienpreise).
- Der Gestaltung der **Kommunikationspolitik** kommt besondere Bedeutung zu. Kommunikationsobjekt ist der Bildband von Berlin und nicht das gesamte Unternehmen. Die Zielgruppe des Bildbands umfasst sowohl Touristen, die am kulturellen Leben der Stadt interessiert sind, als auch Berliner Einwohner, die ein schönes Werk über „ihre" Stadt besitzen möchten. Der Informationsgehalt der Werbung soll entsprechend informativ-emotional sein. Anzeigen in gehobenen Zeitschriften (v.a. Reisezeitschriften) und Rezensionen in Tageszeitungen sind notwendig.

L 64 **a)** Wichtige Entscheidungen sind:

- Standort des Geschäftes und des Lagers,
- Gesellschaftsform,
- Finanzierung,
- Marketingkonzept,
- Lieferanten,
- Produktsortiment,
- Versand als zusätzliche Absatzmöglichkeit,
- Personal.

b) Die zukünftigen Käufer zeichnen sich durch eines oder mehrere der folgenden Merkmale aus:

- gesundheitsbewusst,
- naturbewusst,
- achten auf hohe Qualität und gute fachliche Bedienung,
- gehören in der Regel zur mittleren und hohen Kaufkraftklasse,
- leiden unter Schlafstörungen.

c)

- **Produktpolitik**
  Auf die einzelnen Produkte kann kein Einfluss genommen werden. Ein Spielraum bleibt nur bei der Sortimentspolitik. Möglich sind:
  - Sortimentserweiterung, z.B. Bettgestelle und Bettüberwürfe,
  - Sortimentsvertiefung, z.B. Nierenschutz und Bettsocken.

- **Distributionspolitik**
  - Geschäft an einer guten Lage,
  - Versandhandel in Deutschland,
  - Filialen eröffnen.
- **Konditionenpolitik**
  Die Preise sind im Allgemeinen von den Lieferanten als empfohlene Richtpreise vorgegeben. Eine eigentliche Preisbindung kann aber nicht durchgesetzt werden. Aus Image-Gründen ist es nicht empfehlenswert, die vorgegebenen Preise dauernd zu unterbieten, hingegen sind Verkaufsaktionen zu reduzierten Preisen denkbar.
- **Kommunikationspolitik**
  - Werbung in Tageszeitungen und Fachzeitschriften,
  - Teilnahme an Gewerbeausstellungen,
  - Verkaufsförderungsmaßnahmen: Wettbewerbe, Einführungspreise, Direct-Mailing mit Gutschein,
  - guter Kundenservice: freundliche, fachmännische Bedienung und großzügige Behandlung von Reklamationen.

Materialwirtschaft

Grundlagen

L 1 Es bestehen folgende Unterschiede:

- **Allgemein:**
  - Bei der Rotationspresse handelt es sich um einen **Potenzialfaktor** (= Betriebsmittel), der in der Produktion nicht verbraucht wird. Die Rotationspresse verkörpert ein bestimmtes Leistungspotenzial; es handelt sich um ein Investitionsgut.
  - Papier stellt einen **Repetierfaktor** (= Werkstoff) dar. Da es in das fertige Produkt, die Zeitung, eingeht, ist Papier der Kategorie Rohstoffe zuzuordnen.

- **Aus materialwirtschaftlicher Sicht:**

Merkmal \ Faktor	**Potenzialfaktoren**	**Repetierfaktoren**
Häufigkeit	einmalig	wiederholt
Kosten der Beschaffung	hoch	klein (mit Ausnahme der ersten Beschaffung)
Menge	klein	groß
Preis	hoch	gering für das einzelne Produkt
Kostenart	fix	variabel
Beschaffungsverfahren	kompliziert	einfach (mit Ausnahme der ersten Bestellung)
Entscheidungsinstanz	hohe Führungsebene	tiefe Führungsebene
Entscheidungscharakter	Führungsentscheidung	Routineentscheidung
Beschaffungskriterien	v.a. Wartungs- und Serviceleistungen	v.a. Liefertreue und gleichbleibende Qualität
Beschaffungsinstrumente	u.a. Investitionsrechnung, Absatzplanung	u.a. Materialbedarfsrechnung, ABC-Analyse, XYZ-Analyse, optimale Bestellmenge

L 2 Bei der Betrachtung des Materialflusses in einem Industrieunternehmen lassen sich drei Lagerstufen unterscheiden:

- **Eingangslager** fangen den Güterzufluss der Umwelt auf, wenn der momentane Bedarf der Fertigung kleiner ist als der Güterzufluss oder der zukünftige Bedarf größer ist als der zukünftige Güterzufluss.
- **Zwischenlager** entstehen während des Produktionsprozesses und dienen als Puffer zwischen den einzelnen Fertigungsstufen.
- **Fertigwarenlager** entstehen nach Beendigung des Produktionsprozesses, wenn Produktions- und Absatzmengen auseinander fallen.

Für alle drei Stufen gilt, dass die Lagerbestände wegen der Kapitalkosten zu minimieren sind. Je nach Art der Produkte treten Lagerverluste (Zerstörung, Überalterung, Diebstahl usw.) auf. Es stellen sich vor allem folgende Probleme:

- **Eingangslager** dienen zur Versorgung der Fertigung in quantitativer, qualitativer, zeitlicher und örtlicher Hinsicht. Die häufigsten Probleme liegen in der Liefertreue und -sicherheit sowie in der Qualitätskonstanz.

- Für **Zwischenlager** gilt das Dilemma der Ablaufplanung, d.h. der Minimierung der Durchlaufzeiten des zu bearbeitenden Materials bei gleichzeitiger Minimierung der Leerzeiten der Potenzialfaktoren. Je stärker das Prinzip der maximalen Kapazitätsauslastung verfolgt wird, desto eher entstehen Zwischenlager.
- Bei **Fertigwarenlagern** besteht ein Zielkonflikt zwischen der Befriedigung der Kundenwünsche und möglichst kleinen Lagerbeständen, welche die Kapitalkosten tief halten. Eine Optimierung der Lagerhaltung wird zusätzlich durch saisonale und konjunkturelle Schwankungen erschwert. Es stellt sich ferner die Frage nach dem optimalen Standort der Fertigwarenlager: Werden sie in Kundennähe oder nahe der Fertigung positioniert?

L 3 **a)** Als wichtige Ziele der Materialwirtschaft können genannt werden:

- **Versorgungssicherheit** bei Rohstoffen, Halbfabrikaten und allenfalls Fertigfabrikaten (in Bezug auf Art, Menge, Qualität, Zeitpunkt und Ort). Dazu gehört in erster Linie der Aufbau von guten Lieferantenbeziehungen, die eine dauernde Versorgung mit den benötigten Gütern gewährleisten können.
- **Kostenminimierung:** Bei der Kostenminimierung besteht das Dilemma zwischen einem möglichst hohen Sicherheitsbestand und möglichst tiefen Lagerkosten. Ziele eines hohen Sicherheitsbestandes sind es, die genügende Versorgung auch bei schwankenden Bedarfsmengen sicherzustellen und mögliche Fehlmengenkosten aufzufangen. Auf der anderen Seite verlangt das Ziel der Kostenminimierung aber nach einem möglichst tiefen Lagerbestand. Dieses Ziel wird ferner durch eine Beschaffungspolitik unterstützt, die darauf achtet, die Beschaffungskosten tief zu halten (z.B. EDV-Einsatz, Berechnung der optimalen Bestellmengen).
- **Flexibilität:** Die Materialwirtschaft muss so gestaltet sein, dass sie auch kurzfristig veränderten Situationen angepasst werden kann.
- **Marktorientierung:** Auch die Materialwirtschaft muss sich – wie alle anderen Funktionsbereiche des Unternehmens – in den Dienst des Kunden stellen. Sie darf nicht Selbstzweck sein, sondern sie dient letztlich der optimalen Befriedigung der Kundenbedürfnisse (z.B. Materialqualität, Lieferfristen).
- **Umweltorientierung**: Gerade die Materialwirtschaft hat dafür zu sorgen, dass die Umwelt (Natur, Mensch) so wenig wie möglich belastet wird, beispielsweise durch
  - Minimierung der Transportwege und Transporthäufigkeit,
  - möglichst weitgehenden Ersatz umweltbelastender und energieaufwändiger Transportmittel,

- Beschaffung von umweltschonenden Materialien,
- Gewährleistung der Lagersicherheit bei umweltgefährdenden Materialien,
- Wiederverwendung gebrauchter Materialien (Recycling).

b) Die Unternehmensziele stellen die Oberziele dar, aus denen sich die Ziele der Materialwirtschaft ableiten (z. B. hohe Wirtschaftlichkeit).

c) Die Aufgaben der Materialwirtschaft lassen sich in drei Hauptbereiche unterteilen:

- **Beschaffungsmarketing**
  - Beschaffungsmarktforschung,
  - beschaffungspolitische Instrumente.
- **Beschaffung**
  - Ermittlung der Bedarfsmenge,
  - Ermittlung der Beschaffungsmenge,
  - Bestellplanung (Bestellmenge und -zeitpunkt, Lieferantenauswahl),
  - Bestellabwicklung.
- **Lagerung**
  - Warenannahme (bei Lagerung),
  - Lagerhaltung (Lagerhaltungssystem),
  - Materialverwaltung,
  - Materialverwertung und Entsorgung,
  - innerbetrieblicher Transport.

d) Die nachfolgende Abbildung zeigt, in welchem Spannungsfeld die Materialwirtschaft steht. Der Verkauf verlangt einen 100 %igen Lieferservice. Die Fertigung erwartet, dass die Beschaffung ihre Wünsche jederzeit erfüllen kann. Um Instandhaltungs- und Kundenreparaturarbeiten sofort ausführen zu können, müssen für die Serviceabteilung alle Ersatzmaterialien in gewünschtem Umfang am Lager sein. Alle diese Bedürfnisse erfordern ein großes Materiallager, das hohe Lagerhaltungskosten nach sich zieht. Die Finanzabteilung hingegen drängt darauf, das Lager möglichst klein zu halten, um Kosten zu sparen.

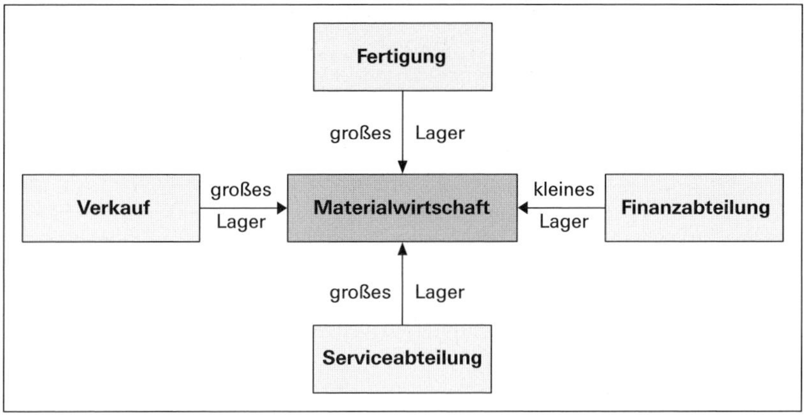

Die Verantwortlichen sind gezwungen, dauernd nach einem Gleichgewicht zwischen den verschiedenen Bedürfnissen zu suchen. Erleichtert wird ihnen die Aufgabe, wenn es gelingt, den einzelnen Abteilungen klar umrissene Ziele vorzugeben. Ein Ansatzpunkt zur Kostenminimierung führt über die Vorgabe von Lieferbereitschaftsgraden für die Abteilungen Verkauf, Fertigung und Service.

e) Die Einstufung der Materialwirtschaft als Serviceabteilung für die anderen Unternehmensbereiche hat sich dahin gewandelt, dass die Materialwirtschaft als eine eigenständige unternehmerische Funktion zu betrachten ist. Damit wurde ihr eine größere Aufmerksamkeit zuteil und sie wurde dementsprechend aufgewertet. Man begann zu entdecken, dass in diesem Bereich enorme Kostensparpotenziale vorhanden waren. Die Entwicklungen, die sich daraus ergaben, waren und sind:

- vermehrte theoretische Auseinandersetzung mit Problemen der Materialwirtschaft,
- größere Selbstständigkeit, Kompetenz und Eigenverantwortung,
- Einleitung von kostensenkenden Maßnahmen:
  - Just-in-time-Produktion,
  - Einführung der EDV,
  - Ausdehnung der Beschaffungsmarktforschung und Beschaffungsmärkte (Globalisierung der Märkte auf der Beschaffungsseite),
  - neue Lager- und Vorratstechniken,
  - allgemeine Rationalisierungsmaßnahmen.

f) ▪ Industrie

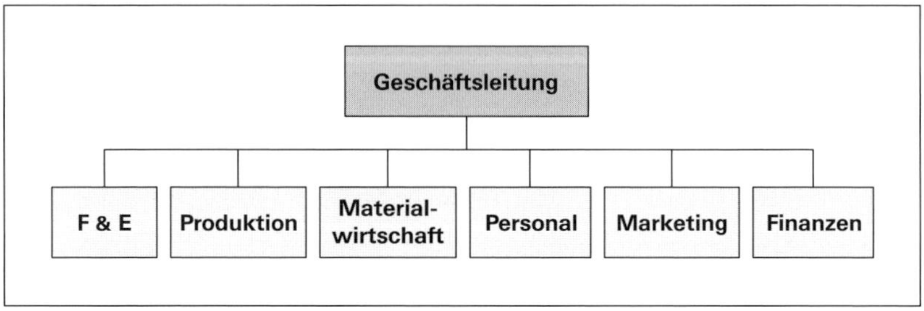

▪ Versicherung

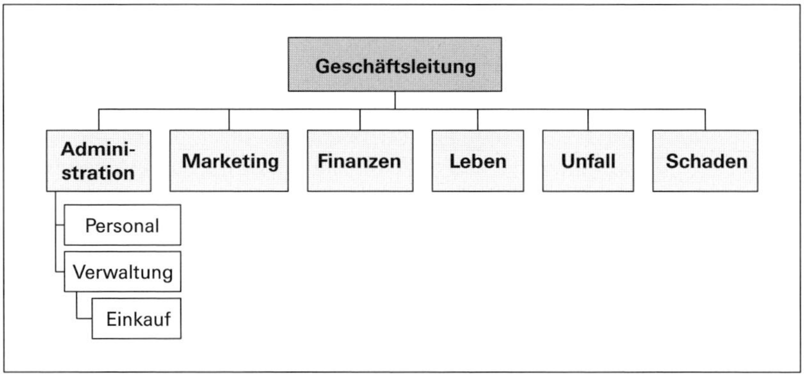

In einer Versicherung spielt die Materialwirtschaft eine völlig untergeordnete Rolle (im Gegensatz zum Industriebereich). Es ist deshalb auch keine eigene Hauptabteilung nötig, sondern es genügt im Allgemeinen, sie als Unterabteilung zu führen.

L 4

a) Die Analyse zeigt, dass einige größere Bestellungen (maximal fünf) im Umfang von total 100.000 Einheiten nicht sofort ausgeführt werden konnten.

b)
- **Lieferbereitschaftsgrad**
  - Anforderungsbereitschaftsgrad:

$$\frac{\text{Anzahl sofort ausgef. Anforderungen}}{\text{Anzahl Anf./Jahr}} = \frac{995}{1000} \cdot 100 = \mathbf{99{,}5\ \%}$$

  - Mengenbereitschaftsgrad:

$$\frac{\text{Sofort ausgelief. Menge}}{\text{Gesamte angef. Menge}} = \frac{900.000}{1.000.000} \cdot 100 = \mathbf{90\ \%}$$

- **Durchschnittlicher Lagerbestand**

$$\frac{\text{Anfangsbestand + Endbestand}}{2} = \frac{100.000 + 100.000}{2}$$

= 100.000 Einheiten

Der durchschnittliche Lagerbestand hat einen Wert von **200.000,– €**.

- **Lagerumschlagshäufigkeit**

$$\frac{\text{Lagerabg./Jahr}}{\text{Ø Lagerbest.}} = \frac{1.000.000}{100.000} = \mathbf{10}$$

- **Durchschnittliche Lagerdauer**

$$\frac{\text{Zahl der Tage pro Periode}}{\text{Lagerumschlagshäufigk.}} = \frac{360\ \text{Tage}}{10} = \mathbf{36\ Tage}$$

c) Eine genaue Interpretation der Kennziffern ohne Konkurrenz- und Branchenvergleichszahlen ist nicht möglich. Aus der Differenz zwischen dem Anforderungs- und dem Mengenbereitschaftsgrad lässt sich allerdings schließen, dass die Bestellmengen pro Anforderung stark schwanken und die Lagerabgangsrate damit sehr diskontinuierlich verläuft. Deshalb ist auch ein relativ hoher durchschnittlicher Lagerbestand notwendig. Es wäre zu untersuchen, ob die Mengenanforderungen der Produktion nicht „geglättet“, d.h. gleichmäßiger verteilt werden könnten, um die hohen Lagerhaltungskosten zu senken.

L 5 **a)** Folgende Maßnahmen bieten sich bei Verfolgung der verschiedenen Ziele der Materialwirtschaft an:

- Unternehmen, die das Ziel **Sicherheit** verfolgen, bauen häufig hohe Lagerbestände auf, um der Unsicherheit bezüglich der eigenen Bedarfsmengen, der Lieferzeiten und der Beschaffungsmärkte vorzubeugen. Die Sicherheitsbestände dürfen jedoch nicht so hoch sein, dass sie die Fehlmengenkosten übersteigen.
- Bei der Verfolgung des Ziels **Liquidität** bietet sich eine Minimierung der Lagerbestände an. Besonders in Zeiten hoher Zinssätze oder bei teuren Gütern führen hohe Lagerbestände zu hohen Kosten und schränken die Liquidität des Unternehmens ein.
- Zur Gewährleistung von **Flexibilität** ist eine genaue Beobachtung des Unternehmensumfeldes hinsichtlich Preisvariationen, Nachfrageänderungen und neuen Produktentwicklungen notwendig.
- Gute Lieferanten unterscheiden sich von schlechten durch Termintreue, Flexibilität, hohe Qualität und Interesse an der Weiterentwicklung von Produkten. Dies bedeutet zwar höhere Preise, die jedoch durch verminderte Fehlmengenkosten, geringeren Ausschuss und höhere Konkurrenzfähigkeit ausgeglichen werden. Zur Trennung guter von schlechten Lieferanten bietet sich ein aktives Management der **Lieferantenbeziehungen** an.

b) Es können nicht alle Ziele gleichzeitig erreicht werden, da teils komplementäre und teils konkurrierende Zielbeziehungen vorliegen. Der Aufbau großer Lagerbestände widerspricht beispielsweise dem Streben nach minimalen Kosten. Selbst wenn man durch Sicherheitskäufe vermiedene Fehlmengenkosten in die Betrachtung mit einbezieht, lohnt sich eine hohe Lagerhaltung nur, solange die Kosten für die Sicherheitsbestände die Fehlmengenkosten nicht überschreiten.

L 6 **a)** Folgende Probleme sind zu lösen:

- **Einkaufsorganisation:** Soll der Einkauf zentral oder dezentral organisiert werden? Oder ist ein Mittelweg sinnvoll, indem der Einkauf für bestimmte Artikel zentral und für die restlichen dezentral aufgebaut wird?
- **Lagerstandort:** Grundsätzlich stellen sich ähnliche Fragen wie bei der Gestaltung der Einkaufsorganisation.
- **Personal:** Sind die Mitarbeiter und Mitarbeiterinnen bereit, Veränderungen zu akzeptieren? Kann der notwendige Personalbestand erreicht werden, falls Standorte zu verlegen sind?
- **Synergieeffekte:** Wo treten sie auf und wie können sie ausgenutzt werden?

b)
- Die Vorteile einer **zentralen Einkaufsorganisation** sind:
  - kostengünstige Beschaffung durch größere Einkaufsmengen,
  - einheitliche Steuerung und Überwachung der Beschaffung,
  - Materialvereinheitlichung,
  - bessere Übersicht über Bedarfsplanung,
  - Spezialisierung des Personals,
  - klare Abgrenzung der Zuständigkeiten.
- Eine **dezentrale Einkaufsorganisation** ist dann sinnvoll, wenn
  - die Vielfalt der eingekauften Produkte sehr groß ist,
  - verschiedene Bereiche einer Unternehmung völlig selbstständig sind und
  - aus geografischen Gründen ein zentraler Einkauf nicht möglich ist.
- Die Vorteile einer **dezentralen Einkaufsorganisation** sind:
  - verkleinerter Instanzenweg und damit geringere Tendenz zur Bürokratisierung,
  - schnellere Reaktion bei dringend nötigen Anpassungen möglich.

c)
- Der **Hauptvorteil eines Zentrallagers** liegt vor allem in den geringeren Kosten. Im Gegensatz zu mehreren dezentralen Lagerstandorten können die Lagermengen gesenkt werden, weil ein kleinerer Sicherheitsbestand notwendig ist. Damit einher gehen ebenfalls geringere Kosten für die Lagerhaltung (Personal, Raumkosten, Unterhalt, Materialausscheidung).
- **Dezentrale Lager** sind in den folgenden Fällen denkbar:
  - Der Materialumschlag ist groß.
  - Das Material muss häufig ausgeliefert werden.
  - Die Transportkosten eines Zentrallagers sind höher als die damit einzusparenden Kosten.
  - Es ist kein Zentrallager aus Raum- und Personalgründen möglich.

In der Praxis trifft man sowohl bei der Einkaufsorganisation als auch bei der Wahl des Lagerstandortes häufig kombinierte Lösungen an, um die jeweiligen Vorteile besser ausnutzen zu können. Oft zwingen auch räumliche Verhältnisse oder sogar gesellschaftspolitische Forderungen zu Kombinationen zwischen dezentralen und zentralen Lösungen.

Beschaffungsmarketing

L 7 **a)** Es kann zwischen der primären (Field-Research) und der sekundären (Desk Research) Beschaffungsmarktforschung unterschieden werden.

- In der **primären Forschung** werden beispielsweise Kontakte zu Lieferanten, Verkäufern oder Besuche von Messen untersucht.
- Die **sekundäre Forschung** bedient sich bereits vorhandener Unterlagen wie beispielsweise Markt- und Börsenberichte oder Zeitschriften.

b) Die **Beschaffungsmarkforschung** hat – wie die Marktforschung im Bereich Marketing – die Erhebung, Systematisierung und Auswertung der für die Materialwirtschaft relevanten Informationen des Beschaffungsmarktes zur Aufgabe. Sie bildet die Grundlage für die Planung, Entscheidung, Aufgabenübertragung und Kontrolle des Einsatzes der beschaffungspolitischen Instrumente, die ähnlich gegliedert werden können wie die Marketing-Instrumente.

Aus verschiedenen **Gründen** ist die Beschaffungsmarktforschung weniger komplex als die Marktforschung im Marketing:

- Zum einen wird in der Beschaffungsmarktforschung, im Vergleich zu der Anzahl Kunden und Verbraucher, eine kleinere Anzahl Lieferanten betrachtet.
- Zum anderen haben die Lieferanten ein hohes Eigeninteresse an Kundengewinnung und -information.
- Ferner ist die Dynamik des Beschaffungsmarktes wesentlich geringer als die des Absatzmarktes.

L 8 **a)** Unter aktiver und passiver Beschaffungsproduktpolitik ist Folgendes zu verstehen:

- Bei der **aktiven Beschaffungsproduktpolitik** kann das Unternehmen indirekt über den Lieferanten einen Einfluss auf die Gestaltung der zu beschaffenden Produkte ausüben. Das Unternehmen kann somit sein Beschaffungssortiment auf das Fertigungsprogramm abstimmen.
- Bei der **passiven Beschaffungsproduktpolitik** sucht sich das Unternehmen über die Beschaffungsmarktforschung jene Lieferanten aus, welche die Produktanforderungen am besten erfüllen. Es übt also nur passiv Einfluss auf die zu beschaffenden Produkte aus und prüft deren Kompatibilität mit dem Produktionsprogramm.

b) Die **Wahl** der Beschaffungsproduktpolitik hängt von den Zielen des Unternehmens im Hinblick auf seine Lieferanten ab:

- Beabsichtigt das Unternehmen eine Beeinflussung der Produktausführung, um Beschaffung und Fertigung aufeinander abzustimmen, so wird es versuchen, das Qualitätsniveau der bezogenen Produkte in die gewünschte Richtung zu steuern bzw. gegebenenfalls zu Sonderanfertigungen übergehen.
- Ist eine Vereinfachung des Beschaffungswesens beabsichtigt, so bietet es sich an, so viele ähnliche Produkte wie möglich von einem einzigen Zulieferer zu beziehen. Auf diese Weise kann der Koordinationsaufwand in der Beschaffung vermindert werden.
- Schließlich ist es auch denkbar, dass ein Unternehmen die Lieferantenbeziehungen und den Bereich Forschung & Entwicklung miteinander verbinden möchte. In diesem Fall kann die Zusammenarbeit entweder in Richtung Produktinnovation oder Produktmodifikation gelenkt werden. Auf diesem Wege kann eine engere Bindung zwischen Lieferant und Unternehmen erreicht werden.

c) Die Vor- und Nachteile der aktiven Beschaffungsproduktpolitik können wie folgt beschrieben werden:

Vorteile	**Nachteile**
▪ Der enge Kontakt mit Lieferanten fördert gute Beziehungen und Zusammenarbeit. ▪ Das Unternehmen kann sich zusätzliches Know-how verschaffen. ▪ Man erhält das Produkt genau in der gewünschten Ausführung. ▪ Es lassen sich Zusatzleistungen des Lieferanten erreichen.	▪ Sie ist kostenintensiv, weil Spezialwünsche teuer sind. ▪ Die Lieferantenbeziehungen müssen gepflegt werden (zeitintensiv). ▪ Die Abhängigkeit von den Lieferanten steigt. ▪ Für rezessive Zeiten ist sie schlecht geeignet (kosten- und zeitintensiv).

Die Vor- und Nachteile der passiven Beschaffungsproduktpolitik verhalten sich spiegelbildlich zu denen der aktiven Beschaffungsproduktpolitik:

Vorteile	**Nachteile**
■ Sie ist wenig kostenintensiv aufgrund der Standardisierung der Produkte. ■ Es müssen keine Lieferantenbeziehungen gepflegt werden. ■ Es besteht keine Abhängigkeit von Lieferanten. ■ Für rezessive Zeiten ist sie gut geeignet (nicht kosten- und nicht zeitintensiv).	■ Das Unternehmen betreibt keine aktive Pflege seiner Lieferantenbeziehungen. ■ Es kommt nicht zum Austausch zusätzlichen Know-hows. ■ Das Unternehmen kann die Ausgestaltung der Produkte nicht genau steuern. ■ Es lassen sich schwerlich Zusatzkonditionen aushandeln.

L 9 **a)** Unter **Beschaffungskommunikationspolitik** versteht man die Gesamtheit der Maßnahmen, die dem Unternehmen dazu dienen, positive Signale an die Beschaffungsmärkte auszusenden.

b) Die Beschaffungskommunikationspolitik zielt darauf ab, das Image des Unternehmens auf dem Beschaffungsmarkt positiv zu beeinflussen, bestehende Lieferantenbeziehungen zu festigen sowie neue Lieferanten zu gewinnen.

c) Der Einsatz der Beschaffungskommunikationspolitik ist besonders dann empfehlenswert, wenn die Nachfrage das Angebot übersteigt und der Beschaffungsmarkt sich somit in einer Verkäufermarktsituation befindet.

d) Die **Instrumente** der Beschaffungskommunikationspolitik lassen sich drei Bereichen zuordnen:

- Die **Beschaffungswerbung** richtet sich an bestehende und potenzielle Lieferanten. Sie zielt darauf ab, die Vorteilhaftigkeit einer langfristigen Beziehung mit dem Unternehmen aufzuzeigen. Maßnahmen im Rahmen der Beschaffungswerbung sind regelmässige Bestellungen, die Mitarbeit an neuen Entwicklungen und die Gewährleistung der Zahlungsfähigkeit.
- Durch **Public Relations** wird die Umwelt über bedeutende Entwicklungen informiert, um die Akzeptanz des Unternehmens auf dem Beschaffungsmarkt zu verbessern. Dies geschieht beispielsweise durch Publikation von Informationen, Pressekonferenzen bei wichtigen Ereignissen, Betriebsbesichtigungen, Sponsoring und die Unterstützung von gemeinnützigen Institutionen.

- Die dritte Form der Beschaffungskommunikationspolitik ist die **Lieferantenwerbung**. Sie dient dazu, im Rahmen bestehender Geschäftsbeziehungen, die Zusammenarbeit zwischen Unternehmen und Zulieferern zu verbessern. Beispiele für Lieferantenwerbung sind Schulungen von Mitarbeitern des Lieferanten, Kontaktpflege sowie Unterstützung der Lieferanten in der Produktentwicklung.

Beschaffungs- und Lagerplanung

L 10 **a)** Die ABC-Analyse dient folgenden Zwecken:

- Die ABC-Analyse dient dazu, die Beziehung zwischen Verbrauchsmengen und Verbrauchswerten realistisch abzubilden. Sie beruht auf der Erkenntnis, dass häufig ein kleiner Teil der Gesamtzahl der Materialarten und/oder der verbrauchten Güter einen überproportional großen Anteil am Gesamtwert der verbrauchten Güter hat.
- Die ABC-Analyse teilt die Materialarten, je nach ihrem Anteil am Gesamtverbrauch, in A-, B- und C-Güter ein.
- Einen besonderen Stellenwert nehmen dabei die A-Güter ein, deren Anteil am Gesamtverbrauchswert im Allgemeinen 70 bis 80% beträgt.

Hauptziel der ABC-Analyse ist es, die verschiedenen Güterarten herauszufiltern, Kosteneinsparungen in erster Linie bei A-Gütern herbeizuführen, Beschaffungsinstrumente auf die Gütertypen abzustimmen sowie die Beschaffungsplanung zu erleichtern.

b) Rangordnung der Materialarten nach Gesamtverbrauchswert:

Material-art Nr.	Jahresverbrauch		Preis je ME	Wert des Gesamtverbrauchs		Rang
	in ME	in %	in %	in GE	in %	
1	**2**	**3**	**4**	**5**	**6**	**7**
1	6.000	15	50,–	300.000,–	2	**6**
2	4.000	10	112,5	450.000,–	3	**5**
3	4.000	10	375,–	1.500.000,–	10	**3**
4	4.000	10	112,5	450.000,–	3	**5**
5	2.000	5	75,–	150.000,–	1	**7**
6	4.000	10	900,–	3.600.000,–	24	**2**
7	4.000	10	1725,–	6.900.000,–	46	**1**
8	6.000	15	75,–	450.000,–	3	**5**
9	2.000	5	75,–	150.000,–	1	**7**
10	4.000	10	262,5	1.050.000,–	7	**4**
	40.000	100		15.000.000,–	100	

ABC-Einteilung der Materialarten nach Mengen- und Wertverbrauch:

Rang	**Materialart Nr.**	**Mengen-verbrauch in %**	**kumuliert**	**Mengen-verbrauch pro Klasse in %**	**Wertverbrauch in %**	**kumuliert**	**Wertverbrauch pro Klasse in %**	**Klasse**
1	2	3	4	5	6	7	8	9
1	7	10	10	20	46	46	70	**A**
2	6	10	20		24	70		
3	3	10	30	20	10	80	17	**B**
4	10	10	40		7	87		
5	8	15	55	60	3	90	13	**C**
5	4	10	65		3	93		
5	2	10	75		3	96		
6	1	15	90		2	98		
7	9	5	95		1	99		
7	5	5	100		1	100		

c) Die ABC-Analyse ist eine **statische Analyse**, bei der lediglich der Gesamtverbrauch (mengen- und wertmäßig) für eine bestimmte Planperiode betrachtet wird. Jedoch kann der Verbrauchsverlauf der Materialarten mittels einer ABC-Analyse nicht über eine längere Planperiode betrachtet werden. Somit lässt die ABC-Analyse außer Acht, dass bestimmte Güter einen relativ gleichmäßig verlaufenden Verbrauch aufweisen, während der Verbrauch anderer Güter im Zeitablauf erheblich schwankt.

L 11 **a)** In einem **erstem Schritt** wird der Gesamtverbrauchswert und der damit verbundene Rang der einzelnen Materialarten berechnet.

Artikel	Verbrauch		Preis	Verbrauchswert		Rang
	in ME	in %		in GE	in %	
A 5831	300	1,8	14,–	4.200	7,4	6
B 4223	200	1,2	4,–	800	1,4	15
D 1798	500	3,1	12,–	6.000	10,6	3
E 6185	800	4,9	6,–	4.800	8,5	4
L 2741	1.500	9,2	2,–	3.000	5,3	9
L 3311	1.000	6,1	2,80	2.800	4,9	10
M 7439	5.000	30,5	–,20	1.000	1,8	13
M 7820	2.000	12,2	–,80	1.600	2,8	11
N 2784	200	1,2	23,–	4.600	8,1	5
P 1437	50	0,3	80,–	4.000	7,1	7
R 6874	50	0,3	200,–	10.000	17,7	1
R 8413	100	0,6	34,–	3.400	6,0	8
T 2880	200	1,2	40,–	8.000	14,1	2
V 2828	2.000	12,2	–,45	900	1,6	14
X 8427	2.500	15,2	–,60	1.500	2,7	12
Total	16.400	100,0		56.600	100,0	

Anschließend werden in einem **zweiten Schritt** die Güter in absteigender Reihenfolge nach dem Gesamtverbrauchswert geordnet und gemäß ihrer Anteile am Gesamtverbrauchswert und der Gesamtverbrauchsmenge in die drei Klassen A, B und C eingeteilt.

Rang	Artikel	Mengenver-brauchin %	kumuliert	Mengenver-brauch pro Klasse in %	Wertverbrauch in %	kumuliert	Wertverbrauch in %	Klasse
1	R 6874	0,3	0,3		17,7	17,7		
2	T 2880	1,2	1,5		14,1	31,8		
3	D 1798	3,1	4,6		10,6	42,4		
4	E 6185	4,9	9,5	12,8	8,5	50,9	73,5	**A**
5	N 2784	1,2	10,7		8,1	59,0		
6	A 5831	1,8	12,5		7,4	66,4		
7	P 1437	0,3	12,8		7,1	73,5		
8	R 8413	0,6	13,4		6,0	79,5		
9	L 2741	9,2	22,6	15,9	5,3	84,8	16,2	**B**
10	L 3311	6,1	28,7		4,9	89,7		
11	M 7820	12,2	40,9		2,8	92,5		
12	X 8427	15,2	56,1		2,7	95,2		
13	M 7439	30,5	86,6	71,3	1,8	97,0	10,3	**C**
14	V 2828	12,2	98,8		1,6	98,6		
15	B 4223	1,2	100,0		1,4	100,0		

b) Für die Ausgestaltung des Bestellwesens auf Grund der Resultate der ABC-Analyse sind die folgenden zusätzlichen Informationen über die einzelnen Artikel notwendig:

- **Bedarfsverlauf:** Kann eine genaue Prognose über den Bedarfsverlauf gemacht werden?
- **Beschaffung:** Kann die für einen reibungslosen Produktionsablauf notwendige Menge jederzeit beschafft werden oder ist mit Schwierigkeiten zu rechnen? Wie hoch sind die mit einer Bestellung verbundenen Kosten?
- **Lagerraumbeanspruchung:** Welche Güter beanspruchen wie viel Lagerraum? Wie oft müssen die Güter dem Lager entnommen werden (Umschlagshäufigkeit)?
- **Lagerfähigkeit:** Wie lange können die Güter gelagert werden? Steht das technische Know-how für schwer zu lagernde Güter überhaupt zur Verfügung?
- **Personal:** Ist das Know-how, das bei einer Änderung des Bestellwesens gebraucht wird, überhaupt vorhanden?

L 12 **a)** Materialbedarf

	a	b	c	d	e	f	g
1 P_1 500 P_1	2 1.000	– –	100 50.000	2 1.000	2 1.000	50 25.000	– –
1 P_2 300 P_2	12 3.600	10 3.000	1.275 382.500	– –	1 300	120 36.000	100 30.000
Total	**4.600**	**3.000**	**432.500**	**1.000**	**1.300**	**61.000**	**30.000**

b) ABC-Analyse

Teil	Menge	Mengenanteil (%)	Wert (€)	Wertanteil (%)	Rang
a	4.600	0,86	1.380.000	13,73	3
b	3.000	0,56	. 150.000	1,49	7
c	432.500	81,08	. 865.000	8,60	6
d	1.000	0,19	1.500.000	14,92	2
e	1.300	0,24	1.040.000	10,34	5
f	61.000	11,44	1.220.000	12,13	4
g	30.000	5,62	3.900.000	38,79	1
Total	533.400	100,00	10.055.000	100,00	

Rang	Teil	Wertanteil (%)	Kum. Anteil	Mengenanteil (%)	Kum. Anteil	Klasse
1 2 3	g d a	38,79 14,92 13,73	38,79 53,71 67,44	5,62 0,19 0,86	5,62 5,81 6,67	**A**
4 5	f e	12,13 10,34	79,57 89,91	11,44 0,24	18,11 18,35	**B**
6 7	c b	8,60 1,49	98,51 100,00	81,08 0,56	99,43 100,00	**C**

Interpretation der Ergebnisse: Der Einsatzfaktor b wird der Klasse C zugeordnet, da sein Wertanteil sehr klein ist. Mit obiger Einteilung vereinigen die A-Güter 67,44 % des Wertes und 6,67 % der Menge auf sich. Bei den B-Gütern sind diese Größen 22,47 % bzw. 11,68 %, bei den C-Gütern 10,09 % und 81,64 %.
Für die A-Güter ist es sinnvoll, eine detaillierte und umfassende Beschaffungs- und Lagerplanung vorzunehmen. Bei dieser Gruppe wirkt es sich am stärksten aus, wenn falsche Mengen beschafft werden, weil dadurch die Kosten unverhältnismäßig steigen. Das in diesen Einsatzfaktoren gebundene Kapital fällt bei den Lagerhaltungskosten stark ins Gewicht.

L 13 **a)**

- **Chef Produktion:** Er wünscht eine möglichst hohe Sicherheit durch ein großes Lager, um eine ununterbrochene Produktion gewährleisten zu können.
- **Chef Beschaffung und Lagerhaltung:** Er setzt sich für eine Verminderung des Lagers ein, um die Kapitalkosten zu senken und den Lagerbestand den vorhandenen Räumlichkeiten anzupassen.

b) Wichtig ist die Berechnung der optimalen Bestellmenge und die Wahl eines geeigneten Bestellsystems, das der Sicherheit Rechnung trägt (eiserner Bestand). Eine weitere Möglichkeit ist die Einführung der Just-in-time-Produktion, die kein Lager mehr erfordert, dafür aber neue Unsicherheiten und Probleme mit sich bringt (z. B. Produktionsverzögerungen bei Lieferschwierigkeiten).

c)

- **Chef Finanzen:** Er tritt für eine möglichst kleine Kapitalbindung in den Lagern ein, um die Liquidität so wenig als möglich zu beanspruchen.
- **Chef Marketing:** Er ist an einer hohen Lieferbereitschaft interessiert.

L 14 **a)** Drei Kostenarten sind im Zusammenhang mit der Gestaltung des Beschaffungs- und Lagerprogramms zu beachten:

- **Beschaffungskosten** setzen sich aus unmittelbaren und mittelbaren Kosten zusammen. Unmittelbare Beschaffungskosten sind direkt von der Bestellmenge abhängig, d.h. ihr Betrag resultiert aus dem Produkt aus Preis und Menge. Die mittelbaren Beschaffungskosten sind auf innerbetriebliche Tätigkeiten im Zusammenhang mit der Bestellung zurückzuführen (Bedarfsmeldungen, Lieferterminüberwachung, Warenannahme usw.) und sind von der Anzahl der Bestellungen abhängig.
- **Lagerkosten** werden in erster Linie durch die gelagerte Menge, deren Wert und die Dauer der Lagerung bestimmt. Sie umfassen alle Kosten, die mit der Lagerung der Güter verbunden sind (Raum-, Unterhalts-, Zinskosten).

- Die dritte Kostenart im Zusammenhang mit der Bestellplanung sind die **Fehlmengenkosten.** Diese ergeben sich durch mangelnde Versorgung des Fertigungsprozesses mit Gütern. Dazu gehören Preisdifferenzen, die bei der Beschaffung der Fehlmengen entstehen, Konventionalstrafen bei Nichteinhaltung der Liefertermine, Auftragsverluste, Goodwill-Verluste und Leerkosten.

b) Zwischen den unter a) angesprochenen Kostenvariablen bestehen zum Teil konkurrierende Zielbeziehungen bei der Kostenminimierung, sowohl innerhalb der Kostenkategorien als auch zwischen denselben.

- **Beschaffungskosten:** Einerseits können Kosten minimiert werden, wenn möglichst selten bestellt wird. Damit lassen sich Mengenrabatte und niedrige mittelbare Beschaffungskosten erreichen. Andererseits erfordert dies große, kostenintensive Lager mit einem hohen Durchschnittsbestand.
- **Lagerkosten:** Die tiefsten Lagerkosten werden dann erreicht, wenn die Lager möglichst klein, der Durchschnittsbestand möglichst niedrig ist, ein schneller Lagerumschlag stattfindet und deshalb wenig Personal beschäftigt werden muss.
- **Fehlmengenkosten:** Eine Minimierung der Fehlmengenkosten verlangt hohe Sicherheitsreserven, was hohe Lagerkosten verursacht.

Der Widerspruch zwischen der Kostenminimierung der Beschaffungs- und Lagerkosten kann über die Berechnung der optimalen Bestellmenge gelöst werden. Die gegenläufige Tendenz bei der Kostenentwicklung zwischen den Lagerkosten und den Fehlmengenkosten kann durch die Wahl des geeigneten Lagerhaltungssystems (Bestellpunkt-, Bestellrhythmus- oder Optionalsystem) optimiert werden.

L 15 Die Bedarfsmenge ergibt sich aus dem Fertigungsprogramm eines Unternehmens, das seinerseits vom Absatzprogramm abhängig ist, und lässt sich auf Basis von Stücklisten und Fertigungsplänen festlegen. Die Beschaffungsmenge hängt von der Bedarfsmenge ab. Es besteht folgender Zusammenhang zwischen Bedarfs- (Bruttobedarf) und Beschaffungsmenge (= Nettobedarf):

	Materialbedarf einer Materialart pro Planperiode (= Bruttobedarf) (inkl. Ausschuss, Schwund, direkter Weiterverkauf)
+/–	Lagerveränderungen
–	bestellte, aber noch nicht gelieferte Mengen
=	Beschaffungsmenge (= Nettobedarf)

Die **Methoden** zur Ermittlung des Bruttobedarfs lassen sich in drei Gruppen unterteilen:

- Zum einen kann der Materialbedarf über subjektive Schätzverfahren prognostiziert werden. Dies bietet sich besonders dann an, wenn sich eine genaue Ermittlung des Bedarfs aus Kostengründen nicht lohnt.
- Darüber hinaus kann durch deterministische Bedarfsermittlung, basierend auf dem Fertigungsprogramm, der genaue Materialbedarf für die Planperiode ermittelt werden.
- Schließlich werden häufig stochastische Verfahren der Bedarfsermittlung verwendet, die sich nach Verbrauchswerten der Vergangenheit richten.

Die Bestellmenge ergibt sich durch Zerlegung der Beschaffungsmenge einer Planperiode in Bestellmengen. Ziel bei der Ermittlung der Bestellmenge ist es, zum einen die Lagerkosten möglichst niedrig zu halten, und zum anderen die Beschaffungskosten zu minimieren.

Die Höhe der Bestellmenge wird durch die Feststellung der optimalen Bestellmenge ermittelt. Damit wird auch der optimale Lagerbestand und Bestellzeitpunkt bestimmt.

L 16 Die Planung des Beschaffungsprogramms umfasst im Wesentlichen die Entscheidungen über die optimale Bestellmenge, den optimalen Lagerbestand und den optimalen Bestellzeitpunkt. Insbesondere bei der Bestimmung des optimalen Bestellzeitpunktes sind die Komponenten der Beschaffungszeit zu berücksichtigen.

- In der **Bedarfsermittlungszeit** wird die Bedarfs-, die Beschaffungs- und schließlich die Bestellmenge ermittelt. In dieser Phase wird also die zu beschaffende Güterart, Güterqualität und Gütermenge festgelegt.
- Die **Bestellzeit** ist der Zeitraum zwischen der Entscheidung über die Bestellmenge und der Bestellerteilung. Am Ende der Bestellzeit steht der Bestellzeitpunkt. Der optimale Bestellzeitpunkt ist dort erreicht, wo der Lagerbestand aus Kostengründen nicht zu hoch, aber auch aus Sicherheitsgründen nicht zu niedrig ist.
- Die **Lieferzeit** determiniert indirekt die Planung des Beschaffungsprogramms der Folgeperioden sowie die Entscheidung der Folgeperioden hinsichtlich der Beschaffungsmenge.
- Die **Transportzeit** hat keinen Einfluss auf das Beschaffungsprogramm, da ab dem Bestellzeitpunkt alles in den Händen des Lieferanten liegt. Sie kann jedoch die Planung des Beschaffungsprogramms der Folgeperioden beeinflussen (sowohl Güterart als auch Güterqualität, Gütermenge und Bestellzeitpunkt der Folgeperiode). Darüber hinaus kann die Transportzeit auch die Entscheidung über Eigenfertigung oder Fremdbezug der Folgeperioden beeinflussen.

- Die **Warenannahmezeit** stellt die letzte Komponente der Beschaffungszeit dar. Sie beschreibt die Zeit zwischen Eintreffen der Waren beim Besteller und der Verfügbarkeit der Waren für die Produktion. Die Warenannahmezeit kann ebenfalls das Beschaffungsprogramm zukünftiger Perioden beeinflussen.

Abschließend lässt sich festhalten, dass die Komponenten der Beschaffungszeit neben dem Beschaffungsprogramm auch Einfluss auf die Beschaffungsmenge sowie auf die Lieferantenauswahl ausüben.

L 17 a)
- **Sicherheitsbestand:** Bestand, der immer vorhanden sein muss, um den Produktionsvorgang bei Ausfällen in der Beschaffung aufrechterhalten zu können.
- **Meldemenge** (kritischer Lagerbestand): Bestand, bei dem eine Bestellung notwendig wird. Er wird im Voraus festgelegt und wird auch kritischer Bestand genannt, weil der zukünftige Bedarf bei Schwierigkeiten im Zusammenhang mit der Bestellung aus ihm gedeckt werden muss. Er ist nicht zu verwechseln mit dem eisernen Bestand.
- **Beschaffungszeit:** Zeitraum, der von der Aufgabe der Bestellung bis zum Eintreffen der Ware verstreicht.

b)

Vorgang	Zeit	Verbrauch
Bestellung	3 Tage	9 Tonnen
Erledigung	2 Tage	6 Tonnen
Transport	2 Tage	6 Tonnen
Summe	7 Tage	21 Tonnen

- Eiserner Bestand: **15 Tonnen**
- Melde-/Bestellbestand: **36 Tonnen**
- Beschaffungszeit: **37 Tage**

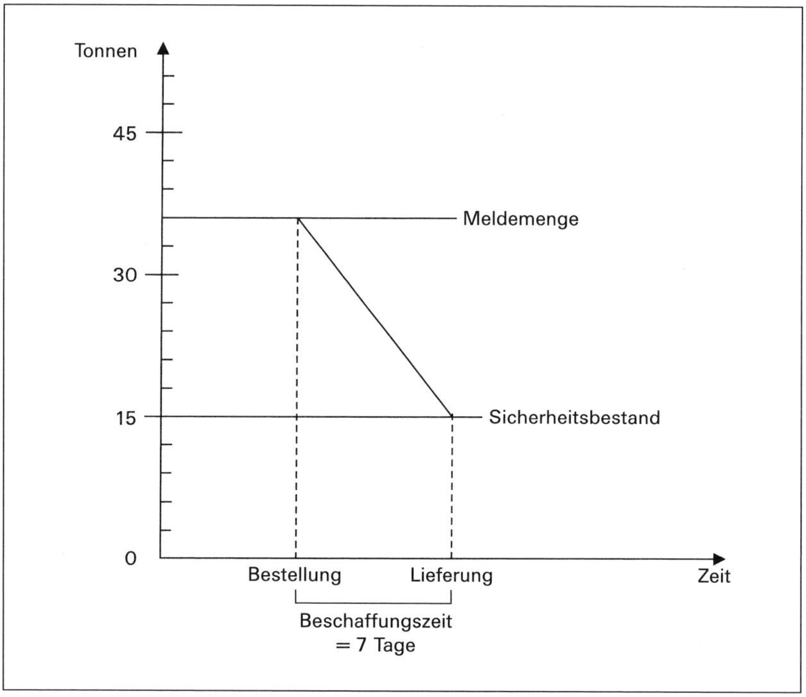

c) Mögliche Einflussfaktoren sind:

- Zuverlässigkeit der Lieferanten,
- Haltbarkeit des Mehls,
- Einstellung der Geschäftsleitung gegenüber dem Risiko,
- Sicherheit der Plandaten.

L 18 **a)** M = 20 000 Stück
a = 100,– €
p = 10,– €
q = 10 %

b) $$x_{opt} = \sqrt{\frac{200 \cdot M \cdot a}{p \cdot q}} = \sqrt{\frac{200 \cdot 20.000 \cdot 100}{10 \cdot 10}} = 2.000 \text{ Stück}$$

Die kostenoptimale Bestellmenge beträgt **2.000 Stück.**

c) **Veränderungen** der kostenoptimalen Betellmenge ergeben sich wie folgt:

- Wenn M steigt, erhöht sich die optimale Bestellmenge,
- wenn a steigt, erhöht sich die optimale Bestellmenge,
- wenn p steigt, sinkt die optimale Bestellmenge,
- wenn q steigt, sinkt die optimale Bestellmenge.

L 19 **a)** $x_{opt} = \sqrt{\frac{2 \cdot M \cdot a}{p \cdot q}} = \sqrt{\frac{2 \cdot 30 \cdot 30.000}{48 \cdot 0{,}15}} = \mathbf{500\ Stück}$

Die optimale Bestellmenge beträgt somit **500 Stück.**

b) Bestellhäufigkeit $n = \frac{M}{x_{opt}} = \frac{30.000\ \text{Stück}}{500\ \text{Stück}} = \mathbf{60}$

Zeit zwischen zwei Bestelleingängen $t = \frac{360\ \text{Tage}}{60} = \mathbf{6\ Tage}$

c) Die Kosten für eine Bestellung (k) setzen sich aus den Beschaffungskosten (K_B) und den durchschnittlichen Zins- und Lagerkosten (K_L) zusammen.
Die Beschaffungskosten ergeben sich aus den auftragsfixen Kosten (a) und dem Betrag der Bestellung ($p \cdot x_{opt}$). Die durchschnittlichen Zins- und Lagerkosten werden durch die Verzinsung (q) der durchschnittlichen Beschaffungskosten ($K_B/2$) gemäß der Lagerzeit (t) zwischen zwei Bestelleingängen ermittelt.

- Beschaffungskosten K_B:

  $a + p \cdot x_{opt} = 30 + 48 \cdot 500 = 24.030,–\ €$

- Durchschnittliche Lagerkosten K_L:

  $\frac{a + p \cdot x_{opt}}{2}\, q\, \frac{x_{opt}}{M} = \frac{24.030}{2} \cdot 0{,}15 \cdot \frac{500}{30.000} = 30{,}04\ €$

- $k = \frac{K}{x_{opt}} = \frac{K_B + K_L}{x_{opt}} = \frac{24.030 + 30{,}04}{500} = \mathbf{48{,}12\ €}$

d) Maßnahmen für Kosteneinsparungen

Maßnahmen	Fragen
Rabatte bei höherer Bestellmenge	Sind die Einsparungen durch den tieferen Preis höher als die höheren Zins- und Lagerkosten (höheres gebundenes Kapital, höheres Lagerrisiko, höhere Versicherungsprämien, höhere Raumkosten, evtl. zusätzliches Personal)?
Wechsel zu Lieferanten mit tieferem Preis	▪ Lieferzuverlässigkeit (z. B. Einhaltung der Termine), ▪ Produktqualität, ▪ Dauer der Lieferfähigkeit.
Einsparungen bei den Lagerkosten	▪ Können billigere Räume gefunden werden? ▪ Kann das Lagerrisiko vermindert werden? ▪ Bestehen günstigere Angebote für die Versicherungsprämien? ▪ Welche Rationalisierungsmaßnahmen (z. B. Umstellung auf EDV, Einsparung von Personal, Vereinfachung der betrieblichen Abläufe) lassen sich durchführen?

L 20 **a)**

$M = 3200$ Stück
$a = 12{,}50$ €
$p = 10{,}–$ €
$q = 20\,\%$

$$x_{opt} = \sqrt{\frac{200\,M\,a}{p\,q}} = \sqrt{\frac{200 \cdot 3.200 \cdot 12{,}5}{10}} = \textbf{200 Stück}$$

b)

- Variante 1: $n_{opt} = \sqrt{\frac{M \cdot p \cdot q}{200 \cdot a}} = \sqrt{\frac{3.200 \cdot 10 \cdot 20}{200 \cdot 12{,}5}}$ **= 16 Bestellungen**
- Variante 2: $n_{opt} = \frac{M}{x_{opt}} = \frac{3.200}{200}$ **= 16 Bestellungen**

c) Die Gesamtkosten (K_T) pro Jahr für die Beschaffung und Lagerhaltung setzen sich aus den Beschaffungskosten (K_B), den Kosten für den Sicherheitsbestand (K_S) sowie den Lagerkosten (K_L) zusammen:

- $K_B = n\,(a + p \cdot x_{opt})$
  $= 16\,(12{,}5 + 10 \cdot 200) = 32.200{,}–$ €
- $K_L = \frac{(a + p \cdot x_{opt})\,q}{2} = \frac{(12{,}5 + 10 \cdot 200)\,0{,}2}{2} = 201{,}25$ €
- $K_S = p \cdot x_S \cdot q = 10 \cdot 45 \cdot 0{,}2 = 90{,}–$ €

wobei der Sicherheitsbestand x_S wie folgt berechnet worden ist:

$$x_S = \frac{3.200}{360} \cdot 5 = 45 \text{ Stück } (44{,}5 \text{ Stück})$$

Damit entstehen folgende Gesamtkosten (K_T):

$$K_T = K_B + K_L + K_S$$

$$= 32.200 + 201{,}25 + 90{,}– = \mathbf{32.491{,}25\ €}$$

d)
- ∅ Verbrauch pro Tag: $\frac{3.200}{360} = 8{,}9$ Stück
- Sicherheitsbestand (5 Tage): $5 \cdot 8{,}9 = 45$ Stück (44,5 Stück)
- Lieferzeit (10 Tage): $10 \cdot 8{,}9 = 89$ Stück

Lagerbestand beim Bestellzeitpunkt = **134 Stück**

Beim Sicherheitsbestand macht es keinen Sinn, mit Bruchteilen von Stücken zu rechnen. Bei einem Bedarf von 44,5 Stück müssen 45 Stück am Lager sein, um den Sicherheitsüberlegungen zu genügen. Bei der Fertigung dagegen kann mit Durchschnittswerten gerechnet werden, da der Verbrauch nicht jeden Tag gleich hoch ist.

L 21 **a)** Die allgemeinen Formeln zur Berechnung der optimalen Bestellmenge und der optimalen Bestellhäufigkeit lauten:

- Optimale Bestellmenge: $x_{opt} = \sqrt{\frac{200 \cdot M \cdot a}{p \cdot q}}$
- Optimale Bestellhäufigkeit: $n_{opt} = \sqrt{\frac{M \cdot p \cdot q}{200 \cdot a}}$ bzw. $n_{opt} = \frac{M}{x_{opt}}$

Artikel	Bestellmenge		Anzahl Bestellungen	
	bisher	neu (optimal)	bisher	neu (optimal)
C 7284	600	200	20	60
F 1345	40	50	50	40
K 4597	800	400	10	20

b) Die jährlichen gesamten Beschaffungskosten (K_T) ergeben sich aus der Summe der Beschaffungskosten (K_B) und der durchschnittlichen Zins- und Lagerkosten (K_L) pro Bestellung, multipliziert mit der Anzahl jährlicher Bestellungen (n). Die Formeln zur Berechnung der jeweiligen Kosten lauten:

$$K_B = a + p \cdot x_{opt}$$

$$K_L = \frac{a + p \cdot x_{opt}}{2}\, q\, \frac{x_{opt}}{M}$$

Daraus ergibt sich die Formel für die Berechnung der Gesamtkosten K_T:

$$K_T = n \left[a + p\, x_{opt} + \frac{a + p \cdot x_{opt}}{2}\, q\, \frac{x_{opt}}{M} \right]$$

Der Sicherheitsbestand kann vernachlässigt werden, da er in allen Fällen konstant bleibt.

Artikel	**Bisherige Kosten**	**Neue Kosten**	**Einsparung €**
C 7284	362.001,– €	361.201,– €	800,– €
F 1345	160.821,– €	160.801,– €	20,– €
K 4597	40.501,– €	40.401,– €	100,– €
Einsparung total			920,– €

c) Neue Daten:
Bestellmenge: 1.000 Stück
Anzahl Bestellungen/Jahr: 12,– €
Preis: 27,– €
Bisherige Kosten: 361.201, €
Neue Kosten: 326.821,– €
Einsparung: 34.380,– €
Das Angebot wird **angenommen.**

d) **Voraussetzungen** des Modells sind:

- Die Beschaffungsmenge kann in gleichbleibende Bestellmengen während der Planperiode aufgeteilt werden.
- Die Lagerabgangsraten und damit der Bedarf bleiben konstant.
- Die Einstandspreise sind weder von der Bestellmenge noch vom Bestellzeitpunkt abhängig.
- Die fixen Kosten pro Bestellung sowie der Zins- und Lagerkostensatz sind genau bestimmbar und verändern sich während der Planperiode nicht.

e) Diese Voraussetzungen treffen in der Praxis allerdings nur sehr selten zu. Trotzdem wird dieses Modell häufig herangezogen, weil es grundsätzliche Zusammenhänge erfasst. Um diese zu eruieren, sind genaue Daten auch gar nicht nötig, ganz abgesehen davon, dass sie in der Regel nicht oder nur schwer zu beschaffen sind. Bedeutende Kosteneinsparungen sind deshalb auch mit Näherungswerten zu erzielen.

In der betrieblichen Realität sind noch externe Restriktionen zu beachten, die die optimalen Bestellungen beeinflussen. Zu nennen sind unternehmens-, lieferanten-, transportbedingte und gesetzliche Restriktionen.[1]

- Unter die **unternehmensbedingten** Restriktionen fallen:
  - Lagerfähigkeit der Produkte,
  - Beschaffungssicherheit,
  - vorhandenes Kapital,
  - Lagerkapazität,
  - fertigungsbedingte Gegebenheit durch die Produktion (technische Höchstbestellmenge).
- Bei den **von den Lieferanten vorgegebenen Restriktionen** kommen in Betracht:
  - Mindest- und Höchstmengen,
  - Verpackungseinheiten,
  - Fertigungseinheiten,
  - Preisstaffelungen.
- **Transportbedingte** und **gesetzliche** Restriktionen gehen häufig Hand in Hand:
  - Gesetzlich geregelte Transportarten für einzelne Materialien,
  - mögliche Transporteinheiten,
  - Be- und Entlademöglichkeiten der Transportbehälter.

[1] Hartmann, Horst: Materialwirtschaft. 8., überarbeitete und erweiterte Auflage, Gernsbach 2002.

L 22 **a)** $x_{opt} = \sqrt{\frac{200 \cdot M \cdot a}{p \cdot q}} = \sqrt{\frac{200 \cdot 12.000 \cdot 20(}{6 \cdot (10 + 10)}}$

Bestellmenge am 1. Januar: 2.000 + 3.000

b) Für das zweite Halbjahr ergibt sich auf Gru
neue optimale Bestellmenge:

$$x_{opt} = \sqrt{\frac{2 \cdot 200 \cdot 20.000}{5 \cdot (0{,}05 + 0{,}05)}} = \mathbf{4.000\ Stück}$$

Im laufenden Jahr werden somit insgesamt 29.000 Stück bestellt.

c) Nein, denn für jede Zeitperiode (1. und 2. Halbjahr) ist die optimale Bestellmenge bestellt worden. Hätte man den gesamten Jahresverbrauch (29.000 Stück) der Berechnung der optimalen Bestellmenge zu Beginn des Jahres zu Grunde gelegt, so hätte man im ersten Halbjahr ein unnötiges Lager gebildet, das zusätzliche Zins- und Lagerhaltungskosten verursacht hätte.

L 23 **a)**

8 Monate à 17,5 Tonnen	=	140 Tonnen
4 Monate à 28 Tonnen	=	112 Tonnen
Jahresverbrauch	=	252 Tonnen

Da die Produktion kontinuierlich ist, spielt der unterschiedliche Bedarf an Gussteilen keine Rolle. Aus dem Jahresverbrauch lässt sich der durchschnittliche monatliche Bedarf berechnen, der 21 Tonnen beträgt. Weil ein Lastwagen mit 7 Tonnen beladen werden kann, sind (mindestens) **3 Lieferungen** notwendig.

b) Der Lagerbestand am 1. Januar setzt sich aus dem Sicherheitsbestand und dem für die Produktion benötigten Material bis zur nächsten Lieferung (7 Tonnen) zusammen. Die Höhe des Sicherheitsbestandes hängt von der Art und Anzahl der Einflussfaktoren ab, die man berücksichtigt. Er sollte aber mindestens den Bedarf für die Lieferzeit decken. Bei einem Verbrauch von 21 Tonnen pro Monat und durchschnittlich 21 Arbeitstagen ergibt sich ein Tagesverbrauch von 1 Tonne, was bei einer Lieferzeit von 10 Tagen einem Sicherheitsbestand von 10 Tonnen entspricht. Pro Lastwagen können 7 Tonnen geliefert werden, sodass am 1. Januar **17 Tonnen Gussteile** auf Lager sind.

c) Weil der Verbrauch kontinuierlich ist, ist das **Bestellrhythmussystem** zu wählen. Die Bestellungen erfolgen alle 7 Tage, wobei die Bestellmenge im Gegensatz zum theoretischen Modell fix ist.

L 24 a) Das **Bestellpunktsystem** zeichnet sich durch eine fixe Bestellmenge und variable Bestellzeitpunkte aus. Bestellt wird bei Erreichen der im Voraus festgelegten Meldemenge.

- Das Bestellpunktsystem hat den **Vorteil,** dass das Unternehmen bei Erreichen der Meldemenge automatisch eine Warnung erhält. Der Lagerbestand wird somit ständig kontrolliert. Auf diese Weise können Fehlmengenkosten vermieden werden. Da die Bestellmenge konstant ist, ist eine relativ gleichmäßige Aufteilung der Materialkosten auf die Planperiode möglich.
- **Nachteilig** am Bestellpunktsystem sind die hohen Lagerhaltungskosten sowie hohe Kosten für die Überwachung der Lagerbestände. Die fixe Bestellmenge kann sich unter Umständen als Nachteil erweisen, da bei unregelmäßigem Verbrauch teils sehr hohe und teils sehr niedrige Lagerbestände auftreten können. Im schlimmsten Fall kann eine lange Beschaffungszeit sogar zu einer Unterschreitung der Meldemenge führen. Bei hohen Verbrauchsmengen kann unter Umständen nicht flexibel auf unerwartete Bestellungen reagiert werden.

Das **Bestellrhythmussystem** ist charakterisiert durch eine variable Bestellmenge, die in der Regel aufgrund des Lagerabgangs der letzten Bestellperiode festgelegt wird, und durch fixe Bestellzeitpunkte.

- Das Bestellrhythmussystem hat den **Vorteil**, dass aufgrund des fixen Bestellzeitpunktes die Beschaffungszeit planbar wird. Dies ist beim Bestellpunktsystem nicht gewährleistet. Es ist nur eine periodische Bestandskontrolle notwendig, die den Verbrauch der Vorperiode zu ermitteln hat.
- **Nachteilig** am Bestellrhythmussystem ist die fehlende laufende Erfassung der Lagerbestände. Es wird in immer gleichen Zeitabständen bestellt. Beim Bestellrhythmussystem ist es schwierig flexibel auf Veränderungen im Materialverbrauch zu reagieren, da die Bestellmenge sich immer nach dem Lagerabgang der letzten Bestellperiode richtet. Schwund im Lager sowie unregelmäßige Verbrauchsmengen können dazu führen, dass zu wenig Waren bestellt werden. Somit kann nicht flexibel auf neue Aufträge reagiert werden und es ergeben sich unter Umständen Fehlmengenkosten.

b) **Probleme** der Lagerhaltungssysteme sind:

- Beide Systeme widersprechen dem Liquiditäts- und Rentabilitätsziel der Materialwirtschaft. Indem ständig ein gewisser Lagerbestand beibehalten wird, kommt es zu Opportunitätskosten des gebundenen Kapitals und zu hohen Lagerverwaltungskosten.
- Sowohl das Bestellpunkt- als auch das Bestellrhythmussystem widersprechen dem Flexibilitätsziel; entweder wird die Bestellmenge oder der Bestellzeitpunkt fix gehalten. Beide Systeme orientieren sich somit nicht an der Nachfrage.
- Bei beiden Systemen richtet sich das Beschaffungsprogramm nach den Verbrauchswerten der letzten Bestellperiode. Anpassungen hinsichtlich Güterart und Güterqualität sind in beiden System schwierig realisierbar.

L 25 In der Praxis kann es aus verschiedenen Gründen zum Aufbau zu hoher Lagerbestände kommen.

- Die fertigungssynchrone Beschaffung scheitert häufig an den **Lieferanten.** Somit wird Lagerhaltung aus Sicherheitsgründen unverzichtbar.
- Viele Unternehmen bauen zur **Vermeidung von Konventionalstrafen** bei Nichteinhaltung der Liefertermine hohe Lager auf.
- Teils liegt die Ursache für Lagerhaltung in der **Lagerverwaltung.** Aufgrund mangelnder Genauigkeit in der Erfassung der Lagerbestände würde eine Minimierung der Lager die Fehlmengenkosten erhöhen.
- Eine Just-in-Time-Produktion erfordert Planungsgenauigkeit bezüglich Beschaffungsdaten und Produktionsprogramm. Viele Unternehmen sind aufgrund ihrer ineffizienten **Produktionsplanung** nicht in der Lage, just-in-time zu produzieren.
- Standardisierte und häufig eingesetzte Teile werden teilweise auf **Vorrat** beschafft (sowohl bei Einzel- als auch bei Mehrfachfertigungssystemen).
- Lagerhaltung ist für Notfälle für die meisten Unternehmen unverzichtbar, da mitunter Schwierigkeiten bei der **Schätzung der Bedarfsmenge** auftreten.
- Weiter halten viele Unternehmen **Sicherheits- und Reservelager** gegen die Unsicherheiten des Beschaffungs- und Absatzmarktes.
- **Spekulative Lagerhaltung** wird von vielen Unternehmen betrieben, um Preisänderungen auf den Beschaffungsmärkten vorzubeugen.
- Bestimmte Güter können nur zu bestimmten Zeitpunkten beschafft werden. In solchen Fällen bietet sich **antizipative und saisonale Lagerhaltung** an.

L 26 Im Beschaffungs- und Lagerbereich ist aufgrund der Schnittstellen zwischen Lieferanten, Lager- und Beschaffungsplanung eine mehrfache Informationsübertragung notwendig. EDV-Anlagen bringen diesbezüglich eine Vielzahl von **Vereinfachungen** mit sich, die häufig Personaleinsparungen ermöglichen:

- Durch Vernetzung der Daten zwischen Fertigung und Materialwirtschaft können Informationen dem Beschaffungsbereich automatisch und schneller zur Verfügung gestellt werden. Dies kann die Ermittlung von Bestand und Bedarf erleichtern.
- Bei der Festlegung des Beschaffungsprogramms bietet sich eine Zuhilfenahme von EDV-Anlagen besonders bei der Bestimmung der Bestellmenge und des Bestellzeitpunktes an.
- Der Prozess der Warenannahme im Lagerbereich kann mit Hilfe computergesteuerter Systeme beschleunigt und fehlerfreier gestaltet werden.
- Mittels EDV-Systemen kann den Lieferanten Zugriff auf wesentliche Bestelldaten gewährt werden. Hierdurch kann der Beschaffungsprozess vereinfacht und das Bestellwesen automatisiert werden.
- Schließlich ist durch EDV-Anlagen eine Verbesserung der Lagerorganisation möglich. Nicht nur die Erfassung und Verwaltung der Lagerbestände kann beschleunigt werden. Ebenso können die Informationen der Materialwirtschaft direkt in das Beschaffungsprogramm integriert werden.
- EDV-Anlagen im Beschaffungs- und Lagerbereich können die Grundlage für Computer Integrated Manufacturing (CIM) und JIT-Produktion darstellen.

L 27 **a)** Unter **Supply Chain Management** versteht man das Management der Beziehungen zwischen allen Funktionsbereichen der Wertschöpfungskette.

b) **Vorteile** des Supply Chain Management:

- Es erfolgt eine optimale Verknüpfung der externen Partner.
- Die internen Prozesse sind optimal aufeinander abgestimmt.
- Die Lagerbestände, insbesondere die Sicherheitsbestände, werden verkleinert.
- Kundenaufträge können schneller erfüllt werden.
- Es ermöglicht eine stärkere Individualisierung der Kundenwünsche.

Produktion

Grundlagen

L 1 Unter **Produktion** ist ein betriebswirtschaftlicher Leistungsprozess zu verstehen, in dessen Rahmen betriebswirtschaftliche Entscheidungen gefällt werden müssen. Produktion stellt eine unternehmerische Funktion neben anderen (Materialwirtschaft, Finanzierung, Marketing) dar. Der Problemlösungsprozess in der Produktion ist wesentlich durch die allgemeinen Unternehmensziele beeinflusst, die als Oberziele der Produktion zu sehen sind, und durch die Teilbereichsziele der verschiedenen Funktionsbereiche. Die Teilbereiche des Unternehmens können den produktionswirtschaftlichen Handlungsspielraum wie folgt einschränken:

- **Marketing:** Die Produktion muss den Marktbedürfnissen angepasst werden.
- **Materialwirtschaft:** Es stellt sich die Frage, ob die in der Produktion gewünschten Potenzial- und Repetierfaktoren überhaupt im gewünschten qualitativen und quantitativen Umfang beschafft werden können. Zudem stellt sich häufig die Frage nach Make-or-buy-Entscheidungen.
- **Finanzierung (Investition):** Stehen genügend Mittel (liquide Mittel, Kreditfähigkeit und -würdigkeit) zur Finanzierung des Produktionsprogramms (vor allem bei neuen Technologien) zur Verfügung?
- **Personal:** Der Personalbereich ist dafür verantwortlich, die notwendigen Mitarbeiter und Mitarbeiterinnen sowohl in qualitativer als auch in quantitativer Hinsicht zu rekrutieren. Zu beachten sind auch zeitliche und örtliche Anforderungen und motivationale Aspekte.

- **Forschung & Entwicklung:** Die Aufgabe des Teilbereichs Forschung & Entwicklung ist die Entdeckung neuer Produkte und Verfahren (Forschung) sowie deren Überführung (Entwicklung) in konkrete Anwendungsmöglichkeiten unter Einbezug der produktionstechnischen Möglichkeiten. Dabei ergeben sich starke Auswirkungen auf das bisherige Produktionsprogramm und die vorhandenen Produktionsanlagen. Beispielsweise können neue Produkte neue Anlagen benötigen oder bisherige Anlagen müssen umgerüstet werden.
- Daneben gibt es noch weitere Einflussfaktoren wie z. B. die **Organisation** und **Planung** oder die **EDV.** Eine immer größer werdende Relevanz erfährt die Berücksichtigung ökologischer Aspekte.

L 2 Das **Produktionsprogramm** beinhaltet die Gesamtheit der von einem Unternehmen zu erstellenden Produkte. Das Absatzprogramm umfasst demgegenüber alle vom Unternehmen angebotenen Produkte. Zwei Faktoren können zu einer Abweichung des Produktions- vom Absatzprogramm führen.

- Es ist möglich, dass das Unternehmen mehr Leistungen herstellt als es absetzen möchte, und die überschüssigen Produkte selbst verbraucht. Gründe hierfür können tiefere Kosten der Eigenfertigung, die Gewinnung von Know-how, die Auslastung von Leerkapazitäten, die Bewahrung der Unabhängigkeit, sozial- und beschäftigungspolitische Überlegungen und unternehmenspolitische Entscheide sein.
- Demgegenüber ist es jedoch auch möglich, dass das Unternehmen weniger herstellt als es absetzen möchte. In diesem Falle würde es die fehlenden Produkte vermutlich von Dritten beziehen. Dies kann in tieferen Kosten des Fremdbezugs, fehlendem Know-how, fehlender Produktionskapazität, stark erhöhter temporärer Nachfrage, fehlenden finanziellen Mitteln, Bewahrung oder Unterstützung bisheriger Lieferanten (beschäftigungs- und sozialpolitische Aspekte) begründet sein.

L 3 Folgende **Kriterien** können als Entscheidungshilfe für Outsourcing-Entscheidungen herangezogen werden:

- Zunächst sind die Kosten der Eigenfertigung im Vergleich zu den potenziellen Kosten eines Fremdbezuges zu nennen.
- Ferner muss das gewünschte Produkt auf dem Beschaffungsmarkt verfügbar sein.
- Weitere Entscheidungskriterien sind beispielsweise die Auslastung der eigenen Produktionskapazität (für Outsourcing spricht Vollauslastung), die finanziellen Mittel für die Bereitstellung neuer Produktionsanlagen sowie die Verfügbarkeit guter Lieferanten.

L 4 **Ausgangslage**

Break-even-Umsatz: 2.280.000,– €
Einzelhandelspreis: 60,– €/Stück
Fixkosten: 570.000,– €

a) Break-even-Menge: $\frac{2.280.000\ €}{60\ €/\text{Stück}} = 38.000$ Stück

Variable Kosten pro Einheit (k_v):
$38.000k_v = 2.280.000\ € - 570.000\ €$
$k_v =$ **45 €**

b) Preis und variable Kosten **steigen**:
$66x = 49{,}5x + 570.000$ Stück
$x = 34.546$ Stück
Die Break-even-Menge **sinkt** um **9,1 %.**

c) Preis und variable Kosten **sinken**:
$54x = 40{,}5x + 570.000$
$x = 42.223$ Stück
Die Break-even-Menge **steigt** um **11,1 %**.

d) Verkaufspreis: 60,– €
Großhandelspreis: 30,– €
Provision: 6,– €
Fixkosten: 834.500,– € ($570.000 \cdot 0{,}85 + 350.000$)
Break-even-Menge: $60x - 30x - 6x - 834.500 = 0$
$x = 34.771$ Stück

Im Vergleich zur alten Break-even-Menge (38.000) liegt die neue tiefer. Somit ist es von Vorteil, das **Angebot anzunehmen**.

e)
- Fallen die Fixkosten (Maschinen, Mitarbeiter usw.) in jedem Fall an?
- Ist der Lieferant zuverlässig?
- Verliert man an Know-how, welches allenfalls sogar an die Konkurrenz übergeht?
- Entsteht eine problematische Abhängigkeit vom Lieferanten?

L 5

a) Zielfunktion: $G = 5x_M + 4x_K \rightarrow \max!$ (Deckungsbeitrag)

b) Restriktionen:

(1) $20x_M + 10x_K \leq 60.000$ (Kostenstelle I)

(2) $2x_M + 6x_K \leq 18.000$ (Kostenstelle II)

(3) $10x_M + 10x_K \leq 35.000$ (Kostenstelle III)

(4) $x_M, x_K \geq 0$

c) Grafische Darstellung

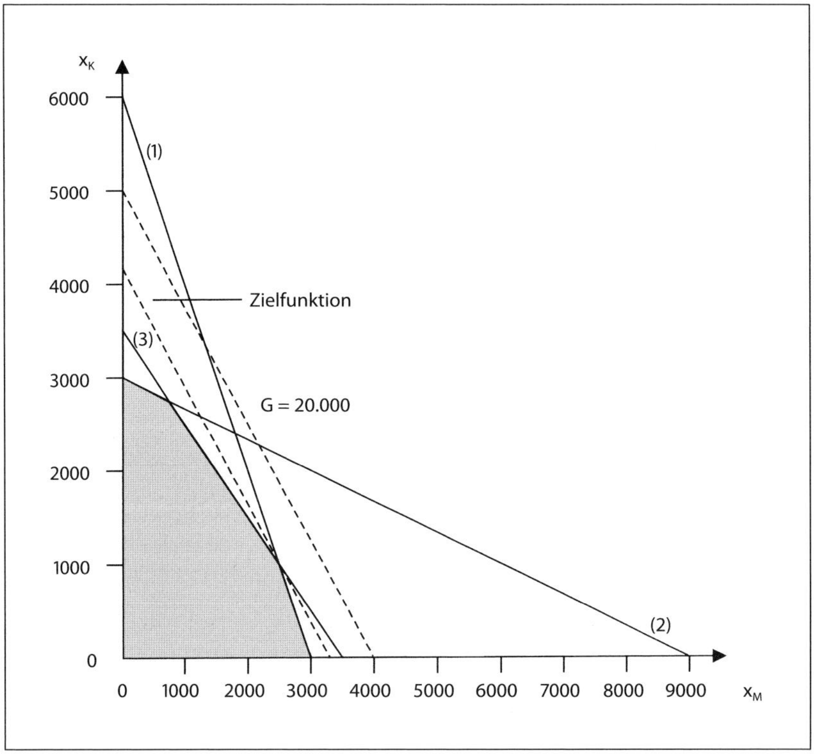

Von **Artikel M** werden **2.500 Stück** hergestellt, von **Artikel K 1.000 Stück.** Der Deckungsbeitrag beträgt 16.500,– €.

L 6 Zielfunktion: $G = 30x_A + 90x_B \rightarrow$ max! (Gewinn)

Restriktionen:

(1)	$3x_A + 12x_B$	$\leq$	240 (Eingangslager)
(2)	$5x_B$	$\leq$	125 (Zwischenlager)
(3)	$2x_A + 4x_B$	$\leq$	120 (Fertigproduktelager)
(4)	x_A, x_B	$\geq$	0

Grafische Darstellung:

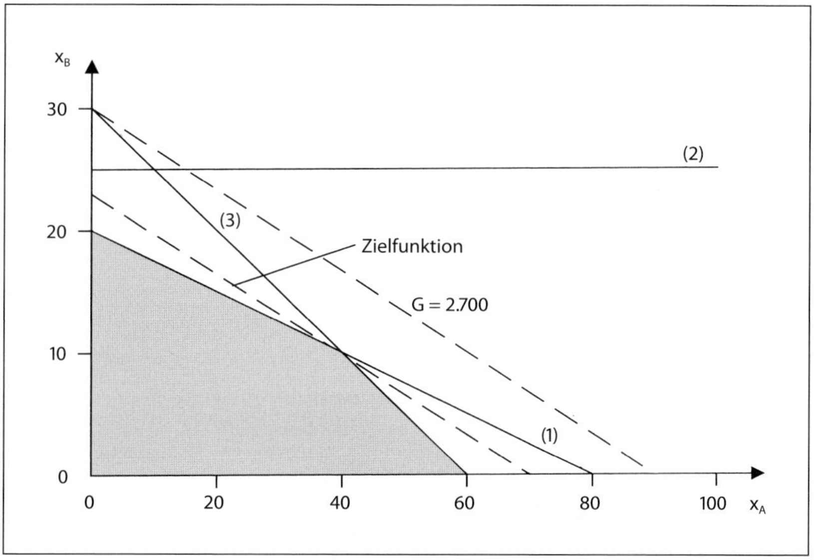

Von **Produkt A** werden **40 Einheiten** hergestellt, von **Produkt B 10 Einheiten.** Der Gewinn beläuft sich auf 2.100,– €.

L 7 **a)** Daten für das Produkt P_2:

- variable Kosten k_{var}: 310,– € (Material 60,– €, Löhne 130,– €, Maschinen 120,– €)
- fixe Kosten K_{fix}: 4.800,– €
- Verkaufspreis p: 318,– €
- Break-even-Punkt: Erlös = Kosten

$$p \cdot x = k_{var} \cdot x + K_{fix}$$
$$318x = 310x + 4.800$$
$$x = 600$$

Der Break-even-Punkt liegt bei **600 Einheiten.**

b)

	Produkt 1	**Produkt 2**
Verkaufserlös	90,– €	318,– €
Materialkosten A	10,– €	20,– €
Materialkosten B	20,– €	30,– €
Materialkosten C	–	10,– €
Lohnkosten	20,– €	130,– €
Maschinenkosten	10,– €	120,– €
Deckungsbeitrag	**30,– €**	**8,– €**

c) Zielfunktion: $G = 30x_1 + 8x_2 \rightarrow$ max! (Deckungsbeitrag)

Restriktionen:

(1) $4x_1 + 10x_2 \leq 18.000$ (Maschine 1)

(2) $12x_1 + 6x_2 \leq 24.000$ (Maschine 2)

(3) $6x_1 \leq 12.000$ (Maschine 3)

(4) $x_1 \geq 0$

(5) $x_2 \geq 600$ ($x_2 \geq$ Break-even-Menge)

Grafische Darstellung:

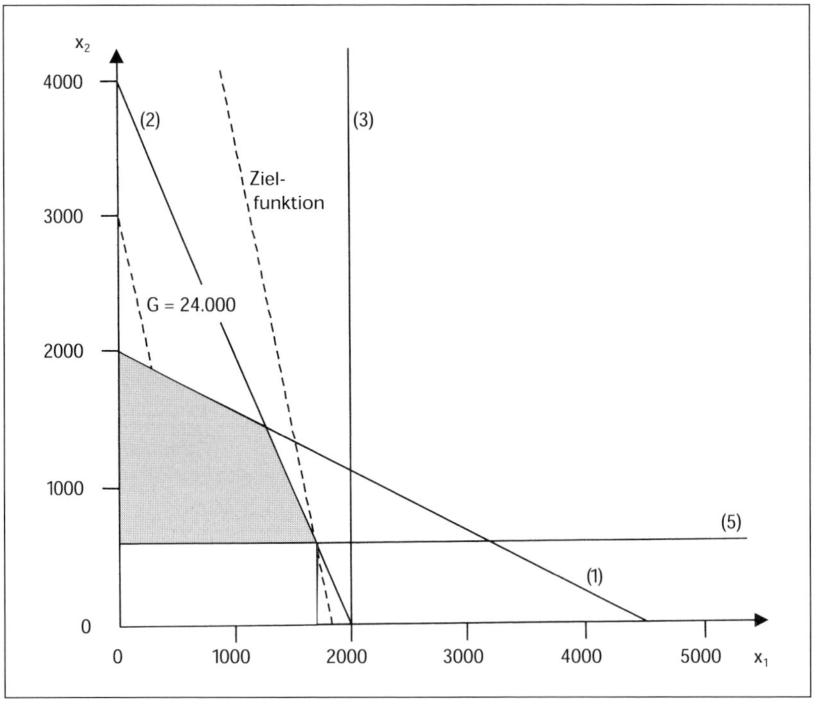

Von **Produkt 2** werden **600 Stück** hergestellt, von **Produkt 1 1.700 Stück.** Der maximale Deckungsbeitrag liegt bei 55.800,– €.

L 8 Zielfunktion: $G = 50x_M + 40x_S \rightarrow$ max! (Deckungsbeitrag)

Restriktionen:

(1) $10x_M + 5x_S \leq 15$ (Personenstunden)

(2) $2x_M + 2x_S \leq 4$ (Maschine 1)

(3) $6x_S \leq 8$ (Maschine 2)

(4) $x_M, x_S \geq 0$

Grafische Darstellung:

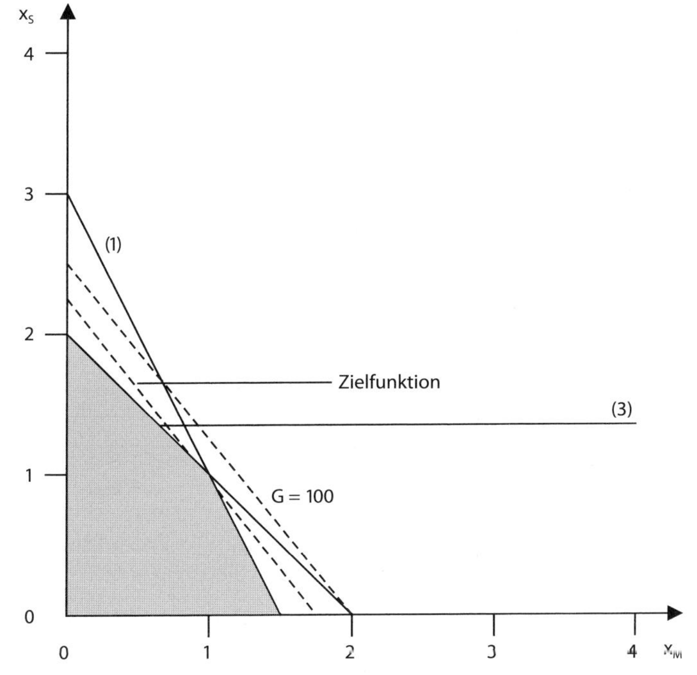

Von den **Muttern** und **Schrauben** werden je **1 Tonne** hergestellt, wobei ein Deckungsbeitrag von 90,– € resultiert.

L 9 **a)** Zielfunktion: $G = 2.000x_A + 1.500x_B \rightarrow$ max! (Gewinn)

Restriktionen:

(1) $100x_A + 120x_B \leq 6.000$ (Maschine 1)

(2) $50x_A + 20x_B \leq 3.000$ (Maschine 2)

(3) $30x_A + 25x_B \leq 4.000$ (Maschine 3)

(4) $x_A, x_B + \geq 0$

Grafische Darstellung:

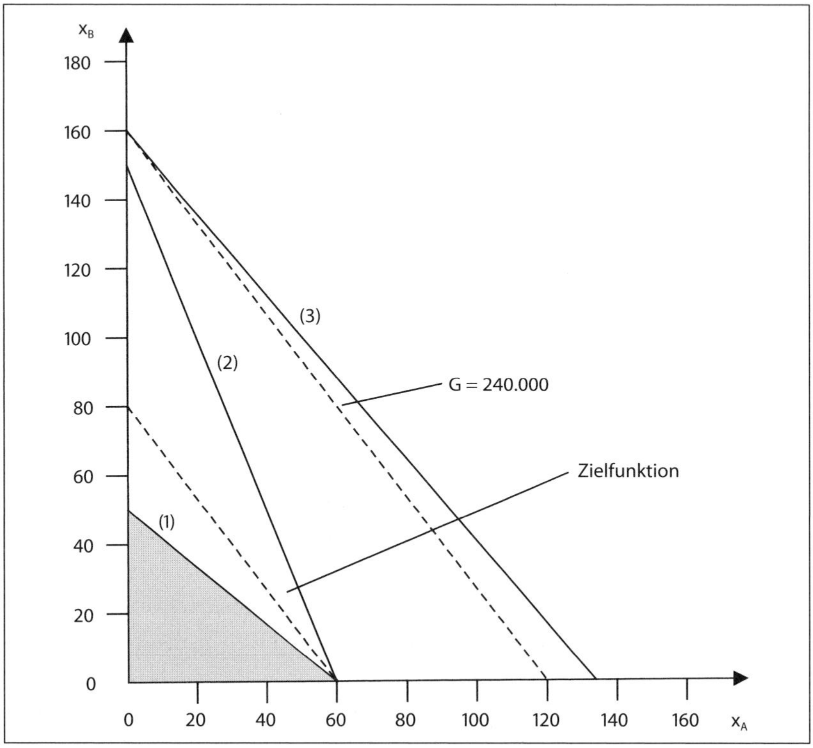

Es wird nur Produkt A hergestellt. Die Produktionsmenge beträgt 60 Einheiten und der Maximalgewinn 120.000,– €.

b)
- Gesamtkapazität von Maschine 3: 4.000 Std.
- Auslastung bei maximalem Gewinn: 1.800 Std.

Da die verfügbare Kapazität (4.000 Std. – 1.800 Std. = 2.200 Std.) größer ist als die zusätzlich benötigte Kapazität (1.800 Std.), kann die Blank AG den Auftrag annehmen.

L 10 a) Bei der auftragsbezogenen Fertigung stellt das Unternehmen genau diejenige Menge her, für die Bestellungen vorliegen (kundenorientiert).
Die auftragsbezogene Fertigung hat folgende **Vorteile** gegenüber der vorratsbezogenen Fertigung:

- Keine oder nur geringe Zins- und Lagerkosten,
- keine oder nur geringe Fehlmengenkosten auf der Beschaffungsseite,
- kleineres Risiko,

- weniger gebundene finanzielle Mittel,
- Möglichkeit der Berücksichtigung spezieller Kundenwünsche,
- vielseitige Verwendbarkeit der Produktionsanlagen,
- geringere Monotonie in der Arbeitsausführung.

Folgende **Nachteile** ergeben sich aus der auftragsbezogenen Fertigung im Gegensatz zur vorratsbezogenen Fertigung:

- Hohe Flexibilität in der Produktionsplanung und -steuerung erforderlich,
- Abhängigkeit von Lieferanten,
- Beschäftigungsschwankungen,
- Leerkapazitäten,
- höhere Bestellkosten durch häufige Bestellungen,
- tieferer Lieferbereitschaftsgrad,
- umfangreichere Vorbereitungsarbeiten,
- größeres Know-how (Arbeitskräfte, Betriebsmittel) erforderlich.

Bei der vorratsbezogenen Fertigung produziert das Unternehmen aufgrund prognostizierter Absatzmengen auf Vorrat (marktorientiert). Die Vor- und Nachteile der vorratsbezogenen Fertigung verhalten sich spiegelbildlich zu den Vor- und Nachteilen der auftragsbezogenen Fertigung.

b) In der Praxis findet man häufig **Gemischtfertigung,** da Unternehmen versuchen, die Vorteile der auftragsbezogenen Fertigung mit denjenigen der vorratsbezogenen Fertigung zu kombinieren. Auch kann aufgrund des Produktionsprogramms des Unternehmens eine Kombination beider Fertigungsmethoden von Vorteil sein. Produkte der Einzelfertigung und natürlich auch Dienstleistungen werden zumeist auftragsbezogen hergestellt, während Massenware oft auf Vorrat produziert wird.

L 11 **a)**
- Synchronisation,
- Emanzipation,
- Eskalation.

b)
- Verderblichkeit der Ware (Lagerfähigkeit),
- zeitlicher Anfall der Rohstofflieferungen,
- Kosten bei Fehlmengen,
- Zins- und Lagerhaltungskosten.

Gestaltung der Produktionsprozesse

L 12 Die **Einzelfertigung** beruht nicht auf einem festen Produktionsprogramm, sondern es kommt ständig zu auftragsbezogenen Anpassungen von Produktionsanlagen, Arbeitskräften und Know-how an veränderte Nachfragebedingungen.

- Ein **Vorteil** der Einzelfertigung besteht im hohen Qualitätsniveau und dem technischen Know-how. Für den entstandenen Mehrwert ist der Kunde bereit mehr zu zahlen. Ebenfalls von Vorteil ist die hohe Flexibilität eines Unternehmens mit Einzelfertigung, immer neue Produktvariationen zu entwickeln. Tiefe Zins- und Lagerkosten sowie die einfache Erfassung des Bedarfs sind ebenfalls von Vorteil.
- **Nachteilig** an der Einzelfertigung ist das erforderliche hohe Ausbildungsniveau der Mitarbeiter sowie das für Innovationen benötigte Know-how. Für eine ständige Umgestaltung der Produkte sind spezifische Investitionen erforderlich, die durch einen entsprechend hohen Verkaufspreis der Güter abgegolten werden müssen. Weiterhin ist die Einzelfertigung kapitalintensiv (Spezialmaschinen, Fachpersonal) und bringt hohe Herstellungskosten mit sich.

Die **Massenfertigung** zeichnet sich dadurch aus, dass von einem oder mehreren Produkten über längere Zeit sehr große Stückzahlen hergestellt werden.

- Ein **Vorteil** der Massenfertigung liegt darin, dass derselbe Fertigungsprozess ununterbrochen aufrechterhalten werden kann. Kosten für die Veränderung der Fertigungsanlagen entfallen größtenteils. Durch die geringen Wechsel in der Produktion ist eine weitgehende Automatisierung möglich, was die Fertigung sehr hoher Stückzahlen ermöglicht. Hierdurch können die Herstellungskosten und somit der Verkaufspreis gesenkt werden. Die Anforderungen an das Ausbildungsniveau der Mitarbeiter sind gering.
- **Nachteilig** an der Massenfertigung ist die geringe Flexibilität bezüglich Veränderungen in der Nachfragestruktur. Kommt es unerwartet zu einem Wandel der Nachfragepräferenzen, so erweisen sich spezifische Investitionen in Spezialmaschinen möglicherweise als unrentabel. In der Massenfertigung kommt bereits bei kleinen Störungen der gesamte Produktionsprozess zum Stillstand, so dass Zwischenlager aufgebaut werden müssen. Ferner entstehen meist hohe Zins- und Lagerkosten.

L 13 a) **Mass Customization** ist die flexible Angebotsgestaltung von Massengütern, indem die jeweiligen Produkte und Dienstleistungen in mehreren unterschiedlichen Leistungsausprägungen angeboten werden.

b) Unter **Postponement** wird die Verlagerung der Variantenvielfalt möglichst nahe hin zum Endkunden verstanden. Mass Customization ist ein Element des Postponement, die Antwort der Fertigung auf die größtmögliche Individualisierung der Leistung.

L 14 Unter **optimaler Losgröße** versteht man diejenige Produktionsmenge, bei der unter Berücksichtigung aller anfallenden Kosten (auflagefixe und auflageproportionale) die Kosten pro Fertigungseinheit minimiert werden. Die Formel zur Berechnung der optimalen Losgröße lautet:

$$x_{opt} = \sqrt{\frac{200\ M\ (H_{fix} + L_{fix})}{h_{var} \cdot q}}$$

Im vorliegenden Beispiel beträgt $\mathbf{L_{fix} = 0}$.

a) $x_{opt} = \sqrt{\frac{200 \cdot 50.000\ (1.000)}{10 \cdot 10}} = \mathbf{10.000\ Stück}$

b)
- $H_{fix} = 500$: $x_{opt} = \sqrt{\frac{200 \cdot 50.000\ (500)}{10 \cdot 10}} = \mathbf{7.071\ Stück}$
- $H_{fix} = 2.000$: $x_{opt} = \sqrt{\frac{200 \cdot 50.000\ (2.000)}{10 \cdot 10}} = \mathbf{14.142\ Stück}$

c)
- $q = 5\,\%$: $x_{opt} = \sqrt{\frac{200 \cdot 50.000\ (1.000)}{10 \cdot 5}} = \mathbf{14.142\ Stück}$
- $q = 20\,\%$: $x_{opt} = \sqrt{\frac{200 \cdot 50.000\ (1.000)}{10 \cdot 20}} = \mathbf{7.071\ Stück}$

Mit steigendem Zins- und Lagerkostensatz q **sinkt** die **optimale Losgröße.**

d)
- $h_{var} = 5$: $x_{opt} = \sqrt{\frac{200 \cdot 50.000\ (1.000)}{5 \cdot 10}} = \mathbf{14.142\ Stück}$
- $h_{var} = 20$: $x_{opt} = \sqrt{\frac{200 \cdot 50.000\ (1.000)}{20 \cdot 10}} = \mathbf{7.071\ Stück}$
- $M = 25.000$: $x_{opt} = \sqrt{\frac{200 \cdot 25.000\ (1.000)}{10 \cdot 10}} = \mathbf{7.071\ Stück}$
- $M = 100.000$: $x_{opt} = \sqrt{\frac{200 \cdot 100.000\ (1.000)}{10 \cdot 10}} = \mathbf{14.142\ Stück}$

Bei steigenden variablen Stückkosten sinkt die optimale Losgröße, mit zunehmender Jahresproduktion **steigt** die **optimale Losgröße**.

Abschließend ist zu sagen, dass bei der Zunahme einer oder mehrerer Kostenarten unter Ceteris-paribus-Bedingungen auch die optimale Losgröße zunimmt.

L 15 Optimale Losgröße:

$$x_{opt} = \sqrt{\frac{2 \cdot K_{fix} \cdot M}{k_{var} \cdot q}} = \sqrt{\frac{2 \cdot 80.000 \cdot 2.000}{375 \cdot 0{,}12}} = \mathbf{2.666{,}7\ Modelle}$$

Die kostenoptimale Auflage beträgt somit **2.667 Stück**.

L 16 a) Die Gruppenfertigung kombiniert die Vorteile der Werkstatt- und diejenigen der Fließfertigung miteinander.

Als **Vorteile** der Gruppenfertigung können genannt werden:

- Kürzere Transportwege (niedrigere Transportkosten) als bei der Werkstattfertigung,
- kleinere Zwischenlager (Lager- und Zinskosten) als bei der Werkstattfertigung,
- bessere Auslastung der Kapazitäten als bei der Werkstattfertigung,
- weniger Schwierigkeiten in der Planung der Maschinenbelegung als bei der Werkstattfertigung, da die Reihenfolge festgelegt ist,
- höhere Flexibilität hinsichtlich Absatzschwankungen als bei der Fließfertigung,
- Motivationsvorteile gegenüber der Fließfertigung,
- hohe Anpassungsfähigkeit an Kundenwünsche aufgrund des Baukastenprinzips,
- hohes Qualitätsniveau der Produkte.

Als **Nachteile** stehen dem gegenüber:

- Viele Fehlerquellen aufgrund der Komplexität des Produktionsprozesses,
- hoher Kapitalbedarf für Spezialmaschinen, hohe Fixkosten,
- hoher Überwachungsaufwand,
- hohes Qualifikationsniveau der Mitarbeiter erforderlich,
- Durchlaufzeit eines Produktes höher als bei Fließfertigung.

b) Der Einsatz der Gruppenfertigung ist besonders bei modularen Produkten sinnvoll. So können Halbfabrikate in Werkstattfertigung erzeugt und dann nach dem Fließprinzip zusammengesetzt werden. Die Gruppenfertigung bietet sich besonders bei Produkten an, bei denen eine Anpassung an sich ständig ändernde Kundenanforderungen erforderlich ist. Produkte der Massenfertigung bleiben daher eher ausgeschlossen.

L 17 Der Fertigungstyp gibt an, in welcher Anzahl gleiche Produkte hergestellt werden sollen. Das Fertigungsverfahren beinhaltet die organisatorische Ausgestaltung der Bearbeitungsreihenfolge und die Zuordnung der Aufgaben zu den Arbeitsplätzen.

Zwischen Fertigungstyp und Fertigungsverfahren besteht ein enger Zusammenhang. Ausgehend von der Absatzseite wird durch die Anzahl herzustellender Produkte zuerst der Fertigungstyp festgelegt und dann das entsprechende Fertigungsverfahren gewählt. Dabei bestehen im Allgemeinen die folgenden Zusammenhänge:

- Bei der **Einzelfertigung** wird zumeist nach dem Werkstattprinzip gefertigt, da vor allem Mehrzweckmaschinen eingesetzt werden, die innerhalb bestimmter Grenzen einen Wechsel im Produktionsprogramm zulassen.
- Demgegenüber wird in der **Massenfertigung** häufig das Fließprinzip verwendet. Es muss eine große Gewissheit bestehen, dass die hergestellten Produkte für eine längere Zeit ohne größere Modifikationen produziert werden können, da in der Regel Spezialmaschinen verwendet werden.

Je individueller die Fertigung ist, desto eher bietet sich also die Verwendung der Werkstattfertigung an. Die Gruppenfertigung eignet sich grundsätzlich für beide Fertigungstypen, sowohl für die Massen- als auch für die Einzelfertigung. In der Praxis bietet sich bei Verwendung der Gruppenfertigung die Produktion mittlerer Lose an.

L 18 a) Just-in-Time-Produktion bedeutet, dass zur richtigen Zeit auf allen Stufen der Beschaffung, der Fertigung und der Distribution das richtige Teil in der richtigen Qualität am richtigen Ort ist. Voraussetzungen zur Just-in-Time-Produktion sind:

- Ablauforientierte Fertigung (Fließprinzip),
- Harmonisierung der Kapazitäten,
- Harmonisierung des Produktionsprogrammes (z. B. Teilestandardisierung, Bildung von Teilefamilien),
- Bildung autonomer Arbeitsgruppen,
- absolute Qualitätssicherung,
- kurze Rüst- und Einrichtezeiten,
- geringe Durchlaufzeiten.

b) Generell wird damit eine Kostenreduktion erreicht, vor allem auf Grund folgender Tatbestände:
- Kleinere Lager mit geringerer Kapitalbindung,
- Verminderung von Beschaffungsrisiken,
- Steigerung der Arbeitsproduktivität,
- Verminderung von Leerzeiten,
- höhere Qualität,
- bessere Ausbildung der Mitarbeiter.

c)

Probleme	**Maßnahmen**
Lieferschwierigkeiten	Andere mögliche Lieferanten als Ersatz bereithalten, hohe Konventionalstrafen.
Engpassprobleme	Pufferlager vor Engpassmaschinen.
Maschinendefekte	Hohe Reparatur- und Servicebereitschaft.
Ausfall der geschulten Arbeiter	Bessere Ausbildung für Ersatzkräfte.
Höhere Umweltbelastung durch vermehrte Transporte	Fehlende Auslastung von Transportkapazitäten (z. B. Leerfahrten) vermeiden.

d) Just-in-Time-Konzepte **außerhalb des Produktionsbereiches**:
- Personal: Personal auf Abruf.
- Marketing: Bessere Befriedigung der Kundenbedürfnisse durch größere Flexibilität in Bezug auf Menge, Qualität, Zeitpunkt der Lieferung und Produktvielfalt.
- Finanzierung: kurzfristige Geldaufnahme, wenig Liquidität (Cash-Management).

Just-in-Time-Produktion **außerhalb des Industriebetriebes**:
- Restaurationsbetriebe: Lieferung, Verbrauch.
- Banken/Post: Geldautomat.
- Einzelhandel: Lieferungen gemäß der verkauften Menge.

L 19 **Auswirkungen** der Just-in-time-Produktion:
- Die **Lagerbestände** sind in der Just-in-time-Produktion möglichst gering zu halten. Auf diese Weise können einerseits die Lagerhaltungskosten gesenkt, und andererseits Beschaffungsrisiken vermindert werden.

- In der **Produktion** soll die Flexibilität in Bezug auf die Wünsche und Bedürfnisse des Marktes erhöht werden. Daraus resultieren unter anderem eine ablauforientierte Fertigung, die Bildung autonomer Arbeitsgruppen, absolute Qualitätssicherung, kurze Durchlaufzeiten, kurze Rüstzeiten und kleine Fertigungs- und Montagelose. Es wird nur so viel produziert, wie auch wirklich abgesetzt werden kann.
- Im **Verkauf** ist nur gerade so viel zu verteilen, wie unbedingt notwendig ist. Dies bedeutet, dass bei der Just-in-time-Produktion der persönliche, direkte Kundenkontakt und das gezielte Customer Relationship Management sehr wichtig sind.

Planung und Kontrolle des Produktionsablaufs

L 20 a) Die 6 Wochen Lieferfrist zwischen D und L führen dazu, dass L insgesamt 7 Wochen dauert. D ist der Vorgänger von L.

Vorgang	Dauer (Wochen)	Vorgänge
A	1	
B	1	
C	1	A
D	2	
E	3	D
F	2	D
G	2	
H	2	C
I	3	B, H, G
K	1	H, G
L	7	D
M	2	K
N	4	I, L
O	1	L
P	2	N
Q	4	B, F

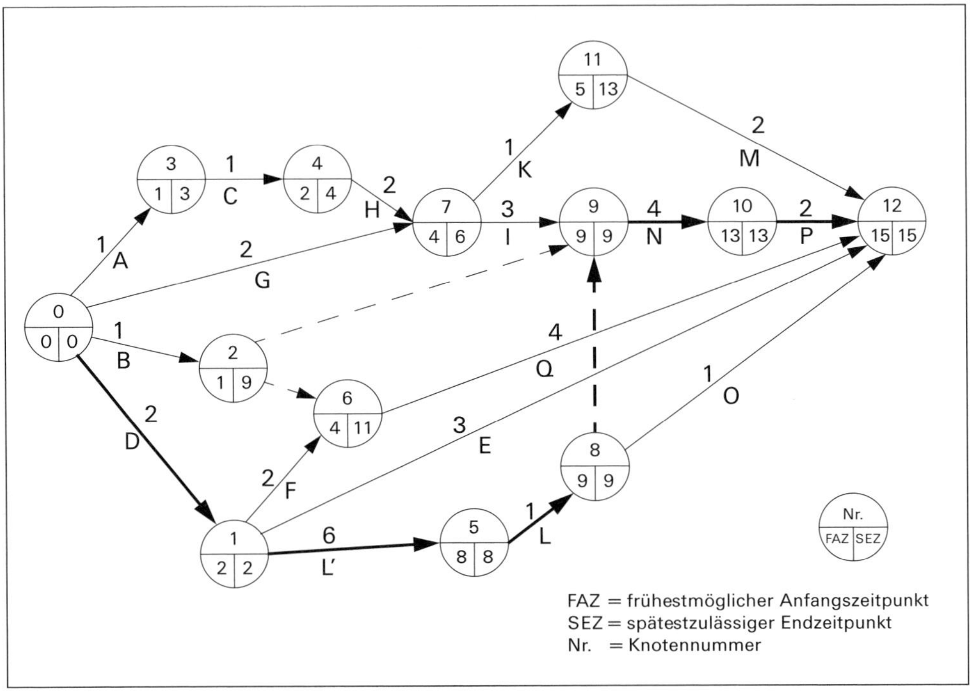

b) Der kritische Weg führt über die **Vorgänge D, L, N und P** und dauert **15 Wochen.**

L 21 **a)** Folgende Unterschiede bestehen:

- **Balkendiagramme** sind Zeitbänder in einem Koordinatensystem, welche die zeitliche Dauer einzelner Arbeitsvorgänge darstellen. Balkendiagramme können beispielsweise zur Darstellung von Arbeitsabläufen, zur Terminplanung bei Projekten und zur Planung des zeitlichen Einsatzes von Mitarbeitern und Maschinen verwendet werden. Sie zeigen hingegen nicht, wie die einzelnen Tätigkeiten logisch voneinander abhängen. Planänderungen führen unweigerlich zu einer Verzögerung aller anderen Teilaktivitäten.
- Der **Netzplan** als grafische Darstellung des Projekts ist formal ein Graph. Mit Hilfe von Netzplänen können die zeitlichen und funktionalen Abhängigkeiten eines Projekts gleichzeitig modelliert werden. Zu diesem Zweck wird zunächst die Prozess-Struktur eines Projekts mit Hilfe eines Netzplans abgebildet. Auf der Grundlage der Strukturplanung erfolgt die Zeitplanung.

Die **Netzplantechnik** eignet sich besonders für komplexe, kostspielige Projekte, bei denen sich hohe Anforderungen bezüglich Flexibilität und Genauigkeit stellen. Die Technik lässt sich jedoch bei erstmalig durchgeführten Projekten schwer umsetzen, da bei derartigen Projekten die Dauer der einzelnen Vorgänge schwer abschätzbar ist.

Instrument / Merkmal	Balkendiagramm	Netzplan
Anwendungsbereich	Kapazitätsplanung	Zeitplanung
Dimensionen	Eine	Vernetzt
Ausführende Stelle	Nicht ersichtlich	Nicht ersichtlich
Art der Verrichtung	Nicht enthalten	Einbezug möglich
Dauer der Aufgabe	Ersichtlich	Zeitliche Abhängigkeiten
Reihenfolge der Arbeiten	Logische Reihenfolge	Logische Abhängigkeiten
Verwendung	Maschinenbelegungsplan	Komplexe Projekte

L 22 a) Das **Dilemma der Ablaufplanung** ergibt sich aus den drei Zielen der Ablaufplanung – die Gestaltung des Fertigungsprozesses in Bezug auf Auftrag, Zeit und Kapazität. In der Ablauforganisation sollen gleichzeitig Termine eingehalten, Durchlaufzeiten minimiert und die Kapazitäten möglichst ausgelastet werden.
Grundsatz 2 und 3 lassen sich nur selten gleichzeitig verwirklichen, weil sinkende Lagerzeiten häufig mit steigenden Wartezeiten verbunden sind. Diesen Konflikt beschreibt Gutenberg als Dilemma der Ablaufplanung. Eine optimale Abstimmung zwischen kurzen Durchlaufzeiten des Materials und minimalen Leerzeiten wird dann erreicht, wenn die Bearbeitungszeiten möglichst den Förderzeiten entsprechen.

b) Zum Problem kommt es häufig bei Engpässen, die dadurch entstehen, dass die Bearbeitungszeit von aufeinander folgenden Maschinen unterschiedlich ist. Eine mögliche Lösung besteht in der **Taktfertigung** (Abstimmung der Durchlaufzeiten) mit festen Werten für die Durchlaufzeiten und die Kapazitätsauslastung.

c) Weitere von der jeweiligen Situation abhängige **Maßnahmen** bestehen im **Einsatz zusätzlicher Maschinen und Arbeitskräfte**, um die Engpasssituation aufzuheben oder in der **Auslastung der nicht eingesetzten Maschinen und Arbeitskräfte** durch andere Arbeiten.
Das Dilemma der Ablaufplanung kann bei Projekten auch durch **Ermittlung des kritischen Weges** in der Netzplantechnik bewältigt werden. Zu beachten ist jedoch, dass eine zusätzliche bzw. stärkere Belastung der vorhandenen Produktionsfaktoren auch höhere Kosten mit sich bringt.

L 23 Ungenügende Produktionskapazitäten

Ursachen	Maßnahmen
Fehlerhafte Produktionsplanung, insbesondere bei der Terminierung	▪ Sorgfältige Planung, ▪ Einsatz von Organisationsinstrumenten (z. B. Netzpläne, Balkendiagramme) und EDV.
Störungen im Produktionsprozess (Ausfall von Arbeitskräften oder Maschinen, schlechte Materialien)	▪ Einbezug möglicher Störungen in die Planung (Reserven, Pufferzeiten), ▪ Verbesserung der Qualität der Produktionsfaktoren.
Änderung der Liefertermine durch die Kunden	Erhöhung der Intensität oder Fremdvergabe desjenigen Teils des Auftrages, der durch die eigenen Kapazitäten nicht ausgeführt werden kann.
Zu viele Aufträge	▪ Fremdvergabe, ▪ Erhöhung der Kapazitäten, ▪ Versuch einer Terminverschiebung, ▪ Ablehnung eines Auftrages.
Störung der Zulieferung	▪ Vertragliche Absicherung (z. B. Konventionalstrafen), ▪ Sicherheitslager, ▪ Berücksichtigung anderer Lieferanten.

Planung und Kontrolle des Produktionsablaufs

L 24 a) Die **Beschäftigung** gibt an, wie viele Kästen produziert werden sollen. Deshalb sind die Kosten der beiden Automaten pro Kasten (Break-even-Analyse) gleichzusetzen:

$$8 \cdot \frac{1}{20}\, x + 16.000 = 4{,}5\, \frac{1}{30}\, x + 36.000$$

$$x = 80.000$$

Die Anschaffung des zweiten Automaten lohnt sich bei einer Beschäftigung, bei der **80.000 Kästen** produziert werden.

b) **Grafische Lösung:**

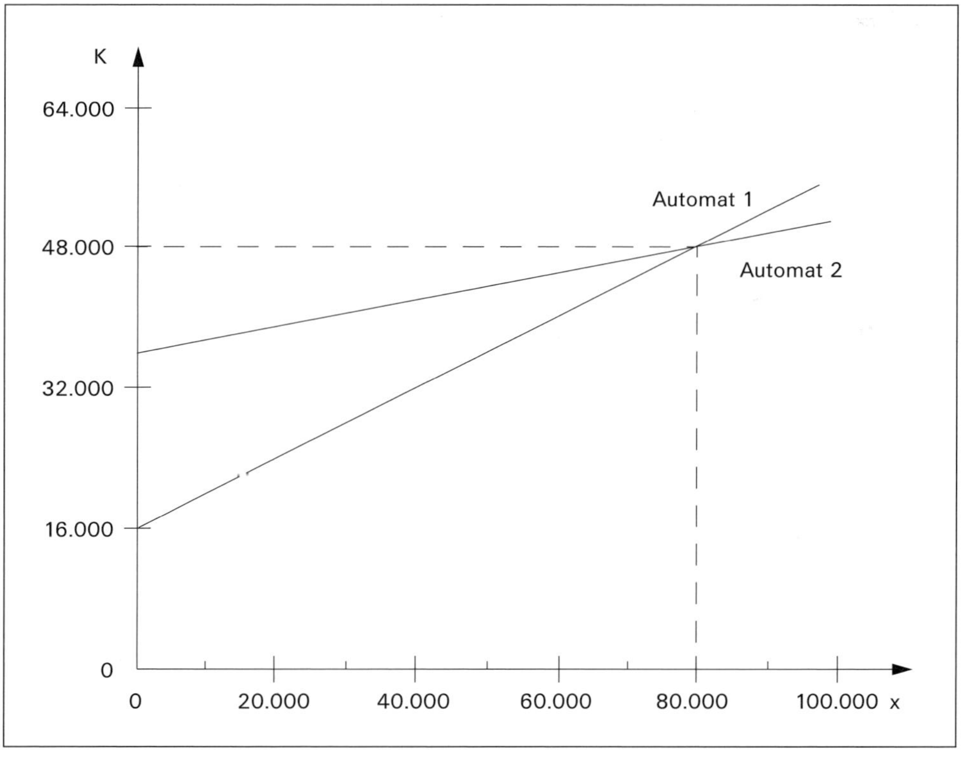

c) Folgende **Annahmen** wurden getroffen:

- feste Kostenstruktur: keine Veränderungen in zeitlicher und materieller Hinsicht,
- vollständige Kapazitätsauslastung: keine Berücksichtigung von Leer- und Fehlmengenkosten wie Produktionsausfälle, Reparaturanfälligkeit, Absatzschwankungen,
- problemlose Eingliederung der Automaten in bisherige Produktionsprozesse.

In den Maschinenkosten pro Stunde sind die Kosten für die Verzinsung der eingesetzten finanziellen Mittel, die Abschreibungen, die Löhne für das Bedienungspersonal und die weiteren kalkulationsrelevanten Kosten berücksichtigt.

Rechnungswesen

Grundlagen des betrieblichen Rechnungswesens

L 1 Die **Aufgabe des Rechnungswesens** besteht in der mengen- und wertmäßigen Erfassung, Verarbeitung, Abbildung und Überwachung aller betrieblichen Geld- und Leistungsströme eines Unternehmens. Das Rechnungswesen gliedert sich auf in das interne und in das externe Rechnungswesen. Das interne Rechnungswesen unterliegt – im Gegensatz zu umfassenden gesetzlichen Regelungen des externen Rechnungswesens – einer weitgehenden unternehmerischen Gestaltungsfreiheit. Die Ausgestaltung des internen Rechnungswesens folgt der Unternehmensstrategie, die das unternehmerische Handeln prägt.
Dem Rechnungswesen als **Führungsinstrument** kommt eine große **Bedeutung** zu. Betriebswirtschaftliche Kennzahlen und Rechnungen der vergangenen Perioden erlauben eine Bewertung und Prognostizierung des unternehmerischen Handelns und die Ableitung der dafür erforderlichen Schritte. In diesem Sinne dient es sowohl der **Kontrolle** der vergangenen als auch der **Planung** der zukünftigen Unternehmensentwicklung.

L 2 Die **Finanzbuchhaltung** dient der periodengerechten Darstellung aller wirtschaftlich bedeutenden betrieblichen Geschäftsvorfälle, die sich auf den Wert und die Zusammensetzung des Vermögens, des Kapitals und des Erfolges auswirken. Als Teil des internen Rechnungswesens stellt die **Kosten- und Leistungsrechnung** (Betriebsbuchhaltung) die wertmäßigen Auswirkungen der betrieblichen Leistungserstellung dar. Sie dient

der systematischen Erfassung, Verteilung und Zurechnung der Kosten, welche im Rahmen des betrieblichen Leistungserstellungs- und -verwertungsprozesses entstehen.
Die Finanzbuchhaltung bildet sowohl Grundlage des internen als auch des externen Rechnungswesens. In anderen Worten, die Kosten- und Leistungsrechnung greift somit auf Informationen der Finanzbuchhaltung zurück.

L 3

- **Auszahlungen = Ausgaben:** In diesem Fall nimmt der Zahlungsmittelbestand in gleichem Maße ab wie das Geldvermögen. Dies ist nur dann möglich, wenn – abgesehen vom Zahlungsmittelbestand – die übrigen Komponenten des Geldvermögens (Forderungen, Verbindlichkeiten) unverändert bleiben. Beispiel: Barkauf von Maschinen.
- **Auszahlungen, aber keine Ausgaben:** In diesem Fall steht der mit der Auszahlung verbundenen Verringerung des Zahlungsmittelbestandes eine betragsgleiche Erhöhung der Forderungen oder Verringerung der Verbindlichkeiten gegenüber, so dass sich das Geldvermögen nicht ändert. Beispiel: Rückzahlung eines in der Vorperiode aufgenommenen Kredites.

L 4

Nachfolgende Grafik verdeutlicht die Zusammenhänge zwischen Aufwand und Kosten:

- **Aufwand = Kosten:** Der Aufwand entspricht nur im Rahmen der Grundkosten dem Zweckaufwand. Der Zweckaufwand umfasst Aufwendungen, die mit der betrieblichen Leistungserstellung und -verwertung anfallen. Beispiel: Werbeaufwendungen, Personalaufwand.
- **Aufwand, aber keine Kosten:** Der neutrale Aufwand umfasst die Kategorien betriebsfremd, periodenfremd oder außerordentlich. Beispiele: Spende an Organisationen (betriebsfremder Aufwand), Nachzahlung von Steuern (periodenfremder Aufwand), Erneuerungsinvestitionen nach Brand (außerordentlicher Aufwand).

L 5

Datum	Auszahlungen	Ausgaben	Aufwand	Kosten
a)				
01. Jan	9.000	9.000	750	750
01. Feb	0	0	750	750
01. Mrz	0	0	750	750
01. Apr	0	0	750	750
01. Mai	0	0	750	750
01. Jun	0	0	750	750
01. Jul	0	0	750	750
01. Aug	0	0	750	750
01. Sep	0	0	750	750
01. Okt	0	0	750	750
01. Nov	0	0	750	750
01. Dez	0	0	750	750
b)				
01. Jan	0	9.000	750	750
01. Feb	0	0	750	750
01. Mrz	9.000	0	750	750
01. Apr	0	0	750	750
01. Mai	0	0	750	750
01. Jun	0	0	750	750
01. Jul	0	0	750	750
01. Aug	0	0	750	750
01. Sep	0	0	750	750
01. Okt	0	0	750	750
01. Nov	0	0	750	750
01. Dez	0	0	750	750

Datum	Auszahlungen	Ausgaben	Aufwand	Kosten
c)				
01. Jan	0	9.000	750	750
01. Feb	0	0	750	750
01. Mrz	0	0	750	750
01. Apr	3.000	0	750	750
01. Mai	0	0	750	750
01. Jun	0	0	750	750
01. Jul	0	0	750	750
01. Aug	3.000	0	750	750
01. Sep	0	0	750	750
01. Okt	0	0	750	750
01. Nov	0	0	750	750
01. Dez	3.000	0	750	750

L 6 **a)** **Lineare Abschreibung** (Abschreibung jeweils als gleich bleibender Prozentsatz vom Investitionsbetrag in t_0):

Jahr	Abschreibungssatz	Abschreibungsbetrag	Zeitwert
0			120.000
1	25 %	30.000	90.000
2	25 %	30.000	60.000
3	25 %	30.000	30.000
4	25 %	30.000	0
	100 %	120.000	

b) **Geometrisch-degressive Abschreibung** (Abschreibung als gleich bleibender Prozentsatz vom jeweils verbleibenden Zeitwert):

Jahr	Abschreibungssatz	Abschreibungsbetrag	Zeitwert
0			120.000
1	30 %	36.000	84.000
2	30 %	25.200	58.800
3	30 %	17.640	41.160
4	30 %	12.348	28.812
		91.188	

Die geometrisch-degressive Abschreibung führt grundsätzlich nicht zu einer vollständigen Abschreibung des Vermögensgegenstandes, da der Abschreibungsbetrag anhand eines festen Prozentsatzes vom jeweiligen Restbuchwert ermittelt wird. Um dennoch eine vollständige Abschreibung zu erreichen, ist entweder der Restbetrag im letzten Nutzungsjahr zusammen mit der letzten Abschreibungsrate zusammenzufassen oder ein Übergang zur linearen Abschreibung nötig. Wird eine Abschreibung auf einen symbolischen Restwert von 1 € gewählt, würde sich im vorliegenden Fall ein Abschreibungssatz in Höhe von

$a_1 = 100\left[1 - \sqrt[n]{\frac{I_n}{I_0}}\right] = 100\left[1 - \sqrt[4]{\frac{1}{120.000}}\right] = 94{,}62\ \%$ ergeben.

c) **Arithmetisch-degressive Abschreibung** (Abschreibung jeweils als fallender Prozentsatz vom Investitionsbetrag in t_0. Bei der digitalen Abschreibung entspricht der Abschreibungsbetrag im letzten Jahr exakt dem jährlichen Differenzbetrag.):

$$a_t = \frac{1}{\frac{n \cdot (n+1)}{2}} \cdot \left(n - [t-1]\right) - \frac{1}{10} \cdot \left(5 - t\right)$$

Jahr	Abschreibungssatz	Abschreibungsbetrag	Zeitwert
0			120.000
1	40 %	48.000	72.000
2	30 %	36.000	36.000
3	20 %	24.000	12.000
4	10 %	12.000	0
	100 %	120.000	

d) Übergang von der geometrisch-degressiven zur linearen Abschreibung ab Jahr 2:

Jahr	Abschreibungssatz	Abschreibungsbetrag	Zeitwert
0			120.000
1	30 %	36.000	84.000
2	23,33 %	28.000	56.000
3	23,33 %	28.000	28.000
4	23,33 %	28.000	0
	100 %	120.000	

Abschreibungen werden in der Gewinn- und Verlustrechnung erfolgsmindernd erfasst. Das Unternehmen verfügt daher mit der Wahl der Abschreibungsmethode über ein Instrument zur Beeinflussung des Betriebserfolges. In Abhängigkeit von der Unternehmensstrategie (Ausweis eines möglichst hohen oder möglichst niedrigen Jahresüberschusses) wird die Unternehmensführung bestrebt sein, die Abschreibungsmethode nach der Höhe der Abschreibungsbeträge auszuwählen. In diesem Zusammenhang kann es sinnvoll sein, die Abschreibungsmethode zu wechseln, um beispielsweise den Unternehmenserfolg aus steuerlichen Gründen[1] durch höhere Abschreibungsbeträge als bei Verwendung der bis dahin angewandten Methode zu reduzieren.
Im vorliegenden Beispiel wurde nach Anwendung der geometrisch-degressiven Abschreibungsmethode in Periode 1 zur linearen Abschreibungsmethode in Periode 2 gewechselt. Dies lässt sich beispielsweise damit begründen, dass das Unternehmen in der ersten Periode zunächst den verhältnismäßig höheren Abschreibungsbetrag nutzen wollte. In den Folgejahren hätte die Fortführung dieser Methode im Verhältnis zur linearen Abschreibung zu niedrigeren Abschreibungsbeträgen geführt. Daraus lässt sich ableiten (vorausgesetzt, das Unternehmen ist an hohen Abschreibungen interessiert), dass ein Wechsel dann sinnvoll ist, wenn der nach geometrisch-degressiver Abschreibung ermittelte Betrag unter den der linearen Abschreibung sinkt.
Hierbei ist allerdings zu beachten, dass steuerrechtlich nur der Wechsel von der geometrisch-degressiven zur linearen Methode zulässig ist. Der

[1] Vgl. Lösung zu Teil e) dieser Aufgabe.

umgekehrte Fall ist in der Steuerbilanz aufgrund § 7 Abs. 3 EStG nicht erlaubt. Weiterhin bestehen Einschränkungen hinsichtlich der Anwendbarkeit einzelner degressiver Abschreibungsmethoden in der Steuerbilanz. Hierzu zählen sowohl die arithmetisch-degressive als auch die digitale Abschreibung. Zudem ist die im Rahmen dieses Beispiels nicht betrachtete progressive Abschreibung zwar handelsrechtlich erlaubt, jedoch steuerrechtlich nicht zulässig und zudem in der Praxis nicht relevant.

e) Die Wahl der Abschreibungsmethode richtet sich, wie bereits erläutert, in entscheidendem Maß nach den bilanz- und finanzpolitischen Zielen des Unternehmens. Folglich wäre im vorliegenden Fall die lineare Abschreibung dann anzuwenden, wenn das Unternehmen in der Betrachtungsperiode einen hohen Gewinn ausweisen möchte, um z. B. im Rahmen von Kooperationsverhandlungen besonders profitabel zu erscheinen.
Andernfalls wäre bei der Wahl der Abschreibungsmethode die arithmetisch-degressive Abschreibung anzuwenden, die den operativen Gewinn vor Steuern und Zinsen statt um 30.000,– € um 48.000,– € reduziert. Dies führt dazu, dass das Unternehmen eine geringere Steuerschuld hat; es entsteht ein Steuerstundungseffekt. Allerdings ist bei der Entscheidung für eine Abschreibungsmethode stets zu berücksichtigen, dass einzelne Methoden nur handelsrechtlich, nicht jedoch steuerrechtlich zugelassen bzw. in der Praxis nicht oder nur in Ausnahmefällen relevant sind. Darüber hinaus ist wichtig, dass die Höhe des Abschreibungssatzes ebenfalls begrenzt sein kann.

Rechnungslegung nach HGB

L / Die gesetzlichen Anforderungen an den Jahresabschluss bestehen in einer möglichst der Realität entsprechenden Abbildung der Vermögens-, Finanz- und Ertragslage eines Unternehmens. Neben den Kapitalgebern gehören auch weitere interne und externe Anspruchsgruppen zum Adressatenkreis des Jahresabschlusses. Auf der Basis des Jahresabschlusses wird darüber hinaus in der Einzelbilanz die Besteuerung des Unternehmens und gegenüber den Anteilseignern die Dividendenausschüttung bemessen. Entsprechend erfüllt der **Jahresabschluss** auch unterschiedliche wirtschafts-, finanz-, und sozialpolitische Aufgaben:

- **Ermittlungsfunktion:** Darstellung des Betriebsergebnisses des Geschäftsjahres und Funktion der Zahlungsbemessung.
- **Dokumentationsfunktion:** Dokumentation der historischen wirtschaftlichen Entwicklung des Unternehmens.

- **Sicherungsfunktion:** Schutz der Finanzinteressen der Gläubiger und Unternehmensbeteiligten.
- **Rechenschaftsfunktion:** Rechenschaft der Geschäftsleitung zur Führungsleistung im Geschäftsjahr.
- **Informationsfunktion:** Informationen über Entwicklungen im Unternehmen und zukünftige Strategien.

Der **Anhang** beschreibt die Randbedingungen einzelner Posten:

- **Erläuterungsfunktion:** Die Herkunft der abstrakten, konsolidierten Zahlenwerte der Bilanz und GuV wird erläutert.
- **Entlastungsfunktion:** Durch die Auslagerung der Erläuterungen der Postenbestandteile (z. B. Auslöser für Wertveränderungen, Wahlrechte, Abweichungen von der Stetigkeit der verwendeten Verfahren) entlastet der Anhang die Bilanz/GuV in ihrem Umfang.
- Informationen, die nicht durch die Bilanz/GuV erfasst sind, aber für die zukünftige Entwicklung des Unternehmens interessant sind, werden im Rahmen der **Ergänzungsfunktion** des Anhangs beschrieben.
- **Korrekturfunktion:** Ein nicht den tatsächlichen Verhältnissen entsprechendes Bild eines Unternehmens ist im Rahmen des Anhangs durch zusätzliche Informationen zu korrigieren (z. B. Korrekturen eines zu günstigen Bildes aus einmaliger Erfolgsausweisverzerrung durch Teilliquidationen).

L 8

- Das **Realisationsprinzip** ist im § 252 I Nr.4 Halbsatz 2 HGB geregelt. „[...] Gewinne sind nur zu berücksichtigen, wenn sie am Abschlussstichtag realisiert sind." Ein Gewinn wird danach erst dann als realisiert betrachtet, wenn er durch Verkauf an Dritte erzielt wurde und somit die Gefahr (eines Verlustes oder einer Wertminderung) vollständig auf den Abnehmer übergegangen ist – unabhängig davon, ob schon vorher z. B. einzelne Fertigungsabschnitte abgeschlossen und abgerechnet wurden, oder sich der Wert eines Vermögensgegenstandes gegenüber dem Buchwert erhöht hat (z. B. bei Immobilien). Beispiel: Das Unternehmen XY besitzt ein Grundstück in innerstädtischer Lage. Es wurde 1953 zum Kaufpreis von (umgerechnet) 100.000 € erworben und als Vermögensgegenstand des Anlagevermögens zum Buchwert von (umgerechnet) 100.000 € in die Bilanz aufgenommen. Dem Unternehmen wird 2002 von einer Immobilienfirma ein Kaufangebot für das Grundstück in Höhe von 650.000 € gemacht. Es nimmt das Angebot nicht wahr und darf die Differenz zwischen Buchwert und Marktwert in Höhe von 550.000 € nicht in die Bilanz aufnehmen. Erst bei Verkauf des Grundstückes fließt der Differenzbetrag in Höhe von 550.000 € als außerordentlicher Ertrag in die GuV ein.

- Das **Imparitätsprinzip** ist ebenfalls im § 252 I Nr.4 HGB festgesetzt und beschreibt die gesetzlich geregelte Notwendigkeit eines Ausweises von drohenden Verlusten zum Bilanzstichtag, während gleichzeitig zu erwartende Gewinne vor ihrer Realisierung nicht ausgewiesen werden dürfen. Die vorzunehmende Wertberichtigung ist nach der Gruppe von Wertgegenständen (Anlagevermögen/Umlaufvermögen) in ein strenges Niederstwertprinzip für Vermögensgegenstände des Umlaufvermögens und ein abgemildertes Niederstwertprinzip für Vermögensgegenstände des Anlagevermögens gegliedert. Beispiel: Das Unternehmen XY besitzt auf der Aktivseite der Bilanz im Anlagevermögen unter dem Posten „Finanzanlagen" Wertpapiere des Unternehmens Z. Der Kurs des Wertpapiers fällt weit unter den Einkaufspreis, da durch eine Naturkatastrophe das (unversicherte) Produktionsgelände zerstört wurde. Die Wertminderung erscheint dauerhaft und muss (im Rahmen des gemilderten Niederstwertprinzips) durch eine außerplanmäßige Wertberichtigung abgeschrieben werden.

L 9

- Aufbau und Gliederung der **Bilanz** werden in § 266 des Handelsgesetzbuches beschrieben und stellen das gesetzlich erforderliche Mindestgerüst für Kapitalgesellschaften dar. Die Bilanz ist in Kontenform aufgegliedert und umfasst als Aktiva des betrieblichen Vermögens das Anlage- und Umlaufvermögen sowie aktivische Rechnungsabgrenzungsposten. Die Passivseite schließt das Eigenkapital, die Rückstellungen und die Verbindlichkeiten des Unternehmens sowie passivische Rechnungsabgrenzungsposten mit ein. Die Aktiva zeigen bei einer statischen Betrachtungsweise die Verwendung der Mittel eines Unternehmens, während die Passiva die Herkunft der zur Verfügung stehenden Mittel bzw. Verpflichtungen gegenüber den Kapitalgebern beschreiben. Die beiden Bilanzseiten müssen sich gegenseitig ausgleichen. Die Bilanz stellt mit der Bilanzsumme eine Stichtagsbetrachtung des buchmäßigen Unternehmenswertes dar.
- Die Struktur der **Gewinn- und Verlustrechnung** wird in § 275 HGB beschrieben. Die Gewinn- und Verlustrechnung umfasst alle erfolgswirksamen Veränderungen einer Periode auf der Vermögensebene des Unternehmens. Aufwand und Ertrag stellen hierbei die positiven und negativen Mittelveränderungen (Stromgrößen) dar. Durch Darstellung der Umsatzerträge, Aufwände und Abschreibungen wird die Geschäftspolitik des Unternehmens transparent. Durch Analyse der GuV kann ein Einblick in die wirtschaftliche Leistungsfähigkeit des Unternehmens und dessen unternehmerischen Freiraum gewonnen werden. Zusammen mit Bilanz und Anhang können anhand der GuV Rückschlüsse auf freie Cashflows und Unternehmenswert gezogen werden.

L 10

Bilanz (in €)			
Aktiva		Passiva	
A. Anlagevermögen (AV)		A. Eigenkapital (EK)	
1. Immaterielle Vermögensgegenstände	20.000,–	1. Gezeichnetes Kapital	250.000,–
2. Sachanlagen	550.000,–	2. Kapitalrücklage	500.000,–
3. Finanzanlagen	173.000,–	3. Gewinnrücklage	0,–
Summe Anlagevermögen	743.000,–	4. Gewinnvortrag/Verlustvortrag	0,–
		5. Jahresüberschuss/Jahresfehlbetrag	100,–
		Summe Eigenkapital	750.100,–
B. Umlaufvermögen (UV)			
1. Vorräte	7.100,–	B. Rückstellungen	
2. Forderungen und sonstige Vermögensgegenstände	200.000,–	1. Rückstellungen für Pensionen und ähnliche Verpflichtungen	0,–
3. Wertpapiere	0,–	2. Steuerrückstellungen	0,–
4. Schecks, Kassenbestand, Bundesbank und Postgiroguthaben, Guthaben bei Kreditinstituten	25.000,–	3. Sonstige Rückstellungen	0,–
		Summe Rückstellungen	0,–
Summe Umlaufvermögen	232.100,–	C. Verbindlichkeiten	
		1. Anleihen, davon konvertibel	0,–
C. Rechnungsabgrenzungsposten	0,–	2. Verbindlichkeiten gegenüber Kreditinstituten	220.000,–
D. Bilanzverlust	0,–	3. Verbindlichkeiten aus Lieferungen und Leistungen	5.000,–
		Summe Verbindlichkeiten	225.000,–
		D. Rechnungsabgrenzungsposten	0,–
Bilanzsumme	975.100,–	Bilanzsumme	975.100,–

L 11

Der **Konzernabschluss** umfasst die nach handelsrechtlichen Gesichtspunkten aufgestellten Einzelabschlüsse der in den Konzernabschluss einzubeziehenden Unternehmen und stellt den Jahresabschluss einer wirtschaftlich geschlossenen Einheit rechtlich selbstständiger Unternehmen dar.

Der **Jahresabschluss** eines Konzerns (aufzustellen vom Mutterunternehmen) soll eine Beurteilung der Vermögens-, Finanz- und Ertragslage der gesamten wirtschaftlichen Einheit ermöglichen. Der Konzernabschluss fasst die Einzelabschlüsse der rechtlich selbstständigen Einheiten zusammen (Konsolidierung). Hierbei werden die wirtschaftlichen Verbindungen zwischen den Einheiten berücksichtigt, um Doppelbewertungen zu vermeiden und eine möglichst realitätsnahe Beurteilung der wirtschaftlichen Lage des Konzerns darzustellen. Der Konsolidierungskreis beschreibt dabei den Umfang der in den Konzernabschluss einzubeziehenden Unternehmen (Weltabschlussprinzip), wobei es neben Konsolidierungsverboten (z. B. einer Bank in einem industriellen Konzern) auch Konsolidierungswahlrechte gibt (§ 296 HGB räumt ein Wahlrecht ein, sofern die Leitungsfunktion des Mutterunternehmens eingeschränkt ist, die Aufstellung mit unverhältnismäßigen Kosten verbunden wäre, Anteile nur zur Weiterveräußerung gehalten werden oder die Bedeutung des Tochterunternehmens gering ist).

Die **Konsolidierung** umfasst die folgenden Elemente:

- Kapitalkonsolidierung (Erwerbsmethode oder Pooling-of-Interest-Methode) nach § 301 HGB,
- Schuldenkonsolidierung nach § 303 HGB,
- Zwischenergebniseliminierung nach § 304 HGB,
- Aufwands- und Ertragskonsolidierung nach § 305 HGB.

Die **Instrumente des Konzernabschlusses** sind:

- Konzernbilanz,
- Konzernanhang,
- nach § 297 Abs.1 S. 2 HGB ist der Konzernanhang um eine Segmentberichterstattung und eine Kapitalflussrechnung zu ergänzen,
- Konzernlagebericht als gesondertes Jahresabschlussinstrument.

Der Zweck der **Segmentberichterstattung** besteht in der Verringerung von Informationsasymmetrien gegenüber den externen Rechnungslegungsadressaten. Die Segmentberichterstattung soll es ermöglichen, zusätzliche finanzielle Informationen zu den einzelnen Teilbereichen des Konzerns zu erlangen. Informationen zu Gewinnmargen, Wachstumsraten und Höhe der Risiken jedes bedeutenden Bereiches stellen die Inhalte dar. Die Segmente werden dabei nach Geschäftsbereichen und geografischen Gesichtspunkten gebildet. Nach HGB existieren keine Regelungen zu Form und Inhalt der Segmentberichterstattung. Der Gesetzgeber hat jedoch das Deutsche Rechnungslegung Standards Committee (DRSC) mit der Ausarbeitung eines Standards beauftragt, der die Segmentberichterstattung jetzt im DRS 3 regelt. Dabei ist zu beachten, dass die DRS lediglich eine Orientierung bieten können, da sie rechtlich nicht bindend sind.

Die **Kapitalflussrechnung** ist eine Zeitraumbilanz und weist daher Stromgrößen aus, welche über Erwirtschaftung von Finanzmitteln, zahlungswirksame Investitionen und die Entwicklung der Liquidität informieren. Indem die strukturierten Veränderungen des Zahlungsmittelfonds (Zahlungsmittel und Zahlungsmitteläquivalente) innerhalb der Kapitalflussrechnung dargestellt werden, wird die Fähigkeit eines Unternehmens zur Generierung von operativen, finanziellen und investiven Cashflows transparent gemacht. Der Kapitalflussrechnung kommt somit für die finanzwirtschaftliche Beurteilung eines Unternehmens entscheidende Bedeutung zu.

L 12 Beim **Unternehmenszusammenschluss durch Erwerb** ist die Buchwertmethode als Benchmark-Methode anzuwenden; die Neubewertungsmethode steht alternativ zur Verfügung.
Bei der **Buchwertmethode** wird der Wert des Eigenkapitals des Tochterunternehmens mit dem Buchwert der aufzunehmenden Vermögensgegenstände, Schulden, Rechnungsabgrenzungsposten, etc. angesetzt, um anschließend mit dem Anteil des Mutterunternehmens verrechnet zu werden. Demgegenüber erfolgt bei der alternativen **Neubewertungsmethode** vor Zusammenfassung der Einzelabschlüsse eine Neubewertung der Wertansätze in der Bilanz des Tochterunternehmens. Dabei fließen die Vermögensgegenstände und Schulden des Tochterunternehmens zum vollständigen Zeitwert in den Konzernabschluss ein. Unterschiede in beiden Verfahren ergeben sich somit nur bei Beteiligungen unter 100 Prozent. Die Neubewertungsmethode lässt die vollständige Auflösung der stillen Rücklagen und Lasten zu; bei der Buchwertmethode werden diese nur entsprechend dem Anteil des Mutterunternehmens am Tochterunternehmen aufgelöst.

L 13 Die **Equity-Methode** ist eine Bewertungsmethode im Rahmen des Konzernabschlusses. Dabei werden Anteile an einem anderen Unternehmen zunächst mit Anschaffungskosten gebucht und dann dem Anteil am Reinvermögen entsprechend berichtigt. Durch empfangene Ausschüttungen verringert sich der Buchwert der Anteile am Tochterunternehmen. Weitere Berichtigungen sind bei Änderungen der Beteiligungsquote aufgrund erfolgsneutraler Änderungen des Eigenkapitals des Tochterunternehmens nötig, z. B. wenn Sachanlagen oder Finanzinvestitionen im Tochterunternehmen neu bewertet werden. Der Anteil am Erfolg des Beteiligungsunternehmens zeigt sich in der GuV.
Die Equity-Methode kommt zur Anwendung, wenn die Definition eines assoziierten Unternehmens erfüllt ist: Das heisst bei einem Unternehmen, auf welches der Anteilseigner maßgeblichen Einfluss ausüben kann und welches weder ein Tochterunternehmen noch ein Joint Venture darstellt. Dies äußert sich etwa in einem direkten oder indirekten Anteilsbesitz von mehr als 20 % am Tochterunternehmen, wobei hier die Vermutung des maßgeblichen Einflusses noch widerlegbar ist. Folgende Tatbestände sprechen für einen maßgeblichen Einfluss auf ein Tochterunternehmen:[1]

[1] Vgl. für die folgende Aufzählung Achleitner, A. K./Behr, G.: International Accounting Standards. Ein Lehrbuch zur internationalen Rechnungslegung. München 2003, S. 295.

- Eine Vertretung in der Geschäftsleitung der Beteiligungsgesellschaft,
- die Teilnahme an wesentlichen Entscheidungsprozessen,
- wesentliche Geschäftsbeziehungen zum assoziierten Unternehmen,
- Entsendung oder Austausch von Führungskräften und/oder
- die Bereitstellung von technologisch wichtigem Know-how.

L 14 Ja, eine Erhöhung der liquiden Mittel bei gleichzeitigem operativem Verlust der Geschäftstätigkeit ist möglich. Das ordentliche Ergebnis eines Unternehmens bildet das nachhaltig erzielbare, aus dem Kerngeschäft kommende Ergebnis ab. Der Verlust beruht auf einem Übersteigen der periodengerechten Aufwände gegenüber den Erträgen in der GuV. Ein periodenfremder, z. B. bewertungsbedingter Ertrag bleibt bei der Ermittlung des ordentlichen Ergebnisses unberücksichtigt.
Die liquiden Mittel können allerdings auch mittels eines Aktivtausches steigen. Die GuV wird dadurch nicht betroffen, da der Aktivtausch nicht ergebniswirksam ist (Beispiel: „Verkauf von Sachanlagevermögen" Der Buchungssatz lautet: „Kasse 100 an Sachanlagevermögen 100").
Letztlich können auch Abschreibungen eine Erklärung in dem vorgestellten Fall liefern: Abschreibungen stellen einen nicht zahlungswirksamen Aufwand dar, d.h. diese mindern den Ertrag bzw. erhöhen den Verlust, führen aber zu keinen Auszahlungen.

Rechnungslegung nach IFRS

L 15 a) Die Abgänge berechnen sich folgendermaßen:
$31 \cdot 95{,}2 + 17 \cdot 93{,}8 + 17 \cdot 94{,}9 + 11 \cdot 103{,}9 = 7.302{,}0$

Der Endbestand berechnet sich dann zu:
$6 \cdot 103{,}9 + 17 \cdot 107{,}4 = 2.449{,}2$

b) Der Durchschnittspreis berechnet sich folgendermaßen:

$$\frac{31 \cdot 95{,}2 + 17 \cdot 93{,}8 + 17 \cdot 94{,}9 + 17 \cdot 103{,}9 + 17 \cdot 107{,}4}{31 + 4 \cdot 17} = 98{,}5$$

Die Abgänge berechnen sich nun zu:
$(24 + 9 + 18 + 25) \cdot 98{,}5 = 7.486{,}0$

Als Endbestand nach der Methode nach der gewogenen Durchschnittsmethode ergibt sich dann folgender Wert:
$23 \cdot 98{,}5 = 2.265{,}5$

c) Bei Anwendung der Fifo-Methode wird davon ausgegangen, dass die zuerst beschafften Güter auch als Erstes verbraucht wurden, sodass im Lagerbestand die letzten Zugänge enthalten sind. Bei steigenden Preisen bedeutet dies für die Fifo-Methode, dass der Materialaufwand in der GuV eher zu gering, der Wert des Vorratsvermögens in der Bilanz dagegen eher zu hoch ausgewiesen wird.
Bei der Methode der gewogenen Durchschnittskosten werden steigende Preise durch die langfristige Durchschnittsbetrachtung entsprechend abgefedert.

L 16 **a)** Zum Zweck der Folgebewertung sind Finanzinstrumente einer von vier Kategorien zuzuordnen (IAS 39.9, IAS 39.45).
Börsennotierte Schuldverschreibung: Da dieser Vermögenswert bis zum Laufzeitende gehalten wird und die Schuldverschreibung an einem aktiven Markt gehandelt werden kann, erfolgt die Einteilung in die Kategorie "Bis zur Endfälligkeit gehaltene Finanzinvestitionen".
Kreditvergabe an Mitarbeiter: Da das Unternehmen die Rolle des Gläubigers einnimmt und der Kredit zwar nicht an einem aktiven Markt gehandelt wird, aber fixe und klar bestimmte Zahlungsprofile aufweist, kann dieser Vermögenswert der Kategorie "Kredite und Forderungen" zugewiesen werden.
Hybridanleihe eines Unternehmens: Da die Hybridanleihe jederzeit zur Veräußerung verfügbar ist, kann sie der Kategorie "Zur Veräußerung verfügbare Finanzinstrumente" zugewiesen werden.
Put-Option: Da diese Put-Option mit der Absicht erworben wurde, unter Ausnutzung kurzfristiger Preisschwankungen Gewinne zu erzielen, kann dieses Finanzinstrument der Kategorie der "erfolgswirksam zum beizulegenden Zeitwert bewerteten Finanzinstrumente" zugewiesen werden.

b) Anhand der folgenden Übersicht können die jeweiligen Finanzinstrumente im Rahmen der Zugangsbewertung und Folgebewertung bewertet werden.

Bewertung / Kategorie	Zugangsbewertung	Folgebewertung
Kredite und Forderungen (loans and receivables)	Beizulegender Zeitwert zum Handelstag (zzgl. Transaktionskosten)	Fortgeführte Anschaffungskosten (mittels Effektivzinsmethode)
Bis zur Endfälligkeit gehaltene Finanzinvestion (held-to-maturity-investments)	Beizulegender Zeitwert zum Handelstag (zzgl. Transaktionskosten)	Fortgeführte Anschaffungskosten (mittels Effektivzinsmethode)
Erfolgswirksam zum beizulegenden Zeitwert bewertete Finanzinstrumente (financial assets or liabilities at fair value through profit or loss)	Beizulegender Zeitwert zum Handelstag	Grds. erfolgswirksam zum beizulegenden Zeitwert
Zur Veräußerung verfügbare Finanzinstrumente (available-for-sale financial assets)	Beizulegender Zeitwert zum Handelstag (zzgl. Transaktionskosten)	Grds. erfolgsneutral zum beizulegenden Zeitwert

L 17 **a)** Die vier Positionen müssen bilanziell unterschiedlich behandelt werden:
Bewertung der Schuhmarke: IAS 38.63 f. verbietet explizit den Ansatz selbst geschaffener Markennamen. Insofern kann diese Position nicht als immaterieller Vermögenswert angesetzt werden.
Fortbildungsmaßnahme für die Mitarbeiter: IAS 38.69 verbietet die Aktivierung von Ausgaben für Aus- und Weiterbildungsaktivitäten. Aus diesem Grund können diese Ausgaben nicht als immaterieller Vermögenswert aktiviert werden.
Entwicklung eines neuen Schuhkonzepts: Da die Kosten für die Entwicklung dieses neuen Schuhkonzepts unter die Kategorie Entwicklungsausgaben fallen, besteht eine Ansatzpflicht als immaterieller Vermögenswert. Es ist davon auszugehen, dass folgende Nachweise kumulativ erfüllt sind und somit eine Aktivierung erforderlich machen:

- Das Unternehmen ist (technisch und organisatorisch) in der Lage, den Vermögenswert in der Form fertig zu stellen, dass er genutzt und verkauft werden kann.
- Das Unternehmen besitzt die Absicht, den Vermögenswert fertig zu stellen, zu nutzen und zu verkaufen.

- Das Unternehmen kann nachweisen, dass der Vermögenswert zu künftigen wirtschaftlichen Nutzenbeiträgen führen wird.

Kauf eines Patents: Erworbene Patente sind ebenfalls den immateriellen Vermögenswerten zuzurechnen. Im Rahmen des Wertminderungstests ist jedoch zu prüfen, ob das im Vorjahr erworbene Patent abzuschreiben ist (siehe Bewertung von immateriellen Vermögenswerten).

b) Die Positionen Entwicklungsausgaben und Patentkauf sind zu aktivieren und wie folgt zu bewerten:
Entwicklung eines neuen Schuhkonzepts: Bei der Erstbewertung von Vermögenswerten sind grundsätzlich die Anschaffungs- oder Herstellungskosten anzusetzen. Im Fall einer Eigenentwicklung sind dies die kumulativ angefallenen Entwicklungsausgaben. Es ist allerdings darauf zu achten, dass hierbei nicht aktivierbare Forschungsausgaben von den Entwicklungsausgaben genau getrennt werden.
Kauf eines Patents: Da Hinweise vorliegen, die darauf hindeuten, dass die wirtschaftlichen Leistungen des Vermögenswerts (Nutzungswert) unterhalb der Erwartungen liegt, muss im Rahmen des Wertminderungstests der erzielbare Betrag ermittelt und mit dem Buchwert verglichen werden. Der erzielbare Betrag entspricht dem höheren Betrag aus dem Nettoveräußerungspreis und dem Nutzungswert. Da der erzielbare Betrag vermutlich unterhalb des Buchwerts liegt, muss eine außerplanmäßige Abschreibung vorgenommen werden.

Internes Rechnungswesen

L 18 Gemeinkosten können nicht direkt einer Bezugsgröße (meist Kostenträger) zugeordnet werden (echte Gemeinkosten), oder ihre Zurechnung wäre zu aufwändig (unechte Gemeinkosten). Die Umlage von Gemeinkosten auf die einzelnen Kostenträger ist vor allem dann problematisch, wenn der Verbrauch nicht in physischen Einheiten wie z. B. Stück, Liter, Kubikmeter, messbar ist. Es gibt demzufolge verschiedene Möglichkeiten der Kostenverrechnung, die jedoch alle nur bedingt wirklichkeitsgetreue Ergebnisse bereitstellen.

- **Verursachungsprinzip:** Verteilung der Gemeinkosten auf die Bezugsgrößen gemäß ihrer Verursachung. Hier wird zwar eine wirklichkeitsgetreue Abbildung des Kostenanfalls erreicht, dennoch ist die Durchführbarkeit insbesondere im Bezug auf die Gemeinkosten, sehr eingeschränkt.

- **Tragfähigkeitsprinzip:** Dabei werden die Kosten im Verhältnis der Preise oder Stückdeckungsbeiträge auf die Kostenträger umgelegt, wobei der Kostenanteil proportional zum Preis/Stückdeckungsbeitrag steigt. Nachteil dieser Methode ist die wenig realitätsnahe Aufteilung der Kosten.
- **Durchschnittsprinzip:** Die Gemeinkosten werden durchschnittlich den Kostenträgern zugerechnet. Hier wird weder eine realitätsgetreue noch eine wirtschaftlichkeitsbezogene Darstellung der Leistungssituation erreicht.

L 19

- Der Spezialisierungsgrad wird in der Tendenz immer höher, was in verstärktem Maße steigende Investitionen in die Technik zur Folge hat. Der relative Anteil von Fixkosten nimmt zu, der von Rohstoffen (variable Kosten) an den Gesamtkosten nimmt mithin ab.
- Auch ressourcensparende Produktionsmethoden führen zu einem geringeren Anteil variabler Kosten.
- Produktionsanlagen, die modular für mehrere Produkte eingesetzt werden können, erschweren die direkte Kostenzuweisung.
- Zunehmend komplexere Produktionsanlagen erfordern tendenziell spezialisiertere Mitarbeiter. Die Aufgaben verlagern sich mehr hin zu übergreifenden Koordinationsaufgaben.
- Die personalintensiven Aktivitäten in verschiedenen Bereichen (F & E, Instandhaltung, Qualitätssicherung, Fertigungsvorbereitung, Beschaffung, Logistik, Vertrieb) nehmen zu.

L 20

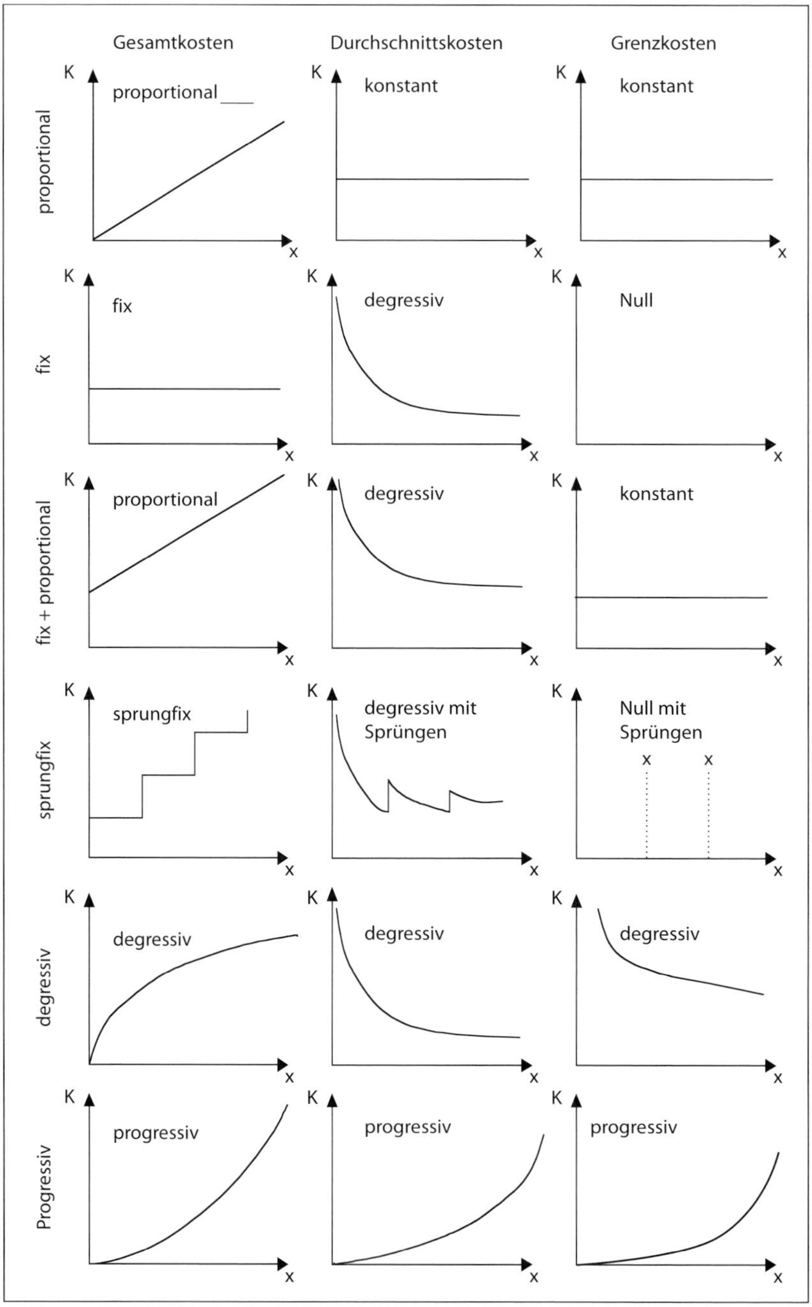
Gesamtkosten
Durchschnittskosten
Grenzkosten
proportional
fix
fix + proportional
sprungfix
degressiv
Progressiv
K
x
proportional
konstant
konstant
fix
degressiv
Null
proportional
degressiv
konstant
sprungfix
degressiv mit Sprüngen
Null mit Sprüngen
degressiv
degressiv
degressiv
progressiv
progressiv
progressiv

L 21 **a)** $K_1 = 16.000 + \frac{8}{20}x = 16.000 + 0{,}4x$

$K_2 = 36.000 + \frac{3}{15}x = 36.000 + 0{,}2x$

Der Break-even-Point ist bei $K_1 = K_2$.

$16.000 + 0{,}4 = 36.000 + 0{,}2x$

$0{,}2x = 20.000$

$x = 100.000$

Ab einer Leistung von **100.000 Einheiten** lohnt sich die Maschine 2.

b)

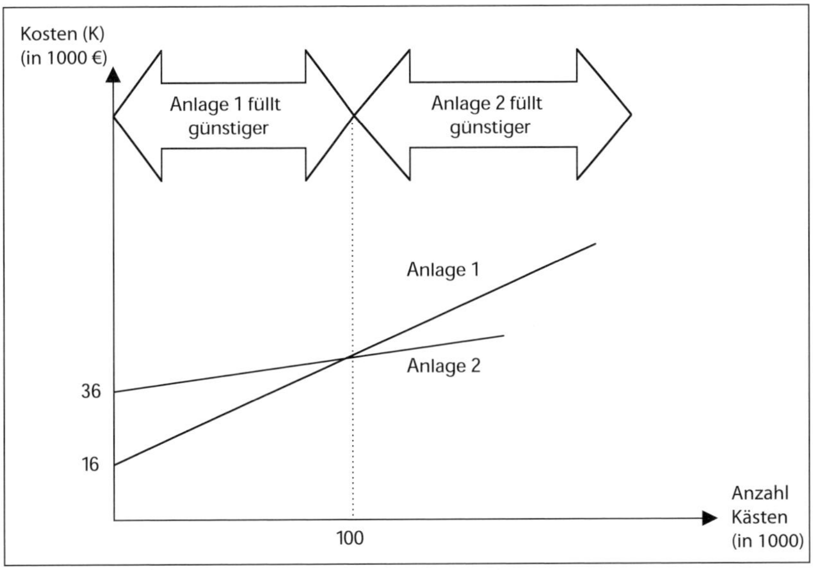

c) Die der Lösung unterliegenden **Annahmen** sind:

- Proportionaler Maschinenstundenkostensatz,
- proportionale Abfüllleistung,
- keine Ermüdungseffekte,
- keine Lerneffekte.

Als Folge dieser Annahmen ist insgesamt von proportionalen variablen Kosten auszugehen.

L 22 **a)** Zunächst werden die **primären Gemeinkosten** auf die Allgemeinen Kostenstellen und Fertigungsstellen (Hilfs- und Hauptkostenstellen) aufgeteilt. Bei der Zurechnung ist zu berücksichtigen, dass die erfassten Güterverbräuche z.B. aus Wirtschaftlichkeitsgründen nicht direkt erfasst wurden (unechte Gemeinkosten) bzw. werden konnten (echte Gemeinkosten). Dies lässt sich darauf zurückführen, dass bspw. Schrauben und

Nägel einzeln erfasst werden könnten, die Zurechnung als Einzelkosten allerdings zu aufwändig wäre. In Abhängigkeit von der Gemeinkostenart erfolgt deren Aufteilung z. B. nach Entnahmescheinen, Gehaltslisten oder anhand von Verteilungsschlüsseln (Raumgröße, Anzahl der Beschäftigten, usw.). Im vorliegenden Beispiel könnte die Kostenverteilung auf verschiedene Weise erfolgt sein:

- **Hilfs- und Betriebsstoffe:** nach Entnahmescheinen einzelner Kostenstellen.
- **Energie:** nach Anzahl von Energiequellen in %:
  - Wasserversorgung: 6 %
  - Sozialeinrichtung: 12 %
  - Arbeitsvorbereitung: 10 %
  - Betriebsleitung: 8 %
  - Materialstelle: 16 %
  - Fertigung I: 12 %
  - Fertigung II: 16 %
  - Verwaltung: 10 %
  - Vertrieb: 10 %

  Die vorliegenden Angaben geben die prozentuale Verteilung der Energiequellen im betrachteten Unternehmen wider. Von bspw. insgesamt 100 Energiequellen sind der Allgemeinen Kostenstelle „Wasserversorgung“ 6 Energiequellen zuzuordnen. Die angefallenen Energiekosten in Höhe von 1.000,– € werden prozentual auf die einzelnen Kostenstellen verteilt. Somit werden der Kostenstelle „Wasserversorgung“ 60,– € zugerechnet (siehe BAB 3. Spalte).
- **Hilfslöhne:** nach Lohnlisten
- **Gehälter:** nach Gehaltslisten
- **Abschreibung:** anhand einer Anlagenkartei
- **Sonstige:** nach Beschäftigtenzahl in %:
  - Wasserversorgung: 3 %
  - Sozialeinrichtung: 2,25 %
  - Arbeitsvorbereitung: 10 %
  - Betriebsleitung: 8 %
  - Materialstelle: 5,75 %
  - Fertigung I: 19,5 %
  - Fertigung II: 14,25 %
  - Verwaltung: 15 %
  - Vertrieb: 22,25 %

  Die „Sonstigen“ Kosten (4.000,– €) können, wie im vorliegenden Fall, nach der Beschäftigtenzahl verrechnet werden. Angenommen im beschriebenen Unternehmen arbeiten 404 Mitarbeiter. Hiervon sind 89 Mitarbeiter im Vertrieb beschäftigt, folglich werden 22,25 % der angefallenen „Sonstigen“ Kosten auf die Hauptkostenstelle „Vertrieb“ verteilt.

Die **sekundären Gemeinkosten** setzen sich aus mehreren Kostenarten zusammen und werden von den Allgemeinen Kostenstellen auf die Hilfs- und Hauptkostenstellen umgelegt. Im Anschluss werden auch die Kosten der Hilfskostenstellen anhand von Umlageschlüsseln auf die Hauptkostenstellen verteilt, denen somit die Kosten belastet werden, die im Rahmen der innerbetrieblichen Leistungserstellung entstanden sind. In der Aufgabe könnte die Umlage erfolgt sein:

- **Umlage der Allgemeinen Kostenstelle Wasserversorgung auf die Hilfs- und Hauptkostenstellen:** Umlageschlüssel in %:
  - Arbeitsvorbereitung: 20 %
  - Betriebsleitung: 20 %
  - Materialstelle: 10 %
  - Fertigung I: 10 %
  - Fertigung II: 10 %
  - Verwaltung: 20 %
  - Vertrieb: 10 %

  Die Prozentangaben machen deutlich, dass z. B. die Hilfskostenstelle „Arbeitsvorbereitung“ 20 % der von der Allgemeinen Kostenstelle „Wasserversorgung“ erbrachten innerbetrieblichen Leistungen in Anspruch genommen hat. Demzufolge werden auch 20 % der in der Abteilung „Wasserversorgung“ angefallenen Kosten der Kostenstelle „Arbeitsvorbereitung“ zugerechnet. In Abhängigkeit von der Inanspruchnahme der innerbetrieblichen Leistungserstellung werden folglich die Kosten auf die Fertigungskostenstellen verteilt.
- **Umlage der Allgemeinen Kostenstelle Sozialeinrichtung auf die Hilfs- und Hauptkostenstellen:** Umlageschlüssel in %:
  - Arbeitsvorbereitung: 20 %
  - Betriebsleitung: 20 %
  - Materialstelle: 10 %
  - Fertigung I: 10 %
  - Fertigung II: 10 %
  - Verwaltung: 20 %
  - Vertrieb: 10 %
- **Umlage der Hilfskostenstelle Arbeitsvorbereitung auf Fertigung I und II:** Umlageschlüssel in %:
  - Fertigung I: 33 %
  - Fertigung II: 67 %
- **Umlage der Hilfskostenstelle Betriebsleitung auf Fertigung I und II:** Umlageschlüssel in %:
  - Fertigung I: 50 %
  - Fertigung II: 50 %

b/c)

Kostenstellen / Kostenarten	Kosten	Allgemeine Kostenstellen		Fertigungsstellen						
		1 (Wasserversorgung)	2 (Sozialeinrichtung)	Hilfskostenstellen		Hauptkostenstellen				
				Arbeitsvorbereitung	Betriebsleitung	Materialstelle	Fertigung I	Fertigung II	Verwaltung	Vertrieb
Hilfs- und Betriebsstoffe	5.000,00	100,00	160,00	600,00	640,00	300,00	1.020,00	1.260,00	480,00	440,00
Energie	1.000,00	60,00	120,00	100,00	80,00	160,00	120,00	160,00	100,00	100,00
Hilfslöhne	10.000,00	200,00	300,00	1.100,00	1.200,00	600,00	1.800,00	3.400,00	600,00	800,00
Gehälter	6.000,00	120,00	140,00	400,00	560,00	340,00	1.300,00	1.420,00	800,00	920,00
Abschreibung	2.400,00	60,00	80,00	280,00	320,00	160,00	560,00	580,00	180,00	180,00
Sonstige	4.000,00	120,00	90,00	400,00	320,00	230,00	780,00	570,00	600,00	890,00
Summe	28.400,00	660,00	890,00	2.880,00	3.120,00	1.790,00	5.580,00	7.390,00	2.760,00	3.330,00
Umlage Allg. Kostenstelle 1				132,00	132,00	66,00	66,00	66,00	132,00	66,00
Umlage Allg. Kostenstelle 2				178,00	178,00	89,00	89,00	89,00	178,00	89,00
Summe				3.190,00	3.430,00	1.945,00	5.735,00	7.545,00	3.070,00	3.485,00
Umlage Hilfskostenstelle 1							1.063,32	2.126,67		
Umlage Hilfskostenstelle 2							1.715,00	1.715,00		
Summe						1.945,00	8.513,32	11.386,67	3.070,00	3.485,00

		Arbeitsvorbereitung	Betriebsleitung	Materialstelle	Fertigung I	Fertigung II	Verwaltung	Vertrieb
Umlage der Allgemeinen Kostenstelle Wasserversorgung nach Umlageschlüsseln auf Hilfs- und Hauptkostenstellen		20 %	20 %	10 %	10 %	10 %	20 %	10 %
Umlage der Allgemeinen Kostenstelle Sozialeinrichtung nach Umlageschlüsseln auf Hilfs- und Hauptkostenstellen		20 %	20 %	10 %	10 %	10 %	20 %	10 %
Umlage der Hilfskostenstelle Arbeitsvorbereitung nach Umlageschlüsseln auf Fertigung I und II					33 %	67 %		
Umlage der Hilfskostenstelle Betriebsleitung nach Umlageschlüsseln auf Fertigung I und II					50 %	50 %		

Zuschlagssätze	Berechnung	Materialgemeinkosten	Fertigungsmaterial	Fertigungsgemeinkosten I	Fertigungsgemeinkosten II	Fertigungslöhne	Verwaltungsgemeinkosten	Vertriebsgemeinkosten	Herstellkosten verkaufte Produkte	Ergebnis
Ist-Material-gemein-kostenzuschlag	(Materialgemein-kosten / Fertigungs-material)	1.945,00	20.000,00							9,73%
Ist-Fertigungs-gemein-kostenzuschlag I	(Fertigungsgemein-kosten / Fertigungs-löhne)			8.513,32		12.000,00				70,94%
Ist-Fertigungs-gemein-kostenzuschlag II	(Fertigungsgemein-kosten / Fertigungs-löhne)				11.386,67	12.000,00				94,89%
Ist-Verwaltungs-gemein-kostenzuschlag	(Verwaltungsgemein-kosten / Herstell-kosten verkaufte Produkte)						3.070,00		53.844,99	5,70%
Ist-Vertriebs-gemein-kostenzuschlag	(Vertriebsgemein-kosten / Herstell-kosten verkaufte Produkte)							3.485,00	53.844,99	6,47%

Berechnung Betriebserfolg gesamt			
Fertigungsmaterial + Materialgemeinkosten + Fertigungslöhne + Fertigungsgemeinkosten I + Fertigungsgemeinkosten II			20.000,00 1.945,00 12.000,00 8.513,32 11.386,67
= **Herstellkosten der Produktion**			53.844,99
–/+ Bestandsveränderung			0,00
= **Herstellkosten verkaufte Produkte**			53.844,99
+ Verwaltungskosten + Vertriebskosten			3.070,00 3.485,00
= **Selbstkosten verkaufte Produkte**			60.399,99
	Produkt A	Produkt B	Gesamt (A+B)
Erlöse – Selbstkosten	40.000,00 36.239,99	27.000,00 24.160,00	67.000,00 60.399,99
= Betriebserfolg	3.760,01	2.840,00	
Betriebserfolg gesamt			**6.600,01**

L 23 a) Einfach gestufte Deckungsbeitragsrechnung

Bereiche = Produktgruppen	**I**		**II**		**III**
Produkte	**1**	**2**	**3**	**4**	**5**
Bruttopreis je Produkteinheit	17,00	25,00	30,00	20,00	27,00
– Erlösschmälerungen	1,70	2,50	3,00	2,00	2,70
= Nettopreis	15,30	22,50	27,00	18,00	24,30
* Anzahl verkaufte Produkteinheiten	1.000,00	800,00	600,00	500,00	700,00
= Nettoerlös	15.300,00	18.000,00	16.200,00	9.000,00	17.010,00
– variable Kosten	9.000,00	9.800,00	7.400,00	6.500,00	10.000,00
= Deckungsbeiträge	6.300,00	8.200,00	8.800,00	2.500,00	7.010,00
Summe der Deckungsbeiträge	32.810,00				
– fixe Gemeinkosten	12.810,00				
= **Betriebserfolg**	20.000,00				

b) Mehrfach gestufte Deckungsbeitragsrechnung

Bereiche = Produktgruppen	**I**		**II**		**III**
Produkte	**1**	**2**	**3**	**4**	**5**
Bruttopreis je Produkteinheit	17,00	25,00	30,00	20,00	27,00
– Erlösschmälerungen	1,70	2,50	3,00	2,00	2,70
= Nettopreis	15,30	22,50	27,00	18,00	24,30
* Anzahl verkaufte Produkteinheiten	1.000,00	800,00	600,00	500,00	700,00
= Nettoerlös	15.300,00	18.000,00	16.200,00	9.000,00	17.010,00
– variable Kosten	9.000,00	9.800,00	7.400,00	6.500,00	10.000,00
= Deckungsbeitrag I	6.300,00	8.200,00	8.800,00	2.500,00	7.010,00
– Produktfixkosten I					510,00
= Produktdeckungsbeitrag II	6.300,00	8.200,00	8.800,00	2.500,00	6.500,00
= **Summe der Deckungsbeiträge II**	14.500,00		11.300,00		6.500,00
– Produktgruppenfixkosten	3.000,00		2.000,00		3.500,00
= Produktgruppen-Deckungsbeitrag III	11.500,00		9.300,00		3.000,00
= **Summe der Deckungsbeiträge III**	11.500,00		9.300,00		3.000,00
– Bereichsfixkosten	1.100,00		1.200,00		1.000,00
= Bereichs-Deckungsbeitrag IV	10.400,00		8.100,00		2.000,00
= **Summe der Deckungsbeiträge IV**	20.500,00				
– Unternehmensfixkosten	500,00				
= **Betriebserfolg**	20.000,00				

c) Auffällig ist, dass der Bereich III, Produkt 5 nach der einstufigen Deckungsbeitragsrechnung einen im Verhältnis zu den anderen Produkten relativ hohen Deckungsbeitrag aufweist. Durch den Abzug der fixen Gemeinkosten von der Summe der Deckungsbeiträge als Block wird nicht deutlich, dass der Bereich III, Produkt 5 einen sehr hohen Anteil an den fixen Gemeinkosten trägt und im Verhältnis zu anderen Bereichen und Produktgruppen einen deutlich niedrigeren Bereichs-Deckungsbeitrag aufweist. Dies wird erst durch die mehrfach gestufte Deckungsbeitragsrechnung deutlich. Zudem kann nur anhand der mehrfach gestuften Deckungsbeitragsrechnung ermittelt werden, wie die fixen Gemeinkosten schrittweise abgebaut werden können.
Als Empfehlung ist darüber nachzudenken, durch welche Maßnahmen die hohen fixen Gemeinkosten insbesondere im Bereich III abgebaut werden können. Diesbezüglich sind Möglichkeiten zur Kosteneinsparung vor allem in der Produktgruppe (Gehalt des Produktgruppenleiters) und im Bereich (Gehalt des Bereichsleiters) zu identifizieren. Im Fall der Ergebnisverschlechterung ist über einen Verkauf/Stilllegung dieser Produktgruppe nachzudenken.
Insgesamt weist die einstufige Deckungsbeitragsrechnung den bereits erwähnten Nachteil auf, dass die fixen Gemeinkosten undifferenziert nach einzelnen Produkten, Produktgruppen und Bereichen vom Unternehmensdeckungsbeitrag abgezogen werden. Somit ist eine Identifizierung von ertragsschwachen Produkten (bei Herstellung mehrerer Produkte in verschiedenen Bereichen) nur schwer möglich bzw. es kann nicht ermittelt werden, wie die fixen Gemeinkosten schrittweise abgebaut werden können.

Finanzierung

Grundlagen

L 1 **a)** Aus den allgemeinen Unternehmenszielen lassen sich folgende **Ziele** ableiten:

- Erzielung eines **Gewinns**, d.h. nicht nur Kostendeckung, sondern Erwirtschaftung eines Gewinns als Entgelt für das eingegangene unternehmerische Risiko.
- Sicherung der **Liquidität** zur Erfüllung bestehender und Aufnahme neuer Verbindlichkeiten.
- **Sicherheit** des Unternehmens und der Gläubiger durch Gewinnerzielung und Liquidität.

Daraus ergeben sich die Ziele für die Kapitalausstattung und Kapitalverwendung. Sowohl in der Literatur als auch in der Praxis werden diese Ziele durch eine Reihe von Finanzierungsgrundsätzen und -regeln konkretisiert.

Das eigentliche **Sachziel** der Finanzierung wird sich aber unter Berücksichtigung des güterwirtschaftlichen Umsatzprozesses darauf richten, die für die Unternehmenstätigkeit notwendigen finanziellen Mittel bereitzuhalten, und zwar

- im notwendigen Umfang,
- in der erforderlichen Art,
- zum richtigen Zeitpunkt und
- am richtigen Ort.

b) ▪ **Zielkonflikte innerhalb der Finanzierung:** Es ergibt sich das folgende Spannungsverhältnis:

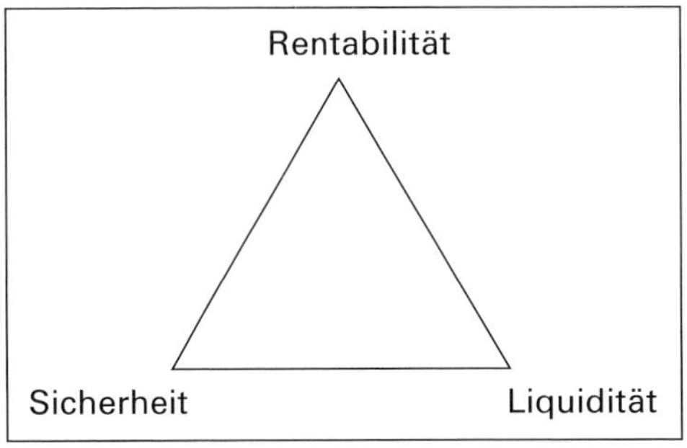

Gegenseitige Interdependenzen sind:

- Investitionen mit hoher Rentabilität sind häufig risikoreich.
- Sichere Anlagen sind im Allgemeinen weniger ertragsreich.
- Eine hohe Liquidität erhöht zwar die Sicherheit, senkt jedoch die Rentabilität.

▪ **Zielkonflikte mit anderen Unternehmensbereichen:** Grundsätzlich versucht jeder Bereich, für sich das Optimum an finanziellen Mitteln zu erhalten. Es findet deshalb ein ständiger Kampf um die Verteilung der begrenzten finanziellen Ressourcen statt. Deshalb können etwa die folgenden Problemkreise unterschieden werden:

- Die **Finanzabteilung** will Kapital dann beschaffen, wenn die Geld- und Kapitalmarktbedingungen am günstigsten sind. Die anderen Unternehmensbereiche wollen es dann zur Verfügung haben, wenn sie es benötigen.
- Die **Materialwirtschaft** drängt auf hohe Lagerbestände (Sicherheitsbestand, Lieferbereitschaftsgrad), während die Finanzabteilung versucht, die Lager- und Zinskosten zu minimieren.
- Die **Marketingabteilung** möchte möglichst lange Zahlungsfristen und möglichst hohe Rabatte gewähren, um den Absatz zu fördern (Einsatz als Marketing-Instrument). Die Finanzabteilung hingegen hat Interesse an einer schnellen Bezahlung und an geringen Rabatten.
- Die **Produktion** verlangt nach den neuesten Technologien, um wettbewerbsfähig zu bleiben, auch wenn die Rentabilität darunter leidet. Dieser Absicht werden durch begrenzte Mittel Grenzen gesetzt (Investitionspolitik).

Finanzplanung und Finanzkontrolle

L 2 ■ **Graphische Darstellung**

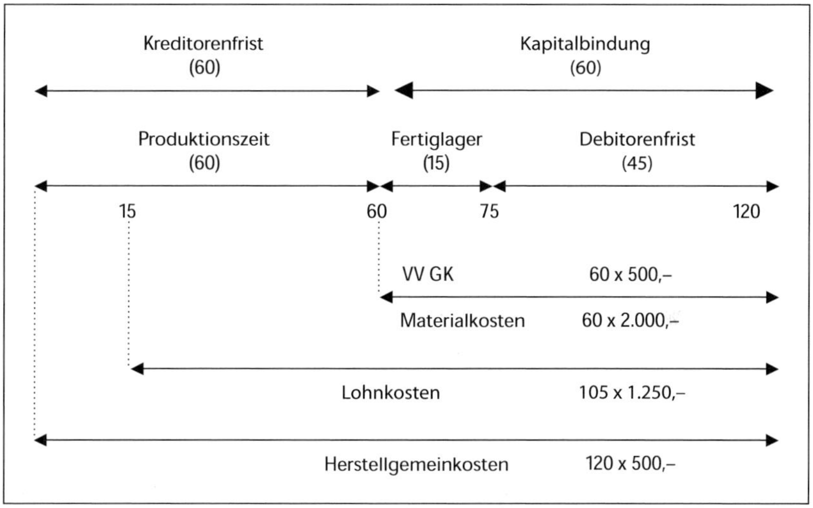

■ **Berechnung**

Kostenart	Ausgaben (in €)		Bindungs-dauer (in Tagen)	Kumulierte Ausgaben (in €)
	Pro Jahr	Pro Tag		
Material	720.000,–	2.000,–	60	120.000,–
Löhne	450.000,–	1.250,–	105	131.250,–
HGK	180.000,–	500,–	120	60.000,–
VVGK	180.000,–	500,–	60	30.000,–
Maximaler Kapitalbedarf				**341.250,–**

L 3

Kostenart	Auszahlungen (in €)		Bindungs-dauer (in Tagen)	Kumulierte Auszahlungen (in €)
	Pro Jahr	Pro Tag		
Material	1.250.000,–	3.472,–	95	329.840,–
Löhne	1.500.000,–	4.167,–	95	395.865,–
HGK	600.000,–	1.667,–	115	191.705,–
VVGK	500.000,–	1.389,–	45	62.505,–
Maximaler Kapitalbedarf				**979.915,–**

L 4 a)

- **Kurzfristige Finanzplanung (Cash Management):** Sicherung der Zahlungsbereitschaft (Cash Management) durch
  - Vermeiden von Überschüssen und Fehlbeträgen,
  - optimale Ausnutzung von Zahlungsfristen und
  - optimale Anlage der nicht benötigten flüssigen Mittel.
- **Langfristige Finanzplanung:** Optimierung der zukünftigen Geschäftstätigkeiten durch
  - Ermitteln rechtzeitiger und günstigster Finanzierungsmöglichkeiten,
  - Aufzeigen von Ursachen und Veränderungen der Zahlungsströme.

b) Der Finanzplan entwickelt sich für das Unternehmen dann zu einem **Primärplan**, wenn die Finanzbeschaffung zum Engpass wird. Dies kann etwa durch eine fahrlässige Finanzplanung, durch Liquiditätsprobleme oder durch sich verschlechternde wirtschaftliche Rahmenbedingungen (Rezession, ungünstige Bedingungen auf dem Geld- und Kapitalmarkt) bedingt sein. Gutenberg spricht in diesem Zusammenhang von der Dominanz des Minimumsektors.

c) Den **Bilanzkennziffern** kommt ein großer Stellenwert innerhalb der Finanzplanung zu. Sie dienen zur

- Führung des Unternehmens mittels Vorgabegrößen (Management by Objectives),
- Kontrolle der Führung durch Kennziffern (Soll-Ist-Vergleich),
- Branchen- und Konkurrenzvergleich,
- Einhaltung branchenspezifischer Richtlinien und Vorschriften (z.B. Eigenkapitalvorschriften bei Banken),
- Vereinfachung der Finanzkontrolle (Standardisierung).

L 5

Einnahmen (in 1.000 €)	1. Quartal	2. Quartal	3. Quartal
Barverkäufe Debitoreneingänge Wertschriftenerträge	450 500 150	300 600 120	300 200 100
Summe	1.100	1.020	600
Ausgaben (in 1.000 €)	**1. Quartal**	**2. Quartal**	**3. Quartal**
Lohnaufwand Barlöhne Miete Wareneinkauf Lieferantenrechnungen Zinsen	100 50 10 500 200 5	120 30 10 500 500 5	100 – 10 800 500 5
Summe	865	1.165	1.415
Liquidität pro Quartal	**235**	**– 145**	**– 815**
Liquidität kumuliert (+ 80 Anfangsbestand)	**315**	**170**	**– 645**

L 6

Die finanzwirtschaftlichen Kennzahlen dienen zur **statischen Finanzkontrolle**. Diese Art der Kontrolle bezieht sich im Gegensatz zu einer dynamischen Kontrolle immer auf die Werte eines bestimmten Zeitpunktes. Im Einzelnen können ihnen folgende Funktionen zugeordnet werden:

- **Führungsinstrument**: Für die Rentabilität und den Gewinn können Ziele vorgegeben werden.
- **Soll-Ist-Vergleich:** Es kann der Zielerreichungsgrad der vorgegebenen Ziele festgestellt werden.
- **Zeitvergleich:** Durch einen Vergleich über mehrere Jahre hinweg können die Ursachen für Veränderungen der einzelnen Kennzahlen ermittelt werden.
- **Branchenvergleich:** Die Kennzahlen erlauben es dem Unternehmen, seine Leistung im Vergleich zu den in der Branche üblichen Resultaten zu beurteilen.
- **Konkurrenzanalyse:** Es lassen sich die Leistungen der Konkurrenz besser beurteilen.
- **Analyse der Bilanz:** Sie liefern Angaben über die Kapitalstruktur und -ausstattung.

- **Zahlungsbereitschaft:** Sie geben an, ob die notwendige Liquidität vorhanden ist.
- **Kapitalbedarf:** Sie erleichtern die kurz- und mittelfristige Kapitalbedarfsermittlung.

Die Finanzkennzahlen spielen auch im Rahmen der Finanzplanung als Vorgabewerte eine bedeutende Rolle.

L 7 a)

- **Rentabilität**
  - EK-Rentabilität (netto) $= \frac{3.600}{41.800} =$ **8,6 %**
  - GK-Rentabilität (netto) $= \frac{3.600}{63.700} =$ **5,7 %**

Es werden zwei Annahmen getroffen. Erstens wird der Gewinnvortrag gleich dem erwirtschafteten Jahresgewinn dieses Jahres gesetzt. Zweitens wird unterstellt, dass der Gewinn gleichmäßig über das ganze Jahr verteilt anfällt. Deshalb darf bei der Berechnung des durchschnittlich eingesetzten Kapitals nur das arithmetische Mittel aus dem Anfangsbestand (0,– €) und dem Endbestand (3.600,– €) berücksichtigt werden.

- **Liquidität**
  - Liquiditätsgrad 1 $= \frac{4.300}{1.900} =$ **226 %**
  - Liquiditätsgrad 2 $= \frac{4.500}{1.900} =$ **237 %**
  - Liquiditätsgrad 3 $= \frac{13.500}{1.900} =$ **711 %**
- **Eigenfinanzierungsgrad** $= \frac{43.600}{65.500} =$ **67 %**
- **Anlagendeckungsgrad**
  - Anlagendeckungsgrad 1 $= \frac{43.600}{52.000} =$ **84 %**
  - Anlagendeckungsgrad 2 $= \frac{63.600}{52.000} =$ **122 %**

Die eher geringen Rentabilitäten und die hohen Lagerbestände stimmen nachdenklich. Sie deuten auf eine wirtschaftlich ungünstige Lage des Sanitärgeschäftes hin, was eine Darlehensgewährung erschwert. Allerdings könnte das Darlehen über die Lagerhalle gesichert werden.

b) Weiter zu untersuchen wäre die Kreditwürdigkeit und -fähigkeit des Schulfreundes. Daneben sind auch die allgemeinen wirtschaftlichen Rahmenbedingungen und diejenigen der Sanitärbranche, eventuell der Baubranche insgesamt, wichtig. Weitere Angaben für eine vertiefte Beurteilung kann die Auftragslage des Geschäftes liefern.

L 8 **a)**
- Gesamtkapitalrentabilität $= \frac{300.000 + 80.000}{3.100.000 + 150.000} = \mathbf{11{,}7\ \%}$
- Eigenkapitalrentabilität $= \frac{300.000}{2.100.000 + 150.000} = \mathbf{13{,}3\ \%}$

Für den linear über das Jahr anfallenden Jahresgewinn wird der Durchschnitt aus dem Gewinn zu Beginn des Jahres (0,– €) und demjenigen am Schluss des Jahres (300,– €) in die Berechnungen einbezogen.

b)
- Gesamtkapitalrentabilität $= \frac{300.000 + 80.000}{3.100.000} = \mathbf{12{,}3\ \%}$
- Eigenkapitalrentabilität $= \frac{300.000}{2.100.000} = \mathbf{14{,}3\ \%}$

L 9 **a)** Der Cashflow zeigt den Mittelzufluss aus operativer Tätigkeit sowie aus Investitions- und Finanzierungstätigkeit. Diese drei Cashflow-Arten finden innerhalb der Kapitalflussrechnung Berücksichtigung. Die Kapitalflussrechnung verfolgt das Ziel, in strukturierter Art und Weise Veränderungen des Finanzmittelfonds im Zeitablauf dazustellen und deren Ursachen transparent zu machen.

b) Über einen längeren Betrachtungszeitraum sagt der Cashflow mehr als der Gewinn über die Finanzkraft des Unternehmens aus. Während der Gewinn stark manipuliert werden kann (stille Reserven, Rückstellungen, Abschreibungen) und nur einen Teil der Innenfinanzierung, nämlich die Selbstfinanzierung, enthält, können mittels des Cashflows **sämtliche** selbst erarbeiteten **liquiden** Mittel erfasst werden. Er eignet sich deshalb für eine Unternehmensbeurteilung besser als der Gewinn. Allerdings wird eine Berechnung in der Praxis oft erschwert, da die benötigten Informationen gerade in nicht-börsennotierten Unternehmen nur unzureichend publiziert werden.

Beteiligungsfinanzierung

L 10 Die Hauptfunktion des Grundkapitals ist es, die **Haftung für die Gläubiger** sicherzustellen. Damit wird das Grundkapital auch zur **Kreditgrundlage** für das Unternehmen. **Beurteilung:**

- Im Falle von zusätzlicher Fremdkapitalfinanzierung ist das Unternehmen gezwungen, entweder das Aktienkapital zu erhöhen oder das Eigenkapital durch Selbstfinanzierung zu vergrößern.
- Die geringe Mindesthöhe erleichtert allerdings die Gründung von Aktiengesellschaften.

L 11

- Bewertung der Sacheinlage,
- fehlende liquide Mittel: vor allem dann zu bedenken, wenn die Gründung mit wenig Eigenkapital erfolgt.

L 12 a) Unterschiede

Aktienart / Merkmal	Inhaberaktie	Namensaktie
Rechtsstatus	Inhaberpapier	Orderpapier
Übertragung	durch bloße Übergabe	Eintrag ins Aktienregister
Eigentümer	Inhaber; der Gesellschaft nicht bekannt	der Gesellschaft bekannt

Bei den **Namensaktien** kann weiter in **gewöhnliche** und **vinkulierte** Namensaktien unterschieden werden. Sollen unerwünschte Aktionäre von der Ausübung der Mitgliedschaft ausgeschlossen werden, kann dies durch die Ausgabe von vinkulierten Namensaktien geschehen. Diese können nur mit Zustimmung der Gesellschaft übertragen werden. Kann sich hingegen jeder Aktionär in das Aktienbuch aufnehmen lassen, so spricht man von gewöhnlichen Namensaktien.

b) **Betriebswirtschaftliche Bedeutung:**

- **Unabhängigkeit:** Durch die Wahl der Aktienart kann die Einflussnahme auf das Unternehmen gesteuert werden.
- **Aktionärsbindung:** Durch den Erwerb von Namensaktien wünscht der Aktionär tendenziell eine stärkere Bindung an die Gesellschaft.
- **Handelbarkeit:** Da die Inhaberaktien ohne großen Aufwand zu übertragen sind, können sie einem breiteren Publikum zugänglich gemacht werden (z. B. ausländischen Investoren).

L 13 Ein grundsätzlicher Aspekt besteht im Zielkonflikt zwischen dem Aktionär und dem Unternehmen. Während der Aktionär einen möglichst geringen Ausgabekurs wünscht, hat das Unternehmen natürlich genau das gegenteilige Interesse und will ihn möglichst hoch ansetzen. Allerdings besteht bei einem zu hohen Ausgabekurs die Gefahr, dass zukünftige Kapitalbeschaffungen dadurch erschwert werden.

Es gilt im Wesentlichen die folgenden **Einflussfaktoren** zu beachten:

- Aufnahmebereitschaft des Marktes (Marktstimmung und Liquidität des Marktes),
- Ertragswert des Unternehmens,
- Vergleich mit ähnlichen Unternehmen derselben Branche,
- Substanzwert des Unternehmens,
- Umfang der Kapitalverwässerung im Fall eines Bezugsrechtsausschlusses (bisheriger Aktionäre),
- Festlegung des Agios,
- Rendite für den Aktionär,
- stille Reserven,
- Bilanzwert der Aktie.

L 14 Beim **Bezugsrecht** handelt es sich um das Recht zum Bezug zusätzlicher Aktien im Verhältnis zur bisherigen Beteiligung. Der Wert des Bezugsrechts entspricht dem Preis, den ein Käufer junger Aktien dem Eigentümer bezahlen muss, wenn dieser die neuen Aktien nicht selbst bezieht, sondern das Bezugsrecht verkaufen will. Es ist somit die Differenz zwischen dem Börsenkurs vor der Kapitalerhöhung und nach der Kapitalerhöhung.

a) $$BR = \frac{K_a - K_e}{\frac{a}{n} + 1} = \frac{735 - 500}{\frac{5}{1} + 1} = \mathbf{39{,}17\ €}$$

b) Mögliche **Faktoren** sind:
- Börsenstimmung,
- Ausgabekurs,
- innerer Wert der Aktie,
- Erwartungen bezüglich des zukünftigen Geschäftsganges.

L 15 **a)** Der Kurs kann zwischen dem Nominalwert (100 €) und dem Börsenwert (300 €) aus ökonomischen Gründen festgelegt werden.

b) $BR = \dfrac{K_a - K_e}{\frac{a}{n} + 1}$

Anzahl neue Aktien: $n = \dfrac{6.000.000}{125} = 48.000$ Stück

Bezugsverhältnis: $\dfrac{a}{n} = \dfrac{120.000}{48.000} = \dfrac{5}{2}$

$BR = \dfrac{300 - 125}{\frac{5}{2} + 1} = \mathbf{50,- €}$

c) $K_n = K_a - BR = 300 - 50 = \mathbf{250,- €}$

L 16 **a)** **Gründe** für eine Kapitalerhöhung sind:
- Kapitalbeschaffung zum Ausbau der Geschäftstätigkeit,
- Kapitalbeschaffung zu günstigen Konditionen möglich,
- Erweiterung des Aktionärkreises,
- Dividendenpolitik,
- steuerliche Vorteile (Ertragssteuern),
- rechtliche Vorschriften (Banken, Versicherungen).

b) $K_e = K_a - BR\left(\dfrac{a}{n} + 1\right) = 4.000 - 200\left(\dfrac{5}{1} + 1\right) = \mathbf{2.800,- €}$

L 17 **a)** $K_n = \dfrac{a \cdot K_a + n \cdot K_e}{a + n}$

$K_e = \dfrac{K_n \cdot (a + n) - a \cdot K_a}{n} = \left(\dfrac{a}{n} + 1\right) \cdot K_n - \dfrac{a}{n} \cdot K_a$

$K_e = \left(\dfrac{6}{1} + 1\right) \cdot 340 - \dfrac{6}{1} \cdot 360 = \mathbf{220,- €}$

b) Bezugsrecht $= K_a - K_n = 360 - 340 = \mathbf{20,- €}$

L 18 **a)** Bisheriges Verhältnis Inhaberaktien zu Namensaktien (Nennwert):

$$\frac{54.000 \cdot 100}{4.500 \cdot 200} = \frac{6}{1}$$

Das Verhältnis des absoluten Betrags der Kapitalerhöhung der Inhaberaktien als auch der Namensaktien muss dem bisherigen Verhältnis von Inhaberaktien zu Namensaktien entsprechen: 1,2 Mio. (Inhaber) : 0,2 Mio. (Namen) = 6 : 1
Damit lassen sich die **Bezugsverhältnisse** ableiten:

- **Inhaberaktie:** 5,4 Mio. : 1,2 Mio. = **9 : 2**
- **Namensaktie:** 0,9 Mio. : 0,2 Mio. = **9 : 2**

b) Inhaberaktie: $\frac{180 - 120}{\frac{9}{2} + 1} = \mathbf{10{,}90}$ **€**

Namensaktie: $\frac{340 - 240}{\frac{9}{2} + 1} = \mathbf{18{,}20}$ **€**

c) Inhaberaktie: $\frac{9 \cdot 180 + 2 \cdot 120}{9 + 2} = \mathbf{169{,}10}$ **€**

Namensaktie: $\frac{9 \cdot 340 + 2 \cdot 240}{9 + 2} = \mathbf{321{,}80}$ **€**

L 19 **a)** $K_e = K_a - BR\left(\frac{a}{n} + 1\right) = 400 - 30\left(\frac{4}{1} + 1\right) = \mathbf{250,-}$ **€**

b) $K_a = BR\left(\frac{a}{n} + 1\right) + K_e = 35\left(\frac{4}{1} + 1\right) + 250 = \mathbf{425,-}$ **€**

Der Börsenkurs (abzüglich des Bezugsrechtes) beträgt **390,– €**.

c) r = **5,6 %**

d)
- Das Unternehmen wird die Dividende auch tatsächlich um 10 % erhöhen.
- Kursveränderungen der Aktie während des nächsten Jahres werden in den Renditeberechnungen nicht berücksichtigt.
- Der Investor konnte die Aktie zum Kurs von 390,– € kaufen.

L 20 **a)**
- **Bezugsverhältnis:** Das Bezugsverhältnis gibt an, wie viel alte Aktien zum Bezug neuer Aktien notwendig sind.
- **Emissionsagio:** Unter dem Emissionsagio versteht man die Differenz zwischen Ausgabekurs und Nennwert der Titel.
- **Kapitalverwässerung:** Unter einer Kapitalverwässerung versteht man die Verminderung des Eigenkapitalanteils pro Aktie.

b) $$\text{Bezugsrecht} = \frac{186 - 110}{\frac{1}{4} + 1} = \mathbf{60{,}80\ €}$$

c)

4 Aktien à 124,– €	= 496,– €
./. 4 junge Aktien à 110,– €	= 440,– €
Bezugsrecht	= **56,– €**

L 21 **a)** $$\frac{\text{Gewinn}}{i} = \frac{15}{0{,}1} = \mathbf{150{,}-\ €}$$

b)
- **Dividendenerhöhung:**

  $$\text{Neuer Wert der Aktie} = \frac{15 + 5}{0{,}1} = 200{,}-\ €$$

- **Kapitalerhöhung:** Auf 4 alte Aktien kann eine neue Aktie zu 120,–€ (Emissionskurs) bezogen werden. Diese neue Aktie hat aber – gemäß unseren Berechnungen für die Dividendenerhöhung – einen Wert von 200,–€. Der Aktionär kommt somit in den Genuss von zusätzlichen 20,–€ pro Aktie, die den Wert eines Bezugsrechtes darstellen:

  $$BR = \frac{200 - 120}{4} = 20{,}-\ €$$

  Der Wert der Aktie erhöht sich somit insgesamt auf **220,– €**.

c) $$\text{Bezugsrecht} = \frac{220 - 120}{\frac{4}{1} + 1} = \mathbf{20{,}-\ €}$$

d) Aufgrund von Punkt 2 unter b) wird deutlich, dass es in erster Linie zwei Gründe sind, die zu einem Emissionskurs von 120,– € und nicht zu einem höheren geführt haben:
- Dividendenpolitische Maßnahme (zusätzliche „Dividende“),

- liquiditätspolitische Überlegungen: Das Unternehmen hat offenbar genügend Liquidität.

L 22

- **Begriff**: Das Bookbuilding-(Tender-)Verfahren beruht auf dem Auktionsprinzip und somit auf der Grundlage von Angebot und Nachfrage. Während der Zeichnungsfrist kann der Zeichner angeben, wie viele Aktien zu welchem Preis er gewillt ist zu beziehen. Erst nach Schluss der Zeichnungsfrist wird der definitive Emissionspreis festgelegt.
- **Beurteilung des festen Ausgabekurses und des Bookbuilding-Verfahrens**

Verfahren / Beurteilung	Fester Ausgabekurs	Bookbuilding-(Tender-) Verfahren
Vorteile	□ Geringes Risiko, □ Geschenke an zukünftige Aktionäre möglich durch einen niedrigeren Kurs, □ größere Einflussmöglichkeiten, □ einfacheres Platzierungsverfahren, □ Berücksichtigung der finanziellen Möglichkeiten bei einer Mitarbeiterbeteiligung.	□ Kapitalmarktlage wird berücksichtigt, □ Gefahren eines zu hohen oder geringeren Kurses werden vermieden, □ keine Verärgerung der Anleger, da deren Preisvorstellungen vollumfänglich berücksichtigt werden.
Nachteile	□ Stimmung und Verfassung des Kapitalmarktes schwer quantifizierbar, □ zu hoher Kurs: Gefährdung des Going Public, weil nicht alle Aktien zu platzieren sind (schlechtes Finanzimage), □ zu geringer Kurs: Verlust eines höheren Agios und Verärgerung der Zeichner, weil viele unberücksichtigt bleiben.	□ höheres Risiko, □ tendenziell höhere Kurse, □ keine kurzfristigen Börsengewinne zu erwarten, □ keine Einflussmöglichkeiten des Unternehmens auf die Kursbildung.

Innenfinanzierung

L 23 a) Der **Kapazitätserweiterungseffekt** geht von der Tatsache aus, dass in den Verkaufspreisen Abschreibungsbeträge für den Verbrauch der Potenzialfaktoren enthalten sind. Diese Mittel werden in der Regel als Ersatz für die ausgeschiedenen Maschinen eingesetzt. Da aber eine zeitliche Differenz zwischen dem Rückfluss der Abschreibungsbeträge in Form liquider Mittel und dem Zeitpunkt der Ersatzinvestitionen besteht, stehen sie dem Unternehmen zur Verfügung und können in Potenzialfaktoren investiert werden. Dadurch kann die Produktionskapazität stetig erhöht werden.

b)

Jahr	Anschaffungskosten	Maschinen			Abschreibungen	Betrag für Investition	Investitionssumme	Restbetrag
		neu	entfernt	Bestand				
1	40.000,–	4	–	4	8.000,–	8.000,–	0,–	8.000,–
2	0,–	–	–	4	8.000,–	16.000,–	10.000,–	6.000,–
3	10.000,–	1	–	5	10.000,–	16.000,–	10.000,–	6.000,–
4	10.000,–	1	–	6	12.000,–	18.000,–	10.000,–	8.000,–
5	10.000,–	1	–	7	14.000,–	22.000,–	20.000,–	2.000,–
6	20.000,–	2	4	5	10.000,–	12.000,–	10.000,–	2.000,–
7	10.000,–	1	–	6	12.000,–	14.000,–	10.000,–	4.000,–

Der Maschinenbestand beträgt **6 Maschinen.**

c) Es können folgende **Ursachen** dafür verantwortlich sein:

- Die Kaufpreise für die neuen Maschinen haben sich in der Zwischenzeit erhöht.
- Da Herr Bopp weder auf Eigenkapital noch Fremdkapital zurückgreifen kann, müssen sämtliche Investitionen aus dem Cashflow gedeckt werden. Es wäre beispielsweise möglich, dass unvorgesehene Betriebskosten, Infrastrukturinvestitionen oder zusätzliche Aufwendungen für das Umlaufvermögen den Cashflow belasten und weitere Investitionen nicht zulassen.
- Maschinen können die prognostizierte Lebensdauer nicht erreicht haben.

L 24

Jahr	Anschaffungs-kosten	Maschinen			Ab-schrei-bungen	Betrag für Investition	Investi-tions-summe	Rest-betrag
		neu	entfernt	Bestand				
1	50.000,–	10	–	10	10.000,–	10.000,–	10.000,–	–
2	10.000,–	2	–	12	12.000,–	12.000,–	10.000,–	2.000,–
3	10.000,–	2	–	14	14.000,–	16.000,–	15.000,–	1.000,–
4	15.000,–	3	–	17	17.000,–	18.000,–	15.000,–	3.000,–
5	15.000,–	3	–	20	20.000,–	23.000,–	20.000,–	3.000,–
6	20.000,–	4	10	14	14.000,–	17.000,–	15.000,–	2.000,–
7	15.000,–	3	2	15	15.000,–	17.000,–	15.000,–	2.000,–

Eine 65 %ige Umsatzsteigerung erfordert einen Bestand von 17 Maschinen. Im siebten Jahr beträgt deren Anzahl aber nur 15, sodass eine vollständige Finanzierung aus den Abschreibungsgegenwerten **nicht möglich** ist.

L 25 **Beispiel:** Es werden 3 Maschinen à 6.000,– € mit einer Lebensdauer von 3 Jahren gekauft und die drei Abschreibungsverfahren (linear, degressiv und progressiv) berücksichtigt.

- **Lineare** Abschreibung:
  2.000 €/Jahr und Maschine

Jahr	Anschaffungs-kosten	Maschinen			Ab-schrei-bungen	Betrag für Investition	Investi-tions-summe	Rest-betrag
		neu	entfernt	Bestand				
1	18.000,–	3	–	3	6.000,–	6.000,–	6.000,–	–
2	6.000,–	1	–	4	8.000,–	8.000,–	6.000,–	2.000,–
3	6.000,–	1	–	5	10.000,–	12.000,–	12.000,–	–
4	12.000,–	2	3	4	8.000,–	8.000,–	6.000,–	2.000,–
5	6.000,–	1	1	4	8.000,–	10.000,–	6.000,–	4.000,–
6	6.000,–	1	1	4	8.000,–	12.000,–	12.000,–	–
7	12.000,–	2	2	4	8.000,–	8.000,–	6.000,–	2.000,–

- **Degressive** Abschreibung:
  1. Jahr: 3.000 €/Maschine
  2. Jahr: 2.000 €/Maschine
  3. Jahr: 1.000 €/Maschine

Jahr	Anschaffungs-kosten	Maschinen			Ab-schrei-bungen	Betrag für Investition	Investi-tions-summe	Rest-betrag
		neu	entfernt	Bestand				
1	18.000,–	3	–	3	9.000,–	9.000,–	6.000,–	3.000,–
2	6.000,–	1	–	4	9.000,–	12.000,–	12.000,–	–
3	12.000,–	2	–	6	11.000,–	11.000,–	6.000,–	5.000,–
4	6.000,–	1	3	4	8.000,–	13.000,–	12.000,–	1.000,–
5	12.000,–	2	1	5	10.000,–	11.000,–	6.000,–	5.000,–
6	6.000,–	1	2	4	8.000,–	13.000,–	12.000,–	1.000,–
7	12.000,–	2	1	5	10.000,–	11.000,–	6.000,–	5.000,–

- **Progressive** Abschreibung:
  1. Jahr: 1.000 €/Maschine
  2. Jahr: 2.000 €/Maschine
  3. Jahr: 3.000 €/Maschine

Jahr	Anschaffungs-kosten	Maschinen			Ab-schrei-bungen	Betrag für Investition	Investi-tions-summe	Rest-betrag
		neu	entfernt	Bestand				
1	18.000,–	3	–	3	3.000,–	3.000,–	–	3.000,–
2	–	–	–	3	6.000,–	9.000,–	6.000,–	3.000,–
3	6.000,–	1	–	4	10.000,–	13.000,–	12.000,–	1.000,–
4	12.000,–	2	3	3	4.000,–	5.000,–	–	5.000,–
5	–	–	–	3	7.000,–	12.000,–	12.000,–	–
6	12.000,–	2	1	4	8.000,–	8.000,–	6.000,–	2.000,–
7	6.000,–	1	2	3	5.000,–	7.000,–	6.000,–	1.000,–

Ein Blick auf die Ergebnisse des Vergleichs zeigt, dass mit der **degressiven Abschreibungsmethode** die **besten Resultate** erzielt werden. Während die Wirkung bei der progressiven Abschreibung deutlich schwächer bleibt, ist sie – wenn linear abgeschrieben wird – im Vergleich zur degressiven Abschreibungsmethode nur unwesentlich schwächer.

L 26 ■ **Begriffe**:

- □ **Selbstfinanzierung**: Darunter versteht man die Beschaffung von Kapital durch zurückbehaltene Gewinne (Innenfinanzierung).
- □ **Beteiligungsfinanzierung**: Das Kapital wird durch den oder die Eigentümer des Unternehmens als Beteiligungskapital zur Verfügung gestellt (Außenfinanzierung, Eigenkapital).
- □ **Kreditfinanzierung**: Dem Unternehmen wird das Kapital leihweise zur Verfügung gestellt, z.B. Darlehen oder Bankkredite (Außenfinanzierung, Fremdkapital).

■ **Beurteilung**:

Selbstfinanzierung	Beteiligungsfinanzierung	Fremdfinanzierung
Vorteile:	**Trifft**	**Trifft**
■ Unabhängigkeit von Kapitalgebern	nicht zu	nicht zu
■ keine Tangierung der Beteiligungsverhältnisse	nicht zu	zu
■ Finanzierung in „schlechten" Zeiten (Rezession, Kapitalmarkt) möglich	nur bedingt zu	nur bedingt zu
■ keine Zinszahlungen	zu	nicht zu
■ keine Dividendenzahlungen	nicht zu	zu
■ keine Rückzahlungen	zu	nicht zu
■ starke Selbstfinanzierung begünstigt FK-Aufnahme	nur bedingt zu	nicht zu
■ steuerliche Vorteile	nicht zu	zu
Nachteile:	**Trifft**	**Trifft**
■ für den Kapitalgeber kurzfristig geringere Rendite	zu, weil die höheren Dividendenzahlungen den Gewinn schmälern	zu
■ Verkleinerung der EK-Rendite (Leverageeffekt)	zu	nicht zu

L 27 a) Folgende **Sachverhalte** sind zu bedenken:

- ■ Der steigende Kapitalbedarf von Unternehmen kann nicht vollständig durch Beteiligungs- und Fremdfinanzierung gedeckt werden, sondern es müssen auch selbst erarbeitete Mittel zur Verfügung gestellt werden. Die Möglichkeit einer Beteiligungsfinanzierung hängt stark von der allgemeinen Börsenverfassung ab und eine zu hohe Fremdfinanzierung führt zu einer riskanten Verschuldung, was sich wiederum negativ auf die Konditionen der Fremdkapitalbeschaffung auswirkt.

- Mit der Selbstfinanzierung werden die Beteiligungsverhältnisse nicht tangiert, obwohl das Eigenkapital (Reserven) des Unternehmens erhöht wird.
- Die Selbstfinanzierung ist äußerst liquiditätsschonend, weil damit keine festen periodischen Zinszahlungen verbunden sind.
- Durch die Bildung von stillen Reserven können Steuern eingespart oder ihre Zahlung kann auf einen späteren Zeitpunkt (bei der Auflösung der stillen Reserven) verlegt werden. Gleichzeitig lässt sich die Doppelbesteuerung (des Gewinnes bei der Kapitalgesellschaft und der Dividende beim Aktionär) auf den nicht ausgeschütteten Teil des Gewinnes vermeiden.
- In Zeiten hoher Inflation ermöglicht die Selbstfinanzierung die Bewahrung der Unternehmenssubstanz und erlaubt notwendige Investitionen vornehmen zu können.

b) Mögliche **Probleme** sind:

- Aktionäre können eine höhere Ausschüttung der Gewinne fordern.
- Gewinne sind in der Regel nur als Buchgewinne vorhanden, nicht als liquide Mittel.
- Es ist eine Verringerung der EK-Rentabilität durch Erhöhung des EK möglich (negativer Leverage-Effekt).

c) **Gefahren** einer verdeckten Selbstfinanzierung:

- Die Zahlung von Dividenden kann unter Umständen die bilanzielle Unternehmenssubstanz angreifen und das Unternehmen zur Auflösung von stillen Reserven zwingen.
- Stille Reserven führen zu einer höheren Intransparenz und die Risikobereitschaft kann zunehmen, da die Möglichkeit besteht, eventuelle Verluste durch die Auflösung oder geringere Bildung von stillen Reserven zu verschleiern.
- Durch die verdeckte Form der Selbstfinanzierung kann die wahre Situation des Unternehmens über Bildung und Auflösung von stillen Reserven verschleiert werden. Dies kann sich entsprechend auf die Börsenkurse auswirken.

L 28 **a)** Unter **Selbstfinanzierung** versteht man die Beschaffung von Kapital durch zurückbehaltene selbsterarbeitete Gewinne (Innenfinanzierung).

b)
- **Lohmann-Ruchti-Effekt:** Kein Einfluss.
- **Leverage-Effekt:** Ist die Gesamtkapitalrentabilität größer als der Fremdkapitalzins, ist die Fremdfinanzierung günstiger als die Selbstfinanzierung.
- **Dividendenpolitik:** Sie ist direkt abhängig vom Ausmaß der Selbstfinanzierung.

- **Innenfinanzierung:** Selbstfinanzierung ist ein Teil der Innenfinanzierung.
- **Kapitalverwässerung:** Kein Einfluss.

c)
- **Ertragswert:** Kein Einfluss.
- **Cashflow:** Der Cashflow wird bei der stillen Selbstfinanzierung über den Steuerstundungseffekt beeinflusst.
- **Kreditfinanzierung:** Das Ausmaß der Selbstfinanzierung ist bei sonst unveränderten Bedingungen ein Indikator für das Risiko, das ein Kreditgeber eingeht.
- **Rentabilität:** Kein Einfluss.

L 29

- Für eine **gewinnunabhängige** (stabile) Dividendenpolitik sprechen die folgenden Gründe:
  - Sie verhindert spekulative Börsentransaktionen.
  - Ausrichtung auf langfristige Anleger mit stabiler Dividendenerwartung.
- Für eine **gewinnabhängige** Dividendenpolitik lassen sich die folgenden Überlegungen anführen:
  - Die Aktie ist ein Risikopapier.
  - Der Aktionär soll direkt am Erfolg des Unternehmens beteiligt werden.
  - Auch bei einer gewinnabhängigen Dividendenpolitik können noch andere Faktoren berücksichtigt werden.

Fremdfinanzierung

L 30

$$I = \frac{\text{Skontosatz}}{1 - \text{Skontosatz}} \cdot \frac{360}{\text{Zahlungsziel} - \text{Skontofrist}}$$

$$= \frac{0{,}02}{1 - 0{,}02} \cdot \frac{360}{60 - 20} = 18{,}4\ \%$$

Der jährliche Kreditzins der Stadelmann AG beträgt **18,4 %.**

L 31

Betrag	Zeitdauer	Zinssatz für diese Zeitdauer	Zinsbetrag
230.000,–	6 Monate	5,0 % (2 · 2,5 %)	11.500,–
140.000,–	3 Monate	2,5 %	3.500,–

Die Kobit AG muss den Preis um **15.000,– €** erhöhen, damit es für sie vorteilhafter wird, auf die Vorauszahlungen zu verzichten.

L 32

- Es bestehen keine alternativen Kreditmöglichkeiten.
- Die effektiven Zinskosten werden nicht erkannt.
- Privatpersonen oder kleine Unternehmen verfügen eventuell über kein Cash Management.
- Die liquiden Mittel können zu einem höheren Zinssatz angelegt werden.

L 33

- Gesellschafterdarlehen kommen vor allem bei Familien- und Konzerngesellschaften vor.
- Während die rechtliche Stellung eindeutig ist (= Fremdkapital), ist die betriebswirtschaftliche Position umstritten. Denn das Gesellschafterdarlehen weist sowohl Aspekte des Eigenkapitals als auch des Fremdkapitals auf. In ersterem Fall spricht man von **verdecktem** Eigenkapital. Die Eigenkapitalaspekte ergeben sich durch die Nähe der Darlehensgeber zum Unternehmen.
- Das Gesellschafterdarlehen ist leichter zu erhalten und kann besser auf die Bedürfnisse des Unternehmens abgestimmt werden (Laufzeit, Kündbarkeit, Höhe). Der Darlehensgeber trägt ein kleineres Risiko, weil er in der Regel über die Situation des Unternehmens genau Bescheid weiß und erhält häufig einen höheren Zins als bei vergleichbaren Anlagen (**verdeckte Gewinnausschüttung**).
- Die verdeckte Gewinnausschüttung ist allerdings für die übrigen Gesellschafter wegen des geringeren Gewinns ein Nachteil.
- Da die rechtliche Stellung derjenigen von Fremdkapital entspricht, gilt es zu beachten, dass das Gesellschafterdarlehen auch gekündigt werden kann.
- Es ist eine Möglichkeit der Finanzierung, falls keine Fremd- oder keine Beteiligungsfinanzierung möglich oder erwünscht ist. Bestimmungsgründe sind etwa eine bevorstehende Sanierung, die Verfassung des Kapitalmarktes, die Vermeidung von Verschuldung, bessere Verzinsung als auf dem Kapital- und Geldmarkt und die fehlende Beteiligung aller Gesellschafter bei einer Kapitalerhöhung.
- Im Konkursfall wird der Gesellschafter zum Gläubiger.

L 34 a)

Finanzierung / Kriterien	Aktie	Anleihe	Wandelanleihe
Art der Beteiligung	Teilhaberpapier	Gläubigerpapier	Gläubigerpapier
Art des Kapitals	EK	FK	vor der Wandlung FK, nachher EK
Verzinsung	schwankend in Abhängigkeit von Gewinnausschüttung und Aktienpreisentwicklung	fest	fest (Zinssatz tiefer als bei der Anleihe)
Rückzahlung	nur Anteil an einem Liquidationserlös	Anrecht auf Rückzahlung	▪ Anrecht auf Rückzahlung ▪ Anrecht auf Konversion in Beteiligungspapiere während einer bestimmten Zeit und zu einem bestimmten Preis
Mitwirkungsrechte	ja	keine, aber gewisse Schutzbestimmungen	keine, aber gewisse Schutzbestimmungen

b) Folgende **Fakten** spielen eine Rolle:

- **Kapitalstruktur:** Bevorzugt das Unternehmen eher Eigenkapital oder Fremdkapital?
- **Verzinsung**,
- **Aufgeld:** Höhe der Kapitalkosten,
- **Steuerliche Gründe:** Wandelanleihe steuerlich günstiger,
- **Aktionärsbelohnung:** Bei Optionsanleihe höher,
- **Aktionärskreis:** bei der Emission einer Optionsanleihe kann mit einem risikofreudigeren Aktionärskreis gerechnet werden.

L 35 **a)**
- Aktien,
- Optionsanleihe mit Optionsschein,
- Optionsanleihe ohne Optionsschein,
- Optionsscheine.

Zudem sind beliebige Kombinationen der verschiedenen Anlagevarianten möglich.

b)
- **Variante 1:** 1.000 Aktien

Kursgewinn:	1.000 · 105,– €	=	105.000,– €
Dividende:	1.000 · 40,– €	=	40.000,– €
Gewinn:			145.000,– €

- **Variante 2:** Optionsanleihe (800.000,– €) mit Optionsschein (400 Stück)

Zinsertrag:	5 % v. 800.000,– €	=	40.000,– €
Kursgewinn Optionsscheine[1]:	400 · 5,– €	=	2.000,– €
Gewinn:		=	42.000,– €

- **Variante 3:** Optionsanleihe ohne Optionsschein (821.000,– €)

Zinsertrag:	5 % v. 821.000,– €	=	41.000,– €

- **Variante 4:** 16.000 Optionsscheine (à 50,– €)

Kursgewinn Optionsscheine[1]:	16.000 · 5,– €	=	80.000,– €

Er wird die Variante **Aktienkauf** wählen.

c) Weitere **Faktoren**, die zu berücksichtigen sind:
- Wie sicher sind die angenommenen Daten?
- Welches Risiko will der Anleger eingehen?
- Wie schnell kann der Anleger – in Abhängigkeit von seiner Anlagevariante – sein investiertes Kapital wieder in Geld umwandeln?

L 36
- **Kosten:** Sie spielen nur eine Rolle, wenn nicht gewandelt wird.

Variante A: Zinsen (500,– € · 9 Jahre)	=	4.500,– €
Variante B: Dividende (100,– € · 9 Jahre)	=	900,– €

  Variante B ist kostengünstiger.
- **Dringlichkeit des Eigenkapitalbedarfs:** Bei Variante A ist nicht sicher, ob das Eigenkapital erhöht werden kann bzw. zu welchem Zeitpunkt gewandelt wird, weil sich die Entwicklung des Aktienkurses nicht vorhersagen lässt. Die **Variante B** ist dann vorzuziehen, wenn sich der Aktienkurs nicht innerhalb kurzer Frist über den Wandelpreis hinaus bewegt.

---

[1] Der Kursgewinn pro Optionsschein ergibt sich aufgrund folgender Berechnung:

Wert des Optionsscheines am 31.12.2009 : 905,– € – 850,– € =	55,– €
./. Preis des Optionsscheins am 01.01.2009 (= Kursdifferenz zwischen Optionsanleihe mit und ohne Optionsschein, d.h. 2,5 % v. 2.000,– €) =	50,– €
= Kursgewinn pro Optionsschein	5,– €

- **Höhe des Agios:** Mit **Variante A** kann bei einer Wandlung ein viel höheres Agio erreicht werden als bei Variante B. Voraussetzung ist allerdings eine günstige Börsenstimmung, die den Aktienkurs über den Wandelpreis treibt.
- **Dividendenpolitik:** Die Kapitalerhöhung bei **Variante B** kann als dividendenpolitische Maßnahme eingesetzt werden (Bezugsrecht).

L 37 a) Den Überlegungen des Finanzchefs liegen **statische Aspekte** zu Grunde. Das heißt, die angegebenen Daten wurden ohne den Faktor Zeit erstellt. Rein rechnerisch ist dem Ergebnis nichts hinzuzufügen, da die Auszahlungen richtig miteinander verglichen wurden. Aber die Ergebnisse ändern sich möglicherweise, wenn in die Überlegungen **dynamische** Aspekte einbezogen werden. Deswegen drängt sich in diesem Fall die Methode der Diskontierung auf.

b) Berechnung der Barwerte

- **Obligationsanleihe**

Emissionskosten	300.000,– €
Zinsen (1.000.000,– € · 6,145)	6.145.000,– €
Rückzahlung (10 Mio. € · 0,386)	3.860.000,– €
Kapitalwert	10.305.000,– €

- **Leasing**

Bereitstellungsgebühr	50.000,– €
Raten[1] (111.500,– € · 77,056)	8.591.744,– €
Kapitalwert	8.641.744,– €

Die Variante **Leasing** ist **günstiger.**

Optimierung der Unternehmensfinanzierung

L 38 a) $r_{EK} = \frac{\text{Gewinn} - \text{Fremdkapitalzinsen}}{\text{durchschnittliches Eigenkapital}}$

- Variante 1: $r_{EK} = \frac{24.000 - 0}{400.000} = \mathbf{6\ \%}$
- Variante 2: $r_{EK} = \frac{24.000 - 12.000}{200.000} = \mathbf{6\ \%}$

[1] Barwertfaktor der Raten (Zinssatz/Jahr = 10 %; Zinssatz/Monat = 0,797 %):

$a_{\overline{120}|} = \frac{(1+i)^{120} - 1}{i\,(1+i)^{120}} = 77{,}056$

- Variante 3: $r_{EK} = \frac{24.000 - 19.200}{80.000} = \mathbf{6\ \%}$

b) Weil die Eigenkapitalrentabilität in allen drei Varianten gleich groß ist, wird die **Gestaltung der Kapitalstruktur** zum ausschlaggebenden Punkt. Sie muss anhand folgender Entscheidungskriterien weiter untersucht werden:

- Wenn die **Unabhängigkeit** von fremden Kapitalgebern das entscheidende Kriterium ist, wird die Variante 1 vorgezogen.
- Bei einer Finanzierung über die Aufnahme von Fremdkapital sind die Auswirkungen sowohl der Darlehensrückzahlungen als auch der periodischen Zinszahlungen auf die **Liquidität** zu beachten.
- Weiter spielt die **Sicherheit** des Projekts eine Rolle. Kann beispielsweise fest mit dem prognostizierten Projektgewinn gerechnet werden oder ist er nur eine ungenaue Schätzung? Lässt sich das Projekt überhaupt in der geplanten Art und Weise durchführen?
- Einen wichtigen Einfluss auf die Entscheidung haben die **alternativen Anlagemöglichkeiten** und **die Entwicklung des allgemeinen Zinssatzniveaus.** Es stellt sich die Frage, wie und ob überhaupt die eigenen Mittel jetzt oder in Zukunft höher verzinslich angelegt werden können.

L 39 a) Berechnung der verschiedenen Renditen:

- $r_g = \frac{\text{Bruttogewinn}}{\text{durchschnittliches GK}} = \frac{12}{100} = 12\ \%$
- $r_f = \frac{\text{FK – Zins}}{\text{durchschnittliches FK}} = \frac{2}{40} = 5\ \%$

Im vorliegenden Fall kann der Leverage-Effekt **genutzt** werden, weil die Gesamtkapitalrendite r_g größer als die Fremdkapitalverzinsung r_f ist.

b) Die Steuern betragen 4 Mio. €.

- $r_g = \frac{\text{Bruttogewinn – Steuern}}{\text{durchschnittliches GK}} = \frac{12 - 4}{100} = 8\ \%$
- $r_f = \frac{\text{FK – Zins}}{\text{durchschnittliches FK}} = \frac{2}{40} = 5\ \%$

Das Ergebnis ändert sich nicht, der Leverage-Effekt kann nach wie vor **genutzt** werden.

c) **Variante 1:**

$r_{f_1} = 5\,\%$

$FK_1 = 40$ Mio. €
$EK_1 = 60$ Mio. €

Variante 2:

$r_{f_2} = \frac{5\,\% + 11\,\%}{2} = 8\,\%$

$FK_2 = 80$ Mio. €
$EK_2 = 20$ Mio. €

Es lässt sich eine Break-even-Analyse durchführen. Die Bedingung ist:

$r_{e_1} = r_{e_2}$

Wenn der Bruttogewinn mit G und der Steuersatz mit s bezeichnet wird, kann folgende Gleichung abgeleitet werden:

$$(1) \quad \frac{G - r_{f_1} \cdot FK_1 - s \cdot (G - r_{f_1} \cdot FK_1)}{EK_1} = \frac{G - r_{f_2} \cdot FK_2 - s \cdot (G - r_{f_2} \cdot FK_2)}{EK_2}$$

Durch Umformen ergibt sich:

$$(2) \quad \frac{(G - r_{f_1} \cdot FK_1) \cdot (1 - s)}{EK_1} = \frac{(G - r_{f_2} \cdot FK_2) \cdot (1 - s)}{EK_2}$$

Diese Gleichung zeigt, dass die Höhe des Bruttogewinns unabhängig vom Steuersatz ist:

$$(3) \quad \frac{G - r_{f_1} \cdot FK_1}{EK_1} = \frac{G - r_{f_2} \cdot FK_2}{EK_2}$$

Werden die entsprechenden Zahlen eingesetzt, erhält man:

$$(4) \quad \frac{G - 0{,}05 \cdot 40}{60} = \frac{G - 0{,}08 \cdot 80}{20}$$

$$(5) \quad G = 8{,}6 \text{ [Mio. €]}$$

Der Break-even-Punkt für den Bruttogewinn G beträgt **8,6 Mio. €**.

d) Die Anleihe bringt eine hohe Verschuldung mit sich. Mögliche Folgen sind:

- Verlust der Kreditwürdigkeit,
- Gefahr der Fremdbestimmung,
- Liquiditätsbelastung bei Zahlung der FK-Zinsen und bei Rückzahlung des FK.

L 40 **a)** $r_{EK} = \frac{\text{Einzahlungsüberschuss – Fremdkapitalzinsen}}{\text{durchschnittliches Eigenkapital}}$

Bester Fall: $r_{EK} = \frac{165.000 - 75.000}{250.000}$ = **36,0 %**

Schlechtester Fall: $r_{EK} = \frac{105.000 - 75.000}{250.000}$ = **12,0 %**

Wahrscheinlichster Fall: $r_{EK} = \frac{135.000 - 75.000}{250.000}$ = **24,0 %**

b)

- **Bester Fall**

Variante 1: $r_{EK} = \frac{165.000 - 56.250}{500.000}$ = **21,8 %**

Variante 2: $r_{EK} = \frac{165.000 - 37.500}{750.000}$ = **17,0 %**

Variante 3: $r_{EK} = \frac{165.000 - 18.750}{1.000.000}$ = **14,6 %**

Variante 4: $r_{EK} = \frac{165.000}{1.250.000}$ = **13,2 %**

- **Schlechtester Fall**

Variante 1: $r_{EK} = \frac{105.000 - 56.250}{500.000}$ = **9,8 %**

Variante 2: $r_{EK} = \frac{105.000 - 37.500}{750.000}$ = **9,0 %**

Variante 3: $r_{EK} = \frac{105.000 - 18.750}{1.000.000}$ = **8,6 %**

Variante 4: $r_{EK} = \frac{105.000}{1.250.000}$ = **8,4 %**

- **Wahrscheinlichster Fall**

  Variante 1: $r_{EK} = \frac{135.000 - 56.250}{500.000} = \mathbf{15{,}8\ \%}$

  Variante 2: $r_{EK} = \frac{135.000 - 37.500}{750.000} = \mathbf{13\ \%}$

  Variante 3: $r_{EK} = \frac{135.000 - 18.750}{1.000.000} = \mathbf{11{,}6\ \%}$

  Variante 4: $r_{EK} = \frac{135.000}{1.250.000} = \mathbf{10{,}8\ \%}$

c) $\text{Verschuldungsgrad} = \frac{\text{Fremdkapital}}{\text{Eigenkapital}}$

- In a) ändert sich der Verschuldungsgrad nicht, weil das Angebot der Mercy-Bank vollumfänglich angenommen wird und das Fremdkapital in allen drei Fällen gleich bleibt.
- In b) nimmt der Verschuldungsgrad ab, weil das beanspruchte Fremdkapital bei gleich bleibendem Gesamtkapital kleiner wird.

d) Mit abnehmendem Verschuldungsgrad und bei gleich bleibendem Fremdkapitalzinssatz sinkt auch die Eigenkapitalrendite. Dies zeigt, dass der Leverage-Effekt wirkt.

L 41 **a)** Die beiden Varianten können anhand der nachfolgenden Finanzierungskriterien beurteilt werden:

- **Ausrichtung auf die Rentabilität:**
  - Zur Berechnung der Eigen- und Gesamtkapitalrenditen, die sich aus den beiden Varianten ergeben, muss zuerst der **Reingewinn des laufenden Jahres** ermittelt werden.

    $r_{GK} = \frac{\text{Gewinn} + \text{FK-Zins}}{\varnothing\ \text{Gesamtkapital}}$

    Gewinn = $r_{GK} \cdot \varnothing$ Gesamtkapital – FK-Zins = $0{,}1 \cdot 200 - 4 = 16$
    (Zins der Obligation: $0{,}05 \cdot 80 = 4$)
  - **Passivpositionen und Gewinn der beiden Varianten**:

	Variante A	Variante B
Fremdkapital	130	80
Reserven	20	20
Grundkapital	100	150
Bilanzsumme	250	250
Reingewinn	16 + (10 – 2,5) = 23,5	16 + 10 = 26

(Projektgewinn = 10; Zins des zusätzlichen FK: $0{,}05 \cdot 50 = 2{,}5$)

- **Berechnung der Renditen für beide Varianten:**

  $$\text{Gesamtkapitalrendite} = \frac{\text{Gewinn + FK-Zins}}{\varnothing\ \text{Gesamtkapital}}$$

  $$\text{Eigenkapitalrendite} = \frac{\text{Gewinn}}{\varnothing\ \text{Eigenkapital}}$$

Rendite \ Variante	Variante A	Variante B
GK-Rendite	$\frac{23{,}5 + 6{,}5}{250} = 12{,}0\ \%$	$\frac{26 + 4}{250} = 12{,}0\ \%$
EK-Rendite	$\frac{23{,}5}{120} = 19{,}6\ \%$	$\frac{26}{170} = 15{,}3\ \%$

- **Beurteilung:** Die Gesamtkapitalrendite ist bei beiden Varianten gleich hoch, während die Variante A bei der Eigenkapitalrendite deutlich besser abschneidet.

- **Ausrichtung auf die Liquidität:**
  - **Verhältnis EK:FK**
    Variante A: EK = 120, FK = 130; Verhältnis EK:FK = 12:13
    Variante B: EK = 170, FK = 80; Verhältnis EK:FK = 17:8
    Die Verhältnisse befinden sich bei beiden Varianten in der Größenordnung von 1:1 bis 2:1.
  - **Verhältnis Kapital zu Vermögen:** Hierüber lässt sich praktisch nichts aussagen, weil die Fristigkeiten der Kapital- und Vermögensbestände nicht bekannt sind.
  - **Beurteilung:** Die Belastung für die Liquidität ist bei der Variante A höher, da neben den regelmäßigen Zinszahlungen auch die Rückzahlung in zehn Jahren anfällt. Bei der Kapitalerhöhung ist hingegen nur mit Dividendenzahlungen zu rechnen, deren Höhe zudem noch auf den Geschäftsverlauf abgestimmt werden kann. Ein weiteres Problem ist die unbekannte Dauer des Projektes, so dass keine längerfristige Sicherheit über den Zufluss an liquiden Mitteln besteht.
- **Risikogerechte Finanzierung:** Wegen der hohen Rendite ist das Risiko für dieses Projekt wahrscheinlich relativ groß. Dies würde einer Finanzierung über Eigenkapitalaufnahme durch Aktienkapitalerhöhung den Vorzug geben.
- **Flexibilitätsorientierte Finanzierung:** Eine Bewertung aufgrund der vorliegenden Informationen ist nicht möglich. Immerhin lässt sich sagen, dass eine starke Eigenkapitalbasis die Fähigkeiten zur Fremdfinanzierung über den Kapitalmarkt erhöht.

- **Bewahrung der Verfügungsmacht:** Die Verfügungsmacht bleibt bei einer Finanzierung über eine Aktienkapitalerhöhung besser gewahrt als bei einer Ausgabe einer Anleihe.
- **Finanzimage:** Es sind keine Informationen vorhanden, die eine eindeutige Aussage zulassen würden.
- **Gesamtbeurteilung:** Eine abschließende Beurteilung ist aufgrund der vorliegenden Informationen nicht möglich. Es fehlen weitere Angaben über die allgemeinen Unternehmens- und Finanzziele, die Situation am Kapitalmarkt und die Beziehung des Unternehmens zum Kapitalmarkt. Rentabilitätsüberlegungen sprechen eher für die Anleihe während liquiditäts- und sicherheitspolitische Erwägungen und die Bewahrung der Verfügungsmacht der Aktienkapitalerhöhung den Vorzug geben würden.

b) Der **Leverage-Effekt** besagt, dass durch die Aufnahme von Fremdkapital die Eigenkapitalrendite erhöht werden kann. Dies trifft im vorliegenden Fall solange zu, als dass die Zinsen der Anleihe kleiner als der Projektgewinn sind.

$$\begin{aligned} \text{Projektgewinn} &= \text{FK-Zinsen} \\ 10 &= x \cdot 50 \\ x &= \mathbf{0{,}2} \end{aligned}$$

Der Leverage-Effekt kann dann ausgenützt werden, wenn der Zinssatz der Anleihe **kleiner als 20 %** ist.

L 42

- **Rentabilität:** Durch die Beschaffung von Fremdkapital über die Ausgabe einer Obligationenanleihe kann möglicherweise der Leverage-Effekt genutzt werden.
- **Liquidität:** Die Finanzierung über Eigenkapital ist liquiditätsschonend, während bei der Obligationenanleihe periodische Zinszahlungen und die Rückzahlung der Anleihe die Liquidität belasten.
- **Risiko:** Falls ein Verlust eintritt, kann er über das Eigenkapital aufgefangen werden. Ist allerdings das Eigenkapital zu gering, besteht die Gefahr der Überschuldung.
- **Unabhängigkeit:** Die Beteiligungsfinanzierung erhöht die Unabhängigkeit im Gegensatz zur Kreditfinanzierung.
- **Finanzimage:** Das Finanzimage spielt im vorliegenden Fall nur bei der Kreditfinanzierung über die Obligationenanleihe eine Rolle. Bei einem guten Finanzimage wird die Beschaffung des Fremdkapitals keine Schwierigkeiten bereiten.

- **Wirtschaftliche Rahmenbedingungen:** Je nach Verfassung des Kapitalmarktes und der Höhe des allgemeinen Zinsniveaus erweist sich die Beteiligungsfinanzierung durch Familienmitglieder als günstiger oder schlechter als die Kreditfinanzierung durch die Obligationenanleihe.

L 43 **a)** Es handelt sich um eine **Offene Handelsgesellschaft (OHG)**. Allerdings lässt sich die Kommanditgesellschaft aufgrund der vorliegenden Informationen nicht ausschließen, weil in der Praxis die Kommanditsummen in der Bilanz oft nicht gesondert ausgewiesen werden.

b) Weil das Unternehmen einen Verschuldungsgrad von 67 % aufweist und der Gewinn jährlich nur 150.000,– € beträgt (auf den die Gesellschafter noch Gewinnsteuern bezahlen müssen), kommen die **Fremd-** und die **Selbstfinanzierung** als Finanzierungsmöglichkeiten nicht in Betracht. Das Gleiche lässt sich in dieser Situation über den teilweisen oder völligen Verkauf der Warenvorräte sagen (**Finanzierung aus Kapitalfreisetzung**). Bei einer (Teil-) Liquidation könnte nur ein beträchtlich geringerer Erlös als der bilanzierte Wert erzielt werden. Ein solches Vorgehen ist auch kaum ratsam, da das Unternehmen auf den Warenverkauf angewiesen ist und sich der gewünschte Investitionsbetrag mit der Liquidation von Restbeständen nicht realisieren lässt. Anlagevermögen ist ebenfalls nicht im gesuchten Umfang vorhanden, sodass die Investitionsprojekte folgendermaßen finanziert werden könnten:

- Erhöhung des Eigenkapitals durch Einzahlungen von Herrn Weber und/oder Herrn Hamann (**Beteiligungsfinanzierung**).
- Aufnahme eines oder mehrerer neuer Gesellschafter, die ebenfalls Mittel einzahlen (**Beteiligungsfinanzierung**).
- **Leasing:** Hier stellt sich die Frage, ob ein Leasinggeber gefunden werden kann und wie hoch die jährlichen Leasingraten sind.
- Unter den ersten beiden Punkten ist auch das Einbringen von Sacheinlagen möglich (z.B. Grundstücke, Liegenschaften, Wertpapiere), die als Sicherheit für weiteres Fremdkapital dienen können.

c) Als mögliche neue Rechtsformen kommen in erster Linie in Frage:

- **Kommanditgesellschaft:** Sinngemäß gelten die Bemerkungen unter b) zur **Fremd- und Selbstfinanzierung** sowie **zur Finanzierung aus Kapitalfreisetzung** auch für diese Gesellschaftsform. Demzufolge kommt bei dieser Rechtsform nur eine **Beteiligungsfinanzierung** in Frage. Dabei können weitere Gesellschafter als Kommanditisten aufgenommen werden, was aus Haftungsgründen einfacher als bei der Offenen Handelsgesellschaft sein dürfte. Die Beteiligung der Kommanditisten ist analog zur Offenen Handelsgesellschaft auch über Sacheinlagen möglich. Sie sind nicht an der Geschäftsführung beteiligt.

- **Aktiengesellschaft:** Bei der Umwandlung in eine Aktiengesellschaft kommt ebenfalls nur eine **Beteiligungsfinanzierung** in Frage. Dies kann durch die Aufnahme neuer finanzkräftiger Aktionäre oder durch Kapitalerhöhungen von Herrn Weber und Herrn Hamann geschehen. Eventuell besteht noch die Möglichkeit, **Aktionärsdarlehen** zu erhalten. Dazu gilt es zu beachten, dass eine Umwandlung einer Personengesellschaft in eine Aktiengesellschaft mit finanziellen Folgen verbunden ist (Gründungskosten). Da Neubewertungen vorgenommen werden, sind zusätzlich noch Steuern zu bezahlen.

d)
- Fusion mit einem anderen Unternehmen,
- Kreditaufnahme,
- Verkauf des Unternehmens.

L 44 Die **Finanzierungsregeln** sind keine allgemeingültigen Maßstäbe, weil
- sie nur als allgemeine Hinweise Geltung beanspruchen können,
- sie wegen des unterschiedlichen Risikos branchenabhängig sind,
- gesetzliche, kulturelle und situative Einschränkungen bestehen (z. B. Eigenkapitalhinterlegung bei Banken),
- sie oft einseitig auf einen Gesichtspunkt bezogen sind (z. B. Fristenkongruenz zwischen Vermögen und Kapital),
- Kosten- und Rentabilitätsüberlegungen zu wenig Gewicht erhalten,
- keine eindeutigen Rückschlüsse auf die Liquiditätssituation gezogen werden können,
- ihnen eine statische Betrachtungsweise zugrunde liegt, da sie auf einen Zeitpunkt bezogen sind.

Investition und Unternehmensbewertung

Grundlagen

L 1 Die Bedeutung ergibt sich aus mehreren Sachverhalten:

- **Langfristiger Zeithorizont**: Investitionsentscheide haben in der Regel langfristige Auswirkungen, was folgende Konsequenzen nach sich zieht:
  - Starre Kostenstruktur.
  - Langfristige Kapitalbindung, verbunden mit fixen Belastungen wie Abschreibungen und Zinsen.
  - Großes Risiko: Je langfristiger die Auswirkungen sind, desto weniger genau lassen sich die für eine Investition relevanten Daten abschätzen.

  Damit wird die Flexibilität des Unternehmens erheblich eingeschränkt.
- **Knappheit des Kapitals**: Grundsätzlich ist davon auszugehen, dass das Kapital nicht in beliebiger Höhe zur Verfügung steht. Oder mit anderen Worten: Es stehen mehr Investitionsprojekte zur Auswahl, als finanziert werden können. Dies führt dazu, dass eine Auswahl bzw. eine Ablehnung von Investitionsprojekten vorgenommen werden muss.
- **Komplexität**: Investitionen stehen nicht nur im Bereich der Finanzwirtschaft im Zentrum, sondern zeigen in allen Unternehmensberei-

chen erhebliche Auswirkungen. Speziell davon betroffen sind das Personalwesen, das Marketing, die Materialwirtschaft und der Produktionsbereich.

- **Datenmenge**: Es fällt eine Vielzahl von Daten an, die für eine Investitionsentscheidung relevant sind. Neben innerbetrieblichen Informationen ist vor allem auch die Umwelt des Unternehmens einzubeziehen, insbesondere Informationen über den Markt, die Konkurrenz, die Technologie, die volkswirtschaftlichen Bedingungen und die politische Situation.
- **Erfolg des Unternehmens:** Zusammenfassend kann festgestellt werden, dass Investitionen einen maßgeblichen Einfluss auf den Gesamterfolg und sogar auf das Bestehen eines Unternehmens haben.

L 2 **a)** Der **Investitionspolitik** kommt strategischer Charakter zu. Sie ist deshalb eine wesentliche Aufgabe der Unternehmensleitung und wirkt sich unmittelbar auf Rentabilität und Liquidität sowie Sicherheit und Unabhängigkeit des Unternehmens aus. Ohne zu investieren, kann ein Unternehmen in einer dynamischen und komplexen Umwelt nicht überleben. Bei Investitionen, die von strategischer Bedeutung sind (z. B. bei Produktionsanlagen für neue Produkte), kann nur die Unternehmensleitung entscheiden, da sie den notwendigen Überblick über die Unternehmensziele und die Strategien hat. Sie muss das Gesamtinteresse im Auge behalten. Sie sollte die Fähigkeit und das Wissen haben, die Auswirkungen einer Investition auf die verschiedenen Bereiche des Unternehmens und die gegenseitigen Interdependenzen abschätzen zu können. Eine Delegation von Investitionsentscheidungen, die von geringerer Wichtigkeit sind (z. B. begrenzte Investitionssumme) und nur einzelne Teilbereiche und Abteilungen des Unternehmens betreffen, ist hingegen durchaus sinnvoll. Bei solchen Investitionsprojekten ist ein Einbezug der Mitarbeiter und Mitarbeiterinnen von großem Nutzen, da sie am besten über Anliegen, die sie unmittelbar betreffen, entscheiden können. Damit wird auch ihre Motivation gesteigert.

b) **Motive** und **Ziele**, welche Investitionen auslösen können:

- Gewinn- und Rentabilitätsstreben,
- Erhaltung und Verbesserung der Wettbewerbsfähigkeit,
- Ausbau von Marktanteilen,
- Bewahrung und Ausbau der Unternehmenssubstanz,
- Sicherheit und Unabhängigkeit des Unternehmens,
- Bilanz- und Liquiditätsziele,
- Ansehen des Unternehmens,
- persönliches Image und Prestige,

- politische Macht und gesellschaftlicher Einfluss,
- soziale Absicherung und Zufriedenheit der Belegschaft,
- umweltschonende Maßnahmen (z. B. bei Produktionsverfahren oder bei Transporten).[1]

L 3 Je höher der Investitionsbetrag ist, desto eher gelten tendenziell die folgenden Aussagen:

- Die hierarchische Stellung des Entscheidungsträgers ist höher.
- Das Auftreten dieser Entscheidung, bzw. die Auslösung im Entscheidungsprozess, wird seltener.
- Die Investitionsprüfung wird umfassender.
- Die Anzahl der beteiligten Stellen steigt.
- Die Dauer der Entscheidungsfindung nimmt zu.
- Die anschließende Investitionskontrolle wird umfassender.

L 4 a) Folgende spezifische Informationen sind u. a. notwendig beim Investitionsentscheidungsprozess:

- **Computer:**
  - Technische Entwicklung,
  - Konkurrenzprodukte in Bezug auf Qualität, Leistung und Preis,
  - anwendbare Software,
  - Kompatibilität,
  - Benutzerfreundlichkeit,
  - Kundenbetreuung und -beratung durch den Lieferanten,
  - Abdeckung der eigenen Bedürfnisse,
  - zusätzlicher Personalbedarf bzw. mögliche Personaleinsparungen.
- **Kopiergerät:**
  - Technische Entwicklung,
  - Feststellen der eigenen Bedürfnisse (Vorlageneinzug, mehrere Papierkassetten vorhanden, Verkleinern und Vergrößern usw.),
  - Konkurrenzprodukte in Bezug auf Qualität, Leistung und Preis,
  - Störanfälligkeit,
  - Wartung/Service
  - Kopiergeschwindigkeit,
  - Qualität der Kopien.
- **Maschine:**
  - Technische Entwicklung,
  - Abklären der eigenen Bedürfnisse,
  - Konkurrenzprodukte in Bezug auf Qualität, Leistung und Preis,

---

[1] Müller-Hedrich, Bernd W.: Betriebliche Investitionswirtschaft. 7. Auflage, Stuttgart 1998, S. 13f.

- □ Höhe der Stückkosten zur Schätzung des Verkaufspreises und der Nachfrage,
- □ aktueller und zukünftiger Bedarf an Blechbüchsen,
- □ Substitutionsprodukte,
- □ Umsatzplanung,
- □ Unfallsicherheit bei der Bedienung,
- □ Höhe der Umschulungskosten.

b)
- ■ **Datensicherheit und Kostenstruktur**: Die Daten können z.B. bezüglich Absatzmenge und effektiver Kosten kaum genau vorhergesagt werden.
- ■ **Objektivität**: Informationen werden oft bewusst verfälscht, um
  - □ eine Investition zu verhindern, weil dadurch Änderungen in der bisherigen Arbeitsweise oder Umschulungen, Versetzungen und sogar Kündigungen verbunden sein können,
  - □ eine Investition durchsetzen zu können, indem Ergebnisse besser als erwartet dargestellt werden,
  - □ einen Verkaufsabschluss seitens des Lieferanten tätigen zu können.
- ■ **Informationsmenge**: Aus einer Vielzahl von Informationen müssen die situations- und entscheidungsrelevanten herausgefiltert werden.
- ■ **Informationsträger**: Wer besitzt die besten Informationen?

L 5

Der Investitionsentscheidungsprozess kann in folgende Phasen unterteilt werden:

1. **Investitionsplanung**
   a) **Anregungsphase**
      - ■ Anregungen für neue Produkte durch Kunden oder Lieferanten,
      - ■ Ableitung aus der Unternehmenspolitik,
      - ■ Anstöße von Mitarbeitern und Mitarbeiterinnen.

   b) **Machbarkeitsprüfung**
      - ■ Technische Prüfung,
      - ■ Suche eines Anbieters,
      - ■ wirtschaftliche Prüfung:
        - □ Möglichkeit der Kapitalbeschaffung,
        - □ Herstellungskosten,
        - □ Schätzung des Umsatzes durch Preis- und Absatzprognosen der Fachgeschäfte (Absatz- und Finanzplan),
        - □ Schätzung des Gewinnes und der Rentabilität.

   c) **Investitionsantrag**
      Werden die Gewinnchancen als genügend groß eingeschätzt, wird der Antrag zur Annahme empfohlen.

2. **Investitionsentscheidung**
   Schätzt der Importeur (die Unternehmensleitung) die Gewinnchancen ebenfalls als genügend groß ein, wird das Projekt realisiert.
3. **Realisierung der Investition**
   - Bestellungen von Fach- und Spielwarengeschäften werden schriftlich entgegengenommen.
   - Es werden verschiedene Angebote eingeholt.
   - Das benötigte Kapital wird bereitgestellt (Selbstfinanzierung) oder das zugesicherte Kapital (Fremdfinanzierung) in Anspruch genommen und die entsprechenden Verträge bezüglich Haftung, Laufzeit und Zinsen werden abgeschlossen (Berücksichtigung im Finanzplan).
   - Gemäß den vorliegenden Bestellungen wird der Produktionsauftrag erteilt. Die Bedingungen wie Menge, Preis, Lieferzeit, Qualität, Garantie und Zahlungsmodalitäten (Berücksichtigung im Finanzplan) werden vertraglich festgelegt.
   - Die Ware wird entgegengenommen und nach einer Qualitätsprüfung an den Handel ausgeliefert.
   - Im Falle einer Finanzierung über Fremdkapital werden die Zahlungen gemäß den Verträgen vorgenommen und entsprechend den vertraglichen Abmachungen werden die Produktionskosten bezahlt.
4. **Investitionskontrolle**
   Gemäß den vorliegenden Absatz- und Finanzplänen wird periodisch der Erfolg der Investition überprüft.

L 6 a)

- **Technische Imponderabilien**
  - Einfachheit und Unfallsicherheit bei der Maschinenbedienung,
  - Präzision der Aggregate,
  - lautloser und erschütterungsfreier Arbeitsgang,
  - Hitze-, Lärm- und Staubbelästigung.
- **Wirtschaftliche Imponderabilien**
  - Situation auf dem Arbeitsmarkt,
  - Sicherheit der politischen und wirtschaftlichen Verhältnisse (Währungspolitik, Stabilität der politischen Lage),
  - Einhaltung der Liefertermine,
  - Materialbeschaffung (Lieferzeit, konstante Qualität),
  - Expansionszwang.
- **Psychologische Imponderabilien**
  - Risikofreudigkeit der Unternehmensleitung,
  - Prestige der Investition,
  - Unternehmenstradition,
  - soziale Einstellung der Unternehmensleitung.

- **Soziale Imponderabilien**
  - psychische und physische Belastung des Personals, z.B. durch Nachtarbeit oder Lärm.
- **Ökologische Imponderabilien**
  - Entsorgungsprobleme,
  - Luftverschmutzung.

b) Bei einer Investition dürfen quantitativ nicht oder nur schlecht erfassbare Faktoren auf keinen Fall außer Acht gelassen werden. Ihre Bedeutung für eine Investitionsentscheidung ist oft gleich groß oder sogar noch größer als diejenige rein rechnerischer Faktoren. Beispielsweise kann die Standortentscheidung für den Bau einer Produktionsanlage wesentlich davon abhängen, wie stabil die politische Lage in den betreffenden Ländern ist. Obwohl die Rendite im Land X höher ist als im Land Y, kann der letzteren Variante der Vorzug gegeben werden, weil die Unsicherheiten über die Entwicklungen im wirtschaftlichen und politischen Bereich viel kleiner sind.

c) Es bestehen grundsätzlich zwei Möglichkeiten, wie Imponderabilien bei einer Investitionsentscheidung berücksichtigt werden können:

- Es wird versucht, die Imponderabilien – trotz großer Schwierigkeiten – zu quantifizieren und in die Investitionsrechnung einzubeziehen. Dazu eignet sich die Nutzwertanalyse, bei der sowohl die quantifizierbaren als auch die nicht quantifizierbaren Faktoren in einer einzigen Rechnung berücksichtigt werden. Alle Faktoren werden aufgelistet und nach ihrer Bedeutung gewichtet. Anschließend erfolgt eine Bewertung auf Grund einer Punkteskala. Die Multiplikation der Gewichtung mit der Bewertung ergibt den Nutzen des betreffenden Einflussfaktors, die Summe aller Nutzen den Gesamtnutzen. Durch unterschiedliche Gewichtungen und Bewertungen lässt sich der Einfluss der einzelnen Faktoren variieren und es können unterschiedliche Szenarien ermittelt werden.
- Die Imponderabilien werden außerhalb der Investitionsrechnung in den Entscheidungsprozess einbezogen und bewertet. So kann ein Punktesystem aufgestellt werden, mit dessen Hilfe man die monetär schwer erfassbaren Daten ihrem Gewicht entsprechend mit Punkten bewertet. Ein allgemein gültiges Punktesystem lässt sich allerdings nicht entwickeln, weil die Auswahl und Gewichtung der einzelnen Daten von Fall zu Fall stark abweicht. Trotzdem stellt ein solches Punktesystem ein wertvolles Hilfsmittel dar, das in einzelnen Unternehmen eingesetzt wird. Man kann sich auch mit einer Checkliste begnügen, in der die Imponderabilien zusammengestellt sind. Daneben kommt es häufig vor, dass diese Daten lediglich bei der Begründung des Investitionsantrages aufgeführt werden.

Im Allgemeinen besitzt das Vorgehen gemäß der zweiten Möglichkeit den größten Aussagewert, weil monetär schwer erfassbare Daten für die Investitionsentscheidung zwar wichtig, aber für eine Investitionsrechnung ungeeignet sind.

Investitionsrechenverfahren

L 7

	Modell M (in €)	**Modell O (in €)**
Steuern	355,80	415,20
Versicherung	824,40	930,50
Abschreibung	4.000,–	4.250,–
Zinsen	800,–	850,–
Fixe Kosten	**5.980,20**	**6.445,70**
Fahrkosten 15.000 km	3.900,–	3.300,–
Fahrkosten 40.000 km	10.400,–	8.800,–
Gesamtkosten 15.000 km	9.880,20	9.745,70
Gesamtkosten 40.000 km	16.380,20	15.245,70

Das **Modell O** schneidet in beiden Kostenvergleichen besser ab.

L 8 **a)**

	Modell A (in €)	**Modell B (in €)**	**Modell C (in €)**
Abgaben	350,–	400,–	400,–
Abschreibung	6.000,–	8.308,–	6.364,–
Zinsen	960,–	1.440,–	1.400,–
Benzin	4.620,–	3.960,–	4.290,–
Reifen	488,–	480,–	475,–
Service	1.500,–	1.300,–	900,–
Gesamtkosten	13.918,–	15.888,–	13.829,–

Das **Modell C** ist am kostengünstigsten.

b)

- Veränderungen der Kosten,
- Reparaturanfälligkeit,
- ökologische Kriterien,
- Image der Fahrzeugmarke,
- Zuverlässigkeit und Fachkompetenz der Werkstatt,
- unterschiedlicher Anfall der Kosten in betragsmäßiger und zeitlicher Hinsicht.

L 9 Amortisationsdauer = $\frac{250.000}{50.000}$ = **5 Jahre**

L 10 a)

- **Kapitalwert**
  - Grundstück A: 230.000 · 0,665 – 120.000 = 32.950,– €
  - Grundstück B: 360.000 · 0,665 – 200.000 = 39.400,– €
- **Interner Zinssatz (IRR)**
  - Grundstück A: $(1 + i)^7 \cdot 120.000 = 230.000$
    Daraus ergibt sich ein interner Zinssatz von **9,7 %.**
  - Grundstück B: $(1 + i)^7 \cdot 200.000 = 360.000$
    Daraus ergibt sich ein interner Zinssatz von **8,8 %.**

b) Aufgrund der Berechnungen mit Hilfe der Kapitalwertmethode wäre das Grundstück B zu wählen, gemäß der internen Verzinsung aber Grundstück A. Deshalb müssen weitere Kriterien in die Entscheidung einbezogen werden. Zu beachten wären etwa die alternativen Anlagemöglichkeiten der bei Variante A nicht gebrauchten 80.000,– € sowie die Lage und die infrastrukturelle Erschließung der Grundstücke.

L 11 a) Die Kapitalwertberechnung ergibt (alle Beträge in 1.000 €):

Jahr	**Faktor**	**Standort A**	**Standort B**
1	0,926	– 138,9	– 92,6
2	0,857	0	– 85,7
3	0,794	79,4	79,4
4	0,735	147,0	73,5
5	0,681	204,3	204,3
Kapitalwert		291,8	178,9
Wahrscheinlichkeit		0,5	0,8
Erwarteter Kapitalwert		145,9	143,1

Der Standort A wäre auf Grund des erwarteten Kapitalwertes vorzuziehen, wobei die Differenz zum Standort B allerdings sehr klein ist. Zusätzlich ist jedoch zu berücksichtigen, dass die erwarteten Zahlungsströme beim Standort A mit einem Unsicherheitsfaktor von 50 % behaftet sind, während dieser beim Standort B nur 20 % beträgt. Angesichts der kleinen Unterschiede beim erwarteten Kapitalwert wäre der **Standort B** vorzuziehen. Letztlich hängt die Entscheidung aber von der Risikobereitschaft der Unternehmensleitung ab.

b) Ein weiteres Verfahren zur Standortbewertung ist die **Nutzwertanalyse.** Bei dieser Methode werden alle Faktoren aufgelistet und ihrer Bedeutung nach gewichtet. Anschließend erfolgt eine Bewertung auf Grund einer Punkteskala. Die Multiplikation der Gewichtung mit der Bewertung ergibt den Nutzen des betreffenden Einflussfaktors, die Summe aller Nutzen den Gesamtnutzen. Durch unterschiedliche Gewichtungen und Bewertungen lässt sich der Einfluss der einzelnen Faktoren variieren und es können unterschiedliche Szenarien ermittelt werden.
Im Gegensatz zur Nutzwertanalyse gehen beim unter a) dargestellten Verfahren alle diese Faktoren in die Berechnung der Einzahlungsüberschüsse ein, ohne dass ihre einzelnen Einflüsse explizit sichtbar werden.

L 12 a) Da die Einnahmeüberschüsse über die Nutzungsdauer hinweg nicht gleichmäßig anfallen, muss für jedes Jahr der Barwert einzeln berechnet werden. Die Summe aus diesen Barwerten und dem diskontierten Liquidationserlös vermindert um den Anschaffungspreis ergibt schließlich den Kapitalwert der Investition.

	Einahmeüberschüsse	**Barwertfaktor**	**Barwert**
1. Jahr	5.000	0,909	4.545
2. Jahr	3.800	0,826	3.139
3. Jahr	2.700	0,751	2.028
Liquidationserlös	2.000	0,751	1.502
Gesamt			11.214
./. I_0			10.000
Kapitalwert			1.214

b) Die **effektive (interne) Verzinsung** ist derjenige Zinssatz, bei dem der Kapitalwert gerade null ist. Weil ein Liquidationserlös am Ende der Lebensdauer der Anlage realisiert werden kann und die Einnahmenüberschüsse nicht konstant anfallen, müssen aufgrund von Schätzwerten Kapitalwerte berechnet werden, die möglichst nahe über und unter 0 liegen. Anschließend kann durch Interpolation die interne Verzinsung berechnet werden.

		Zinssatz 16 %		Zinssatz 18 %	
	Einnahme-überschüsse	Bar-faktor	Bar-wert	Bar-faktor	Bar-wert
1. Jahr **2. Jahr** **3. Jahr** **Liquiditationserlös**	5.000 3.800 2.700 2.000	0,862 0,743 0,641 0,641	4.310 2.823 1.731 1.282	0,847 0,718 0,609 0,609	4.123 2.728 1.644 1.218
Gesamt			10.146		9.825
./. I_0			10.000		10.000
Kapitalwert			146		–175

Durch Interpolation erhalten wir einen internen Zinsfuß von **16.9 %**. Damit ist die Voraussetzung für die Beschaffung der Anlage erfüllt.

L 13 **a)**
- $K_A = 2{,}487 \cdot 52.000 - 110.000 =$ **19.324,– €**
- $K_B = 3{,}170 \cdot 32.000 - 80.000 =$ **21.440,– €**

b)
- Investition A: $a_{\overline{n}|} = \dfrac{110.000}{52.000} = 2{,}115$; IRR = **19,7 %**
- Investition B: $a_{\overline{n}|} = \dfrac{80.000}{32.000} = 2{,}5$; IRR = **21,9 %**

Zwei wichtige Voraussetzungen für die objektive Vergleichbarkeit des internen Zinssatzes alternativer Investitionsprojekte sind die gleiche Höhe des Investitionsbetrages und die gleiche Nutzungsdauer der Investition.

c) **Investition B**

d)
- **Kapitalwerte**

$$\begin{aligned} K_A &= a_{\overline{12}|} \cdot g - (I_0 + a_{\overline{3}|} \cdot I_0 + a_{\overline{6}|} \cdot I_0 + a_{\overline{9}|} \cdot I_0) \\ &= 6{,}814 \cdot 52.000 - 110.000 \cdot (1 + 0{,}751 + 0{,}564 + 0{,}424) \\ &= 53.038{,}\text{– €} \\ K_B &= a_{\overline{12}|} \cdot g - (I_0 + a_{\overline{4}|} \cdot I_0 + a_{\overline{8}|} \cdot I_0) \\ &= 6{,}814 \cdot 32.000 - 80.000 \cdot (1 + 0{,}683 + 0{,}467) \\ &= 46.048{,}\text{– €} \end{aligned}$$

- Die **interne Verzinsung** der beiden Varianten ist unabhängig davon, wie oft eine Investition wiederholt wird. Sie ändert sich demzufolge nicht. Der Abzinsungsfaktor berücksichtigt für jedes Jahr den zukünftigen Anfall der Investitionssumme und der Einzahlungsüberschüsse. Aufgrund der Berechnungen mit Hilfe der Kapitalwertmethode wäre die Alternative A zu wählen, gemäß der internen Verzinsung aber Alternative B. Deshalb sind weitere Kriterien zur Entscheidungsfindung herbeizuziehen. Dazu gehören etwa
  - die alternativen Investitions- oder Anlagemöglichkeiten für die Differenz aus den Kapitaleinsätzen der beiden Varianten,
  - der Umfang der von den Lieferanten angebotenen Serviceleistungen (Wartung, Reparaturen),
  - die Garantieleistungen,
  - die Bedienerfreundlichkeit,
  - ökologische und soziale Überlegungen (z.B. Stromverbrauch, Lärm- und Stressbelastung),
  - das Leistungspotenzial der einzelnen Investitionen und
  - die Qualität der hergestellten Produkte.

L 14 Für beide Projekte gilt, dass es am Ende der Nutzungsdauer keinen Liquidationserlös gibt: $L_n = 0$.

- **Projekt A**
  - Pay-back-Frist $= \frac{6,0}{1,2} =$ **5 Jahre**
  - $K_0 = 6{,}145 \cdot 1{,}2 - 6 =$ **1,374 Mio. €**
- **Projekt B**
  - Pay-back-Frist $= \frac{2 \cdot 1{,}2 + 4}{1{,}4} + 2 =$ **6,6 Jahre**
  - $K_0 = 1{,}4\,(6{,}145 - 1{,}736) - 1{,}2 \cdot 1{,}736 - 4{,}0 \cdot 0{,}826 =$ **0,785 Mio. €**

Aufgrund der Wirtschaftlichkeitsrechnungen ist Projekt A vorzuziehen. Es gilt aber zu beachten, dass bei Projekt B die Liquiditätsbelastung kleiner ist und mit der Eigenentwicklung des Produktes technisches Knowhow gewonnen wird.

L 15 a)

■ **Kapitaleinsatz (in €)**	**Maschine 1**	**Maschine 2**
□ Anschaffungspreis	300.000,–	480.000,–
□ Ausbildungskosten	2.000,–	3.000,–
□ Liquidationserlös	0,–	60.000,–
⇒ Durchschnittl. Kapitaleinsatz	151.000,–	271.500,–

■ **Kosten pro Jahr (in €)**	**Maschine 1**	**Maschine 2**
□ Abschreibung	30.200,–	28.200,–
□ Unterhaltskosten	18.000,–	20.000,–
□ Energiekosten	8.000,–	4.000,–
□ Übrige fixe Betriebskosten	20.000,–	25.000,–
□ Variable Betriebskosten	56.000,–	72.000,–
□ Zinsen	15.100,–	27.150,–
Gesamtkosten	147.300,–	176.350,–
■ **Erlös (in €)**	160.000,–	198.000,–
■ **Gewinn (Erlös – Gesamtkosten in €)**	12.700,–	21.650,–

Die Berechnung der Rentabilität (ROI) ist eine reine Gewinn- und Kostenrechnung. Deshalb werden die kalkulatorischen Zinsen und Abschreibungen berücksichtigt. Bei der Berechnung nach der Pay-back-Methode könnten die Zinsen, wenn sie nicht liquiditätswirksam sind, ebenfalls aufgerechnet werden. In der Praxis ist dieser Fall aber eher selten anzutreffen, deshalb finden die Zinsen in der folgenden Lösung keine Beachtung. Die Abschreibungen werden auf jeden Fall berücksichtigt.

- **Maschine 1**
  - □ $\text{ROI} = \frac{12.700}{151.000} = \mathbf{8{,}4\ \%}$
  - □ $\text{Pay-back-Frist} = \frac{302.000}{12.700 + 30.200} = \mathbf{7{,}0\ Jahre}$
- **Maschine 2**
  - □ $\text{ROI} = \frac{21.650}{271.500} = \mathbf{8{,}0\ \%}$
  - □ $\text{Pay-back-Frist} = \frac{483.000}{21.650 + 28.200} = \mathbf{9{,}7\ Jahre}$

b)
- **Maschine 1**
  - $K_0 = 6{,}145 \cdot (12.700 + 30.200) - 302.000 =$ **– 38.380,– €**
- **Maschine 2**
  - $K_0 = 7{,}606 \cdot (28.200 + 21.650) - 483.000 + 60.000 \cdot 0{,}239$
    = **– 89.501,– €**

Der interne Zinssatz muss bei beiden Varianten unter 10 % liegen, da der Kapitalwert bei einem Zinssatz von 10 % negativ ist.

c) Man entscheidet sich für keine der Varianten, da bei beiden der Kapitalwert unter 0 liegt und die Verzinsungen (ROI und IRR) unter dem geforderten Ausgangswert von 10 % liegen.

L 16 Um die Variante B mit der Variante A vergleichen zu können, berechnet man deren Kapitalwert (Kalkulationszinssatz 12 %). Die Leasingraten sind dabei im Voraus zahlbar.

Bearbeitungsgebühr:	7.050 €
1. Leasingrate:	52.000 €
2.–5. Leasingrate (3.037 · 52.000):	157.924 €
Liquidationserlös (0,567 · 11.000):	6.237 €

Der gesamte Kapitalwert beträgt 223.211 €. Im Vergleich zur Variante A schneidet **Variante B** besser ab.

L 17 a) Man berechnet den Barwert der Einsparungen von Variante 2 (Präzisionsmaschine) gegenüber Variante 1 (herkömmliche Messvorrichtungen). Falls dieser Wert über 0 liegt, ist die Variante 2 vorteilhafter.

	Kauf	1. Jahr	2. Jahr	3. Jahr	4. Jahr	5. Jahr	6. Jahr	Gesamt
Anschaffung	–200.000							
Ausbildung		–45.000						
Unterhalt		2.000	–6.000	–6.000	–6.000	–6.000	–6.000	
Personal		37.500	75.000	75.000	75.000	75.000	75.000	
Restwert							40.000	
Einsparung nominal	–200.000	–5.500	69.000	69.000	69.000	69.000	109.000	
a_n	1	0,862	0,743	0,641	0,552	0,476	0,410	
Barwert der Einsparung	–200.000	–4.741	51.267	44.229	38.088	32.844	44.690	6.377

Der Barwert der Einsparung von Variante 2 beträgt 6.377,– €. Die Anschaffung der Präzisionsmaschine **lohnt sich** deshalb.

b)
- Zusätzliche Verwendbarkeit der Maschine,
- rationelleres und genaueres Messen,
- Störungsanfälligkeit,
- Lieferantenbeziehungen,
- Akzeptanz im Betrieb.

L 18 Die Berechnung der Kapitalwerte erfolgt aufgrund der Auszahlungen. Dies bedeutet, dass eventuelle Liquidationserlöse abgezogen werden müssen. Da die Systemnebenkosten bei beiden Finanzierungsmöglichkeiten gleich hoch sind, können sie für die Berechnungen weggelassen werden. Sie würden jeweils nur die Kapitalwerte um den gleichen Betrag erhöhen. Für eine Beurteilung der vorteilhafteren Variante ist aber die Höhe der Kapitalwerte nicht von Bedeutung. Wichtig ist nur, welche Variante den niedrigeren oder den höheren Wert liefert. Im vorliegenden Fall wird die Variante mit dem niedrigeren absoluten Wert vorgezogen, weil nur Auszahlungen betrachtet werden.

- **Variante Kauf**

Kaufpreis:	500.000 + 0,926 · 1.200.000	=	1.611.200,– €
Wartungsvertrag:	(5,206 – 0,926) · 80.000	=	342.400,– €
Liquidationserlös:	0,583 · (– 50.000)	=	– 29.150,– €

Der relevante Kapitalwert beträgt 1.924.450,– €.

- **Variante Leasing**

Schulung:	0,857 · 25.000	=	21.425,– €
Erste 5 Leasing-Raten:	(4,623 – 0,926) · 516.000	=	1.907.652,– €
Letzte Leasing-Rate:[1]	0,583 · 120.000	=	69.960,– €

Der relevante Kapitalwert beträgt 1.999.037,– €.

Die Variante **Kauf** ist günstiger.

L 19 **Berechnung der Kapitalwerte**

- Variante **Kauf der Bude**

Einzahlungen 1.–3. Jahr:	(24.000 – 1.200) · 2,487	=	56.704,– €
Einzahlungen 4.–10. Jahr:	(6,145 – 2,487) · 12.000	=	43.896,– €
Liquidationserlös:	0,386 · 5.000	=	1.930,– €
./. Kaufpreis			40.000,– €

Der gesamte Kapitalwert beträgt 62.530,– €

- **Variante Miete des Kiosks**

Einzahlungen:	17.500,– €
./. Miete	6.000,– €
	11.500,– €

Der gesamte Kapitalwert beträgt 70.668,– € (6,145 · 11.500).

Die Variante **Miete des Kiosks** ist vorzuziehen.

L 20 Es werden die Kapitalwerte der Auszahlungen berechnet. Dabei ist zu beachten, dass die Variante mit dem niedrigeren Wert vorzuziehen ist.

- **Variante Leasing**

Abschlussgebühr:		=	4.300,– €
1. Leasingrate:		=	21.000,– €
2.–5. Leasingrate:	3,170 · 21.000	=	66.570,– €

Der gesamte Kapitalwert beträgt **91.870,– €**.

[1] Es wird von einer Vertragsverlängerung ausgegangen und nicht vom Kauf der Anlage.

- **Variante Darlehen**

Anzahlung:			26.000,– €
Versicherung:	3,170 · 2.000	=	6.340,– €
Rückzahlung:	3,170 · 15.000	=	47.550,– €
Zins 1. Jahr:	0,909 · 3.000	=	2.727,– €
Zins 2. Jahr:	0,826 · 2.250	=	1.859,– €
Zins 3. Jahr:	0,751 · 1.500	=	1.127,– €
Zins 4. Jahr:	0,683 · 750	=	512,– €

Der gesamte Kapitalwert beträgt **86.115,– €**.

Das **Darlehen** des Kollegen ist **vorzuziehen.**

L 21 Es werden die Kapitalwerte berechnet. Da Herr Rieter den Betrag, der nach der Investition übrig bleibt, zu 4 % anlegen kann, rechnet er mit diesem Kalkulationszinssatz.

- **Variante Einfamilienhaus**

Einzahlungsüberschüsse:	4,452 · 42.000	=	186.984,– €
Wert der Liegenschaft:	0,822 · 1.325.000	=	1.089.150,– €
Restbetrag:[1]		=	50.000,– €
./. Kaufpreis			1.200.000,– €

Der gesamte Kapitalwert beträgt **126.134,– €**.

- **Variante Obligationsanleihe (13 Anteile à 95.000,– €)**

Zinsen:	4,452 · 65.000	=	289.380,– €
Rückzahlung:	0,822 · 1.300.000	=	1.068.600,– €
Restbetrag:[2]		=	15.000,– €
./. Kaufpreis			1.235.000,– €

Der gesamte Kapitalwert beträgt **137.980,– €**.

Die **Obligationsanleihe** ist vorzuziehen.

L 22 a) Es werden die Kapitalwerte der Auszahlungen berechnet. Dabei ist zu beachten, dass die Variante mit dem niedrigeren Wert vorzuziehen ist.
Der Kaufpreis für die erste Maschine spielt bei den Berechnungen keine Rolle, weil die erste Maschine im Entscheidungszeitpunkt bereits gekauft ist und sie auf jeden Fall bezahlt werden muss. In einer dynamischen Betrachtung sind nur zukünftige Ereignisse von Belang.

---

[1] Da er den Restbetrag zu 4 % anlegen kann und den gleichen Zinssatz als Kalkulationszinssatz wählt, verändert sich der Restbetrag im Laufe der Zeit nicht.

[2] Da er den Restbetrag zu 4 % anlegen kann und den gleichen Zinssatz als Kalkulationszinssatz wählt, verändert sich der Restbetrag im Laufe der Zeit nicht.

- **Variante 1**
  Betriebskosten: 3,889 · 32.000 = 124.448,– €
  Der gesamte Kapitalwert beträgt **124.448,– €.**

- **Variante 2**
  Kaufpreis (abzüglich 10 % Rabatt): = 54.000,– €
  Betriebskosten 1.–2. Jahr: 1,647 · 20.000,– € = 32.940,– €
  Betriebskosten 3.–4. Jahr: (2,914 – 1,647) · 22.000,– € = 27.874,– €
  Betriebskosten 5.–6. Jahr: (3,889 – 2,914) · 24.000,– € = 23.400,– €
  ./. Liquidationserlös: 0,456 · 6.000,– € = 2.736,– €
  ./. Verkauf Maschine 1: 17.000,– €
  Der gesamte Kapitalwert beträgt **118.478,– €.**

Das Unternehmen sollte auf das neue Angebot eingehen, da die modernere Maschine günstiger ist.

b)
- Liquiditätsbelastung durch neue Anlage,
- Zusatzleistungen wie Service- und Garantieleistungen,
- zusätzliche Umschulungskosten,
- Leistungsmöglichkeiten,
- Qualität der Leistung,
- zusätzliche Einsparpotenziale,
- Problematik des Lieferantenwechsels (z. B. aus unternehmenspolitischer Sicht erwünscht oder überhaupt möglich?).

L 23 a)

Einzahlungen	20.000,– €
./. Abschreibungen	8.000,– €
./. Zinsen (0,1 · 40.000)	4.000,– €
Gewinn	8.000,– €

$$\text{ROI} = \frac{8.000}{40.000} = \mathbf{20\ \%}$$

b) $$a_{\overline{n}|} = \frac{80.000}{20.000} = 4$$

Durch Interpolation erhält man eine interne Verzinsung von **21,4 %.**

c)
- **Annahme vollkommener Information:** Die jährlichen Einzahlungsüberschüsse sind nur geschätzt und können nicht als sichere Werte gelten. Deshalb müssen verschiedene Varianten beurteilt werden (z. B. anhand einer Sensitivitätsanalyse).
- **Wiederanlage der Einzahlungsüberschüsse:** Es wird unterstellt, dass die Einzahlungsüberschüsse zum internen Zinssatz reinvestiert werden können. Es ist aber überhaupt nicht gesagt, dass sich dies in der Zukunft auch realisieren lässt.
- **Vernachlässigung von Mehrfachkriterien:** Es werden nur Renditeüberlegungen beim Investitionsentscheidungen berücksichtigt. Für eine vertiefte Analyse sind aber auch der Kapitalwert und die Rückflussfrist zu berechnen.
- **Vernachlässigung qualitativer Daten:** Eine Berücksichtigung qualitativer Daten (z. B. Imponderabilien) kann mit einer Nutzwertanalyse vorgenommen werden.

L 24 Der interne Zinssatz entspricht einem Kapitalwert von 0,– €. Weil ein Liquidationserlös am Ende der Lebensdauer der Anlage realisiert werden kann und die Einzahlungsüberschüsse nicht konstant anfallen, müssen aufgrund von Schätzwerten Kapitalwerte berechnet werden, die möglichst nahe über und unter 0 liegen. Anschließend kann durch Interpolation die interne Verzinsung berechnet werden.

	Betrag (in €)	**12 %**		**14 %**	
		Faktor	**Barwert (in €)**	**Faktor**	**Barwert (in €)**
Liquidationserlös	4.000,–	0,322	1.288,–	0,270	1.080,–
Einzahlungsüberschüsse 1.–3. Jahr	7.000,–	2,402	16.814,–	2,322	16.254,–
Einzahlungsüberschüsse 4.–10. Jahr	10.000,–	(5,650 –2,402)	32.480,–	(5,216 –2,322)	28.940,–
Summe der Barwerte			50.582,–		46.274,–
./. Investition			50.000,–		50.000,–
Kapitalwerte			582,–		–3.726,–

Durch Interpolation erhält man einen internen Zinssatz von **12,3 %.**
Die Frage, ob die Anlage beschafft werden soll oder nicht, hängt davon ab,

- wie realistisch die Einschätzungen über die zusätzlichen Einzahlungsüberschüsse sind,
- zu welchem Zinssatz die Investitionssumme sonst angelegt werden könnte und
- ob alternative Beschaffungsmöglichkeiten bestehen.

L 25

- **Kostenvergleich**

	Variante A	**Variante B**
Abschreibungen	200.000	300.000
Zinsen[1] (10 %)	50.000	75.000
= Fixe Kosten	**250.000**	**375.000**
Variable Kosten	160.000	80.000
= Gesamtkosten	**410.000**	**455.000**

Break-even-Analyse in Bezug auf die Vorteilhaftigkeit der beiden Varianten hinsichtlich der Kosten:

250.000 + 2x = 375.000 + x

x = 125.000

- **Gewinnvergleich**

	Variante A	Variante B
Erlös	520.000	600.000
Kosten	410.000	455.000
Gewinn	**110.000**	**145.000**

Break-even-Analyse in Bezug auf die Vorteilhaftigkeit der beiden Varianten hinsichtlich des Gewinns:

$$6{,}5x - 2x - 250.000 = 7{,}5x - x - 375.000$$
$$2x = 125.000$$
$$\mathbf{x = 62.500}$$

[1] Die Zinsen werden auf dem durchschnittlich eingesetzten Kapital berechnet, das dem arithmetischen Mittel aus Anschaffungspreis und Liquidationserlös (= 0) entspricht.

- **Return on Investment (ROI)**
  - **Nettorendite** (Rendite, die über dem kalkulatorischen Zinssatz von 10 % liegt):

$$r_{netto} = \frac{\text{Gewinn}}{\varnothing \text{ eingesetztes Kapital}}$$

Variante A: $r_{netto} = \frac{110.000}{500.000} = \mathbf{22\ \%}$

Variante B: $r_{netto} = \frac{145.000}{750.000} = \mathbf{19{,}33\ \%}$

  - **Bruttorendite**

$$r_{netto} = \frac{\text{Gewinn} + \text{Zinsen}}{\varnothing \text{ eingesetztes Kapital}}$$

Variante A: $r_{netto} = \frac{110.000 + 50.000}{500.000} = \mathbf{32\ \%}$

Variante B: $r_{netto} = \frac{145.000 + 75.000}{750.000} = \mathbf{29{,}33\ \%}$

- **Payback-Periode**
  - **Ohne Berücksichtigung von Zinsen**

$$z = \frac{\text{Kapitaleinsatz}}{\text{Gewinn} + \text{Abschreibungen}}$$

Variante A: $z = \frac{1.000.000}{110.000 + 200.000} = \mathbf{3{,}23\ Jahre}$

Variante B: $z = \frac{1.500.000}{145.000 + 300.000} = \mathbf{3{,}37\ Jahre}$

- **Mit Berücksichtigung von Zinsen**

Variante A: $z = \dfrac{1.000.000}{110.000 + 200.000 + 50.000}$ = **2,77 Jahre**

Variante B: $z = \dfrac{1.500.000}{145.000 + 300.000 + 75.000}$ = **2,88 Jahre**

Diese Variante ist sachlich dann begründet, wenn die Zinsen nur kalkulatorisch sind und eine liquiditätsorientierte Betrachtung im Vordergrund steht. Falls aber die Zinsen bezahlt und als Aufwand verbucht worden sind, sollten sie nicht addiert werden.

- **Kapitalwert**

$$K_0 = a_{\overline{n}|} - (e - a) - I_0 + \frac{L_n}{(1 + i)^n}$$

Im vorliegenden Beispiel besteht bei beiden Varianten kein Liquidationserlös L_n. Die Lebensdauer n beträgt in beiden Fällen 5 Jahre.

- **Variante A:**
  $K_a = 3{,}791 \cdot (520.000 - 160.000) - 1.000.000 =$ **364.760 €**
- **Variante B:**
  $K_b = 3{,}791 \cdot (600.000 - 80.000) - 1.500.000 =$ **471.320 €**

Es besteht das Problem, dass der unterschiedliche Kapitaleinsatz die Resultate verfälscht. Eine mögliche Art, dies zu korrigieren, ist die Annahme der Differenzinvestition, wobei man davon ausgeht, dass die Differenz aus den unterschiedlichen Kapitaleinsätzen der beiden Varianten zu den gleichen Bedingungen investiert werden kann. Diese Annahme würde zu folgenden Kapitalwerten führen:

- **Variante A:** $K_{Aneu} = 1{,}5 \cdot 364.760 =$ **547.140 €**
- **Variante B:** $K_{Bneu} = 1 \cdot 471.320 =$ **471.320 €**

- **Interner Zinsfuß**

$$a_{\overline{n}|} = \frac{I_0}{g} \quad (L_n = 0)$$

- **Variante A:** $a_{\overline{n}|} = \dfrac{1.000.000}{360.000} = 2{,}778$
- **Variante B:** $a_{\overline{n}|} = \dfrac{1.500.000}{520.000} = 2{,}885$

Daraus ergibt sich eine interne Verzinsung von **23,45 %** für Variante A und von **21,67 %** für Variante B.

- **Annuitätenmethode:**

$$A = \frac{1}{a_n} K_0$$

 - **Variante A:** $\frac{1}{3{,}791} \cdot 364.760 = \mathbf{96.217\ €}$

 - **Variante B:** $\frac{1}{3{,}791} \cdot 471.320 = \mathbf{124.326\ €}$

- **Zusammenfassung**

Methode	Variante A	Variante B
Kostenvergleich	●	
Gewinnvergleich		●
Return on Investment	●	
Pay-Back	●	
Kapitalwert Kapitalwert (mit Diff.investition)	 ●	●
Interner Zinsfuß	●	
Annuitätenmethode		●

Unternehmensbewertung

L 26 a) Der vorgeschlagene Wert eignet sich **nicht**, da der Wert des Unternehmens nicht nur von der vorhandenen Substanz, sondern auch von der Entwicklung des zukünftigen Gewinnes abhängt. Dieser wird über den Ertragswert berechnet. Greift man bei der Bestimmung des Unternehmenswertes auf den Substanzwert zurück, so ist von den Wiederbeschaffungskosten auszugehen. Dadurch ergibt sich die folgende Bandbreite für Preisforderungen der Eigentümer.

- Substanzwert = 1,2 Mio. €
- Ertragswert = $\frac{0{,}176 \text{ Mio. €}}{0{,}11} = 1{,}6$ Mio €

Eine bloße Betrachtung des Substanzwertes ist damit unzureichend. Zudem ist der von der Bank berechnete Wert von 1.000.000 € zu tief.

b) Der Goodwill entspricht den nicht bilanzierungsfähigen immateriellen Einflussfaktoren auf die Gewinnentwicklung. Dazu zählen beispielsweise qualifiziertes Personal, Stammkundschaft und eine gute Verteilorganisation. Weil der Substanzwert nur die bilanzierungsfähigen materiellen und immateriellen Vermögenswerte enthält, der Ertragswert aber alle Einflussfaktoren auf den Geschäftsgang über die Kapitalisierung des Gewinnes indirekt berücksichtigt, bezeichnet man die Differenz als Goodwill. Es werden nach dem Kriterium Einflussfaktoren der personenbezogene und der sachbezogene Goodwill und nach dem Kriterium Entstehung der originäre (= selbstgeschaffene) und der derivative (= käuflich erworbene) Goodwill unterschieden. Der originäre Goodwill kann aus der Differenz zwischen dem Ertragswert und dem Substanzwert errechnet werden.
Goodwill = Ertragswert – Substanzwert = 1,6 Mio. – 1,2 Mio. = 0,4 Mio. €

L 27 a)
- Kauf,
- Verkauf,
- Auflösung,
- Sanierung,
- Umwandlung,
- Erbgang,
- Fusion,
- Aufnahme neuer Gesellschafter,
- Ausscheiden von Gesellschaftern.

(Die letzten zwei Punkte beziehen sich auf Personengesellschaften und die GmbH).

b)
- Substanzwert = **2 Mio. €**
- Ertragswert $= \frac{90.000\text{ €}}{0{,}08} =$ **1,125 Mio. €**
- Mittelwert $= \frac{2\text{ Mio. €} + 1{,}125\text{ Mio. €}}{2} =$ **1,563 Mio. €**

c) Der **Goodwill** stellt die Differenz zwischen dem Substanzwert und dem Ertragswert eines Unternehmens dar. **Gründe** dafür können sein:

- gutes Management,
- gute Fachkräfte,
- guter Standort,
- positives Corporate Image (Ruf und Ansehen des Unternehmens),
- gute Kundenbeziehungen,
- gute Lieferantenbeziehungen,
- gute Organisation,
- selbst geschaffene Patente,
- positives Finanzimage (hohe Kreditwürdigkeit),
- Alter des Unternehmens,
- laufende Verträge (Absatzverträge),
- neueste Fabrikationsverfahren,
- günstige Konkurrenzsituation (evtl. monopolähnliche Stellung),
- effektive Werbung.

L 28 a)

- Substanzwert = **350.000,– €**
- Ertragswert $= \frac{48.000\text{ €}}{0{,}12} = \mathbf{400.000,\!– \text{ €}}$
- Mittelwert $= \frac{350.000\text{ €} + 400.000\text{ €}}{2} = \mathbf{375.000,\!– \text{ €}}$

b) Goodwill = Ertragswert – Substanzwert = **50.000,– €**

L 29 a) Nettosubstanzwert = Vermögen – FK = **1 Mio. €**
Der aufgrund der veröffentlichten Bilanz errechnete Substanzwert eignet sich nicht zur Ermittlung des Kaufpreises des Unternehmens. Für solche Fälle müssen immer Sonderbewertungen vorgenommen werden. Ein notwendiger Schritt dazu besteht in der Auflösung der stillen Reserven (siehe unter b). Der Kaufpreis des Unternehmens hängt zudem von weiteren Faktoren ab, die wesentlich für das Bestehen eines Unternehmens, aber nicht bilanzierbar sind. Darunter fallen beispielsweise die Fähigkeiten des Personals, die Organisation des Unternehmens und die Marktanteile, sowie die Erwartungen des Käufers über deren zukünftigen Nutzen.

b) ▪ Nettosubstanzwert: (Sachvermögen = Vorräte + Anlagevermögen)

Liquide Mittel, Debitoren	0,20 Mio. €
Vorräte	0,42 Mio. €
Anlagevermögen	1,40 Mio. €
Vermögen zu Tageswerten	2,02 Mio. €
./. Fremdkapital	0,50 Mio. €
Bereinigter Nettosubstanzwert	**1,52 Mio. €**

▪ Ertragswert $= \frac{0{,}24 \text{ Mio. €}}{0{,}12} = \mathbf{2\ Mio.\ €}$

▪ Mittelwert $= \frac{1{,}52 \text{ Mio. €} + 2 \text{ Mio. €}}{2} = \mathbf{1{,}76\ Mio.\ €}$

c) Der originäre Goodwill stellt den selbstgeschaffenen Goodwill des Unternehmens dar, der nicht bilanziert werden darf, weil sonst ein nicht realisierter Gewinn ausgewiesen würde.

▪ Goodwill = Ertragswert – Substanzwert = **0,48 Mio. €**

L 30 a) ▪ Nettosubstanzwert = Aktienkapital + offene und stille Reserven
= 0,25 Mio. € + 0,35 Mio. € + 0,35 Mio. €
= **0,95 Mio. €**

oder

= Vermögen + stille Reserven – FK
= 1,0 Mio. € + 0,35 Mio. € – 0,4 Mio. €
= **0,95 Mio. €**

▪ Ertragswert $= \frac{0{,}1 \text{ Mio. €}}{0{,}08} = \mathbf{1{,}25\ Mio.\ €}$

▪ Mittelwert $= \frac{1{,}25 \text{ Mio. €} + 0{,}95 \text{ Mio. €}}{2} = \mathbf{1{,}1\ Mio.\ €}$

b) Der Substanzwert berücksichtigt nur bilanzierungsfähige Vermögenswerte, während im Ertragswert auch nicht bilanzierungsfähige Einflussfaktoren über die Kapitalisierung des Gewinnes indirekt zum Ausdruck kommen.

c) Es sind die **zukünftigen Entwicklungen** abzuschätzen:

- Bleibt das Personal? Gute Bedienung und gute Köche sind bei einem Restaurant Faktoren, die den personenbezogenen Goodwill wesentlich beeinflussen.
- Wie ist der Standort in Zukunft zu beurteilen bezüglich
  - Konkurrenz,
  - Verkehrslage: Erreichbarkeit, Parkplätze, usw.,
  - Laufkundschaft,
  - Erweiterungsmöglichkeiten.
- Entwicklung der volkswirtschaftlichen Rahmenbedingungen: Eine Rezessionsphase kann sich nachfragehemmend auswirken, eine gute Konjunktur nachfragefördernd.

L 31 a) Der Goodwill entspricht den nicht bilanzierungsfähigen immateriellen Einflussfaktoren auf die Gewinnentwicklung. Dazu zählen beispielsweise qualifiziertes Personal, Stammkundschaft und eine gute Vertriebsorganisation. Weil der Substanzwert nur die bilanzierungsfähigen materiellen und immateriellen Vermögenswerte enthält, der Ertragswert aber alle Einflussfaktoren auf den Geschäftsgang über die Kapitalisierung des Gewinns indirekt berücksichtigt, bezeichnet man die Differenz als Goodwill. Aufgrund des Kriteriums „Einflussfaktoren" werden der personenbezogene und der sachbezogene Goodwill und aufgrund des Kriteriums „Entstehung" der originäre (= selbstgeschaffene) und der derivative (= käuflich erworbene) Goodwill unterschieden.

b)
- **Persönliche, subjektive Faktoren**
  - Management und Personal,
  - Kundenstamm,
  - Corporate Image,
  - Lieferantenbeziehungen,
  - Bonität,
  - Zusammensetzung des Vorstands.

- **Sachliche, objektive Faktoren**
  - □ Standort,
  - □ Transportverhältnisse,
  - □ Organisation des Unternehmens,
  - □ Alter des Unternehmens,
  - □ Marktstellung,
  - □ Patente,
  - □ Produktionsverfahren,
  - □ Maschinenpark,
  - □ Monopole,
  - □ Know-how.

c)
- Substanzwert: keine Berücksichtigung
- Ertragswert: indirekt durch die Kapitalisierung des Gewinns
- Mittelwert: durch den Ertragswert

L 32 a)
- Die nicht betriebsnotwendigen Immobilien und der Immobilienerfolg sollen ausgeschieden werden.
- Die stillen Reserven auf den Immobilien sind aufzulösen. Deshalb wird bei der Berechnung des Unternehmenswerts der Versicherungswert der Immobilien berücksichtigt.
- Weil die Angaben über die Höhe der Eigenkapital- und Fremdkapitalzinsen fehlen, können die verschiedenen Unternehmenswerte nur nach der Bruttomethode berechnet werden.

Als Konsequenz für die folgenden Berechnungen ergibt sich, dass der Betriebswert des Unternehmens aufgrund des Betriebserfolges und der betrieblichen Vermögenswerte sowie der Unternehmenswert unter Berücksichtigung der Immobilien und des Immobilienerfolges angegeben werden muss.

b)
- **Substanzwert**
  - □ Betrieb: UV + AV (inkl. Aufwertung der Immob.) – Immob.
    = 20 Mio. € + 125 Mio. € (80 Mio. € + 45 Mio. €) – 85 Mio. €
    = **60 Mio. €**
  - □ Unternehmen: UV + AV
    = 20 Mio. € + 125 Mio. € (80 Mio. € + 45 Mio. €) = **145 Mio. €**

- **Ertragswert**
  - Betrieb:
    $$\frac{\text{Reingewinn} - \text{Immobilienertrag}}{0{,}1} = \frac{9\text{ Mio. €} - 7{,}5\text{ Mio. €}}{0{,}1} = \mathbf{15\ Mio.\ €}$$
  - Unternehmen: Betriebswert + Immobilien
    = 15 Mio. € + 85 Mio. € = **100 Mio. €**

Somit resultiert in beiden Fällen ein Badwill von **45 Mio. €**.

c) Die Aussage steht in völligem Widerspruch zur Ertragslage des Unternehmens. Der betriebliche Ertrag ist mit 1,5 Mio. € sehr dürftig ausgefallen und rechtfertigt die Aussagen in keiner Weise. Die Frischauf AG lebt vor allem vom Ertrag aus den nicht betriebsnotwendigen Immobilien, der das Gesamtergebnis viel besser aussehen lässt, als es sich aus der betrieblichen Tätigkeit ergibt.

Personal

Grundlagen

L 1 Unter einem **Menschenbild** versteht man die Annahmen über Natur und den Charakter des Menschen. Darunter fallen insbesondere allgemeine Eigenschaften, Bedürfnisse, Motive, Erwartungen und Einstellungen.

- Sachverhalte in Organisationen, die auf ein **mechanistisches** Menschenbild schließen lassen, sind:
  - Starke Reglementierung innerhalb des Unternehmens,
  - starke Kontrollmechanismen,
  - starkes Hierarchiegefälle,
  - klar definierte Aufgabenbereiche, geringe Eigenverantwortung der Mitarbeitenden,
  - autoritärer Führungsstil,
  - Verantwortung und Entscheidungsbefugnis liegen ausschließlich bei der Unternehmensführung,
  - Passivität und geringe Motivation der Mitarbeitenden,
  - Akkordlohn,
  - Fliessbandarbeit.

- Sachverhalte in Organisationen, die auf ein **sozialwissenschaftliches** Menschenbild schließen lassen, sind:
  - Betonung liegt auf Selbstkontrolle der Mitarbeitenden,
  - flache Hierarchie,
  - breite Aufgabengebiete, hohe Eigenverantwortung,
  - Job Enrichment,
  - partizipativer Führungsstil,
  - proaktive und motivierte Mitarbeitende,
  - Mitarbeiterbeteiligung,
  - Mitbestimmung.

L 2 **Anreize des Unternehmens** können sowohl monetärer Natur (z. B. Lohn, Erfolgsbeteiligung, betriebliche Sozialleistungen, betriebliches Vorschlagswesen) als auch nicht monetärer Natur (z. B. Ausbildungs- und Aufstiegsmöglichkeiten, Gruppenmitgliedschaft, Führungsstil, Arbeitsinhalt und -zeit) sein. Beispiele für **Beiträge der Mitarbeitenden** sind:

- Arbeitsleistung,
- Identifikation,
- Einsatz,
- Wille zur Leistungsverbesserung und
- kooperatives Arbeitsverhalten.

L 3 Der Problemlösungsprozess einer Bank bzw. Versicherung im Personalbereich kann folgendermaßen dargestellt werden:

1. **Analyse der Ausgangslage:** Es werden die mitarbeiterbezogenen Probleme betrachtet, beschrieben und beurteilt. Dazu müssen die Bedürfnisse der Bank bzw. Versicherung (Erhalt des Unternehmens, neue Projekte) und die Bedürfnisse der Mitarbeitenden (Mitarbeiterzufriedenheit, Lohn), die Umwelt (z. B. Kunden, konkurrierende Banken bzw. Versicherungen) sowie das vorherrschende Menschenbild analysiert werden.
2. **Ziele im Personalbereich:** Es sollen sowohl Unternehmens- als auch Mitarbeiterziele berücksichtigt werden. So müssen z. B. zum einen die verschiedenen Abteilungen mit denjenigen Mitarbeitern besetzt werden, welche die bereichsspezifischen Qualifikationen besitzen. Zum anderen muss bei diesen Entscheidungen auch die Mitarbeiterzufriedenheit berücksichtigt werden.
3. **Bestimmung der Ziele, Maßnahmen und Mittel der Personalteilbereiche:** Die Personalteilbereiche bestehen in diesem Fall aus Personalbedarfsermittlung, -beschaffung, -einsatz, -motivation und -honorierung sowie der Personalentwicklung und -freistellung.

4. **Abstimmung der Teilbereiche:** Um Zielkonflikte zwischen den einzelnen Teilbereichen zu vermeiden, sind die Ziele, Maßnahmen und Mittel aufeinander abzustimmen.
5. **Durchführung:** Es müssen Ziele, Maßnahmen und Mittel bestimmt und die Problemlösung anschließend umgesetzt werden.
6. **Evaluation der Resultate:** Die Ergebnisse sind darauf zu überprüfen, ob sowohl die Unternehmensaufgabe erfüllt als auch die Bedürfnisse der Mitarbeitenden befriedigt worden sind.

Personalbedarfsermittlung

L 4 **a)** Der **quantitative Personalbedarf (PB)** für die Planperiode (Monat) lässt sich wie folgt berechnen:

- Nebenarbeitszeitfaktor = 1,3
- Erholungszeitfaktor = $\frac{5 \text{ Min.}}{55 \text{ Min.}} + 1 = 1{,}09$
- Ausfallzeitfaktor = $\frac{1 \text{ Tag}}{4 \text{ Tage}} + 1 = 1{,}25$

Daraus ergibt sich ein rechnerischer Personal-Soll-Bestand (PB) von

$$PB = \frac{(1500 \cdot 15 + 300 \cdot 90 + 30 \cdot 240)}{4 \cdot 40 \cdot 60} \cdot 1{,}3 \cdot 1{,}09 \cdot 1{,}25 = 10{,}46$$

Somit müssen **11 Mitarbeitende** eingestellt werden, von denen eine Person nur eine 50%-Stelle belegt.

b) Die **hohe Fluktuationsrate** kann wie folgt begründet sein:

- Ungünstige demographische Zusammensetzung der Belegschaft,
- verschlechterte Arbeitsbedingungen (z. B. Änderungen des Führungsverhaltens und des Arbeitsklimas),
- Umstrukturierungen (z. B. Änderungen der Aufgaben-, Kompetenz- und Verantwortungsbereiche, Standortwechsel),
- Konjunkturaufschwung der Wirtschaft, der ein einfaches Wechseln des Arbeitsplatzes erlaubt.

L 5 **a)** Der **quantitative Personalbedarf (PB)** für die Planperiode (Monat) lässt sich wie folgt berechnen:

- Nebenarbeitszeitfaktor = 1,4
- Erholungszeitfaktor = $\frac{6 \text{ Min.}}{34 \text{ Min.}} + 1 = 1{,}17$
- Ausfallzeitfaktor = $\frac{1{,}5 \text{ Tag}}{6{,}5 \text{ Tage}} + 1 = 1{,}23$

Daraus ergibt sich ein rechnerischer Personal-Soll-Bestand (PB) von

$$PB = \frac{(400 \cdot 120 + 250 \cdot 20 + 600 \cdot 30)}{4 \cdot 40 \cdot 60} \cdot 1{,}4 \cdot 1{,}17 \cdot 1{,}23 = 14{,}9$$

Der bisherige Arbeitskräftebestand liegt knapp an der unteren Grenze des Soll-Bestands. Ohne zusätzliche Arbeitskräfte dürfte es in Spitzenzeiten zu Arbeitsverzögerungen kommen, was sich negativ auf den Kundendienst auswirkt. Es ist deshalb zu empfehlen, **eine weitere Arbeitskraft einzustellen** und bei großem Arbeitsanfall zusätzlich auf Temporärkräfte zurückzugreifen.

b) Die Berechnungen sind mit folgenden Schwierigkeiten verbunden:

- nur für einfache, klar abgrenzbare Arbeiten geeignet; in der Praxis oft nicht möglich,
- keine Berücksichtigung saisonaler Schwankungen,
- Erfassung der Daten in der Praxis nicht einfach,
- Vernachlässigung qualitativer Personaldaten,
- keine Berücksichtigung unterschiedlicher Produktivitäten der Mitarbeiter und Mitarbeiterinnen.

L 6 Die **qualitative** Personalbedarfsermittlung dient dazu, die Anforderungsarten der betrieblichen Tätigkeiten zu ermitteln (Stellenbeschreibungen, Anforderungsprofile) und die Ist-Qualifikation der Mitarbeitenden (Fähigkeitsprofile) zu bewerten. Es können dabei folgende **Probleme** auftauchen:

- Die Festlegung der Anforderungen an eine Stelle birgt die Gefahr einer zu starken Detaillierung, sodass die Summe der Einzelanforderungen nicht mehr der Gesamtforderung der Stelle
- entspricht.
- Die in der Praxis verwendeten standardisierten Anforderungslisten führen zu einem möglichen Verlust wichtiger Anforderungsmerkmale.
- In der praktischen Anwendung stellen sich Probleme bei der Ermittlung der Ist-Qualifikationen der Mitarbeitenden, da eine Quantifizierung von Fähigkeiten und Eignungen kaum eindeutig durchzuführen ist.

- Bei einem Vergleich der Anforderungen einer Stelle mit den Fähigkeitsmerkmalen eines aktuellen oder potenziellen Stelleninhabers besteht das Problem, dass eine Über- oder Unterdeckung nur für jeweils ein Anforderungsmerkmal bestimmt werden kann, sodass ein pauschales Urteil für eine ganze Stelle oft schwierig ist.
- Es besteht ein Spannungsverhältnis zwischen der sach- und personenbezogenen Festlegung der Stellenbeschreibung, das etwa durch den ständigen Wandel der Aufgaben oder durch den Wechsel der Stelleninhaber und -inhaberinnen verursacht wird.

L 7 **a)** Eine Stellenbeschreibung kann in die drei Bereiche **Instanzenbild, Aufgabenbild** und **Leistungsbild** unterteilt werden, die die folgenden Themenkreise behandeln:

- Festlegung der Aufgaben-, Kompetenz- und Verantwortungsbereiche,
- Umschreibung der Leistungs- und Führungsanforderungen,
- Einordnung der Stelle in die Organisationsstruktur und Bestimmung des formalen Dienstweges, der die reinen Mitteilungswege und die Entscheidungswege umfasst,
- Beschreibung der Aufstiegsmöglichkeiten,
- Festsetzung der Lohnstruktur,
- Erfassung des Personalbedarfs.

b)

- **Personalbedarfsermittlung:** Aufgrund der Stellenbeschreibung kann der Personalbedarf in quantitativer, qualitativer, zeitlicher und örtlicher Hinsicht erfasst werden.
- **Personalbeschaffung:** Die mit den Stellenbeschreibungen festgestellten Über- oder Unterdeckungen im Personalbedarf dienen als Ausgangspunkt für die Personalbeschaffung.
- **Personaleinsatz:** Die aus den Stellenbeschreibungen gewonnenen Anforderungsprofile lassen sich mit den bei den Mitarbeitern und Mitarbeiterinnen vorhandenen Fähigkeiten und Möglichkeiten vergleichen. Aufgrund dieses Vergleichs erfolgt die Zuordnung zu den entsprechenden Stellen.
- **Personalmotivation** und **-honorierung:** Die Stellenbeschreibung zeigt die Aufgaben (Anforderungen) an den Stelleninhaber. Diese können mit der erbrachten Aufgabenerfüllung verglichen werden. Sowohl die Anforderungen (Arbeitsbewertung) als auch der Erfüllungsgrad (Leistungsbeurteilung) können als Grundlage für die Entlohnung dienen.
- **Personalentwicklung:** Die Stellenbeschreibung liefert die Daten, mit denen die Anforderungen an die Mitarbeiter und Mitarbeiterinnen bei der Laufbahnplanung erfasst werden können. Dadurch lassen sich Lücken in der Ausbildung und in den Fähigkeiten ermitteln, die dann

gezielt geschlossen werden können. Weiter dient die Stellenbeschreibung grundsätzlich zur Planung des betrieblichen Weiterbildungswesens, indem sie die fehlenden Kenntnisse und Fähigkeiten für gegenwärtige und zukünftige Aufgaben deutlich macht.

- **Personalfreistellung:** Mit Hilfe der Stellenbeschreibungen lassen sich personelle Über- und Unterdeckungen in qualitativer, quantitativer, zeitlicher und örtlicher Hinsicht eruieren. Anschließend können die entsprechenden Maßnahmen getroffen werden. Zu diesen zählen etwa Entlassungen, innerbetriebliche Versetzungen, Arbeitszeitverkürzungen und das Outplacement von Führungskräften.

c)

- **Statische Betrachtung:** Die Stellenbeschreibung darf nicht als unveränderliche Größe betrachtet werden. Die Anforderungen und Aufgabenverteilungen unterliegen einem ständigen Wechsel. Neue Aufgaben können entstehen und alte überflüssig werden. Deshalb ist eine periodische Überarbeitung und Neubeurteilung notwendig.
- **Detaillierungsgrad:** Eine der schwierigsten Aufgaben ist es, den optimalen Detaillierungsgrad für Stellenbeschreibungen zu finden:
  - Ein **zu hoher Detaillierungsgrad** führt zu einem Formalismus, der informelle Vorgänge, die häufig sehr wichtig sind, außer acht lässt. Er verhindert eine gewisse Flexibilität, die zur Ausführung vieler Arbeiten notwendig ist. Eine solche Stellenbeschreibung ist zudem kaum praktikabel und muss dauernd an die veränderten Gegebenheiten angepasst werden. Zu beachten ist auch, dass je nach Persönlichkeit die Wirkungsmöglichkeiten, die in einer Stelle gegeben sind, verschieden wahrgenommen werden. Eine Stellenbeschreibung sollte deshalb bewusst Freiräume für persönliche Interpretationsmöglichkeiten des Stelleninhabers offen lassen.
  - Ein **zu niedriger Detaillierungsgrad** hingegen bedeutet, dass die Aufgaben- und Kompetenzbereiche zu wenig genau umschrieben und gegeneinander abgegrenzt werden. Oft kommt es deshalb einerseits zu Streitigkeiten über Zuständigkeiten und andererseits werden Aufgaben nicht wahrgenommen und ausgeführt, weil sich niemand dafür verantwortlich fühlt.

    Möglichkeiten, diesem Widerspruch zu begegnen, sind etwa der Aufbau einer entsprechenden Unternehmenskultur, das Fördern informeller Strukturen und ein situativer Führungsstil.
- **Wechsel des Stelleninhabers:** Wenn eine Stelle über längere Zeit von der gleichen Person besetzt worden ist, gleichen sich das Anforderungsprofil und die Fähigkeiten des Stelleninhabers in der Regel an. Ein neuer Mitarbeiter oder eine neue Mitarbeiterin bringt aber eigene Vorstellungen und Fähigkeiten mit, die bei einer Neubeschreibung berücksichtigt werden müssen.

L 8

- Maßnahmen, die bei einer **Unterdeckung** zu ergreifen sind:
  - □ Geeignete Personalentwicklungsmaßnahmen,
  - □ Einsatz an einer anderen, den Fähigkeiten entsprechenden Stelle,
  - □ Personalfreistellung.
- Maßnahmen, die bei einer **Überdeckung** zu ergreifen sind:
  - □ Einsatz an einer anderen, höher qualifizierten Stelle,
  - □ Ausweitung des Tätigkeitsbereichs.

Personalbeschaffung

L 9 **a)** Gründe, die **dafür** sprechen, sind:

- Betriebseigene Mitarbeiter oder Mitarbeiterinnen sind bereits in den Betrieb integriert und mit den Geschäftsgepflogenheiten und der Unternehmenskultur vertraut.
- Der Unternehmensleitung sind sowohl die Leistungen und Fähigkeiten als auch die Schwächen der internen Bewerber und Bewerberinnen bekannt.
- Die interne Lösung bildet einen Anreiz für Mitarbeiter und Mitarbeiterinnen, die an einer Beförderung interessiert sind und wirkt sich motivierend auf ihre Arbeit aus.
- Es ist eine kürzere Einarbeitungszeit notwendig.
- Die interne Lösung erlaubt unter Umständen eine schnellere Realisierung.

Gründe, die **dagegen** sprechen, sind:

- Neue Leute bringen neue Ideen und Erfahrungen mit.
- Eventuelle interne Intrigen können entschärft werden.
- Ein Vergleich mit den Qualifikationen und Forderungen externer Arbeitskräfte ist möglich.
- Es lassen sich wichtige Kenntnisse über die Stellung des Unternehmens im Arbeitsmarkt gewinnen.

Insgesamt müssen nun zwei Stellen neu besetzt werden.

b)

1. Anforderungsprofil erstellen.
2. Inserate in den einschlägigen Zeitungen und Zeitschriften erscheinen lassen, wobei der Leserkreis möglichst der gesuchten Person entsprechen soll. Persönliche Beziehungen ausnützen und eventuell ein Personalvermittlungsbüro beauftragen.
3. Zeugnisse, Referenzen und Werdegang des Bewerbers oder der Bewerberin betrachten und vergleichen.

4. Interviews durchführen, um die Tätigkeit zu erläutern und ein Bild des Unternehmens zu vermitteln. Ein weiteres Ziel der Interviews – neben dem Kennenlernen der Bewerber und Bewerberinnen – ist die Erfassung der Einstellung des Bewerbers oder der Bewerberin. Stimmen die Ideen und die Arbeitsweise des Kandidaten oder der Kandidatin mit den Vorstellungen der Unternehmensleitung (Unternehmenskultur) überein?
5. Eventuell Eignungs- und Persönlichkeitstests durchführen.
6. Referenzen bei früheren Arbeitgebern einholen.
7. Bei Eignung weitere Interviews durchführen, um den Kandidaten oder die Kandidatin besser kennen zu lernen und offene Fragen zu klären.

L 10 **a)**

- Stellenausschreibung an der Universität sowie in Studentenzeitungen und -zeitschriften,
- Teilnahme an Firmenpräsentationen,
- Ausnützen persönlicher Beziehungen zu den Lehrkräften,
- Inserate in Tageszeitungen und Fachzeitschriften,
- möglicherweise Einschalten von Personalvermittlungsbüros.

Wichtig bei der Gestaltung des Stelleninserates ist es, dem Leser oder der Leserin genaue Informationen über die zu besetzende Stelle zu geben. Dazu gehören in erster Linie die Aufgabenumschreibung, die Anforderungen, die Arbeitsbedingungen und die Angaben über den Bewerbungsvorgang. Zudem sollen weitere Anreize wie etwa Beförderungsmöglichkeiten und Weiterbildung erwähnt werden.

b)

1. Sichten der Bewerbungsunterlagen: Praktika, Zeugnisse, Referenzen.
2. Interview: Das erste Interview gilt einem grundsätzlichen Kennenlernen des Kandidaten oder der Kandidatin. Dabei stehen folgende Fragen im Vordergrund: Decken sich seine oder ihre Erwartungen mit unseren Anforderungen? Entspricht er oder sie charakterlich der Stelle? Zudem können der Betrieb und die zukünftigen Mitarbeiter und Mitarbeiterinnen vorgestellt werden.
3. Eventuell Eignungs- und Persönlichkeitstests durchführen.
4. Abklären der Referenzen und Praktika.
5. Bei Eignung folgen weitere Interviews zur Klärung der noch offenen Fragen.

L 11 **a)** Die **mittelbare Personalwerbung** als Teil der Public Relations will mit gezielter Öffentlichkeitsarbeit günstige Voraussetzungen schaffen, um einen Personalbedarf ohne große Schwierigkeiten decken zu können. Inhalt können folgende Informationen sein:

- Allgemeine Informationen über das Unternehmen (z.B. über Geschäftstätigkeiten, Umsatz, Gewinn, Anzahl Mitarbeitender), aus denen auf den Erfolg des Unternehmens (und damit die Arbeitsplatzsicherheit) und auf Einsatzmöglichkeiten geschlossen werden kann.
- Personalpolitische Informationen, welche über die angebotenen Sozialleistungen (insbesondere die freiwilligen wie z.B. Betriebswohnungen, Sportanlagen) sowie über die Mitarbeiterausbildung und -weiterbildung Aufschluss geben.

b) Bei der **unmittelbaren Personalwerbung** geht es um die konkrete Besetzung von frei werdenden oder neu geschaffenen Stellen. Der Inhalt sollte folgende Punkte umfassen:

- Vorgehen bei der Bewerbung,
- Bezeichnung der Stelle,
- Anforderungen, die an den Stelleninhabenden gestellt werden,
- Qualifikationen, die vom Bewerber erwartet werden,
- Informationen über die Arbeitsbedingungen (z.B. über Arbeitsort, Führungsstil, Arbeitszeit),
- Beschreibung des Bewerbungsvorgangs.

c) Die **mittelbare Personalwerbung** dient zur Vorbereitung der unmittelbaren Personalwerbung. Sie zielt darauf ab, günstige Voraussetzungen für die Deckung des Personalbedarfs zu schaffen. Die **unmittelbare Personalwerbung** hingegen hat die konkrete Aufgabe, frei werdende oder neu geschaffene Stellen zu besetzen.

L 12 Die Aufgabe der Personalauswahl besteht darin, aus den zur Auswahl stehenden Bewerbern diejenigen Personen auszusuchen, welche die Anforderungen der zu besetzenden Stelle am besten erfüllen.

- Bei der Auswahl sowohl eines Personalchefs als auch eines Chauffeurs werden vorerst die **Bewerbungsunterlagen** (Lebenslauf, Zeugnisse, Referenzen) geprüft, um eine Vorselektion zu treffen.
- Im zweiten Schritt werden **Interviews** vorgenommen. Beim Personalchef erfolgt ein Einführungsinterview, das diesem einen tieferen Einblick in das Unternehmen und die zukünftigen Aufgaben verschafft. Der Bewerber kann nach dem Interview entscheiden, ob er seine Bewerbung aufrechterhält oder nicht. Beim Chauffeur entfällt das Einführungsinterview, da seine Aufgabe schon im Vorfeld klar definiert ist.

- Im dritten Schritt erfolgt ein **Testverfahren.** Beim Chauffeur beschränkt sich der Test auf den so genannten Leistungstest, mit dem er seine Fähigkeiten als Chauffeur praktisch unter Beweis stellt. Beim Personalchef werden aufgrund der hohen Anforderungen an seine Person und der Vielseitigkeit seines Aufgabengebiets ein Intelligenztest, ein Leistungstest und ein Persönlichkeitstest durchgeführt. In der Praxis wird bei der Auswahl eines Personalchefs oft alternativ oder zusätzlich ein Assessment Center angewandt. Vorteile dieses Verfahrens stellen vor allem der Einsatz mehrerer Beobachter, die Möglichkeit des direkten Vergleichs zwischen den Bewerbern und die mehrfache Erfassung des gleichen Fähigkeitsmerkmals dar.
- Abschließend erfolgt sowohl beim Personalchef als auch beim Chauffeur das **Einstellungsinterview.** Hier werden Informationen ergänzt, und ein erster Verhandlungsprozess findet statt.

L 13 **a)** Möglichkeiten, um Wettbewerbsvorteile auf dem Arbeitsmarkt zu erzielen, sind:

- Aufbau und Pflege eines Beziehungsnetzes zu Universitäten, Studentenorganisationen, Personalvermittlungsbüros,
- Aufbau und Pflege eines positiven Firmenimages: „Man arbeitet gerne bei uns!“,
- materielle Anreize: gute Entlohnung, Sozialleistungen, Mitarbeiteraktien, Einkaufsvergünstigungen, Sportanlagen,
- immaterielle Anreize: Jobsharing, flexible Arbeitszeiten, Teilzeitarbeit (auch für Führungskräfte), Laufbahnplanung, Weiterbildung,
- gutes Betriebsklima (Führungsstil).

b) Folgende Instrumente können eingesetzt werden:

- Stelleninserate (intern/extern/über Personalberater),
- eigene Mitarbeiter als Vermittler,
- Beantwortung von Stellengesuchen,
- direkte Ansprache der Absolventen und Absolventinnen von Ausbildungsinstitutionen,
- Beziehungspflege zu Schulen, Verbänden, Vereinen, öffentlichen Verwaltungsstellen, Kunden usw.,
- Public Relations-Aktionen wie Tag der offenen Tür, Seminare, Wettbewerbe, Quiz usw.,
- Artikel in Zeitungen und Fachzeitschriften,
- Stellenangebote in Verkaufsprospekten,
- Plakate.

L 14 a) Beispiel eines **Anforderungsprofils** für zukünftiges Außendienstpersonal:

Merkmal	**Wert**				
Äußere Erscheinung				4	
Menschenkenntnis, Anpassungsfähigkeit					5
Kontaktfreudig, offen, freundlich					5
Leistungsorientiert				4	
Initiative, Selbstständigkeit				4	
Ausdauer, Zähigkeit					5
Psychische Widerstandskraft				4	
Kenntnisse der Verkaufstechnik	1				
Kenntnisse des Versicherungswesens	1				
Gedächtnis			3		
Beweglichkeit im Denken				4	
Sprachliches Ausdrucksvermögen			3		
Praktisch-rechnerisches Denken		2			
Allgemeine Gesundheit				4	

Obwohl Kenntnisse des Versicherungswesens und der Verkaufstechnik für die ausgebildeten Berater und Beraterinnen von entscheidender Bedeutung sind, werden diese von den Bewerbern und Bewerberinnen weder verlangt noch vorausgesetzt. Auf beiden Gebieten ist das Unternehmen in der Lage, neue Mitarbeiter und Mitarbeiterinnen durch eine umfassende Ausbildung zu fördern.

b) Um die schwierige Aufgabe der Selektion des Außendienstpersonals zu erleichtern, stehen eine Reihe von **Hilfsmitteln** zur Verfügung:

- Gesprächsvorbereitung:
  - Bewerbungsbogen,
  - Blatt zur Analyse des Lebenslaufes,
  - Fragebogen,
  - Eignungstests.
- Gesprächsführung:
  - Interviewleitfaden,
  - Notizen aus der Gesprächsvorbereitung.
- Gesprächsauswertung:
  - Beobachtungsbogen,
  - Referenzauskünfte,
  - Eignungsprofil.

Personaleinsatz

L 15 Geeignete **Maßnahmen** zur Einführung eines Hochschulabsolventen sind:

- Aushändigen allgemeiner Dokumentationen über das Unternehmen und dessen Geschäftstätigkeiten (z. B. Geschäftsberichte, Jubiläumsschriften),
- Abgabe von firmenspezifischen Dokumenten (Führungshandbuch, Leitbild, Organigramm),
- Besichtigung der Bank,
- Vorstellung und Einführung des neuen Mitarbeiters bei allen Stellen, mit denen er künftig zu tun hat,
- Zuweisung eines Betriebspaten (Mentor),
- Einführungsvorträge, die einen Überblick über die Bank geben und in deren Anschluss Fragen gestellt werden können.

L 16 **Gründe**, die für eine Implementierung von Telearbeit sprechen:

- Das Einführen von Telearbeit ermöglicht den Mitarbeitern eine bessere Vereinbarkeit von Familie und Beruf ("work-life-balance").
- Mit Telearbeit kann spezifischer auf die Bedürfnisse des einzelnen Mitarbeiter eingegangen werden, was sich wiederum positiv auf seine Leistung auswirken wird.
- Die Einführung von Telearbeit ermöglicht strukturschwache Gebiete mit neuen Arbeitsplätzen auszustatten.
- Telearbeit kann verstärkt Behinderte im Unternehmen integrieren.

L 17 **a)** Jobsharing bedeutet, dass mehrere Arbeitskräfte sich eine oder mehrere Stellen teilen. Das Team ist als Ganzes verantwortlich für die zu erledigenden Arbeiten. Es ist in der Aufteilung der Arbeitszeit im vorgegebenen Rahmen autonom.

b) **Vorteile**

- Für den **Arbeitnehmer**:
  - kleinere und flexiblere Arbeitszeitbelastung,
  - Frauen mit Teilzeitbeschäftigung können gefördert werden.
- Für den **Arbeitgeber**:
  - Senkung der Fehl- und Fluktuationsrate (z. T. wegen Stellvertretungspflicht),
  - höhere Produktivität aufgrund steigender Motivation,
  - höhere Effizienz der Stelleninhaber, weil sie Aufgaben und Funktionen nach ihren Fähigkeiten übernehmen können,
  - permanente Besetzung des Arbeitsplatzes,
  - Erfahrungen und Wissen mehrerer Personen größer als die einer einzelnen Person,
  - Kosteneinsparungen bei der Personalsuche,
  - Zusammenarbeit kann Arbeitsklima und damit Leistung fördern.

Nachteile

- oft unklare Verantwortung nach außen,
- Kommunikationsschwierigkeiten möglich,
- höhere Kosten bei Administration, Sozialleistungen und Weiterbildung,
- Wirkung der Konflikte im Team vordergründig stärker als in einer hierarchischen Struktur,
- unterschiedliche Arbeitsproduktivität und -qualität der Job Sharer,
- Probleme bei unerwartetem Stellenwechsel,
- rechtliche Probleme bei Stellvertretungspflicht und Kündigungsschutz.

c) Mit Ausnahme der höchsten Stufe der operativen Leitung – wo entsprechende Erfahrungen fehlen – ist das Jobsharing auf allen Führungsstufen denkbar. Es ist damit jede Stelle für Jobsharing geeignet. **Voraussetzungen** sind:

- zeitliche und funktionale Teilbarkeit der Stelle,
- Eignung der Stelleninhaber und Stelleninhaberinnen,
- entsprechende Arbeitsorganisation,
- Akzeptanz in der Belegschaft und im Kader,
- kein autoritärer Führungsstil,
- Lösung der unter b) angesprochenen rechtlichen Probleme.

d)
- Doppelbesetzungen von Lehrerstellen,
- Doppelbesetzungen von Kindergärtnerinnen,
- zwei Sekretärinnen teilen sich eine Stelle,
- mehrere Krankenschwestern teilen sich eine Stelle,
- Teilung einer Schicht in der Produktion,
- zwei Professoren oder Professorinnen teilen eine Stelle.

L 18 Das **Verhalten des Mitarbeiters** ist abhängig von seinen Charakterzügen. Handelt es sich z. B. um einen introvertierten, zurückgezogenen Menschen, wird er sich in der Pause an einen ruhigen Ort zurückziehen, wo er sich vom Lärm erholen kann. Ein eher extrovertierter und kommunikativer Mensch wird die Pause nutzen, sich mit seinen Kollegen auszutauschen, um soziale Kontakte zu pflegen, die während der Arbeitszeit aufgrund des Lärms nicht möglich sind.

Personalmotivation und -honorierung

L 19
- Das **Modell von Maslow** ist zwar wegen seiner leichten Verständlichkeit und Übersichtlichkeit gut geeignet, einen ersten Überblick in die Motivationsproblematik zu geben, stößt aber bezüglich der Anwendbarkeit im Unternehmen an Grenzen. Dadurch, dass die ersten vier Stufen in der westlichen Zivilisation weit gehend erfüllt werden, kann eine Leistungsmotivation lediglich über die fünfte Stufe (Selbstverwirklichung) erreicht werden. Obwohl Maslow das Modell für alle Mitarbeitende formuliert hat, trifft dieses aber nur auf die höheren Führungsstufen zu.
- Im Gegensatz zur Maslow'schen Motivationstheorie, die auf intuitiver Einsicht, unsystematischer Beobachtung und teilweise auf reiner Spekulation beruht, ist die **Theorie von Herzberg** hinreichend empirisch überprüft. Dies hat zur Folge, dass sich, im Unterschied zu Maslows Modell, aus dieser Konzeption eine Operationalisierung im Sinn einer eindeutigen Gestaltung des unternehmerischen Anreizsystems ableiten lässt.

L 20 a) **Lohngerechtigkeit** bedeutet, dass der Lohn in ursächlichen Zusammenhängen zu den Leistungen sowie zur Person des Lohnempfängers steht und der Mitarbeitende den Lohn als gerecht empfindet. Folgende **Schwierigkeiten** ergeben sich bei der Bestimmung des gerechten Lohns:

- Eine verursachungsgerechte Zuordnung der betrieblichen Wertschöpfung auf die einzelnen Mitarbeitenden ist nicht möglich. Deshalb versucht man, auf Ersatzkriterien zurückzugreifen (Anforderungs-, Sozial-, Personalmarkt-, Unternehmenserfolgsgerechtigkeit).
- Andere Aspekte (z. B. Betriebszugehörigkeit) beeinflussen die Verteilung der Gesamtlohnsumme.
- Es ist schwierig, dem „Gerechtigkeitsgefühl" jedes einzelnen Mitarbeiters zu entsprechen.

b) **Einflussfaktoren,** die bei der Festlegung des gerechten Lohns berücksichtigt werden müssen, sind:

- Schwierigkeitsgrad der Arbeit,
- Leistungsbeitrag des Arbeitnehmers,
- Verhalten des Arbeitnehmers gegenüber anderen Mitarbeitern,
- Verhalten des Arbeitnehmers gegenüber der Öffentlichkeit,
- Pflichtbewusstsein und Sorgfaltspflicht des Arbeitnehmers,
- soziale und sozialpolitische Anliegen (z. B. Altersvorsorge, Lohnzahlungen bei Krankheit, Kinder-/Familienzulagen),
- Vergleichslöhne der gleichen Branche,
- Knappheit bestimmter Qualifikationen,
- momentaner Unternehmenserfolg.

c) Neben Lohn und Aufgabeninhalt existieren noch andere monetäre (z. B. Erfolgsbeteiligung, betriebliche Sozialleistungen, betriebliches Vorschlagswesen) und nicht monetäre Anreize (Ausbildungs- und Aufstiegsmöglichkeiten, Gruppenzugehörigkeit, Betriebsklima, Führungsstil, Arbeitszeit- und Pausenregelung, Arbeitsinhalt, Arbeitszeitgestaltung). Das Fehlen von einem oder mehreren dieser Anreize kann für einzelne Mitarbeitende Grund sein zu kündigen.

L 21 **a)**

	Arbeitswerte	**Lohngruppe**	**Grundlohn**
Schlosser:	7	2 (95 %)	3.800,– €
Dreher:	13	4 (110 %)	4.400,– €
Kranführer:	11	3 (100 %)	4.000,– €
Werksbote:	5	1 (85 %)	3.400,– €

b) **Stufenwertzahlverfahren**

c)

Kriterium	Gewichtung	Beurteilung	Total
Zuverlässigkeit	3	3	9
Selbstständigkeit	2	2	4
Zusammenarbeit	1	4	4
			17

Die Summe von 17 Punkten für den Werksboten entspricht einem Veränderungsfaktor von 1,2. Mit dem Grundlohn (3.400,– €) multipliziert, ergibt sich eine Lohnauszahlung von **4.080,– €**.

L 22 a) **Schwierigkeiten,** die sich bei der Leistungsmessung zeigen:

- Wie wird die Bezugsgröße, auf die sich die Bewertung abstützt, bestimmt?
- Wie wird der Leistungsbeitrag in Bezug auf das betreffende Merkmal gemessen?

b) Vorerst sind klare **Beurteilungskriterien** festzulegen, mit denen das Leistungsergebnis und das Leistungsverhalten gemessen werden sollen. Als konkrete **Maßnahmen** können z. B. festgehalten werden:

- Genaue Erfassung der Zeit (z. B. Stichuhr), der hergestellten Menge sowie der Qualität (z. B. über Anzahl fehlerhafte Stücke oder Kundenreklamationen),
- Messung des Ressourcenverbrauchs (Ausschuss),
- über systematische und regelmäßige Mitarbeiterbeurteilungen und -gespräche kann vor allem das Leistungsverhalten bestimmt werden.

Darüber hinaus soll mit einer adäquaten **Lohnform** der Leistungsmessung Rechnung getragen werden.

L 23 a) Bei der Bewertung der Leistungen von Führungskräften sollten vor allem das **Leistungsergebnis** und das **Leistungsverhalten** berücksichtigt werden:

Leistungsergebnis

- quantitativ (Anzahl der akquirierten Aufträge, Anzahl der unterstellten Mitarbeitenden, Höhe des erzielten Gewinnbeitrags),
- qualitativ (Güte der abgeschlossenen und akquirierten Aufträge).

Leistungsverhalten

- **aufgabenbezogener Aspekt:** Initiative und Einfallsreichtum, geistige Beweglichkeit, Planungs-, Entscheidungs- und Kontrollfähigkeit, Durchsetzungsvermögen, Flexibilität in der Verhaltensanpassung,
- **ressourcenbezogener Aspekt:** zielgerechter Einsatz der Ressourcen,
- **sozialer Aspekt:**
  - **sozio-funktionaler Aspekt:** aufgabenbezogene Interaktionsfähigkeit,
  - **Vorgesetztenfähigkeit:** Motivationsfähigkeit, Verantwortungsbereitschaft, Unterstützung und Förderung der Mitarbeitenden,
  - **sozio-emotionaler Bereich:** Fähigkeit zur Kontaktaufnahme, Kooperation, Kritikakzeptanz und zum Spannungsausgleich.

b) Die **Bewertung durch Mitarbeitende** stellt ein wichtiges Element im Rahmen der Leistungsbewertung von Vorgesetzten dar, denn die Mitarbeitenden haben eine gute Einsicht in die Aspekte des Leistungsverhaltens des Vorgesetzten. Bei der Durchführung einer Mitarbeiterbewertung sollte jedoch darauf geachtet werden, dass sie anonym abläuft und von den Mitarbeitern nicht als „Racheinstrument" missbraucht wird. Voraussetzung einer solchen Bewertung ist eine offene Unternehmens- bzw. Vertrauenskultur. Die Bewertung durch Mitarbeitende ist somit ein zentraler Teil der Leistungsbewertung von Vorgesetzten, welcher allerdings durch andere Elemente (z. B. die Bewertung durch höhere Vorgesetzte oder objektive Leistungskennzahlen) ergänzt werden muss.

L 24

- **Möglichkeiten des Leistungslohns:**
  - Direkter Leistungsanreiz,
  - entspricht dem Prinzip der Leistungsgerechtigkeit.
- **Grenzen des Leistungslohns:**
  - Gefahr der Überbeanspruchung von Mensch und Maschine,
  - schlecht einsetzbar bei Arbeiten mit großer Unfallgefahr,
  - wenig geeignet für Qualitätsarbeiten,
  - Gefahr einer hohen Ausschussquote,
  - problematisch bei Gruppenarbeiten,
  - Verdrängungseffekt: Die extrinsale Motivation (leistungsabhängige Entlohnung) verdrängt die intrinsische Motivation (Freude an der Arbeit).

L 25

Ausgangslage:

- Normalmenge: 6 Stück/Std.
- effektiv hergestellte Menge/Std.: 8 Stück

Akkordrichtsatz: $\frac{20}{8} \cdot 6 = \mathbf{15,–\ €/Std.}$

a)

- **Geldsatz je Mengeneinheit** $= \frac{\text{Akkordrichtsatz/Std.}}{\text{Normalmenge/Std.}}$

  $= \frac{15}{6} = \mathbf{2,50\ €/Std.}$

- **Stundenverdienst bei Normalleistung:**
  Normalmenge · Geldsatz je Mengeneinheit = 6 · 2,50 = **15 €/Std.**
  Entspricht dem Akkordrichtsatz.

b)

- **Normalzeit je Stück/Min** $= \frac{\text{60 Min.}}{\text{Normalmenge}} = \frac{\text{60 Min.}}{\text{6 Stück}} = \mathbf{10\ Min.}$

c) ▪ **Leistungsgrad des Mitarbeiters** $= \frac{\text{effektive Leistung}}{\text{Normalleistung}} \cdot 100$

$= \frac{8}{6} \cdot 100 =$ **133 %**

d) **Stundenverdienst bei verschiedenen Leistungsgraden:**

▪ 66,66 %:

□ **Stundenverdienst** = 0,6666 · 6 Stück/Std. · 2,50 €/Stück
= **10 €/Std.**
Der garantierte Lohn beträgt aber **12,50 €/Std.**
(Akkordrichtsatz = 120 % · Akkordgrundlohn

$\text{Akkordgrundlohn} = \frac{\text{Akkordrichtsatz} \cdot 100}{120} = \frac{15 \cdot 100}{120}$

= **12,50 €/Std.)**

□ **Zeit pro Stück** $= \frac{60 \text{ Min.}}{0{,}6666 \cdot 6 \text{ Stück/Std.}}$ = **15 Min./Stück**

▪ 100 %:

□ **Stundenverdienst** = 1 · 6 Stück/Std.· 2,50 €/Stück = **15 €/Std.**
Der Akkordrichtsatz entspricht dem Lohn bei Normalleistung.

□ **Zeit pro Stück** $= \frac{60 \text{ Min.}}{1 \cdot 6 \text{ Stück/Std.}}$ = **10 Min./Stück**

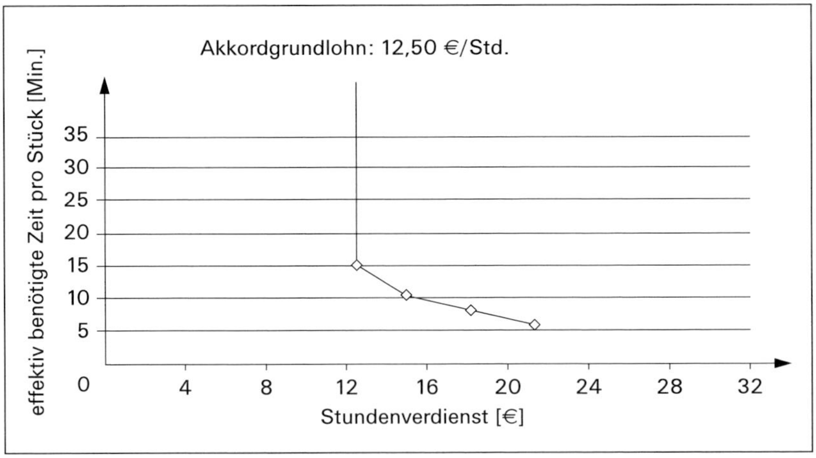

- 125 %:
  - **Stundenverdienst** = 1,25 · 6 Stück/Std. · 2,50 €/Stück = **18,75 € /Std.**
  - **Zeit pro Stück** = $\frac{60 \text{ Min.}}{1{,}25 \cdot 6 \text{ Stück/Std.}}$ = **8 Min./Stück**
- 150 %:
  - **Stundenverdienst** = 1,5 · 6 Stück/Std. · 2,50 €/Stück = **22,50 €/Std.**
  - **Zeit pro Stück** = $\frac{60 \text{ Min.}}{1{,}5 \cdot 6 \text{ Stück/Std.}}$ = **6,7 Min./Stück**

e)
- Neuer Akkordrichtsatz: 1,2 · 15 €/Std. = 18 €/Std.
- Neuer Geldsatz je Mengeneinheit: $\frac{\text{Neuer Akkordrichtsatz}}{\text{Normalmenge}}$ $= \frac{18 \text{ €/Std.}}{6 \text{ Stück/Std.}}$ = 3 €/Stück
- Neuer effektiver Stundenverdienst:
  = effektiv hergestellte Menge · neuer Geldsatz je Mengeneinheit
  = 8 Stück/Std. · 3 €/Stück = **24 €/Std.**

L 26

a) Er arbeitet im **Geldakkord,** weil er aufgrund der **Angabe „Normalmenge/Stunde“** pro Stück bezahlt wird.

b) Effektiv hergestellte Menge/Stunde: 1,25 · 12 = **15 Stück**

c) Stundenverdienst: 1,25 · 1,2 · 18 = **27,– €**

d) Leistungsgrad 75 %: 0,75 · 1,2 · 18 = **16,20 €**
Der Mindestlohn beträgt aber **18,– €.**
Leistungsgrad 100 %: 1,2 · 18 = **21,60 €**

e) Mindestlohn 20,– €: 20 · 1,2 = **24,– €**
Akkordzuschlag 33,33 %: 18 · 1,3333 = **24,– €**
Da beide Varianten den gleichen Akkordrichtsatz ergeben, wird der Arbeiter wahrscheinlich die **erste Variante** wählen, weil in diesem Fall der garantierte Mindestlohn größer ist.

L 27

a) Stundenverdienst = 4 · 0,4 · 15 = **24,– €**

b) Stundenverdienst = 5 · 0,4 · 15 = **30,– €**

c) Minutenfaktor = 15 · 0,4 = **6,– €/Stück**

d)
- bessere Anpassungsfähigkeit bei Vorgabeänderungen,
- Zeitvorgaben werden für die betriebliche Kapazitätsplanung benötigt.

L 28 **a)**

- Geldsatz/Mengeneinheit: $\frac{26\ €}{8\ \text{Stück}} = \mathbf{3{,}25\ €/Stück}$
- Akkordrichtsatz/Stunde: $6 \cdot 3{,}25 = \mathbf{19{,}50\ €}$
- Akkordgrundlohn: $\frac{19{,}50\ €}{1{,}2} = \mathbf{16{,}25\ €}$

b) 9 Stück: $9 \cdot 3{,}25 = \mathbf{29{,}25\ €}$
6 Stück: $6 \cdot 3{,}25 = \mathbf{19{,}50\ €}$
4 Stück: $4 \cdot 3{,}25 = \mathbf{13{,}–\ €}$
Der Akkordgrundlohn beträgt aber **16,25 €**.

c)

- Akkordrichtsatz/Stunde: $1{,}2 \cdot 19{,}5 = \mathbf{23{,}40\ €}$
- Geldsatz/Mengeneinheit: $\frac{23{,}40\ €}{6\ \text{Stück}} = \mathbf{3{,}90\ €/Stück}$
- Stundenverdienst: $8 \cdot 3{,}9 = \mathbf{31{,}20\ €}$

L 29

Alter Zeitlohn = Minutenfaktor · Vorgabezeit · Menge
$20{,}25 = 0{,}15 \cdot 6 \cdot x$
$x =$ **22,5 Stück**

L 30

Die verwendeten Symbole sind:
G_A = Geldsatz des Akkordlohnes
G_Z = Geldsatz des Zeitlohnes
Z = Akkordzuschlag

a) $$G_A = \frac{\text{Normalstundenlohn}}{\text{Normalmenge}} = \frac{30{,}–\ €}{\text{Stück}} = \mathbf{1{,}50\ €/Stück}$$

b) $$G_Z = \frac{24{,}–\ €}{18\ \text{Stück}} = 1{,}33$$

$$Z = \frac{G_A - G_Z}{G_Z} = \frac{1{,}50\ €/\text{Stück} - 1{,}33\ €/\text{Stück}}{1{,}33\ €/\text{Stück}} = \mathbf{12{,}78\ \%}$$

c)

	Erlös (in €)	Kosten (in €)			Gewinn (in €)
		Stundenlohn	Sozialleistungen	Gesamt	
Akkordlohn	80,–	30,–	4,50	34,50	45,50
Zeitlohn	72,–	24,–	3,60	27,60	44,40

Der zusätzliche Gewinn beträgt **1,10 €/Std.**

d) Stundenverdienst: 24 · 1,50 € = **36,– €**

$$\text{Leistungsgrad in \%: } \frac{\text{Erreichte Menge}}{\text{Normalmenge}} \cdot 100 = \frac{24 \text{ Stück}}{20 \text{ Stück}} \cdot 100 = \mathbf{120\ \%}$$

e) Die folgenden **Probleme** sind zu lösen:

- Akzeptanz bei den von einer Umstellung Betroffenen,
- personelle Zusammensetzung der Gruppe, um Konflikten vorzubeugen,
- Entlohnung der Gruppe (soll die Gruppe als Ganzes oder jeder Einzelne direkt entlohnt werden?),
- gruppeninterne Konflikte,
- Organisation der Gruppe.

L 31 Mögliche **Schwierigkeiten** bei der Einführung von Teamanreizen können sein:

- Das zu erreichende Gruppenziel ist nicht für alle Mitglieder transparent.
- Die bestehende Unternehmenskultur verhindert eine Zusammenarbeit und gegenseitige Unterstützung.
- Das Team ist in seiner Zusammensetzung hinsichtlich Interessen und Leistungsvermögen zu heterogen.
- Es fehlt an dem Gefühl, in der Gruppe aufeinander angewiesen zu sein, um als Team erfolgreich zu sein.
- Die Zusammenarbeit ist zu kurz, um eine Vertrauensbasis im Team entstehen zu lassen.
- Im Team entwickeln sich manche Teilnehmer zu „Trittbrettfahrern“.

L 32

Beurteilung / Art der Belohnung	Vorteile	Nachteile
materielle Belohnungen	▪ Erhöhung der Motivation der Mitarbeitenden, ▪ direkter Bezug der Belohnung zu Einsparungen durch den Vorschlag, ▪ finanzieller Anreiz zur Entwicklung weiterer Innovationen.	▪ Schwierige Bestimmung der Höhe der Belohnung, ▪ Schwierige Bestimmung der Verteilung der Belohnung, ▪ möglicherweise problematische Wirkung auf zwischenmenschliche Beziehungen (Einzelgänger, Frustration).
immaterielle Belohnungen	▪ Erhöhung der intrinsischen Motivation der Mitarbeitenden, ▪ Befriedigung des Bedürfnisses nach Anerkennung und Lob, ▪ in der Regel nicht aufwandwirksam	▪ Wird der Mitarbeiter durch eine nicht finanzielle Belohnung zufrieden gestellt? ▪ möglicherweise problematische Wirkung auf zwischenmenschliche Beziehungen (Neid), ▪ kein direkter Bezug der Belohnung zu Einsparungen durch den Vorschlag.

L 33

- **Positive Aspekte** von Gruppenmitgliedschaften der Mitarbeitenden:
  Soziale Geborgenheit (Zusammengehörigkeitsgefühl, Sicherheit und Geborgenheit),
  - Informationsaustausch (Verbesserung des Informationsflusses und der Kommunikation),
  - Statussymbolik (Befriedigung von Prestigebedürfnissen),
  - Gruppenanerkennung (Erhöhung des Selbstwertgefühls, Befriedigung von Wertschätzungsbedürfnissen),
  - Gruppenarbeit (Synergieeffekte),
  - Steigerung von Leistung und Arbeitszufriedenheit.
- **Negative Aspekte** von Gruppenmitgliedschaften der Mitarbeitenden:
  - Entstehen von kontraproduktiven Untergruppen,
  - Festlegung von internen Gruppennormen, z.B. dem so genannten „Fair Day Work“, der die Arbeitsleistung auf ein mittleres Maß senkt.

L 34 **a)** Ein **partizipativer Führungsstil** ist angezeigt. Ein autoritärer Führungsstil wäre bei diesen aufgeschlossenen Mitarbeitern und Mitarbeiterinnen fehl am Platz. In der Computerbranche sind Kreativität und Innovation unverzichtbare Fähigkeiten, die durch einen autoritären Führungsstil stark in ihrer Entfaltung behindert würden.

b)
- Die **Anforderungsgerechtigkeit** beruht auf der Berücksichtigung des Schwierigkeitsgrades der Arbeit, d.h. speziell auf den Anforderungen, die an die Mitarbeiter und Mitarbeiterinnen gestellt werden.
- Die **Leistungsgerechtigkeit** betrachtet in erster Linie den von den Arbeitnehmern und Arbeitnehmerinnen erbrachten Leistungsbeitrag an die Unternehmensziele. Für die Unternehmen hat dieser Aspekt der Gerechtigkeit ein besonderes Gewicht, da hohe Leistungen einen zentralen Stellenwert besitzen. Allerdings muss die Unternehmen die entsprechenden Voraussetzungen für eine hohe Leistungsbereitschaft der Arbeitnehmer schaffen (Entlohnung, interessante Arbeit, gutes Betriebsklima etc.).
- Mit der **Verhaltensgerechtigkeit** wird versucht, das allgemeine Verhalten (z.B. gegenüber Mitarbeitern, Kunden oder den Einrichtungen) in die Lohnbestimmung einzubeziehen.
- Die **Sozialgerechtigkeit** berücksichtigt soziale und sozialpolitische Anliegen wie etwa Altersvorsorge, Mutterschaftsurlaub und Lohnzahlungen bei Krankheit.

c)
- **Grundlohn:** Dieser basiert auf den Anforderungen des Arbeitsplatzes, d.h. auf der Summe der Kenntnisse, Fähigkeiten und Eigenschaften, die für die Stellenbesetzung erforderlich sind. Der Grundlohn wird unabhängig vom Stelleninhaber festgesetzt.
- **Leistungs- und Verhaltensanteil:** Dieser berücksichtigt die Qualität und Quantität der Leistung sowie das Verhalten der Mitarbeiter und Mitarbeiterinnen und ist im Gegensatz zum Grundlohn personengebunden. Der Wert des Leistungs- und Verhaltensanteils wird in Prozenten des Grundlohnes ausgedrückt.
- **Alterskomponente:** Diese wird sowohl durch das Lebensalter als auch durch das Dienstalter beeinflusst. Damit soll einerseits die bei steigendem Alter zunehmende Lebenserfahrung berücksichtigt werden, andererseits auch die in der Anzahl Dienstjahre zum Ausdruck kommende Firmentreue belohnt werden.
- **Sozialanteil:** Dieser Lohnbestandteil (Kinderzulagen, Sozialleistungen) ist gesetzlich geregelt.
- **Sonstige außerordentliche Anteile:** Darunter fallen insbesondere Zulagen für Berufe, in denen ein Mangel an Arbeitskräften besteht.

d) Eine festgeschriebene Bewertung der Stellen ist angesichts des kleinen Personalbestandes unnötig. Die Löhne können nach folgenden **Kriterien** festgelegt werden:

- Alter des Mitarbeiters,
- Verantwortung,
- Dauer der bisherigen Anstellung,
- bisherige Tätigkeit und fachliche Ausbildung,
- berufliche Fähigkeiten,
- Lohnniveau in der Branche,
- Ertragslage.

Die Berücksichtigung dieser verschiedenen Kriterien führt dazu, dass das gesamte Lohnsystem flexibel gestaltet wird. Für ähnliche Arbeiten können deshalb unterschiedliche Löhne bezahlt werden, je nachdem wie der einzelne Mitarbeiter oder die einzelne Mitarbeiterin sich bewährt. Die folgenden Angaben sind auf diesem Hintergrund zu sehen, wobei 100 % einer Vollzeitstelle für allgemeine Büroarbeiten entspricht.

Stelle	**Ansatz**
■ Allgemeine Büroarbeiten (2 halbe Stellen)	60 %
■ Buchhaltung, Chefsekretärin	110 %
■ Programmierer	120–150 %
■ Leiter der Programmierung	180–220 %
■ Verkaufsleitung	180–220 %
■ Geschäftsleitung	250 %

e) **Möglichkeiten** sind:

- Schaffung eines familiären Arbeitsklimas,
- flexible Arbeitszeiten,
- Freiheiten bei der Arbeitsplatzgestaltung,
- Freiheiten bei der Arbeitsausführung,
- Mitarbeiterbeteiligung am Geschäftserfolg,
- Belohnungen für außerordentliche Leistungen.

f) Zwei **Anreize** stehen im Vordergrund:

- Aufnahme in die Geschäftsleitung,
- Beteiligung am Geschäftserfolg.

Personalentwicklung

L 35 Bei der **Laufbahnplanung** handelt es sich sowohl um einen materiellen als auch um einen immateriellen Anreiz. Zum einen wird hier das Bedürfnis nach Wertschätzung und Selbstverwirklichung befriedigt, und zum anderen ist meist eine Lohnerhöhung damit verbunden. Darüber hinaus vermittelt die Laufbahnplanung ein Gefühl von Sicherheit. All diese Faktoren führen zu einer höheren Leistungsbereitschaft seitens der Mitarbeitenden, was sich in einer Steigerung der Gesamtleistung äußert.

L 36 Die **Beurteilung** der Mitarbeitenden sollte in Form einer systematischen Analyse durchgeführt werden. Hierbei muss zum einen eine vergangenheitsorientierte quantitative und qualitative Beurteilung sowie zum anderen eine zukunftsbezogene Abklärung des Leistungspotenzials vorgenommen werden.

L 37 a) **Ziele,** die ein Unternehmen mit seiner Aus- und Weiterbildung verfolgt:

- Vermittlung von notwendigen Grundkenntnissen und -fähigkeiten, um einen Beruf oder eine neue Tätigkeit auszuüben (betriebliche Grundausbildung),
- Erweiterung und Vertiefung von vorhandenem Wissen und Fähigkeiten (betriebliche Weiter- oder Fortbildung),
- Vorbereitung auf veränderte Umweltbedingungen,
- Erhaltung der Wettbewerbsfähigkeit des Unternehmens,
- Mitarbeiterzufriedenheit und -motivation.

b) **Möglichkeiten,** die Effizienz von Aus- und Weiterbildungsmaßnahmen zu messen:

- Fragebögen,
- Kennzahlensysteme,
- Vergleich von früherer und aktueller Leistung,
- Kosten-Nutzen-Analyse.

L 38 a) **Folgen** des technischen Fortschritts für den Personalsektor:

- Erhöhte Anforderungen an die Mitarbeitenden im Umgang mit neuen Technologien und Medien,
- Rationalisierung,
- sowohl hoher Bedarf an hoch qualifizierten als auch unqualifizierten Mitarbeitern, wobei das Angebot an Arbeitsplätzen für Letztere zunehmend zurückgeht.

b) Aufgrund des technischen Fortschritts im Personalsektor zu ergreifende **Maßnahmen:**

- Aktualisierte und kontinuierliche Aus- und Weiterbildungsprogramme im Bereich neuer Technologien und Medien,
- E-Learning.

L 39 Es muss vor allem geklärt werden, ob der Managementkurs Inhalte vermittelt, die für den Mitarbeiter unter Berücksichtigung seiner aktuellen bzw. potenziellen Position im Unternehmen notwendig sind. An dieser Stelle sollte auch geprüft werden, welche und wie viele Kurse der Mitarbeiter in der Vergangenheit bereits besucht hat. Im Weiteren ist zu überprüfen, ob die Kosten in einem angemessenen Verhältnis zum Nutzen stehen, der zu erwarten ist. Bei sehr hohen Kosten sollte mit dem Mitarbeitenden ein kurzes Gespräch geführt werden, um herauszufinden, ob er auch in Zukunft im Unternehmen zu arbeiten gedenkt. Bei einer umfassenden Weiterbildung ist eine vertragliche Verpflichtung bezüglich der weiteren Zusammenarbeit über eine gewisse Dauer durchaus vertretbar. Allenfalls ist eine Kostenbeteiligung des Mitarbeitenden ins Auge zu fassen. Abgelehnte Gesuche gilt es persönlich zu kommunizieren und ausführlich zu erklären. Letztlich muss sichergestellt werden, dass in der Abwesenheit des Mitarbeiters eine Vertretung dessen Tätigkeiten übernimmt.

L 40 **Gründe** für die Einführung von Coaching für Führungskräfte:

- Coaching bietet eine professionelle Form der individuellen Beratung und kann damit für Führungskräfte bei der Erfüllung ihrer Aufgabe unterstützend wirken.
- Führungskräfte müssen täglich Entscheidungen treffen und Lösungen für Probleme generieren. Coaching kann dazu beitragen, die Problemlösekompetenz von Führungskräften zu erhöhen.
- Führungskräfte sind in Ihrer täglichen Arbeit ständigen Veränderungen ausgesetzt. Veränderungen der Umwelt erfordern auch eine individuelle Veränderung der Person. Im Rahmen eines Coachingprozesses kann aktiv an der Veränderungsfähigkeit gearbeitet werden.
- Die Führungskraft ist in ihrer Arbeit einem großen Spannungsfeld ausgesetzt: Es gilt die Ziele der Unternehmung, die eigene Rolle in der Organisation und persönliche Interessen auszubalancieren. Coaching kann hier unterstützend wirken, indem die verschiedenen Spannungsfelder gemeinsam reflektiert werden können und gemeinsam nach Lösungsmöglichkeiten gesucht werden kann, um eine möglichst hohe Balance der Führungskraft in diesem Spannungsfeld zu erreichen.
- Coaching verfolgt verschiedene Ziele, die je nach Situation und Bedarf für eine Führungskraft hilfreich sein können. Mit Hilfe eines

Defizitansatzes kann z.B. direkt an einem bestehenden Problem gearbeitet werden. Mit Hilfe des Präventivansatzes können mögliche zukünftige Problemsituation proaktiv bearbeitet werden und mit Hilfe des Potenzialansatzes können neue Potenziale der Führungskraft entdeckt werden, was sich positiv auf die Führungskraft und auf das Unternehmen auswirken wird.

Personalfreistellung

L 41 a)

Massnahmen / Ursachen	Änderung bestehender Arbeitsverhältnisse				Beendigung bestehender Arbeitsverhältnisse		
	Versetzung		Arbeitszeit-verkürzung		Ausnützung natürlicher Personalabgänge	Förderung des freiwilligen Ausscheidens	Entlassung
	Verti-kal	Hori-zontal	Kurz-arbeit	Teilzeit arbeit			
Konjunktureller Absatz- und Produktionsrückgang			•	•	•	•	•
Strukturelle Veränderungen			•	•	•	•	•
Saisonal bedingte Schwankungen			•	•			
Betriebsstilllegung, Betriebsvernichtung, natürliches Betriebsende							•
Standortverlegung					•	•	•
Reorganisation	•	•		•	•	•	•
Mechanisierung und Automation				•	•	•	•

b)
- **Folgen** einer unfreiwilligen Kündigung für den **Arbeitnehmer:**
  - Senkung des Lebensstandards,
  - Verlust der beruflichen Anerkennung,
  - Verlust sozialer Kontakte,
  - soziale Probleme (Familie, Freundeskreis),
  - mögliche Langzeitarbeitslosigkeit,
  - gesundheitliche Probleme (psychisch oder physisch).

- **Folgen** einer unfreiwilligen Kündigung für den **Arbeitgeber:**
  - Imageverlust für das Unternehmen,
  - Verschlechterung des Arbeitsklimas,
  - Kosten für den Sozialplan,
  - Die genannten negativen Folgen machen die Notwendigkeit eines Outplacement deutlich.

Organisation

Grundlagen

L 1 Grundsätzlich können folgende **Gründe** festgehalten werden, warum in einem Unternehmen organisiert werden muss:

- Arbeitsteilung,
- verschiedene Aufgabenarten,
- hohe Anzahl an Mitarbeitern.

In einem Unternehmen entsteht aber immer auch dann die Notwendigkeit zu organisieren, wenn sich die für die formale Organisationsstruktur relevanten Entscheidungstatbestände und Einflussfaktoren verändert haben. Diese können in unternehmensinterne und -externe Faktoren unterteilt werden:

- **Unternehmensinterne Faktoren** wie z. B.
  - Wachstum (Eintritt in neue Märkte, Erweiterung des bestehenden Leistungsprogramms, Diversifikationen),
  - Straffung des Leistungsprogramms,
  - Kooperationen,
  - neue EDV-Systeme,
  - neue Technologien,
  - Kosten- und Synergieüberlegungen (z. B. Zusammenlegung von Standorten).
- **Unternehmensexterne Faktoren** wie z. B.
  - rechtliche Regelungen (z. B. in den Bereichen Arbeits- und Wirtschaftsrecht),
  - Einflüsse der Anspruchsgruppen (z. B. ökologische Aspekte),
  - wirtschaftliche Lage (z. B. Rezession).

L 2 a)

- Bei der **formalen** Struktur handelt es sich um die bewusst gestaltete Organisation. Hier werden die Abläufe und der Aufbau (Stellenbildung) beschrieben.
- **Informale** Strukturen bilden sich aus der betrieblichen Wirklichkeit heraus und treten neben oder an die Stelle der formalen Organisation. Als Ursache dieser Erscheinung können menschliche Eigenheiten (z.B. Sympathie, gemeinsame Interessen), der soziale Status der Mitglieder des Unternehmens (z.B. Management- vs. Facharbeiterebene), die Arbeitsbedingungen (z.B. Zeitdruck) oder die zu lösende Aufgabe (z.B. ein spezielles Projekt) genannt werden. Über die informale Organisation gibt es meist keine Dokumentation, da sie schwieriger zu erfassen und zu dokumentieren ist als die formale. Somit ist sie auch wesentlich schwieriger gestaltbar. Manchmal ist sie auch Ausdruck von Unzufriedenheit der Mitarbeitenden gegenüber der formalen Organisation, respektive von mangelnder Praktikabilität in der betrieblichen Realität.

b) Über die **Auswirkungen der informalen Struktur** kann keine allgemein gültige Aussage gemacht werden. Eine informale Struktur kann die Kommunikation und somit die Zusammenarbeit der Mitarbeitenden fördern, was sich wiederum positiv auf die Erreichung der Unternehmensziele auswirkt. Sie kann aber auch negative Auswirkungen in Form von ineffizienten Abläufen haben. Wichtig ist in jedem Fall, sich der informalen Struktur bewusst zu werden, um positive Wirkungen zu fördern und Konflikte zu beseitigen.

L 3

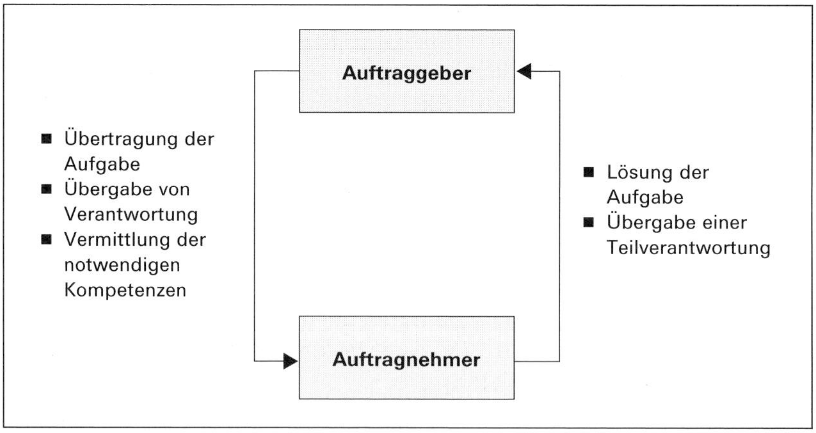

L 4 **a)** **Aufbau- und Ablauforganisation** hängen sehr eng zusammen. Beide betrachten das gleiche Objekt, wenn auch unter verschiedenen Aspekten. Sie bedingen sich gegenseitig und bauen aufeinander auf. Die Aufbauorganisation liefert den organisatorischen Rahmen, innerhalb dessen sich die erforderlichen Prozesse der Ablauforganisation vollziehen. Ausgangspunkt der Ablauforganisation stellen die durch die Aufgabenanalyse gewonnenen Elementaraufgaben dar. Die Arbeitsanalyse und -synthese als Aspekte der Ablauforganisation basieren somit auf den Ergebnissen der Aufgabenanalyse. Als erster Schritt steht die Aufgabenanalyse, welche die Gesamtaufgabe in einzelne Elementaraufgaben gliedert. Darauf aufbauend werden zum einen mittels Aufgabensynthese durch Zusammenfassen von Elementaraufgaben zweckmässige Aufgabenkomplexe gebildet und auf eine Stelle (mit einem oder mehreren Aufgabenträgern) zugeordnet (Aufbauorganisation). Zum anderen können in der Arbeitsanalyse die aus der Aufgabenanalyse gewonnenen Elementaraufgaben weiter in einzelne Arbeitsteile, das heißt Tätigkeiten zur Erfüllung einer Aufgabe, zerlegt werden. Anschließend werden die gewonnenen Arbeitsteile unter Berücksichtigung der Arbeitsträger (Personen oder Sachmittel), des Raums und der Zeit zu Arbeitsgängen zusammengesetzt (Ablauforganisation).

b)

- Bei der **Aufgabenanalyse** ergibt sich das Problem aus der Komplexität, die ihrerseits durch die Vielzahl von kleinen Einzelaufgaben entsteht.
- Bei der **Arbeitssynthese** ergibt sich wiederum die Schwierigkeit, die einzelnen Aufgaben zu zweckmäßigen und sinnvollen Aufgabenkomplexen zusammenzufassen, die dann auf die jeweiligen Stellen übertragen werden.

c) Bei der Durchführung einer **Arbeitsanalyse** und **-synthese** stehen im Rahmen der Ablauforganisation die folgenden **Schwierigkeiten** im Vordergrund:

- **Arbeitsanalyse:** Nach welchen Kriterien kann die Gesamtaufgabe gegliedert und in Elementaraufgaben zerlegt werden?
- **Arbeitssynthese:** Nach welchen Kriterien können die Elementaraufgaben zu Aufgabenkomplexen (Stellen) zusammengefasst und strukturiert werden?

L 5 **a)** Unter **Kontrollspanne** versteht man die Zahl der einem Vorgesetzten unterstellten Mitarbeitenden.

b) Die Angabe einer **optimalen Kontrollspanne** ist schwierig zu machen, da diese von verschiedenen Einflussfaktoren abhängig ist wie z. B. Häufigkeit und Intensität der Beziehungen, Unterstützung durch den Vorgesetzten, Führungsstil, Eigenschaften der beteiligten Personen, Art der Aufgaben, Produktion, Technologie, EDV-Einsatz, Verfügbarkeit und Kosten von Leistungskräften.

L 6 Bei der Ablaufplanung sind folgende Grundsätze einzuhalten:

- Prinzip der Termineinhaltung,
- Prinzip der Zeitterminierung,
- Prinzip der Kapazitätsauslastung.

Die letzten beiden Grundsätze lassen sich nur selten gleichzeitig verwirklichen. Gutenberg spricht in diesem Fall vom **Dilemma der Ablaufplanung.** Das eigentliche Ziel der Ablauforganisation besteht somit in der optimalen Abstimmung dieser beiden Forderungen aufeinander. Es geht darum, die Durchlaufzeit des Materials und die Leerzeiten von Maschinen und Menschen gleichzeitig zu minimieren. Dieses Dilemma spielt vor allem in großen Unternehmen mit vorwiegender Fließbandproduktion eine große Rolle.

L 7 **a)** Das **Organigramm** ermöglicht einen raschen Überblick über die Organisationsstruktur.

b) Typische im Organigramm verarbeitbare **Informationen** sind:

- Eingliederung der Stellen in die Gesamtstruktur des Unternehmens,
- Art der Stelle (Instanz, Ausführungsstelle, Stab),
- Unterstellungsverhältnisse (Dienstweg),
- weitere Beziehungen zwischen den Stellen (z. B. Mitglied eines Ausschusses),
- Bereichsgliederung, Zusammensetzung einer Abteilung und Stellenbeschreibung,
- Namen der Stelleninhaber, Mitarbeiterzahl, Kostenstellennummern.

c) Während das Organigramm einen Überblick über die Organisation des Gesamtunternehmens bietet, gibt die **Stellenbeschreibung** detailliertere Informationen über die im Organigramm abgebildeten einzelnen Stellen. Es werden z. B. Aufgaben, Kompetenzen und Verantwortlichkeiten einer Stelle festgelegt.

L 8 **a)**

- Der **Vorteil** des Funktionendiagramms liegt darin, dass es knapp und übersichtlich die wesentlichen Aufgaben und Kompetenzen einer Stelle sowie das Zusammenwirken verschiedener Stellen bei der Erfüllung einer Aufgabe veranschaulicht.
- **Nachteilig** ist anzumerken, dass es in einem Funktionendiagramm kaum möglich ist, komplexe Beziehungen darzustellen.

b) Das **Funktionendiagramm** wird hauptsächlich eingesetzt, um den verschiedenen Stellen einen Überblick darüber zu geben, in welchen Bereichen sie mit welchen anderen Stellen zusammenzuarbeiten haben. Das Funktionendiagramm kann daher gleichzeitig als Planungsinstrument für das Management dienen.

L 9 **a)**
- **Allgemeine Regelungen** ordnen betriebliche Tatbestände endgültig oder mindestens auf längere Sicht. Es handelt sich demzufolge vor allem um solche Tatbestände, die sich immer wieder in gleicher oder ähnlicher Weise wiederholen.
- **Spezielle Regelungen** sind solche, welche betriebliche Tatbestände in jedem Fall wieder neu, spezifisch auf die Situation bezogen, regeln.

b) Je größer die Gleichartigkeit, Regelmäßigkeit und Wiederholbarkeit betrieblicher Prozesse ist, umso mehr allgemeine Regelungen können getroffen werden und umso weniger spezielle Anordnungen sind erforderlich. Gutenberg bezeichnet die Tatsache, dass mit abnehmender Veränderlichkeit betrieblicher Tatbestände die Tendenz zur allgemeinen Regelung zunimmt, als das **Substitutionsprinzip der Organisation.**

c)
- Erhebliche Vereinfachung der Führungsaufgaben,
- Entlastung der Führungsorgane,
- Rationalisierung der Betriebsabläufe,
- Leistungssteigerung der von den Regelungen Betroffenen durch Übungs- und Lerneffekte,
- Vermeidung von Konflikten.

d)
- **Nachteile**
  - □ Starre und schwerfällige Organisationsprozesse und -strukturen durch die Schematisierung der Betriebsabläufe,
  - □ Einschränkung der Kreativität,
  - □ Verringerung der Flexibilität und Dispositionsfähigkeit,
  - □ Einschränkung des individuellen Gestaltungs- und Entscheidungsspielraums,
  - □ Versachlichung betrieblicher Steuerungsprozesse und organisatorischer Einrichtungen.
- **Maßnahmen,** um den Nachteilen allgemeiner Regelungen begegnen zu können, sind:
  - □ Erweiterung des persönlichen Handlungsspielraums (Aufgaben- und Entscheidungsdelegation),
  - □ Führung im Sinne des „Management by Exception“ (Führung durch Abweichungskontrolle),
  - □ offene Kommunikation (Unternehmenskultur),
  - □ geringerer Detaillierungsgrad bei der Ausgestaltung der Stellenbeschreibung.

L 10 a) Das **Substitutionsprinzip** der Organisation besagt, dass mit abnehmender Veränderbarkeit betrieblicher Tatbestände die Tendenz zur allgemeinen Regelung zunimmt.

b) Das Substitutionsprinzip hat zur **Konsequenz,** dass bei gleichartigen, regelmäßigen und wiederholbaren betrieblichen Prozessen mehr allgemeine Regelungen eingeführt werden. Dies wiederum kann folgende Auswirkungen für das Unternehmen haben:

- Einschränkung des individuellen Gestaltungs- und Entscheidungsspielraums,
- starre und schwerfällige Organisationsprozesse und -strukturen,
- Verminderung der Anpassungsfähigkeit,
- Rationalisierung des Betriebsablaufs,
- Entlastung der leitenden und ausführenden Stellen,
- Verminderung von Konflikten.

L 11

- Eine **Unterorganisation** liegt vor, wenn zu wenig sich wiederholende Vorgänge allgemein geregelt werden. **Ursache:** Das Unternehmen hat nicht die organisatorische Flexibilität, sich an veränderte Umweltbedingungen anzupassen, oder hat eine zu wenig ausgeprägte Kundenorientierung. Dies ist oft in bürokratischen Strukturen zu beobachten.
- Eine **Überorganisation** liegt vor, wenn ungleiche Tatbestände allgemein geregelt werden, obwohl sie fallweise zu behandeln wären. **Ursache:** Das Unternehmen erkennt nicht, dass sich wiederholende Vorgänge vorliegen. Es kann aber auch sein, dass das Unternehmen durch eine Kultur geprägt ist, die der Autonomie der Mitarbeitenden, von Gruppen oder Abteilungen einen hohen Stellenwert beimisst. Dies ist oft bei innovativen Unternehmen der Fall.

Organisationstheoretische Ansätze

L 12 a)

- **Vorteile** des Scientific Management sind die kurzen Mitteilungs- und Entscheidungswege sowie der optimale Einsatz von Spezialwissen.
- **Nachteilig** anzumerken sind jedoch der hohe Koordinationsaufwand und die Weisungskonflikte. Darüber hinaus stellt die Arbeitsmonotonie eine weitere Gefahr dar.

b) Während der Ansatz von Taylor die unteren Führungsebenen betrachtet, richtet sich der **administrative Ansatz** von Fayol auf die organisatorische Gestaltung des Gesamtunternehmens. Im Gegensatz zu Taylors Mehrliniensystem, fordert Fayol ein Einliniensystem, das dem Grundsatz der Einheit der Auftragserteilung bzw. des Auftragsempfangs folgt. Darüber hinaus versucht Fayol das Problem des hohen Koordinationsaufwands beim Scientific Management durch das Prinzip der optimalen Kontrollspanne zu lösen.
Die Kommunikationswege im **Einliniensystem** Fayols verlaufen grundsätzlich vertikal. Allerdings kann im Ausnahmefall die direkte horizontale Kommunikation gewählt werden (so genannte Fayol'sche Brücke). Das durch eine hohe Formalisierung gekennzeichnete Organisationssystem zeigt wegen der klaren Abgrenzung von Aufgaben, Kompetenzen und Verantwortung sowie der klaren Kommunikationswege eindeutige Beziehungen zwischen den Organisationsteilnehmern. Weisungskonflikte können kaum auftreten. Dafür erweist sich dieses System aber als starre Organisationsform, die durch lange und umständliche Mitteilungs- und Entscheidungswege gekennzeichnet ist.

c) Aus dem **Human Relations-Ansatz** kann die Hypothese abgeleitet werden, dass die Produktivität des Mitarbeiters nicht nur von den physikalischen Arbeitsbedingungen, sondern ebenso von seiner Behandlung (Aufmerksamkeit, Interesse), seiner Gruppenzugehörigkeit und den Gruppennormen abhängt. Aus organisatorischer Sicht ergibt sich daraus die Konsequenz, dass neben der formalen Organisation die informale eine ebenso große Rolle spielen kann und entsprechend beachtet werden sollte.

d) Folgende Bedürfnisse der **Maslow-Pyramide** werden in erster Linie angesprochen:

- **Scientific Management:**
  - Physiologische Bedürfnisse,
  - Sicherheitsbedürfnisse.
- **Human-Relations-Ansatz:**
  - Soziale Bedürfnisse,
  - Bedürfnisse nach Wertschätzung.

e) Der **Ansatz von Perrow** geht – ebenso wie derjenige von Woodward – vom Einflussfaktor „Technologie", d.h. der technischen Prozesse im Produktionsprozess aus. Perrow versucht jedoch gegenüber Woodward, diesen näher zu charakterisieren, um zum einen Unterschiede in den technischen Systemen besser zu erfassen und zum anderen die Untersuchungen auf nicht industrielle Organisationen auszudehnen.

L 13 **a)** Lawrence/Lorsch verstehen unter **Differenzierung** die Aufteilung des Unternehmens in Teilbereiche (Abteilungen, Subsysteme) wie sie bei zunehmender Betriebsgröße notwendig wird.
Dieser Differenzierung steht die Notwendigkeit der **Integration** gegenüber, denn je mehr Abteilungen bestehen, umso stärker müssen diese aufeinander abgestimmt und in ihren Aktivitäten koordiniert werden.

b) Bei einem größeren Uhrenhersteller entstehen im Zug der Differenzierung verschiedene Abteilungen wie z.B. Einkauf, Design, Produktion. Soll ein neues Modell entwickelt werden, müssen die verschieden Abteilungen zusammenarbeiten. Dazu muss der Integrationsprozess in Gang kommen. Es ist z.B. die Einführung einer Projekt-Gruppe denkbar, die sich aus den Mitarbeitern der verschiedenen Bereiche zusammensetzt.

L 14 **Situationsvariablen** werden als unabhängige, vorgegebene Variablen betrachtet, welche die Gestaltung der formalen Organisationsstruktur als abhängige Variablen determinieren. Solche Variablen können sowohl unternehmensintern als auch -extern auftreten. Als mögliche Situationsvariablen kommen neben der Technologie und der Umwelt (z.B. Konkurrenzverhältnisse, gesamtwirtschaftliche Lage, landeskulturelle Bedingungen) in Frage:

- Rechtsform,
- historische Entwicklung des Unternehmens,
- Branchenzugehörigkeit,
- Unternehmensgröße,
- beteiligte Personen,
- Produkte, Produktions- und Absatzprogramm (Diversifikationsgrad),
- Anzahl Standorte (Produktion, Verkauf),
- Absatzwege (direkt/indirekt),
- Produktionsverfahren,
- Führungsstil,
- Unternehmensstrategie und -ziele.

Organisationsformen

L15 Branche und Unternehmensgröße haben großen Einfluss auf die **Strukturierungsprinzipien.** Im Folgenden soll dies an zwei Beispielen veranschaulicht werden.

- Ein kleines, z.B. neu gegründetes IT-Unternehmen wird wahrscheinlich eine funktionale Organisation aufweisen. Hinsichtlich der Strukturierungsprinzipien ergeben sich folgende Ausprägungen:
  - Verrichtungsorientierte Stellenbildung,
  - reine Einlinienstruktur und
  - zentralisierte Entscheidungskompetenzen.
- Bei einem größeren, komplexeren Unternehmen, wie z.B. einer großen internationalen Unternehmensberatung, wird aller Wahrscheinlichkeit nach die Wahl auf die Matrixorganisation fallen. Hinsichtlich der Strukturierungsprinzipien ergeben sich folgende Ausprägungen:
  - Objekt-, verrichtungs- oder regionalorientierte Stellenbildung,
  - Mehrliniensystem und
  - dezentralisierte Entscheidungskompetenzen.

L 16

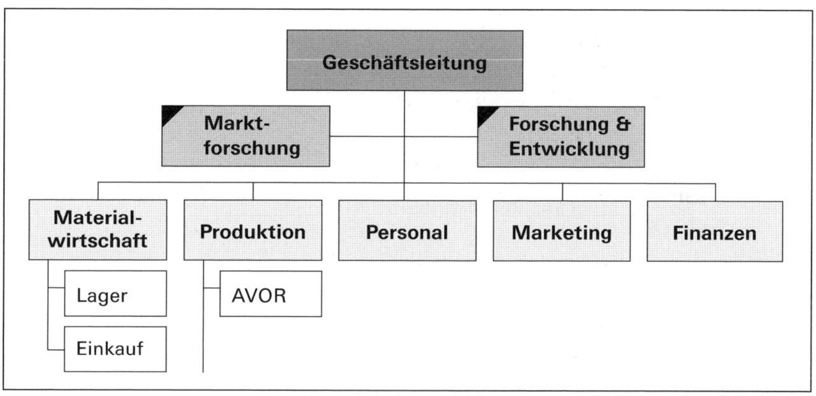

- Die „Arbeitsvorbereitung (AVOR)“ ist der Produktion zuzuordnen, da sie die Arbeiten in der Produktion plant und koordiniert.
- Der Stab „Forschung & Entwicklung“ ließe sich auch der Produktion zuteilen, falls sein Arbeitsgebiet vorwiegend in der angewandten Forschung besteht. Spielt die Grundlagenforschung eine wesentliche Rolle, ist die Unterstellung unter die Geschäftsleitung vorzuziehen.
- Ähnlich lässt sich im Fall des Stabs „Marktforschung“ argumentieren. Falls das Aufgabengebiet, eng gefasst, auf die eigentliche Absatzforschung beschränkt ist, gehört der Stab zum Marketing. Falls aber auch die Beobachtung und Erfassung der Entwicklungen (z. B. Frühwarnsystem, Erkennen von Chancen und Risiken) im allgemeinen Umfeld des Unternehmens zum Aufgabengebiet gehören, wäre die Eingliederung bei der Geschäftsleitung zu bevorzugen.
- Es wird eine neue Abteilung „Materialwirtschaft“ geschaffen, der die beiden Stellen „Einkauf“ und „Lager“ zugeordnet werden. Handelt es sich beim Lager allerdings nicht um Material (Rohstoffe, Halbfabrikate), sondern um Endprodukte, so wäre die Stelle als „Fertiglager“ der Produktion zuzuordnen. Die Funktion der Beschaffung wird in der Abteilung „Einkauf“ wahrgenommen und braucht somit nicht als eigene Abteilung organisiert zu sein.

L 17 **a)** Die Stablinienorganisation weist folgende **Merkmale** auf:

- Einliniensystem, ergänzt mit Stabsstellen, die
  - die Linienstellen als permanente unternehmensinterne Hilfsorgane der Führung unterstützen,
  - Träger von Beratungs- und Dienstleistungsaufgaben gegenüber Linienstellen sind sowie
  - über keine Anordnungsbefugnisse gegenüber nachgeordneten Linienstellen verfügen.
- Starke Tendenz zur Entscheidungszentralisation.
- Vielfach nach Funktionen gegliedert.

b) Das Organigramm sollte mit den Abteilungen „Materialwirtschaft“ und „Finanz- und Rechnungswesen“ sowie den Unterabteilungen „Werbung“, „Verkauf“ und „Finanzbuchhaltung“ ergänzt werden.

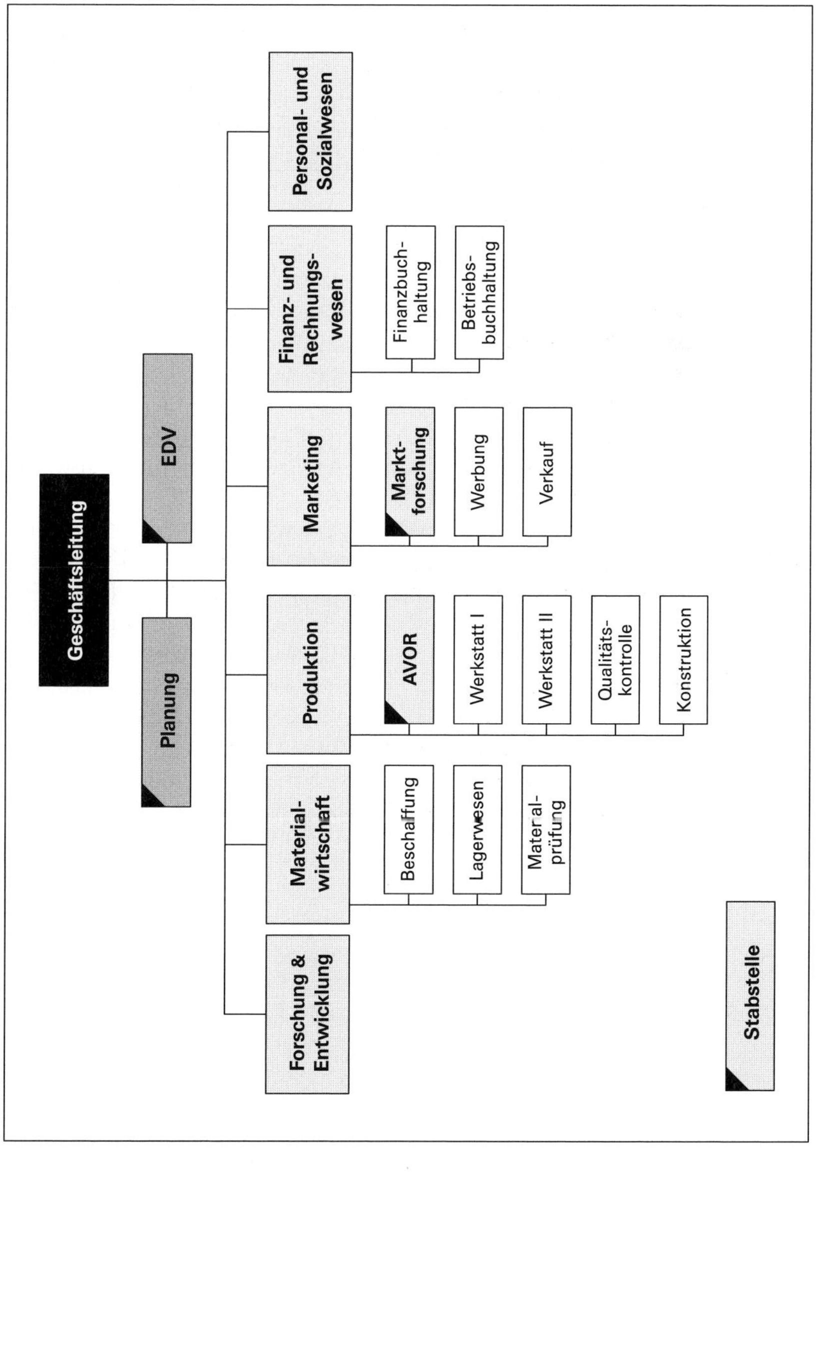

L 18 Mehrere Lösungen sind möglich, wobei folgende Punkte beachtet werden sollten:

- Die Abteilung „Finanzen und Administration“ sollte aufgelöst werden, da in ihr zu viele verschiedenartige Funktionen vereinigt sind:
  - □ Die Personalabteilung ist auf einer zu tiefen Führungsstufe angesiedelt. Sie wird ausgegliedert und zu einer neuen Abteilung „Personal- und Sozialwesen“ aufgewertet.
  - □ Aus den bisherigen Stellen der Verwaltung werden Stabsstellen gebildet. Die „Arbeitsvorbereitung“ und die „Marktforschung“ werden der Abteilung „Produktion“ bzw. „Marketing“ (vormals Vertrieb) zugeordnet. Die „Allgemeine Verwaltung“ wird in eine Stabsstelle „Rechtsdienste“ umgewandelt und zusammen mit der „Planung und Organisation“ der Geschäftsleitung unterstellt.
  - □ Aus der bisherigen Unterabteilung „Rechnungswesen“ wird eine neue Abteilung „Finanz- und Rechnungswesen“ gebildet. Die EDV wird ausgegliedert und als Stabsstelle direkt der Geschäftsleitung unterstellt.
- Die Unterabteilung „Public Relations“ kann je nach Aufgabenbereich entweder als Stabsstelle der Geschäftsleitung zugeordnet oder als Unterabteilung dem „Marketing“ unterstellt werden.
- Die Stelle „Forschung & Entwicklung“ wäre auch als Stabsstelle bei der Geschäftsleitung denkbar.
- Die Führungsstufe „Fertigung“ in der Abteilung „Produktion“ wird gestrichen.
- „Lager 1“ und „Lager 2“ können der Abteilung „Materialwirtschaft“ als Unterabteilung „Lagerwesen“ zugeordnet werden. Hingegen ist es kaum sinnvoll, das Fertiglager in die Materialwirtschaft zu integrieren, da es aus Kostengründen bereits bei einer externen Transportfirma eingerichtet wurde (evtl. administrative Aufgabe des Verkaufs).
- Bisher fehlte eine Unterabteilung „Einkauf“.

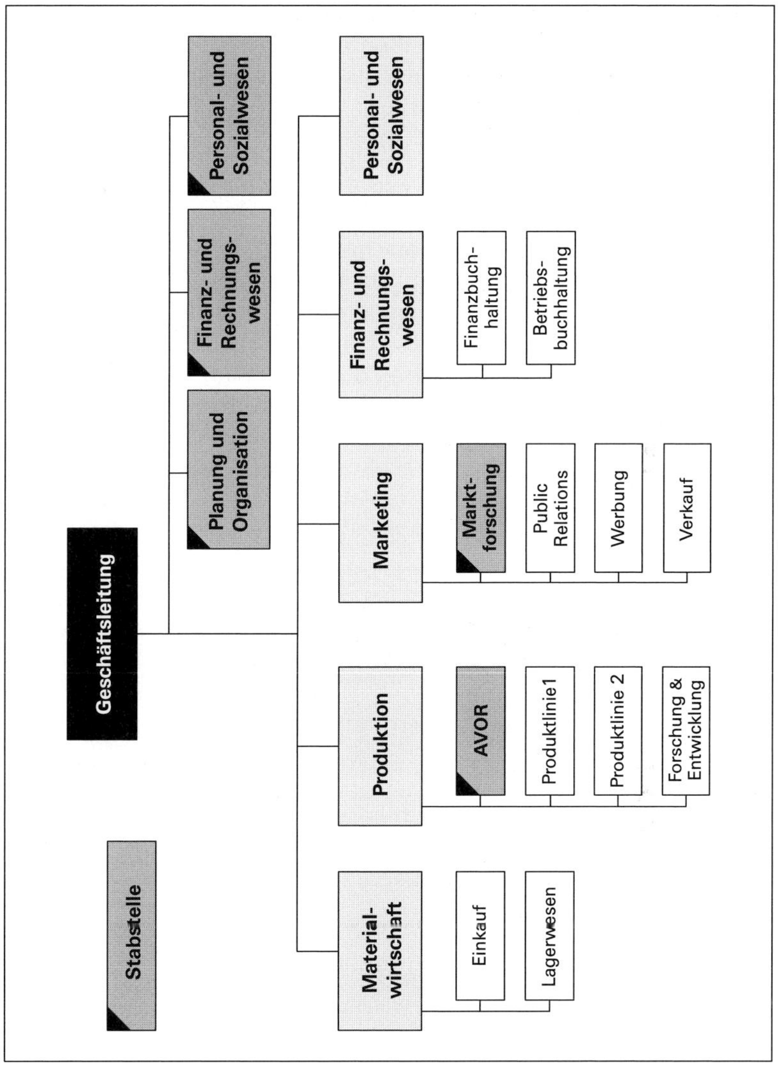
Geschäftsleitung
Stabstelle
Planung und Organisation
Finanz- und Rechnungs-wesen
Personal- und Sozialwesen
Material-wirtschaft
Einkauf
Lagerwesen
Produktion
AVOR
Produktlinie1
Produktlinie 2
Forschung & Entwicklung
Marketing
Markt-forschung
Public Relations
Werbung
Verkauf
Finanz- und Rechnungs-wesen
Finanzbuch-haltung
Betriebs-buchhaltung
Personal- und Sozialwesen

L 19 a)

- **Leitungsprinzip:** Einliniensystem (Stablinienorganisation)
- **Prinzip der Stellenbildung:** verrichtungsorientiert
- **Aufteilung der Entscheidungskompetenzen:** tendenziell Entscheidungszentralisation

b) Organisatorische Mängel

- Grundsätzlich sind der Verwaltung zu viele verschiedenartige Aufgaben zugeordnet.
  - Die Marktforschung muss als Stabsstelle entweder der Geschäftsleitung oder dem Marketing (vormals Vertrieb) unterstellt werden.
  - Die Abteilung „Public Relations" kann je nach Aufgabenbereich entweder als Stabsstelle der Geschäftsleitung unterstellt oder als Unterabteilung dem Marketing zugeordnet werden.
  - Das Rechnungswesen wird zu einer neuen Abteilung „Finanz- und Rechnungswesen" aufgewertet.
- Die EDV wird als Stabsstelle der Geschäftsleitung unterstellt.
- Die bisherige Stabsstelle „Personal" kann, abhängig von der Größe des Unternehmens, als eigene Abteilung geführt werden.

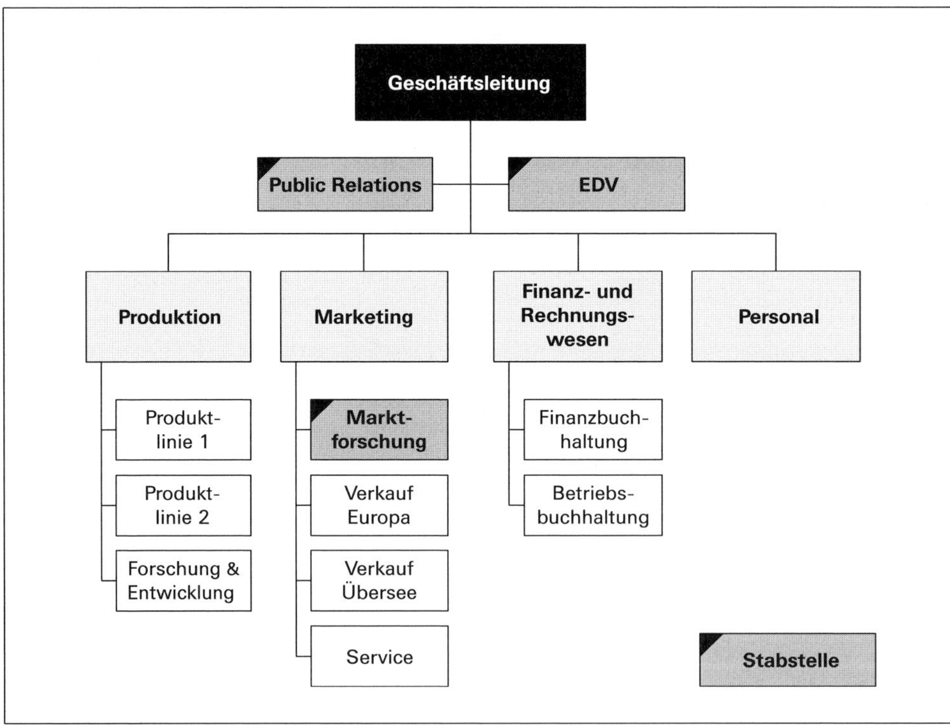

L 20 Die Abteilung „Finanz- und Rechnungswesen" kann um die Unterabteilungen „Finanzbuchhaltung" und „Betriebsbuchhaltung" ergänzt werden. Weil der Vertrieb eine Aufgabe des Marketings ist, sollte die Stelle „Marketing und Vertrieb" in „Marketing" umbenannt werden.

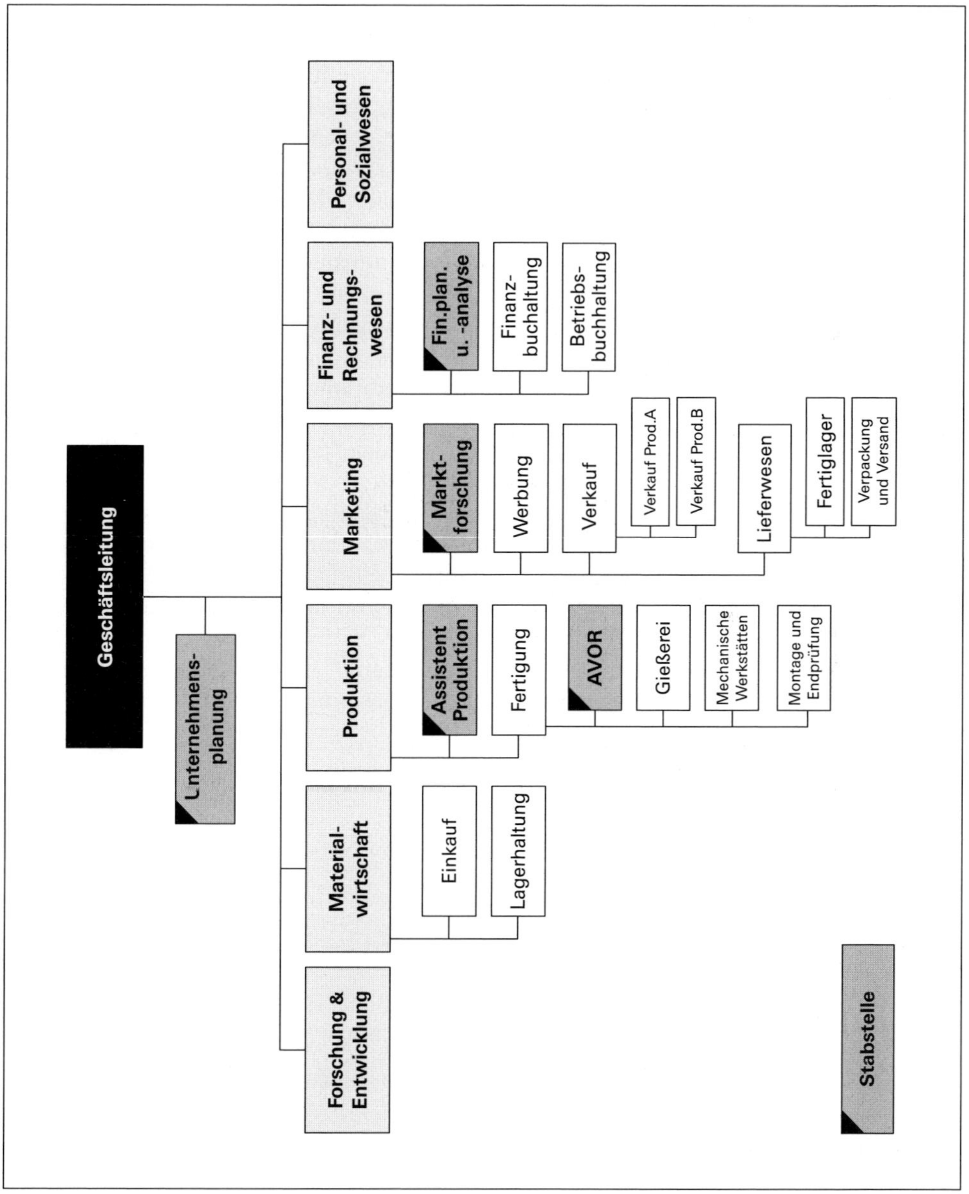

L 21 a)

- **Leitungsprinzip:** Einliniensystem
- **Prinzip der Stellenbildung:** verrichtungsorientiert
- **Aufteilung der Entscheidungskompetenzen:** tendenziell Entscheidungszentralisation

b)

- **Vertreter:** Die Vertreter sollten als Außendienstmitarbeiter dem Verkaufsleiter unterstellt werden.
- **Leiter Rechnungswesen:** Die Unterstellung unter den Verkaufsleiter ist falsch. Man könnte eine eigene Abteilung auf der zweiten Führungsstufe bilden oder die bisherige Unterabteilung einer neu zu schaffenden Abteilung „Verwaltung" zuordnen.
- **Verkaufsplanung:** Sie ist eine Stabsstelle des Verkaufsleiters.
- **Bürochef:** Die Aufgaben dieser Unterabteilung sind zwar unklar, doch sollte ihr der Einkauf nicht unterstellt werden (es sei denn, dass es sich nur um den Büromaterialeinkauf handelt). Der Einkauf wird deshalb in die neue Abteilung „Materialwirtschaft" integriert. Die Unterabteilung selbst wird aufgelöst und die Stelle „Korrespondenz" als „Administration" in die neue Abteilung „Verwaltung" eingeordnet.
- **Lager:** Diese Unterabteilung sollte zusammen mit dem Einkauf die Abteilung „Materialwirtschaft" bilden (je nach Bedeutung des Materialeinkaufs, z. B. gemessen in Prozent des Umsatzes).
- **Monteure:** Diese können dem Verkaufsleiter unterstellt werden, da ihre Aufgabe darin besteht, die verkauften Produkte beim Kunden zu installieren (z. B. Kücheneinbau).
- **Personal:** Diese Unterabteilung sollte nicht dem Betriebsleiter unterstellt sein, sondern entweder als Stabsstelle der Geschäftsleitung oder der neuen Abteilung „Verwaltung" zugeordnet werden. Für eine eigene Abteilung auf der zweiten Führungsstufe scheint die Firma zu klein zu sein.

c) Stablinienorganisation

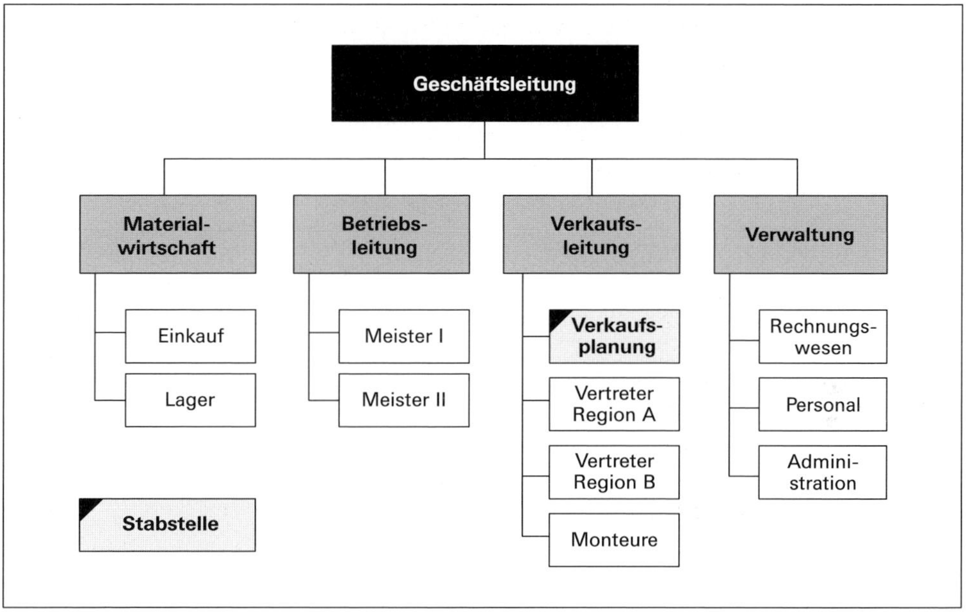

d) Die Stablinienorganisation ist vor allem bei Unternehmen mit einer homogenen Produktlinie anzutreffen, die häufig funktional organisiert sind.

e)
- **Vorteile**
  - Die Linieninstanzen werden entlastet, indem sie Aufgaben an die Stäbe abgeben können.
  - Durch die Stabsbildung ergibt sich eine erhöhte Kapazität für sorgfältigere Entscheidungsvorbereitungen.
  - Eine starke Spezialisierung auf die einzelnen Funktionen ist möglich (Know-how).
  - Durch die Funktionalteilung wird vermieden, dass Markt- und Ressourceninterdependenzen[1] wie bei der Spartenorganisation entstehen.
- **Nachteile**
  - Die Spezialisierung kann die Innovationsfähigkeit vermindern und die Reaktionsfähigkeit auf veränderte Kundenbedürfnisse hemmen.
  - Die Stablinienorganisation verlangt einen hohen Koordinationsaufwand für die Linienstellen.

[1] Marktinterdependenzen bestehen beispielsweise dann, wenn mehrere Sparten eines Unternehmens um die gleichen Kunden kämpfen. Ressourceninterdependenzen ergeben sich etwa bei begrenzten Investitionssummen.

- Die Spezialisierung erlaubt keine eindeutige Ergebniszuweisung, was sich negativ auf die Motivation auswirken könnte.

  Insbesondere in Bezug auf das Verhältnis zwischen den Linien- und den Stabsstellen bestehen folgende Nachteile:
- Die Einrichtung von Stabsstellen ist mit Kosten verbunden (Gehälter, Infrastruktur, Koordinationsaufwand). Zudem besteht die Gefahr, dass sich überdimensionierte Stabsstrukturen bilden, die den Entscheidungsprozess verlangsamen und die Kosten stark erhöhen.
- Durch die strikte Trennung von Entscheidungsvorbereitung, dem Treffen der Entscheidung und der Entscheidungsdurchführug kann es für die Stäbe schwierig werden, Anerkennung für ihre Vorschläge zu finden.
- Das Spezialwissen der Stabsstellen birgt die Gefahr in sich, dass die übergeordnete gesamtheitliche Betrachtungsweise verloren geht.
- Zwischen Linie und Stab können häufig Zielkonflikte beobachtet werden. Die Linienmanager sind vorwiegend im operativen Bereich tätig und deshalb stärker mit Aufgaben beschäftigt, die einen kurzfristigen Zeithorizont umfassen, während die Stäbe unter anderem strategische Aufgaben bearbeiten und demzufolge eher langfristig orientiert sind.
- Aufgrund ihrer breiten Informationsbasis besitzen Stäbe oft einen Wissensvorsprung, der zu einer starken Machtstellung führen kann. Deshalb spricht man von „grauen Eminenzen“ und „Macht der Stäbe“.
- Eine ungenügende Kommunikation zwischen Stabs- und Linienstellen kann zu Konflikten (fehlende gegenseitige Orientierung) oder zu praxisferner Aufgabenerfüllung der Stäbe aufgrund falscher Annahmen führen. Dadurch können sich Frustration und nachlassende Motivation einstellen.
- Die fachliche Kompetenz der Stabsstellen kann die vorgesetzten Linienstellen dazu verleiten, unangenehme Entscheidungen oder Entscheidungen von großer Tragweite an die Stäbe zu delegieren. Die Stäbe sind aber gar nicht in der Lage, solche Entscheidungen zu treffen, da sie in der Regel nicht über den notwendigen Gesamtzusammenhang der entscheidungsrelevanten Kriterien verfügen.

L 22 a) Als **Mängel** der bisherigen **Stablinienorganisation** können genannt werden:

- Hoher Koordinationsaufwand zwischen den einzelnen Funktionen,
- Zielkonflikte zwischen den einzelnen Verrichtungen (die einzelnen Funktionen können nicht an die Anforderungen aller Produkte angepasst werden),
- erschwerte Erfolgszumessung zu den einzelnen Produkten,
- hohe Arbeitsmonotonie,
- die Abteilung „EDV" ist doppelt vorhanden (einmal als Stabsstelle der Geschäftsleitung, einmal als Unterabteilung der Abteilung „Administration"),
- die Abteilung „Forschung & Entwicklung" ist aufgrund ihrer strategischen Bedeutung und der hohen Investitionen, insbesondere bei einem hohen Anteil der Grundlagenforschung, zu weit von der Unternehmensleitung entfernt,
- die Unterabteilungen der Abteilung „Administration" erbringen Leistungen für alle Unternehmensbereiche und sind deshalb mit Vorteil als Zentralstellen zu organisieren.

Eine Umstrukturierung in eine **Profit-Center-Organisation mit zentralen Diensten** wäre daher mit großen Vorteilen verbunden und könnte folgendermaßen aussehen:

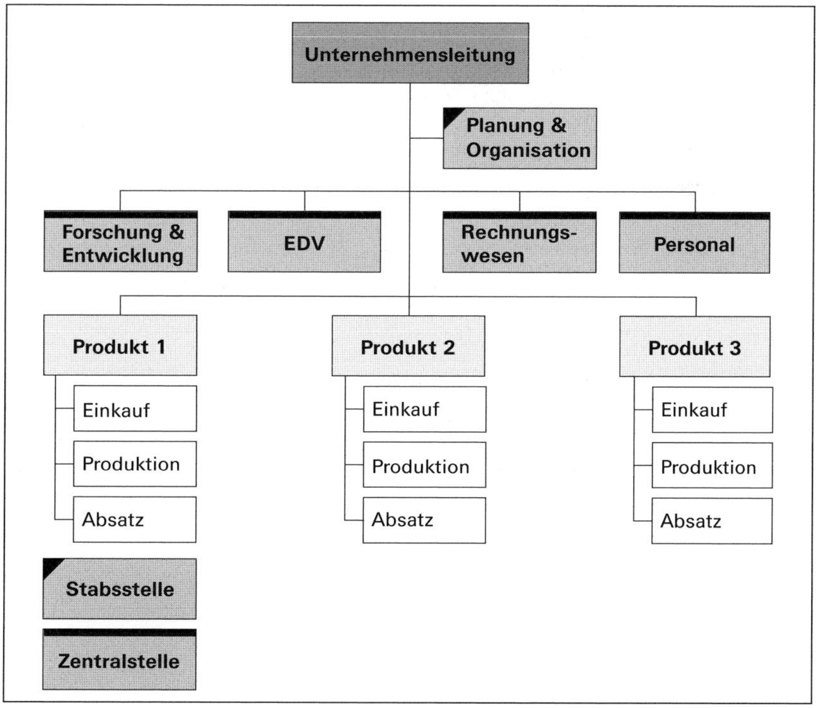

Die divisional gegliederte Profit-Center-Organisation hat den Vorteil, dass die einzelnen Sparten für ihre Gewinne selbst verantwortlich sind, was insgesamt zu einer Gewinnsteigerung führen kann. Bereiche, die alle drei Sparten betreffen, werden als Zentralstellen unter der Unternehmensleitung zusammengefasst, woraus sich unter anderem Kostenvorteile ergeben. **Vorteile** dieser Organisationsform sind vor allem:

- Motivation,
- übersichtliche Organisationsstruktur,
- Flexibilität,
- Marktnähe,
- Möglichkeit schneller Entscheidungen,
- kurze Kommunikationswege.

b)
- Stellenbildung nach dem **Verrichtungsprinzip** bedeutet die Zusammenfassung gleichartiger Verrichtungen zu einem Aufgabenkomplex (z.B. Materialwirtschaft, Produktion, Marketing).
- Stellenbildung nach dem **Objektprinzip** bedeutet die Zusammenfassung unterschiedlicher Verrichtungen zu einem Aufgabenkomplex aufgrund der Zugehörigkeiten zu einem Produkt oder einer Produktgruppe (z.B. Motorräder, Personenwagen, Lastwagen).

Allgemein lässt sich sagen, dass Stellenbildungen nach dem **Verrichtungsprinzip** im Wesentlichen für Unternehmen mit einem homogenen Leistungsprogramm geeignet sind, während dem das **Objektprinzip** eher für Unternehmen mit einem heterogenen Leistungsprogramm in Frage kommt. Daraus ergeben sich die folgenden **Nachteile:**

Verrichtungsprinzip	**Objektprinzip**
▪ Hoher Koordinationsaufwand z.B. durch umständliche Kommunikations- und Informationswege, ▪ geringe Anpassungsfähigkeit der Stellen, ▪ Tendenz zur Arbeitsmonotonie innerhalb der Stellen, ▪ extrinsische Motivation innerhalb der Verrichtungen eher tief, ▪ negative Wirkungen des Ressortegoismus.	▪ Kostennachteile durch schlechtere Nutzung personeller, sachlicher und finanzieller Ressourcen, ▪ Tendenz zu Ressortegoismus innerhalb der Divisionen, ▪ erschwerte Berücksichtigung von Marktinterdependenzen.

L 23 a) Die **Mängel** des Organigramms begründen sich wie folgt:

- Die Unternehmensplanung muss der Geschäftsleitung unterstellt sein.
- Die bisherige Stabsstelle „Arbeitsvorbereitung“ gehört aufgrund ihres Aufgabenbereiches nicht zur Geschäftsleitung, sondern zur Produktion (vormals Fertigung).
- Kaufmännische Verwaltung und Rechnungswesen dürfen nicht getrennt sein. Sie können in der Zentralstelle „Rechnungswesen“ zusammengefasst werden.
- Der Einkauf ist keine Stabsstelle und gehört zusammen mit dem Lager zu der neuen Unterabteilung „Materialwirtschaft“.
- Das Marketing hat eine zu geringe Bedeutung, da bisher nur eine Stelle „Vertrieb“ unter der kaufmännischen Leitung besteht. Deshalb sollte eine eigene Abteilung gegründet werden.
- Die Unterabteilung „Fertigung“ erscheint sehr groß. Es ist zu überlegen, die ganze Organisation divisional (nach Produktbereichen) auszurichten.
- Die Unterabteilung „Entwicklung und Konstruktion“ kann bei einer divisionalen Gliederung ersetzt werden, indem jeder Sparte eine eigene Stabsstelle „Forschung und Entwicklung“ zugewiesen wird. Für die Grundlagenforschung wäre zusätzlich eine Stabsstelle bei der Geschäftsleitung denkbar.
- Die Nebenbetriebe der Produktion (vormals Fertigung) können je nach Aufgabenbereich auch als Zentralabteilung geführt werden.

b) Spartenorganisation

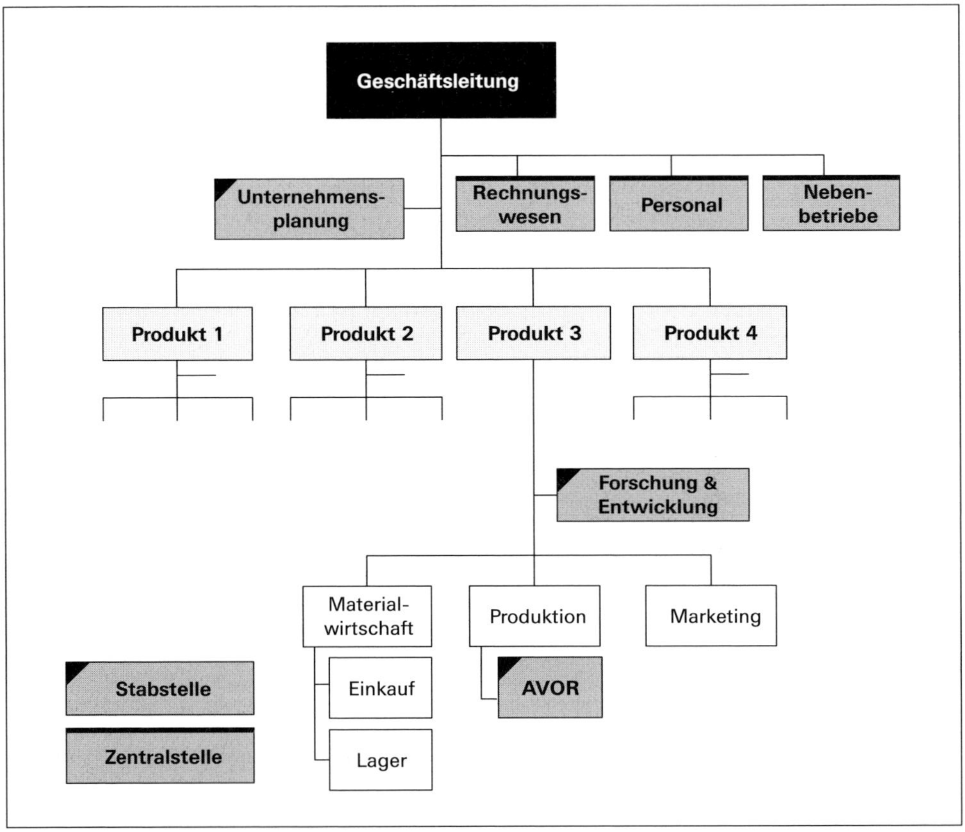

L 24 a) Stablinienorganisation

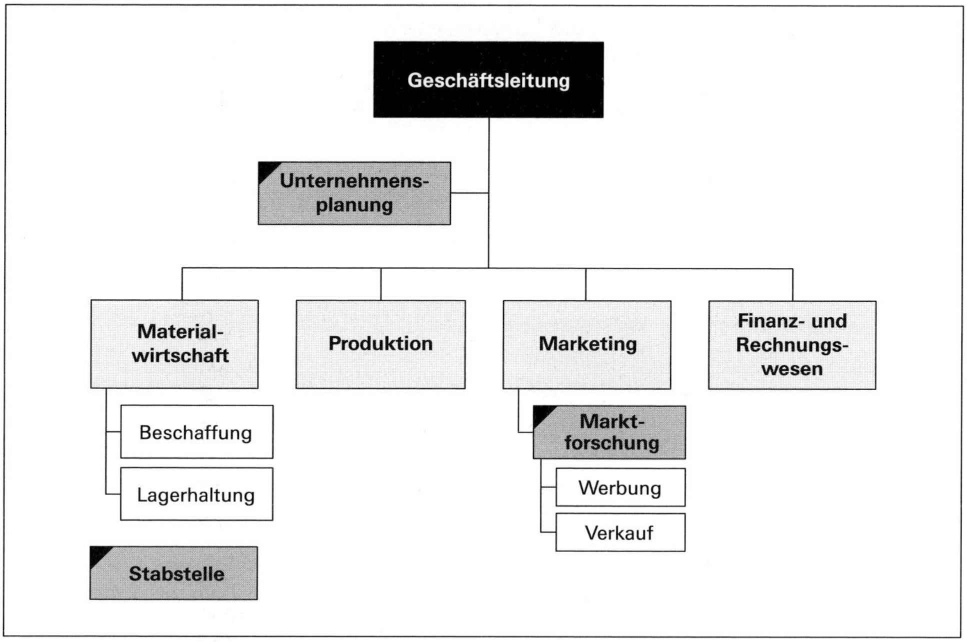

b) Produkt-Matrix-Organisation

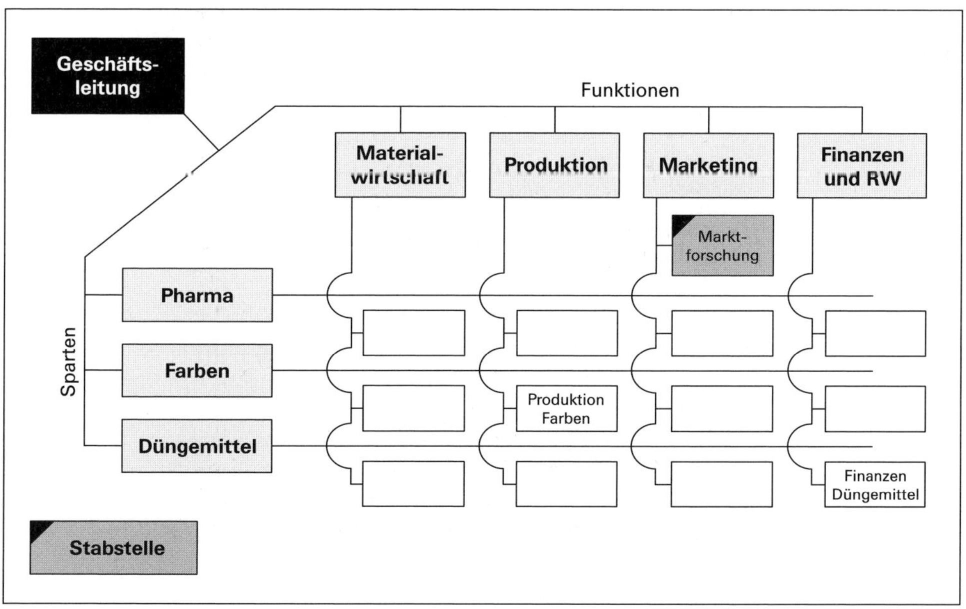

Anwendung der Produkt-Matrix-Organisation sinnvoll bei:
- Unternehmen mit heterogenen Produktlinien,
- einem großen Bedarf an Koordination zwischen Sparte und Funktion,
- Unternehmen ab einer bestimmten Größe,
- kooperativem Führungsstil und Betonung der Teamarbeit,
- einer vielfältigen, dynamischen und unsicheren Umwelt,
- dem Vorhandensein zweier für die Aufgabenerfüllung etwa gleich wichtiger Dimensionen.

c) Der Produktmanager betreut sein Produkt bzw. seine Produktlinie über alle Funktionen und den Lebenszyklus des Produktes bzw. der Produkte hinweg. Dabei hat er bei den Funktionsstellen die Weisungsbefugnisse bezüglich des **Was** und des **Wann** in Bezug auf sein Produkt bzw. seine Produkte. Die Weisungsbefugnisse des Funktionsmanagers bezüglich des Produktes bzw. der Produkte beziehen sich auf das **Wie** (Ausnützen der fachlichen Spezialisierung der Funktionen) und eventuell auf das **Wer** (personelle Spezialisierung).

d) **Profit-Center-Organisation**

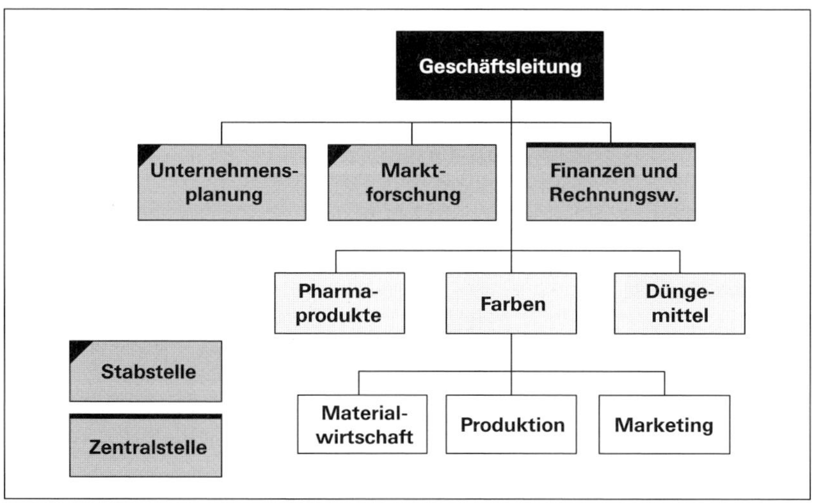

Voraussetzungen zur Anwendung der Profit-Center-Organisation sind:
- die klare Zuordnung der Erfolgsverantwortung an das Profit-Center,
- die möglichst weitgehende Abgrenzbarkeit der sich auf das einzelne Profit-Center beziehenden Aufwendungen und Erträge,
- eine weitgehende Entscheidungsdezentralisation,
- das Vorhandensein mehrerer Produktlinien,
- eine gewisse Größe der Unternehmen.

L 25 a)
- **Stellenbildung:** rein funktional bzw. verrichtungsorientiert,
- **Leitungsprinzip:** Einliniensystem,
- **Entscheidungskompetenz:** Tendenz zur Entscheidungszentralisation.

b)

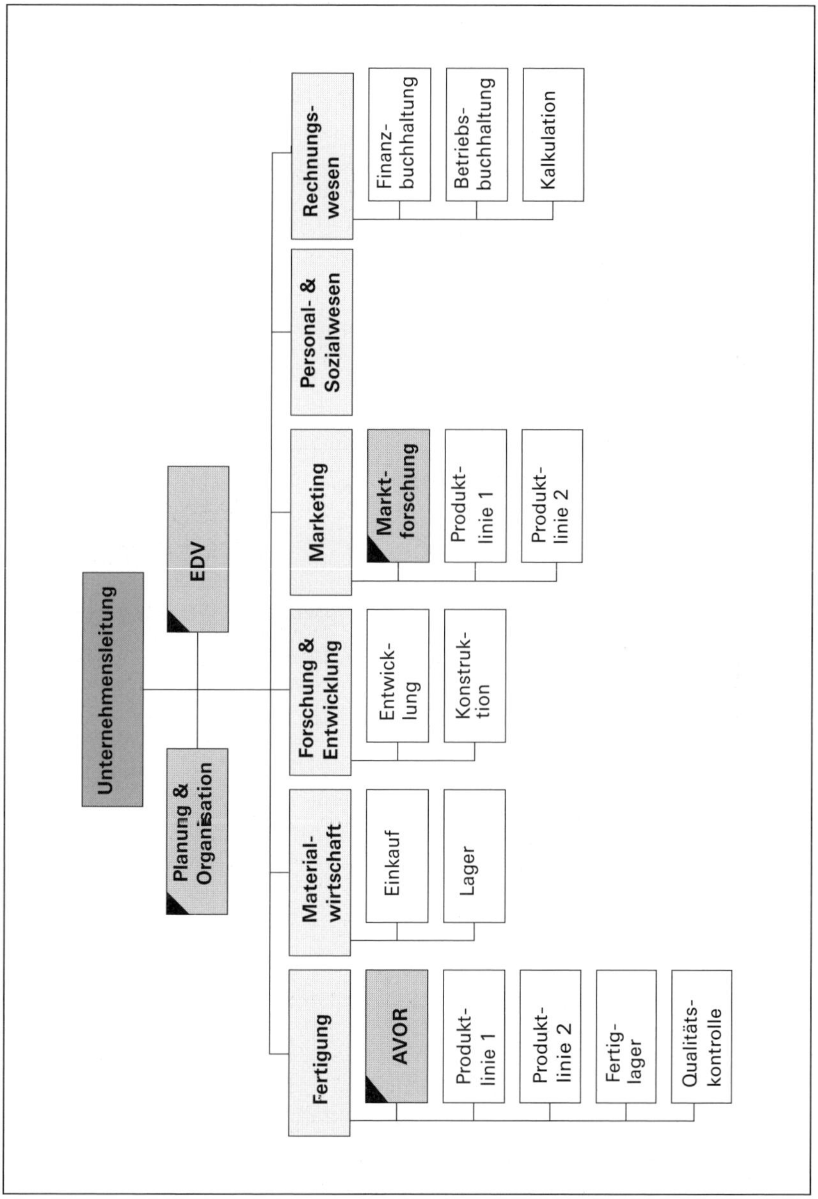

Die neue Stablinienorganisation führt zu einer Entlastung der Linieninstanzen und einer sorgfältigeren Entscheidungsvorbereitung. Des Weiteren werden die Mängel der verrichtungsorientierten Organisation, wie z.B. hoher Koordinationsaufwand, Interessenkonflikte, hoher Zeitbedarf bei Entscheidungsfindungen, behoben. In der Praxis können sich jedoch aus der neuen Organisation folgende **Nachteile** ergeben:

- Konflikte durch die starke Trennung von Entscheidungsvorbereitung, -akt und -durchsetzung,
- Konkurrenz von Stäben und Linienstellen,
- geringe Akzeptanz der Stäbe,
- Gefahr überdimensionierter Stabsstrukturen, die den Entscheidungsprozess verlangsamen und hohe Kosten verursachen.

c)

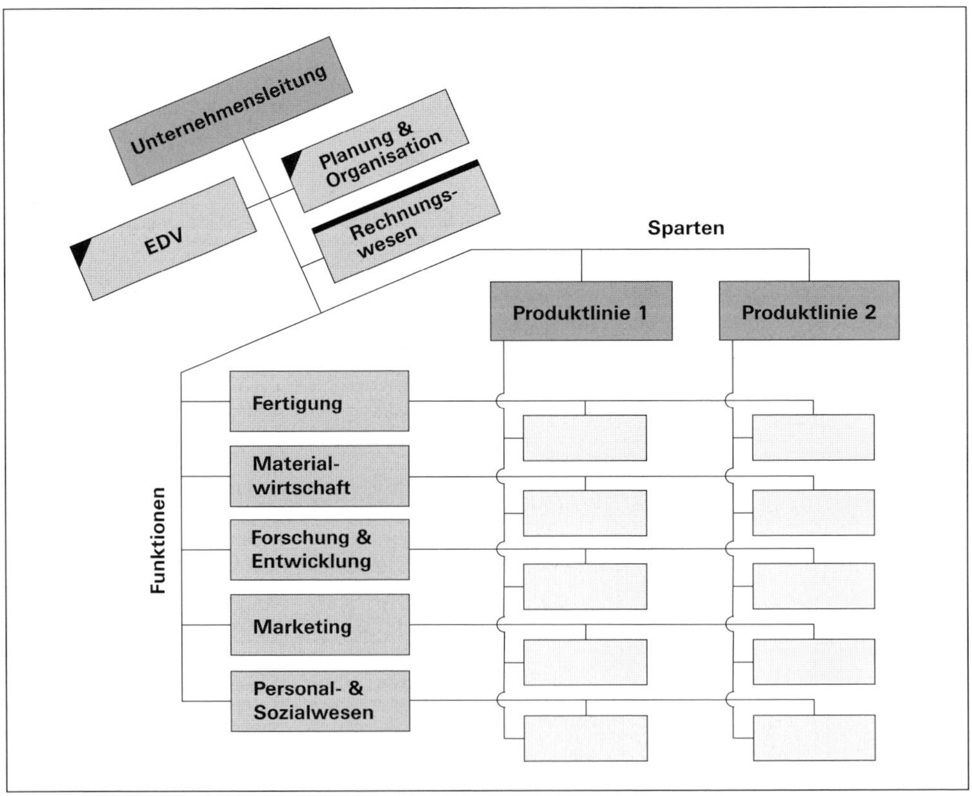

Bei den Abteilungen „Rechnungswesen" und „Personal- & Sozialwesen" stellt sich gleichermassen die Frage, ob sie als eigenständige Funktionen oder als Stabs- bzw. Zentralstellen geführt werden sollten.

d) Der **Produktmanager** hat die Aufgabe, seine Produkte quer über alle Funktionen hinweg zu betreuen und zu koordinieren. Dabei hat er in Bezug auf die Produkte bei den Funktionsstellen die Weisungsbefugnisse bezüglich des „Was?“ und des „Wann?“.

L 26 a)
- **Leitungsprinzip:** Einliniensystem (Stablinienorganisation)
- **Prinzip der Stellenbildung:** verrichtungsorientiert
- **Aufteilung der Entscheidungskompetenzen:** tendenziell Entscheidungszentralisation

b) **Allgemeine Schwächen** der bisherigen Organisation:
Das Unternehmen ist in allen Kontinenten und auf sehr verschiedenen Märkten tätig. Wegen der funktionalen Gliederung sind die Kontakte zum Ausland auf verschiedene Bereiche verteilt. Entscheidungen sind deshalb mit intensiven Abstimmungsprozessen verbunden. Dies erschwert die Zielabstimmung und es fehlt eine klare Entscheidungsverantwortung. Zudem wird dadurch eine genaue Ergebnisverantwortung erschwert. Es empfiehlt sich deshalb eine Spartenorganisation nach geographischen Gesichtspunkten, die mit Zentralabteilungen zu ergänzen ist, die sich mit länderübergreifenden Problemen beschäftigen. Denkbar wäre aber auch eine Matrixorganisation, die nach Regionen und Funktionen gegliedert wäre. Auf sie wird aber an dieser Stelle nicht näher eingegangen.
Besondere Schwächen der bisherigen Organisation:
- Aus den bisherigen Abteilungen „Finanzen und Planung“ sowie „Personal und Verwaltung“ werden Zentralabteilungen mit den gleichen Aufgabenbereichen gebildet. Die bisherige Stelle „Planung“ wird aber als Stabsstelle der Konzernleitung angegliedert.
- Da das Unternehmen in über 100 Ländern vertreten ist, spielen rechtliche, steuerliche und versicherungstechnische Belange eine wichtige Rolle. Dem kann durch die Bildung einer entsprechenden Zentralabteilung „Steuern und Recht“ begegnet werden.
- Es werden folgende Regionalabteilungen geschaffen: „Deutschland“, „Schweiz und Österreich“, „Europa“, „Pazifik“ und „Nordamerika“.
- Die bisherige Stabsstelle „Regionalmanagement und Export“ wird aufgelöst und als die beiden Unterabteilungen „Regionalmanagement“ und „Exportvertretungen“ in den einzelnen Regionalabteilungen geführt.
- In den Regionalabteilungen wird eine neue Stabsstelle „Regionalcontrolling“ geschaffen, um die Entwicklung, Durchführung, Überwachung und Koordination der regionalen Tätigkeiten zu gewährleisten.
- Die Aufgaben der beiden bisherigen Abteilungen „Produktion und Beschaffung“ sowie „Marketing“ werden den Regionalabteilungen zugeordnet und im Regionalmanagement zusammengefasst. In der

Regionalabteilung „Deutschland“ werden eigene Unterabteilungen für das Marketing, die Produktion und die Beschaffung gebildet, da die grundlegenden Produktinnovationen und -modifikationen vorwiegend im Heimatland erfolgen. Dies ergibt sich aus der Tatsache, dass die „Forschung und Entwicklung“ bei der deutschen Konzernzentrale angesiedelt ist und die Unternehmen im Heimmarkt nach wie vor umsatzmäßig und in Bezug auf die Anzahl der Mitarbeiter stark verwurzelt ist. Die große Anzahl der Mitarbeiter deutet auch darauf hin, da bedeutende Teile der Aufgabenbereiche von Produktion und Beschaffung in Deutschland erledigt werden. Die Beschaffung wäre allerdings auch als Zentralabteilung denkbar.

c) Neue Organisationsstruktur

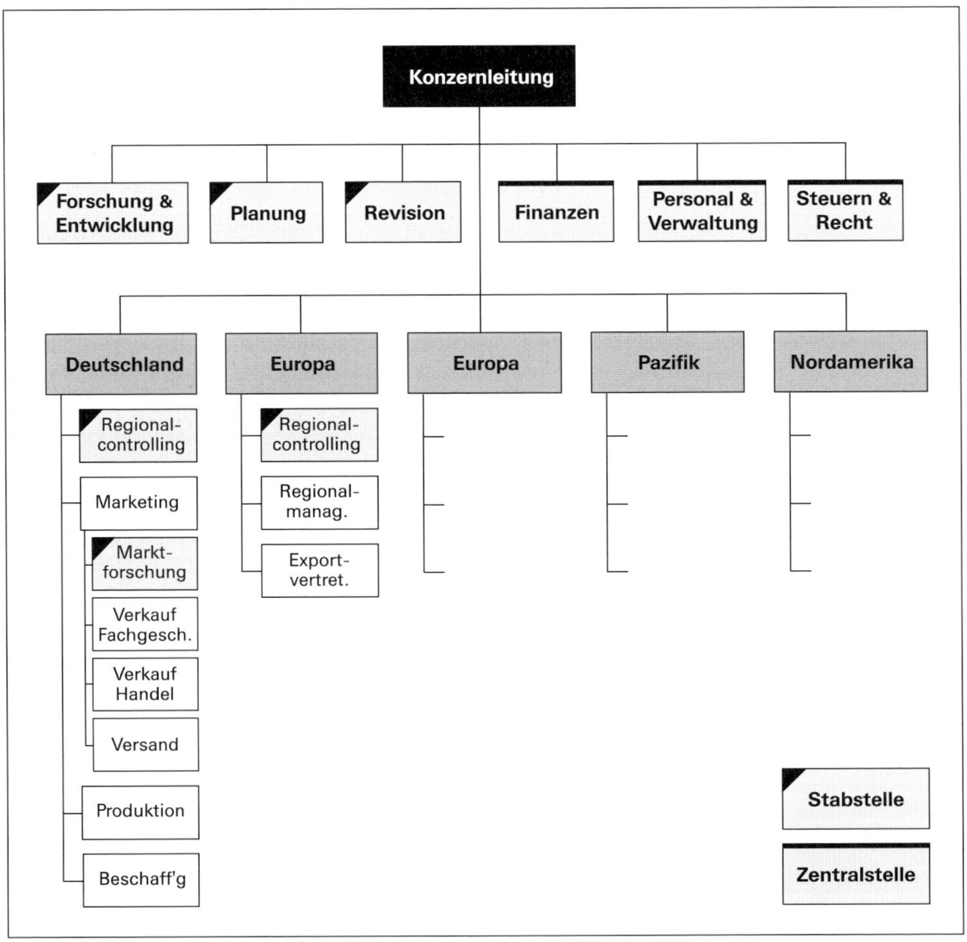

d) **Weitere Gründe** für eine Neuorganisation können sein:

- Generationenwechsel an der Spitze,
- Machtkampf in der Führung,
- Austritt von Mitgliedern der Geschäftsleitung,
- veränderte Umweltbedingungen,
- Akquisition von oder Fusion mit anderen Unternehmen,
- schlechte Ertragslage: Start eines Turnaround,
- Änderung der Gesellschaftsform, z. B. Umwandlung in eine Holdinggesellschaft,
- Diversifikation.

Ein Unternehmen kann bei einer Neuorganisation auf folgende **Schwierigkeiten** stoßen:

- **Akzeptanz beim Personal:** Jede Umstrukturierung bringt Veränderungen mit sich und verlangt von den Angestellten eine Neuorientierung. Lieb gewordene Gewohnheiten und Privilegien müssen unter Umständen aufgegeben werden, aber die Bereitschaft dazu fehlt vielerorts. Dies kann zu Widerständen und Kündigungen führen. Ein Einbezug der Betroffenen ermöglicht es allerdings, die Akzeptanz für Änderungen zu erhöhen. Häufig wird die fehlende Akzeptanz beim Personal durch eine nicht transparente Informationspolitik der Unternehmensführung verschärft, welche die von einer Umstrukturierung Betroffenen zu lange im ungewissen über ihre Zukunft lässt.
- **Rücktritte und Versetzungen:** In solchen Fällen stellt sich das Nachfolgeproblem. Finden die Verantwortlichen einen geeigneten Nachfolger innerhalb einer geeigneten Frist? Ist intern der gesuchte Nachwuchs vorhanden oder müssen externe Lösungen in Betracht gezogen werden? Mit Rücktritten ist oft auch ein erheblicher Verlust von Management-Know-how verbunden.
- **Machtfrage:** Auf den höheren Hierarchiestufen ist eine Umstrukturierung immer auch mit der Frage verbunden, welcher Einflussbereich vergrößert und welcher verkleinert wird. Entwickelt sich diese Frage zu einer Entweder-oder-Entscheidung, dürfte die unterlegene Partei das Unternehmen verlassen.

L 27 a) Folgende **Möglichkeiten** sind denkbar:

- Bei Stellenbeschreibungen, Anforderungsprofilen und Beförderungen können entsprechende Fähigkeiten und Eigenschaften gefordert werden.
- Eine Stabsstelle „Umwelt" wird geschaffen, die die Investitionsprojekte und die allgemeine Geschäftspolitik auf entsprechende Probleme hin untersucht.
- Vertretern aus Umweltschutzorganisationen wird ein Sitz im Aufsichtsrat zugestanden und/oder sie werden bei der Projektplanung miteinbezogen.
- Als ergänzende Maßnahme sollte eine offene Informations- und Kommunikationspolitik nach innen und außen betrieben werden. Beispiele sind etwa Gespräche mit Betroffenen und die ehrliche und glaubwürdige Information der Öffentlichkeit sowie der eigenen Mitarbeiter und Mitarbeiterinnen (Hauszeitung, Geschäftsbericht, Pressecommuniqué, Tag der offenen Tür).

b) **Schwierigkeiten** werden verursacht durch

- Widerstand bei Belegschaft und Führungskräften gegenüber Änderungen,
- Festlegung der Entscheidungskompetenzen der mit Umweltfragen Beauftragten,
- Kostenfrage: Umweltverträglichere Produkte oder Investitionen sind häufig, vor allem bei einer kurzfristigen Betrachtung, noch teurer als umweltbelastende,
- Erfassungsprobleme: Es bestehen keine standardisierten Regeln und Normen im Umweltschutzbereich. Beispielsweise ist das Instrument der Ökobilanz noch zu wenig standardisiert, um problemlos in jedem Betrieb angewendet werden zu können, obwohl eine Reihe verschiedener guter Ansätze besteht.

L 28 a)

Merkmal \ Form	Funktionale Organisation	Spartenorganisation	Matrix-Organisation	Team-Organisation	Projektorganisation	Management-Holding
Flexibilität	unflexibel	flexibel	eher unflexibel, da langsame Entscheidungen	flexibel	flexibel	flexibel
Ressourcennutzung	Synergieeffekte durch Spezialisierung	keine Synergieeffekte (Doppelspurigkeiten)	optimale Nutzung	optimale Nutzung	optimale Nutzung	optimale Nutzung
Marktinterdependenzen	keine vorhanden	vorhanden (Sparten können sich konkurrieren)	vorhanden, aber weniger stark als bei Spartenorganisation	vorhanden	vorhanden	vorhanden
Motivationskraft	tief	hoch	hoch	abhängig vom Team	abhängig vom Team	hoch
Innovationsfähigkeit	wird kaum gefördert	wird teilweise gefördert	wird gefördert	wird gefördert	wird gefördert	wird gefördert

b) Mögliche Ansatzpunkte zur **Innovationssteigerung** bieten im organisatorischen Rahmen die Team-Organisation und die Projektorganisation. Vorteilhaft ist hierbei die Nutzung der Informationen, des Wissens und der Kreativität von Mitarbeitern verschiedener Bereiche. Mittels Synergieeffekten können neue Ideen generiert werden, welche die Innovationskraft des Unternehmens steigern. Positive Nebeneffekte sind die Steigerung der Mitarbeitermotivation und die Verbesserung des Betriebsklimas.

L 29 Die Organisation ist ein zu einem bestimmten Zeitpunkt festgelegtes Konstrukt, das dazu dient, die verschiedenen Aufgaben und Abläufe innerhalb des Unternehmens zu strukturieren und zu koordinieren. Differenzen zwischen Organisationsstruktur und Mitarbeiterschaft ergeben sich aus den Bedürfnissen der Mitarbeitenden, die sich genauso wie die Umwelt wandeln. Deshalb darf eine Organisation generell nichts Statisches sein, sondern muss die dynamischen Entwicklungen bezüglich Mitarbeitenden und Umwelt berücksichtigen. Differenzen weisen deshalb auf einen notwendigen Wandel der Organisation hin. Die Organisationsform muss zu einem bestimmten Unternehmen (Strategie, Kultur) und seinen Mitarbeitern passen, um Abläufe zu unterstützen, statt sie zu hemmen.

Organisation als geplanter organisatorischer Wandel

L 30 a) **Business Reengineering** bedeutet ein fundamentales Überdenken und radikales Redesign von Unternehmen oder wesentlichen Unternehmensprozessen. Das Hauptaugenmerk dieses Ansatzes liegt dabei in der Identifikation von Kernprozessen im Rahmen der Wertschöpfungskette eines Unternehmens.

b) Beim Business Reengineering werden die bei der Ablauforganisation unter Berücksichtigung von Raum, Zeit, Sachmitteln und Personen festgelegten Arbeitsprozesse fundamental überdacht. Im Gegensatz zur Ablauforganisation erfolgt eine Bündelung, welche die funktionsübergreifenden Tätigkeiten vor allem darauf ausrichtet, einen höheren Kundenwert zu schaffen.

c)

Chancen	**Gefahren**
▪ Erhöhung der Wirtschaftlichkeit, ▪ Möglichkeit des Neuanfangs, ▪ Beschleunigung des notwendigen Unternehmenswandels. ▪ Konzentration auf wertschöpfende und Kundennutzen stiftende Prozesse und Tätigkeiten	▪ Ausschluss alternativer Veränderungsstrategien, ▪ mangelnde Sozialverträglichkeit der neuen Struktur, ▪ Förderung von Einzelkämpfermentalitäten, ▪ kurzfristige Erfolgsorientierung statt zukunftsgerichteter Entwicklung von Kernkompetenzen.

d) **Probleme bei der Umsetzung** des Business Reengineering sind:

- Optimierung bestehender Abläufe statt Neugestaltung der Prozesse,
- standardisierte statt maßgeschneiderte Gestaltung der Prozesse,
- das Rad neu erfinden, statt von bewährten Konzepten zu lernen,
- mangelndes Engagement der Unternehmensleitung,
- Bombenwurfstrategie, welche bei den Mitarbeitern Widerstände aufbaut,
- ungeschickter Umgang mit Widerständen von Mitarbeitenden,
- Instabilität in der Phase der Veränderung,
- Zeit- und Handlungsdruck,
- Orientierung an kurzfristiger Resultatsverbesserung statt an langfristiger.

Management

Grundlagen

L 1 a)

- **Unternehmensgrundsätze** regeln das Verhalten gegenüber den Anspruchsgruppen des Unternehmens. Es sind allgemein gehaltene Richtlinien, die häufig in einem Leitbild festgehalten werden.
- **Führungsgrundsätze** betreffen primär das Verhältnis zwischen Vorgesetzten und Untergebenen. Sie finden in der Regel ebenfalls Eingang ins Leitbild des Unternehmens.

b)

- Die **Funktionen der Unternehmensgrundsätze** bzw. der Grundsätze in einem Leitbild sind **allgemein:**
  - **Klärung des Selbstverständnisses** des Unternehmens: Das Leitbild gibt dem Unternehmen eine klare Identität und beantwortet die Frage „Was ist der Sinn unserer Tätigkeit?".
  - **Legitimationsfunktion:** Die Darstellung der unternehmerischen Leitsätze soll Vertrauen und Glaubwürdigkeit und somit die Legitimationsbasis für das unternehmerische Handeln schaffen.
  - **Kommunikationsfunktion:** Die wichtigsten Verhaltensgrundsätze sollen sowohl nach innen als auch nach außen kommuniziert werden.
  - **Orientierungsrahmen:** Das Leitbild ist die Grundlage für das gegenwärtige und künftige unternehmerische Handeln. Damit ist auch eine Selektionswirkung verbunden.
  - **Rationalisierungsfunktion:** Lern- und Entscheidungsprozesse werden gefördert, und die Koordination zwischen den Teilberei-

chen wird durch den Rückgriff auf eine gemeinsame Wertebasis erleichtert.

- **Sinnvermittlungsfunktion:** Das Leitbild stellt einen Zusammenhang zwischen dem eigenen, persönlichen und dem unternehmerischen Handeln her, was neben der Sinngebung auch der Motivationsförderung dient.
- **Motivations- und Kohäsionsfunktion:** Eine gemeinsame Wertebasis stärkt den Zusammenhalt zwischen den Mitarbeitenden und kann die Motivation erhöhen.
- **Kontrollfunktion:** Es wird überprüfbar, ob das praktizierte unternehmerische Handeln und Verhalten mit den Grundsätzen des Unternehmens übereinstimmt. Aus den Abweichungen ergeben sich die wünschbaren Soll-Werte.
- **Gestaltung kultureller Veränderungen:** Das Leitbild kann als Instrument der Kulturentwicklung und -veränderung eingesetzt werden.

- Bezüglich des Verhältnisses zwischen Mitarbeitenden und Vorgesetzten können folgende Funktionen der Führungsgrundsätze **speziell** hervorgehoben werden:
  - **Einheitliche Führung:** Führungsrichtlinien sind allgemein verbindlich und sollen sicherstellen, dass das ganze Unternehmen auf einer gemeinsamen Basis geführt wird.
  - **Orientierungsfunktion:** Führungsgrundsätze geben an, wie geführt werden soll.
  - **Koordinationsfunktion:** Durch eine einheitliche Führung sollen Unsicherheiten im Verhältnis der Untergebenen zu verschiedenen Vorgesetzten abgebaut werden.
  - **Motivationsfunktion:** Die meisten Führungsrichtlinien propagieren den partizipativen bzw. kooperativen Führungsstil, der die Motivation der Mitarbeitenden fördert.
  - **Kontrollfunktion:** Die schriftliche Fixierung erlaubt den Untergebenen, das Verhalten der Vorgesetzten zu kontrollieren.

L 2

- **Management by Exception**
  - **Konzept:** Ausgehend von klar definierten Zielen, Soll-Werten, Bewertungsmaßstäben und Erfolgskriterien arbeitet der Mitarbeitende so lange selbständig, bis vorgegebene Toleranzgrenzen überschritten werden. Solange die vorgeschriebenen Soll-Werte erreicht werden, liegen Verantwortung und Kompetenz für die Durchführung aller Routineaufgaben (Normalfälle) beim Mitarbeitenden. Bei Abweichung von den Soll-Werten greift die übergeordnete Instanz ein. Wenn unvorhergesehene Ereignisse eintreten (Ausnahmefälle), geht die Entscheidungsbefugnis auf den Vorgesetzten über.
  - **Vorrausetzungen:** Es wird ein Informationssystem benötigt, welches den Ausnahmefall anzeigt. Alle Organisationsmitglieder müssen Ziele und Abweichungstoleranzen kennen, und es muss eine klare Regelung der Zuständigkeiten bestehen.
  - **Vorteile:** Es ergibt sich eine hohe Zeitersparnis und damit eine effektivere Arbeit der Spitzenkräfte. Krisensituationen werden deutlich.
  - **Kritik:** Kreativität und Initiative sind dem Vorgesetzten vorbehalten, die Führung ist stark auf Vergangenheitswerte und auf negative Zielabweichungen ausgerichtet, was sich auf die Mitarbeitermotivation negativ auswirken kann.
- **Management by Delegation**
  - **Konzept:** Die Mitarbeitenden erhalten einen eindeutig definierten Aufgabenbereich, innerhalb dessen sie selbständig handeln und entscheiden können. Unternehmerische Entscheidungen sollen, wenn möglich, immer gerade auf derjenigen organisatorischen Ebene getroffen werden, welche die höchste Fachkompetenz für ihre Lösung besitzt. Somit sind auch Führungskräfte ausschließlich für ihre eigenen Entscheidungen verantwortlich. In ihrer Rolle als Vorgesetzte konzentrieren sie sich auf Erfolgskontrolle und Dienstaufsicht.
  - **Vorraussetzungen:** Stellenbeschreibungen müssen vorhanden sein, da diese unter anderem den eindeutig abgegrenzten Aufgabenbereich der Mitarbeitenden beinhalten. Im Weiteren wird ein Bericht- und Kontrollsystem zur Sicherung des Erfolgs benötigt. Für nicht delegierbare Aufgaben müssen Ausnahmefälle klar definiert sein. Für die Umsetzung eines Management by Delegation ist die Herausbildung eines partizipativen Führungsstils förderlich.
  - **Vorteile:** Die Vorgesetzten werden entlastet, und die Eigeninitiative und Verantwortungsbereitschaft der Mitarbeitenden wird unterstützt. Entscheidungen werden auf derjenigen Ebene getroffen, auf der am fachgerechtesten entschieden werden kann.

- **Kritik:** Es besteht die Gefahr, dass Vorgesetzte bevorzugt uninteressante Aufgaben delegieren, sodass eine wirkliche Partizipation der Mitarbeitenden im Endeffekt nicht erreicht wird.

- **Management by Objectives**
  - **Konzept:** Führung erfolgt durch gemeinsame Zielvereinbarung bzw. durch die Vorgabe von Zielen auf allen Führungsebenen. Vorschriften zur Auswahl der Ressourcen zur Zielerreichung existieren nicht. Aufgaben werden arbeitsteilig erfüllt, und es kommt zu einer Delegation von Entscheidungs- und Weisungsbefugnissen.
  - **Vorraussetzungen:** Bevor klare Aufgabenbereiche und Verantwortlichkeiten festgelegt werden können, ist eine Analyse des Ist-Zustandes erforderlich. Diese Analyse sollte unter anderem eine Klärung der Stärken, Schwächen und Entwicklungsmöglichkeiten jeder Stelle im Unternehmen beinhalten. Aufgabenbereiche und Verantwortlichkeiten sollten klar definiert und Beurteilungsmaßstäbe offengelegt sein.
  - **Vorteile:** Die Kreativität der Mitarbeitenden wird durch die Betonung von Eigeninitiative und Verantwortungsbereitschaft gefördert. Im Weiteren wird durch das zielorientierte Management eine weit gehende Entlastung der Führungsspitze ermöglicht. Aufbauend auf den gesteckten Zielen können Kriterien für eine leistungsgerechte Entlohnung entwickelt werden.
  - **Kritik:** Die operationale Formulierung von Zielen für alle Führungsebenen ist problematisch. Zudem ist ein dezentralisierter Planungs- und Zielbildungsprozess zeitaufwändig.

- **Management by System**
  - **Konzept:** Durch Integration aller Teilsysteme des Unternehmens mit Hilfe computergestützter Informations-, Planungs- und Kontrollsysteme soll ein Gesamtoptimum herbeigeführt werden. Management by System basiert auf einer Systematisierung von Verfahrensordnungen und Methoden, die widerspiegeln, welche Aktivitäten im Unternehmen in welcher Abfolge durch welche Organisationsmitglieder in welcher Weise ausgeführt werden sollen. Aufbauend auf der Systematisierung von Verfahrensordnungen und Methoden werden Verknüpfungen zwischen diesen in Form von Regelkreisen aufbereitet.
  - **Vorraussetzungen:** Ein hohes Maß an Entscheidungsdezentralisation ist Voraussetzung. Weiter sollte die gesamte Organisation zielorientiert ausgerichtet sein. Schließlich wird ein leistungsfähiges Planungs-, Informations- und Kontrollsystem benötigt.
  - **Vorteile:** Routine-Prozesse laufen weit gehend automatisch durch Computersteuerung ab. Es kommt zu einer verbesserten und zeit-

nahen Informationsversorgung. Somit können Entscheidungsprozesse beschleunigt werden.
- **Kritik:** Management by System bringt hohe Kosten der Entwicklung und Einführung mit sich. Im Weiteren ergibt sich ein hoher Zeitaufwand.

L 3

- **Vorteile** einer ganzheitlichen Betrachtung von Führung:
  - Die Berücksichtigung mehrerer Aspekte und deren Auswirkungen auf die Mitarbeitenden und das Unternehmen wird möglich.
  - Alle Führungsprobleme lassen sich einordnen. Eine integrierte Betrachtungsweise bietet einen systematischen Bezugsrahmen.
  - Ein integrierter Ansatz ist für komplexe Aufgabenstellungen geeignet.
- **Nachteile** einer ganzheitlichen Betrachtung von Führung:
  - Eine direkte Anwendbarkeit ist nicht möglich. Es gibt keine „Rezepte", sondern die Lösungen müssen auf konkrete Situationen hin erarbeitet werden.
  - Man betrachtet Aspekte, die im konkreten Fall gar nicht wichtig sind, oder es werden wichtige Aspekte zugunsten unwichtiger Aspekte vernachlässigt.

L 4

a) Unter **Führung** kann die Gesamtheit aller Institutionen, Prozesse und Instrumente verstanden werden, welche im Rahmen der Problemlösung durch eine Personengemeinschaft (mit komplexen zwischenmenschlichen Beziehungen) der Willensbildung (Planung und Entscheidung) und der Willensdurchsetzung (Aufgabenübertragung und Kontrolle) dient. Führung umfasst damit sowohl führungstechnische als auch menschenbezogene Aspekte.

b)

- **Planung:** Die Aufgabe der Planung umfasst die systematische Problemerkennung und Entscheidungsvorbereitung. Dazu gehören
  - die Analyse der Ausgangslage, die auch der eigenständigen Zielfindung dienen kann,
  - Formulierung neuer bzw. die Revision bestehender Ziele,
  - die Festlegung der dazu notwendigen Maßnahmen und Ressourceneinsätze.

  Die Planung erarbeitet mehrere Handlungsalternativen für die Entscheidungsfindung.
- **Entscheidung:** Eine von der Planung ausgearbeitete Handlungsvariante wird für gültig erklärt und es erfolgt die definitive Zuteilung der Ressourcen.

- **Aufgabenübertragung:** Bei der Aufgabenübertragung handelt es sich um die Übertragung von Aufgaben aufgrund der ausgewählten Handlungsalternative. Diese Funktion ist vor allem bei der Realisierung der beschlossenen Maßnahmen wichtig.
- **Kontrolle:** Die Kontrolle umfasst die Überwachung des gesamten Problemlösungsprozesses und der dabei erzielten Resultate.

c) Als erstes Element des Führungsprozesses bildet die Planung die Grundlage für die weiteren Führungsfunktionen.

- Durch die systematische **Entscheidungsvorbereitung** beeinflusst sie wesentlich das zukünftige Verhalten des Unternehmens. Einerseits steckt sie das mögliche Entscheidungsfeld ab und trifft damit Vorentscheidungen, andererseits hängt die Qualität der Entscheidungen zu einem großen Teil von der Qualität der Planungsunterlagen ab.
- Im Rahmen der Realisierung von Entscheidungen bildet die Planung die **Grundlage für Aufgabenübertragung,** sei es in Form von zu erreichenden Zielen oder in Form von Instruktionen, wie ein Problem zu lösen sei.
- Die Planung ermöglicht erst die **Kontrolle,** da die Zielerfüllung nur durch einen Vergleich zwischen geplanten und tatsächlich erreichten Ergebnissen kontrolliert werden kann (Soll-Ist-Kontrolle). Damit lässt die Kontrolle Rückschlüsse auf die Effizienz des unternehmerischen Handelns zu und liefert wesentliche Informationen für die zukünftige Planung, indem aus der Analyse der Abweichungen neue Erkenntnisse für das weitere Verhalten abgeleitet werden können.

L 5 Den vier Funktionen lassen sich allgemein folgende Aufgaben zuordnen:

- **Planung:** Erkennen und Erfassen des Problems; Vorbereitung der Problemlösung (präparative Aktivitäten),
- **Entscheidung:** Selektion zwischen verschiedenen Varianten (Wahlakt),
- **Aufgabenübertragung:** Umsetzung in praktisches Handeln; Verwirklichung der gewählten Variante (Realisierung),
- **Kontrolle:** Überwachung des Vollzugs und der Resultate (Überprüfung).

Auf das Beispiel der Bestellmenge bezogen, ergeben sich die folgenden Aufgabenverteilungen:

- **Planung:**
  - Bestimmung der gesamten Beschaffungsmenge,
  - Ermittlung der optimalen Bestellmenge unter Berücksichtigung der Beschaffungs- und Lagerhaltungskosten,
  - Einholung von Angeboten potenzieller Lieferanten,
  - Bewertung der möglichen Lieferanten nach nicht preislichen Kriterien,
  - Aufbereitung der Unterlagen zur Entscheidungsfindung.

- **Entscheidung:** Festlegung der Bestellmenge bzw. des Bestellsystems und der Lieferanten.
- **Aufgabenübertragung:**
  - Erteilung der notwendigen Anweisungen zur Durchführung des Beschaffungsplanes,
  - Ausführung der ersten Bestellung.
- **Kontrolle:**
  - Überwachung des Bestelleingangs (Menge),
  - Kontrolle der Qualität,
  - Kontrolle der übrigen Lieferkonditionen.

Berücksichtigt man zusätzlich die drei führungstechnischen Aspekte (institutionell, prozessual und instrumental), so ergibt sich der folgende Lösungsraster:

Führungsfunktion / Führungsaspekt	Planung	Entscheidung	Aufgabenübertragung	Kontrolle
institutionell	▪ Einkaufsabteilung ▪ Beschaffungsabteilung ▪ Buchhaltung	▪ Beschaffungsabteilung oder Geschäftsleitung	▪ Beschaffungsabteilung ▪ Einkaufsabteilung	▪ Eingangskontrolleur ▪ Qualitätskontrolleur ▪ Buchhaltungs- und Controlling-Abteilung
prozessual	▪ Planungstätigkeiten, z.B. Bedarfsplanung, Berechnung der optimalen Bestellmenge	Wahl der geeignetsten Variante	▪ Bestimmen der zuständigen Stelle ▪ Ausführen der ersten Bestellung	▪ Kontrolltätigkeiten, z.B. Eingangskontrolle, Qualitätskontrolle
instrumental	▪ Modell der optimalen Bestellmenge ▪ Daten des Rechnungswesens	▪ Entscheidungsregeln ▪ Lagerhaltungsmodelle	Bestellauftrag	Kontrollformulare und -berichte

L 6 **a)**

- **Führungstechnische Aspekte**
  - **Institutionelle Perspektive:** Im Mittelpunkt der Betrachtung stehen diejenigen Personen und Stellen, die im Unternehmen Führungsfunktionen innehaben. Untersucht wird diejenige Leitungsorganisation, welche die organisatorische Gliederung des Unternehmens widerspiegelt.
  - **Prozessuale Perspektive:** In dieser Perspektive wird der zeitliche und sachlich-logische Ablauf der Führungsfunktionen analysiert.
  - **Instrumentale Perspektive:** Gegenstand der Betrachtung sind Instrumente (z.B. Finanzpläne, Kapitalflussrechnung, Stellenbeschreibungen), die bei der Ausübung der Führungsfunktionen eingesetzt werden.
- **Menschenbezogene Aspekte**
  - **Individuen:** Eine Berücksichtigung der an der Führung beteiligten Menschen mit ihren Persönlichkeitsmerkmalen ist zentral für das Verständnis von Führungssituationen.
  - **Vorgesetzten-Untergebenen-Verhältnis:** Zwischenmenschliche Beziehungen über mehrere Hierarchieebenen hinweg können den gewählten Führungsstil erheblich beeinflussen.
  - **Sozio-kultureller Kontext:** Interaktionen der direkt an der Führung Beteiligten mit ihrem sozialen Umfeld fließen ebenfalls in das komplexe Problemfeld „Führung" mit ein. Sie wirken sich stark auf die Unternehmenskultur aus.

b) Die führungstechnische und die menschenbezogene Seite der Führung können in der Praxis oft schlecht voneinander getrennt werden. Dies lässt sich durch die komplexe Natur des Phänomens Führung erklären.

Es bestehen **keine klaren Ursache-Wirkungs-Beziehungen** zwischen den führungstechnischen und den menschenbezogenen Aspekten der Führung. Stattdessen stehen beide Aspekte in einem interdependenten Verhältnis zueinander. So beeinflussen beispielsweise die in einem Unternehmen etablierten Abläufe, Instrumente sowie die Leitungsorganisation die Natur des Untergebenen-Vorgesetzten-Verhältnisses. Die Persönlichkeitsmerkmale der an der Führung beteiligten Personen wirken sich wiederum auf die eingesetzten Führungsinstrumente aus. Im Weiteren bedingen der sozio-kulturelle Kontext der Führung und die Leitungsorganisation des Unternehmens sich gegenseitig.

Diese Beispiele verdeutlichen, dass eine isolierte Betrachtung der führungstechnischen Aspekte dem komplexen Phänomen Führung ebenso wenig gerecht wird wie eine einseitige Konzentration auf menschenbezogene Aspekte.

Managementfunktionen

L 7 **a)** Das Planungssystem (Gesamtheit aller Pläne wie z. B. Investitionsplan, Finanzplan), der Planungsprozess (Ablauf der Planung und Ausarbeitung der Pläne) und die Planungsorganisation (gesamtheitliche Betrachtung aller Planungsträger und deren Zusammenwirken) bilden zusammen die **Elemente des Planungskonzepts.**

b) **Allgemeine Grundsätze** des Planungskonzepts:

- Grundsatz der **Vollständigkeit:** Sämtliche inner- und außerbetrieblichen Informationen, die für die Steuerung des Unternehmens nützlich sind, müssen erfasst und verarbeitet werden.
- Grundsatz der **Relevanz:** Um die Informationsflut zu bewältigen, ist eine Konzentration auf relevante Informationen erforderlich.
- Grundsatz der **Genauigkeit:** Die Planungsunterlagen sollten eine der Problemlösung angemessene Genauigkeit aufweisen. Das erforderliche Maß an Genauigkeit richtet sich dabei nach dem Planungsziel (Beispiel: hohe Genauigkeit für Feinplanung, geringere Genauigkeit für Grobplanung).
- Grundsatz der **Aktualität:** In der Planung sollte Wert auf die Beschaffung und Verarbeitung der jeweils aktuellsten Daten gelegt werden.
- Grundsatz der **Objektivität:** Die in der Planung erhobenen Daten sollten möglichst objektiv erfasst, verarbeitet und dargestellt werden.
- Grundsatz der **Flexibilität:** Durch die Angabe von Bandbreiten, das Aufstellen von Individualplänen und die Möglichkeit zur Planrevision soll das Unternehmen befähigt werden, im Planungskonzept der Umweltdynamik Rechnung zu tragen.
- Grundsatz der **Klarheit:** Pläne sollten übersichtlich und der jeweiligen Führungsstufe entsprechend formuliert werden.
- Grundsatz der **Realisierbarkeit:** Pläne sollten realistisch sein und den Umweltbedingungen entsprechen, da utopische Pläne zu Frustration bei den Mitarbeitenden führen.
- Grundsatz der **Konsistenz:** Die Inhalte der einzelnen Teilpläne sollten aufeinander abgestimmt sein und sich nicht widersprechen.
- Grundsatz der **Zielbezogenheit:** Die Planung sollte sich an bereits vorhandenen Zielen und Maßnahmen ausrichten.
- Grundsatz der **Effizienz:** Die Planung sollte effizient sein. Daher müssen sich alle bisher genannten Grundsätze am Kosten-Nutzen-Verhältnis ausrichten.

c) Die Berücksichtigung aller Planungsgrundsätze bringt **Zielkonflikte** mit sich. Nicht alle Grundsätze lassen sich simultan verwirklichen. Strebt man beispielsweise im Planungskonzept simultan nach Vollständigkeit und Relevanz, so ergibt sich ein Dilemma. Im Weiteren steht der Grundsatz der Effizienz im Widerspruch zum Grundsatz der Vollständigkeit. Es kann in bestimmten Situationen schwierig sein, zum einen so viele Daten wie möglich zu verarbeiten und zum anderen das Kosten-Nutzen-Verhältnis im Auge zu behalten. Auch widerspricht der Grundsatz der Zielbezogenheit dem Grundsatz der Objektivität. Werden mit der Planung bestimmte Ziele verfolgt, so ergibt sich leicht die Gefahr, dass Daten nicht objektiv, sondern im Sinn der verfolgten Ziele erfasst, verarbeitet und dargestellt werden.

L 8 Die zeitliche **Differenzierung der Planung** ist abhängig von der Art der zu lösenden Probleme und dem Bereich, für den die Pläne gedacht sind.

- **Strategische Planung:** Sie umfasst die Vorstellungen über die zukünftige Entwicklung des Unternehmens und ist langfristiger Natur.
- **Operative Planung:** Bei ihr stehen diejenigen Teilbereiche des Unternehmens (wie beispielsweise Finanzen und Produktion) im Vordergrund, für die vielfach ein detaillierter Jahresplan und eine Grobplanung für die nächsten zwei bis drei Jahre erstellt wird (mittelfristige Planung).
- **Dispositive Planung:** Sie dient der Planung sich wiederholender Prozesse (z.B. Terminplanung, kurzfristige Finanzplanung, Fertigungssteuerung) und ist kurzfristiger Natur.

L 9 a)

- Unter **Top down-Planung** ist ein Planungsprozess zu verstehen, bei dem die obersten Führungskräfte die Rahmenbedingungen für die Erstellung der Teilpläne der einzelnen Teilbereiche abstecken. Diese Rahmenbedingungen beinhalten beispielsweise die allgemeinen Geschäftsgrundsätze und Ziele des Unternehmens.
- Bei der **Bottom up-Planung** erstellen die untersten der noch mit Planungsaufgaben betrauten Führungskräfte Pläne für ihren jeweiligen Verantwortungsbereich. Die übergeordneten Instanzen aggregieren diese Teilpläne, stimmen sie aufeinander ab und geben sie an die jeweils übergeordnete Instanz weiter. Dieser Prozess setzt sich so lange fort, bis es den obersten Führungskräften möglich wird, einen integrierten Unternehmensplan für das gesamte Unternehmen zu erstellen.

b) Häufig werden **in der Praxis** die Top down- und die Bottom up-Planung miteinander verbunden, um die spezifischen Vorteile beider Planungssysteme gleichzeitig zu nutzen. Eine ausschließliche Top down-Planung hätte möglicherweise zur Konsequenz, dass die obersten Führungskräfte Rahmenbedingungen formulieren, die nicht mit den Gegebenheiten auf unteren Führungsebenen übereinstimmen. Die Einbeziehung der Teilpläne aller Instanzen ist somit von großer Bedeutung für ein realistisches und konsistentes Planungskonzept. Aufgabe der Top down-Planung ist es vor allem, die Zielbezogenheit der Planung zu sichern, während die Bottom up-Planung ein angemessenes Maß an Genauigkeit gewährleisten soll.

L 10 a)

- Die **rollende Planung** wird vor allem zu Beginn einer Planungstätigkeit oder bei sich rasch verändernden Umweltbedingungen eingesetzt. In der Regel umfasst der Planungszyklus ein Jahr, wobei die ursprüngliche Planung bei einer Planungsrevision um ein weiteres Jahr ergänzt wird. Ein Beispiel für eine Dreijahresplanung ist folgendermaßen darstellbar:

Revisionsjahr	Planjahre						
2010	11	12	13	14			
2011		12	13	14	15		
2012			13	14	15	16	
2013				14	15	16	17

- Bei der **Blockplanung** findet eine Revision erst nach Ablauf mehrerer Teilperioden oder im Extremfall erst nach Ablauf der gesamten Planungsperiode statt. Ein Beispiel für eine Dreijahresplanung mit einer Anpassung nach zwei Jahren ist folgendermaßen darstellbar:

Revisionsjahr	Planjahre											
2010	11	12	13	14								
2014					15	16	17	18				
2018									19	20	21	22

b)

Beurteilung / Planungsart	Vorteile	Nachteile
rollende Planung	▪ hohe Aktualität ▪ große Flexibilität ▪ effizient beim Aufspüren von unternehmensrelevanten Entwicklungen ▪ umfassend	▪ hoher Aufwand ▪ Gefahr eines zu großen Detaillierungsgrads ▪ Unruhe stiftend
Blockplanung	▪ langfristige Zielvorgaben möglich ▪ kostengünstig	▪ ungeeignet bei unsicherer Umwelt ▪ relativ unflexibel

c) Die rollende Planung und die Blockplanung werden in der Praxis häufig vermischt. Die rollende Planung wird in einem bestimmten Rhythmus revidiert, während bei der Blockplanung eine Neuplanung am Ende der ursprünglichen Planperiode erfolgt. Würde man sich in der Praxis rein auf Blockplanung konzentrieren, so hätte dies den Nachteil, dass möglicherweise notwendige Plananpassungen innerhalb einer Planperiode unmöglich werden. Demgegenüber macht es möglicherweise in einer stabilen Umwelt keinen Sinn, vorübergehend rollende Planung anzuwenden, da es gar keiner Plananpassungen bedarf. Sobald die Umwelt wieder dynamischen Charakter annimmt, muss auf die rollende Planung umgestellt werden.

L 11 a) Von **Planungsdezentralisation** spricht man, wenn die Planungsaufgaben auf Führungsinstanzen verschiedener hierarchischer Ebenen aufgeteilt werden. Hauptgedanke der Dezentralisation ist es, Problemlösungen dort zu verankern, wo die Kapazität und das Wissen dafür vorhanden sind.

b) ▪ **Vorteile:**
- □ Planung und Ausführung werden weit gehend von der gleichen Stelle wahrgenommen. Damit entfallen Koordinations- und Kommunikationsprobleme. Auch können Spezialkenntnisse sowie Erfahrungen der unteren Führungsinstanzen genutzt werden. Die Planung findet dort statt, wo die benötigten Informationen vorhanden sind.
- □ Der zuständige Vorgesetzte der von der Planung betroffenen Instanz wird entlastet.
- □ Der Anteil an der Beeinflussung der Unternehmenspolitik wird gleichmäßiger verteilt (Machtaspekt).
- □ Delegation und Partizipation fördern die Motivation der Mitarbeitenden.

- **Nachteile:**
  - Die Vereinheitlichung der Planung wird erschwert.
  - Der Zeitbedarf und die Kosten der Planung sind hoch, da die Teilpläne integriert werden müssen.
  - Der Vorgesetzte trägt auch bei Delegation der Planung nach wie vor die Gesamtverantwortung. Diese lässt sich nicht delegieren.

c) **Gründe,** die **für** eine Übertragung von Planungsaufgaben auf eine Stabsstelle sprechen:
  - Der oder die Vorgesetzte ist zu stark mit anderen Aufgaben belastet, um sich Planungsaufgaben zu widmen. Die Kapazität zur sorgfältigeren Entscheidungsvorbereitung kann somit durch Übertragung von Planungsaufgaben auf Stäbe erhöht werden.
  - Die Planung bedarf spezieller Kenntnisse. Diese können durch eine Stabsstelle entwickelt und stetig verbessert werden.
  - Die Planungsperspektive der Führungskräfte wird durch Beteiligung anderer Personen erweitert.
- **Gründe,** die **gegen** eine Übertragung von Planungsaufgaben auf eine Stabstelle sprechen:
  - Die Planung bringt bei Durchführung durch eine Stabsstelle möglicherweise nicht mehr die Vorstellungen und Absichten des zuständigen Vorgesetzten zum Ausdruck.
  - Die Einheitlichkeit und der Gesamtzusammenhang der Planung muss dennoch durch den zuständigen Vorgesetzten gewahrt werden. Der Vorgesetzte soll die Gesamtverantwortung für die Entwicklung seines Bereiches tragen. Eine Übertragung von Planungsaufgaben an Stabsstellen bringt eine Erhöhung des Koordinationsaufwands mit sich.
  - Es können sich Konflikte zwischen denjenigen, die die Pläne ausarbeiten und denjenigen, die sie ausführen, ergeben.

L 12 Die Aussage „Je unsicherer die Wirtschaftslage ist, umso kurzfristiger muss die Planung sein.“, klingt auf Anhieb einleuchtend, denn eine unsichere Wirtschaftslage scheint eine langfristige Planung nahezu unmöglich zu machen. Auch entspricht ein eher kurzfristiger Planungshorizont einigen Planungsgrundsätzen wie beispielsweise den Grundsätzen der Vollständigkeit, Aktualität und Flexibilität. Es können nur dann sämtliche verfügbare Informationen, die zur Unternehmenssteuerung nötig sind, berücksichtigt werden, wenn kurzfristig ständig neue Daten erhoben werden. Ähnliches gilt für die Grundsätze der Aktualität und der Flexibilität. Die bisherige Argumentation spricht stark für einen kurzfristigen Planungshorizont.

Von einem langfristigen Planungsansatz darf jedoch auch bei unsicherer Wirtschaftslage nicht abgesehen werden, da immer wieder Entscheidungen getroffen werden müssen, die sich längerfristig auswirken. In solchen Fällen könnte eine eher kurzfristig ausgerichtete Planung möglicherweise dazu führen, dass punktuell wirkende Einflussfaktoren überbewertet werden, die in langfristiger Hinsicht gar nicht wesentlich sind. Im Weiteren kann es dazu kommen, dass das Unternehmen nur noch auf kurzfristige Umwelteinflüsse reagiert. Dies allein genügt jedoch in den meisten Märkten nicht, um die Wettbewerbsfähigkeit zu erhalten. Daher muss neben die Fähigkeit, kurzfristig zu reagieren, eine langfristige, proaktive Planung treten.
Die langfristige Planung hat sich deshalb der **Eventualplanung** und der **Szenariotechnik** zu bedienen. Abschließend lässt sich sagen, dass eine unsichere Wirtschaftslage den Bedarf an zuverlässiger Planung steigert, jedoch auch den Zugang zu zuverlässigen Informationen erschwert.

L 13 **Planung** kann wie folgt charakterisiert werden:

- **Element des Management:** Der Planung kommt im Rahmen der Führung eine große Bedeutung zu. Als erstes Element des Führungsprozesses bildet sie die Grundlage für die weiteren Führungsfunktionen (Entscheidung, Anordnung, Kontrolle).
- Im Rahmen des **Problemlösungsprozesses** erfüllt die Planung die folgenden Aufgaben:
  - die effektive Ausgangslage zu erfassen,
  - mögliche Ziele zu formulieren,
  - mögliche Maßnahmen zu entwickeln,
  - die dazu notwendigen Mittel aufzuzeigen,
  - die Durchführung der für gültig erklärten Maßnahmen und den Einsatz der genehmigten Ressourcen vorzubereiten,
  - die aus der Umsetzung der Maßnahmen erwarteten Ergebnisse aufzuzeigen (Prognose) und zu beurteilen (Bewertung).
- Da es sich in der Regel um eine Vielzahl von Maßnahmen handelt, müssen diese aufeinander abgestimmt werden. Damit erfüllt die Planung eine wichtige **Koordinations-** und **Integrationsfunktion,** indem die Pläne der verschiedenen Hierarchieebenen aufeinander abgestuft werden und das Handeln der Teilbereiche auf eine gemeinsame Linie („unité de doctrine“) hin ausgerichtet wird.
- Ein wichtiger Aspekt ist zudem, dass durch **ein systematisches und vollständiges Vorgehen** möglichst viele Faktoren, die auf das Unternehmensgeschehen einwirken können, erfasst und bewertet werden (z.B. mit Hilfe von Checklisten). Damit kann auch eine Selektion in wichtige und weniger wichtige Bestimmungsfaktoren der Unternehmenstätigkeit einhergehen.

- Zudem übernimmt die Planung die wichtige Funktion **eines Bewusstwerdungsprozesses** über Entwicklungen und Einflussgrößen in der In- und Umwelt des Unternehmens.

Diese Umschreibung der Planung zeigt, dass sie – zumindest auf den ersten Blick – im Widerspruch zur **Intuition** steht, denn Letztere kann gemäß Duden wie folgt beschrieben werden: Intuition bedeutet „das unmittelbare, nicht diskursive, nicht auf Reflexion beruhende Erkennen, Erfassen eines Sachverhalts oder eines komplizierten Vorgangs". Trotzdem kann die Intuition in der Praxis von Bedeutung sein.

Gerade bei komplexen Problemstellungen oder unter Zeitdruck ergibt sich häufig die Schwierigkeit, dass ein genaues Erfassen von Situationen und Entwicklungen unmöglich ist, weil die der Planung zugrunde gelegten Daten selten vollständig und Prognosen über die zukünftige Entwicklung immer unvollkommen und mit einem Unsicherheitsfaktor behaftet sind. Zudem stellt sich oft die Frage, welche Daten aus der großen Informationsflut für das Unternehmen relevant sind und welche nicht. Diesem Sachverhalt kann allerdings bis zu einem gewissen Grad mit einer entsprechenden Ausgestaltung der Planungskonzepts (z.B. Grundsatz der Flexibilität, rollende Planung) begegnet werden. Zudem kann die Planung mehrere Varianten erarbeiten, denen unterschiedliche Eintrittswahrscheinlichkeiten als Entscheidungshilfe zugeordnet werden können.

Zusammenfassung: Bei komplexen und neuartigen Problemstellungen oder unter Zeitdruck muss man sich manchmal trotzdem auf die Intuition verlassen, weil sie es ermöglicht, solche Situationen zu erfassen und zu bewerten, die durch eine Planung nicht mehr vollständig analysierbar wären. Oft stützt sich die Intuition auch auf persönliche Erfahrungen im Umgang mit ähnlichen Situationen. Planung und Intuition ergänzen sich in diesem Sinn.

L 14 **a)** Unechte Führungsentscheidungen sind das Gegenteil von echten Führungsentscheidungen. **Echte Führungsentscheidungen** sind dadurch gekennzeichnet, dass sie

- eine große Bedeutung für die Vermögens- und Ertragslage des Unternehmens haben,
- aus der Kenntnis des Gesamtzusammenhangs getroffen werden und
- nicht delegiert werden können.

- Demgegenüber betreffen **unechte Führungsentscheidungen**
  - Routineentscheidungen,
  - sich häufig wiederholende Entscheidungen und
  - aufgrund der Rahmenbedingungen vorgegebene Entscheidungen.

b) Neben sachlogischen Argumenten und Zusammenhängen können **situative Faktoren** in konkreten Entscheidungssituationen eine Rolle spielen. Dazu gehören soziale und emotionale Aspekte sowie auch gruppendynamische Prozesse und Strukturen, welche das informale Machtgefüge und die emotionalen Verbindungen zwischen den Mitarbeitenden gleicher und unterschiedlicher Führungsstufen beeinflussen.

L 15 a) Ein Entscheidungsakt dient zur Auswahl der zu verwirklichenden Alternative. Konstitutive **Elemente einer Entscheidung** sind die zur Verfügung stehenden Handlungsmöglichkeiten, die Menge der möglichen Umweltzustände, die Resultate, die mit der Wahl einer bestimmten Alternative verbunden sind und die Ziel- oder Nutzenfunktion des Entscheidungsträgers.

b) Inhaltlich können die konstitutiven Elemente für die Entscheidung des europäischen Automobilherstellers Folgendes bedeuten:

- **Handlungsmöglichkeiten des Automobilherstellers:**
  - Export der Produkte aus Europa oder
  - Aufbau eines Zweigwerkes in den USA, Mexiko oder Kanada. (Es besteht ein gemeinsamer Wirtschaftsraum [NAFTA] zwischen Mexiko, Kanada und den USA.)
- **Mögliche Umweltzustände:**
  - Export ist nicht möglich, da z.B. Handelshemmnisse bestehen, die Importe aus Europa erschweren oder unmöglich machen.
  - Export ist möglich, da keine Handelshemmnisse bestehen.
- **Zu erwartende Resultate bei alternativer Entscheidung:**
  - Bei Export: Spezifische Investitionen brauchen nicht getätigt zu werden. Jedoch erfordern Zölle der NAFTA Preisaufschläge in Höhe von 8 %, die an den Kunden weitergegeben werden müssen. Die Reaktion z.B. der US-Kunden ist schwierig vorhersehbar.
  - Bei Aufbau eines Zweigwerks: Es ergibt sich ein Kapitalbedarf in Höhe von X Milliarden €. Der Aufbau eines Zweigwerks erfordert eine Umstrukturierung des Unternehmens. Die Kostensituation des Zweigwerks in den USA, in Mexiko oder Kanada ist vorab schlecht einschätzbar.
- **Ziele des Automobilherstellers:**
  - Ausbau des Marktanteils,
  - Verbesserung der Stellung gegenüber der amerikanischen Konkurrenz,
  - Eintritt in den Wirtschaftsraum der NAFTA,
  - Risikominderung durch strukturelles Hedging, d.h. Platzierung der Produktion in den Währungszonen des Vertriebs.

L 16 a)

a_i \ s_j	**Umweltsituation 1**	**Umweltsituation 2**	**Entscheidungsmatrix (Erwartungswert)**
Alternative A	50	50	50
Alternative B	0,2 · 2000 = 400	0,8 · –400 = –320	80

Der Erwartungswert des Erfolgs aus Alternative B beträgt **80.**

b) Die Antwort hängt maßgeblich von der Risikoaversion der Unternehmensleitung ab. Falls keine Risikoaversion besteht, wird das Unternehmen Alternative B wählen, weil sie einen höheren Erwartungswert verspricht (Entscheidungsregel: maximaler Gesamterwartungswert wird angestrebt). Bei Wahl von Alternative B ist zu beachten, dass mit hoher Wahrscheinlichkeit ein Verlust eintritt.
Da das Hauptziel jedes Unternehmens die Sicherung seines Überlebens ist, wird das Management versuchen, existenzbedrohende Risiken zu vermeiden. Wird also der drohende Verlust als gefährlich betrachtet, sollte die Minimax-Regel angewendet werden, was zur Wahl von **Alternative A** führt.

L 17 a)

- **Maximierung des Gesamterwartungswerts:** Man wählt jene Alternative, deren gewichtete Ergebniswerte aller Umweltsituationen die größte Summe und somit den maximalen Gesamterwartungswert aufweist. Damit haben die unwahrscheinlichsten Werte einen relativ geringen Einfluss auf die Entscheidung. Der Entscheidungsträger zeichnet sich bei Anwendung dieser Regel durch eine mittlere Risikofreudigkeit aus.

a_i \ s_j	**Umweltsituation 1**	**Umweltsituation 2**	**Entscheidungsmatrix**
Alternative 1	2	12	0,3 · 2 + 0,7 · 12 = 9,0
Alternative 2	9	6	0,3 · 9 + 0,7 · 6 = 6,9

Es wird **Alternative 1** gewählt.

- **Minimax-Regel:** Gewählt wird jene Alternative, deren kleinstes Ergebnis (aller Umweltsituationen) größer ist als das kleinste Ergebnis jeder anderen zur Auswahl stehenden Alternative. Die Minimax-Regel ist für große Pessimisten mit geringer Risikobereitschaft geeignet. Ihr zufolge wird **Alternative 2** gewählt.
- **Maximax-Regel:** Diese Regel steht im Gegensatz zur Minimax-Regel, denn gewählt wird jene Alternative, deren größtes Ergebnis (aller Umweltsituationen) größer ist als das größte Ergebnis jeder an-

deren zur Auswahl stehenden Alternative. Die Maximax-Regel wird vom Optimisten angewandt, der keine Rücksicht auf die möglichen negativen Konsequenzen seines Handelns nimmt. Demzufolge wird **Alternative 1** gewählt.

- **Pessimismus-Optimismus-Regel:** Diese Regel versucht, einen Kompromiss zwischen Minimax- und Maximax-Regel zu finden. Es werden nämlich sowohl die jeweiligen Minima als auch die Maxima berücksichtigt, indem beide mit dem so genannten Pessimismus-Optimismus-Faktor α gewichtet werden. Dieser darf Werte zwischen 0 und 1 annehmen und drückt die subjektive Einstellung des Entscheidungsträgers zur Unsicherheit der Umweltsituation aus. Das größte Ergebnis jeder Alternative wird mit dem subjektiven Faktor x, jedes kleinste Ergebnis mit dem Faktor $(1-\alpha)$ multipliziert. Gewählt wird die Alternative mit der größten Gesamtsumme. Den folgenden Berechnungen wird ein x von 0,7 unterstellt.

a_i \ s_j	**Umweltsituation 1**	**Umweltsituation 2**	**Entscheidungsmatrix**
Alternative 1	$(1-\alpha) \cdot 2 = 0{,}3 \cdot 2 = 0{,}6$	$\alpha \cdot 12 = 0{,}7 \cdot 12 = 8{,}4$	9
Alternative 2	$\alpha \cdot 9 = 0{,}7 \cdot 9 = 6{,}3$	$(1-\alpha) \cdot 6 = 0{,}3 \cdot 6 = 1{,}8$	8,1

Der Pessimismus-Optimismus-Regel entsprechend, wird **Alternative 1** ausgewählt.

- **Minimax-Risiko-Regel:** Bei dieser Regel wird die Höhe der Ergebnisse nicht direkt berücksichtigt. Vielmehr werden indirekt die relativen Nachteile, die sich aus der Höhe der Ergebnisse ergeben, berechnet. Für jede Umweltsituation wird die Differenz zwischen dem größtmöglichen Ergebnis und den Ergebnissen der anderen Alternativen bestimmt. Der Entscheidungsträger wählt jene Alternative, bei der die maximal mögliche Enttäuschung, nicht die beste Alternative gewählt zu haben, am geringsten ist. Dies ist dann der Fall, wenn der größtmögliche Nachteil verglichen mit dem größtmöglichen Nachteilen der übrigen Alternativen am kleinsten ist. Damit wird bei der Entscheidungsfindung aufgrund dieser Regel von einem vorsichtigen Pessimismus ausgegangen.

Spaltenmaxima	
9	12

Matrix der relativen Nachteile			Entscheidungsmatrix (Zeilenmaxima)
a_i \ s_j	Umweltsituation 1	Umweltsituation 2	
Alternative 1	7	0	7
Alternative 2	0	6	6 Minimum

Der Minimax-Risiko-Regel entsprechend, wird **Alternative 2** gewählt.

b)
- **Allgemeine Nachteile** der Entscheidungsregeln:
  - Problem der unsicheren Information (Erfassung, Gewichtung),
  - mangelnde Berücksichtigung der individuellen Lage des Unternehmens,
  - schwere Einschätzbarkeit von Risikofaktoren (nicht quantifizierbar),
  - mangelnde Berücksichtigung irrationaler Faktoren.
- **Spezielle Nachteile** einzelner Entscheidungsregeln:
  - **Maximaler Gesamterwartungswert:** Die Schätzung der Eintrittswahrscheinlichkeiten ist sehr subjektiv.
  - **Minimax-Regel:** Das Risiko der Entscheidungssituation wird nicht berücksichtigt, da die verschiedenen Umweltsituationen nicht gewichtet werden. Es kann zwar nie das schlechtest mögliche Ergebnis eintreten, jedoch wird selten das bestmögliche Ergebnis erreicht werden.
  - **Maximax-Regel:** Das Risiko der Entscheidungssituation wird nicht berücksichtigt, da die verschiedenen Umweltsituationen nicht gewichtet werden. Es kann zwar die Alternative mit dem bestmöglichen Ergebnis erreicht werden, jedoch nur unter hohem Risiko.
  - **Pessimismus-Optimismus-Regel:** Die Indexgewichtung ist sehr subjektiv.
  - **Minimax-Risiko-Regel:** Die „maximal mögliche Enttäuschung“ ist eine sehr theoretischer Wert. Zudem wird bei den möglichen Umweltsituationen keine Bewertung bezüglich der Wahrscheinlichkeit des Eintreffens vorgenommen. Die Eintrittswahrscheinlichkeit hängt somit von der Wahrnehmung des Entscheidungsträgers ab.

L 18 **a)** Produkt 1: 0,8 · 390 + 0,2 · 430 = 398
Produkt 2: 0,8 · 410 + 0,2 · 410 = 410
Produkt 3: 0,8 · 400 + 0,2 · 420 = 404
Produkt 2 ist die optimale Wahl.

b) $(1 - a) \cdot 390 + 430a = (1 - a) \cdot 410 + 410a$
$a = \mathbf{0{,}5}$

c) **Beurteilung** des Hurwicz-Kriteriums:

- **Allgemein**
  - Problem der unsicheren Informationen (Erfassung, Gewichtung),
  - keine Berücksichtigung der individuellen Lage des Unternehmens,
  - Risikofaktoren nur schwer einzuschätzen (nicht quantifizierbar),
  - keine Berücksichtigung irrationaler Faktoren.
- **Speziell:** Die Bestimmung der Höhe des Pessimismus-Optimismus-Faktors ist sehr subjektiv.

L 19 **a)** Die **Wahl der Strategie** erfolgt über folgende Schritte:
1. Schritt: Minimalen Gewinn pro Strategie bestimmen:

- Antike Möbel: 35
- Designermöbel: 45
- Klassische Möbel: 58

2. Schritt: Variante mit dem höchsten minimalen Gewinn auswählen.
Es wird die Strategie **Klassische Möbel** ausgewählt.

b) Die Wahl der Strategie erfolgt über folgende Schritte:
1. Schritt: Maximalen Gewinn pro Strategie bestimmen:

- Antike Möbel: 85
- Designermöbel: 94
- Klassische Möbel: 76

2. Schritt: Variante mit dem höchsten maximalen Gewinn auswählen.
Es wird die Strategie **Designermöbel** ausgewählt.

c)

- **Allgemeine Nachteile** der Entscheidungsregeln:
  - Problem der unsicheren Information (Erfassung, Gewichtung),
  - keine Berücksichtigung der individuellen Lage des Unternehmens,
  - Risikofaktoren nur schwer einzuschätzen (nicht quantifizierbar),
  - keine Berücksichtigung irrationaler Faktoren.
- **Spezielle Nachteile** der Entscheidungsregeln:
  - **Minimax-Regel:** Das Risiko der Entscheidungssituation wird nicht berücksichtigt, da die verschiedenen Umweltsituationen nicht gewichtet werden. Es kann zwar nie das schlechtestmögliche

Ergebnis eintreten, jedoch wird selten das bestmögliche Ergebnis erreicht.
- **Maximax-Regel:** Das Risiko der Entscheidungssituation wird ebenfalls nicht berücksichtigt. Es kann zwar die Alternative mit dem bestmöglichen Ergebnis erreicht werden, jedoch meistens nur unter hohem Risiko.

L 20 Unter Berücksichtigung der führungstechnischen und der menschenbezogenen Aspekte der Führung sollte Herr Huber als Vorgesetzter seine bisherige Praxis der Aufgabenübertragung anhand verschiedener Grundsätze analysieren:

- **Grundsatz der Klarheit:** War die Aufgabenverteilung eindeutig?
- **Grundsatz der Vollständigkeit:** Wurde vermieden, dass Rückfragen oder Ergänzungen notwendig werden?
- **Grundsatz der Begründbarkeit:** Wurde der Sinn der Auftragsübertragung klar?

Zusätzlich soll Herr Huber gegenüber seinem Mitarbeiter die **eigenen Erwartungen** spezifizieren:

- Welches Resultat oder welches Ziel wird verfolgt?
- Wie viel Zeit steht zur Auftragserfüllung zur Verfügung?
- Welche Vorgehensweise soll gewählt werden?
- Welche Hilfsmittel sind notwendig, und welche Restriktionen sind gegeben?
- Wo soll die Arbeit verrichtet werden?

Basierend auf diesen Richtlinien ist für es für beide Seiten möglich, die Anforderungen und Ergebnisse zu bewerten und dementsprechend ein höchstmögliches Maß an Zufriedenheit herbeizuführen.

L 21 a) Unter **Autorität** versteht man die Macht einer Person A, Einfluss auf das Verhalten einer Person B zu nehmen. Person B wird dabei zu einem Handeln veranlasst, das sie ohne Einflussnahme nicht wählen würde.

b) Autorität kann auf verschiedenen **Ursachen** beruhen:

- **Institutionelle und formale Autorität:** Diese Form der Autorität ergibt sich aus der Verteilung der Aufgaben, Kompetenzen und der Verantwortung. Sie kann auf folgenden Grundlagen beruhen:
  - **Rechtsgrundlagen:** Aufgrund gesetzlicher Regelungen zum Dienstvertrag hat der Arbeitgeber ein Direktionsrecht und der Arbeitnehmer eine Gehorsamspflicht.
  - **Unternehmensorganisation:** Aus dem organisatorischen Ablauf und Aufbau ergeben sich unternehmensinterne Regelungen.
  - **Soziale Normen:** Diese bestimmen die Natur der sozialen Interaktionen, sind aber nirgends explizit festgehalten.

- **Fachliche Autorität:** Diese Form der Autorität basiert darauf, dass die sachkundigen Entscheidungen des Vorgesetzten vertrauenswürdig sind. Dieses Vertrauen bildet sich auf folgender Grundlage:
  - □ **Fachwissen:** Der Vorgesetzte kann aufgrund seines Fachwissens Ratschläge zur Aufgabenausführung erteilen.
  - □ **Führungsfähigkeit:** Durch die Formulierung klarer Ziele und das Fällen eindeutiger Entscheidungen beeinflusst der Vorgesetzte das Verhalten des Mitarbeiters.
- **Persönliche Autorität:** Diese Form der Autorität gründet sich vor allem auf Gefühle wie Zuneigung und Abneigung in zwischenmenschlichen Beziehungen. Dabei stehen drei Faktoren im Vordergrund:
  - □ **Mitarbeiterbehandlung:** Wie (gerecht) geht der Vorgesetzte mit seinen Mitarbeitenden um?
  - □ **Integrität:** Der Vorgesetzte fungiert unter anderem als Vorbild in seiner Aufgabenerfüllung und in seinen Wertvorstellungen.
  - □ **Durchsetzungskraft:** Die persönliche Ausstrahlung einer Führungskraft verleiht ihr Autorität.

c) Häufig lassen sich die Ursachen der Macht einer Person **in der Praxis** nicht trennscharf abgrenzen. Es ist zu vermuten, dass Autorität auf dem Zusammenspiel von institutionellen, fachlichen und persönlichen Faktoren beruht. Im Einzelfall hängt es von der jeweiligen Person und dem institutionellen Kontext (z.B. der Unternehmenskultur) ab, welcher Autoritätstyp besonders stark ausgeprägt ist.

L 22 a)

- Bei der **Selbstkontrolle** ist der Kontrollierende für das Zustandekommen des Gegenstands oder Sachverhalts, den er zu kontrollieren hat, vollständig oder teilweise selbst verantwortlich. Es besteht also eine direkte Beziehung zwischen Kontrollsubjekt (= Person, die kontrolliert) und Kontrollobjekt (= zu kontrollierender Tatbestand). Beispielsweise übernimmt ein Mitarbeiter die Überprüfung der Qualität der von ihm hergestellten Produkte selbst.
- Bei der **Fremdkontrolle** hingegen steht der Kontrollierende in keinerlei Beziehung zum Objekt, das er zu kontrollieren hat. Beispielsweise wird dem Personalbereich die Aufgabe übertragen, die Einhaltung der Arbeitszeiten zu kontrollieren.

b) **Grundsätzlich** lässt sich Folgendes anführen:

- **Selbstkontrolle** ist dann angezeigt, wenn der Kontrollierende für die Ausführung der Aufgaben vollständig oder teilweise verantwortlich ist. In diesem Fall besteht ein direkter Zusammenhang zwischen Kontrollsubjekt und Kontrollobjekt.
- Eine **Fremdkontrolle** ist dann vonnöten, wenn keine direkte Beziehung zwischen Kontrollsubjekt und -objekt besteht und der Kontrollierende die Verantwortung für Aufgaben zu übernehmen hat, die er nicht selbst ausführt.

Darüber hinaus kann die Eignung einer Selbst- bzw. Fremdkontrolle von folgenden **Faktoren** abhängen:

- Kontrollobjekt und -bereich,
- Umfang und Häufigkeit der Kontrolle (Voll- oder Stichprobenkontrolle),
- Art der Kontrolle (Fortschritts- oder Ergebniskontrolle),
- zur Kontrolle erforderliche Kenntnisse, Fähigkeiten und Erfahrungen,
- Dringlichkeit der Kontrollresultate,
- Zweck der Kontrolle und
- Auswirkungen der Kontrollresultate.

Im Weiteren bestimmen der Führungsstil und die Unternehmenskultur, der Grad der Arbeitsspezialisierung sowie die Gefahr einer Interessenskollision im Unternehmen, ob Selbst- oder Fremdkontrolle das geeignetere Verfahren darstellt.

Unternehmenskultur und Führungsstil

L 23 a) Unter **Unternehmenskultur** versteht man die Gesamtheit von Normen, Wertvorstellungen und Denkhaltungen, welche das Verhalten aller Mitarbeitenden sowie das Erscheinungsbild eines Unternehmens prägen.

b) Der Unternehmenskultur wird eine **große Bedeutung** zugemessen, da sie sowohl das Verhalten der Mitarbeitenden als auch das Erscheinungsbild des Unternehmens prägt. In dieser Rolle kann die Unternehmenskultur sowohl positive als auch negative Wirkungen entfalten. Kommen ihre positiven Effekte zum Tragen, so kann die Unternehmenskultur beispielsweise eine klare Handlungsorientierung vorgeben, reibungslose Kommunikation ermöglichen, Motivation und Teamgeist fördern sowie Stabilität herbeiführen. Nehmen jedoch die negativen Effekte der Unternehmenskultur überhand, so kann daraus eine Tendenz zur Abschottung des Unternehmens gegenüber seiner Umwelt, ein Blockieren neuer Orientierungen sowie ein Mangel an Flexibilität resultieren.
Somit ist es von entscheidender Wichtigkeit, sich nicht nur der Bedeutung der Unternehmenskultur bewusst zu sein, sondern auch ihre möglichen Wirkungen zu verstehen.

c) Die **Schwierigkeiten der Beschreibung** einer Unternehmenskultur beruhen auf ihrer Intangibilität. Möglichkeiten zur Analyse der Unternehmenskultur ergeben sich aus einer Kombination aus direkter Befragung der Betroffenen und indirekter Beobachtung von Symptomen und Auswirkungen. Die Verfälschungen und Verzerrungen, die sich aus der direkten Befragung ergeben, können durch die indirekte Beobachtung und Interpretation relativiert werden.

d)
- Eine **Typologie** wie diejenige von Deal/Kennedy ist auf der einen Seite sehr **hilfreich,** weil sie das vielschichtige Phänomen Kultur vereinfacht darstellt und übersichtlich anhand von zwei Kriterien aufbereitet. Auf diese Weise wird eine leichte Erfassung und Darstellung von Unternehmenskulturen ermöglicht.
- Die **Gefahr** bei einer solchen Typologie besteht jedoch darin, dass mit einem komplexen Tatbestand übertrieben einfach umgegangen wird. Auf diese Weise kann der Vielschichtigkeit der Faktoren, die eine Unternehmenskultur ausmachen, nur ungenügend Rechnung getragen werden.

L 24 a)

- **Schwierigkeiten** bei der Veränderung der Unternehmenskultur: Damit die Veränderung einer Unternehmenskultur überhaupt möglich wird, bedarf es in einem ersten Schritt einer Erfassung und Beurteilung der aktuellen Unternehmenskultur (Ist-Kultur). In einem zweiten Schritt kann dann, basierend auf der Beurteilung der Ist-Kultur, eine Soll-Kultur formuliert und eingeführt werden. Sowohl Schritt 1 als auch Schritt 2 bringen Schwierigkeiten mit sich:
  - **Erfassung und Beurteilung der Ist-Kultur:** Zur Erfassung der kulturellen Ausdrucksformen, können zwei Vorgehensweisen – direkt und indirekt – unterschieden werden. Bei direkter Erfassung der Unternehmenskultur, beispielsweise mittels Befragung der Betroffenen, ergeben sich häufig Verzerrungen und Verfälschungen, die durch bewusste Manipulation von Aussagen oder durch unbewusstes Wunschdenken hervorgerufen werden können. Eine indirekte Erhebung birgt sehr viel Interpretationsspielraum, da meist auf Beobachtungen zurückgegriffen wird.
  - Neben der Erfassung, stellt auch die Beurteilung der Ist-Kultur das Management vor Schwierigkeiten. Die Wirkungen der Ist-Kultur (beispielsweise Handlungsorientierung, Stabilität oder Abschottung) lassen sich nur unter dem Einfluss subjektiver Interpretationen abschätzen. Auch die Ermittlung einer Veränderungsbedürftigkeit der Unternehmenskultur, aufbauend auf der Abschätzung der Wirkungen der Ist-Kultur, hängt stark von der subjektiven Wahrnehmung der Mitglieder der Unternehmensleitung ab.
  - **Einführung einer Soll-Kultur:** Bevor es zur Einführung einer Soll-Kultur kommen kann, muss diese neue Kultur zuerst entwickelt und formuliert werden. Anschließend erfolgt die Ausarbeitung von Interventionen, die den Übergang von der Ist- zur Soll-Kultur ermöglichen sollen. Unklar bleibt jedoch, ob die getroffenen Maßnahmen den gewünschten Effekt haben. Unternehmen sind komplexe, vielschichtige Systeme, und die Auswirkungen eines Eingriffs in solche Systeme sind nur sehr begrenzt vorhersehbar.

b) **Maßnahmen,** welche Veränderungen der Unternehmenskultur erleichtern, sind:

- Schulungskurse, Workshops usw.,
- symbolische Handlungen,
- Versetzungen und Freistellungen,
- Veränderung der Rekrutierungs-, Beförderungs- und Belohnungskriterien,
- Neugestaltung des Anreizsystems,
- Veränderung der Ressourcenzuteilung,
- Einbezug kultureller Kriterien in die Umweltanalyse.

L 25 **Kernfaktoren der Unternehmenskultur** sind Persönlichkeitsprofile der Mitarbeitenden, Rituale und Symbole sowie die Kommunikation nach innen und nach außen.

Die **Ausgestaltung der Führungsfunktionen** kann unter führungstechnischen und menschenbezogenen Aspekten betrachtet werden. Die Ausprägung der Führungsfunktionen gibt Aufschluss darüber, wie Führung im Unternehmen stattfindet. Sowohl die führungstechnischen als auch die menschenbezogenen Aspekte spiegeln Normen und Werte wider, die im Unternehmen vorherrschen.

Die Ausprägung des **Führungsstils** einzelner Personen ist stark von der **Unternehmenskultur** abhängig, und beeinflusst diese gleichzeitig. Zwischen den Normen und Werten der Unternehmenskultur und der entsprechenden Realisierung im Führungsstil Einzelner sollte Übereinstimmung herrschen. Besteht keine oder nur eine geringe Übereinstimmung, kann es zu schweren „Störungen" im unternehmerischen Handeln kommen. Beispielsweise ist ein Abteilungsleiter, der einen autoritären Führungsstil pflegt und wenig von der Mitsprache der Mitarbeitenden hält, ein schwer wiegender Hemmschuh für die Umsetzung der Unternehmenspolitik, falls in dem Unternehmen im Allgemeinen ein partizipativer Führungsstil gepflegt wird.

L 26 a) Die **Hauptmerkmale** der beiden Führungsstile sind:

- **Autoritärer Führungsstil**
  - Der Vorgesetzte entscheidet allein und ohne Anhörung der Mitarbeiter und Mitarbeiterinnen.
  - Die Weitergabe der Anordnungen geschieht in Form von Befehlen.
  - Es gibt keine Kompetenzen und keine Autonomie in der Aufgabenausführung für die Mitarbeiter und Mitarbeiterinnen.
  - Es findet eine ständige und völlige Überwachung der Aufgabenerfüllung statt.
  - Die Ziele werden strikt durchgesetzt.

- **Kooperativer Führungsstil**
  - Die Ziele werden gemeinsam erarbeitet.
  - Die Mitarbeiter und Mitarbeiterinnen sind autonom in der Aufgabenerfüllung und erhalten die entsprechenden Kompetenzen.
  - Die Aufgabenerfüllung wird durch die Selbstkontrolle gewährleistet.
  - Die Ziele werden durch Überzeugen durchgesetzt.
  - Die Mitarbeiter und Mitarbeiterinnen handeln in der Aufgabenerfüllung eigenverantwortlich.

b)
- **Autoritärer Führungsstil**
  - Die Mitarbeiter und Mitarbeiterinnen sind frustriert und nicht motiviert.
  - Es gibt Konflikte zwischen Vorgesetzten und Mitarbeitern.
  - Ein autoritärer Führungsstil erzeugt Desinteresse an der Arbeit.
  - Die Denkfähigkeit der Untergebenen bleibt ungenutzt.
- **Kooperativer Führungsstil**
  - Die Aufsicht des Vorgesetzten über die Aufgabenerfüllung wird erschwert oder möglicherweise zu spät wahrgenommen.
  - Es herrscht eine „Laissez faire“-Stimmung.
  - Die Mitarbeiter und Mitarbeiterinnen können versuchen, die Kooperationsbereitschaft des Vorgesetzten auszunützen.
  - Die Mitarbeiter und Mitarbeiterinnen können mit der Aufgabenerfüllung überfordert sein (fehlende Fähigkeiten oder Entscheidungskompetenzen).

c) Mögliche Faktoren sind insbesondere:
- Eigenschaften des **Vorgesetzten:**
  - Führungsqualitäten,
  - Führungserfahrung,
  - sein Menschenbild in Bezug auf seine Mitarbeiter und Mitarbeiterinnen.
- Eigenschaften der **Mitarbeiter und Mitarbeiterinnen:**
  - Fachwissen,
  - Bedürfnis nach persönlicher Entfaltung,
  - Interesse an der Problemstellung,
  - Verantwortungsbewusstsein.
- Art der **Problemstellung:**
  - Komplexitätsgrad,
  - Novitätsgrad,
  - Bedeutung für das Unternehmen.
- **Führungsgrundsätze** des Unternehmens

- **Umwelt** des Unternehmens:
  - Branche,
  - gesellschaftliche Wertvorstellungen.
- **Situative** Gegebenheiten:
  - Gruppenstrukturen,
  - organisatorische Regelungen,
  - die zur Verfügung stehende Zeit.

L 27 **Autorität** bezeichnet eine legitime Macht, die auf formaler, fachlicher oder persönlicher Grundlage beruht und die eines Mindestmaßes an Zustimmung von Seiten des zu Beeinflussenden bedarf. In diesem Sinn beruht Führung immer auf Autorität, allerdings auf sehr unterschiedlichen Grundlagen.

L 28 a) Grundsätze eines **kooperativen Führungsstils** sind:

- Der Mitarbeitende wird vom Vorgesetzten als gleichwertig betrachtet.
- Die durch den Mitarbeitenden zu erreichenden Ziele werden gemeinsam erarbeitet.
- Die Mitarbeitenden sind autonom und eigenverantwortlich in der Aufgabenerfüllung und erhalten die entsprechenden Kompetenzen. Die Aufgabenerfüllung wird durch Selbstkontrolle gewährleistet.
- Neben der Leistungsfähigkeit soll auch das Wohlbefinden des Mitarbeitenden gefördert werden.
- Ziele werden nicht durch Autorität festgelegt, sondern das Gegenüber wird von deren Relevanz überzeugt.

b) Wie aus den Grundsätzen des kooperativen Führungsstils hervorgeht, setzt dieser bei den Untergebenen Fähigkeiten voraus, die nicht in jedem Fall gegeben sind. Zudem ist die Wahl des Führungsstils auch von der jeweiligen **Situation** und **Problemstellung** abhängig:

- **Persönliche Grenzen** des Mitarbeitenden sind:
  - Mangelnde Loyalität und Kooperationsbereitschaft,
  - mangelnde Kenntnisse und Fähigkeiten der Untergebenen,
  - fehlende Motivierbarkeit der Mitarbeitenden.
- **Sachlich-situative Grenzen** sind:
  - Zeitdruck,
  - Wichtigkeit der Aufgabe,
  - fehlende Möglichkeit der Kompetenz- und Verantwortlichkeitsmessung,
  - Komplexität der Problemstellung,
  - Einheitlichkeit des Handels,
  - Effizienz und Effektivität des Handelns.

L 29 **a)** **Partizipation** bedeutet die Beteiligung der Mitarbeitenden an Entscheidungsprozessen im Rahmen eines kooperativen Führungsstils.

b) Die Annahme, dass die Partizipation an sich schon positive Auswirkungen auf die Führungssituation und damit auf das Betriebsklima und den Führungserfolg hat, ist vereinfacht. Jedoch wird durch das Gewähren großer Eigenverantwortlichkeit, welche Entscheidungskompetenz und Verantwortung fördert, Initiative und Selbständigkeit der Mitarbeitenden erreicht. Die Mitarbeitenden erfahren dadurch eine höhere Wertschätzung ihrer Ideen und Fähigkeiten. Partizipation mit entsprechender Feedback-Kultur erhöht die Motivation. Dementsprechend verhalten sich die Mitarbeitenden dem Unternehmen gegenüber loyaler und identifizieren sich in höherem Maß mit dem Unternehmen, als dies bei autoritärem Führungsstil der Fall wäre.

L 30 **a)** Unter dem **Führungsstil** ist das Resultat der Ausgestaltung der Führungsfunktionen Planung, Entscheidung, Anordnung und Kontrolle zu verstehen.

b) Der Führungsstil ergibt sich einerseits aus

- der Bestimmung der an der Führung Beteiligten, der Gestaltung der Führungsprozesse sowie der Führungsinstrumente und andererseits aus
- der Integration der individuellen Bedürfnisse der Mitarbeiter im Führungsprozess, der Gestaltung der Beziehung zwischen den Vorgesetzten und den Mitarbeitern sowie der Berücksichtigung sozialer und kultureller Normen.

c) Ein **situativer Führungsstil** stellt hohe Anforderungen an den Führenden. Dabei stehen sechs Fragen im Vordergrund:

- Kann die Situation immer richtig erkannt werden?
- Lassen sich überhaupt typische Situationen erkennen, denen typisierte Führungsstile zugeordnet werden können?
- Können die Fähigkeiten der Mitarbeiter zur Lösung situationsbezogener Probleme richtig eingeschätzt werden?
- Ist der Vorgesetzte überhaupt fähig und willens, verschiedene Führungsstile anzuwenden?
- Wird die Beziehung zwischen dem Vorgesetzten und den Mitarbeitern durch dauernde Änderungen des Führungsstils nicht zu stark belastet?
- Kann in der Hektik des Alltags der situative Führungsstil überhaupt praktiziert werden?

d)
- **Vorteile**
  - keine starren Regeln, deshalb flexibel und anpassungsfähig,
  - keine Über- oder Unterforderung der Mitarbeiter und Mitarbeiterinnen,
  - trägt der komplexen Wirklichkeit Rechnung,
  - motivierend, da der situative Führungsstil tendenziell kooperativ ist.
- **Nachteile**
  Die Nachteile des situativen Führungsstils lassen sich – ausgehend von den Voraussetzungen seiner Anwendbarkeit – wie folgt festhalten:
  - hohe Abhängigkeit von der Fähigkeit der Vorgesetzten, die Situationen und die Fähigkeiten der Mitarbeiter richtig einzuschätzen,
  - häufig ergeben sich Situationen, die kein typisiertes Verhalten zulassen,
  - fehlende Konstanz in den zwischenmenschlichen Beziehungen, welche zu Unruhe und Missverständnissen führen kann,
  - begrenzte Anwendbarkeit in der Hektik des Alltags.

e) Einige **Grundverhaltensweisen** sind:
- Respekt vor der Würde des Mitmenschen,
- Wahrung des Anstands,
- Glaubwürdigkeit und Commitment der Vorgesetzten,
- Gleichbehandlung aller Mitarbeiter und Mitarbeiterinnen,
- Mitarbeiter soll seine Meinung jederzeit ohne Angst vor Sanktionen frei äußern können.

L 31 a) Das **Verhaltensgitter** nach Blake/Mouton kann folgendermaßen beschrieben werden:
- Jedes Führungsverhalten kann anhand von zwei Dimensionen dargestellt werden, nämlich anhand der **Sachorientierung** (Ausrichtung auf quantitative und qualitative Sachziele) und der **Menschenorientierung** (Ergebniserzielung auf der Grundlage von Vertrauen, Respekt usw.).
- Die Ausprägungen der beiden Dimensionen sind unabhängig voneinander, sind aber in der Kombination aussagekräftiger als je einzeln.
- Pro Dimension gibt es neun Ausprägungen, welche die Basis für fünf Haupt-Führungsstile bilden:
  - **9,1-Orientierung** („Befehl-Gehorsam-Management"): Höchstmaß an Sachorientierung bei geringer Menschenorientierung; hohe Bedeutung von Macht und Autorität sowie Kontrolle.
  - **1,9-Orientierung** („Samthandschuh-Management"): Kombination niedriger Sachorientierung und hoher Menschenorientierung; Ausrichtung der Arbeitsbedingungen auf die Befriedigung persönlicher und sozialer Bedürfnisse.

- ▫ **1,1-Orientierung** („Überlebens-Management"): geringe Sach- und geringe Menschenorientierung; Führungskraft erkennt keine Widersprüche zwischen Produktionserfordernissen und den Bedürfnissen der Mitarbeitenden.
- ▫ **5,5-Orientierung** („Organisations-Management"): Kombination mittlerer Sachorientierung mit mittlerer Menschenorientierung; Versuch, das Dilemma zwischen Leistungserfordernissen und Bedürfnissen der Menschen zu lösen.
- ▫ **9,9-Orientierung** („Team-Management"): Kombination hoher Sach- und hoher Menschenorientierung; Anstreben eines Optimums bezüglich der Sachfragen und der Bedürfnisse der Menschen.

- Der vorherrschende Führungsstil wird in einer bestimmten Situation durch folgende **Faktoren** beeinflusst:
  - ▫ Organisation des Unternehmens,
  - ▫ Wertvorstellungen der Führungskräfte,
  - ▫ Persönlichkeitsentwicklung der Führungskräfte,
  - ▫ Kenntnis möglicher Führungsstile.

b) **Praktische Realisierung** des Führungsstils nach Blake/Mouton: Eine hohe Sach- und Menschenorientierung kann nur dann erreicht werden, wenn es gelingt, die Mitarbeiter- und Organisationsziele zu integrieren. Das bedingt folgende Voraussetzungen:

- **Menschenbild:** Sowohl die Vorgesetzten als auch die Untergebenen sollten sich gegenseitig mit Respekt und Vertrauen begegnen.
- **Bedürfnisse:** Es müssen sowohl die Bedürfnisse des Unternehmens als auch diejenigen der Mitarbeitenden berücksichtigt werden.
- **Motivation:** Das Interesse und das Engagement der Mitarbeitenden kann durch einen kooperativen Führungsstil erreicht werden, bei dem die Ziele, Maßnahmen und Mittel gemeinsam festgelegt werden. Dabei kann sowohl die extrinsische als auch die intrinsische Motivation gefordert werden.
- **Hohe Arbeitsleistung:** Eine hohe Arbeitsleistung ist eher von motivierten Mitarbeitenden zu erwarten, und das Setzen hoher Leistungsziele kann seinerseits wieder die Motivation (v.a. die intrinsische) verstärken.

Diese Grundhaltungen lassen sich durch eine ganze Reihe von **Maßnahmen** unterstützen und herausbilden wie z.B.

- Schulung der Führungskräfte,
- Entlohnung und Sozialleistungen,
- betriebliche Aus- und Weiterbildung,
- betriebliches Vorschlagswesen,
- Beteiligung des Personals am Unternehmenserfolg,
- Schaffung einer starken Unternehmenskultur.

c) **Schwierigkeiten** des Führungsstils nach Blake/Mouton: Der Führungsstil nach Blake/Mouton vernachlässigt situative Gegebenheiten. Blake/Mouton selbst weisen darauf hin, dass

- die Organisationsstruktur,
- die Wertvorstellungen der Führungskräfte,
- die Persönlichkeitsentwicklung der Führungskräfte und
- die Kenntnis möglicher Führungsstile

den vorherrschenden Führungsstil beeinflussen können. Weitere Probleme, die einer Realisierung entgegenstehen können, sind etwa:

- Kostenüberlegungen bei der Ausbildung der Führungskräfte,
- fehlende Motivierbarkeit der Mitarbeitenden,
- fehlende charakterliche Eignung und fachliche Fähigkeiten der Mitarbeitenden,
- rezessive Wirtschaftsphasen.

Strategisches Management

L 32 a) Unter einer **strategischen Erfolgsposition (SEP)** versteht man Fähigkeiten und Kompetenzen, die es dem Unternehmen erlauben, im Vergleich zur Konkurrenz auch längerfristig (nachhaltig) überdurchschnittliche Ergebnisse zu erzielen.

b) Folgende **Bedingungen** müssen erfüllt sein, um von einer strategischen Erfolgsposition sprechen zu können:

- Es handelt sich nicht um kurzfristige, sondern um langfristige Vorteile.
- Deshalb müssen die Vorteile von der Konkurrenz schlecht imitierbar sein.
- Strategische Erfolgspositionen können deshalb auch nicht gekauft werden, sondern müssen selber aufgebaut werden.
- Um überdurchschnittliche Ergebnisse zu erzielen, muss die Erfolgsposition entweder einen Nutzen darstellen, für den der Kunde bereit ist zu bezahlen, oder sie bringt dem Unternehmen auf der Kostenseite erhebliche Einsparungen.

Strategische Erfolgspositionen weisen somit ähnliche Merkmale wie Kernkompetenzen auf.

c) Beispiele für strategische Erfolgspositionen sind:

- **Dienstleistungen:** Eine hervorragende Kundenbetreuung kann beispielsweise die strategische Erfolgsposition eines Unternehmens ausmachen.
- **Produkte:** Im produzierenden Gewerbe kann beispielsweise die Fähigkeit zur Bearbeitung eines besonderen Werkstoffes die Wettbewerbsposition eines Unternehmens ausmachen.
- **Markt:** Die gezielte und wirkungsvolle Bearbeitung eines bestimmten Marktes oder einer bestimmten Abnehmergruppe kann ebenfalls eine strategische Erfolgsposition herbeiführen.
- **Unternehmensfunktionen:** Besitzt ein Unternehmen beispielsweise die Fähigkeit zur Erschließung besonderer Distributionskanäle oder Beschaffungsquellen oder eine hohe Innovationsfähigkeit, so spiegelt die betroffene Unternehmensfunktion die strategische Erfolgsposition wider.

L 33 a) Betrachtet man jene Probleme, die es zur Bestimmung des Verhaltens des Gesamtunternehmens zu lösen gilt, so spricht man in Anlehnung an den allgemeinen Problemlösungsprozess vom strategischen oder unternehmenspolitischen Problemlösungsprozess. Im Mittelpunkt steht die **Unternehmenspolitik,** welche sämtliche Entscheidungen beinhaltet, die das langfristige Verhalten des Unternehmens nach außen und nach innen bestimmen.

b) Die hohe **Bedeutung des strategischen Managements** resultiert aus dem Ziel der Unternehmenspolitik, die Existenz des Unternehmens durch erfolgreiches Handeln langfristig zu sichern. Die Unternehmenspolitik umfasst primär originäre Entscheidungen langfristiger Natur, welche die Grundlage für Entscheidungen in den Teilbereichen bilden und damit den Charakter von Rahmenbedingungen haben. Originäre Entscheidungen fallen in den Aufgabenbereich der obersten Führungsstufe. Unternehmenspolitische Entscheidungen sind allgemein formuliert, nicht operational. Sie beziehen sich auf das Unternehmen als Ganzes.

L 34 Die drei genannten **Problembereiche** fallen in die erste Phase des strategischen Problemlösungsprozesses, nämlich die Analyse der Ausgangssituation:

- **Umweltanalyse:** Diese Analyse beantwortet die Frage, welche Chancen und Risiken sich aus Umweltentwicklungen ergeben. Problematisch hierbei ist beispielsweise, dass aus einer Fülle von Daten die für das Unternehmen relevanten Informationen ausgewählt und in ihrer Bedeutung für das Unternehmen gewichtet werden müssen. Das kann leicht zu Fehleinschätzungen führen. Möglicherweise sind nicht alle relevanten Daten verfügbar. Im Weiteren sind zur langfristigen Existenzsicherung des Unternehmens teilweise längerfristige Prognosen notwendig, die aber immer unvollständig bleiben, weil sich Entwicklungen über einen längeren Zeitraum hinweg kaum vollständig erfassen lassen. Solche Prognosen sind deshalb mit einem erheblichen Unsicherheitsfaktor behaftet. Schließlich ist die Informationsverarbeitungskapazität des Menschen beschränkt und erlaubt es nicht, die Komplexität der Umwelt in all ihren Ausprägungen gesamthaft zu erfassen. Deshalb wird das Problem bei der Problemformulierung dahingehend vereinfacht, dass es mit bisher bekannten Methoden gelöst werden kann (Komplexitätsreduktion).
- **Unternehmensanalyse:** Die Unternehmensanalyse beinhaltet Fragen nach den Stärken und Schwächen des Unternehmens sowie nach den Möglichkeiten, strategische Erfolgspositionen aufzubauen. Wichtige Problembereiche sind:
  - **Datenauswahl:** Welche unternehmensinternen Daten sind für die Bestimmung der Unternehmenspolitik relevant und welche nicht? Wie ist ihr jeweiliger Einfluss zu gewichten?
  - **Datenaufbereitung:** Wie können viele Einzelinformationen zu aussagekräftigen Teilbereichs- oder Unternehmensinformationen zusammengefasst werden, damit sie der Geschäftsleitung den notwendigen Überblick über das Unternehmensgeschehen verschaffen?
  - **Berücksichtigung nicht quantifizierbarer Daten:** Wie können nicht quantifizierbare Daten einer Aus- und Bewertung zugänglich gemacht werden?
  - **Einbezug zukünftiger Daten:** Besteht ein zweckmäßiges Planungs- und Controlling-System sowohl für die gegenwärtigen Informationen als auch für zukünftige Daten?
- **Analyse der Wertvorstellungen:** Die Unternehmens- und Umweltanalyse zeigen bestenfalls die realisierbare Politik, aber noch nicht die wünschenswerte. Deshalb müssen die Basiswerte abgeklärt werden, die dem unternehmerischen Handeln zugrunde liegen sollen. Dabei stellen sich folgende Fragen:

- □ Wer ermittelt die Wertvorstellungen?
- □ Wessen Wertvorstellungen sollen einbezogen werden? Sollen nur die Werte der Führungskräfte berücksichtigt werden oder auch diejenigen weiterer interner (Mitarbeitende, Kapitalgeber) oder externer Anspruchsgruppen (z.B. Bürgerbewegungen und Interessengruppen)?
- □ Welche Wertvorstellungen (Grundwerte oder konkrete Ausprägungen) sollen erfasst werden?
- □ Wie können die Wertvorstellungen überhaupt erfasst werden?
- □ Wie häufig müssen die Wertvorstellungen ermittelt werden? Diese Frage stellt sich deshalb, weil sich die relevanten Wertvorstellungen im Laufe der Zeit ändern.

L 35 a)

- **Globalisierung der Märkte:** Globalisierung der Märkte bedeutet, dass sich die Bedingungen (z.B. Konsumentenbedürfnisse, Rechtssysteme, technische Normen) auf den Märkten weltweit (global) immer mehr angleichen. Dies erlaubt den Unternehmen, auf allen Märkten gleiche oder zumindest stark standardisierte Produkte anzubieten und so Kosten- und Qualitätsvorteile durch eine vereinheitlichte Produktion zu realisieren (Economies of Scale, Erfahrungskurve). Beispiele sind etwa Automobile, Computer, Bankdienstleistungen und elektronische Produkte.
- **Entstehen neuer Wirtschaftsräume:** Neue Wirtschaftsräume entwickeln sich im pazifischen Raum, wo mehrere Länder auf dem Sprung vom Schwellenland zur Industrienation sind oder diesen Schritt bereits vollzogen haben (Südkorea, Thailand, Malaysia, Taiwan) sowie in den ehemaligen Ostblockstaaten, inklusive der westlich orientierten Länder der früheren Sowjetunion. In den osteuropäischen Ländern ist ein riesiger wirtschaftlicher Nachholbedarf bei Konsum- und Investitionsgütern sowie im ökologischen Bereich vorhanden, der mittelfristig einen neuen Wachstumsschub auslösen wird. In Westeuropa besteht seit dem 1. Januar 1993 innerhalb der EU ein einheitlicher Wirtschaftsraum, der durch die vier Freiheiten des freien Personen-, Güter-, Dienstleistungs- und Kapitalverkehr charakterisiert ist.
- **Allgemeiner Wertewandel:** Der Wertewandel findet auf verschiedenen Ebenen statt. Auf der ökologischen Ebene nimmt das gesellschaftliche Bedürfnis nach umweltfreundlicheren Produkten und Produktionsverfahren zu. Unternehmen, die diesen Bedingungen nicht genügen, geraten zunehmend unter gesellschaftlichen Druck. Dies unterstreicht die Tatsache, dass umweltfreundliche Produkte bei den Konsumenten sehr gefragt sind und dementsprechend guten Absatz finden. Damit einher gehen verstärkte Bemühungen im Bereich des Recycling und Umweltschutzes. Die gesetzlichen Bestimmungen

werden in Zukunft verschärft, und es dürften große Investitionen nötig werden, um diese Herausforderungen zu meistern. Dies eröffnet aber auch Chancen für Innovationen (z.B. neue Technologien).
Zum Wertewandel gehört auch die zunehmende Anerkennung und Gleichstellung der Frauen in Gesellschaft und Wirtschaft (z.B. Chancengleichheit bei Stellenbewerbungen, gleicher Lohn für gleichwertige Arbeit).

- **Gesetzesebene:** Auf der wirtschaftspolitischen Ebene ist zu beobachten, dass deutsche Gesetze EU-konform gestaltet und dringend notwendige Strukturreformen vorgenommen werden. Stichwort dazu ist die „Deregulierung" in verschiedensten Wirtschaftszweigen durch Abbau von kartellrechtlichen und kartellähnlichen Vorschriften (z.B. öffentliches Submissionswesen, Regelungsdichte bei Baubewilligungen, Gesundheitspolitik, Landwirtschaftspolitik). Dies führt zu einer verschärften Konkurrenz auf den Heimmärkten, was sich wiederum positiv auf die internationale Wettbewerbsfähigkeit auswirken kann.

Weitere Trends, auf die nicht näher eingegangen wird, sind folgende:

- Die Produktlebenszyklen vieler Produkte verkürzen sich.
- Nationale und internationale Kooperationen werden weiter zunehmen.
- Das Bedürfnis nach Flexibilisierung der Arbeitszeit verstärkt sich.
- Es ist eine markante Verbesserung der Produktivität in verschiedensten Branchen zu erwarten (Lean Production).
- Die Verlagerungen von Produktionsstätten in Länder mit tieferem Lohnniveau setzt sich fort.
- Die Informationsflut steigt weiter an.
- Die Bedeutung von Rentnern und Rentnerinnen als Konsumenten und Konsumentinnen wächst.
- Ethisches Denken gewinnt an Bedeutung.

Ein Unternehmen kann sich auf die Dauer den gesellschaftlichen Veränderungen nicht entziehen. In der einen oder anderen Weise sind alle Entwicklungen für die einzelne Unternehmen relevant. Gesellschaftliche Veränderungen beeinflussen das Unternehmen in unterschiedlichen Stärken und Fristigkeiten.

b)
- Institutionalisierung der Umwelt- und Unternehmensanalyse (z. B. Gap-, Markt-, Wettbewerbsanalyse und Analyse gesellschaftlicher Entwicklungen),
- systematische Kundenorientierung, um Konsumentenbedürfnisse zu erfassen (Marktforschung, Auswertung der Kundenkontakte etc.),
- Aufbau einer entsprechenden Unternehmenskultur,
- Förderung von Vorgesetzten mit den unter c) genannten Fähigkeiten,
- Aus- und Weiterbildung.
- In der Praxis werden diese Aufgaben nach Möglichkeit einer Stabsstelle zugeordnet, die sich in einem übergreifenden und koordinierenden Sinne all dieser Fragen annehmen kann.

c) Die bisherigen **Managementfähigkeiten** wie
- Setzen von Zielen und Grundsätzen,
- Organisation, Motivation und Kontrolle von Personen,
- Analyse von Situationen und Erstellung von strategischen und operativen Plänen,
- Reaktion auf Wandel durch die Entwicklung neuer Strategien und Reorganisationsmaßnahmen,
- Realisierung von Wandel durch neue Grundsätze und Vorgehensweisen und
- Schaffen von befriedigendem Wachstum, Ertragskraft und Rentabilität müssen durch die nachstehend aufgeführten Qualifikationen ergänzt werden:[1]

Geforderte Qualifikationen	Begründung
1. Intellektuelle, kreative Potenziale	
Ambiguitätstoleranz: Toleranz in Bezug auf ■ Problemunklarheiten, ■ Zielunklarheiten und -konflikte, ■ Unklarheiten über geforderte Aktivitäten.	Manager müssen ertragen und bewältigen, dass häufig schlecht strukturierte, komplexe Probleme zu lösen sind, die mit zahllosen subjektiven Ungewissheiten verbunden sind.
Lernfähigkeit und -bereitschaft: Ergänzen und/oder Verändern der derzeitigen Potenziale durch Aneignen von Wissen, Fähigkeiten und Verhaltensweisen.	Rasch veraltendes Fachwissen, neue berufliche Anforderungen durch Innovationen.
Fähigkeit zum Lösen schlecht strukturierter Probleme: Wahrnehmen, Erkennen, Definieren und Lösen schlecht strukturierter Probleme.	Umweltkomplexität, zunehmende Turbulenzen, ungewisse Entwicklung zentraler ökonomischer Größen.

[1] Quelle: Berthel, Jürgen: Führungskraft 2000. In: HARVARDmanager, Nr. 3, 1987, S. 115.

Geforderte Qualifikationen	Begründung
1. Intellektuelle, kreative Potenziale	
Sensibilität für schwache Signale: Aufnehmen und Interpretieren von vagen Informationen aus dem Vorfeld von konkreten Bedrohungen und Chancen.	Verbessern der Konkurrenzfähigkeit durch rechtzeitige strategische Neuorientierung.
Kreativität: Konzeption neuer Arrangements von Objekten, Ressourcen, Produkten und Programmen.	Im Wettbewerb sind deutliche Vorsprünge häufig nur durch merkbares Absetzen von der Konkurrenz mittels völlig neuer Lösungen möglich.
2. Soziale, teamdynamische Potenziale	
Verhaltensbeeinflussung: Beeinflussen der Einstellungen und des Verhaltens anderer; Interaktionen in und zwischen Gruppen.	Mitarbeitende verfolgen zunehmend eigene persönliche Ziele und haben anspruchsvolle Führungserwartungen.
Teamfähigkeit: Effiziente, statusfreie Zusammenarbeit mit mehreren Personen auf gemeinsame Ziele hin.	Zunehmend müssen Personen mit unterschiedlicher fachlicher Herkunft zusammenarbeiten; Informationsflut.
Kommunikationsfähigkeit: ▪ soziale Fähigkeit, Gedanken und Gefühle mitzuteilen, ▪ technische Fähigkeit, Informationen fehlerlos zu übermitteln, ▪ Fähigkeit, Kommunikationsschwächen aufzudecken und abzubauen.	Hohe Kommunikationsintensität (50 %) der Managerarbeit; steigende Anforderungen an das Kommunikationssystem durch steigende Komplexität der Probleme.
Konfliktfähigkeit: Fähigkeit, Konflikte und deren positive/negative Konsequenzen zu erkennen, auszuhalten und zu beherrschen.	Hohe Konfliktträchtigkeit der Managerarbeit durch Konkurrenz auf dem Feld knapper Ressourcen.
Erfahrung im Einsatz von Experten: ▪ Erkennen, wann anstehende Probleme mit fremdem Sachwissen zu lösen sind, ▪ Fähigkeit, Experten zu wählen, einzusetzen und einzugliedern.	Einsatz fremden Fachwissens aufgrund vermehrter Spezialisierung und zunehmend unerwarteter, unbekannter Aufgaben.

Geforderte Qualifikationen	Begründung
3. Wertbezogene Potenziale	
Wertebewusstsein: Fähigkeit, zentrale Werte der Unternehmensphilosophie wahrnehmbar auszudrücken und zu pflegen.	Unternehmen ist abhängig von interner und externer Wahrnehmung seiner verhaltensprägenden und produktbestimmenden Werte und Normen.
Konzeptionelle Gesamtsicht: ▪ Fähigkeit, langfristig vorauszuschauen sowie im Bezug auf übergeordnete Ziele in Alternativen und Konsequenzen strukturiert zu denken, ▪ Denken in Gesamtzusammenhängen im Bewusstsein der Vernetzung betrieblicher Einzelaktivitäten.	Notwendigkeit distanzierter Diagnose von Stärken und Schwächen des Unternehmens; gezielter Ausbau der Stärken und Abbau von Schwächen für optimale Ergebnisse unter gegebenen Marktkonstellationen.
Zukunftsorientierung: Positive Einstellung gegenüber Veränderungen von Objekten, Personen, Situationen und Zielen; breitere Wahrnehmungsperspektive, Offenheit gegenüber neuen Ideen, Konzeptionen, Strukturen; Bereitschaft für neue Erfahrungen.	Schneller Wandel, wachsende Bedrohung durch Wettbewerb; eine erfolgreiche Bewältigung der Zukunft ist wahrscheinlicher, wenn sie als Chance begriffen wird.

L 36 **a)** Porter unterscheidet folgende **Wettbewerbskräfte:**

- Wettbewerber innerhalb der Branche,
- Verhandlungsstärke der Lieferanten,
- Verhandlungsmacht der Abnehmer,
- Bedrohung durch neue Konkurrenten,
- Bedrohung durch Ersatzprodukte und -dienste.

b) Weitere **Einflussfaktoren,** die den Wettbewerb und die Rentabilität einer Branche beeinflussen können, sind beispielsweise:

- Umweltregulierungen,
- rechtliche Rahmenbedingungen,
- politische Rahmenbedingungen,
- gesellschaftliche Rahmenbedingungen.

c) Der Unterschied zwischen den in b) genannten Faktoren und den Wettbewerbskräften nach Porter liegt im **Grad der Beeinflussbarkeit** durch das Unternehmen. Die Wettbewerbskräfte sind durch das Unternehmen mehr oder weniger beeinflussbar, während es beispielsweise Umweltregulierungen, rechtlichen, politischen und gesellschaftlichen Rahmenbedingungen mehr oder weniger „machtlos" gegenübersteht. Dies liegt daran, dass die in b) genannten Faktoren von der Abstraktionsebene her höher anzusiedeln sind, als die Wettbewerbskräfte nach Porter. Sie gehören der Makroebene an, während Porters Wettbewerbskräfte einer Ebene zwischen Makro- (Gesellschafts-) und Mesoebene (Unternehmens-) zuzuordnen sind.

L 37 a) Das Ergebnis der **PIMS-Studie** liegt in der Identifizierung von 37 Faktoren, die den ROI beeinflussen. Die wichtigsten **Schlüsselfaktoren** sind:

- Stärke der Wettbewerbsposition: Marktanteil,
- Attraktivität des Marktes: Marktwachstum,
- Investitionsintensität: Betrag der in Umlauf- oder Sachvermögen eingesetzt wird, um Wertschöpfung zu erzeugen,
- Produktivität: Umsatz pro Beschäftigter,
- Unterscheidung gegenüber Konkurrenten (Innovation usw.),
- Qualität der Produkte und entsprechende Bewertung durch den Kunden,
- vertikale Integration: Wertschöpfung in Relation zum Umsatz.

b) **Beurteilung** des PIMS-Modells auf eine praktische Anwendbarkeit der Resultate:

- Die PIMS-Resultate stellen hauptsächlich eine fundierte Orientierungshilfe beispielsweise für die strategische Planung dar. Seit den Neunzigerjahren kam es zu einer starken Betonung operativer Benchmarking-Aktivitäten.
- Die Adäquanz des ROI als Maßstab des Erfolgs ist jedoch zweifelhaft. Hierzu wären Einblicke in die Zusammenhänge zwischen Erfolgsfaktoren und Cash-flow-Größen notwendig, die aber in den PIMS-Veröffentlichungen nicht offen gelegt werden. Weiter lassen sich die Resultate nicht ohne weiteres branchenübergreifend anwenden. Die Vermischung unterschiedlichster Industriezweige und Branchen im PIMS-Modell führt zur Verschleierung möglicher intra- und interindustrieller Unterschiede. Schließlich kann ein großer Teil der berücksichtigten unabhängigen Variablen nicht oder nur zum Teil vom Management kontrolliert werden.

L 38 a)

- Die **Lernkurve** beruht darauf, dass mit zunehmender Ausbringungsmenge sowohl die Fertigungszeiten als auch die Fehlerquote und damit die Produktionskosten sinken.
- Die **Erfahrungskurve** ist das umfassendere Modell zur Erklärung von Kostensenkungen als die Lernkurve. Ursachen für die Kostenreduzierung bei der Erfahrungskurve sind:
  - □ Übergang zu rationelleren Fertigungsverfahren,
  - □ Übergang zu rationelleren Organisationsformen der Fertigung (z. B. Fließprinzip),
  - □ geringere Personalkosten aufgrund von Lerneffekten und verbesserten Arbeitsmethoden,
  - □ effizienteres Lagerwesen,
  - □ rationellere Distribution,
  - □ allgemeine Fixkostendegression bei zunehmender Beschäftigung.

Kostensenkungen aufgrund der Erfahrung sind aber auch in allen anderen Funktionsbereichen (z. B. Finanzierung, Investition oder Marketing) des Unternehmens denkbar.

b)

- **Economies of Scale:** Sie machen sich die Tatsache zunutze, dass bei steigender Produktionsmenge die Fixkosten pro Stück automatisch sinken, da sie sich auf eine größere Menge verteilen. Als Maß für die „Economies of Scale" gilt die **Produktionsmenge pro Zeiteinheit.**
- **Erfahrungskurve:** Dem Modell der Erfahrungskurve liegt ein umfassenderes Konzept zugrunde. Es besagt, dass sowohl die Preise als auch die Kosten pro hergestellte Produktionseinheit mit zunehmender Erfahrung sinken. Als Maß für die gewonnene Erfahrung dient **die kumulierte Produktionsmenge.** Ursachen für Kostenreduzierungen sind beispielsweise Rationalisierungsmaßnahmen bei Fertigungsverfahren, bei Organisationsformen der Fertigung und bei der Distribution sowie tiefere Personalkosten durch Lerneffekte bei zunehmender Produktionsmenge.

Beiden Konzepten ist gemeinsam, dass bei steigender Produktionsmenge eine Stückkostendegression eintritt.

Hinweis: Zusätzlich hat sich ein Konzept durchgesetzt, das von den Überlegungen zu den Economies of Scale und zur Erfahrungskurve ausgeht und sie auf andere Bereiche des Unternehmens anwendet. Man spricht in diesem Zusammenhang von den „Economies of Scope" (Verbundersparnissen). Sie liegen vor, wenn das auf unterschiedlichen Märkten erworbene Wissen konzentriert oder Ressourcen gemeinsam genutzt werden (z. B. Zugang zu den Finanzmärkten, Turnaround-Know-how, Distributionskanäle).

L 39 Die verwendete Symbole sind:

k_x = Stückkosten für das x-te Stück
k_1 = Stückkosten für das erste Stück
x = kumulierte Produktionsmenge
λ = Kostenelastizität
α = Kostenreduktionsrate
δ = Anzahl Verdoppelungen, ausgehend vom ersten Stück

a) Die Erfahrungskurve besagt, dass mit jeder Verdoppelung der Ausbringungsmenge die Kosten zwischen 20% und 30% zurückgehen. Im vorliegenden Fall beträgt dieser Faktor 20%, sodass sich die Stückkosten um **160 €** (20% von 800 €) senken.

b) Die Teilaufgabe b kann auf zwei verschiedene Arten berechnet werden:

- **Variante 1:**
  Die Formel zur Berechnung von k_1 lautet:

  □ $$k_1 = \frac{(1) \cdot k_x}{(1-\alpha)^{\lambda}} = \frac{800}{(1-0{,}2)^6} = \mathbf{3.051{,}76\ €}$$

- **Variante 2:**
  Die Formel zur Berechnung von k_1 lautet:

  □ $$k_1 = \frac{k_x}{x^{-\lambda}}$$

Bei einer Kostenreduktionsrate von 20% und einer Verdoppelung der Ausbringungsmenge beträgt die konstante Kostenelastizität $\lambda = 0{,}3219$. Dadurch ergibt sich:

□ $$k_1 = \frac{k_x}{x^{-\lambda}} = \frac{800}{64^{-0{,}3219}} = \mathbf{3.051{,}40\ €}$$

c) Die Formel zur Berechnung der 100. Produktionseinheit lautet:

□ $$k_x = k_1 x^{-\lambda} = 3\ 051{,}4 \cdot 100^{-0{,}3219} = \mathbf{692{,}95\ €}$$

L 40 Die verwendeten Symbole sind:

k_x = Stückkosten für das x-te Stück
k_1 = Stückkosten für das erste Stück
x = kumulierte Produktionsmenge
λ = Kostenelastizität

a) Die Formel zur Berechnung von k_x lautet:

$k_x = k_1 \; x^{-\lambda}$

In einem ersten Schritt lässt sich aus den vorhandenen Angaben die konstante Kostenelastizität l berechnen und in einem zweiten Schritt erhält man die Durchschnittskosten der 2500 Motoren.

Durch Logarithmieren und Umformen der Ausgangsgleichung ergibt sich:

- $\lambda = \dfrac{\log k_1 - \log x}{\log x} = \dfrac{\log 400.000 - \log 360.000}{\log 3} = 0{,}0959$

Damit werden die Durchschnittskosten berechnet:

- $K_x = k_1 \; x^{-\lambda}$
  $K_{10.000} = 400.000 \cdot 2.500^{-0{,}959} =$ **188.885,– €**

b) Aus der nach λ aufgelösten Gleichung erhält man durch Umformen und anschließendes Potenzieren:

- $x = 10^{\frac{\log k_1 - \log k_x}{\lambda}} = 10^{\frac{\log 400.000 - \log 200.000}{0{,}0959}} = 1.377{,}2$

Die Firma muss somit **1.378 Einheiten** verkaufen.

c) Die Formel zur Berechnung des Cashflows (CF) in Prozenten lautet:

- $$\text{CF (in \%)} = \frac{\text{Einnahmeüberschüsse (Cashflow)}}{\text{Produktions- und Betriebskosten}} \cdot 100 - 100$$
  $$= \frac{2.500 \cdot 210.000}{2.500 \cdot 188.885 + 25.000.000} \cdot 100 - 100 = \mathbf{5{,}6\ \%}$$

d) Die Berechnung beinhaltet folgende Annahmen:

- **Gleichbleibende Kosten:** Kostensteigerungen wie Lohnerhöhungen, höhere Materialeinkaufspreise etc. werden vernachlässigt.
- **Konstante Kostenelastizität:** Die gemäß Untersuchungen festgestellte Tatsache, dass die Kostenelastizität weitgehend konstant ist, bedeutet nicht, dass diese Kostendegression automatisch eintritt. Sie muss im Gegenteil durch entsprechende Maßnahmen wie etwa Rationalisierungen, Produktionsanpassungen oder neue Fertigungstechniken verwirklicht werden.
- Die kalkulierte Menge kann auch wirklich abgesetzt werden.

L 41 a) **Grundlage der Produkt-Portfolio-Methode** bildet die von Markowitz entwickelte Portfolio-Selection-Theory, welche auf Kapitalanlageentscheidungen ausgerichtet ist und besagt, dass aufgrund sich verändernder Umweltbedingungen durch gezielte Investitionen eine optimale Mischung (Portefeuille) von Kapitalanlagen erreicht werden kann. Optimal bedeutet in diesem Zusammenhang, dass für einen geforderten Ertrag das Risiko minimiert bzw. für eine bestimmte Risikobereitschaft die Gewinnerwartung maximiert wird.
Ausgehend vom Produktlebenszyklus, besagt die Produkt-Portfolio-Methode, dass sich das Produkt-Portfolio eines Unternehmens im Idealfall aus Produkten oder Produktgruppen zusammensetzen sollte, die sich in verschiedenen Phasen des Produktlebenszyklus befinden. So kann der Gefahr entgegengewirkt werden, dass ein Unternehmen plötzlich über keine marktgängigen Produkte mehr verfügt, gleichzeitig aber auch keine Neuentwicklungen mehr nachfolgen.

b) **Ziel** der Produkt-Portfolio-Analyse ist es, die vorhandenen oder potenziellen Ressourcen in Bereiche zu lenken, in denen die Marktaussichten besonders vorteilhaft sind und in denen das Unternehmen seine Stärken ausnutzen kann.

c) **Voraussetzung für die Anwendung** der Produkt-Portfolio-Theorie ist zum einen die Definition von Geschäftsfeldern oder Geschäftseinheiten, in die das Unternehmen investieren soll oder wo es Anlass hat zu desinvestieren. Zum anderen bedarf es einer Aufstellung von Kriterien zur Beurteilung der einzelnen Geschäftsfelder.

L 42 a) Sowohl der Begriff „strategisches Geschäftsfeld (SGF)" als auch derjenige der „strategischen Geschäftseinheit (SGE)" beruht auf dem **Segmentierungsgedanken der Geschäftstätigkeiten.** Bei einer differenzierten Betrachtung kann man unter SGF eine Segmentierung der Umwelt in Geschäftsfelder verstehen, auf die sich eine Unternehmensstrategie ausrichtet (Außenorientierung). Demgegenüber handelt es sich bei der SGE um eine organisatorische Abgrenzung von Teilbereichen innerhalb des Unternehmens (Innenorientierung), die sich auf bestimmte SGF ausrichten. Die SGF sind deshalb Resultat einer originären Entscheidung, während sich die SGE aus einer Definition der SGF ergeben.

b) **Kriterien** zur Bildung einer strategischen Geschäftseinheit sind:

- Das Vorhandensein eines genügend großen Marktpotenzials, um den Aufbau einer eigenständigen Strategie zu ermöglichen und zu rechtfertigen,

- das Vorhandensein einer von anderen Bereichen unabhängigen Marktaufgabe,
- die Unabhängigkeit der Entscheidungen von anderen Unternehmensbereichen (auch langfristig),
- das Bestehen einer klar bestimmbaren Konkurrenzsituation, wobei die SGE selbst ein vollwertiger Konkurrent ist,
- die Funktionsausübung nicht nur intern (z. B. Fertigungsaufgaben), sondern auch extern (z. B. Vertrieb),
- die Möglichkeit einer klaren Zuordnung der Finanzmittelströme.

c)
- Die Geschäftsbereiche von **Novartis** sind in drei Divisionen gegliedert:
  - **Novartis Pharma:** Entwicklung und Produktion von verschreibungspflichtigen Arzneimitteln in den Geschäftseinheiten
    - Herz-Kreislauf-Erkrankungen,
    - Onkologie,
    - Atemwegserkrankungen,
    - gastrointestinale und dermatologische Erkrankungen,
    - Ophthamologie (Augenheilkunde),
    - Transplantationsmedizin.
  - **Novartis Consumer Health:** Entwicklung und Herstellung von Produkten, welche die Gesundheit und das Wohlbefinden wiederherstellen, erhalten oder verbessern in den Geschäftseinheiten
    - OTC (Selbstmedikation),
    - Animal Health,
    - Medical Nutrition (einschliesslich Nutrition & Santé),
    - Infant & Baby,
    - CIBA Vision.
  - **Sandoz:** Entwicklung, Produktion und Vermarktung von pharmazeutischen und biotechnologischen Wirkstoffen sowie von generischen Arzneimitteln in den Geschäftseinheiten
    - Antibiotika,
    - Arzneimittel zur Behandlung von Erkrankungen des Nervensystems,
    - Magen-Darm-Medikamente,
    - Herz-Kreislauf-Therapien,
    - Hormonbehandlungen.
- **BASF** stellt seine Innovationsfähigkeit in verschiedenen Geschäftseinheiten unter Beweis:
  - Chemikalien (z. B. Anorganika, Petrochemikalien),
  - Pflanzenschutz und Ernährung (z. B. Humanernährung, Kosmetikrohstoffe, Pflanzenschutz, Tierernährung),

  - Kunststoff (z. B. Schaumstoff, technische oder biologisch abbaubare Kunststoffe),
  - Veredelungsprodukte (z. B. Coatings, Veredelungschemikalien und -polymere),
  - Bio- und Gentechnologie
  - Öl und Gas.

L 43 **a)** Die **Marktwachstums-/Marktanteils-Matrix** ermöglicht die Einteilung in vier Portfolio-Kategorien aus denen das Unternehmen so genannte Normstrategien (d. h. mögliche strategische Verhaltensweisen) ableiten kann. Darauf aufbauend kann eine sinnvolle Ressourcenverteilung stattfinden. Durch die Einordnung der Produkte erhält das Unternehmen einen Überblick über die eigene Produktsituation und kann, darauf aufbauend, eine adäquate Strategie ergreifen (Investitions-, Desinvestitions- oder Abschöpfungsstrategie).

b)

- **Vorteile** der Marktwachstums-/Marktanteils-Matrix sind:
  - Generierung von Optionen,
  - Übersichtlichkeit und Anschaulichkeit,
  - Möglichkeit der Ableitung von Normstrategien für Multi-Business-Organisationen.
- **Nachteile** der Marktwachstums-/Marktanteils-Matrix sind:
  - Deterministische Ausrichtung,
  - Schwierigkeiten bei der Marktabgrenzung,
  - Vernachlässigung von Synergien.

c) General Electric und McKinsey greifen in der von ihnen entwickelten **Branchenattraktivitäts-Wettbewerbsstärken-Matrix** einige Kritikpunkte der Boston Consulting Group (BCG)-Matrix auf. Die radikale Vereinfachung der strategischen Situationsbeschreibung der BCG-Matrix wird aufgelöst, und eine Vielzahl von Faktoren wird bei der Bestimmung der Basisdimensionen berücksichtigt, bevor eine Verdichtung auf die Dimensionen „Branchenattraktivität“ und „Wettbewerbsstärke“ (Wettbewerbsvorteile) erfolgt. In der Dimension „Branchenattraktivität“ (Marktattraktivität) sollen die Chancen und Bedrohungen der Umwelt abgebildet werden, während die internen Stärken und Schwächen der Geschäftseinheit durch die Dimension „Wettbewerbsstärke“ repräsentiert werden.

L 44 **a)** Die **Gap-Analyse** zeigt durch Gegenüberstellung der erwarteten Prognosewerte (z. B. in Bezug auf den Umsatz, Cash-flow, Gewinn) bei Fortführung der bisherigen Strategie einerseits und der geplanten Zielwerte (Soll-Werte) andererseits eine sich mit den Jahren vergrößernde Abweichung, d. h. eine Ziellücke.

b)
- **Vorteile** der Gap-Analyse sind:
  - Relativ einfaches Instrument,
  - zwingt zu sorgfältiger Analyse der Einflussfaktoren,
  - fördert die Suche nach Strategien, welche die Ziellücke schließen sollen,

  macht die Notwendigkeit bestimmter Maßnahmen deutlich.
- **Nachteile** der Gap-Analyse sind:
  - Ermöglicht keine Ableitung von Normstrategien,
  - Zielwerte und Prognosewerte lassen sich aufgrund unsicherer Daten und vieler nicht quantifizierbarer Einflussgrößen nur schwierig bestimmen.

c)
- Die Gap-Analyse ist in Situationen **hilfreich,** in denen die Notwendigkeit von Maßnahmen explizit deutlich gemacht werden muss, konkret: in unklaren Entscheidungssituationen.
- Die Gap-Analyse ist **nicht geeignet,** eine strategische Wendung einzuleiten, da sich Normstrategien nicht direkt ableiten lassen, sondern lediglich festgestellt werden kann, dass eine Ziellücke vorliegt. Die Suche nach einer geeigneten Strategie beginnt erst nach der Gap-Analyse.

L 45 a) Das **Unternehmensleitbild** enthält die allgemein gültigen Grundsätze über angestrebte Ziele und Verhaltensweisen des Unternehmens, an denen sich alle unternehmerischen Tätigkeiten orientieren sollten.

b) Die **Aufgaben** eines Unternehmensleitbilds umfassen:
- **Klärung des Selbstverständnisses:** Das Unternehmen erhält eine eindeutige Identität. Das Unternehmensleitbild dient als Kommunikationsinstrument für interne und externe Adressaten. Die Aufklärung über das unternehmerische Handeln soll Vertrauen und Glaubwürdigkeit schaffen (Legitimationsfunktion).
- **Orientierungsrahmen:** Die grundlegende strategische Ausrichtung wird festgelegt.
- **Motivation und Kohäsion:** Gemeinsame Werte, die dem Mitarbeitenden Sicherheit bieten, werden bestimmt.
- **Gestaltung der Unternehmenskultur:** Der Übergang von der Ist- zur Soll-Kultur wird erleichtert.
- **Entscheidungs- und Koordinationsfunktion:** Prozesse werden gesteuert und die Abstimmung verschiedener Teilbereiche erleichtert.

c) Unternehmensleitbilder erfüllen im Allgemeinen fünf **Funktionen:**

- Sie dienen zur Klärung des Selbstverständnisses des Unternehmens,
- bieten einen Orientierungsrahmen für Management und Mitarbeitende,
- fördern Motivation und Kohäsion innerhalb des Unternehmens,
- gestalten die Unternehmenskultur und
- erleichtern die Entscheidungsfindung.

Im Folgenden werden einige Geschäftsprinzipien der UBS AG[1] auf die Erfüllung der oben genannten fünf Funktionen untersucht: Durch das Prinzip der Kundenorientierung wird zum einen das Selbstverständnis des Unternehmens betont und zum anderen ein Orientierungsrahmen für Management und Mitarbeitende geschaffen. Die UBS AG betont in ihren Geschäftsprinzipien die Bedeutung sowohl der fachlichen Kompetenz als auch der Team-Orientierung und Integrität ihrer Mitarbeitenden. Hier kommt besonders die Motivations- und Kohäsionsfunktion eines Unternehmensleitbilds zum Ausdruck. Der Grundsatz der Leistungsorientierung bietet einen Orientierungsrahmen für Mitarbeitende und Management, gestaltet die Unternehmenskultur und erleichtert möglicherweise auch die Entscheidungsfindung. Ähnliches gilt für den Grundsatz der Kostenorientierung. Schließlich berücksichtigt das Unternehmen in seinen Geschäftsprinzipien auch seine Rolle innerhalb des gesellschaftlichen Umfelds.

L 46

- Verfolgt das Unternehmen bei allgemeinem Marktwachstum eine Wachstumsstrategie, hat es die Möglichkeit, seinen Marktanteil beizubehalten. Dies bedeutet jedoch, dass auch wenig profitable Kundengruppen einbezogen werden.
- Konzentriert sich das Unternehmen im Sinn einer langfristigen Gewinnmaximierung jedoch auf die rentablen Kunden, so wird sich der Marktanteil zwar verringern, gleichzeitig wird sich aber die bessere Kundenorientierung positiv auf den Aufbau langfristiger Geschäftsbeziehungen auswirken.

L 47

- **Produkt/Markt-Strategien** richten sich an den Bedürfnissen des Kunden aus. Sie beziehen sich, im Gegensatz zu Wettbewerbsstrategien, auf die Form der Marktbearbeitung (Marktdurchdringung, -entwicklung, Produktentwicklung und Diversifikation) des Unternehmens.

---

[1] Vgl. dazu Abb. 328 in Thommen/Achleitner: Allgemeine Betriebswirtschaftslehre. 5. Auflage 2006, S. 949.

- **Wettbewerbsstrategien** orientieren sich an der Konkurrenz des analysierten Unternehmens. Ziel ist es, strategische Alternativen abzubilden, durch die sich das Unternehmen vom Wettbewerb abheben kann. Folglich sind Wettbewerbsstrategien mögliche Verhaltensweisen, um erfolgreich mit den Wettbewerbskräften umzugehen, während sich Produkt/Markt-Strategien auf mögliche Märkte und Produkte eines Unternehmens beziehen.

L 48 **a)** Nach Porter sind die folgenden **Wettbewerbskräfte** für das Unternehmen wichtig:

- Verhandlungsstärke der Abnehmer,
- Verhandlungsmacht der Lieferanten,
- Bedrohung durch Ersatzprodukte und -dienste,
- Bedrohung durch neue Konkurrenten,
- Rivalität unter den bestehenden Unternehmen.

b) Die Panorama AG betreibt bereits eine Nischenstrategie in Bezug auf ihre bisherigen Produkte. Da mit dem neuen Produkt gemäß den Marktuntersuchungen nur mit einem Marktanteil von ungefähr 5 % zu rechnen ist und das Unternehmen bereits im Marktsegment „Erkältungsmittel“ tätig ist, bietet sich eine **Nischenstrategie** für das neue Produkt in diesem Segment an. Dabei dürfte sie eine Strategie der Differenzierung wählen, da der 5 %ige Marktanteil kaum die Realisierung von Economies of Scale und damit der Kostenführerschaft erlaubt. Weitere Gründe wie z. B. kartellähnliche Strukturen in der Medikamentenbranche oder Imageprobleme erschweren eine Strategie der Kostenführerschaft zusätzlich.

c) Für erste Marktabklärungen dürfte sich die Firma auf **außerbetriebliche Quellen** wie Mitteilungen des Branchenverbandes, Datenbanken und Veröffentlichungen von Marktforschungsinstituten abgestützt haben (sekundäre Marktforschung). Zur Durchführung einer detaillierten Marktuntersuchung wird das Unternehmen eine **Ad-hoc-Umfrage** durchgeführt haben. Diese Erhebungstechnik eignet sich gut für spezifische Problemstellungen und liefert eine hohe Prognosegenauigkeit.

d) Die wichtigsten **Überlegungen** sind:

- eigene Kostenstruktur,
- Marktpreise ähnlicher Produkte,
- Marktpositionierung des Produktes,
- Nutzenerwartung des Konsumenten,
- Image bei Konsumenten und Händlern,
- Abnahmebedingungen für den Zwischenhandel,
- Gewinnmöglichkeiten des Endverkäufers.

In der Pharmabranche ist eine Preisstrategie, die in ihrem Verlauf mit Preisvergünstigungen arbeitet, beinahe unmöglich. Das würde die Seriosität und das Image eines Medikamentes stark herabsetzen. Marktuntersuchungen haben ferner gezeigt, dass mit großer Wahrscheinlichkeit ein Überschreiten eines 5 %igen Marktanteils nicht möglich ist. Diese Überlegungen schließen Penetrations- oder Abschöpfungsstrategien aus. Mit ihrem geschätzten Marktanteil befindet sich die Panorama AG mit ihrem neuen Produkt unter den Marktleadern und sie ist ohnehin in einem hochpreisigen Markt tätig, was ihr eine offensive Preisstrategie mit relativ hohen Preisen erlaubt. Es ist deshalb anzunehmen, dass sie Prämienpreise festsetzen wird, die sich zusätzlich an dem in der Branche herrschenden Preisniveau orientieren werden. Der zu realisierende Preis dürfte an der oberen Grenze des in der Branche üblichen Preisbandes liegen. Den anfänglich festgelegten Preis kann sie im Laufe der Zeit, der allgemeinen Preisentwicklung folgend, anheben.

L 49 a) Produkt-Portfoliomatrix

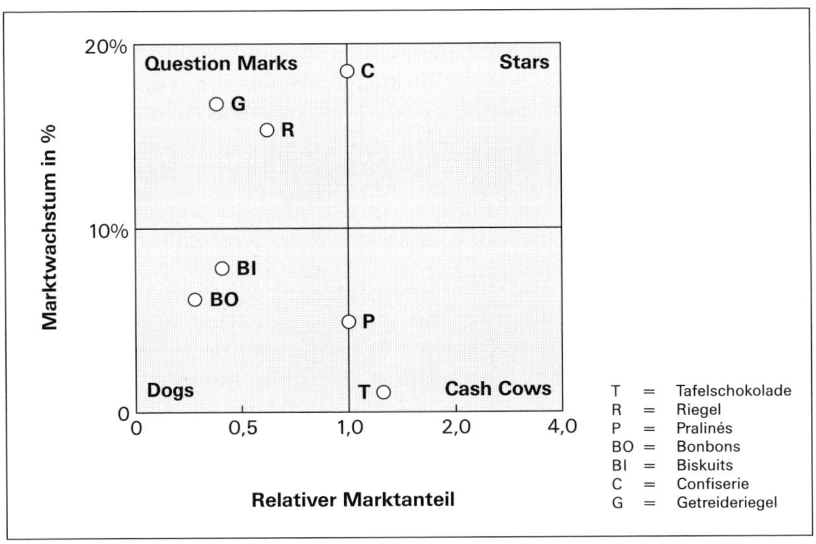

b) Zusammenhang **Produkt-Portfolio** und **Produktlebenszyklen**

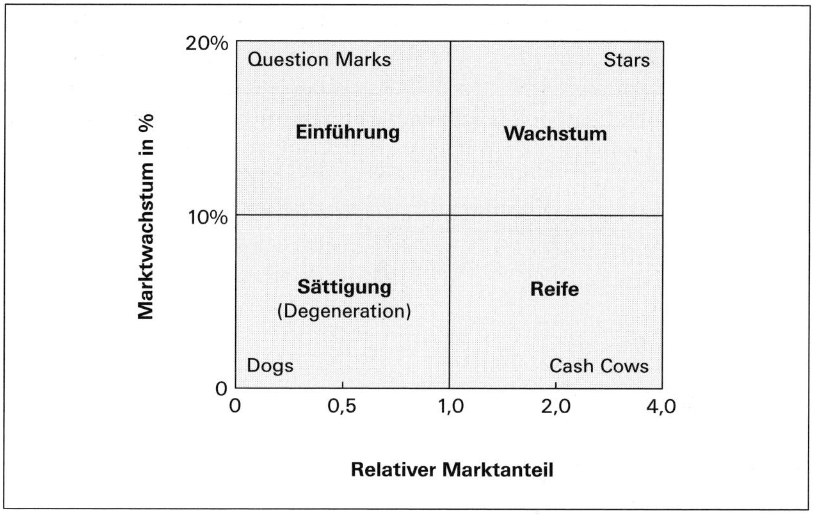

c) Zusammenhang **ROI** und **relativer Marktanteil** (PIMS-Studie)

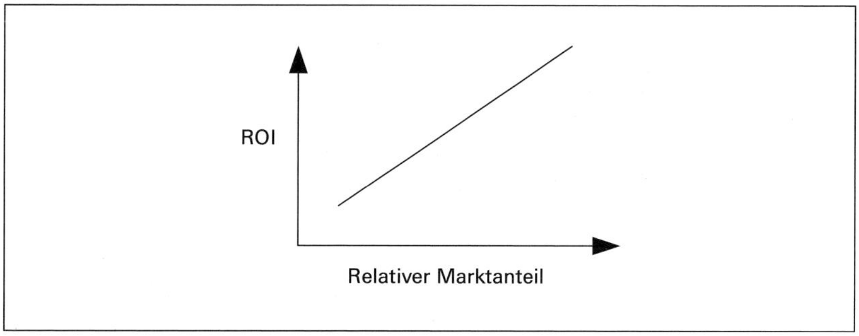

Die Tatsache, dass der ROI mit steigendem relativen Marktanteil ebenfalls zunimmt, stützt sich auf die Überlegungen, dass eine konsequente Ausnützung der „Economies of Scale"[1] und der Erfahrungskurve zu einer beträchtlichen Kostenreduzierung führt. Gleichzeitig hat ein Unterneh-

---

[1] Unter „Economies of Scale" versteht man die Tatsache, dass bei zunehmender Produktionsmenge der Fixkostenanteil pro Stück automatisch sinkt, da sich die Fixkosten auf eine größere Menge verteilen. Den Zusammenhang zwischen den Economies of Scale und der Erfahrungskurve erklärt die Lösung zu Aufgabe 39.

men mit einem hohen relativen Marktanteil eine beträchtliche Nachfragemacht, die sie ebenfalls zu Kosteneinsparungen ausnützen kann. Dies führt zu einer größeren Gewinnspanne. Diese Überlegungen werden durch die PIMS-Studien tendenziell bestätigt. Sie haben gezeigt, dass sich die Stärke der Wettbewerbsposition (hoher Marktanteil) sowohl auf den Gewinn als auch auf den Cashflow positiv auswirkt.

d) Zusammenhang ROI und relativer Marktanteil

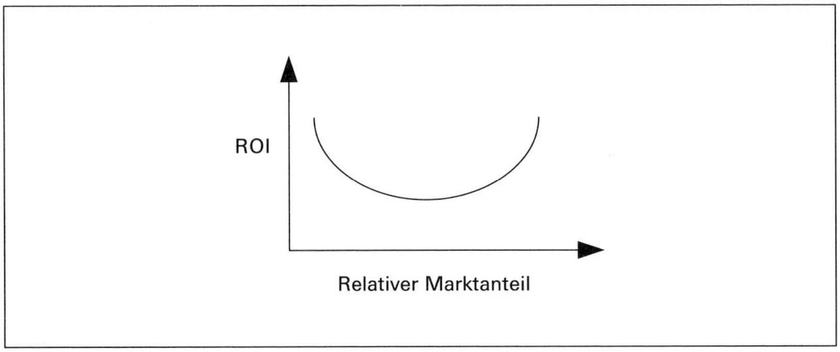

Nach Porter können drei alternative Strategietypen, die einem Unternehmen offen stehen, unterschieden werden. Es sind dies die Kostenführerschaft und die Differenzierung, wenn das Unternehmen branchenweit tätig ist und die Konzentration auf eine dieser beiden Verhaltensweisen für Unternehmen, die eine Nischenpolitik betreiben. Porter begründet seine Darstellung des Verhältnisses zwischen dem relativen Marktanteil und dem ROI folgendermaßen: „Die drei Strategietypen sind alternative, gangbare Möglichkeiten, mit den Wettbewerbskräften fertig zu werden. Das bedeutet umgekehrt, dass ein Unternehmen, dem es nicht gelingt, seine Strategie zumindest in eine dieser Richtungen zu entwickeln – das also „zwischen den Stühlen sitzt" – in einer äußerst schlechten strategischen Situation ist. Für die Kostenführerschaft fehlen diesem Unternehmen der Marktanteil, Kapitalinvestitionen und zudem die nötige Entschlossenheit; um aber die Notwendigkeit niedriger Kosten zu umgehen, mangelt es ihm an der branchenweiten Differenzierung; und um einen Kostenvorsprung oder eine Differenzierung im Hinblick auf ein begrenztes Marktsegment zu schaffen, fehlt ihm die nötige Konzentration.
Einem Unternehmen „zwischen den Stühlen" ist eine niedrige Rentabilität fast sicher. Es verliert entweder die großen Mengenabnehmer, die niedrige Preise fordern, oder es muss auf seine Gewinne verzichten, um diese Aufträge nicht an Billiganbieter zu verlieren. Es verliert aber zugleich die besonders profitablen Aufträge – die Crème – an diejenigen

Unternehmen, die sich auf hochprofitable Objekte spezialisiert oder die sich insgesamt differenziert haben. Schließlich leidet das Unternehmen zwischen den Stühlen wahrscheinlich auch an einer verschwommenen Unternehmenskultur und an einem inkonsistenten Organisations- und Motivationssystem.

Allerdings gilt es zu beachten, dass die beiden Konzepte nicht ohne weiteres miteinander verglichen werden können, da Porter bei seiner Definition unter dem Markt die gesamte Branche versteht, während das Erfahrungskurvenkonzept von einer engeren Umschreibung des Begriffes Markt ausgeht.

e) **Zusammenfassung** des Berichtes in tabellarischer Form:

Merkmale / **Produkte**	**Strategie**	**Finanzierung**	**Produktion**
Tafel-schokolade/ Pralinés	Defensivstrategie: Halten des Marktanteils	Finanzbedarf klein, finanziert die „Star"-Produkte	punktuelle Verbesserungen
Riegel/ Getreideriegel	Offensivstrategie: Steigerung des Marktanteils	Finanzbedarf groß	Große Investitionen
Bonbons/ Biskuits	1. Nischenpolitik 2. Relaunching	1. Finanzbedarf klein 2. Finanzbedarf groß	1. punktuelle Verbesserungen 2. neue Investitionen
Confiserie	Investitions strategie	Finanzbedarf groß	neue Investitionen

L 50 **a)** Feld 1: Defensivstrategie
Feld 2: Gleichgewichtsstrategie
Feld 3: Gleichgewichtsstrategie
Feld 4: Offensivstrategie

Grundsätzlich lässt sich sagen, dass das Unternehmen immer bemüht ist, die Stellung im Feld 2 zu erreichen, wo sie sowohl eine starke Absatz- als auch Beschaffungsmarktposition hat. Dies wird mit den **folgenden Zielsetzungen** der verschiedenen Strategien versucht:

- **Feld 1: Defensivstrategie**
  - Erhalten bisheriger Lieferanten,
  - Abschluss langfristiger Verträge,
  - Know-how-Austausch,
  - gemeinsame Entwicklungen,
  - Nachahmung von Branchenleadern,
  - Kapitalbeteiligungen.
- **Feld 4: Offensivstrategie**
  - Angebotszersplitterung:
    - Suchen neuer Lieferanten,
    - Verstärken der Importe,
    - Ausnützen der Konkurrenz unter Lieferanten.
  - Nachfragekonzentration:
    - zentraler Einkauf, um große Bestellmengen zu erreichen,
    - Zusammenschluss in Verbraucherverbänden.
- **Feld 2 und 3: Gleichgewichtsstrategie**
  In beiden Feldern geht es in erster Linie darum, das bisher Erreichte zu bewahren und einzelne Ziele selektiv zu fördern. In Feld 3 muss sich das Unternehmen aber die Frage stellen, ob ein längerfristiges Verbleiben im Markt sinnvoll ist oder ob man sich aus dem Markt zurückziehen soll. Ein Unternehmen, das sich im Feld 2 befindet, wird hingegen versuchen, die Marktstellung sowohl auf der Absatz- als auch der Beschaffungsseite weiter zu verbessern.

b) Wichtigste **strategische Zielsetzung** ist die Sicherung der Versorgung. Dadurch ist das Unternehmen gezwungen, auf der Beschaffungsseite eher defensiv aufzutreten. Als mittelgroßes deutsches Unternehmen ist ihre Position auf dem Absatzmarkt kaum sehr stark. Deshalb positioniert sie sich im Feld 3 und verfolgt eine Gleichgewichtsstrategie, wobei einzelne Elemente je nach Situation selektiv gefördert werden.

c) **Maßnahmen** zur Verwirklichung der Einkaufsstrategie:

- Sparmaßnahmen zur Reduktion der Verbrauchsmenge,
- Versorgung vertraglich mittel- bis langfristig sichern,
- aktive Suche neuer Lieferanten, um
  - gegen Lieferausfälle besser geschützt zu sein,
  - den Abhängigkeitsgrad von bisherigen Lieferanten zu mindern, und
  - günstigere Einkaufspreise zu erhalten,
- aktive Förderung neuer Energieträger,
- vertragliche Absicherung des notwendigen L ieferumfanges,
- Vorräte anlegen.

d) Eine besondere Einkaufsstrategie lohnt sich für folgende Güter:

- **A-** und **B-Güter:** Sie haben einen hohen wertmäßigen Anteil an den Lagerbeständen.
- **Kritische Güter:** Diese können in qualitäts- und versorgungskritische Güter unterteilt werden. Es versteht sich von selbst, dass auf die Beschaffung dieser Güter speziell geachtet werden muss.

L 51 **a)** Porter unterscheidet folgende **Wettbewerbsstrategien:**

- **Kostenführerschaft:** Die Kostenführerschaft baut darauf, dass die Schaffung von Kundenloyalität durch die Befriedigung des Kundenbedürfnisses über Kostenvorteile geschehen kann. Der Erfolg wird über ein gutes Grundprodukt gesucht, und im Allgemeinen wird auf eine Produktdifferenzierung verzichtet. Die Geschäftstätigkeit bei **umfassender Kostenführerschaft** bezieht sich auf die ganze Branche.
- **Differenzierung:** Im Gegensatz zur Kostenführerschaft wird bei Verfolgung einer Strategie der Differenzierung auf die Schaffung eines Kundennutzens durch die Einzigartigkeit des Produkts vertraut. Als Ansatzpunkt kann dabei jedes denkbare Kundenbedürfnis gewählt werden (z. B. guter Service, einzigartige Technologie, Design). Die Geschäftstätigkeit bei **umfassender Differenzierung** bezieht sich auf die ganze Branche.
- **Konzentration auf Schwerpunkte:** Die Bemerkungen zu Kostenführerschaft und Differenzierung gelten sinngemäß auch bei Konzentration auf Schwerpunkte. Der Unterschied der Konzentrationsstrategien zu den erwähnten Strategien besteht darin, dass nur ein Segment einer Branche bearbeitet wird **(„Nischenstrategie“).**

b) **Gefahren** und **Risiken** der Wettbewerbsstrategien nach Porter sind: Grundsätzlich kann das Misslingen einer Strategie einerseits in der Formulierung und Umsetzung (innerer Aspekt) und andererseits in der Entwicklung der Branche (äußerer Aspekt) begründet sein. Der äußere Aspekt kann unter den Ansatzpunkten „Wettbewerbsvorteile“ und „Kundennutzen“ weiter analysiert werden. Bei Vernachlässigung intrastrategischer Gefahren lassen sich dazu etwa folgende Punkte anführen:

- **Kostenführerschaft:**
  - Technologische Veränderungen können die vergangenen Investitionen zunichte machen.
  - „Nachahmer“ erreichen die gleiche Kostenstruktur.
  - Durch eine zu starke Fokussierung auf die Kostenproblematik werden notwendige Anpassungen aufgrund veränderter Käuferbedürfnisse in Bezug auf das Produkt und die Marketingmaßnahmen nicht vorgenommen.
  - Durch Kostensteigerungen wird die Fähigkeit des Unternehmens, einen ausreichend großen Preisunterschied zu differenzierten Produkten aufrechtzuerhalten, geschmälert.
- **Differenzierung:**
  - Der Kostenunterschied zwischen Billiganbietern und differenzierten Unternehmen wird so groß, dass die Differenzierung die Markenloyalität nicht mehr herbeiführen kann und die Käufer abwandern.
  - Die Differenzierung wird durch die Branchenentwicklung überholt (z. B. Technologie), sodass auch Kostenführer das Produkt herstellen können.
  - Die Bedürfnisse der Kunden wandeln sich, sodass der Differenzierungsvorteil verschwindet oder der Preisaufschlag die zusätzlichen Leistungen nicht mehr rechtfertigt.
  - Die Differenzierung darf nicht so weit vorangetrieben werden, dass der potenzielle Markt zu klein wird.
- **Konzentration auf Schwerpunkte:** Neben den Risiken der Kostenführerschaft und der Differenzierung sind folgende spezielle Gefahren der Nischenstrategie zu nennen:
  - Der Kostenunterschied zwischen breiten Anbietern und dem konzentrierten Unternehmen weitet sich so stark aus, dass er die Kostenvorteile aus der Belieferung eines spezifischen Marktsegments aufhebt oder die daraus erzielte Differenzierung aufwiegt.
  - Die Unterschiede zwischen den Produkten oder Leistungen, die einerseits vom Branchensegment und andererseits vom gesamten Markt gewünscht werden, verringern sich.
  - Konkurrenten finden Untermärkte innerhalb des Branchensegments und spezialisieren sich noch gezielter als das Unternehmen, das diese Strategie bereits verfolgt.

c) ▪ **Kostenführerschaft:** Ziel dieser Strategie ist eine Kostenminimierung in den Bereichen Forschung & Entwicklung, Service, Vertreterstab, Werbung usw. (z.B. Wal Mart, Saturn). Zur Erreichung dieses Ziels bietet sich der Aufbau von Produktionsanlagen von effizienter Größe an.

Analyse der Wettbewerbskräfte nach Porter:
Die Gefahr des Markteintritts neuer Konkurrenten ist bei niedrigen Investitionen (wie im Fall Wal Mart zutreffend) in Forschung & Entwicklung relativ hoch. Auf der anderen Seite ist in einem Markt, in dem Kostenführerschaft eine viel versprechende Strategie ist, die minimal abzusetzende Menge (zur Gewinnschwelle) verhältnismäßig hoch. Sind viele Konkurrenten im Markt, so kann eine Strategie der Kostenführerschaft häufig zu ähnlichen strategischen Maßnahmen der Konkurrenz führen, sodass ein Preiskampf entsteht. Die Gefahr einer Substitution durch Ersatzprodukte ist umso größer, je stärker die Funktionen der jeweiligen Produkte übereinstimmen und je tiefer der Preis des Ersatzproduktes (Beispiel Lebensmittel) angesetzt ist. Je weniger Abnehmer es im Vergleich zu Anbietern gibt, umso höher ist der Einfluss der Abnehmer auf den Preis des Kostenführers. Können die betrachteten Produkte relativ leicht durch ähnliche Produkte substituiert werden, so ist der Kostenführer gezwungen, sich dem Abnehmer anzupassen, d. h. die Macht des Abnehmers ist verhältnismäßig groß. Lieferanten können den Kostenführer besonders dann beeinflussen, wenn auf einem Markt relativ wenig Lieferanten und relativ wenig Nachfrager vorhanden sind.

▪ **Differenzierung:** Voraussetzung für die Verfolgung einer Differenzierungsstrategie kann ein gutes Design, ein einprägsamer Markenname oder eine einzigartige Technologie (z.B. Porsche) sein. Die Strategie der Differenzierung ermöglicht es einem Unternehmen, sich durch die Qualität seiner Produkte oder Dienstleistungen von der Konkurrenz abzuheben und eine Produktsituation zu schaffen, die in der ganzen Branche als einzigartig angesehen werden kann. Damit kann sich ein Unternehmen gegen Preissenkungen der Konkurrenz schützen.

Analyse der Wettbewerbskräfte nach Porter:
Die Gefahr eines Markteintritts neuer Konkurrenten ist bei hohen Investitionen in diejenigen Faktoren, die den Wettbewerbsvorteil des Unternehmens ausmachen (z.B. eine bestimmte Technologie), relativ gering. Sind viele Konkurrenten im Markt, so kann eine Strategie der Differenzierung zwar zu einem Wettbewerbsvorteil führen, letztendlich entscheidet jedoch der Kunde, ob er bereit ist, für das Produkt des Differenzierers mehr zu zahlen, oder ob ihm ein möglicherweise qualitativ niederwertigeres Produkt genügt. Die Gefahr einer Substitution durch

Ersatzprodukte ist umso größer, je stärker die Funktionen der jeweiligen Produkte übereinstimmen und je tiefer der Preis des Ersatzproduktes angesetzt ist. Im Fall einer Strategie der Differenzierung ist eine Gefährdung durch Substitute voraussichtlich relativ gering. Jedoch sollte der durch Ersatzprodukte vorgegebene preisliche Rahmen im Auge behalten werden. Je weniger Abnehmer es im Vergleich zu Anbietern gibt, umso höher ist der Einfluss der Abnehmer auf den Preis des Differenzierers. Da jedoch im Fall der Differenzierung die betrachteten Produkte nur schwerlich durch ähnliche Produkte substituiert werden können, ist das betreffende Unternehmen in einer relativ starken Position. Lieferanten können den Differenzierer besonders dann beeinflussen, wenn sie spezifisches Know-how mitbringen (wenige Ersatzprodukte), das der Differenzierer dringend benötigt. Auf der anderen Seite kann das differenzierende Unternehmen dem Lieferanten spezifische Investitionen abverlangen, die ein gegenseitiges Abhängigkeitsverhältnis herbeiführen (Beispiel Automobilindustrie).

- **Konzentration auf Schwerpunkte:** Meist erfolgt eine Konzentration auf bestimmte Abnehmergruppen (z.B. nur Großhändler), einen bestimmten Teil des Produktionsprozesses oder auf einen geographisch abgegrenzten Markt. Grundsätzlich gelten für die Konzentration auf Schwerpunkte die gleichen Wettbewerbskräfte wie für Kostenführerschaft und Differenzierung.
  Für Nischen bietet sich darüber hinaus eine Analyse des betreffenden Branchensegments an, um die dort wirkenden Wettbewerbskräfte (die nicht immer mit dem Gesamtmarkt übereinstimmen müssen) in der Strategiewahl zu berücksichtigen.

d) Außer der Verfolgung der Wettbewerbsstrategien nach Porter hat ein Unternehmen die Möglichkeit, verschiedenen anderen Strategiekonzepten zu folgen, wie beispielsweise **Produkt/Markt-Strategien**, **Normstrategien** der Marktwachstums-/Marktanteils-Matrix und der Konzentration auf Kernkompetenzen.

L 52 a) Folgende **Probleme** ergeben sich bei der Implementierung einer Unternehmensstrategie:

- Die Übersetzung von generellen, abstrakten, strategischen Zielen in konkrete, operative Vorgaben gestaltet sich schwierig.
- Der obere Führungskreis steht nicht geschlossen hinter der neuen Strategie. Somit fungiert das Management in der Strategieimplementierung nicht als Vorreiter des neuen Kurses.
- Ein frühzeitiger Einbezug der mittleren Führungskräfte in die Strategieentwicklung ist häufig nicht gewährleistet.

- Der Einbezug aller Mitarbeitenden durch stufengerechte interne Kommunikation ist nicht gegeben. Dadurch ergeben sich negative Motivationseffekte.
- Die Konkretisierung der Maßnahmen zur Strategieumsetzung ist mangelhaft.
- Nicht alle Teilbereiche leisten ihren Beitrag zur Strategieimplementierung, obwohl das gesamte Unternehmen betroffen ist.
- Der Abgleich zwischen den Anforderungen an Strategie, Struktur und Kultur des Unternehmens ist mangelhaft. Dies kann konkret bedeuten, dass eine neue Strategie formuliert wird, ohne erforderliche Anpassungen der Struktur und Kultur vorzunehmen.

b) Mögliche personelle **Maßnahmen** zur Implementierung einer neuen Strategie sind:

- **Managementeinsatz:** Im Anschluss an eine Strategieänderung wird evaluiert, welche Führungskraft wo am besten eingesetzt werden kann, um eine strategische Umgestaltung zu realisieren.
- **Weiterbildungs-/Ausbildungsmaßnahmen:** Durch eine neue Strategie können sich neue Aufgaben ergeben. Die Fähigkeiten der Mitarbeitenden und Führungskräfte müssen entsprechend an die neuen Aufgaben angepasst werden. Umschulungen und Qualifizierungsprogramme können zur Herausbildung der erforderlichen Fähigkeiten dienen.
- **Qualitative und quantitative Personalplanung:**
  - Qualitative Personalplanung beinhaltet Prognosen darüber, wie zukünftige Aufgabenstellungen aussehen werden.
  - Quantitative Personalplanung bezieht sich auf Erhebungen zum personellen Ersatz-, Neueinstellungs- und Freistellungsbedarf.

L 53 a) Bei der **Strategieevaluation** ergeben sich verschiedene **Schwierigkeiten.** Häufig verändern sich die Prämissen einer entwickelten Strategie angesichts der dynamischen Unternehmensumwelt sehr rasch. Zwischen Strategieformulierung und Strategieevaluation können 1 bis 2 Jahre vergehen. Eine Revidierung der Ziele und Korrektur der geplanten Strategie erfolgt daher möglicherweise viel zu spät, nämlich erst nach der Strategieevaluation. Weiter ist es angesichts der vielen Faktoren, die den Erfolg eines Unternehmens beeinflussen können, mitunter schwierig herauszufiltern, worauf der Erfolg zurückzuführen ist – auf eine neue Strategie oder auf andere Faktoren. Entwicklungen im Wettbewerbsumfeld des Unternehmens können darüber hinaus dazu führen, dass ein schnelles Reagieren erforderlich wird. In einem solchen Fall wird der ursprüngliche strategische Kurs vorübergehend verlassen. Die spätere Strategieevaluation geht jedoch von einer konsequenten Verfolgung der geplanten Strategie aus. Schließlich sollte eine Strategieevaluation neben den Prämissen und Zielsetzungen des Unternehmens auch einen Vergleich mit der Konkurrenz mit einschließen. Nur vor dem Hintergrund des Wettbewerbsumfelds kann eine sinnvolle Strategieevaluation erfolgen.

b) Die **Überwindung der Schwierigkeiten** der Strategieevaluation kann auf zwei Wegen erfolgen.

- Zum einen bietet sich eine **laufende Überwachung der Strategieumsetzung** an. Statt erst nach Abschluss der Strategieimplementierung eine Soll-Ist-Analyse vorzunehmen, sollte eine solche Analyse laufend erfolgen. Auf diese Weise können bereits während des Implementierungsprozesses Korrekturmaßnahmen ergriffen werden, die den Erfolg der Implementierung erhöhen können.
- Ein zweiter Weg zur Überwindung von Schwierigkeiten in der Strategieevaluation besteht in einer **laufenden Kontrolle der Prämissen.** Eine ständige Überprüfung der strategischen Orientierung bringt den Vorteil, dass sich das Unternehmen ständig flexibel hält, eventuell notwendige strategische Anpassungen vorzunehmen. Durch diese Form der Flexibilität können Unternehmen gerade in einem dynamischen Umfeld die Gefahr strategischer Fehlschläge reduzieren.

c) Der Erfolg von Strategien lässt sich durch **drei** verschiedene Arten von **Maßnahmen** überprüfen:

- **Prämissenkontrolle:** Die Prämissen, die der aktuellen Strategie zugrunde liegen, werden auf ihre Aktualität überprüft. Hierbei soll herausgefunden werden, ob die getroffenen Annahmen über Trends, Chancen und Gefahren bezüglich des Unternehmens- und Wettbewerbsumfelds noch zutreffen oder ob gegebenenfalls Anpassungen vorgenommen werden müssen.
- **Fortschrittskontrolle:** Der Fortschritt der Strategieimplementierung ist in einem Soll-Ist-Vergleich zu kontrollieren. Zentral ist die Frage, ob die gesteckten qualitativen und quantitativen Ziele mit den tatsächlich erreichten Ergebnissen übereinstimmen, und ob die eingeleiteten Maßnahmen realisiert wurden.
- **Abweichungsanalyse:** Diese dient zur Analyse der für die Abweichungen verantwortlichen Gründe, die beim Soll-Ist-Vergleich zutage traten. Hierbei werden sowohl positive als auch negative Abweichungen betrachtet.

L 54 **a)** Die **Balanced Scorecard** ist ein umfassendes Managementinformationssystem, das sowohl finanzielle als auch nichtfinanzielle Kennzahlen umfassend zusammenführt. Der Ausdruck „Balance" weist auf die Bedeutung der Ausgewogenheit hin zwischen

- kurzfristigen und langfristigen Zielen,
- monetären und nichtmonetären Kennzahlen,
- Spätindikatoren und Frühindikatoren,
- externen und internen Leistungsgruppen.

Die Balanced Scorecard übersetzt die Vision und die daraus abgeleitete Unternehmensstrategie in Ziele und Kennzahlen aus vier Bereichen:

1. Die **finanzwirtschaftliche Perspektive,** die immer mit der Rentabilität verbunden ist, manchmal auch mit Umsatz- und Cash-flow-Wachstumskennzahlen.
2. Die **Kundenperspektive,** die Kennzahlen enthält wie Kundenzufriedenheit, Kundentreue, Kundenakquisition, Kundenrentabilität, Gewinn- und Marktanteile, kurze Durchlaufzeiten.
3. Die **interne Prozessperspektive,** die den Schwerpunkt auf die Identifizierung neuer Prozesse legt, die ein Unternehmen zur Erreichung optimaler Kundenzufriedenheit schaffen muss. Sie befasst sich mit der Integration von Innovationsprozessen.
4. Die **Lern- und Entwicklungsperspektive,** die jene Infrastruktur identifiziert, die ein Unternehmen schaffen muss, um ein langfristiges Wachstum und eine kontinuierliche Verbesserung zu sichern.

Die Balanced Scorecard dient aber nicht nur der Erfassung und Verknüpfung der Ziele und Kennzahlen unterschiedlicher Unternehmensbereiche und -aktivitäten, sondern ist auch ein **Instrument der Strategieumsetzung,** das heißt der Umsetzung der Vision und Strategie in zielführende Aktivitäten, sowie der **Strategieevaluation** durch ein Feedbacksystem.

b) Als **Vorteile** der Balanced Scorecard können genannt werden:

- Verständliche, präzise und knappe Darstellung der Unternehmensstrategie,
- Einbezug aller Mitarbeitenden in den Prozess der strategiebegleitenden Organisationsentwicklung,
- Unterstützung des hierarchieübergreifenden, organisationalen Lernens und des flexiblen Wissensmanagements,
- höhere Verbindlichkeit der strategischen Entscheidungen durch die Ausformulierung von Strategien, Maßnahmen und Erfolgskriterien,
- erhöhte Transparenz der strategischen Entscheidungen aufgrund der Erfassung aller für die strategischen Entwicklungen des Unternehmens wichtigen Informationen,

- Berücksichtigung und verbesserte Operationalisierung der weichen Erfolgsfaktoren (z. B. der Kundenzufriedenheit),
- Konzentration auf Geschäftsprozesse,
- unternehmensspezifische Gewichtung der einzelnen Perspektiven,
- Kombination von Strategieumsetzung und -kontrolle (Verbindung von strategischen Zielen und geeigneten Messgrößen),
- Betonung der Zukunftsorientierung.

c) Mögliche **Gefahren** des Einsatzes der Balanced Scorecard:

- Unrealistische Zeithorizonte bei der BSC-Formulierung,
- fehlende Plausibilisierung der Gewichtungen und Priorisierungen in den Perspektivenfeldern,
- Überladen der Scorecard mit einer zu hohen Anzahl von Ziel-, Handlungs- und Messkriterien,
- fehlende Verständlichkeit und Akzeptanz der Erfolgs- und Messkriterien,
- Festlegung der Meilensteine von oben, ohne die Mitarbeitenden bezüglich Erfolgskriterien in einen Konsensfindungsprozess einzubeziehen,
- Delegation der Verantwortung bezüglich Steuerung der Strategie- und Maßnahmenumsetzung an das interne Controlling, anstatt direkt an die operativen Bereiche an der Basis,
- unzureichende Abstimmung der Unternehmensstrategie und der übergeordneten Ziele mit den Aktionsprogrammen, Zielvereinbarungen, Anreiz- und Vergütungssystemen auf den unteren Hierarchieebenen,
- fehlende Abstimmung der Scorecards einzelner Unternehmensbereiche,
- mangelnde Feinabstimmung der Strategien durch regelmäßige Reviewprozesse in den einzelnen Geschäftseinheiten,
- Einsatz als Sanktions- und Kontrollinstrument anstatt als chancenorientierter Handlungsrahmen,
- fehlende Zielorientierung der Aktionsprogramme in den einzelnen Perspektiven.

L 55 a) **Erfolgsfaktoren** sind Einflussfaktoren für die erfolgreiche Gestaltung und Implementierung einer Unternehmenspolitik. Sie lassen sich in zwei Typen unterscheiden:

- **Weiche** Faktoren umfassen beispielsweise die Unternehmenskultur, das Personal, fachliche sowie soziale Fähigkeiten.
- **Harte** Faktoren beinhalten die Strategie, die Organisationsstruktur sowie das Managementsystem.

b) Ein Erfolgsfaktor muss verschiedenen **Voraussetzungen** genügen. Aus Sicht der Resource-based View müssen beispielsweise folgende Bedingungen erfüllt sein:

- Nachhaltigkeit,
- Ausschließlichkeit,
- Komplexität.

L 56 a) **Erfolgsfaktoren** sind Einflussfaktoren für die erfolgreiche Gestaltung und Implementierung einer Unternehmenspolitik. Sie lassen sich in zwei Typen unterscheiden:

- **Weiche** Faktoren umfassen beispielsweise die Unternehmenskultur, das Personal, fachliche sowie soziale Fähigkeiten.
- **Harte** Faktoren beinhalten die Strategie, die Organisationsstruktur sowie das Managementsystem.

b) Ein Erfolgsfaktor muss verschiedenen **Voraussetzungen** genügen. Aus Sicht der Resource-Based-View müssen beispielsweise folgende Bedingungen erfüllt sein:

- Nachhaltigkeit,
- Ausschließlichkeit,
- Komplexität.

c) Das **7-S-Modell** – ein Modell zur strategischen Analyse – wurde aufgrund empirischer Untersuchungen in amerikanischen und japanischen Unternehmen entwickelt. Einflussfaktoren, die den unternehmerischen Erfolg ausmachen, werden in Form eines Management-Moleküls um das Zentrum der „Superordinate Goals" dargestellt. Die Erfolgsfaktoren sind Structure, Strategy, Systems, Skills, Staff, Style.

Im 7-S-Modell werden die Interdependenzen und Wechselwirkungen zwischen den Erfolgsfaktoren zum Ausdruck gebracht. Das bietet den Unternehmen die Möglichkeit, individuelle Lösungen für die optimale Ausgestaltung der Faktoren zu finden.

Aufgrund der sehr allgemein gehaltenen Erfolgsfaktoren fällt es jedoch schwer, diese in konkret operationalisierbare Vorgaben zu übersetzen. Hinzu kommt, dass das Modell bisher nicht ausreichend empirisch überprüft wurde und über die Art und Weise der Wechselwirkungen zwischen den einzelnen Faktoren keinen Aufschluss gibt.

d) Neben den Erfolgsfaktoren, die das 7-S-Modell abbildet, treten beispielsweise Kernkompetenzen, also solche Faktoren, die den Aufbau von Wettbewerbsvorteilen von Unternehmen ermöglichen.

Spezielle Gebiete des Managements

Projektmanagement

L 1 **a)** Ein **Projekt** ist ein Vorhaben mit klar definierten Ergebniszielen (was?), einem Anfangs- und Endterminen (wann?) sowie direkt zugeteilten finanziellen, technischen und personellen Ressourcen (womit?). Hierbei beschreiben die Ergebnisziele den gewünschten Output bzw. den Endzustand des Projektes, welchen es zu erreichen gilt.

Ziele, Anfangs- und Endtermin – und damit Dauer – sowie Ressourcen eines Projektes (Projekt-Input) werden im Rahmen der Projektdefinition zwischen dem Auftragsgeber und dem Projektmanager vereinbart. Es entsteht ein Spannungsfeld (magische Dreieck) aus diesen drei interdependenten Projektmerkmalen, welche alle möglichen Projektoptimierungsalternativen bei der Implementierung aufzeigen.

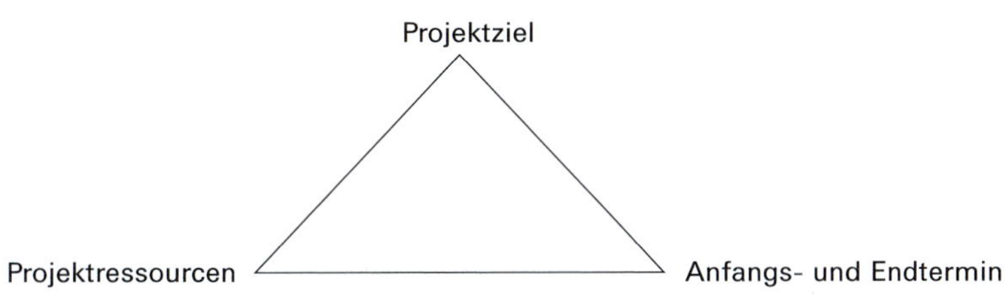

Durch die jeweils spezifisch definierten Projektziele, -ressourcen und -termine wird jedes Projekt individuell gekennzeichnet durch seine

- Einmaligkeit,
- Neuartigkeit,
- technischen und organisatorischen Komplexität,
- interdisziplinäre Zusammenarbeit und
- Abgrenzung gegenüber anderen Vorhaben.

b) Allgemein kann ein Projekt nach den folgenden Kriterien unterschieden werden:

- **Projektinhalt:** Nimmt Bezug auf die von einem bestimmten Projekt betroffene unternehmerische Tätigkeit oder Produktphase (Beispiele: Forschungs-, Entwicklungs- oder Marketingprojekt).
- **Projektgebiet:** Benennt die Produktart oder das Geschäftsfeld.
- **Projektfinanzierung:** Definiert die finanziellen Ressourcenquellen.
- **Projektauftragsgeber:** Externe Auftragsgeber versus interne Projekte.
- **Projektorganisation:** Je nach Arbeitsteilung zwischen dem Projektteam und den betroffenen Fachbereichen kann man zwischen der Stab-Projektorganisation, der Matrix-Projektorganisation und schließlich der reinen Projektorganisation differenzieren.

c) Im unternehmensinternen Rahmen sind hauptsächlich **Gefahren im Bereich der Projektführung** und Kooperation zu benennen, da der Erfolg einer Projektarbeit im Wesentlichen vom konstruktiven und reibungslosen Zusammenspiel der Beteiligten abhängt. Empirische Untersuchungen zeigen, dass die fehlende Identifikation der Unternehmensführung mit Projekten und der Änderungswiderstand der Betroffenen Hauptursachen für gescheiterte Projekte sind. Eine gute Kommunikation und Zusammenarbeit zwischen den Bereichen ist ausschlaggebend für den Projekterfolg. Der Wille zur Projektdurchführung der Betroffenen hängt dabei wesentlich von der Vereinbarung und den vorherrschenden Interessenkonflikten (Spannungsfeld aus terminlicher, ressourcen- und zielorientierter Perspektive) ab. Zusätzliche **Hindernisse** können durch die folgenden Faktoren entstehen:

- Mangelnde Einsicht und Kooperations- bzw. Abstimmungswillen von Faschbereichen (Committment-Verweigerung aufgrund unerwünschter Ressourcenbindung).
- Starre Betriebsvereinbarungen, die z. B. die erforderliche Flexibilität für eine erfolgreiche Planung und Durchführung (hinsichtlich der zu leistenden Arbeitstunden und der Entlohnung) erhebliche einschränken.
- Projekthinderliche Unternehmensorganisation und -kultur (Top-Down Hierarchie, mangelnde Kommunikationsprozesse).

Informationsmanagement

L 2 **a)** Seit den 60er Jahren beschäftigen sich Unternehmen mit dem Einsatz von Computern. Ausgewählte betriebliche Aufgaben, wie beispielsweise die Finanzbuchhaltung, wurden mit Hilfe des Computers vereinfacht. In den 70er Jahren dehnte sich die elektronische Datenverarbeitung auf weitere Aufgaben, wie zum Beispiel die Verkaufsabwicklung oder die monatlichen Lohnzahlungen, aus. Seit Mitte der 80er Jahre stehen preisgünstige Personalcomputer zur Verfügung, die nahezu alle betrieblichen Aufgaben erheblich vereinfacht haben. Seit den 90er Jahren liegt der Schwerpunkt auf der elektronischen Kommunikation. Immer mehr Personen tauschen mithilfe der elektronischen Kommunikation innerhalb und zwischen Unternehmen Informationen aus. Das Internet hat hierzu einen erheblichen Beitrag geleistet.

b) In den 60er und 70er Jahren des 20. Jahrhunderts stand die Vereinfachung bestimmter betrieblicher Aufgaben mittels Automatisierung im Vordergrund. In den 80er und 90er Jahren richtete sich das Augenmerk zunehmend auf ausgefeiltere und kreativere Anwendungstypen wie beispielsweise Managementinformationssysteme, Koordinations-, Kommunikations- und Informationsanwendungen. In der ersten Dekade des 21. Jahrhunderts lag der Schwerpunkt der Entwicklung auf der weiterhin zunehmenden Miniaturisierung und Mobilität.

c) In Zukunft werden die kreativeren sowie die informationsbezogenen Anwendungen immer stärker an Bedeutung gewinnen. Im Weiteren werden Anwendungen zunehmend an die Bedürfnisse der einzelnen Unternehmen angepasst. Schließlich wird eine ständige Vereinfachung betrieblicher Abläufe mittels Informationstechnik bei gleichzeitiger hoher Verarbeitungssicherheit im Vordergrund stehen.

L 3 **a)** Informationstechnik besteht aus drei folgendermaßen gegliederten Hauptbestandteilen:

- **Hardware**
  - Zentraleinheit,
  - Peripherie.
- **Software**
  - Anwendungssoftware,
  - Systemsoftware.
- **Netzwerke**
  - Local Area Networks,
  - Wide Area Networks.

b)
- Windows – Systemsoftware,
- Internet – Wide Area Network,
- MS Excel – Anwendungssoftware,
- Pentium-Prozessor – Zentraleinheit,
- CD-Rom – Peripherie,
- MS-DOS – Systemsoftware
- Harddisk – Zentraleinheit,
- MS Word – Anwendungssoftware,
- RAM – Zentraleinheit,
- Lotus Notes – Anwendungssoftware,
- 21" Monitor – Peripherie.

L 4 In Unternehmen lassen sich acht **Anwendungstypen** unterscheiden:

- **Verwaltungsanwendungen** unterstützen betriebliche Verwaltungsaufgaben (Beispiele: Finanzbuchhaltung, Verkaufsabwicklungssystem, Lagerhaltungssystem).
- **Führungsanwendungen** basieren auf Verwaltungsanwendungen und dienen zur Unterstützung der Führungskräfte (Beispiele: Managementinformationssystem).
- **Officeanwendungen** bilden die Ausstattung von Büroarbeitsplätzen mit Informationstechnik (Beispiele: Textverarbeitungsprogramme, Grafikprogramme).
- **Kommunikations- und Koordinationsanwendungen** unterstützen den Informationsaustausch zwischen Mitarbeitenden eines Unternehmens und der Umwelt. Sie erleichtern die Arbeitsabläufe (Beispiele: E-Mail-System, elektronisches „Schwarzes Brett").
- **Know-how-Anwendungen** stellen Problemlösungsvorschläge, Schulungsinhalte und Informationen über bereits in anderen Unternehmen gelöste ähnliche Fragestellungen zur Verfügung (Beispiele: Artikelinformationssystem, multimediales Schulungsprogramm).
- **Prozess-Steuerungsanwendungen** steuern und überwachen technische Prozesse (Beispiele: Prozessleitsystem für chemische Reaktionen, Steuerung eines Hochregallagers).
- **Entwurfsanwendungen** unterstützen die Entwicklung von Produkten, Fertigungsverfahren usw. (Beispiele: System zum Entwurf von Teilen in der Automobilindustrie).
- **Electronic-Commerce-Anwendungen** veranschaulichen Produkte oder Dienstleistungen, beraten Benutzer bei Entscheidungen und lösen teilweise Verarbeitungsfunktionen aus (Beispiele: elektronische Produktkataloge, Suchmaschinen).

L 5 Der Schalterbereich von Banken war bis zur Mitte der 80er Jahre durch eine Trennung in verschiedene Sparten gekennzeichnet. Eigene Schalter für Devisen, Geldbezug und Geldanlage existierten. Jeden dieser Bereiche betreute ein qualifizierter Mitarbeiter, der Zugriff auf die entsprechenden Informationen hatte. Die fortschreitende Entwicklung der Informationstechnik hat es ermöglicht, die Organisation der Abläufe im Schalterbereich zu verändern und Universalschalter einzuführen, an denen den Kunden ein umfassendes Dienstleistungsangebot zur Verfügung steht. Der Dialog mit den Kunden ist durch die Bildschirmmasken einer Anwendung vorgeben. Angelernte Bankangestellte können über alle Sparten hinweg die Kundenwünsche erfüllen. Ergebnis dieser Umstrukturierung ist, dass der Kunde umfassend bedient werden kann, die Verarbeitungssicherheit durch die Computerunterstützung steigt und Personalkosten eingespart werden können.

L 6 **a)** Die **Informationssystem-Architektur** zeigt, welche Anwendungen ein Unternehmen in drei bis fünf Jahren besitzen sollte. Sie resultiert aus einer Analyse der Ideen für neue Anwendungen.

b)

Funktionsbereich / Anwendungsbereich	Verwaltung	Finanzierung	Marketing
Verwaltung	■ Finanzbuchhaltung ■ Kostenrechnung ■ Planung ■ Personal ■ Vertrags- verwaltung	Jahres-Budgetierung	Sales Management
Führung	Management- informationssystem	■ 5-Jahres-Budget ■ Planung ■ Kostenanalyse	■ Verkaufsanalyse (nach Regionen) ■ 5-Jahres-Verkaufs- prognose
Office	■ Word ■ Excel ■ Access ■ Designer	■ Word ■ Excel ■ Access ■ Designer	■ Word ■ Excel ■ Access ■ Designer
Kommunikation und Koordination	Microsoft Outlook	Microsoft Outlook	Microsoft Outlook
Know-how	Dokumenten- managementsystem	Graphics Work- station	Engineering Work- station
Prozess-Steuerung	Workflow-System	■ Cash Management ■ Aktienhandel	■ Auftrags- verfolgung ■ Auftrags- bearbeitung
Entwurf			Produktentwürfe
Präsentation	Unternehmens- präsentationssystem		Produkt- präsentationssystem

c) **Standardsoftware** ist Anwendungssoftware, die immer dann eingesetzt werden kann, wenn gleichartige Aufgaben vorliegen. Sie kommt deshalb in unterschiedlichen Unternehmen zum Einsatz. Standardsoftware wird im Rahmen der Einführung an die besonderen Verhältnisse eines Unternehmens angepasst. So werden beispielsweise während der Einführung einer standardisierten Finanzbuchhaltung die Konten eingerichtet, die ein spezifisches Unternehmen für seine ordnungsgemäße Buchführung benötigt.

- **Vorteile** eines Einsatzes von Standardsoftware liegen in den niedrigeren Kosten und in der einheitlichen Basis, die für alle beteiligten Unternehmensteile bzw. Abteilungen entsteht.
- **Nachteilig** am Einsatz von Standardsoftware ist, dass die Standardisierung zahlreicher Anwendungen im internationalen Kontext angesichts unterschiedlicher Gesetzgebung, Buchführungsregeln usw. unter Umständen nur begrenzt möglich ist. In diesem Fall wird der Vorteil einer einheitlichen Basis durch den Aufwand, der sich aus den erforderlichen Anpassungen ergibt, relativiert.

Risikomanagement

L 7 **a)** Durch eine **Bewertung der Risiken** wird einerseits eine Einschätzung des Gesamtrisikoumfangs und zum anderen eine Priorisierung von Einzelrisiken im Unternehmen ermöglicht. Die hierdurch gewonnenen neuen Einsichten stellen eine unverzichtbare Grundlage für das weitere Vorgehen dar, speziell im Kontext der strategischen Planung.

b) Zur **Risikobewertung** können – je nach Risikoart – verschiedene qualitative oder quantitative Verfahren und Kriterien herangezogen werden.

- Wenn keine vergangenheitsbezogenen statistischen Informationen oder Daten zur Verfügung stehen, die aussagekräftige Prognosen über die Eintrittswahrscheinlichkeit oder die potentiellen Konsequenzen eines Risikofelds zulassen, kann auf qualitative Expertenschätzungen zurückgegriffen werden. Hierbei werden die Bewertungen auf die Erfahrung der im Unternehmen tätigen Entscheidungsträger gestützt.
- Bei einer quantitativen Risikobewertung können unter anderem ausstehende Forderungen oder Insolvenzwahrscheinlichkeiten als Maßstab herangezogen werden. Die statistische Analyse und das Benchmarking-Verfahren stellen hierbei die zentralen Instrumente bei der Risiko-Quantifizierung dar. Während bei den statistischen Verfahren

interne Plangrößen (vorzugsweise aus den spezifischen Jahresabschlüssen) der jeweiligen Unternehmen herangezogen werden, wird bei einem Benchmarking-Verfahren auf unternehmensexterne Informationen über Risiken zurück gegriffen, die als Richtwert einer spezifischen Branche verstanden werden können.

c) Die **Qualität** und die **Genauigkeit** der in der quantitativen und qualitativen Bewertung verwerteten Daten und Informationen sind ausschlaggebend für die Präzision und Treffgenauigkeit der Risikobewertung. In diesem Zusammenhang gewinnen Informationssysteme bzw. Frühwarnsysteme an Bedeutung, die Entscheidungsträger mit qualitativ hochwertigen und möglichst objektiven Daten versorgen sowie die komplexen Kausalzusammenhänge zwischen Risikofaktoren nachvollziehbar aufschlüsseln. Demzufolge liefern Frühwarnsysteme zentrale Basisdaten für das Risikomanagement im Speziellen sowie für die strategische Unternehmensführung im Allgemeinen.
Experteneinschätzungen basieren – im Gegensatz zu den eher quantitativ orientierten Verfahren – auf subjektiven Erfahrungen und Beurteilungen, die unter Umständen eine Reihe von subjektiven **Bewertungsverzerrungen** und **-fehler** beinhalten.

Wissensmanagement

L 8 a) **Explizites Wissen** ist Wissen, das der jeweiligen Person oder den Personen bekannt und bewusst ist. Es ist leichter dokumentierfähig und transferierbar als **implizites Wissen**, welches entweder nicht mit Hilfe von sprachlichen Mitteln vermittelt werden kann (tacit knowledge) oder aus verschiedenen Gründen bisher für die Organisation noch nicht erschlossen worden ist (nicht expliziertes Wissen).

b) Nonaka differenziert vier verschiedene Formen des Wissenstransfers zwischen Mitarbeitern:

1. **Sozialisation** (vom impliziten zum impliziten Wissen): Durch Beobachtung und Nachahmung erlernt eine Person von einer anderen Person deren implizite Fähigkeiten, ohne dass die Hintergründe für diese Fähigkeiten explizit dargestellt werden müssen. Beispiel: Erlernen der Umgangsformen und -regeln beim Eintritt und der Integration eines neuen Mitarbeiters in eine Organisation.

2. **Externalisierung** (vom impliziten zum expliziten Wissen): Implizites Wissen kann mit Hilfe von Metaphern, Modellen und Konzepten in explizites überführt und für weitere Personen zugänglich gemacht werden. Es geht um die Darlegung von Erfahrungs- und Gewohnheitswissen in schriftlicher Form, wie z.B. das Erfassen und Dokumentieren von Erfahrungsberichten und Lessons learned von Mitarbeitern.
3. **Internalisierung** (vom expliziten zum impliziten Wissen): Aktives Anwenden von neuem explizitem Wissen, welches dadurch Bestandteil des internalisierten bzw. implizierten Wissens wird (Learning by doing). Beispiel: Das Erlernen und Verinnerlichen von organisationsspezifischen Arbeitsprozessen.
4. **Kombination** (vom expliziten zum expliziten Wissen): Aus verschiedenen expliziten Wissenselementen wird neues expliziertes Wissen generiert. Beispiel: Konferenzen, Diskussionsforen.

		Zielpunkt	
		Implizites Wissen	Explizites Wissen
Ausgangspunkt	Implizites Wissen	**Sozalisation** (sympathetisches Wissen)	**Externalisierung** (konzeptionelles Wissen)
	Explizites Wissen	**Internalisierung** (operatives Wissen)	**Kombination** (systemisches Wissen

c) Die **Grenzen der Externalisierung** entspringen einerseits der Fähigkeit (Kennen und Können) und andererseits der Bereitschaft (Wollen) der Wissensträger, ihr (Fach-)Wissen offen zu legen und weiter zu geben.

- **Fähigkeit:** Da (Fach-)Wissen oft unbewusst bei einer Person verankert ist und der Wissensträger somit unter Umständen keinen verbalisierungsfähigen Zugang zu diesem Wissen hat, kann dieses auch nicht für Andere verständlich dargelegt oder vermittelt werden. In solchen Fällen, in denen der Experte zwar gewillt ist, sein unbewusstes Wissen zu artikulieren, dazu jedoch nicht in der Lage ist, kann mit Hilfe von verschiedenen Vermittlungs- und Interviewtechniken (insbesondere durch die Verwendung von Metaphern, Analogien und Modelle) versucht werden, das Wissen derart zu kodifizieren, dass es für Andere zugänglich wird.

- **Bereitschaft:** Neben der Fähigkeit zum Wissenstransfer stellt auch die Bereitschaft, Wissen offen zu legen, einen kritischen Aspekt bei der Wissensexternalisierung dar. Die Weitergabe von Expertenwissen ist oftmals mit Ängsten verbunden, speziell für Mitarbeiter, die ihr Experten- bzw. Fachwissen als ihr wesentliches Kapital innerhalb der Organisation ansehen. Die Wissensoffenlegung und -weitergabe wird dann oft mit einer Gefährdung des persönlichen Wertes für die Organisation in Verbindung gebracht (Wissen ist Macht). In solchen Fällen wird Vertrauen und das Vorhandensein von transparenten Normen und Standards bei der Weitergabe von intellektuellem Vermögen zu einer zentralen Voraussetzung für erfolgreiche Externalisierungsprozesse.

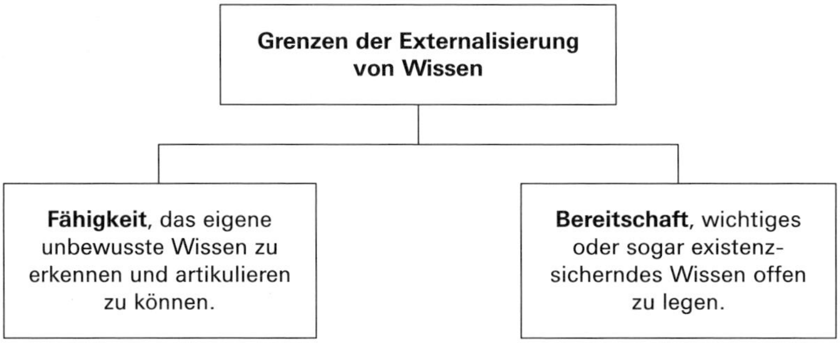

L 9 **Verlernen** ist ein zentraler Bestandteil eines jeden nachhaltigen Lernprozesses, da für das Erlernen neuer Einstellungen und Verhaltensweisen zunächst die bisher bewährten und dadurch verfestigten kognitiven Strukturen und Verknüpfungen sowie die damit direkt verbundenen standardisierte Reaktionsweisen aufgelöst und abgelegt werden müssen. Aktives und bewusstes Verlernen von Bekanntem und Bewährtem stellt insofern eine Voraussetzung für die Entwicklung von neuem Lernverhalten in unbekannten Situationen dar.

Unternehmensethik

L 10

- Unter **Management-Philosophie** werden die grundlegenden Einstellungen, Überzeugungen und Werthaltungen verstanden, welche das Denken und Handeln der maßgeblichen Führungskräfte in einem Unternehmen beeinflussen. Nach Ulrich/Fluri[1] schließt die Management-Philosophie immer drei Bereiche ein, über die man sich Gedanken machen soll:
  - ein Menschenbild,
  - ein Unternehmensleitbild und
  - ein Leitbild der Wirtschafts- und Gesellschaftsordnung.
- **Unternehmensethik** hat verschiedene Aufgaben:
  - Ethische Problemstellungen zu beschreiben, denen sich ein Unternehmen gegenübersieht,
  - Normen und Regeln zu definieren, nach welchen sich die Führungskräfte ausrichten (sollten),
  - das Unternehmensverhalten aus ethischer Sicht zu beurteilen.

Während eine Management-Philosophie konkrete Handlungs- und Denkmuster beschreibt, beschäftigt sich die Unternehmensethik allgemeiner mit der Frage, wie Unternehmen sich unter Berücksichtigung ihres gesellschaftlichen Umfelds verhalten sollen.

L 11 a) Unternehmen sind Teil eines übergeordneten Systems, der Gesellschaft. Vom wirtschaftlichen Handeln von Unternehmen sind viele Menschen innerhalb der Gesellschaft mittelbar oder unmittelbar betroffen. Um in einer Gesellschaft existieren zu können, muss ein Unternehmen von verschiedenen Anspruchsgruppen der Gesellschaft akzeptiert werden. Um diese Akzeptanz zu erreichen, muss ein Unternehmen sich gegenüber seiner Umwelt offen und ehrlich verhalten und auf die Bedürfnisse anderer Anspruchsgruppen (neben den Mitarbeitern und Kunden) eingehen. Aus Akzeptanz ergibt sich Vertrauen, aus Vertrauen **Glaubwürdigkeit.**

b) Eine aktive **Glaubwürdigkeitsstrategie** setzt sich aus drei Handlungskomponenten zusammen:

- verantwortlichem,
- kommunikativem und
- innovativem Handeln.

[1] Ulrich, P./Fluri, E.: Management. Eine konzentrierte Einführung. 7. Auflage 1995, S. 53.

Die drei Handlungskomponenten führen in einem gegenseitigen Wechselspiel zum gewünschten Ziel des Vertrauens und der Glaubwürdigkeit. **Stärken** der Glaubwürdigkeitsstrategie liegen in einer simultanen Berücksichtigung unterschiedlicher Möglichkeiten des Unternehmens, ethisch zu handeln.

- Im Rahmen des **kommunikativen Handelns** wird berücksichtigt, dass ein Unternehmen sich gegenüber seinen Anspruchsgruppen sowohl als Informationssender als auch als Informationsempfänger verhalten sollte. Es geht also darum, zum einen die Wertvorstellungen und Bedürfnisse der Umwelt zu beobachten und zum anderen, das eigene Handeln gegenüber der Gesellschaft verständlich zu machen.
- Im Mittelpunkt eines **verantwortlichen Handelns** stehen drei Aspekte der Verantwortung. Unternehmen sind nicht nur für die Probleme verantwortlich, die sie selbst verursachen (kausale Verantwortung). Eine aktive Glaubwürdigkeitsstrategie sollte auch eine (zukunftsorientierte) Verantwortung für Situationen beinhalten, in denen Unternehmen aufgrund ihrer besonderen Fähigkeiten (z.B. Know-how, Kapital) eine Problemlösung für ein gesellschaftliches Problem liefern können. Das Unternehmen ist nicht nur den Kunden, Lieferanten und Arbeitnehmern verpflichtet, mit denen es unmittelbare Austauschbeziehungen unterhält. Darüber hinaus gilt es auch Ansprüche anderer Anspruchsgruppen zu genügen, die sich aus der Rolle des Unternehmens in der Gesellschaft ergeben.
- In der unternehmensethischen Diskussion wird häufig nicht berücksichtigt, dass ethisches und unternehmerisches Handeln sich in keiner Weise widersprechen müssen, sondern im Einklang miteinander stehen, einander sogar bedingen. Sowohl unternehmerisches als auch ethisches Handeln bedeuten unter anderem innovativ zu sein. **Innovatives Handeln** kann die Glaubwürdigkeit des Unternehmens stark erhöhen. So steigert die Einführung neuer Führungs- und Arbeitsformen möglicherweise die Motivation und Arbeitsfreude der Mitarbeitenden.

Unberücksichtigt bleibt im oben beschriebenen Glaubwürdigkeitskonzept, dass auch Nicht-Handeln die Glaubwürdigkeit eines Unternehmens beeinflussen kann. Im Mittelpunkt der Betrachtung standen bisher Maßnahmen einer aktiven Glaubwürdigkeitsstrategie. Jedoch sollten sich viele Unternehmen auch Gedanken darüber machen, wie ihre Umwelt beispielsweise auf Nicht-Kommunizieren reagieren könnte.

c)
- Ein besonders gutes Beispiel für kommunikatives Handeln ist das Verhalten der Mercedes Benz AG im Anschluss an die enttäuschenden Ergebnisse des Elch-Tests im Vorfeld der Einführung ihres A-Modells vor einigen Jahren. Das Unternehmen legte großen Wert darauf, der Öffentlichkeit seinen Standpunkt und die weitere Vorgehensweise (sprich die Nachbesserungen am A-Modell) mitzuteilen.
- Vor dem Beginn der Corporate Governance-Diskussion wurde häufig die mangelnde Transparenz hinsichtlich der Zusammenarbeit zwischen den verschiedenen Organmitgliedern deutscher Aktiengesellschaften bemängelt. Es wurde vor allem kritisiert, dass die mangelnde Transparenz die Glaubwürdigkeit der Unternehmen gegenüber externen Anspruchsgruppen stark einschränke. Dieses Beispiel illustriert die Wirkung von nicht kommunikativem Handeln gegenüber der Gesellschaft.
- In den letzten Jahren haben besonders pharmazeutische Unternehmen und Chemieunternehmen sich verstärkt bemüht, besonders ihrer Rollenverantwortung gerecht zu werden. Die Produktion und der Vertrieb von Medikamenten usw. ist mit hohen Risiken verbunden, welche die daran beteiligten Unternehmen in der täglichen Arbeit berücksichtigen müssen.
- Das Beispiel der Firma Enron illustriert die Auswirkungen eines mangelnden verantwortlichen unternehmerischen Handelns. Das Unternehmen war nicht in der Lage, seine Rollenverantwortung mit seiner wirtschaftlichen Tätigkeit zu vereinbaren und ist daran schließlich auch gescheitert.
- Die Firma Body Shop hat von jeher Wert auf die innovatives Handeln gelegt. Durch gezielte Produkt- und Verfahrensinnovationen ist es dem Unternehmen gelungen, Produkte herzustellen, welche die Umwelt so wenig wie möglich belasten.
- Ein Beispiel für fehlendes innovatives Handeln waren bis vor einigen Jahren die staatlichen Unternehmen in Deutschland, die in ihren Führungs- und Arbeitsformen weit hinter der Mehrheit privater Unternehmen zurücklagen. Durch mangelnde Innovation wurde die Motivation der Mitarbeitenden gemindert. Ob ein Zusammenhang zwischen wenig innovativen Arbeitsformen und der mangelnden Effizienz staatlicher Unternehmen besteht, ist bisher nicht erwiesen. Vermutungen weisen jedoch in diese Richtung.

L 12 **Unternehmensethisches Denken** sollte Bestandteil von unternehmerischen Entscheidungen sein, da Unternehmen als soziale Systeme vielfältige Beziehungen zu ihrer Umwelt, d. h. den Konsumenten, den Gewerkschaften, den Lieferanten, den Kapitalgebern, dem Staat usw. unterhalten. Wirtschaftliches Handeln ohne jegliche Berücksichtigung der Bedürfnisse dieser Anspruchsgruppen kann niemals im Einklang mit der Gesellschaft stehen. Dies kann langfristig der Glaubwürdigkeit des Unternehmens schaden. Auch effizientes Handeln kann durch solche Umstände behindert werden.

L 13 **Schwierigkeiten,** unter Berücksichtigung sozio-ökonomischer Aspekte wirtschaftlich zu handeln, ergeben sich zum einen dadurch, dass einige moralische Grundsätze zwar wünschenswert sind, die „richtige" Interpretation dieser Regeln sich in konkreten Situationen aber immer wieder als problematisch erweist. Was bedeutet z.B. eine gerechte Entlohnung? Es ist unmöglich, für alle ethischen Problemstellungen spezifische Regeln aufzustellen, nur schon, weil es nicht gelingen kann, alle Tatbestände zu erfassen. Zum anderen sieht sich das Unternehmen zahlreichen Anspruchsgruppen gegenüber, deren Bedürfnisse häufig in divergierende Richtungen weisen. Daher stellt sich die Frage, wessen Bedürfnisse man in einer konkreten Situation vorrangig berücksichtigen sollte. Letztendlich stehen die technische, ökonomische und sozio-ökonomische Rationalität in konkreten unternehmerischen Entscheidungssituationen häufig im Widerspruch zueinander und bedeuten auch für den verantwortungsbewussten Manager schwer zu lösende Zielkonflikte.

L 14 **a)**

- Auf der Ebene des **Individuums** kann Folgendes festgehalten werden: Bei einer materiellen Betrachtung besteht der Sinn der Arbeit zuerst in der Existenzsicherung für sich und die Familie. Dann folgt die Befriedigung weiterer Bedürfnisse wie Konsumwünsche, Prestige- und Machtbedürfnisse, soziale Bedürfnisse (Geselligkeit etc.) und Sicherheitsbedürfnisse. Bei einer immateriellen Betrachtung kommen wir zur Frage über den Sinn der menschlichen Existenz. In dieser Anschauung ist die Arbeit ein Teil dieser Existenz und soll zur Entfaltung der geistigen und physischen Fähigkeiten jedes Individuums beitragen. Sie ist ein wesentlicher Bestandteil der Selbstverwirklichung. In diesem Zusammenhang kann – trotz aller Kritik an diesem Modell – auf die Maslow-Pyramide verwiesen werden, welche diesen Sachverhalt zum Ausdruck bringt.

- Die **Unternehmen** bilden wichtige Institutionen der Gesellschaft. Als solche übernimmt sie die Aufgabe, Bedürfnisse zu befriedigen. Primär handelt es sich dabei um die Bedürfnisse ihrer Kunden, aber auch um die Ansprüche anderer Bezugsgruppen wie beispielsweise der Kapitalgeber, des Personals, der Lieferanten, staatlicher Stellen oder der Anwohner und Anwohnerinnen. Sinn unternehmerischen Handelns ist somit die Befriedigung von Bedürfnissen verschiedener Interessengruppen, die allerdings sehr widersprüchlich sein können.
- Auf der Ebene der **Gesellschaft** geht es darum, das wirtschaftliche Handeln sämtlicher Wirtschaftssubjekte so zu steuern, dass der Wohlstand und die Wohlfahrt eines Landes und letztlich der ganzen Weltbevölkerung dauerhaft gefördert wird (z.B. durch Gesetze, Steuern, Subventionen). Grundlegende gesellschaftliche Ziele sind beispielsweise: Vollbeschäftigung, stabile Preise, gerechte Einkommensverteilung, umweltverträgliches Wirtschaften und angemessenes qualitatives Wachstum.

b) Anita Roddick spricht in diesem Zitat die geistige Dimension des Gewinnes an. Nebst eines möglichst hohen Gewinnes ist die Entfaltung der Menschen und der Gesellschaft, in der das Unternehmen tätig ist, als gleichwertiges Ziel zu beachten. Wenn das Unternehmen langfristig überleben will, muss sie sich den jeweils vorherrschenden Werten und Normen einer Gesellschaft anpassen können. Durch verschiedene Anspruchsgruppen der Gesellschaft werden soziale Verantwortung und umweltbewusstes Verhalten an das Unternehmen herangetragen. Diesen Ansprüchen hat sie mit glaubwürdigem Handeln zu begegnen. Außerdem gilt es zu beachten, dass eine kurzfristige Gewinnmaximierung selten mit einer langfristigen übereinstimmt. Oder, wie es James Burke, ehemaliger CEO (Chief Executive Officer) der Firma Johnson & Johnson einmal ausgedrückt hat: „Wenn die Kunden, die Mitarbeiter und die Gesellschaft gut befriedigt werden, dann fahrt auch der Aktionar langfristig am besten“.

Anhang

Abzinsungstabellen

Tabelle A: Abzinsungsfaktor $v = \frac{1}{(1+i)^t} = (1+i)^{-t}$

Jahre	Zinssatz p (%)																			
	1	2	3	4	5	6	7	8	9	10	12	14	16	18	20	22	24	26	28	30
1	0,990	0,980	0,971	0,962	0,952	0,943	0,935	0,926	0,917	0,909	0,893	0,877	0,862	0,847	0,833	0,820	0,806	0,794	0,781	0,769
2	0,980	0,961	0,943	0,925	0,907	0,890	0,873	0,857	0,842	0,826	0,797	0,769	0,743	0,718	0,694	0,672	0,650	0,630	0,610	0,592
3	0,971	0,942	0,915	0,889	0,864	0,840	0,816	0,794	0,772	0,751	0,712	0,675	0,641	0,609	0,579	0,551	0,524	0,500	0,477	0,455
4	0,961	0,924	0,888	0,855	0,823	0,792	0,763	0,735	0,708	0,683	0,636	0,592	0,552	0,516	0,482	0,451	0,423	0,397	0,373	0,350
5	0,951	0,906	0,822	0,822	0,784	0,747	0,713	0,681	0,650	0,621	0,567	0,519	0,476	0,437	0,402	0,370	0,341	0,315	0,291	0,269
6	0,942	0,888	0,837	0,790	0,746	0,705	0,666	0,630	0,596	0,564	0,507	0,456	0,410	0,370	0,335	0,303	0,275	0,250	0,227	0,207
7	0,933	0,871	0,813	0,760	0,711	0,665	0,623	0,583	0,547	0,513	0,452	0,400	0,354	0,314	0,279	0,249	0,222	0,198	0,178	0,159
8	0,923	0,853	0,789	0,731	0,677	0,627	0,582	0,540	0,502	0,467	0,404	0,351	0,305	0,266	0,233	0,204	0,179	0,157	0,139	0,123
9	0,914	0,837	0,766	0,703	0,645	0,592	0,544	0,500	0,460	0,424	0,361	0,308	0,263	0,225	0,194	0,167	0,144	0,125	0,108	0,094
10	0,905	0,820	0,744	0,676	0,614	0,558	0,508	0,463	0,422	0,386	0,322	0,270	0,227	0,191	0,162	0,137	0,116	0,099	0,085	0,073
11	0,896	0,804	0,722	0,650	0,585	0,527	0,475	0,429	0,388	0,350	0,287	0,237	0,195	0,162	0,135	0,112	0,094	0,079	0,066	0,056
12	0,887	0,788	0,701	0,625	0,557	0,497	0,444	0,397	0,356	0,319	0,257	0,208	0,168	0,137	0,112	0,092	0,076	0,062	0,052	0,043
13	0,879	0,773	0,681	0,601	0,530	0,469	0,415	0,368	0,326	0,290	0,229	0,182	0,145	0,116	0,093	0,075	0,061	0,050	0,040	0,033
14	0,870	0,758	0,661	0,577	0,505	0,442	0,388	0,340	0,299	0,263	0,205	0,160	0,125	0,099	0,078	0,062	0,049	0,039	0,032	0,025
15	0,861	0,743	0,642	0,555	0,481	0,417	0,362	0,315	0,275	0,239	0,183	0,140	0,108	0,084	0,065	0,051	0,040	0,031	0,025	0,020

Tabelle B: Abzinsungssummenfaktor $a_{\overline{n}|} = \sum_{t=1}^{n} \frac{1}{(1+i)^t} = \frac{(1+i)^n - 1}{i\,(1+i)^n}$

Jahre	1	2	3	4	5	6	7	8	9	10	12	14	16	18	20	22	24	26	28	30
1	0,990	0,980	0,971	0,962	0,952	0,943	0,935	0,926	0,917	0,909	0,893	0,877	0,862	0,847	0,833	0,820	0,806	0,794	0,781	0,769
2	1,970	1,942	1,913	1,886	1,859	1,833	1,808	1,783	1,759	1,736	1,690	1,647	1,605	1,566	1,528	1,492	1,457	1,424	1,392	1,361
3	2,941	2,884	2,829	2,775	2,723	2,673	2,624	2,577	2,531	2,487	2,402	2,322	2,246	2,174	2,106	2,042	1,981	1,923	1,868	1,816
4	3,902	3,808	3,717	3,630	3,546	3,465	3,387	3,312	3,240	3,170	3,037	2,914	2,798	2,690	2,589	2,494	2,404	2,320	2,241	2,166
5	4,853	4,713	4,580	4,452	4,329	4,212	4,100	3,993	3,890	3,791	3,605	3,433	3,274	3,127	2,991	2,864	2,745	2,635	2,532	2,436
6	5,795	5,601	5,417	5,242	5,076	4,917	4,767	4,623	4,486	4,355	4,111	3,889	3,685	3,498	3,326	3,167	3,020	2,885	2,759	2,643
7	6,728	6,472	6,230	6,002	5,786	5,582	5,389	5,206	5,033	4,868	4,564	4,288	4,039	3,812	3,605	3,416	3,242	3,083	2,937	2,802
8	7,652	7,325	7,020	6,733	6,463	6,210	5,971	5,747	5,535	5,335	4,968	4,639	4,344	4,078	3,837	3,619	3,421	3,241	3,076	2,925
9	8,566	8,162	7,786	7,435	7,108	6,802	6,515	6,247	5,995	5,759	5,328	4,946	4,607	4,303	4,031	3,786	3,566	3,366	3,184	3,019
10	9,471	8,983	8,530	8,111	7,722	7,360	7,024	6,710	6,418	6,145	5,650	5,216	4,833	4,494	4,192	3,923	3,682	3,465	3,269	3,092
11	10,368	9,787	9,253	8,760	8,306	7,887	7,499	7,139	6,805	6,495	5,938	5,453	5,029	4,656	4,327	4,035	3,776	3,543	3,335	3,147
12	11,255	10,575	9,954	9,385	8,863	8,384	7,943	7,536	7,161	6,814	6,194	5,660	5,197	4,793	4,439	4,127	3,851	3,606	3,387	3,190
13	12,134	11,348	10,635	9,986	9,394	8,853	8,358	7,904	7,487	7,103	6,424	5,842	5,342	4,910	4,533	4,203	3,912	3,656	3,427	3,223
14	13,004	12,106	11,296	10,563	9,899	9,295	8,745	8,244	7,786	7,367	6,628	6,002	5,468	5,008	4,611	4,265	3,962	3,695	3,459	3,249
15	13,865	12,849	11,938	11,118	10,380	9,712	9,108	8,559	8,061	7,606	6,811	6,142	5,575	5,092	4,675	4,315	4,001	3,726	3,483	3,268